Christoph Baumgartner (Hrsg.)

Handbuch der Epilepsien

Klinik, Diagnostik, Therapie
und psychosoziale Aspekte

SpringerWienNewYork

Ao. Univ.-Prof. Dipl.-Ing. Dr. med. Christoph Baumgartner
Universitätsklinik für Neurologie
Wien, Österreich

Druck: Manz Crossmedia GmbH & Co KG, A-1051 Wien

Gedruckt auf säurefreiem, chlorfrei gebleichtem Papier – TCF
SPIN: 10758841

Mit 20 Abbildungen

Die Deutsche Bibliothek – CIP-Einheitsaufnahme
Ein Titeldatensatz für diese Publikation ist bei
Der Deutschen Bibliothek erhältlich

ISBN 3-211-83575-X Springer-Verlag Wien New York

Für Eva, Hanna und Jakob

Vorwort

Die Epilepsien zählen mit einer Prävalenz von 0,5 bis 0,9% zu den häufigsten schwerwiegenden neurologischen Erkrankungen, wobei die kumulative Inzidenz, d. h. die Wahrscheinlichkeit bis zum Alter von 80 Jahren an einer Epilepsie zu erkranken, bei 4% liegt. Die klinische Epileptologie hat in den letzten Jahren durch das verbesserte Verständnis von Klinik, Ursache und Verlauf verschiedener Epilepsiesyndrome (z. B. mesiale Temporallappenepilepsie, kortikale Dysgenesien, Charakterisierung von genetisch determinierten Epilepsiesyndromen und Aufklärung deren Pathophysiologie), durch die Verfeinerung von diagnostischen Verfahren (computerunterstütztes Video-EEG-Monitoring, strukturelle und funktionelle Bildgebung), durch die Entwicklung neuer Therapieoptionen (neue Antiepileptika, Epilepsiechirurgie, Vagus-Nerv-Stimulation etc.) und schließlich durch die vermehrte Beachtung von neuropsychologischen, psychiatrischen und psychosozialen Aspekten einen grundlegenden Wandel erfahren.

Ziel des vorliegenden Buchs war es deshalb, aktuelle Aspekte der klinischen Epileptologie, in einem „Handbuch der Epilepsien" darzustellen. Es wurde dabei besonderer Wert auf eine praxisorientierte Darstellung gelegt, um so eine praktische, rational begründete Entscheidungshilfe im klinischen Alltag zu bieten.

Ich möchte mich bei den Mitarbeitern der „Epilepsie-Monitoring-Unit" an der Universitätsklinik für Neurologie (OA Dr. Wolfgang Serles, Dr. Fritz Leutmezer, OA Dr. Susanne Aull-Watschinger, Dr. Gudrun Gröppel, Dr. Fritz Zimprich, Dr. Elisabeth Stögmann, Mag. Hannes Lehrner, Dr. Ekaterina Pataraia und Dr. Achim Olbrich) sowie den Kollegen an den Universitätskliniken für Neurochirurgie (Prof. Dr. Thomas Czech und Dr. Klaus Novak) und Psychiatrie (OA Dr. Thomas Kapitany, Dr. Georg Glauninger und Dr. Barbara Schimka) für die engagierte Verfassung der einzelnen Kapitel bedanken, wobei ich dieses Buch auch als Ausdruck unserer hervorragenden (interdisziplinären) Zusammenarbeit sehe. Für den Umschlag-Entwurf möchte ich mich bei Herrn Dipl.-Ing. Dr. Erich Smutny bedanken. Beim Springer-Verlag geht mein Dank an Herrn Raimund Petri-Wieder, der die entscheidende Anregung zur Verfassung dieses Buchs lieferte und an Herrn Ing. Edwin W. Schwarz für die Herstellung des Buchs. Nicht zuletzt gilt mein Dank meinen Eltern und insbesondere meiner Frau Eva und meinen Kindern Hanna und Jakob, die während der Entstehung dieses Buchs unzählige Stunden auf mich verzichten mussten.

Ich hoffe, dass dieses Buch einen kleinen Beitrag zur verbesserten Behandlung von Epilepsiepatienten liefern kann, womit es seinen Zweck erfüllt hätte. Für konstruktive Kritik aus der Leserschaft bin ich stets offen und dankbar.

Wien, März 2001 Christoph Baumgartner

Inhaltsverzeichnis

Autorenverzeichnis

Aull-Watschinger, Susanne, Dr. med., OA
Universitätsklinik für Neurologie, Währinger Gürtel 18–20, 1090 Wien

Baumgartner, Christoph, Dipl.-Ing. Dr. med., Ao. Univ.-Prof.
Universitätsklinik für Neurologie, Währinger Gürtel 18–20, 1090 Wien

Czech Thomas, Dr. med, Ass.-Prof.
Universitätsklinik für Neurochirurgie, Währinger Gürtel 18–20, 1090 Wien

Glauninger, Georg, Dr. med.
Universitätsklinik für Psychiatrie, Währinger Gürtel 18–20, 1090 Wien

Gröppel, Gudrun, Dr. med.
Universitätsklinik für Neurologie, Währinger Gürtel 18–20, 1090 Wien

Kapitany, Thomas, Dr. med., OA
Universitätsklinik für Psychiatrie, Währinger Gürtel 18–20, 1090 Wien

Lehrner, Hannes, Mag. rer. nat.
Universitätsklinik für Neurologie, Währinger Gürtel 18–20, 1090 Wien

Leutmezer, Fritz, Dr. med.
Universitätsklinik für Neurologie, Währinger Gürtel 18–20, 1090 Wien

Novak, Klaus, Dr. med.
Universitätsklinik für Neurochirurgie, Währinger Gürtel 18–20, 1090 Wien

Olbrich, Achim, Dr. med.
Universitätsklinik für Neurologie, Währinger Gürtel 18–20, 1090 Wien

Pataraia, Ekaterina, Dr. med.
Universitätsklinik für Neurologie, Währinger Gürtel 18–20, 1090 Wien

Schimka, Barbara, Dr. med.
Universitätsklinik für Psychiatrie, Währinger Gürtel 18–20, 1090 Wien

Serles, Wolfgang, Dr. med., OA
Universitätsklinik für Neurologie, Währinger Gürtel 18–20, 1090 Wien

Stögmann, Elisabeth, Dr. med.
Universitätsklinik für Neurologie, Währinger Gürtel 18–20, 1090 Wien

Zimprich, Fritz, Dr. med.
Universitätsklinik für Neurologie, Währinger Gürtel 18–20, 1090 Wien

1. Definition und Epidemiologie

Christoph Baumgartner und *Achim Olbrich*

1.1. Definitionen

Epileptische Anfälle stellen die klinischen Manifestationen von exzessiven, hypersynchronen Entladungen von Nervenzellen des zerebralen Kortex dar. Die klinische Symptomatik der Anfälle wird durch die Funktion der jeweils betroffenen Nervenzellverbände bestimmt, wobei Störungen höherer Hirnfunktionen, Bewusstseinseinschränkungen, abnorme sensorische oder psychische Empfindungen, motorische Entäußerungen und schließlich generalisierte Krämpfe auftreten können.

Epilepsien sind eine heterogene Gruppe von Erkrankungen unterschiedlicher Ursache, deren gemeinsames Merkmal *wiederholte, nicht-provozierte epileptische Anfälle* sind. Entscheidend ist dabei, dass die Ursache der epileptischen Anfälle auch zwischen den Anfällen fortbesteht. Bei einem isolierten, *nicht-provozierten epileptischen Anfall* besteht somit definitionsgemäß keine Epilepsie. Tatsächlich liegt das Risiko, nach einem ersten Anfall einen zweiten zu erleiden und damit eine Epilepsie zu entwickeln, für Erwachsene bei 33% (Hauser et al. 1998) und für Kinder zwischen 42% und 54% (Shinnar et al. 1996, 2000; Stroink et al. 1998). Zudem können epileptische Anfälle auch als *akut symptomatische Anfälle* im Rahmen einer akuten Erkrankung des Zentralnervensystems (Infektionen, Traumen, zerebrovaskuläre Erkrankungen etc.) oder im Rahmen einer systemischen Erkrankung bzw. Störung (Alkohol, Schlafentzug, Medikamente, metabolische Störungen etc.) auftreten. Akut symptomatische Anfälle sind somit durch einen erkennbaren, unmittelbaren Auslöser für die Anfälle und einen günstigeren Verlauf gekennzeichnet, d.h. bei Behebung, Wegfall oder Vermeidung der auslösenden Ursache treten im Allgemeinen keine weiteren Anfälle auf. *Fieberkrämpfe* sind per definitionem ebenfalls akut symptomatische Anfälle, werden aber auf Grund ihrer speziellen Charakteristika (Alter, genetische Prädisposition) als eigene Untergruppe betrachtet (Tabelle 1.1).

Tabelle 1.1. Definitionen – epileptischer Anfall vs. Epilepsie

Epileptischer Anfall

- klinische Manifestation von exzessiven, hypersynchronen neuronalen Entladungen
- Symptomatik abhängig von der Funktion der jeweils betroffenen Nervenzellverbände
- unspezifische Reaktionsform des Gehirns auf unterschiedliche Insulte/Noxen
- Unterscheide:
  - akut symptomatischer Anfall
  - Fieberkrampf
  - singulärer unprovozierter Anfall
  - wiederholte unprovozierte Anfälle → Epilepsie

Epilepsie

- chronische Erkrankung mit wiederholten, nicht-provozierten epileptischen Anfällen
- Diagnose abhängig von der Persistenz der Ursache zwischen den Anfällen
- Vielzahl unterschiedlicher Epilepsiesyndrome mit unterschiedlichen Ursachen

1.2. Epidemiologie

1.2.1. Allgemeine Inzidenz

Die Zahl der Neuerkrankungen in einem bestimmten Zeitraum wird als Inzidenz bezeichnet. In den industrialisierten Ländern liegt die Inzidenz von Epilepsien zwischen 24–53 pro 100.000 Personen pro Jahr. Die Inzidenz eines ersten unprovozierten epileptischen Anfalls beträgt 26–70 pro 100.000 Personen pro Jahr. Die Inzidenzraten in Entwicklungsländern liegen um einen Faktor 2–3 höher (Olafsson et al. 1996; Sander und Shorvon 1996; Hauser 1997; MacDonald et al. 2000).

Folgende Faktoren beeinflussen die Inzidenz:

- Alter: In den Industriestaaten zeigt die altersabhängige Inzidenz der Epilepsie einen 2-gipfeligen Verlauf mit einem ersten Maximum in den ersten Lebensmonaten, einem starken Abfall nach dem ersten Lebensjahr, einem ersten Plateau in der nachfolgenden ersten Lebensdekade, einem weiteren Abfall in der Adoleszenz, einem Minimum im Erwachsenenalter und schließlich einem erneuten Anstieg im höheren Lebensalter (> 60 Jahre), wobei im Alter von über 70 Jahren eine höhere Inzidenz als in den ersten 10 Lebensjahren besteht (Abb. 1.1). Nur 50% der Epilepsien beginnen vor dem 20. Lebensjahr, ca. 25% aller epileptischen Anfällen manifestieren sich zum erstenmal im Alter von über 60 Jahren. In den Entwicklungsländern hingegen ist die Inzidenz im frühen Erwachsenenalter am höchsten, während sich im höheren Lebensalter keine erhöhte Inzidenz zeigt. Diese

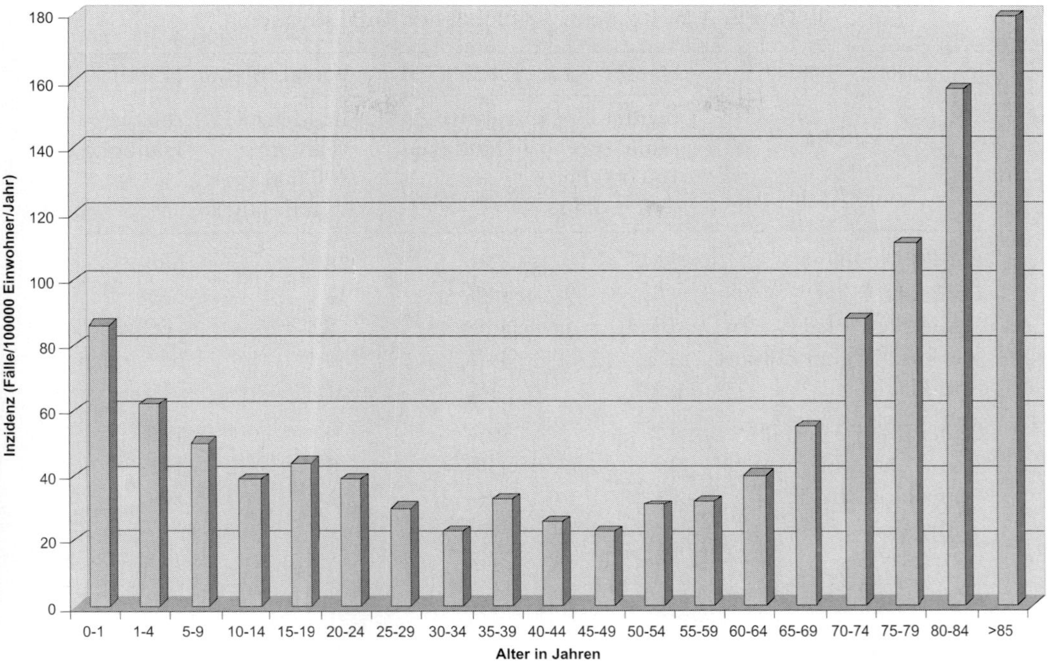

Abb. 1.1. Altersabhängige Inzidenz von Epilepsien. Modifiziert nach Hauser WA et al. (1993)

unterschiedlichen Inzidenzverteilungen können durch unterschiedliche Risikofaktoren für Epilepsien in den Industrie- und Entwicklungsländern erklärt werden (Hauser et al. 1993, 1997).

- Die Inzidenz von Anfällen und Epilepsieerkrankungen ist bei Männern – auch nach Adjustierung der Risikofaktoren – gering höher als bei Frauen (Hauser et al. 1993, 1997).
- Sozioökonomischer Status und Rasse: Personen mit niedrigem sozioökonomischem Status erkranken häufiger an einer Epilepsie. Zudem scheinen Schwarze häufiger betroffen zu sein als Weiße (Hauser 1997).
- Zeitliche Trends: Während die Inzidenz von Epilepsien im Kindesalter abnimmt, ist im höheren Lebensalter eine zunehmende Inzidenz zu beobachten (Hauser 1997).

1.2.2. Inzidenz einzelner Anfallsformen

Die Inzidenzraten für verschiedene Anfallsformen sind in Tabelle 1.2 dargestellt (Hauser et al. 1993; Forsgren et al. 1996). Während sich bei Erwachsenen eine höhere Inzidenz von fokalen Anfällen zeigt, finden sich bei Kindern häufiger generalisierte Anfälle (Olafsson et al. 1996; Hauser 1997).

Tabelle 1.2. Inzidenz verschiedener Anfallsformen

	Hauser et al. (1993)		Forsgren et al. (1996)	
	Inzidenz (Fälle pro 100.000 Personen/Jahr)	relative Häufigkeit	Inzidenz (Fälle pro 100.000 Personen/Jahr)	relative Häufigkeit
Fokale Anfälle	25	57%	38	68%
einfach fokal	6	14%	4	8%
komplex fokal	16	36%	3	6%
sekundär generalisiert	15	34%	30	54%
unklar	3	7%	<1	1%
Generalisierte Anfälle	17	39%	9	16%
tonisch-klonisch	10	23%	8	14%
myoklonisch	1	2%	1	1%
Absencen	3	7%	–	–
andere	3	7%	–	–
Anfallsbeginn unklar	2	4%	7	13%
Nicht-klassifizierbar	–		2	4%
Gesamtinzidenz	44	100%	56	100%

Modifiziert nach: Hauser WA et al. (1993) (Erstmanifestation von unprovozierten Anfällen bei 880 Patienten); Forsgren L et al. (1996) (Erstmanifestation von unprovozierten Anfällen bei 160 Erwachsenen im Alter von ≥17 Jahren)

Tabelle 1.3. Inzidenz verschiedener Epilepsiesyndrome

	Inzidenz (Fälle pro 100.000 Personen/Jahr)	Relative Häufigkeit
Fokale Epilepsien	34,9	69,9%
idiopathisch	0,2	1,3%
symptomatisch	17,2	34,0%
kryptogenetisch	17,5	34,6%
Generalisierte Epilepsien	7,7	12,2%
idiopathisch	3,7	5,8%
kryptogenetisch/symptomatisch	1,7	2,7%
symptomatisch	2,3	3,8%
Epilepsien mit fokalen und generalisierten Anfällen	1,7	3,2%
Nicht-klassifizierbare Epilepsien	8,0	14,7%

Modifiziert nach: Zarrelli MM et al. (1999)

Tabelle 1.4. Prävalenz verschiedener Epilepsiesyndrome im Kindesalter

	Eriksson n = 329				Berg n = 613	Waaler n = 198
	Alter 0–5	Alter 6–10	Alter 11–15	Alter 0–15	Alter 1–19	Alter 6–12
Fokale Epilepsien	21,0	45,0	47,0	41,0	58,6	53,5
Idiopathisch	–	10,0	11,0	8,0	10,0	16,7
benigne fokale Epilepsie mit zentro-temporalen Spitzen (Rolando-Epilepsie)	–	4,0	8,0	5,0	9,6	16,7
benigne fokale Epilepsie mit occipitalen Paroxysmen	–	5,0	1,0	3,0	0,3	–
Symptomatisch	8,0	10,0	13,0	11,0	31,8	22,2
Kryptogenetisch	13,0	25,0	24,0	22,0	16,8	14,6
Generalisierte Epilepsien	66,0	45,0	43,0	48,0	29,0	36,9
Idiopathisch	27,0	15,0	26,0	23,0	20,6	12,1
benigne familiäre Neugeborenenkrämpfe	3,0	–	–	1,0	–	–
benigne Neugeborenenkrämpfe	3,0			1,0	–	–
Absence-Epilepsie des Schulalters	6,0	6,0	7,0	6,0	12,1	6,1
juvenile Absence-Epilepsie	–	–	4,0	2,0	2,4	1,0
juvenile myoklonische Epilepsie	–	–	4,0	2,0	2,0	5,1
Aufwach-Grand-Mal-Epilepsie	–	2,0	1,0	1,0	0,3	–
andere idiopathische generalisierte Epilepsien	15,0	7,0	11,0	10,0	3,6	–
Kryptogenetisch/symptomatisch	18,0	18,0	9,0	14,0	7,0	13,1
West-Syndrom	15,0	9,0	3,0	8,0	3,9	0,5
Lennox-Gastaut-Syndrom	–	3,0	2,0	2,0	0,7	4,0
Epilepsie mit myoklonisch astatischen Anfällen	3,0	5,0	3,0	4,0	1,6	1,0
Epilepsie mit myoklonischen Absencen	–	2,0	–	1,0	0,3	0,5
andere kryptogenetische Formen	–	–	–	–	1,0	7,1
Symptomatisch	21,0	11,0	8,0	12,0	1,5	11,6
Epilepsien mit fokalen und generalisierten Anfällen	–	2,0	6,0	4,0	0,8	8,6
Nicht-klassifizierbare Epilepsien	13,0	10,0	8,0	10,0	11,6	1,0

Modifiziert nach: Eriksson KJ, Koivikko MJ (1997); Berg AT et al. (1999); Waaler PE et al. (2000)

1.2.3. Inzidenz verschiedener Epilepsiesyndrome

In einer früheren Populationsstudie waren bei einer Gesamtinzidenz von 71,3 pro 100.000 Personen pro Jahr folgende Inzidenzraten für die einzelnen Epilepsiesyndrome zu beobachten: idiopathische fokale Epilepsien: 1,7 (2,4%); symptomatische fokale Epilepsien: 13,6 (19,1%); idiopathische generalisierte Epilepsien: 5,6 (7,8%); symptomatische generalisierte Epilepsien: 1,1 (1,5%); nicht klassifizierbare Epilepsien: 1,9 (2,7%); akut symptomatische Anfälle: 29,0 (40,7%); isolierte Anfälle: 18,3 (25,7%); Fernsehepilepsien: 0,3 (0,4%) (Loiseau et al. 1990). In einer rezenten Studie war bei einer Gesamtinzidenz von 52,3 pro 100.000 Personen pro Jahr die Inzidenz für unterschiedliche Epilepsiesyndrome wie folgt verteilt: fokale Epilepsien: 34,9 (66,7%); generalisierte Epilepsien: 7,7 (14,7%); nicht klassifizierbare Epilepsien: 9,7 (18,5%) (Tabelle 1.3) (Zarrelli et al. 1999). Die Prävalenz von Epilepsiesyndromen im Kindesalter wurde in verschiedenen Studien untersucht und ist in Tabelle 1.4 wiedergegeben (Eriksson und Koivikko 1997; Berg et al. 1999; Waaler et al. 2000).

1.2.4. Inzidenz in Abhängigkeit von der Ätiologie

Eine symptomatische Ursache kann bei 23–39% aller Epilepsien nachgewiesen werden, die häufigsten Ursachen von Epilepsien sind in Abb. 1.2 dargestellt (Annegers et al. 1996; Olafsson et al. 1996; Hauser 1997).

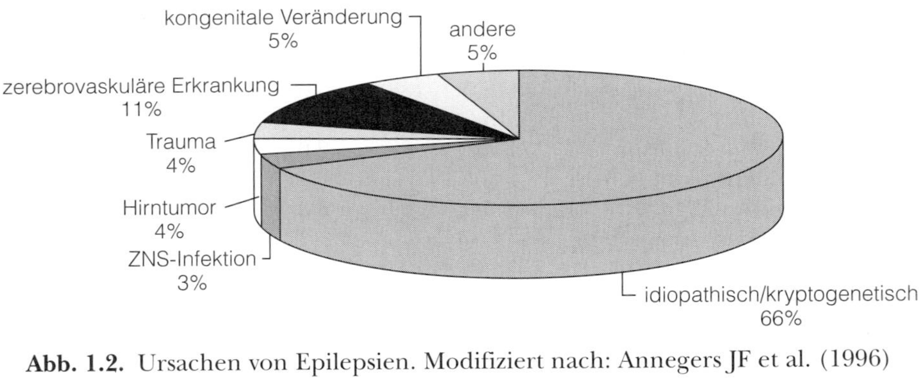

Abb. 1.2. Ursachen von Epilepsien. Modifiziert nach: Annegers JF et al. (1996)

1.2.5. Kumulative Inzidenz

Die kumulative Inzidenz ist die Inzidenz bis zu einem bestimmten Lebensalter und ist somit auf Grund der niedrigen Mortalitätsrate der Epilepsien ein Maß für das Erkrankungsrisiko in der Gesamtbevölkerung. Die kumulative Inzidenz im Alter von 80 Jahren für Epilepsien liegt bei 4%, für Anfälle bei über 5% (Hauser 1997).

1.2.6. Prävalenz

Die Prävalenz entspricht der Zahl der zu einem bestimmten Zeitpunkt von einer Erkrankung betroffenen Individuen. Die Prävalenz ist somit abhängig von der Inzidenz, Remission und Mortalität einer Erkrankung und zudem auch von Bevölkerungsfluktuation und Zugang zu medizinischen Ressourcen. Somit ist die Prävalenz eher ein Maß für Schwere und Chronizität einer Erkrankung als für deren Häufigkeit. Im Allgemeinen werden als Prävalenzfälle nur jene Personen gewertet, die innerhalb der letzten 1–5 Jahre Anfälle erlitten oder Antiepileptika eingenommen haben, während Patienten, bei denen die Medikamente vor mehr als 1–5 Jahren erfolgreich ausgeschlichen werden konnten, nicht mehr als Prävalenzfälle zählen. Die Prävalenz der Epilepsien liegt zwischen 5–9 pro 1000, womit sie zu den häufigsten neurologischen Erkrankungen zählen (Annegers 1997b; Hauser 1997; Olafsson und Hauser 1999).

2. Verlauf und Prognose

Christoph Baumgartner

2.1. Anfallskontrolle

Die Kenntnis des Verlaufs der Epilepsien hat sich in den letzten 20 Jahren radikal gewandelt. Nachdem die Epilepsie ursprünglich als eine chronische Erkrankung mit einer schlechten Prognose angesehen wurde, konnte Anfang der 80-er Jahre in großen Populationsstudien gezeigt werden, dass bei mehr als zwei Drittel der Epilepsiepatienten eine Langzeitremission eintritt (Annegers et al. 1979; Goodridge und Shorvon 1983a, 1983b). Bei der Beurteilung von Studien zur Prognose muss man sich vergegenwärtigen, dass der Verlauf der Epilepsie einen dynamischen Charakter zeigt, wobei prinzipiell 3 Verlaufsmöglichkeiten gegeben sein können (Sander 1993):

- initiale Anfälle ⇒ Anfallsfreiheit mit kompletter Remission, langfristig auch ohne Medikamente;
- initiale Anfälle ⇒ Anfallsfreiheit ⇒ Rezidiv, oft im Zuge des Absetzens der antiepileptischen Therapie;
- ständige Anfälle mit kurzzeitigen oder zumeist überhaupt fehlenden Remissionen.

Man muss deshalb zwischen einer kumulativen Remission bestimmter Dauer und einer dauerhaften Remission (Anfallsfreiheit bis zum gegenwärtigen Zeitpunkt) unterscheiden (Sander und Sillanpää 1997). Oft werden kumulative Remissionsquoten angegeben, die alle Patienten erfassen, die während des Beobachtungszeitraums zum Beispiel für ein Jahr anfallsfrei waren, aber nicht notwendigerweise in einer dauerhaften Remission sind, sondern durchaus nach mehr als einem Jahr wieder ein Rezidiv erlitten haben können. Unter einer chronischen Epilepsie versteht man Anfälle, die über mehr als 5 Jahre bestehen.

In rezenten Populationsstudien konnte eine dauerhafte Remission (Anfallsfreiheit für mehr als 5 Jahre am Ende des Beobachtungszeitraums) mit folgender Häufigkeit beobachtet werden:

- Cockerell et al. (1997): 54% (Beobachtungszeitraum = 9 Jahre);
- Casetta et al. (1997): 81% (Beobachtungszeitraum = 19 Jahre); insgesamt 54% ohne Medikamente;

- Sillanpää et al. (1998): 64% (Beobachtungszeitraum = 28 Jahre); insgesamt 47% aller Patienten ohne Medikamente.

Umgekehrt besteht bei ca. 30% der Patienten eine chronische Epilepsie (Anfälle für die Dauer von mehr als 5 Jahren). Nur bei 20% dieser Patienten bestehen längere anfallsfreie Intervalle. In Abb. 2.1 sind die kumulativen und

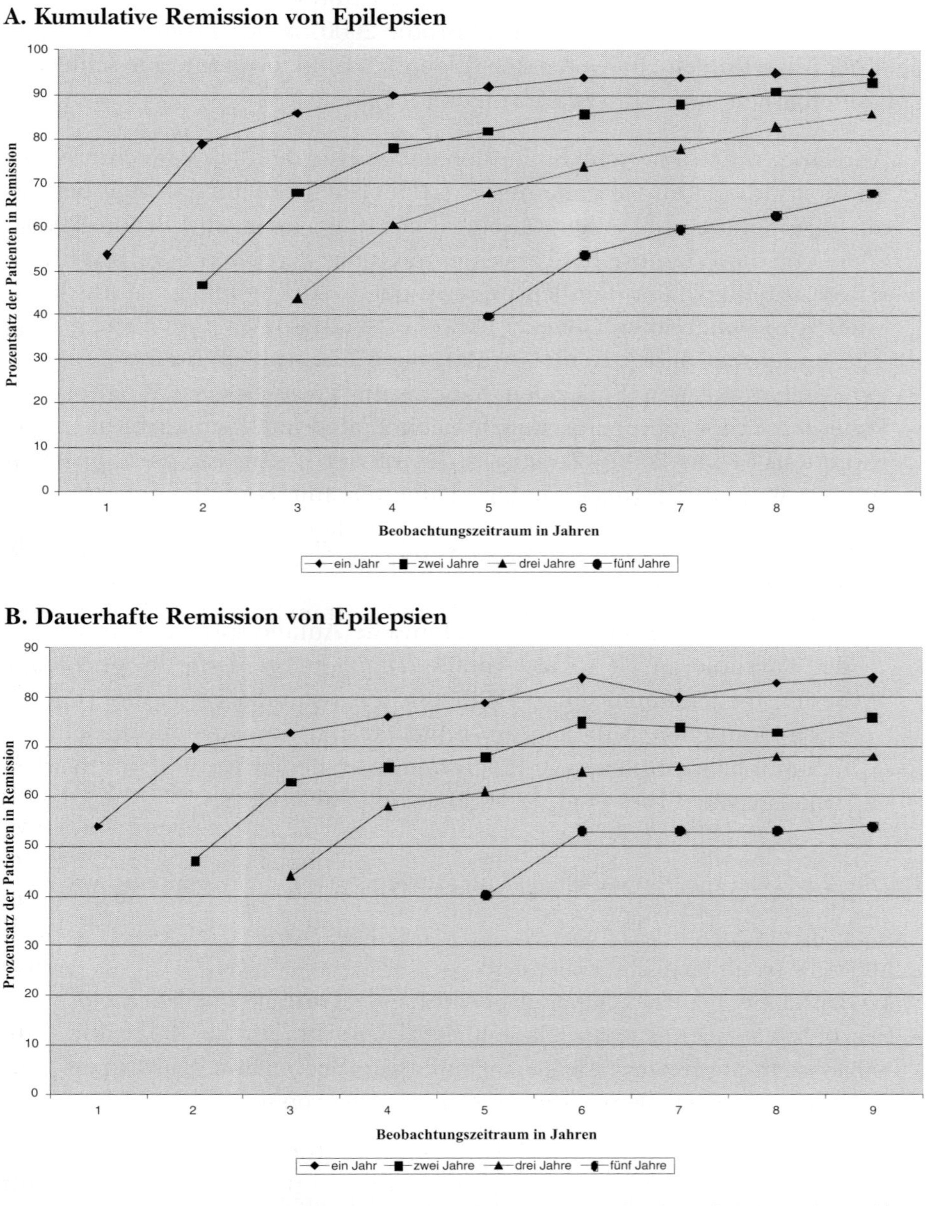

Abb. 2.1. Remission von Epilepsien. Modifiziert nach Cockerell OC et al. (1997)

dauerhaften Remissionen für 1, 2, 3 und 5 Jahre aus der British National General Practice Study graphisch veranschaulicht (Cockerell et al. 1997).

2.1.1. Prognosefaktoren

Zahlreiche Studien (Elwes et al. 1984; Collaborative Group for the Study of Epilepsy 1992; Sillanpää 1993; Berg et al. 1996; Mattson et al. 1996; Semah et al. 1998; Casetta et al. 1999; Kwan und Brodie 2000) haben Prognosefaktoren bei Epilepsien untersucht, wobei sich folgende Prädiktoren für eine schlechte Behandelbarkeit herauskristallisiert haben (Tabelle 2.1):

- Ätiologie: symptomatische Epilepsien haben eine deutlich schlechtere Prognose als idiopathische generalisierte Epilepsien (Sillanpää 1993; Berg et al. 1996; Semah et al. 1998; Casetta et al. 1999; Kwan und Brodie 2000); zudem ist die Prognose bei Patienten mit neurologischen oder psychiatrischen Auffälligkeiten deutlich ungünstiger (wahrscheinlich als Ausdruck einer symptomatischen Genese) (Elwes et al. 1984);
- Vorhandensein und Art einer strukturellen Läsion: Patienten mit kryptogenetischen fokalen Epilepsien haben eine etwas bessere Prognose als Patienten mit symptomatischen fokalen Epilepsien (Semah et al. 1998; Kwan und Brodie 2000). Zudem ist die Art der Läsion von ganz entscheidender Bedeutung (insbesondere Patienten mit Hippokampusatrophie und kortikalen Dysplasien leiden in einem hohen Prozentsatz an therapierefraktären Epilepsien) (Semah et al. 1998);
- Anfallsart:
  - sekundär generalisierte tonisch-klonische Anfälle sprechen besser auf die Therapie an als fokale Anfälle. Demgemäss ist die Prognose am besten für Patienten mit ausschließlichen sekundär generalisierten tonisch-klonischen Anfällen, am schlechtesten für jene mit ausschließlichen fokal-komplexen Anfällen und intermediär für jene mit beiden Anfallstypen (Elwes et al. 1984; Mattson et al. 1996);

Tabelle 2.1. Faktoren, die mit einem ungünstigen Verlauf einer Epilepsie assoziiert sind

- Ätiologie: symptomatische Epilepsien
- Art der Läsion: mesiale Temporallappenepilepsie, kortikale Dysplasien
- Neurologische oder psychiatrische Auffälligkeiten
- Anfallsart: fokal-komplexe Anfälle, infantile Spasmen, multiple Anfallstypen
- Früher Beginn der Epilepsie, insbesondere im Alter von unter einem Jahr
- Status epilepticus vor Therapiebeginn
- Hohe Anzahl von Anfällen vor Therapiebeginn
- Fehlendes Ansprechen auf die initiale (Mono-)Therapie

  - infantile Spasmen bei Kindern (Berg et al. 1996);
  - multiple Anfallstypen (Collaborative Group for the Study of Epilepsy 1992);
- Alter zu Beginn der Epilepsie: ein früher Beginn der Epilepsie, insbesondere im Alter von unter einem Jahr ist mit einer schlechteren Prognose assoziiert (Berg et al. 1996; Casetta et al. 1999);
- Status epilepticus vor Therapiebeginn (Sillanpää 1993; Berg et al. 1996);
- hohe Anzahl von Anfällen vor Therapiebeginn (Elwes et al. 1984; Collaborative Group for the Study of Epilepsy 1992; Sillanpää 1993; Casetta et al. 1999);
- fehlendes Ansprechen auf die initiale (Mono-) Therapie (Elwes et al. 1984; Sillanpää 1993; Kwan und Brodie 2000).

Die letzten 3 Faktoren können als Ausdruck des Schweregrades bzw. Spontanverlaufs der jeweiligen Epilepsieerkrankung gewertet werden: Patienten mit einer „schweren Epilepsie" haben schon vor Beginn der Therapie viele Anfälle, unter Umständen einen Status epilepticus und sprechen schlecht auf die Therapie an. Andererseits werden Patienten mit einer „leichten Epilepsie" nur wenige Anfälle vor Therapiebeginn und keinen Status epilepticus haben und auch gut auf die Therapie ansprechen (Kwan und Brodie 2000). Die Frage, ob eine hohe Zahl der Anfälle vor Therapiebeginn per se zu einer schlechten Behandelbarkeit der Epilepsie führt, wird in der Literatur kontroversiell beurteilt. Während manche Autoren dieses Konzept vertreten (Reynolds 1995), widersprechen Studien an Patienten mit lange unbehandelten Epilepsien in Entwicklungsländern dieser Ansicht. Diese Patienten waren nämlich ähnlich gut behandelbar wie neu-diagnostizierte Patienten in den Industrieländern (Feksi et al. 1991; Watts 1992; Placencia et al. 1993). Das Konzept, dass Anfälle wiederum Anfälle verursachen, dürfte somit nur in Ausnahmefällen (wiederholte, prolongierte Anfälle) zutreffen (Berg und Shinnar 1997). Letztlich kommt somit einer möglichst genauen Charakterisierung des Epilepsiesyndroms die entscheidende prognostische Bedeutung zu (Sander 1993; Engel 1998; Semah et al. 1998).

2.1.2. Frühe Identifikation therapieresistenter Epilepsien

Die Möglichkeit einer frühen Identifikation von Patienten mit therapieresistenten Epilepsien wurde in einer rezenten Studie untersucht. Von 470 neu-diagnostizierten Patienten wurden 301 Patienten (64%) anfallsfrei, dabei konnte in 222 Fällen (47%) bereits mit dem ersten Antiepileptikum Anfallsfreiheit erzielt werden. 67 Patienten (14%) wurden mit einer Monotherapie mit einem zweiten oder dritten Antiepileptikum anfallsfrei, nur bei 12 Patienten (3%) konnte mit einer Kombinationstherapie mit mehreren Antiepileptika Anfallsfreiheit erzielt werden. Bei Versagen der ersten Mono-

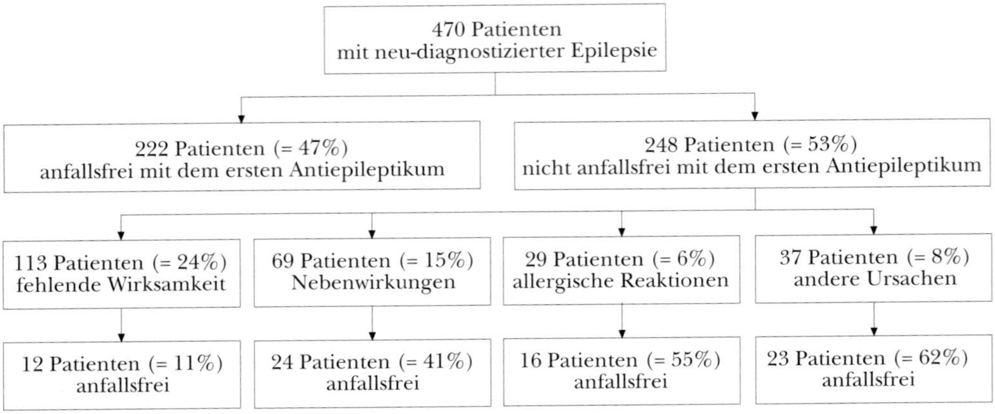

Abb. 2.2. Prognose bei 470 Patienten mit neu-diagnostizierter Epilepsie. Modifiziert nach Kwan P, Brodie MJ (2000)

Tabelle 2.2. Anfallskontrolle in Abhängigkeit von Epilepsiesyndrom und Ätiologie

	n	Anfallsfrei
Epilepsiesyndrom		
Generalisierte Epilepsien		
symptomatisch oder kryptogenetisch	33	27%
idiopathisch	337	82%
Fokale Epilepsien		
symptomatisch	445	35%
kryptogenetisch	294	45%
Ätiologie		
Postischämisch	26	54%
Vaskuläre Malformation	57	50%
Tumor	50	46%
Schädel-Hirn-Trauma	50	30%
Kortikale Dysgenesie	81	24%
Hippokampusatrophie	224	11%
Duale Pathologie	38	3%
Normales MRT	268	42%

Die Prozentzahlen repräsentieren die Patienten, die für mindestens ein Jahr anfallsfrei waren. Modifiziert nach: Semah F et al. (1998)

therapie war die Chance für eine nachfolgende erfolgreiche Behandlung größer, wenn das erste Antiepileptikum auf Grund von Nebenwirkungen abgesetzt wurde, als wenn eine mangelnde antiepileptische Wirksamkeit zum Absetzen geführt hatte (Abb. 2.2) (Kwan und Brodie 2000). In einer anderen Studie an 2200 Patienten wurde die mindestens einjährige Anfallsfreiheit bei unterschiedlichen Epilepsiesyndromen untersucht, wobei sich zeigte, dass symptomatische fokale Epilepsien, und hier wieder insbesondere Patienten mit mesialer Temporallappenepilepsie, eine geringe Chance für Anfallsfreiheit hatten (Tabelle 2.2) (Semah et al. 1998). Aus diesen Studien kann somit geschlossen werden, dass die Ätiologie bzw. die Art des Epilepsiesyndroms und das Ansprechen auf das erste Antiepileptikum bereits richtungsweisend für den weiteren Verlauf der Epilepsieerkrankung sind und somit Patienten mit schwer behandelbaren Epilepsien bereits früh identifiziert werden können.

2.2. Psychosoziale Prognose

Auch bei kompletter Remission der Anfälle ist die psychosoziale Prognose von Epilepsiepatienten in einem hohen Prozentsatz beeinträchtigt: Im Vergleich zu einem normalen Kontrollkollektiv betrug die relative Wahrscheinlichkeit einer verkürzten Schulbildung (6 statt 12 Jahre) 2,13, von Arbeitslosigkeit 3,76, nicht verheiratet zu sein 3,50 und keine Kinder zu haben 3,00 (Sillanpää et al. 1998).

2.3. Mortalität

2.3.1. Allgemeine Mortalität

Die Mortalität von Epilepsiepatienten ist im Vergleich zur Allgemeinbevölkerung (Standardized Mortality Ratio = SMR) um das 2–3-fache erhöht. Dieses erhöhte Mortalitätsrisiko ist im Wesentlichen auf die ersten 10 Jahre nach Erkrankungsbeginn beschränkt und ist höher bei symptomatischen Epilepsien, was den Schluss nahe legt, dass die Grunderkrankung (z.B. Hirntumoren, Schlaganfälle, Schädelhirntraumen) verantwortlich für diese erhöhte Mortalität ist. Allerdings findet sich auch bei idiopathischen generalisierten Epilepsien eine erhöhte Mortalität, sodass auch die Epilepsie per se eine Rolle spielen dürfte. Das Risiko von nicht-anfallsfreien Patienten ist höher als das von anfallsfreien (Cockerell 1996).

Die Todesursachen können (a) in Zusammenhang mit der Epilepsie oder (b) der Grunderkrankung (die auch die Epilepsie verursacht) stehen oder (c) keinen Zusammenhang mit Epilepsie oder Grunderkrankung haben (Cockerell 1996).

Die häufigsten Todesursachen von Epilepsiepatienten sind in Tabelle 2.3 angeführt.

Tabelle 2.3. Todesursachen bei Epilepsiepatienten

Ursache	n	%	SMR
Kardiovaskuläre Erkrankungen, allgemein	1798	44,9%	3,1
ischämische Herzerkrankungen	636	15,9%	2,5
zerebrovaskuläre Erkrankungen	554	13,8%	5,3
Malignome, allgemein	647	16,2%	2,6
Malignome, excl. Hirntumoren	506	12,6%	2,0
ZNS-Tumoren	150	3,7%	29,9
Erkrankungen des respiratorischen Systems	355	8,9%	4,0
Psychiatrische Erkrankungen	258	6,4%	10,8
Unfälle, Vergiftungen, Suizid	294	7,3%	5,6
Verkehrsunfälle	10	0,2%	1,8
Stürze	68	1,7%	4,6
Verbrennungen	15	0,3%	10,3
Ertrinken	24	0,6%	8,2
Suizid	53	1,3%	3,5
unklar, ob durch Unfall oder in suizidaler Absicht	64	1,6%	11,1

SMR standardisiertes Mortalitätsrisiko; es sind nur die wichtigsten Todesursachen angeführt. Modifiziert nach Nilsson L et al. (1997)

In Populationsstudien (Cockerell et al. 1994; Nilsson et al. 1997) waren Bronchopneumonien, Malignome, kardiovaskuläre Erkrankungen sowie Unfälle/Vergiftungen und Suizide die häufigsten Todesursachen, die alle bei Epilepsiepatienten häufiger auftraten als in der Allgemeinbevölkerung. Bei den Malignomen sind primäre Hirntumoren eine häufig zum Tode führende Erkrankung, die auch mit einer Epilepsie einhergeht. Aber auch bei Ausschluss von Hirntumoren ist die Häufigkeit von tödlichen Malignomen bei Epilepsiepatienten signifikant höher als in der Allgemeinbevölkerung. Bei den kardiovaskulären Erkrankungen sind die zerebrovaskulären Erkrankungen überrepräsentiert, da sie ebenfalls eine häufige Ursache für Epilepsie sind. Bei den Unfällen sind insbesondere Stürze und der Ertrinkungstod beim Schwimmen oder in der Badewanne anzuführen (Annegers 1997a). Das Suizidrisiko war in einer rezenten Populationsstudie um einen Faktor 3,5 erhöht (Nilsson et al. 1997). In früheren Studien wurde für Patienten mit Temporallappenepilepsie ein 25-fach erhöhtes Risiko und für Patienten mit schwer behandelbarer Epilepsie ein 5-fach erhöhtes Risiko gefunden (Sander und Sillanpää 1997).

2.3.2. *Sudden Unexplained Death in Epilepsy (SUDEP)*

Definition, Epidemiologie und Risikofaktoren. SUDEP wird wie folgt definiert (Nashef 1997):

- plötzlicher, unerwarteter Tod eines Epilepsiepatienten;
- unbeobachtet oder in Gegenwart von Zeugen;
- folgende Ursachen sind auszuschließen: Trauma, Ertrinken, Status epilepticus (ein isolierter Anfall ist kein Ausschlussgrund);
- die Todesursache kann auch in der Autopsie weder anatomisch noch toxikologisch erklärt werden.

Die Inzidenz wurde in einer rezenten Populationsstudie, in der die Todesfälle aller Epilepsiepatienten von 1935–1994 in Rochester analysiert wurden, mit 0,35 pro 1000 Patientenjahre angegeben, wobei die Inzidenz in der Gruppe der 15- bis 44-jährigen mit 0,49 am höchsten war (Ficker et al. 1998). In anderen Studien, in denen zum Teil selektierte, schwer behandelbare bzw. institutionalisierte Patienten untersucht wurden, wurden Inzidenzraten von 0,5–9,3 pro 1000 Patientenjahre berichtet (Ficker 2000). Auch bei konservativer Schätzung der Inzidenz ist die Wahrscheinlichkeit eines Epilepsiepatienten im Alter von 20–40 Jahren an einem plötzlichen unerwarteten Tod zu sterben im Vergleich zur Allgemeinbevölkerung um einen Faktor 24 erhöht. Während in früheren nicht-kontrollierten Studien verschiedene Risikofaktoren für einen SUDEP (jugendliches Alter, männliches Geschlecht, generalisierte tonisch-klonische Anfälle in der Anamnese, Alkohol oder Drogenmissbrauch, niedrige Antiepileptikaserumspiegel) postuliert wurden, dürfte einer rezenten kontrollierten Studie zu Folge eine schwer behandelbare Epilepsie mit hoher Anfallsfrequenz der entscheidende Risikofaktor sein (Nilsson et al. 1999; Ficker 2000).

Pathophysiologie und Prävention. Der Pathomechanismus des SUDEP ist ungeklärt. Prinzipiell könnten kardiale Arrhythmien, wie sie häufig während epileptischen Anfällen vorkommen, eine Rolle spielen. Zuletzt wurde eine zentrale Hypoventilation mit nachfolgendem Anstieg des Pulmonalarteriendrucks als Erklärungsmodell postuliert, was auch die Autopsiebefunde mit erhöhtem Lungen-, Herz- und Lebergewicht und teilweise vorhandenem Lungenödem erklären könnte (Ficker 2000). Obwohl sich die meisten Fälle von SUDEP unbeobachtet ereignen, wurden in rezenten Studien SUDEP-Fälle, die sich in Gegenwart von Augenzeugen ereigneten, analysiert, wobei nahezu alle Fälle während oder in unmittelbarem Anschluss an einen Anfall auftraten und alle Patienten respiratorische Probleme hatten. Zur Prävention des SUDEP sollte deshalb einerseits eine optimale Anfallskontrolle angestrebt werden, zudem sollten die Angehörigen über den SUDEP aufgeklärt werden und in den Maßnahmen zur richtigen Seitenlagerung und ev. der Mund-zu-Mund-Beatmung unterrichtet werden (Langan et al. 2000).

2.4. Verletzungen durch Anfälle

Anfälle verursachen häufig nicht-tödliche Unfälle. 29% aller Patienten mit einer aktiven Epilepsie erleiden innerhalb eines Jahres eine Verletzung im Rahmen eines Anfalls, wobei 5% deshalb eine Notfallambulanz aufsuchen müssen (Kirby und Sadler 1995; Buck et al. 1997). Am häufigsten sind dabei stumpfe Verletzungen (40%), gefolgt von offenen Wunden (28%), Frakturen und Luxationen (17%), Verbrennungen (6%), Commotio cerebri (6%), Subduralhämatomen (3%) und intrazerebralen Blutungen (1%) (Ficker 2000).

Risikofaktoren sind dabei die Anfallsfrequenz, die Anfallsart (am höchsten bei generalisierten tonisch-klonischen Anfällen, aber auch bei Absencen können Verletzungen auftreten) und bestehende Nebenwirkungen der antiepileptischen Therapie, insbesondere eine Ataxie (Spitz 1998; Ficker 2000). Schädel-Hirn-Traumen sind die häufigsten Verletzungen, sind aber selten lebensbedrohlich. Verbrennungen während des Kochens, Duschens, Bügelns und an Heizkörpern bzw. Heizstrahlern stellen eine häufige und ernste Verletzung dar. Insbesondere die Verbrennungen beim Duschen können gravierend sein und können durch Verwendung von Thermostaten vermieden werden (Spitz 1998). Verbrennungen beim Kochen oder Abwaschen können durch Verwendung einer Mikrowelle bzw. eines Geschirrspülers hintangehalten werden.

3. Anfallsformen – klinische Symptomatik

Christoph Baumgartner

3.1. Unterscheidung epileptischer Anfall versus Epilepsie bzw. Epilepsie-Syndrom

Eine unabdingbare Voraussetzung für eine erfolgreiche Epilepsiebehandlung ist die möglichst genaue Charakterisierung der klinischen Anfallssymptomatologie und Zuordnung zu einem bestimmten Epilepsiesyndrom. Hierbei kommt insbesondere der Differentialdiagnose zwischen fokalen und generalisierten Epilepsien eine entscheidende Bedeutung von unmittelbarer therapeutischer Relevanz zu. Die diagnostische Zuordnung gründet sich einerseits auf eine genaue Anamneseerhebung incl. Außenanamnese mit möglichst detaillierter Anfallsbeschreibung, sowie andererseits auf die Ergebnisse der Zusatzuntersuchungen (EEG, Magnetresonanztomographie).

In diesem Zusammenhang ist es wichtig, sich den Unterschied der Klassifikation nach epileptischen Anfällen und nach epileptischen Syndromen zu vergegenwärtigen. Während epileptische Anfälle prinzipiell an Hand der klinischen Anfallscharakteristik (teilweise unter zu Hilfenahme von EEG-Charakteristika) eingeteilt werden, gehen in die Diagnose einer Epilepsie bzw. eines Epilepsiesyndroms neben der Art der Anfälle auch die Anamnese, der EEG-Befund, das Ergebnis der bildgebenden Verfahren (Magnetresonanztomographie) und die Ätiologie des Anfallsleidens ein. Zwischen den beiden Klassifikationen bestehen insofern Überschneidungen, als einerseits eine Anfallsform bei unterschiedlichen Epilepsiesyndromen auftreten kann, andererseits sind bei einem Epilepsiesyndrom meistens mehrere verschiedene Anfallsformen zu beobachten (Tabelle 3.1).

3.2. Klassifikation epileptischer Anfälle

Die Klassifikation epileptischer Anfälle der Internationalen Liga gegen Epilepsie ist in Tabelle 3.2 dargestellt (Commission on Classification and Terminology of the International League against Epilepsy 1981). Die wichtigste, für die Therapie entscheidende Einteilung besteht dabei in der Unterscheidung von fokalen (partiellen) Anfällen, die von einer umschriebenen Hirnregion ausge-

Tabelle 3.1. Anfalls- versus Epilepsieklassifikation

Anfallsklassifikation

Klinische Anfallssymptomatologie (ev. EEG)

Epilepsieklassifikation

Klassifikation unter Berücksichtigung von
- klinischer Anfallssymptomatologie,
- EEG,
- Ätiologie (Anamnese, klinisch-neurologische Untersuchung und Zusatzuntersuchungen)

Eine Anfallsform kann bei verschiedenen Epilepsiesyndromen vorkommen

Beispiel: typische Absencen → Absence-Epilepsie des Schulalters
→ juvenile Absence-Epilepsie
→ juvenile myoklonische Epilepsie

Ein epileptisches Syndrom kann verschiedene Anfallsformen umfassen

Beispiel: juvenile myoklonische Epilepsie → Myoklonien
→ generalisierte tonisch-klonische Anfälle
→ typische Absencen

Tabelle 3.2. Klassifikation epileptischer Anfälle

I. Fokale (partielle) Anfälle

A. Fokale (partielle) Anfälle mit einfacher Symptomatik (erhaltenes Bewusstsein)
   1. mit motorischen Symptomen
   2. mit somatosensorischen oder speziellen sensorischen Symptomen
   3. mit autonomen Symptomen
   4. mit psychischen Symptomen

B. Fokale (partielle) Anfälle mit komplexer Symptomatik (Beeinträchtigung des Bewusstseins)
   1. einfach fokaler Beginn mit nachfolgender Bewusstseinsstörung
   2. mit Bewusstseinsstörung von Beginn an

C. Fokale (partielle) Anfälle, die sich in sekundär generalisierte Anfälle entwickeln

II. Generalisierte Anfälle

A. Absencen
B. Myoklonische Anfälle
C. Klonische Anfälle
D. Tonische Anfälle
E. Tonisch-klonische Anfälle
F. Atonische Anfälle

III. Nicht-klassifizierbare Anfälle

Nach: Commission on Classification and Terminology of the International League against Epilepsy (1981) hen und generalisierten Anfällen, die primär beide Hirnhälften erfassen. Bei den fokalen (partiellen) Anfällen ist zwischen fokalen Anfällen mit einfacher und mit komplexer Symptomatik zu differenzieren, wobei das Unterscheidungskriterium eine Bewusstseinsstörung darstellt (einfach = keine Bewusstseinsstörung; komplex = mit Bewusstseinsstörung).

3.2.1. Fokale Anfälle

3.2.1.1. Fokale Anfälle mit einfacher Symptomatik

3.2.1.1.1. Fokal motorische Anfälle

Fokale klonische Anfälle. Fokale klonische Anfälle entstehen durch epileptische Aktivität in der primär motorischen Hirnrinde des kontralateralen Gyrus präcentralis. Klinisch sind sie durch einseitige, mehr oder weniger rhythmische Zuckungen charakterisiert, die zumeist im Gesicht (hier insbesondere im Bereich des Mundwinkels) oder in der Hand beginnen. Die Anfallsaktivität kann entweder hier lokalisiert bleiben oder kann sich auf angrenzende Körperteile ausbreiten (Jackson Anfall mit Marsch) und schließlich auch zu einer Bewusstseinsstörung führen (sekundäre Generalisierung). Der Grund für die bevorzugte Manifestation im Bereich des Gesichts und der Hand liegt einerseits in deren ausgedehnter kortikaler Repräsentation sowie andererseits in einer im Vergleich zu anderen Rindengebieten niedrigeren Krampfschwelle. Postiktal kann eine Parese (Todd'sche Parese) für Minuten bis zu 48 Stunden bestehen, die durch eine postiktale Hyperpolarisation oder durch die iktale Freisetzung endogener Peptide verursacht wird. Hemikonvulsionen sind klonische Anfälle die eine Körperseite erfassen und kommen zumeist im Rahmen des Hemikonvulsions-Hemiplegie-Syndroms vor. Zumeist sind klonische Anfälle kurz (Dauer 1–2 Minuten). Bei anhaltender klonischer Aktivität im Sinne eines fokal motorischen Status spricht man von einer Epilepsia partialis continua, wobei ätiologisch eine Raumforderung, eine Ischämie oder Blutung bestehen können. Zudem kann eine Epilepsia partialis continua auch im Rahmen einer Rasmussen Encephalitis, einer Masern-Encephalitis oder eines MELAS (mitochondrial encephalopathy with lactic acidosis and stroke-like episodes) sowie bei nicht-ketotischer Hyperglykämie vorkommen (Kotagal und Lüders 1997).

Fokale tonische Anfälle. Fokale tonische Anfälle gehen mit abrupten, proximal betonten, zumeist bilateralen, anhaltenden (tonischen) Muskelkontraktionen einher, die zu Haltungsschablonen führen und oft von Vokalisationen begleitet sind. Sie entstehen durch epileptische Aktivität in der supplementär sensomotorischen Area („supplementär sensomotorische Anfälle") bzw. im prämotorischen Kortex. Bei Anfällen aus der supplementär sensomotorischen Area kommt es dabei typischerweise zu einer sog. Fechterstellung (Penfield und Jasper 1954) oder M2e-Schablone (Ajmone-Marsan und Ralston 1957) mit Abduktion, Elevation und Außenrotation des kontralateralen Armes in der Schulter, leichter Beugung im Ellbogen sowie Kopf- und Blickdeviation zum abduzierten Arm (als ob die Hand angeschaut würde). Der ipsilaterale Arm wird leicht gebeugt, das kontralaterale Bein wird tonisch gestreckt, das ipsilaterale Bein in der Hüfte und im Knie gebeugt (Bleasel und Morris 1997). Obwohl asymmetrische tonische Halteschablonen der oberen Extremitäten bei fokalen tonischen Anfällen häufig zu beobachten sind, ist die typische Fechterstellung eher die Ausnahme als die Regel (Bleasel und Morris 1997).

Versive Anfälle. Eine Version besteht in einer anhaltenden, unnatürlichen Deviation von Kopf und Augen zu einer Seite (im Allgemeinen nach kontralateral), wobei manchmal eine klonische Komponente besteht. Oft kommt es gleichzeitig auch zu klonischen Zuckungen des kontralateralen Mundwinkels oder des Armes oder zur tonischen Streckung des kontralateralen Armes. Tritt eine Version unmittelbar vor der sekundären Generalisation auf, kommt ihr eine besonders hohe lateralisierende Bedeutung zu. Eine Version entsteht durch epileptische Aktivität im prämotorischen Kortex (frontales Augenfeld), aber auch Anfallsaktivität in der supplementär sensomotorischen Area und im medialen Occipitallappen kann zu einer Version führen (Blume 1997; Kotagal und Lüders 1997).

Phonatorische Anfälle. Phonatorische Anfälle werden durch epileptische Aktivität im primär motorischen Kortex bzw. in der supplementär sensomotorischen Area verursacht, wobei im ersteren Fall eher abgesetzte Laute und im letzteren Fall eine eher anhaltende Vokalisation resultiert (Kotagal und Lüders 1997).

3.2.1.1.2. Fokale Anfälle mit somatosensorischen oder speziellen sensorischen Symptomen

Fokale Anfälle mit somatosensorischen oder speziellen sensorischen Symptomen gehören zu den Auren. Sie werden nur vom Patienten selbst erlebt und entziehen sich der Beobachtung von außen. Es können somatosensorische, visuelle, akustische, olfaktorische, gustatorische und vertiginöse Auren unterschieden werden.

- Somatosensorische Auren: Kribbeln, Taubheit, Bewegungsgefühl, Drang zur Bewegung oder sehr selten Schmerz; iktal symptomatogene Zone: primärer somatosensorischer Kortex (SI) $\Rightarrow$ umschrieben mit Ausbreitung auf angrenzende Körperteile; sekundärer somatosensorischer Kortex (SII im frontoparietalen Operkulum): diffus oder bilateral; supplementär sensomotorische Area (SSMA): kontra-, ipsi- und bilateral, Bewegungsgefühl oder -drang, Schweregefühl, Ziehen, Steifheit, Pulsation; manchmal werden auch allgemeine Körpersensationen angegeben, die allerdings von geringer lokalisatorischer Bedeutung sind.

- Visuelle Auren: bestehen in elementaren visuellen Halluzinationen, die in positive (Flecken, Sterne, Balken, Kreise, Wellen, Zick-Zack-Linien etc.; monochromatisch oder farbig; stationär oder bewegt) und in negative Symptome (Skotome, Gesichtsfelddefekte, iktale Blindheit) unterteilt werden können; diese Auren werden durch epileptische Aktivität in der Calcarina-Rinde hervorgerufen; häufig auftretende Begleitsymptome sind: Gefühl der Augenbewegung, Blickdeviation, iktaler Nystagmus, forcierte Lidschläge; komplexe visuelle Illusionen und Halluzinationen werden zu den psychischen Auren gerechnet.
- Akustische Auren: manifestieren sich als positive (Läuten, Brummen, Summen, Zwitschern, Maschinengeräusch etc.) oder negative (iktale Taubheit), bilaterale oder unilaterale (dann kontralaterale) elementare akustische Phänomene; werden durch epileptische Aktivität in den Heschl'schen Querwindungen im Gyrus temporalis superior (Area 41) verursacht; komplexe akustische Illusionen und Halluzinationen zählen zu den psychischen Auren.
- Olfaktorische Auren (Syn.: Uncinatuskrisen): Geruch von Verbranntem, Gummi, Schwefel, Lösungsmittel, Erdöl, Parfum, Kakosmien etc.; selten (1% aller Auren); werden durch Anfallsaktivität im medialen Temporallappen und orbitofrontalen Kortex verursacht.
- Gustatorische Auren: manifestieren sich als scharfer, bitterer, süßer oder saurer Geschmack; entstehen durch epileptische Aktivität in der Inselrinde sowie im frontalen und parietalen Operkulum.
- Vertiginöse Auren: können sich einerseits als Drehschwindel (vertiginöse Auren im engeren Sinn, selten, epileptische Aktivität im hinteren Anteil des Gyrus temporalis superior) sowie als ungerichtetes Schwindelgefühl, Unscharfsehen oder dem Wissen um die beginnende Bewusstseinsstörung manifestieren (häufiger, sind allerdings keine vertiginöse Auren im engeren Sinn, sondern entsprechen cephalen Auren, besitzen keine lokalisatorische Bedeutung) (So 1997; Van Ness et al. 1997).

3.2.1.1.3. Fokale Anfälle mit autonomen Symptomen

Hier sind epigastrische/abdominelle Symptome, kardiovaskuläre Symptome (Brustschmerzen, Herzklopfen, Sinustachykardien, Herzrhythmusstörungen), respiratorische Symptome (Hyperventilation, Apnoe), Pupillenveränderungen (Mydriasis, Miosis), genitale Symptome (sexuelle Auren, genitale Empfindungen, iktaler Orgasmus), Hypersekretion (Schwitzen, vermehrte Tränensekretion, gesteigerte bronchiale Sekretion), vasomotorische Symptome (Flush-Symptomatik, Zyanose, Blässe), Harnsymptome (iktaler Harndrang, Harninkontinenz) und pilomotorische Symptome (Gänsehaut) anzuführen (Liporace und Sperling 1997; So 1997; Schernthaner et al. 1999; Baumgartner et al. 2000a). Epigastrische/abdominelle Symptome zählen zu den häufigsten Auren. Sie werden als unangenehmes Gefühl, Leere- oder Engegefühl in der Magengegend, Übelkeit, Schmetterlinge im Magen, Magenumdrehen sowie seltener als Schmerz beschrieben, sind in der Mittellinie im Epigastrium oder unteren Thorax lokalisiert und steigen oft in den Thorax, Hals oder Kopf auf. Oft sind sie von anderen autonomen oder psychischen Symptomen begleitet. Diese Auren entstehen zumeist durch epileptische Aktivität im medialen Temporallappen, seltener auch in anderen Hirnregionen. Ein anderes, allerdings seltenes gastrointestinales Symptom besteht in iktalem Würgen bzw. Erbrechen (Liporace und Sperling 1997; So 1997; Baumgartner et al. 1999).

3.2.1.1.4. Fokale Anfälle mit psychischen Symptomen (Störungen höherer kortikaler Funktionen)

Hierzu zählen dysphasische Anfälle, dysmnestische Anfälle, kognitive Auren, affektive Auren, illusionäre Verkennungen sowie geformte Halluzinationen (Fish 1997; So 1997).

- Dysphasische Anfälle: iktale Aphasien oder Dysarthrien; sollten eigentlich als fokale Anfälle mit motorischen Symptomen klassifiziert werden (Dreifuss 1997; Fish 1997).
- Dysmnestische Anfälle: illusionäre Verkennungen (deja vu, jamais vu, deja entendu, jamais entendu) und Halluzinationen (Memory Flashbacks).
- Kognitive Auren: traumartige Zustände, Änderungen des Zeitsinns etc.
- Affektive Auren:
  Angst: häufigste affektive Aura; dabei ist Angst durch epileptische Aktivität im Sinne einer Aura von der Angst vor dem Anfall abzugrenzen, was in der klinischen Praxis allerdings oft schwer ist; folgende Begleitsymptome treten häufig auf: Erlebnisinhalte, komplexe Halluzinationen („ein Fremder steht hinter mir", unangenehme Erlebnisinhalte aus der Vergangenheit), Lokalisation der Angst in bestimmte Körperteile (Magen, Thorax), autonome Symptome (Mydriasis, Piloerektion, Tachykardie, Hyperventilation); zudem wird oft eine gleichzeitige epigastrische Aura berichtet; Angst entsteht durch epileptische Aktivität im medialen Temporallappen, insbesondere im Nucleus amygdalae; Auren mit Angst sind häufig mit einer Atrophie des Nucleus amygdalae assoziiert (Cendes et al. 1994a).
- Glücksgefühl: selten; keine lokalisatorische Bedeutung; durch kortikale Stimulation nicht auslösbar.
- Illusionäre Verkennungen und Halluzinationen: Gedächtnisinhalte, visuelle bzw. akustische Phänomene, Störungen der Ich-Identität, Zeiterleben, Anmutungserlebnisse.

Tabelle 3.3. Klassifikation psychischer Auren

	Illusionen	Halluzinationen
Gedächtnis	deja vu, jamais vu, deja entendu, jamais entendu	Flashbacks, traumartige Zustände
Visuelle Phänomene	Makropsien, Mikropsien, näher oder weiter weg, klarer oder verschwommen	Objekte, Gesichter, szenische Abläufe
Akustische Phänomene	lauter oder leiser, deutlicher oder undeutlicher	Stimmen, Musik
Störungen der Ich-Identität	mentale Diplopie, Depersonalisation, Derealisation	autoskopische Phänomene
Zeit	schneller, langsamer, Stillstand	
Anmutungserlebnisse	Änderung der Bewusstseinsklarheit	

Modifiziert nach: So NK (1997)

Insgesamt ist eine Klassifikation von psychischen Auren schwierig und trägt der vielfältigen Phänomenologie nur unzureichend Rechnung (Tabelle 3.3) (So 1997). Psychische Auren entstehen durch epileptische Aktivität im Temporallappen, wobei die Aktivierung eines neuronalen Netzwerkes mit reziproken Verbindungen zwischen dem lateralen, temporalen Neokortex und mesialen temporalen Strukturen verantwortlich sein dürfte (Gloor 1990). In kortikalen Stimulationsstudien zeigten psychische Phänomene – im Gegensatz zu Reizantworten über primär motorischen oder sensorischen Hirnrindenarealen – eine stärkere Abhängigkeit von patientenspezifischen Faktoren als vom exakten Stimulationsort (Halgren et al. 1978). Zudem konnten identische Reizantworten von verschiedenen, räumlich entfernten Hirnarealen ausgelöst werden, was für eine Aktivierung von neuronalen Netzwerken, die durch wiederholte epileptische Anfälle formiert werden, spricht (Gloor et al. 1982; Gloor 1990; Fish et al. 1993).

3.2.1.2. Fokale Anfälle mit komplexer Symptomatik (fokal-komplexe Anfälle)

Fokale Anfälle mit komplexer Symptomatik sind durch eine Bewusstseinsstörung charakterisiert, die als fehlende Reaktion auf Ansprache definiert wird. Zudem besteht für einen fokal-komplexen Anfall eine Amnesie. Eine Bewusstseinsstörung wird im Allgemeinen durch bilaterale epileptische Aktivität in medialen temporalen Strukturen erklärt, wobei es bei Frontallappenanfällen auch ohne Einbeziehung des medialen Temporallappens zu einer Bewusstseinsstörung kommen kann (Williamson und Engel 1997). Dementsprechend werden ca. 80% der fokal-komplexen Anfälle durch epileptische Entladungen im Temporallappen verursacht, ca. 15% durch epileptische Aktivität im Frontallappen und die restlichen 5% durch Propagation nach temporal oder frontal aus dem Occipital- oder Parietallappen.

3.2.1.2.1. Fokal komplexe Temporallappenanfälle

Mit oder ohne vorangehende Aura kommt es zunächst zu einer Bewusstseinsstörung ohne wesentliche motorische Entäußerungen (die Patienten halten in der gerade ausgeführten Tätigkeit inne, starren regungslos mit weit geöffneten Augen vor sich hin und reagieren nicht auf Ansprache; „motion-less stare"). Dies kann entweder die einzige Anfallsmanifestation sein oder es können im weiteren Anfallsverlauf motorische Phänomene auftreten. Hier sind insbesondere oro-alimentäre Automatismen (Kauen, Schmatzen, Schlucken, Zähneknirschen etc.) charakteristisch für Anfälle aus dem medialen Temporallappen. Zudem sind auch häufig Handautomatismen (Nesteln, Wischen, Gestikulieren, etc.) zu beobachten. Die Automatismen können dabei ent-

Tabelle 3.4. Anfallssymptomatologie bei fokal-komplexen Temporallappenanfällen

Aura typischerweise epigastrische Auren oder affektive Auren (Angst) seltener: psychische Auren (deja vu, jamais vu, komplexe Halluzinationen)
⇓
Bewusstseinsstörung ohne wesentliche motorischen Entäußerungen („motion-less stare")
⇓
oro-alimentäre Automatismen
⇓
repetitive Handautomatismen
⇓
Umherblicken
⇓
Bewegungen des ganzen Körpers
⇓
längere postiktale Verwirrung

Modifiziert nach: Kotagal P (1992, 1997)

weder in einer Fortführung der gerade durchgeführten Tätigkeiten (perseverierende Automatismen) oder in neuen, stereotypen motorischen Mustern (de-novo Automatismen) bestehen. Zudem können auch tonische und dystone Halteschablonen sowie Kopf- und Augendeviationen auftreten (Kotagal 1997; Williamson und Engel 1997). Im Allgemeinen folgt den Anfällen eine mehr oder weniger lange Phase mit postiktaler Verwirrtheit, Desorientierung und Sprachstörungen (Dauer bis zu mehreren Minuten). Die Dauer dieser postiktalen Dysfunktion dauert länger bei Anfällen aus der dominanten Hemisphäre, was durch eine in diesem Fall bestehende postiktale Sprachstörung erklärt werden könnte (Fakhoury et al. 1994). Eine typische Symptomenabfolge während eines fokal-komplexen Temporallappenanfalls ist in Tabelle 3.4 dargestellt.

3.2.1.2.2. Fokal komplexe Frontallappenanfälle

Fokal-komplexe Frontallappenanfälle sind durch unspezifische Auren (die Patienten berichten oft über ein vages, nicht näher zu beschreibendes Gefühl im Kopf oder im gesamten Körper), einen plötzlichen Beginn und ein abruptes Ende, komplexe, oft hysterisch, bizarr und teilweise sexuell anmutende Automatismen bzw. motorische Phänomene („hypermotorische" Automatismen), Vokalisationen, eine kurze Dauer (< 60 sec) und eine kurze oder fehlende postiktale Verwirrung charakterisiert. Oft erfolgt eine rasche sekundäre Generalisierung, ebenso tritt ein fokal-komplexer Status epilepticus in bis zu 50% der Fälle auf (Tabelle 3.5). Die Anfallsfrequenz ist höher als bei den Temporallappenanfällen mit oft mehreren Anfällen pro Tag, wobei die Anfälle bevorzugt während des Schlafs und oft in Clustern auftreten (Salanova et al. 1995b, 1997; Williamson und Engel 1997; Williamson et al. 1997). Die klinische Anfallssymptomatologie erlaubt keine sichere topische Zuordnung zu Subkompartments des Frontallappens. So können fokal-komplexe Frontal-

Tabelle 3.5. Klinische Symptomatik bei fokal-komplexen Frontallappenanfällen

- Unspezifische Auren
- Häufig, oft mehrfach täglich
- Kurze Dauer (< 60 sec)
- Beginn und Ende sind abrupt
- Komplexe, oft hysterisch, bizarr und teilweise sexuell anmutende Automatismen bzw. motorische Phänomene (‚hypermotorische' Automatismen)
- Häufig Vokalisationen
- Rasche sekundäre Generalisierung
- Häufig fokal-komplexer Status epilepticus
- Keine wesentliche postiktale Verwirrung

lappenanfälle durch epileptische Aktivität im orbitofrontalen, frontopolaren, dorsolateralen frontalen und schließlich auch im medialen frontalen Kortex entstehen (Williamson et al. 1997).

3.2.1.3. Fokale Anfälle, die sich in sekundär generalisierte Anfälle entwickeln

Sowohl fokale Anfälle mit einfacher als auch solche mit komplexer Symptomatik können durch Ausbreitung epileptischer Entladungen in einen sekundär generalisierten tonisch-klonischen Anfall übergehen. Oft ist die initiale fokale Phase dem Patienten nicht mehr erinnerlich, sodass das Symptom generalisierter tonisch-klonischer Anfall („Grand-Mal-Anfall") sowohl einem sekundär generalisierten Anfall im Rahmen einer fokalen Epilepsie als auch einem primär generalisierten Anfall bei einer generalisierten Epilepsie entsprechen kann und per se noch keine definitive Zuordnung erlaubt.

3.2.1.4. Lateralisierende Anfallssymptome

Aus der klinischen Anfallssemiologie können an Hand sog. lateralisierender Zeichen Rückschlüsse auf die Seite des Anfallsursprungs gezogen werden (Tabelle 3.6):

- Symptome, die ipsilateral zur Anfallsursprungszone auftreten: unilaterale Automatismen der oberen Extremitäten (Chee et al. 1993), nicht-versive frühe Kopfwendung (Fakhoury und Abou-Khalil 1995), einseitiges Augenblinzeln (Benbadis et al. 1996a), postiktales Abwischen der Nase (Leutmezer et al. 1998).
- Symptome, die kontralateral zur Anfallsursprungszone auftreten: tonische/dystone Halteschablonen der oberen Extremitäten (Kotagal et al. 1989), unilaterale tonische Kontraktionen des Mundwinkels (Chee et al. 1993), einseitige klonische Zuckungen im Gesicht oder der Hand, Version des Kopfes (Wyllie et al. 1986), asymmetrische tonische Streckung eines Armes vor der sekundären Generalisierung (Kotagal et al. 2000), iktale Hemiparese (Oestreich et al. 1995), postiktale Hemiparese (Rolak et al. 1992).
- Symptome, die auf einen Anfallsursprung in der dominanten Hemisphäre hinweisen: postiktale Aphasie (Gabr et al. 1989).
- Symptome, die auf einen Anfallsursprung in der nicht-dominanten Hemisphäre hinweisen: iktal erhaltene Sprache (Gabr et al. 1989), iktales Erbrechen (Kramer et al. 1988; Baumgartner et al. 1999), Automatismen bei erhaltenem Bewusstsein (Ebner et al. 1995), iktales Lächeln (Molinuevo und Arroyo 1998), iktales Spucken (Voss et al. 1999), iktaler Harndrang (Baumgartner et al. 2000a).

Tabelle 3.6. Anfallssymptome, die eine Lateralisation der Anfallsursprungszone ermöglichen

- **Ipsilaterale Zeichen**
  unilaterale Automatismen der oberen Extremitäten
  nicht-versive frühe Kopfwendung
  einseitiges Augenblinzeln
  postikales Abwischen der Nase
- **Kontralaterale Zeichen**
  tonische/dystone Halteschablonen der oberen Extremitäten
  unilaterale tonische Kontraktionen des Mundwinkels
  einseitige klonische Zuckungen im Gesicht oder der Hand
  Version
  asymmetrische tonische Streckung eines Armes vor der sekundären Generalisierung
  iktale Hemiparese
  postiktale Hemiparese
- **Symptome, die auf einen Anfallsursprung in der dominanten Hemisphäre hinweisen**
  postiktale Aphasie
- **Symptome, die auf einen Anfallsursprung in der nicht-dominanten Hemisphäre hinweisen**
  iktal erhaltene Sprache
  iktales Erbrechen
  Automatismen bei erhaltenem Bewusstsein
  iktales Lächeln
  iktales Spucken
  iktaler Harndrang

3.2.2. Generalisierte Anfälle

Die generalisierten Anfälle werden in Absencen, myoklonische, tonisch-klonische, klonische, tonische und atonische Anfälle eingeteilt.

3.2.2.1. Absencen

Das gemeinsame Merkmal der Absencen ist eine Bewusstseinsstörung mit Innehalten in der gerade ausgeführten Tätigkeit. Man kann zwischen typischen und atypischen Absencen unterscheiden (Tabelle 3.7) (Berkovic 1997a).

Tabelle 3.7. Einteilung der Absencen

Typische Absencen
- Absencen mit reiner Bewusstseinsstörung
- Absencen mit milden klonischen Komponenten
- Absencen mit tonischen Komponenten
- Absencen mit Automatismen
- Absencen mit autonomen Phänomenen
- gemischte Formen: Kombination der oben genannten Symptome

Atypische Absencen

3.2.2.1.1. Typische Absencen

Typische Absencen sind durch einen abrupten Beginn und ein abruptes Ende, eine kurze Dauer (durchschnittlich 10 sec) und eine komplette Bewusstseinsstörung gekennzeichnet. Folgende Unterformen werden unterschieden:

- Absencen mit reiner Bewusstseinsstörung: plötzliches Innehalten in der gerade ausgeführten Tätigkeit, bewegungsloses Vorsichhinstarren, die Augen können nach oben abweichen, plötzliches Ende mit Wiederaufnahme der vorher durchgeführten Tätigkeit, Amnesie für die Dauer der Absence.
- Absencen mit milden klonischen Komponenten: diskrete klonische Aktivität der Augenlider, des Mundwinkels oder der oberen Extremitäten mit einer Frequenz von 3/sec.
- Absencen mit atonischen Komponenten: kurzzeitiger Tonusverlust mit Nachvornesinken des Kopfes oder des Rumpfes, Gegenstände können aus der Hand gleiten, Stürze treten allerdings nur selten auf.
- Absencen mit tonischen Komponenten: kurzzeitige, milde, symmetrische oder asymmetrische Tonuserhöhungen der Flexoren oder Extensoren; können zu einem Nachhintenstürzen oder zu einer Kopf- oder Rumpfdrehung führen.
- Absencen mit Automatismen: länger dauernde Absencen können mit Automatismen einhergehen, die sich in kraniokaudaler Richtung ausbreiten (Augenlider ⇒ orale Automatismen ⇒ Handautomatismen).
- Absencen mit autonomen Phänomenen: periorale Blässe, Mydriasis, Flush-Symptomatik, Tachykardie, Piloerektion, Speichelfluss, Inkontinenz;
- gemischte Formen: Kombination der oben genannten Symptome.

Absencen mit reiner Bewusstseinsstörung bzw. milden klonischen Komponenten sind am häufigsten, wobei die klinische Relevanz der beschriebenen Einteilung fraglich ist, sodass vielfach nur zwischen einfachen Absencen (mit reiner Bewusstseinsstörung) und komplexen Absencen (mit milden klonischen, atonischen und tonischen Komponenten sowie Absencen mit Automatismen) unterschieden wird. Absencen können praktisch bei allen unbehandelten Patienten durch Hyperventilation ausgelöst werden, bei 15% durch Flackerlichtstimulation. Müdigkeit provoziert Absencen, während sie in Zuständen erhöhter Aufmerksamkeit eher unterdrückt werden.

Iktale EEG-Veränderungen: generalisierte 3-Hz-Spike-Wave-Paroxysmen mit bifrontalem Maximum; Frequenz liegt zu Beginn des Paroxysmus bei 3,0–3,5 Hz, am Ende bei 2,5–3,0 Hz.

Epilepsiesyndrome mit typischen Absencen: idiopathische generalisierte Epilepsien (Absence-Epilepsie des Schulalters, juvenile Absence-Epilepsie, juvenile myoklonische Epilepsie) (Berkovic 1997a).

3.2.2.1.2. Atypische Absencen

Bei den atypischen Absencen sind Beginn und Ende weniger abrupt als bei den typischen Absencen, es besteht eine nur partielle Bewusstseinsstörung. Eine klare Abgrenzung vom interiktalen Zustand wird zumeist auch durch die bestehende mentale Retardation erschwert. Die Dauer beträgt durchschnittlich 5–10 Sekunden, obwohl sie auch prolongiert bis hin zum Absencenstatus auftreten können. An Begleitsymptomen können milde myoklonische, tonische, atonische und autonome Symptome und Automatismen vorhanden sein. Häufig kommt es zu einem fließenden Übergang von bzw. in tonische Anfälle.

Iktale EEG-Veränderungen: generalisierte Slow-Spike-Wave-Komplexe; Morphologie: irregulär, niedrigere Amplitude, weniger „spitze" Spikes als bei 3-Hz-Spike-Wave-Paroxysmen; Frequenz: 1,5 Hz (Bereich: 0,5–2,5 Hz).

Epilepsiesyndrome mit atypischen Absencen: Lennox-Gastaut-Syndrom, myoklonisch astatische Epilepsie (Berkovic 1997a).

3.2.2.1.3. Andere Absencenformen

- Myoklonische Absencen: Absencen mit einer Dauer von 10–60 Sekunden und myoklonischen Zuckungen im Bereich der Schultern, Arme und Beine mit einer tonischen Komponente im Bereich der Schultern.
- Lidmyoklonien mit Absencen: Absencen mit ausgeprägten Lidmyoklonien und forcierter Aufwärtsbewegung der Bulbi.
- Periorale Myoklonien mit Absencen (Berkovic 1997a).

3.2.2.2. Myoklonische Anfälle

3.2.2.2.1. Phänomenologie

Myoklonien sind plötzliche, kurze, unwillkürliche Muskelzuckungen bedingt durch kurze Muskelkontraktionen (positiver Myoklonus) oder seltener durch kurzzeitigen Verlust des Muskeltonus (negativer Myoklonus), die generalisiert oder umschrieben (Gesicht, Stamm, eine oder mehrere Extremitäten oder einzelne Muskeln bzw. Muskelgruppen), bilateral (symmetrisch oder asymmetrisch) oder einseitig sowie einzeln oder repetitiv (rhythmisch oder arrhythmisch) auftreten können. Die Amplitude der Myoklonien variiert von diskreten Muskelkontraktionen, die zu keinem Bewegungseffekt führen, bis hin zu massiven Zuckungen des Kopfes, Rumpfes oder der Extremitäten. Myoklonien können reizgetriggert (Reflexmyoklonien), bewegungsgetriggert (Aktions-, Intentions-, Haltemyoklonien), spontan oder kontinuierlich auftreten. Bei den idiopathischen generalisierten Epilepsien kommt es insbesondere in der Zeit nach dem Erwachen gehäuft zum Auftreten von Myoklonien. Bei einzelnen Myoklonien besteht im Allgemeinen keine Bewusstseinsstörung, bei repetitiven generalisierten Myoklonien kann es hingegen zu einer Beeinträchtigung des Bewusstseins kommen (Delgado-Escueta et al. 1997a; Werhan 1998).

3.2.2.2.2. Ätiologie

Myoklonien können fast überall im Zentralnervensystem entstehen (kortikal, subkortikal, spinal). Hinsichtlich ihrer Ätiologie können epileptische (kortikal generierte) von nicht-epileptischen Myoklonien (physiologische Myoklonien, hereditäre und sporadische Myoklonie-Syndrome, symptomatische Myoklonie-Syndrome, psychogene Myoklonien) abgegrenzt werden. Epileptische Myoklonien kommen im Rahmen der folgenden Epilepsiesyndrome vor:

- Idiopathische generalisierte Epilepsien: benigne und schwere myoklonische Epilepsie des frühen Kindesalters; juvenile Absence-Epilepsie; Epilepsie mit myoklonischen Absencen; juvenile myoklonische Epilepsie.
- Kryptogenetische bzw. symptomatische generalisierte Epilepsien: hypoxisch-ischämische Encephalopathie des Neugeborenen; frühe myoklonische Encephalopathie (early myoclonic encephalopathy – EME); frühinfantile epileptische Encephalopathie (early infantile epileptic encephalopathy with suppression-burst – EIEE); West-Syndrom; Lennox-Gastaut-Syndrom.
- Progressive Myoklonusepilepsien (Delgado-Escueta et al. 1997a; Werhan 1998).

Iktale EEG-Veränderungen: Polyspikes bzw. Polyspike-Wave-Paroxysmen (Delgado-Escueta et al. 1997a).

3.2.2.3. Primär generalisierte tonisch-klonische Anfälle („Grand-mal-Anfälle“)

Manche Patienten verspüren bereits Stunden oder Tage vor dem Anfall Prodromalsymptome (Stimmungsänderungen, Schlafstörungen, Schwindelgefühl, Angstgefühl, Konzentrationsstörungen, vermehrte Irritabilität), die unter Umständen Ausdruck einer veränderten kortikalen Exzitabilität sind und von Auren abgegrenzt werden müssen.

Generalisierte tonisch-klonische Anfälle können mit einzelnen myoklonischen Zuckungen beginnen, sich seltener aus einer Absence entwickeln oder mit einer initialen tonischen Phase beginnen. Zu Beginn kann es auch zu einer Version oder zu einer Drehung des gesamten Körpers kommen.

Die tonische Phase beginnt mit einem kurzen Flexorenspasmus der axialen Muskulatur, der sich rasch auf die Extremitätenmuskulatur ausbreitet (Elevation und Abduktion der Arme, leichte Beugung im Ellenbogen, Supinationsstellung der Hände, die unteren Extremitäten werden leicht gebeugt, adduziert und auswärtsrotiert) und mit einem Bewusstseinsverlust einhergeht. Die Augen sind weit geöffnet, die Bulbi weichen nach oben ab, es besteht eine Mydriasis, der Mund ist verkrampft und leicht geöffnet. Diese Phase ist von einer länger dauernden tonischen Extension gefolgt, die sich erneut von der axialen Muskulatur auf die Extremitäten ausbreitet. Sie beginnt mit einem forcierten Schluss des Mundes, der zu einem Zungenbiss führen kann, die tonische Kontraktion der Atemmuskulatur kann zu einem Initialschrei (Dauer: 2–12 Sekunden) führen. Die Arme werden leicht gebeugt, abduziert, wobei die Unterarme vor der Brust teilweise gekreuzt werden. Gleichzeitig werden die Beine adduziert, gestreckt und auswärts rotiert, wobei Füße und Zehen gestreckt werden. Während der tonischen Phase steigen Herzfrequenz und Blutdruck auf das doppelte an, der intravesikuläre Druck kann auf das 5-fache erhöht sein (durch Kontraktion des Sphinkter vesicae tritt jedoch kein Harnverlust auf). Zudem kommt es auch zu einer vermehrten Schweiß- und tracheobronchialen Sekretion, durch Sistieren der Atmung und Behinderung des venösen Rückstroms tritt eine Zyanose auf. Die tonische Phase kann von 1–3 Sekunden bis zu 20 Sekunden dauern.

Der Übergang von der tonischen in die klonische Phase erfolgt fließend, wobei in einer intermediären „vibratorischen Phase“ ein Muskelzittern mit einer Frequenz von 8 Hz zu beobachten ist, das auf eine Frequenz von 4 Hz abnimmt, womit die klonische Phase beginnt. Diese frühe klonische oder vibratorische Phase dauert 3–17 Sekunden.

In der klonischen Phase werden wiederholte heftige Flexorenspasmen von einer kompletten Atonie unterbrochen, wobei es simultan zu Miosis mit nachfolgender Mydriasis kommt. Die Dauer der atonischen Muskelerschlaffung wird zunehmend länger und irregulär, bis der Anfall schließlich mit einer letzten Verkrampfung endet. Durch Kontraktion des Sphinkter vesicae tritt bis zum Ende der klonischen Phase kein Harnverlust auf. Insgesamt dauern die Anfälle 1–2 Minuten.

Unmittelbar postiktal setzt die Atmung wieder ein, die Pupillen sind erweitert, in vielen Fällen kommt es zu einer erneuten tonischen Anspannung der Muskulatur für mehrere Sekunden bis zu Minuten im Sinne einer funktionellen Dezerebration, die rostral dominiert und von einem Verkrampfen des

Kiefers bis hin zum Opisthotonus reichen kann. Bei 50% der Patienten besteht in dieser Phase ein positives Babinski-Zeichen. Ein Harnverlust tritt am Übergang von der klonischen in die postiktal tonische Phase auf.

Postiktal besteht eine Bewusstlosigkeit unterschiedlicher Dauer, beim Erwachen sind die Patienten oft verwirrt, manche Patienten schlafen auch ein. Nach dem Erwachen fühlen sich die Patienten abgeschlagen und müde, oft bestehen Kopf- und Muskelschmerzen. Für den Anfall besteht eine Amnesie (Fisch 1997; Zifkin und Dravet 1997).

Iktale EEG-Veränderungen: generalisierte Kurvenabflachung (Desynchronisation) mit paroxysmaler schneller Aktivität niedriger Amplitude im Frequenzbereich von 20–40 Hz ⇒ synchronisierte, rhythmische Tätigkeit mit zunehmender Amplitude und abnehmender Frequenz („epileptischer Rekrutierungsrhythmus" nach Gastaut und Fischer-Williams) ⇒ klonische Phase: rhythmische Tätigkeit mit periodischen Bursts von Polyspikes, die von langsamen Wellen gefolgt sind ⇒ postiktal: generalisierte Kurvenabflachung mit polymorpher Deltaaktivität von weniger als 20 µV (Fisch 1997).

3.2.2.4. Generalisierte klonische Anfälle

Bei manchen generalisierten Krampfanfällen fehlt die initiale tonische Phase, sodass man von generalisierten klonischen Anfällen spricht. Klonische Anfälle beginnen entweder mit einem plötzlichen Tonusverlust oder einer kurzen tonischen Verkrampfung, die zu einem Sturz führen können. Danach kommt es zu wiederholten klonischen Zuckungen abnehmender Frequenz, autonome Veränderungen sind im Allgemeinen weniger ausgeprägt als bei den generalisierten tonisch-klonischen Anfällen, ebenso ist die postiktale Erholungsphase zumeist kürzer (Dreifuss 1997; Zifkin und Dravet 1997).

Iktale EEG-Veränderungen: Paroxysmale schnelle Aktivität (10 Hz oder schneller) mit langsamen Wellen; gelegentlich Spike-Wave-Paroxysmen (Dreifuss 1997).

3.2.2.5. Generalisierte tonische Anfälle

Tonische Anfälle sind durch eine plötzliche, heftige Zunahme des Muskeltonus (symmetrisch oder asymmetrisch) gekennzeichnet, wobei entsprechend der Verteilung der Tonuserhöhung folgende Subtypen unterschieden werden können:

- Axiale tonische Anfälle: tonische Kontraktion der Halsmuskulatur mit Fixation des Kopfes in einer aufrechten, leicht gebeugten oder überstreckten Position; die Augen werden weit aufgerissen, die Augenbrauen angehoben; die Atmung ist beschleunigt oder es kommt zu einer Apnoe.

- Axo-rhizomelische tonische Anfälle: Beginn wie bei den axialen Anfällen mit nachfolgender Kontraktion der proximalen Muskulatur der oberen Extremitäten, wobei es durch tonische Kontraktion des Musculus trapezius und des Musculus deltoideus zu einer Elevation und Abduktion der Arme kommt.
- Globale tonische Anfälle: Ausbreitung der tonischen Kontraktion von der axialen Muskulatur auf alle Muskeln der oberen und unteren Extremitäten; Überstreckung des Rumpfes; Abduktion und leichte Beugung der oberen Extremitäten, Faustschluss der Hände; Flexion oder Extension der unteren Extremitäten ⇒ Sturz; Kontraktion der Atemmuskulatur ⇒ Apnoe.

Häufig kommt es auch zu vegetativen Begleitsymptomen mit Änderung von Atemfrequenz und -tiefe, Tachy- oder Bradykardie, Speichelfluss, Mydriasis, Zyanose oder Flush-Symptomatik. Die Anfallsintensität ist auch bei ein und demselben Patienten stark variabel. Tonische Anfälle dauern durchschnittlich 5–20 Sekunden und sind von einer Bewusstseinsstörung begleitet. Die Anfälle können im Wachzustand und Schlaf auftreten (hier bevorzugt in den Schlafstadien I und II). Manchmal kommt es auch zu einem tonischen Status. Abhängig von der Anfallsdauer bzw. -intensität sind die Patienten postiktal erschöpft und müde oder es besteht keine wesentliche postiktale Beeinträchtigung (Vigevano et al. 1997).

Iktale EEG-Veränderungen: generalisierte tonische Anfälle können mit unterschiedlichen EEG-Anfallsmustern einhergehen:

- Generalisierte Kurvenabflachung (Desynchronisations- oder Elektrodekrement-Muster);
- bilateral synchrone, generalisierte 10–25 Hz Aktivität mit anfangs niedriger Amplitude, die im weiteren Verlauf auf 50–100 µV zunimmt;
- generalisierte, hochamplitudige, rhythmische 10–13 Hz Tätigkeit;
- in seltenen Fällen irreguläre, generalisierte Theta-Delta-Tätigkeit (Farrell 1997a).

Epilepsiesyndrome mit tonischen Anfällen: tonische Anfälle treten charakteristischerweise beim Lennox-Gastaut-Syndrom auf (Vigevano et al. 1997).

3.2.2.6. Atonische Anfälle

Atonische Anfälle sind durch einen plötzlichen kurzzeitigen Tonusverlust gekennzeichnet, der entweder umschrieben (Nickbewegung des Kopfes mit Kieferöffnung, Tonusverlust einer Extremität) oder generalisiert (Sturzanfälle) sein kann. Entgegen früherer Ansichten konnte in Video-Polygraphie-Studien nachgewiesen werden, dass atonische Anfälle sehr selten sind. Es können 2 Typen unterschieden werden:

- Kurze atonische Anfälle: kurzer Tonusverlust; fehlende oder ganz kurze Bewusstseinsstörung;
- Prolongierte atonische Anfälle (akinetische Anfälle): generalisierter Tonusverlust für eine bis mehrere Minuten mit Bewusstseinsstörung; der Patient fällt zu Boden, bleibt regungslos liegen und ist unfähig zu sprechen.

Iktale EEG Veränderungen: generalisierte Polyspike-Wave-Paroxysmen; paroxysmale schnelle Aktivität hoher oder niedriger Amplitude; Kurvenabflachung; Burst von Polyspikes gefolgt von generalisierten Spike-Wave-Paroxysmen.

Epilepsiesyndrome mit generalisierten atonischen Anfällen: Atonische Anfälle kommen vorwiegend beim Lennox-Gastaut-Syndrom vor (Tassinari et al. 1997).

Sonderform: myoklonische-atonische (myoklonisch-astatische) Anfälle. Symmetrische Myoklonien der Extremitäten oder irreguläre Myoklonien im Gesicht, gefolgt von einem generalisierten Tonusverlust mit Sturz, charakteristisch für die Epilepsie mit myoklonisch-astatischen Anfällen.

Iktales EEG: Slow-Spike-Wave-Paroxysmen (Tassinari et al. 1997).

4. Diagnostik

Wolfgang Serles

Die Epilepsiediagnostik soll folgende Fragen klären: Besteht eine Epilepsie, wenn ja, welche Epilepsieform und was ist ihre Ätiologie?

Die Diagnose einer Epilepsie wird klinisch gestellt, im Zentrum steht die Erhebung der Anfallsanamnese mit der Patientenschilderung des subjektiven Erlebens des Anfallereignisses sowie mit der Beschreibung durch einen objektiven Beobachter (z.B. einen Angehörigen).

4.1. Anamnese

Eine Anfallanamnese soll systematisch sein, muss jedoch den individuellen Umständen des Patientengesprächs angepasst werden.

Schema einer systematischen Anfallsanamnese

- Familienanamnese: Neugeborenenkrämpfe, Fieberkrämpfe – einfach/kompliziert, andere ZNS-Erkrankungen;
- Geburtsanamnese: Schwangerschaftsverlauf, Geburtstermin (Termingeburt, Frühgeburt etc.), Geburtsgewicht, perinatale Komplikationen;
- frühkindliche Anamnese: Entwicklungsmeilensteine (Sitzen, Laufen, Sprechen);
- allgemeine Krankheitsanamnese inkl. Frage nach SHT, Meningitis/Encephalitis sowie Drogen- und Alkoholanamnese;
- Anfallsanamnese: Alter und Umstände beim ersten Anfall, Gelegenheitsanfall?, Entwicklung der Anfallskrankheit bis zum gegenwärtigen Zeitpunkt, Auslösefaktoren, tageszeitlicher Bezug, perimenstruelle Häufung, Prodromalsymptome, Status epilepticus, Verletzungen durch Anfälle;
- Anfallsbeschreibung durch den Patienten: Spüren Sie eine Vorwarnung (Aura)? (Wann) Tritt Bewusstlosigkeit ein? Kommt es zu unwillkürlichen blitzartigen Zuckungen des Kopfes, der Extremitäten? Wie finden Sie sich nach dem Anfall wieder? (Frage nach postiktaler Aphasie, Todd'scher Lähmung, postiktaler Desorientiertheit.) Zungenbiss? Secessus? Gibt es verschiedene Arten von Anfällen? (z.B. „leichte" und „schwere" oder unter-

schiedlicher Charakter?) Hat sich der Charakter der Anfälle im Laufe der Zeit geändert? Bestehen postiktal (lateralisierte) Kopfschmerzen oder Muskelschmerzen?

- Anfallsbeschreibung durch Augenzeugen: ev. Nachahmung veranlassen. Starrer Blick, orale Automatismen (Schmatzen, Kauen), Erbrechen/Würgen, Handautomatismen, tonische Verkrampfung eines Armes, sprachliche Entäußerung, forcierte Kopf- oder Körperdrehung? Gesichtsausdruck, Verkrampfung/Grimassieren des Gesichts, Stellung der Augen, Armhaltung während (sekundärer) Generalisation? (Post-) iktaler Harndrang, Husten/Räuspern oder postiktales Nasenabwischen nach einem fokalkomplexen Anfall? Dauer der Phase der Reorientierung? Werden die Anfälle amnesiert?
- Anfallsfrequenz (z.B. pro Monat) für jeden Anfallstyp, längstes anfallsfreies Intervall, treten Anfallscluster auf? (⇒ Unterweisung in der Erstellung eines Anfallskalenders)
- Medikamentenanamnese: Art und maximale Dosierung, Allergien?
- Schul- und Berufsbildung: Auftreten eines Leistungsknicks im Verlauf der Erkrankung? Führerscheinbesitz?
- Sozialanamnese: Partnerbeziehung/Familienstand, Wohnungs- und Arbeitssituation.

4.2. Neurologisch/psychiatrische Untersuchung

Fokal neurologische Zeichen? Mentale Retardierung? Gedächtnisprobleme für Namen, Zahlen oder räumliches Erinnerungsvermögen? Psychiatrische Anamnese inkl. Frage nach periiktalen oder interiktalen Psychosen.

4.3. Allgemein medizinische Untersuchung

Suche nach Hautveränderungen, Augenhintergrund z.B. bei neurokutanen Syndromen, kardiovaskulärer Status inklusive EKG bei anamnestischen Beschwerden wie Palpitationen oder Herzrasen und unklarer rezidivierender Bewusstlosigkeit.

4.4. Elektrophysiologische Untersuchungen

4.4.1. Routine-EEG

Mit Hilfe einer detaillierten Anamnese kann in vielen Fällen bereits eine erste Zuordnung zu einem Epilepsiesyndrom möglich sein („Zu welchem Syndrom passt die geschilderte Anfallserkrankung am Besten?"). Das EEG sollte die Diagnose lediglich bestätigen, jedenfalls aber immer nur im Zusammenhang mit der Klinik (Manifestationsalter, Anfallssemiologie und neurologischer Befund) beurteilt werden ⇒ elektroklinische Diagnose.

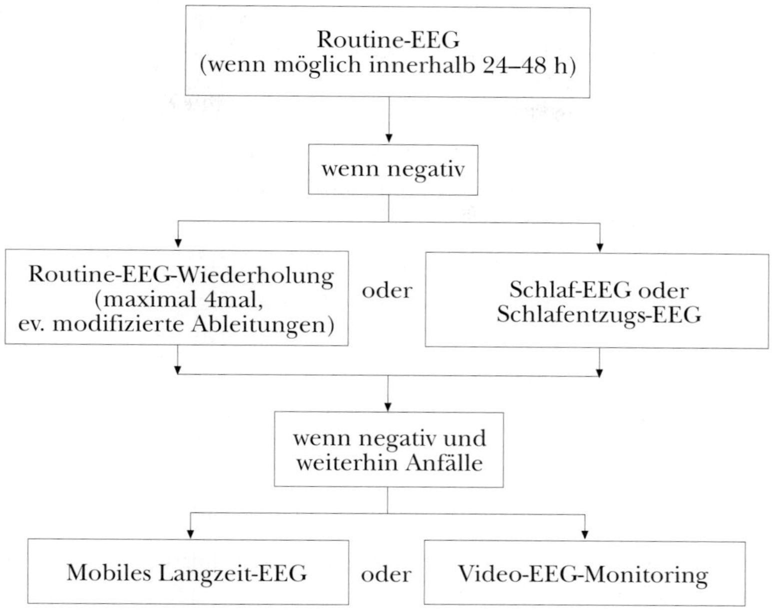

Abb. 4.1. Schema zur EEG-Diagnostik

Nachdem die Wahrscheinlichkeit eines Anfalls (iktales EEG) während eines Routine-EEGs gering ist, sind interiktale Veränderungen diagnostisch entscheidend. In der Regel wird ein mindestens 20-minütiges Ruhe-EEG (konventionelles Papier-EEG oder ein digitales EEG mit der Möglichkeit der Reformatierung) mit Provokationsmethoden wie Hyperventilation und Photostimulation durchgeführt (American Electroencephalographic Society 1994b; American Electroencephalographic Society 1994c; Deutsche Gesellschaft für Klinische Neurophysiologie 1995; Nuwer et al. 1999). Obwohl das EEG eine verhältnismäßig kostengünstige Untersuchung ohne ernstzunehmende Nebenwirkungen oder Risiken ist, sollte eine sinnvolle Indikationsstellung erfolgen. Zudem ist zu bedenken, dass die Frage nach dem Vorliegen einer Epilepsie durch ein pathologisches EEG weder bewiesen noch durch ein unauffälliges EEG widerlegt werden kann (siehe unten). Ein Schema zur EEG-Diagnostik ist in Abb. 4.1 wiedergegeben.

4.4.1.1. Fragen an das EEG im Rahmen der Epilepsiediagnostik

Eine Verlangsamung des Grundrhythmus oder intermittierende bzw. kontinuierliche rhythmische (fokale oder generalisierte) Verlangsamungen kommen zwar bei Epilepsiepatienten häufig vor, sind aber auch bei vielen anderen neurologischen Erkrankungen zu sehen. Daher steht die Frage nach epilepsietypischen Veränderungen, die eine genügend hohe Assoziation mit Epilepsie aufweisen, im Vordergrund.

- Sind interiktale epilepsietypische Entladungen wie Spikes, Sharp Waves oder „periodische lateralisierte epileptiforme Entladungen“ (= PLEDS) (Snodgrass et al. 1989; Pohlmann-Eden et al. 1996), photoparoxysmale Reaktionen, die das Stimulationsende nach Flackerlicht überdauern (Reilly und Peters 1973; Puglia et al. 1992) etc. vorhanden?
- Lokalisation dieser Veränderungen: Sind interiktale Spikes/Sharp Waves generalisiert oder fokal?

Letzteres ist wichtig für die Entscheidung, ob es sich um eine generalisierte oder fokale Epilepsie handelt. Dies hat auch wesentliche therapeutische Konsequenzen bei der Wahl des Antiepileptikums. Allerdings gibt es auch fokale Epilepsien mit generalisierten Entladungen (z.B. sekundäre bilaterale Synchronie bei Frontallappenepilepsien (Quesney et al. 1992) und fokale Spikes bei juveniler myoklonischer Epilepsie (Lombroso 1997)).

4.4.1.2. Spezifität von epilepsietypischen Veränderungen im EEG

Es besteht eine sehr gute, aber keine absolute Korrelation zwischen dem Auftreten von epilepsietypischen Veränderungen im Oberflächen-EEG und dem Vorliegen einer Epilepsie (Daly 1990).

So fanden sich epilepsietypische Entladungen z.B. bei 1,9% der EEGs von 743 gesunden Kindern zwischen 1 bis 16 Jahren (Eeg-Olofsson et al. 1971). In einer anderen Studie wurden bei 131 (3,5%) von 3726 Schulkindern im Alter von 6–13 Jahren epileptiforme Entladungen gefunden (Eeg-Olofsson et al. 1971). Nur 7 (5,3%) dieser 131 Kindern entwickelten schließlich eine Epilepsie nach einem Beobachtungszeitraum von 8 Jahren. Allerdings wurden die Kinder mit unauffälligen EEGs nicht nachuntersucht, sodass die Inzidenz einer Epilepsie in der Gesamtgruppe unklar bleibt. In dieser Studie waren außerdem Kinder zwischen 7–10 Jahren mit einer deutlich erhöhten Prävalenz für epilepsietypische Entladungen überrepräsentiert und die Ausschlusskriterien bezüglich vorhandener erworbener oder hereditärer ZNS-Erkrankungen nicht so streng wie in der ersten Studie. Andererseits wurde die gesamte Gruppe nur einem EEG unterzogen und mehr als 2/3 der epileptiformen Veränderungen waren fokale Spikes, welche im Schlaf häufiger sind, was wiederum eine in Wirklichkeit höhere Prävalenz annehmen lässt (Daly 1990).

Zwei Studien bei gesundem Flugpersonal fanden in 2 von 424 Erwachsenen (0,5%) bzw. in 69 von 13658 Männern im Alter von 17–25 Jahren (0,5%) epilepsietypische Entladungen (Bennett 1967; Gregory et al. 1993). Eine Epilepsie entwickelte sich bei keinem bzw. in einem von 43 über 5–29 Jahre nachbeobachteten Personen. Eine rezente Arbeit bestätigt eine Inzidenz von epileptiformer Aktivität bei gesunden Erwachsenen von unter 1% (Jabbari et al. 2000).

Ob die höhere Prävalenz epilepsietypischer Potentiale bei gesunden Kindern auch ein höheres Epilepsierisiko als bei Erwachsenen bedingt, ist ungenügend untersucht. Walczak und Jayakar (1997) führen aber aus, dass zentrotemporale Spikes, generalisierte Spikes/Sharp Waves und photoparoxysmale Reaktionen häufiger im Kindesalter auftreten. Diese Veränderungen machen in den meisten Studien den Großteil von epilepsietypischen Entladungen bei gesunden Personen aus und besitzen eine geringere Assoziation zur Epilepsie als andere fokale v.a. temporale oder multifokale Spikes. Diese Autoren meinen weiter, dass vor allem bei Kindern die Wahrscheinlichkeit einer Epilepsie somit von der Art, Lokalisation und Verteilung der epilepsietypischen Veränderungen abhängt. Als weiteren Hinweis dafür werten sie, dass sich epilepsietypische Entladungen im Rahmen der kindlichen cerebralen Entwicklung sowohl bei gesunden (Cavazzuti et al. 1980), als auch bei kranken Kindern (Kellaway 1980; Lerman und Kivity-Ephraim 1981) im Gegensatz zum Erwachsenenalter (Hughes 1985) häufiger zurückzubilden scheinen.

Schließlich müssen differentialdiagnostisch „marginale" EEG-Muster, welche nicht mit einer Epilepsie assoziiert sind, von epilepsietypischen Veränderungen abgegrenzt werden (Westmoreland 1990): Die häufigsten sind die benignen epilepsieähnlichen Transienten des Schlafs (benign epileptiform transients of sleep = BETS, auch als small sharp Spikes = SSS, bezeichnet, Vorkommen in bis zu 20%), welche vor allem von temporalen Spikes unterschieden werden müssen, sowie 14- und 6-Hz positive Spikes (Vorkommen in 10–58%), die Schwierigkeiten bei der Unterscheidung zur juvenilen myoklonischen Epilepsie machen können. Andere Veränderungen wie die psychomotorische Variante (psychomotor variant), das 6 Hz „Phantom" Spike and Wave-Muster, die subklinischen rhythmischen Entladungen des Erwachsenen (SREDA), der Mittellinien-Theta-Rhythmus oder die Wicket Spikes sind nur in < 3% der EEGs zu finden.

4.4.1.3. Sensitivität von epilepsietypischen Veränderungen im EEG

Das Routine-EEG bei Epilepsiepatienten ist nicht in 100% positiv. Die Gründe hierfür sind

- Das zeitliche Sampling-Problem: Eine Ableitung von 20–30 Minuten erfasst nur ca. 2% von 24 h Gehirntätigkeit.
- Epileptische Entladungen können im Oberflächen-EEG nicht erfasst werden, da sie in oberflächenfernen Regionen generiert (Merlet und Gotman 1999) oder durch Dura und Kopfschwarte entsprechend abgeschwächt werden (Cooper et al. 1965).
- Schließlich gibt es experimentelle Hinweise, dass selbst intrakortikal generierte epileptische Potentiale an der Kortexoberfläche nicht mehr abgeleitet werden können (Speckmann und Elger 1998).
- Zeitpunkt der EEG-Ableitung: Nach einem ersten unprovozierten Anfall fanden King et al. (1998) innerhalb von 24 h bei 51% der Patienten interiktale epileptiforme Veränderungen im Vergleich zu 43% nach diesem

Zeitraum. Dies bestätigt eine andere Studie, die eine inverse Korrelation zwischen dem Auftreten von epileptiformen Veränderungen und der Zeitdauer nach dem letztem Anfall fand (z.B. 53% abnorme EEGs innerhalb von 24 h im Vergleich zu 42% innerhalb von 2 Tagen bis 1 Woche (Doppelbauer et al. 1993)). In anderen Arbeiten zeigten sich ebenfalls postiktal häufigere Spikes (Marsan und Zivin 1970; Bauer 1975; Sundaram et al. 1990) bzw. bei kontinuierlichem Monitoring höhere Spikefrequenzen innerhalb von einigen Stunden bis zu mehreren Tagen nach einem Anfall (Gotman und Marciani 1985). Obwohl genaue Angaben über die Variabilität und das Ausmaß der Spikefrequenzerhöhung fehlen, kann ein möglichst früh (z.B. innerhalb der ersten 24–48 h) nach einem Anfall durchgeführtes EEG die Sensitivität der Methode erhöhen.

4.4.1.4. Unter welchen Umständen ist die Sensitivität des EEGs erhöht und wie viele EEGs sollen aus diagnostischen Gründen durchgeführt werden?

Die Angaben über interiktale epileptiforme Entladungen im ersten EEG von vorzugsweise erwachsenen Patienten mit einer weitgehend gesicherten Diagnose einer Epilepsie variieren zwischen 29 und 55,5% (Marsan und Zivin 1970; Goodin und Aminoff 1984; Salinsky et al. 1987). Im vierten EEG finden sich in 82–92% der Patienten interiktale epileptiforme Entladungen (Marsan und Zivin 1970; Salinsky et al. 1987). Weiters fand man, dass bei unauffälligem EEG mehr als vier (Salinsky et al. 1987) oder fünf (Doppelbauer et al. 1993) Routine-EEGs keine wesentliche zusätzliche diagnostische Information erbringen. Das bedeutet, dass in einer Patientengruppe mit klinisch hoher Wahrscheinlichkeit einer Epilepsie das EEG eine hohe Sensitivität hat, jedoch ein unauffälliges Routine-EEG (auch nach 4–5maliger Wiederholung) das Vorliegen einer Epilepsie nicht ausschließt.

Das Vorkommen von epilepsietypischen Potentialen im EEG nach einem ersten unprovozierten Anfall oder einigen wenigen Anfällen schwankt zwischen 12 und ca. 50% (Hopkins et al. 1988; Shinnar et al. 1990; van Donselaar et al. 1992; First Seizure Trial Group 1993; King et al. 1998), wobei die Unterschiede zwischen den Studien auf verschiedenen Populationen (Erwachsene und Kinder) und divergenten Kriterien für epilepsietypische Veränderungen beruhen dürften (Walczak und Jayakar 1997). Altersabhängige Unterschiede bestätigten King et al. (1998), wobei sich epileptiforme Veränderungen bei 59% der Patienten unter 16 Jahren im Vergleich zu nur 39% bei über 16-Jährigen fanden.

4.4.1.5. Prognostische Relevanz des EEG

In diesem Zusammenhang stellt sich die Frage nach der prognostischen Relevanz des EEGs nach einem ersten unprovozierten Anfall. Eine Epilepsie liegt definitionsgemäß erst nach zwei oder mehreren Anfällen vor (Shinnar et al. 2000). Im klinischen Alltag ergibt sich außer der Differentialdiagnose (siehe Kapitel 16 „Differentialdiagnose") das Problem, eine beginnende Epilepsie von einem Gelegenheitsanfall oder einem isolierten unprovozierten Anfall zu unterscheiden (siehe Kapitel 6.6.1 „Erster Anfall – singulärer Anfall"). In der Praxis wird nach einem ersten Anfall routinemäßig ein EEG durchgeführt (Shinnar und Ballaban-Gil 1991; Panayiotopoulos 1998).

Epilepsietypische Potentiale im EEG stellen einen negativen prognostischen Faktor für das Auftreten eines Rezidivanfalls dar. In einer Metaanalyse war das gepoolte relative Risiko für ein Rezidiv nach einem ersten Anfall bei Personen mit epileptiformen Entladungen im Vergleich zu Personen mit normalem EEG etwa doppelt so hoch (Berg und Shinnar 1991). Eine unabhängige Information für ein erhöhtes Rezidivrisiko scheint das EEG aber nur in der Gruppe von Personen mit idiopathischen/kryptogenetischen (im Unterschied zu symptomatischen) Anfällen zu liefern (Hauser et al. 1990; Shinnar et al. 1990). Im Widerspruch dazu steht eine rezente Metaanalyse von vier Studien im Kindesalter (Camfield et al. 1985; Boulloche et al. 1989; Shinnar et al. 1996; Stroink et al. 1998), in der das Vorhandensein oder die Abwesenheit von epilepsietypischen Potentialen in einem ersten EEG nach einem singulären unprovozierten Anfall keinerlei prognostische Relevanz für das absolute Risiko eines Rezidivanfalles hatte (Gilbert und Buncher 2000). Die Autoren fordern einen selektiven Einsatz des EEGs nach einem ersten Anfall.

4.4.2. Schlaf(-entzugs)-EEG

Die Sensitivität des EEGs lässt sich durch EEG-Ableitungen im Schlaf steigern (interiktale epileptiforme Entladungen in mehr als 40% der Epilepsie-Patienten, die keine Entladungen im Wach-EEG zeigen [v.a. West-, Lennox-Gastaut-Syndrom, Rolando-Epilepsie, symptomatische oder kryptogenetische fokale Epilepsien, etc.] [Ellingson et al. 1984; Daly 1990; Degen und Rodin 1991]). Eine weitere ca. 20%-ige Zunahme ableitbarer Spikes wird durch 24-stündigen Schlafentzug erreicht, wobei die Sensitivität auch bereits erhöht wird, wenn der Patient während der Ableitung nicht einschläft (Pratt et al. 1968; Ellingson et al. 1984). Damit parallel geht auch eine höhere Effektivität der üblichen Aktivierungsmethoden (Hyperventilation, Photostimulation) einher.

Der Schlafentzug kann ambulant (partiell z.B. kurzer Nachtschlaf zu Hause von 1:00–6:00) oder komplett (z. B. stationär über 24 h) durchgeführt werden. Wenn trotzdem Einschlafschwierigkeiten bestehen bzw. für das normale Schlaf-EEG ohne Schlafentzug wird eine Schlafinduktion durch Gabe von Sedativa z.B. 1–2 g Chloralhydrat p.o. durchgeführt. Epileptiforme Entladungen sind häufiger im Non-REM-Schlaf, die Ableitdauer richtet sich nach der Kapazität des jeweiligen Labors, es sollte jedoch zumindest Schlafstadium 2 nach Rechtschaffen und Kales (1968) erreicht werden.

4.4.3. Modifizierte EEG-Ableitungen – Zusatzelektroden

Prinzipiell lässt sich die Aussagekraft durch eine längere Ableitung oder mehr Elektroden als im Standardschema des Internationalen 10-20-Systems (Jasper 1958), wie z.B. mit zusätzlichen Elektroden auf den halbierten Elektrodenabständen des Internationalen 10-20-Systems (10-10-System [American Electroencephalographic Society 1991]) erhöhen (Abb. 4.2).

Die Sensitivität der Ableitung von interiktalen Veränderungen im Bereich des Temporallappens kann mit den sog. anterioren temporalen Elektroden (T1/T2 – 1 cm oberhalb jenes Punktes, der sich nach dem ersten Drittel einer Verbindungslinie zwischen dem äußeren Gehörgang und dem lateralen Augenwinkel ergibt [Silverman 1960] bzw. 2 cm unterhalb des Teilungspunktes der Verbindungslinie zwischen F7/8 und T7/8 [entsprechend Elektrodenposition FT9/10 im 10-10-System] oder anterioren [Manzano et al. 1986] bzw. „posterioren" Zygomatikus-Elektroden [Sindrup et al. 1981], welche am vorderen bzw. hinteren Anteil des Jochbogens platziert werden) gesteigert werden. Morris et al. (1986) fanden bei 27 Patienten mit fokal-komplexen Temporallappenanfällen in 61% ein Maximum der epileptischen Aktivität im Bereich der basalen temporalen Elektroden, insbesondere FT9/10, im Vergleich zu

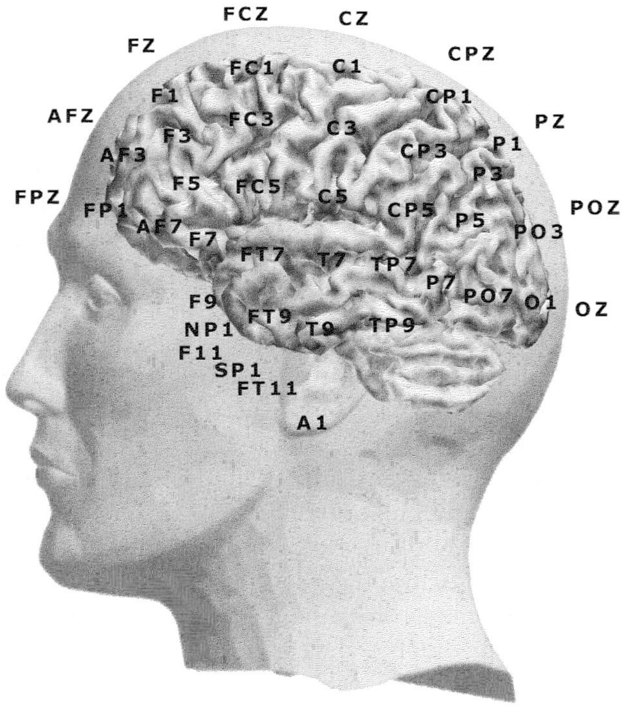

Abb. 4.2. EEG-Elektroden-Positionen (Erweitertes 10-20-System)

27% mit den 10-20 Standard-Elektrodenpositionen. Frontopolare Spikes sollen besser durch orbitofrontale Elektroden erfasst werden (Quesney et al. 1993). Schließlich besteht noch die Möglichkeit mittels invasiverer Elektroden das Sampling von den mesialen Strukturen des Temporallappens zu verbessern, z.B. mit Nasopharyngealelektroden (S- oder Z-förmig gekrümmte Elektrode, die durch den unteren Nasengang bis zur Rachenhinterwand, diese mit der Spitze berührend, geführt wird; sie gelten als artefaktanfälliger und werden heute nur noch selten verwendet) oder mit Sphenoidalelektroden, welche vor allem in der prächirurgischen Epilepsiediagnostik Verwendung finden. Sphenoidalelektroden sind dünne, flexible, mit Teflon isolierte Elektroden, die nach entsprechender Vormedikation im Bereich der Incisura zygomatica mittels einer Führungskanüle in eine Tiefe von 3–5 cm in die Fossa infratemporalis gesetzt werden. Nach Entfernen der Führungskanüle liegt die nichtisolierte Elektrodenspitze extrakraniell unterhalb des Foramen-ovale (Rovit et al. 1960; Sperling und Engel 1986). Vom basalen Frontallappen leiten die Nasoethmoidalelektroden ab, welche jedoch ebenso heute kaum mehr eingesetzt werden (Lehtinen und Bergstrom 1970). Die Häufigkeit, mit welcher temporale epilepsietypische Potentiale mit Standardelektroden im Vergleich zu Nasopharyngealelektroden, anterioren temporalen Elektroden und Sphenoidalelektroden aufgezeichnet wurden, betrug in verschiedenen Studien 43–58%, 57–69%, 81–90% bzw. 75–100% (Roger et al. 1985; Sperling et al. 1986; Homan et al. 1988; Sadler und Goodwin 1989; Goodin et al. 1990).

4.4.4. Mobiles Langzeit-EEG

In der Praxis kann im Routine-EEG-Labor nur selten ein Anfall aufgezeichnet werden. Eine ambulante 24-stündige EEG-Aufzeichnung, z.B. mit einem Kassettengerät (3–4, 8–9 oder heutzutage durchwegs 16 Kanäle inklusive EKG oder EOG-Kanal), gestattet eine ca. 2mal so häufige Aufzeichnung von Anfällen oder interiktalen epileptiformen Entladungen als das Routine-EEG und ist vor allem zur Aufzeichnung von generalisierten Veränderungen geeignet (Ebersole und Leroy 1983; Bridgers und Ebersole 1985; Ebersole und Bridgers 1985). Das mobile Langzeit-EEG detektiert nach verschiedenen Studien im Vergleich zum kontinuierlichen Monitoring 77–93% der interiktalen epileptiformen Veränderungen, Anfälle werden ebenso häufig dokumentiert (Ebersole und Leroy 1983; Bridgers und Ebersole 1985; Ebersole und Bridgers 1985). Die Indikation stellt sich bei im Routine-EEG unklaren Fällen z.B. zur Differentialdiagnose von Synkopen, kardialen Arrhythmien oder an den Nachtschlaf gebundenen Ereignissen inklusive ambulanter Polysomnographie. Da die Elektroden während des Ableitens nicht ständig kontrolliert werden können, ist eine bipolare Verschaltung (Ives et al. 1993) weniger artefaktanfällig als eine referentielle Ableitung, welche im stationären Bereich aufgrund der leichteren Reformatierung bevorzugt wird.

Einer der größten Vorteile des mobilen Langzeit-EEGs ist der Aufenthalt in gewohnter Umgebung, wobei bei manchen Patienten die Auslösung von Attacken in Situationen der alltäglichen Belastung eher gelingen, insbesondere wenn z.B. das prolongierte stationäre Monitoring negativ blieb. In diesem Zusammenhang wird von Patienten immer wieder Stress als ein wesentlicher Faktor der Anfallsauslösung geschildert. Dies konnte in zwei rezenten Studien allerdings nicht sicher bestätigt werden (Neufeld et al. 1994; Neugebauer et al. 1994). Prinzipiell kann auch eine Kombination mit privaten Heim-Videokameras zur Dokumentation von Anfällen während des Tages auf Kosten eingeschränkter Bewegungsfreiheit versucht werden, obwohl eine entscheidende Informationseinschränkung in der mangelnden Synchronisation zwischen EEG- und Video-Daten besteht.

Einen weiteren Einsatz stellt die Frage der Wirksamkeit einer antiepileptischen Therapie bei generalisierten Epilepsien (Auftreten von epilepsietypischen Potentialen) bzw. die Dokumentation der individuellen Anfallsfrequenz dar. Die Möglichkeit der medikamentösen Therapiebeendigung bei idiopathischen generalisierten Epilepsien kann damit ebenfalls gut eingeschätzt werden.

4.4.5. Video-EEG-Monitoring

Eine kontinuierliche Registrierung von interiktalem EEG und iktalem EEG unter Video-Kontrolle zu diagnostischen Zwecken über Tage bis Wochen ist speziellen Zentren, welche sich vor allem mit der prächirurgischen Epilepsiediagnostik beschäftigen, vorbehalten. Dabei gestatten heutige Systeme die simultane Aufzeichnung von 32, 64 oder 128 EEG-Kanälen.

Die Indikation hiezu stellt sich (1) zur syndromatologischen Zuordnung der Epilepsieform, (2) zur Differentialdiagnose epileptischer versus nicht-epileptischer, insbesondere psychogener Anfälle, welche ca. 20% im Krankengut einer Epilepsie-Monitoring-Unit ausmachen (Baumgartner et al. 1998; Krumholz 1999), (3) zur Lokalisation der Anfallsursprungszone im Rahmen der prächirurgischen Epilepsiediagnostik und schließlich (4) zur Quantifizierung von Anfällen. Eine weitere Indikation besteht in der Therapiekontrolle beim Status epilepticus (DeLorenzo et al. 1998).

Eine intermediäre Form stellt das „intensive Tagesmonitoring“ mit wiederholtem Video-EEG-Monitoring im Spital dar (Rowan et al. 1987), bei dem der Patient nicht stationär bleibt, sondern jeden Abend nach Hause geht, z.B. mit zusätzlichem Schlafentzug während der Nacht.

Eine richtige Diagnose kann mit Hilfe des prolongierten EEG-Monitorings (inklusive des mobilen Langzeit-EEGs) in 88–95% der Fälle gestellt werden (Binnie 1986; Nousiainen et al. 1992; Chen et al. 1995). In 45–80% der Fälle führen Erkenntnisse des Video-EEG-Monitorings zu Therapieänderungen (Medikation, Initiierung einer Psychotherapie, epilepsiechirurgischer Eingriff) (Binnie 1986; Koblar et al. 1992; Boon et al. 1994; Chen et al. 1995).

4.4.6. Polysomnographie

Aufgezeichnet werden Parameter wie Elektrookulogramm, Elektromyogramm (submental), EKG, Atemfrequenz, Air-Flow, O_2-Sättigung, CO_2 in der Ausatemluft, Rumpf- und Körperbewegungen sowie zumindest 6 EEG-Kanäle (American Electroencephalographic Society 1994a). Die Polysomnographie hat nur bei speziellen Fragestellungen wie z.B. bei Anfällen mit Apnoen oder zur Unterscheidung zwischen Parasomnien und nächtlichen Anfällen für die Epilepsiediagnostik eine Bedeutung.

4.4.7. Magnetoencephalographie

Diese (nur interiktal anwendbare) Methode misst die durch die neuronale elektrische Aktivität hervorgerufenen extrakraniellen Magnetfelder. Sie muss derzeit als Forschungsinstrument gewertet werden (Ebersole 1997b; Baumgartner et al. 2000b).

4.5. Strukturelle bildgebende Verfahren

4.5.1. Kraniale Computertomographie (CCT)

Aufgrund der niedrigen Sensitivität der CCT für häufige epileptogene strukturelle Veränderungen wie niedriggradige Tumoren (z.B. Gangliogliome), kortikale Dysgenesien (z.B. fokale kortikale Dysplasien), vaskuläre Malformationen (z.B. Kavernome) oder die mesiale temporale Sklerose der Hippokampusformation stellt sich die Indikation entweder in der Akutdiagnostik (Commission on Neuroimaging of the International League against Epilepsy 1997), auch aufgrund der weiteren Verbreitung und Verfügbarkeit der Methode, oder bei absoluter Kontraindikation zur MRT wie z.B. rezent implantierten ferromagnetischen Objekten im Hals- oder Kopfbereich (z.B. Gefäßclips, Herzschrittmachern, Respiratortherapie oder bestimmten Herzklappen) (Kuzniecky et al. 1993; Price 1999). Weitere Nachteile sind die Strahlenbelastung sowie das mögliche Auftreten einer allergischen Reaktion bei Kontrastmittelgabe. Als elektives Verfahren zur Epilepsieabklärung sollte die CCT daher nicht mehr verwendet werden. Ergänzend zur MRT hat die CCT eine Bedeutung in der Darstellung von verkalkten Strukturen, v.a. bei kongenitalen oder erworbenen Infektionen, bestimmten Tumoren oder vaskulären Malformationen.

4.5.2. Kraniale Magnetresonanztomographie (MRT)

Die MRT ist aufgrund ihrer hohen Sensitivität und Spezifität die bildgebende Methode der Wahl in der Epilepsiediagnostik (Commission on Neuroimaging of the International League against Epilepsy 1997). Mit Hilfe der MRT ist eine

Ergänzung der elektroklinischen Diagnose und in vielen Fällen eine genauere Syndromzuordnung möglich. Es gilt auch hier: Eine Beurteilung der MRT sollte immer nur in Zusammenschau mit den übrigen Befunden erfolgen ⇒ Stellen einer morphologisch/elektroklinischen Diagnose.

Es gilt die Empfehlung, bei bestimmten idiopathischen generalisierten Epilepsien (z.B. Absence-Epilepsie des Schulalters, juvenile Absence-Epilepsie, juvenile myoklonische Epilepsie, gutartige myoklonische Epilepsie des Kindesalters) oder der Rolando-Epilepsie auf die Bildgebung zu verzichten, da diese Epilepsiesyndrome in der Regel keine strukturellen Veränderungen zeigen und die Patienten unter medikamentöser Therapie anfallsfrei werden (Commission on Neuroimaging of the International League against Epilepsy 1997). Selbst bei fehlender Therapieresistenz oder progressivem neurologischem Defizit sollte jedoch unserer Auffassung nach eine MRT auch bei diesen Erkrankungen durchgeführt werden. Aufgrund der ständig steigenden Sensitivität der Methode wird das Konzept der „idiopathischen" Epilepsien zunehmend in Frage gestellt, zumal auch bei den genannten Epilepsiesyndromen mit speziellen Untersuchungsprotokollen Veränderungen in der MRT nachgewiesen werden konnten, die unter Umständen von prognostischer oder therapeutischer Relevanz sein könnten (Woermann et al. 1998b, 1999).

Das Standardprotokoll sollte die gesamte Hirnsubstanz umfassende T1- und T2-gewichtete Sequenzen in zumindest zwei orthogonalen Ebenen (axial und koronal) mit der auf dem Gerät geringst möglichen Schichtdicke beinhalten. Ergänzend sollte eine sog. T1-gewichtete Volumensequenz mit dünnen, höchstens 1,5 mm dicken, konsekutiven Schichten durch das gesamte Gehirn angefertigt werden, welche eine Reformatierung in jeder beliebigen Ebene und eine dreidimensionale Rekonstruktion ermöglicht. Letztere wird zur volumetrischen Vermessung von bestimmten Strukturen (z.B. Hippokampus) benötigt. Inversion recovery (IR)-Sequenzen lassen eine besonders gute Differenzierung zwischen grauer und weißer Substanz, z.B. zur Detektion von kortikalen Malformationen, zu. FLAIR (fluid attenuated inversion recovery)-Sequenzen können den Kontrast zwischen Liquor und Läsionen erhöhen, führen aber im mesialen Temporallappenbereich aufgrund der fehlenden kompletten Unterdrückung des Liquorsignals auch bei Normalpersonen zu einem erhöhten Signal.

Das häufigste histopathologische Substrat der Temporallappenepilepsie ist die mesiale temporale Sklerose. Diese geht in der MRT mit einer Atrophie des Hippokampus, im Seitenvergleich am besten in koronarer Ebene T1-gewichtet zu sehen, und einem erhöhten T2-Signal in gleicher Ebene einher (Jackson et al. 1990), verbunden mit einem abgeschwächten T1-Signal und einem Verlust der Binnenstrukturen des Hippokampus in anatomisch hochauflösenden (z.B. IR-) Sequenzen (Jackson et al. 1993a). Weitere häufige Ursachen für fokale Epilepsien sind arteriovenöse Malformationen z.B. Kavernome (Farmer et al. 1988), niedriggradige Tumoren, insbesondere Gliome (Mohamed und

Lüders 2000) sowie kortikale Dysgenesien wie Heterotopien, Polymikrogyrien, Schizenzephalien und fokale kortikale Dysplasien (Yagishita et al. 1997; Lee et al. 1998a).

4.5.3. Quantitative MRI-Methoden

4.5.3.1. MR-Volumetrie

Quantitative MRI-Methoden wie die Volumetrie haben sich aufgrund der Häufigkeit der Temporallappenepilepsie (80% der fokalen Epilepsien) und der Bedeutung der Lateralisation der Anfallsursprungszone in der prächirurgischen Diagnostik auf die Teilstrukturen des limbischen Systems wie den Hippokampus (Jack et al. 1990), die Amygdala (Cook et al. 1992; Cendes et al. 1993), den Fornix (Baldwin et al. 1994), den entorhinalen Kortex (Bernasconi et al. 1999) oder den gesamten Temporallappen (Lee et al. 1995) konzentriert. Die visuelle Beurteilung einer Asymmetrie erfasst lediglich Unterschiede von 20% oder mehr (Van Paesschen et al. 1995), mittels der quantitativen Methoden können auch geringere Seitenunterschiede detektiert werden. Ein Nachteil der Volumetrie besteht im beträchtlichen Zeitaufwand.

4.5.3.2. T2-Relaxometrie

Mit Hilfe der quantitativen T2-Relaxometrie (Messung der T2-Relaxationszeit innerhalb einer anatomischen Struktur wie z.B. dem Hippokampus auf mehreren konsekutiven Schichten) lässt sich eine Signalveränderung des Hippokampus messen, welche mit dem Vorliegen einer mesialen temporalen Sklerose assoziiert ist (Jackson et al. 1993b; Woermann et al. 1998a).

4.5.4. Magnetresonanzspektroskopie (MRS)

Die MR-Spektroskopie kann interiktale metabolische Veränderungen im Bereich des epileptischen Herdes in vivo erfassen (Hugg et al. 1993; Cendes et al. 1994b; Connelly et al. 1994). Die Protonen- (^{1}H)-MRS misst die Signale von Stoffwechselprodukten wie N-Acetylaspartat (NAA), Kreatin und Phosphokreatin (Cr), Cholin (Cho) sowie Laktat. Diagnostisch hat diese Methode lediglich in der prächirurgischen Epilepsiediagnostik klinisch relevante Bedeutung, insbesondere zur Lateralisation von (im MRT negativen) Temporallappenepilepsien.

4.5.5. Funktionelles MRT

Die durch neuronale Aktivität innerhalb von Sekunden auftretende cerebrale Blutflussänderung kann durch Detektion des Magnetresonanzsignals, welches durch das desoxygenierte Hämoglobin verändert wird, erfasst werden, wobei die zeitliche und räumliche Auflösung dieser funktionellen bildgebenden Methode um vieles höher als z.B. beim PET ist. In der Epilepsiediagnostik hat dieses vorzugsweise interiktal anwendbare Verfahren allerdings (noch) keine Bedeutung.

4.6. Funktionelle bildgebende nuklearmedizinische Verfahren

Mit diesen Verfahren können sowohl Veränderungen des Stoffwechsels wie z.B. des Glukosemetabolismus (PET) als auch regionale cerebrale Durchblutungsveränderungen (PET, SPECT) oder Veränderungen von bestimmten Rezeptoren (z.B. Benzodiazepin-$GABA_A$-Rezeptorkomplex), für die an radioaktive Isotope gekoppelte Liganden entwickelt wurden (PET), detektiert werden. Die klinische Bedeutung dieser Methoden liegt in der prächirurgischen Diagnostik fokaler Epilepsien. Aufgrund der geringeren räumlichen Auflösung beider Verfahren im Vergleich zur MRT ist eine Überlagerung mit der strukturellen Anatomie zielführend.

4.6.1. Positronenemissionstomographie (PET)

Der nur interiktal sinnvolle 2-(^{18}F)Fluoro-Desoxyglukose-PET zeigt eine hypometabole Zone d.h. einen reduzierten Glukosemetabolismus im Bereich des epileptogenen Fokus.

Diese Methode wird zur Lateralisation bei bilateralen Temporallappenepilepsien und zur Detektion eines extratemporalen Fokus, vor allem bei negativem MRT, eingesetzt. Die Sensitivität beträgt 60–90% bei der Temporallappenepilepsie (Engel et al. 1982a, 1982b, 1982c; Theodore et al. 1983) und ca. 60% bei der Frontallappenepilepsie (Duncan 1997a).

4.6.2. Single-Photonen-Emissionscomputertomographie (SPECT)

Komplementär zum interiktalen PET besteht der Wert dieser Methode in der iktalen Anwendbarkeit. Dabei wird ein radioaktiver Tracer (z.B. HMPAO – Hexamethyl-propylenamin-oxime, an metastabiles Technetium (99mTc) gekoppelt) während des Anfalls injiziert, der mit einer transienten fokalen cerebralen Durchblutungssteigerung (Hyperperfusion) im Bereich der Anfallsursprungszone einhergeht. Diese bleibt, gleichsam einem fotografischen Bild der Gehirndurchblutung zum Zeitpunkt des Anfalls, für einige Stunden konstant, sodass in diesem Intervall die SPECT-Messung durchgeführt werden kann und die Durchblutungsverhältnisse während des Anfalls dargestellt werden können. Eine korrekte Lokalisation der Anfallsursprungszone ist bei den Temporallappenepilepsien in mehr als 90% der Fälle möglich (Newton et al. 1995). Bei extratemporalen z.B. frontalen Epilepsien gelingt dies nur in 68% (Biraben et al. 1998).

4.7. Neuropsychologie

Neuropsychologische Testungen sind diagnostisch bei fokalen Epilepsien in der präoperativen Epilepsiediagnostik zur Lokalisation oder Lateralisation des Fokus von Bedeutung, da bestimmte Hirnleistungsstörungen (z.B. Defizite der Sprache, des Gedächtnisses etc.) auf eine Funktionsstörung z.B. im Frontal- oder Temporallappen schließen lassen. Eine invasive Methode in der präoperativen Diagnostik zur Ermittlung der Funktionsqualität einer Hemisphäre stellt der vor mehr als 40 Jahren entwickelte Wada-Test dar, bei dem mittels Barbituratinjektion (transfemorale Katheterisierung der A. carotis interna) eine Hemisphäre (oder auch spezifischere Hirnregionen bei Sondierung eines kleineren Gefäßes) vorübergehend ausgeschaltet und die Funktionen der intakten Hemisphäre überprüft werden können (Lateralisation von Sprache und Gedächtnis).

4.8. Laborchemie

Ein toxikologisches Screening aus dem Harn oder Serum kann bei Verdacht auf Drogen- oder Alkoholabusus vorgenommen werden. Auch Stoffwechselparameter wie Blutzucker, Elektrolyte, Nieren- und Leberwerte sind nach einem ersten Anfall zu bestimmen.

5. Genetik der Epilepsien

Fritz Zimprich und *Elisabeth Stögmann*

Wie bei vielen anderen Erkrankungen spielt der genetische Hintergrund auch in der Ätiologie der Epilepsien eine wesentliche Rolle. Lagen dazu bis vor wenigen Jahren noch wenig konkrete Daten vor, fällt es heute schwer den Überblick über die Vielzahl der sicheren und möglichen Epilepsie-Genorte zu bewahren. Eine der zentralen Erkenntnisse der bisherigen Forschungen ist, dass genetische Faktoren für beinahe alle Epilepsieformen relevant sind. So hat sich etwa gezeigt, dass nicht nur generalisierte Epilepsien, sondern auch fokale Epilepsien in hohem Ausmaß genetischen Einflüssen unterliegen. Außerdem wurden genetische Störungen nicht nur, wie bisher angenommen, für idiopathische Epilepsien, sondern auch für symptomatische/kryptogenetische Formen gefunden. In diesem Kapitel sollen die wesentlichsten Forschungsergebnisse der Epilepsiegenetik dargestellt werden, im ersten Teil zunächst allgemeine Grundlagen und im zweiten Teil konkrete genetische Erkenntnisse einzelner wichtiger oder interessanter Syndrome.

5.1. Allgemeine Grundlagen

5.1.1. Epidemiologische Hinweise

Aus Zwillingstudien und epidemiologischen Untersuchungen ergeben sich wesentliche Argumente, die die genetische Ätiologie der Epilepsien untermauern. Mehrere große Bevölkerungsstudien setzen die Inzidenz einer positiven Familienanamnese bei Epilepsiepatienten bei etwa 35% an. Verglichen dazu ist die Familienanamnese in gesunden Kontrollen in nur 2 bis 4% positiv (Annegers 1994; Jain et al. 1997; Treiman und Treiman 1997; Miller et al. 1999a). Nach einer großen Untersuchung an über 1200 Patienten ergab sich bezüglich der Familienanamnese kein wesentlicher Unterschied für idiopathische fokale und generalisierte Epilepsien (28% versus 25%) (Jain et al. 1997). Sogar Patienten mit einer posttraumatischen fokalen Epilepsie – bei denen die genetische Komponente offensichtlich im Hintergrund steht – zeigen eine drei bis vierfach höhere Familienanamnese im Vergleich zu Patienten mit ebenso schweren Kopfverletzungen ohne posttraumatische Anfälle (Evans

1962; Annegers 1994). Mit einem erkrankten Verwandten steigt das Risiko, selbst eine Epilepsie zu entwickeln, um das 1,9- bis 4,6-fache (Miller et al. 1999a).

Eine bloße familiäre Häufung einer Erkrankung ist jedoch noch kein Beweis für deren genetische Ursache. Dass die bei den Epilepsien beobachtete erhöhte familiäre Inzidenz jedoch tatsächlich eher durch geteilte Gene als durch geteilte Umweltfaktoren zu erklären ist, ergibt sich aus Zwillingsstudien, in denen das konkordante Vorkommen von Epilepsien in monozygoten und dizygoten Paaren verglichen wird. Die in solchen Studien erhobenen Konkordanzraten in eineiigen Zwillingen sind für alle Anfallsarten zumindest um das 2- bis 4-fache höher als die in zweieiigen Paaren (Sillanpää et al. 1991; Berkovic et al. 1998; Miller et al. 1999a). In einer großen australischen Untersuchung an über 250 Zwillingspaaren waren für idiopathische generalisierte Epilepsien 82% der monozygoten Paare konkordant gegenüber 26% bei dizygoten Zwillingen. Bei fokalen Epilepsien lag dieser Wert bei 36% in eineiigen gegenüber 5% in zweieiigen Paaren, und für Fieberkrämpfe ergab sich eine Konkordanzrate von 58% gegenüber 24% (Berkovic et al. 1998).

5.1.2. Vererbungsformen der Epilepsie

Epilepsien sind aus genetischer Sicht äußerst heterogen und zeigen die unterschiedlichsten Vererbungsformen von der einfachen monogenetischen (Mendelschen) bis zur mitochondrialen Übertragung (Bird 1994; Berkovic und Scheffer 1997; Steinlein 1999b).

5.1.2.1. Epilepsien mit einfach monogenetischer Vererbung

Die Liste monogenetischer Erbkrankheiten mit epileptischen Anfällen als Teil des Phänotyps ist lang, wenngleich es sich fast durchwegs um seltene Syndrome handelt. In der OMIN Datenbank des NIH wurden über 180 solcher seltenen Epilepsiesyndrome gesammelt (Online Mendelian Inheritance in Man, http://www3.ncbi.nlm.nih.gov/gov/omim/). Nach den klassischen Mendelschen Regeln unterscheidet man autosomal dominante, rezessive und X-chromosomale Übertragungsformen.

Bei der *autosomal dominanten* Vererbung liegt das mutierte Gen auf einem der 22 Autosomen. Da der Geneffekt dominant ist, genügt die Übertragung eines mutierten Allels. Demnach besteht ein 50%iges Übertragungsrisiko auf die Kinder. In diese Gruppe fällt zum Beispiel die autosomal-dominante nächtliche Frontallappenepilepsie (Mutation in der α4 Untereinheit des Azetylcholinrezeptors), das Syndrom der benignen Neugeborenenkrämpfe (Kaliumkanäle der KCNQT Gruppe) oder die tuberöse Sklerose.

Bei *autosomal rezessiven* Epilepsien müssen zum Ausbruch der Krankheit beide Allele die krankheitsverursachende Mutation aufweisen, d.h. der Erkrankte muss homozygot für die Störung sein. Nach den Hardy-Weinberg-Regeln besteht für Kinder, wenn beide Eltern heterozygote Träger sind, ein 25%iges Risiko. Autosomal rezessive Erkrankungen sind oft Folge einer Blutsverwandtschaft der Eltern und manifestieren sich typischerweise in einer Generation unter Geschwistern. Zu den autosomal rezessiven Erkrankungen mit epileptischen Anfällen im Phänotyp zählen zum Beispiel die Phenylketonurie, die Pyridoxin-abhängigen Anfälle oder auch die Lafora-body Myoklonusepilepsie (Minassian et al. 1999; Serratosa 1999).

Bei den *X-chromosomal* vererbten rezessiven Erkrankungen ist der Übertragungsmodus dadurch gekennzeichnet, dass Väter ihr X Chromosom an keinen ihrer Söhne weitergeben, aber an alle ihre Töchter, die damit Überträgerinnen werden. Die Hälfte der Söhne weiblicher Überträgerinnen erben die Krankheit und die Hälfte der Töchter den Überträgerstatus. Viele der X-chromosomal vererbten Epilepsien sind co-dominant, d.h. auch Frauen, die ja noch ein zusätzliches, normales X Chromosom haben, entwickeln Krankheitssymptome, allerdings in geringerem Ausmaß als betroffene Männer. Beispiele dafür sind Epilepsien, die durch Mutationen im X-chromosomalen Doublecortin-Gen verursacht sind. Bei heterozygoten Frauen kommt es dabei zum Double-Cortex Syndrom (oder subkortikale laminäre Heterotopie), bei Knaben entsteht die weitaus schwerere Lissenzephalie (des Portes et al. 1998a). Ähnliches gilt für die periventrikuläre Heterotopie, die nur bei Frauen gesehen wird, da männliche Föten bereits in utero sterben (Fox et al. 1998).

5.1.2.2. Epilepsien mit komplexer polygenetischer Vererbung

Die Vererbungsformen der in der Routine häufig angetroffenen Epilepsiesyndrome sind zu komplex, um mit einfachen Mendelschen Regeln vereinbar zu sein. Meist ist – wenn überhaupt – nur eine familiäre Häufung zu erkennen, selbst bei fast ausschließlich genetischer Ätiologie. Obwohl für die meisten Epilepsien die konkreten Details noch unbekannt sind, stellen sich in groben Zügen einige prinzipielle Faktoren zur Erklärung der genetischen Komplexität dar (Bird 1994; Lander und Schork 1994; Lander und Kruglyak 1995; Weeks und Lathrop 1995; Jain et al. 1997; Ottman 1997; Miller et al. 1998).

Verminderte Penetranz. Eine verminderte Penetranz bedeutet, dass neben dem spezifischen Genotyp noch andere, unbekannte Faktoren zur Expression der Krankheit notwendig sind. Anders ausgedrückt entwickeln nicht alle Personen mit dem Risikogen die Krankheit. Dieser Umstand kann die genetische Analyse ungemein erschweren, da nicht klar zwischen betroffenen und nichtbetroffenen Personen unterschieden werden kann.

Genetische Heterogenität. Einerseits kann eine sogenannte *Locusheterogenität* vorliegen, das heißt, zwei verschiedene Genloci verursachen ein und denselben Phänotyp. Aus den bisherigen Erkenntnissen zu schließen, scheint diese Art der Heterogenität sowohl bei den einfach vererbten als auch bei den komplex vererbten Epilepsien eher der Regelfall als die Ausnahme zu sein. Autosomal dominante benigne Neugeborenenkrämpfe können z.B. durch eng verwandte, aber unterschiedliche Kaliumkanäle am Chromosom 8 und 20 verursacht werden. Mit der juvenilen myoklonischen Epilepsie wurden zumindest zwei Loci am Chromosom 6, zwei am Chromosom 15 und möglicherweise weitere am Chromosom 8 assoziiert.

Eine weitere Art der Heterogenität liegt vor, wenn bei verschiedenen Individuen am selben Genort unterschiedliche Allelvarianten mit geringen Funktionsunterschieden vorkommen, die das Risiko für eine Krankheit ungleich beeinflussen. Solche *Allelpolymorphismen* dürften tatsächlich für die meisten der bis zu 100 000 geschätzten menschlichen Gene existieren und es häufen sich, wie weiter unten besprochen, die Hinweise für die Relevanz solcher Allelpolymorphismen in der Epilepsie.

Manche Genloci oder Risikogene können – in Abhängigkeit zusätzlicher Faktoren – unterschiedliche Phänotypen auslösen, d.h. bei verschiedenen Patienten unterschiedliche Epilepsiesyndrome oder Anfallstypen verursachen. Diese *Phänotypus-Heterogenität* kann wesentlich zur Komplexität der Epilepsiegenetik beitragen. Obwohl es wahrscheinlich ein allgemeines Suszeptibilitätsgen für alle Epilepsien nicht gibt, liegen doch eindeutige Hinweise vor, dass neben Syndrom-spezifischen Genorten auch Syndrom-übergreifende Risikogene von Bedeutung sind. Dies zeigt sich etwa in der häufigen Diskordanz der Epilepsiesyndrome in Familien mit mehreren betroffenen Mitgliedern. Die Syndrom-spezifische Konkordanz beträgt bei generalisierten Epilepsien 55% und bei fokalen Epilepsien nur 20% (Jain et al. 1997, 1998a, 1998b, 1999). Ein konkretes Beispiel für ein Syndrom-übergreifendes Riskogen wäre etwa der von Greenberg et al. (1995) am Chromosom 6 beschriebene EJM-Locus, der sowohl das Risiko für die juvenile myoklonische Epilepsie als auch für die Aufwach-Grand-Mal Epilepsie erhöht.

Interaktion mehrerer Risikofaktoren. Bei Vorliegen mehrerer Risikofaktoren ist zu unterscheiden, ob diese voneinander unabhängig wirken oder sich gegenseitig beeinflussen. Sobald sich Risikofaktoren oder Risikogene gegenseitig beeinflussen, wird die Analyse der einzelnen Risikofaktoren und damit der Erbgang beträchtlich komplexer. Eine einfache additive Erhöhung des Epilepsierisikos ist wahrscheinlich bei der Kombination der Risikofaktoren Gehirntrauma und genetische Suszeptibilität für Epilepsie gegeben. Eine nicht-lineare Interaktion läge aber dann vor, wenn zwei Suszeptibilitätsgene zusammenwirken, die das Epilepsierisiko multiplikativ erhöhen. Diese nichtlineare Interaktion scheint für die Wechselwirkung von Epilepsiegenen von besonderer Relevanz zu sein. Dafür spricht die Beobachtung, dass mit der Verwandtschaftsnähe zu einem Patienten das Risiko für Epilepsie mehr als linear ansteigt. Verwandte ersten Grades, deren Genmaterial zu 50% mit dem des Patienten ident ist, erkranken viermal so häufig an Epilepsie als Verwandte zweiten Grades, die aber noch 25% der Gene mit dem Patienten teilen (Jain et al. 1997).

5.1.2.3. Mitochondriale und chromosomale Epilepsien

Mitochondriale Mutationen. Einige seltene Epilepsiesyndrome sind auf Störungen der mitochondrialen DNA zurückzuführen, die im wesentlichen für einige Enzyme der Atmungskette kodiert. Eine Besonderheit liegt in der ausschließlich mütterlichen Vererbung, da sämtliche Mitochondrien aus dem Zytoplasma der Eizelle stammen. Ein weiteres Charakteristikum besteht in der starken Variabilität der klinischen Ausprägung zwischen Geschwistern, da die Zahl der übertragenen Mitochondrien starken Schwankungen unterliegt. Zu den mitochondrial vererbten Krankheiten mit myoklonischen und generalisierten tonisch-klonischen Anfällen als Teil des Phänotyps zählen das MERRF-Syndrom (Myoklonusepilepsie mit ragged red fibers) und das MELAS-Syndrom (mitochondriale Myopathie, Encephalopathie, Laktat-Azidose und Stroke-like Episodes).

Eine interessante Beobachtung in diesem Zusammenhang ist, dass das Epilepsierisiko im Allgemeinen für Nachkommen betroffener Frauen doppelt so hoch ist als das Risiko für Nachkommen betroffener Männer. Eine mögliche mitochondriale Ursache für dieses Phänomen wurde diskutiert (Ottman 1997).

Chromosomale Störungen. Schließlich sind auch eine Reihe chromosomaler Störungen bekannt, die mit epileptischen Anfällen einhergehen. Solche Störungen, die meist sporadisch vorkommen und nur selten vererbt werden wie Trisomien, Deletionen, Duplikationen, Inversionen, Ringchromosomen oder Translokationen, sind meist aus der Kariotypanalyse zu diagnostizieren. Zu den chromosomalen Störungen zählt etwa die Trisomie 21, die in 5% mit Anfällen einhergeht oder auch Trisomien auf Chromosom 13, 18 oder 22. Eine besonders hohe Anfallsfrequenz ergibt sich nach einer Deletion des Chromosoms 4p (Wolf-Hirschhorn-Syndrom). Epileptische Anfälle sind häufig Teil der Symptomatik beim Angelman-Syndrom, einer mütterlich vererbten Deletion in der Region des GABA-Rezeptoren Clusters am Chromosom 15. X-chromosomale Störungen führen neben mentaler Retardation auch häufig zu epileptischen Anfällen.

5.1.3. Methoden zur Identifikation von Epilepsie-Genen

Die derzeitige epilepsiegenetische Forschung konzentriert sich in erster Linie auf die Lokalisation und Identifikation neuer relevanter Gene. Die bisher nachgewiesenen Gene kodieren überwiegend für Ionenkanäle. So wurden etwa Mutationen in Kaliumkanälen, Natriumkanälen, Kalziumkanälen oder Azetylcholinrezeptoren als Epilepsieursachen identifiziert (Gardiner und Lehesjoki 2000). In vielen Fällen ist aber nur die Risiko-übertragende Chromosomenregion bekannt, die verantwortlichen Gene aber noch nicht identifiziert. Zum besseren Verständnis der diesbezüglichen Forschungsergebnisse ist eine grobe Kenntnis der zugrundeliegenden Studienmethoden hilfreich (Lander und Schork 1994; Lander und Kruglyak 1995; Weeks und Lathrop 1995; Xu et al. 1998; Berkovic und Scheffer 1999). Die bisher am erfolgreichsten angewandte Methode ist die der Genom-weiten *Linkage Analyse*, die vor allem dann zielführend ist, wenn größere Familien mit einer nach klaren Regeln vererbten Epilepsie vorliegen. Bei diesem Verfahren wird mit Genmarkern untersucht, welche Chromosomenregionen ausschließlich in betroffenen Mitgliedern vorkommen. Nach Einengung des Chromosomenabschnittes wird danach im Rahmen einer positionellen Klonierung nach Mutationen in den Genen der Region gesucht. Für komplex vererbte Epilepsien eignet sich die Linkage Analyse weniger, da selten größere Familien zu finden sind, affizierte von nicht-affizierten Personen nicht immer klar unterscheidbar sind, und diese Methode bei gleichzeitigem Vorliegen mehrerer Risikogene schnell an Aussagekraft verliert. Eine alternative Methode, die sich in den letzten Jahren etabliert hat, beruht auf der *Kandidatengen-Strategie*. Ausgangspunkt ist hier ein Gen, von dem man aufgrund von Tierexperimenten oder anderen Hinweisen eine Rolle in der Pathogenese des Epilepsiesyndroms vermutet. Danach kann spezifisch geprüft werden, ob tatsächlich eine Assoziation dieses Gens mit dem ausgewählten Epilepsiesyndrom besteht, etwa in Form einer Allelpolymorphismus-Assoziationsstudie, bei der die Allelfrequenzen des Kandidatengens bei Patienten und Kontrollpersonen verglichen werden.

5.2. Die Genetik einzelner Epilepsiesyndrome

Im folgenden Abschnitt sollen konkrete genetische Erkenntnisse einiger häufiger oder exemplarisch interessanter Epilepsiesyndrome besprochen werden (Tabelle 5.1).

Tabelle 5.1. Epilepsiegene und Genorte

Epilepsiesyndrom	Suszeptibilitäts-Loci	Gene
Fokale Epilepsien		
Miller Dieker Lissencephalie	Chr 17p13.3	
Double-Cortex Lissencephalie	X-Chr	Mutationen im Doublecortin-Gen
Periventrikuläre Heterotopie	X-Chr	Mutationen im Filamin1-Gen
Rolando-Epilepsie	Chr 15q14	Kandidatengen: α7 Untereinheit des Acetylcholinrezeptors
Rolando-Epilepsie Varianten assoziiert mit Dystonien und anderen Bewegungsstörungen	Chr 16p12-11.2	
Autosomal dominante nächtliche Frontallappenepilepsie	Chr 20q13.2	Kandidatengen: α4 Untereinheit des Acetylcholinrezeptors
	Chr 15q24	Kandidatenregion:Acetylcholinrezeptoren-Cluster
Autosomal dominante laterale Temporallappen-epilepsie	Chr 10q	Kandidatengen: α2A Adrenorezeptor
Temporallappenepilepsie mit Ammonshornsklerose		Krankheitsmodifizierende Polymorphismen im Interleukin 1β und APOE Gen
Familiäre partielle Epilepsie mit variablen Foci	Chr 2q	
Episodische Ataxie vom Typ 1 assoziiert mit partiellen Epilepsien	Chr 12p.13	Mutationen im Kaliumkanalgen Kv1.1
Generalisierte Epilepsien und Syndrome		
Benigne familiäre Neugeborenenkrämpfe	Chr 20q13.3	Mutationen im Kaliumkanalgen KCNQ2
	Chr 8q24	Mutationen im Kaliumkanalgen KCNQ3
Benigne familiäre infantile Krämpfe	Chr 19q	
Infantile Krämpfe mit paroxysmalen Dyskinesien (ICCA syndrome)	Chr 16 p12-q12	
West Syndrom Varianten	Xp21.3-Xp22.1	

Tabelle 5.1 (Fortsetzung)

Epilepsiesyndrom	Suszeptibilitäts-Loci	Gene
Generalisierte Epilepsien und Syndrome		
Italienisches Epilepsiesyndrom mit myoklonischen und tonisch-klonischen Krämpfen	Chr 16p13	
Juvenile myoklonische Epilepsie	Chr 6p21.3 Chr 6p11 Chr 15q14 Chr 15q11-q13	 Kandidatengen: α7 Untereinheit des Acetylcholinrezeptors Kandidatenregion: GABA Rezeptor Cluster
Absence-Epilepsie des Schulalters	Chr15q11-q13 Chr 8q24	Kandidatengen: β3 GABA-Rezeptor
Absence-Epilepsie des Schulalters und juvenile Absence-Epilepsie	Chr 6q	Kandidatengen: μ-Opioidrezeptor
Juvenile Absence-Epilepsie	Chr 21q22.1	Kandidatengen: Glutamatrezeptor 5
Juvenile Absence-Epilepsie und Grand-mal Epilepsien	Chr 8p11-12	Kandidatengen: β3 Untereinheit des Acetylcholinrezeptor
Familiäre adulte Myoklonusepilepsie	Chr8q23.3-24.11	
Progressive Myoklonusepilepsie vom Unverricht-Lundborg Typ	Chr21q22.3	Mutationen im Cystatin B-Gen
MERFF-Syndrom	mitochondrial	mitochondrial tRNA(Lys) Gen
EPMR-Syndrom	Chr 8p23	Mutation im CLN8-Gen
Lafora progressive Myoklonusepilepsie	Chr 6q24	Mutation in Protein Tyrosin Phosphatase
Northern Epilepsy Syndrom	Chr 8p	
Fieberkrämpfe		
	Chr 19q13.1 ($GEFS^+$) Chr 8q13-21 (FEB1) Chr 19p (FEB2) Chr 2q23-24 (FEB3) Chr 5q14-15 (FEB4)	Mutationen in der β1 Untereinheit des Natriumkanals

5.2.1. Fokale Epilepsien

5.2.1.1. Neuronale Migrationsstörungen, Heterotopien

Störungen der neuronalen Migration sind genetisch uneinheitlich. Während einige Formen der Lissenzephalie oder des *Miller Dieker Syndroms* mit einer kritischen Region am Chromosom 17 in Verbindung gebracht wurden, sind andere neuronale Migrationsstörungen X-chromosomal vererbt. Vor kurzem konnten die Gene zweier X-chromosomal dominanter Heterotopien identifiziert werden. Mutationen im Doublecortin-Gen, dessen Funktion noch unbekannt ist, verursachen bei betroffenen männlichen Individuen eine schwere *Lissenzephalie* (eine Agyrie oder Pachygyrie). Bei betroffenen heterozygoten weiblichen Individuen resultiert das mildere *Double-Cortex Syndrom* (subkortikale laminäre Heterotopie) (des Portes et al. 1998a). Bei einer anderen Migrationsstörung, der *periventrikulären Heterotopie,* liegen Mutationen im Filamin-1 Gen vor, das für ein Aktin vernetzendes Phosphoprotein kodiert und wahrscheinlich für embryonale Nervenzellwanderungen essentiell ist (Eksioglu et al. 1996; des Portes et al. 1998a; Fox et al. 1998).

5.2.1.2. Rolando-Epilepsie (benigne Epilepsie des Kindesalters mit zentrotemporalen Spitzen)

Für diese häufigste Form der Epilepsie im Kindesalter besteht in den meisten Fällen eine multifaktorielle bzw. komplex-genetische Ätiologie. Ursprüngliche Daten, die zumindest für das EEG-Charakteristikum der zentrotemporalen Spikes einen autosomal dominanten Erbgang vermuten ließen, wurden von anderen Autoren bezweifelt (Heijbel et al. 1975; Greenberg et al. 1995; Ottman 1997). Neubauer et al. (1998) berichten in einer Linkage-Analyse bei 24 Rolando-Epilepsie-Familien über einen autosomal rezessiven Erbgang mit zusätzlicher Heterogenität und einen möglichen Suszeptibilitätslocus am Chromosom 15q, im Bereich der α7-Untereinheit des Azetylcholinrezeptors. Die Suzeptibilitätsloci für benigne Neugeborenenkrämpfe (EBN1 und 2, Kaliumkanäle am Chromosom 20 und 8) konnten jedenfalls als Risikoorte für die Rolando-Epilepsie bzw. für zentrotemporale Spikes ausgeschlossen werden (Neubauer et al. 1997). Ebenso wenig scheint der Locus der juvenilen myoklonischen Epilepsie (EJM1, am Chromosom 6) eine Rolle zu spielen (Whitehouse et al. 1993a, 1993b). Neben komplex vererbten Rolando-Epilepsien finden sich allerdings auch seltene Varianten mit einfacher Mendelscher Vererbung. Die Rolando-Epilepsie mit zusätzlichen oralen Dyspraxien und Sprachstörungen zeigt einen eindeutigen autosomal dominanten Übertragungsmodus mit einem möglichen Antizipationseffekt. Der Genort dieser Erkrankung liegt vermutlich am Chromosom 16p (Scheffer et al. 1995b). Eine andere, in einer 3 Generationen-Familie beschriebene, autosomal rezessive Form der Rolando-Epilepsie mit Dystonien und Schreibkrämpfen wurde auf den Genort 16p12-11.2 zurückgeführt (Guerrini et al. 1999).

5.2.1.3. Autosomal dominante nächtliche Frontallappenepilepsie (ADNFLE)

Dieses Syndrom wurde erst vor kurzem beschrieben und wird wahrscheinlich immer noch zu selten diagnostiziert. Der Anfallsursprung liegt im Frontallappen, in der Bildgebung finden sich allerdings keine Veränderungen. Klinisch ist es durch kurze nächtliche Frontallappenanfälle mit seltener sekundärer Generalisation gekennzeichnet. Die Vererbung ist autosomal dominant mit nur 70%iger Penetranz (Scheffer et al. 1995a). Genetisch ist dieses Epilepsiesyndrom uneinheitlich. In den ersten Familien wurden Mutationen in der $\alpha 4$ Untereinheit des Azetylcholinrezeptors am Chromosom 20q festgestellt, die zu einer verminderten Aktivität dieses Ionenkanals führen (Steinlein et al. 1995; Steinlein 1999a). In anderen Familien wurde die kritische Region auf den Locus 15q24, in den Bereich eines Azetylcholinrezeptor-Clusters, eingeengt. Schließlich wurden aber auch Familien beschrieben, bei denen beide Loci ausgeschlossen werden konnten (Phillips et al. 1995; Phillips et al. 1998; Steinlein 1999a).

5.2.1.4. Temporallappenepilepsien

Temporallappenepilepsien sind klinisch und ätiologisch sehr heterogen. Einerseits spielen als Ursachen die mesiale Temporallappensklerose und Läsionen wie Tumoren, neuronale Migrationsstörungen, vaskuläre Malformationen oder Traumen eine Rolle. Andererseits belegen epidemiologische Studien und insbesondere Untersuchungen an Zwillingen unzweifelhaft eine genetische Komponente, zumindest für manche Formen der Temporallappenepilepsie (Abou-Khalil et al. 1993; Phillips et al. 1995; Bernasconi et al. 1998; Phillips et al. 1998; Steinlein 1999a; Berkovic und Jackson 2000). In den letzten Jahren ist es gelungen, einige dieser überwiegend genetisch bedingten Varianten abzugrenzen. Berkovic et al. (1996) beschrieben das Syndrom einer familiären mesialen Temporallappenepilepsie, die durch einen späteren Anfallsbeginn, mildere und seltenere Anfälle, sowie durch das Fehlen von Fieberkrämpfen und einer Ammonshornsklerose charakterisiert ist. Stammbaumanalysen einiger Familien lassen auf einen autosomal dominanten Vererbungsmodus mit inkompletter Penetranz und zusätzlicher Heterogenität schließen (Berkovic et al. 1996; Cendes et al. 1998; Gambardella et al. 2000). Eine andere Variante einer familiären Temporallappenepilepsie wurde von Ottmann et al. (1995) und Poza et. al. (1999) beschrieben. Diese autosomal dominante laterale Temporallappenepilepsie zeigt eine 80%-ige Penetranz, ist klinisch durch seltene, meist Schlaf-assoziierte akustische und visuelle Auren, häufige sekundäre Generalisation, aber gutes Ansprechen auf antiepileptische Medikation gekennzeichnet. In der Vorgeschichte fehlen Fieberkrämpfe oder zerebrale Läsionen und es findet sich meist keine Atrophie des Hippokampus. Der Genlocus dieses Syndroms wurde auf eine Region am Chromosom 10q eingeengt. Dieser Genort wurde auch von anderen Autoren in Familien mit Temporallappen- und Frontallappenepilepsien tendenziell, das heißt durch einen positiven, aber nicht signifikanten „Lodscore" bestätigt (Picard et al. 2000). In einem Kandidatengen dieser Region, dem α_2A Adrenorezeptor, konnten jedoch keine Mutationen gefunden werden (Wilson et al. 1998b). Von diesen Syndromen unterscheidet sich die oft therapieresistent verlaufende Temporallappenepilepsie mit Ammonshornsklerose und häufigen, komplizierten Fieberkrämpfen im Kindesalter (Aguglia et al. 1998; Bernasconi et al. 1998). Eine familiäre bzw. genetische Belastung dieses wahrscheinlich immer noch heterogenen Syndroms besteht zumindest hinsichtlich der Familienanamnese für Fieberkrämpfe, die bei bis zu 60% dieser Patienten positiv ist (Abou-Khalil et al. 1993), wobei sicherlich zusätzliche exogene Faktoren für die Entwicklung von Fieberkrämpfen und einer Ammonshornsklerose von Bedeutung sind (Jackson et al. 1998). Als mögliches Kandidatengen, das zur Entwicklung einer Temporallappenepilepsie prädisponiert, wurde das Interleukin-1β Gen diskutiert, da eine Allelvariante dieses proinflammatorischen Zytokins bei Patienten mit Ammonshornsklerose überrepräsentiert ist (Kanemoto et al. 2000). Wie bei anderen zerebralen Erkrankungen scheint auch der Polymorphismus im APOE ε Gen einen Einfluss auf den Krankheitsverlauf der Temporallappenepilepsie auszuüben, indem das Vorhandensein eines ε4 Allels die Latenzperiode zwischen der initialen zerebralen Schädigung (z.B. Fieberkrampf) und dem Krankheitsbeginn verkürzt (Briellmann et al. 2000). Diese Hypothese konnte von anderen Untersuchern jedoch nicht bestätigt werden (Gambardella et al. 1999).

5.2.1.5. Andere Formen fokaler Epilepsien

Die *familiäre fokale Epilepsie mit variablen Foci* ist ein vor kurzem beschriebenes Syndrom mit autosomal dominanter Vererbung und 60%-iger Penetranz. Bei betroffenen Familienmitgliedern kann der Anfallsursprung in allen Hirnregionen liegen und die Klinik dementsprechend unterschiedlich sein. Der vermutlich verantwortliche Genlocus wurde auf eine Region am Chromosom 2 eingeengt (Scheffer et al. 1998).

Für die *seltene benigne Occipitallappenepilepsie* dürften auch genetische Faktoren eine Rolle spielen. Kuzniecky und Rosenblatt (1987) beschrieben einen autosomal dominanten Erbgang mit altersabhängiger Penetranz. Ein möglicher Genlocus wurde noch nicht identifiziert.

Mehrere Mitglieder einer schottischen Familie mit *episodischer Ataxie vom Typ 1 (EA1)*, bedingt durch Mutationen im spannungsabhängigen Kaliumkanal Kv1.1, entwickelten fokal-komplexe Anfälle mit sekundärer Generalisierung (Zuberi et al. 1999). Die Autoren schätzen, dass Patienten mit EA1 im Vergleich zur Normalbevölkerung einem 10-fach erhöhten Risiko für Epilepsie unterliegen. Eine weitere Form einer Assoziation einer autosomal dominanten zerebellären Ataxie (ADCA) mit fokal-komplexen und generalisierten Anfällen wurde in einer mexikanischen Familie auf den langen Arm des Chromosoms 22 lokalisiert (Matsuura et al. 1999).

5.2.2. Generalisierte Epilepsien

5.2.2.1. Generalisierte Epilepsien des Kleinkindesalters

5.2.2.1.1. Benigne familiäre Neugeborenenkrämpfe

In diesem genetisch heterogenen, autosomal dominant vererbten Syndrom mit hoher Penetranz (85%) beginnen Krämpfe am dritten Lebenstag und enden spontan nach einigen Wochen. Etwa 11% der Patienten haben allerdings auch im Erwachsenenalter Anfälle. In einigen Familien liegen Mutationen im Kaliumkanalgen KCNQ2 am Chromosom 20q und in anderen im KCNQ3 Gen am Chromosom 8q vor (Biervert et al. 1998; Charlier et al. 1998; Singh et al. 1998). Mutationsanalysen zeigen eine Funktionsbeeinträchtigung dieser für die neuronale Erregbarkeitsschwelle wichtigen Kanäle.

5.2.2.1.2. Benigne familiäre infantile Krämpfe

Bei diesem autosomal dominanten Syndrom mit inkompletter Penetranz kommt es innerhalb des ersten Lebensjahres vorübergehend zu Anfällen. Molekularbiologisch ist auch diese Form der Epilepsie heterogen. Einige Familien zeigen einen Locus am Chromosom 19q (Guipponi et al. 1997a), während andere Familien, bei denen es im Laufe des Lebens zusätzlich zu paroxysmalen choreoathetotischen Dyskinesien kommen kann, mit einem Genlocus perizentromer am Chromosom 16 assoziiert sind (Szepetowski et al. 1997; Lee et al. 1998b). Wahrscheinlich existieren noch weitere klinische und genetische Varianten.

5.2.2.1.3. Andere generalisierte Epilepsien mit frühkindlichem Beginn

In einigen Familien mit einem familiären X chromosomal rezessiven West-Syndrom mit typischer Symptomatik bestehend aus infantilen Spasmen, Hypsarrhythmie und mentaler Retardation wurde ein Genort auf Xp21.3-Xp22.1 beschrieben (Bruyere et al. 1999). Ein anderes rezessiv vererbtes Epilepsiesyndrom in einer großen italienischen Familie mit Fieberkrämpfen sowie frühen und persistierenden myoklonischen und tonisch-klonischen Krämpfen wurde auf den Genort 16p13 lokalisiert (Zara et al. 2000).

5.2.2.2. „Idiopathische" generalisierte Epilepsien mit späterer Manifestation

Die häufigen Formen der idiopathischen generalisierten Epilepsien (IGE) im engeren Sinn, also die juvenile myoklonische Epilepsie (JME), die Absence-Epilepsie des Schulalters (CAE), die juvenile Absence-Epilepsie (JAE) und die (Aufwach-) Grand-Mal-Epilepsie (GME) weisen alle eine fast ausschließlich genetische Disposition auf. Der Übertragungsmodus dieser Epilepsien ist in der Regel komplex, polygenetisch und entzieht sich noch weitgehend unserer Kenntnis. Da klinisch für diese Epilepsieformen oft fließende Übergänge bestehen, geht man von ätiologischen Gemeinsamkeiten in Form von Syndrom-übergreifenden Suszeptibilitäsgenen aus (Janz et al. 1992). Das beste Argument für diese Annahme ergibt sich aus der häufigen Syndrom-Diskordanz idiopathischer generalisierter Epilepsien in Familien mit mehreren Patienten. Bei der juvenilen myoklonischen Epilepsie besteht für Geschwister betroffener Patienten ein 42-fach erhöhtes Risiko für eine IGE, davon haben aber nur 30% eine JME. Darüber hinaus sind jedoch auch Syndrom-spezifische Epilepsie-Gene bedeutend.

5.2.2.2.1. Juvenile myoklonische Epilepsie

Die meisten Arbeiten zur genetischen Disposition der IGEs liegen zur juvenilen myoklonischen Epilepsie vor, die alleine etwa 5–10% aller Epilepsien darstellt (Minassian et al. 1995). Hinsichtlich des Übertragungsmodus wird von den meisten Autoren ein polygenetisches Modell favorisiert, mit einem autosomal co-dominanten Hauptgeneffekt, der bis zu 80% der genetischen Komponente ausmachen könnte (Jimenez et al. 1996). Die ursprüngliche Beschreibung eines Suszeptibilitätslokus (EJM1) am kurzen Arm des Chromosoms 6 in der HLA Region durch Greenberg (1988) wurde mittlerweile durch eine Reihe weiterer Linkage-Analysen und Assoziationsstudien bestätigt (Weissbecker et al. 1991; Greenberg et al. 2000). Weiterführende Untersuchungen ließen sogar erkennen, dass zwei verschiedene Risikoloci in dieser Region sitzen. Ein Locus auf 6p21.3 (der ursprüngliche EJM1-Locus) disponiert offensichtlich für eine breiter definierte juvenile myoklonische Epilepsie mit zusätzlichen Absencen bzw. auch für Aufwach-Grand-Mal Epilepsien, sowie für ein allgemein erhöhtes IGE-Risiko (Greenberg et al. 1995; Sander et al. 1997a, 1999b; Greenberg et al. 2000). Für reine Formen der Absence-Epilepsie des Schulalters und juvenilen Absence-Epilepsie scheint dieser Locus keine Bedeutung zu haben. Ein zweiter Locus auf 6p11, der in südamerikanischen Familien beschrieben wurde, ist mit einer enger definierten juvenilen myoklonische Epilepsie ohne zusätzliche Absencen assoziiert (Minassian et al. 1995; Liu et al. 1996; Serratosa et al. 1996; Sander et al. 1997c). Die Risikogene am Chromosom 6p selbst sind noch nicht identifiziert. Ein

Kandidatengen dieser Region, ein Glutamatrezeptor, konnte als Risikogen weitgehend ausgeschlossen werden (Sander et al. 1995). Die eben beschriebenen Suszeptibilitätsloci am Chromosom 6 konnten nicht in allen untersuchten JME-Familien bestätigt werden (Zara et al. 1995; Elmslie et al. 1996, 1997). Eine zusätzliche Risikoregion für manche, aber nicht alle Patienten mit juveniler myoklonischer Epilepsie scheint am Chromosom 15q14 zu liegen, in jenem Abschnitt, der für das Gen der α7 Untereinheit des Azetylcholinrezeptors kodiert (Elmslie et al. 1997; Sander et al. 1999b). Unterstützt wird die Bedeutung dieses Kandidatengens durch ein Tiermodel – Knock-out Mäuse ohne dieses Gen zeigen Epilepsie-typische EEG-Veränderungen (Orr-Urtreger et al. 1997; Puranam und McNamara 1999). Die Relevanz von Azetylcholinrezeptoren für Epilepsien wird auch durch eine mögliche schwache Assoziation von idiopathischen generalisierten Epilepsien mit einem Polymorphismus an der α4 Untereinheit unterstrichen (Steinlein et al. 1997). In manchen Familien mit JME wurde ein vierter möglicher Suszeptibilitätslocus am Chromosom 15q11-q13, in der Region des GABA-Rezeptoren Clusters, identifiziert (Sander et al. 1997c), der aber in anderen Familien wieder ausgeschlossen wurde (Guipponi et al. 1997b). Ein weiterer Suszeptibilitätslocus für ein breiteres Spektrum von IGEs, inklusive JME-Fällen und Patienten mit Fieberkrämpfen, wurde schließlich am Chromosom 8q24 (Locus EG1) beschrieben (Zara et al. 1995), offenbar ident mit oder nahe zum EBN2 Genort der benignen Neugeborenenkrämpfe. Eine Replikationsanalyse mit strikteren Selektionskriterien für JME Patienten konnte diese Ergebnisse jedoch nicht bestätigen (Sander et al. 1998a). Bei einem Patienten mit juveniler myoklonischer Epilepsie wurde eine Mutation in der β4-Untereinheit eines Kalziumkanals am Chromosom 2 festgestellt, wobei es sich hier eher um ein Syndrom-unspezifisches Suszeptibilitätsgen handeln könnte. Mutationen am gleichen Gen wurden auch in wenigen Familien mit atypischen Absencen und generalisierten Anfällen bzw. mit episodischen Ataxien beobachtet und verursachen eine ähnliche Symptomatik im Tiermodell der „lethargic mouse“ (Escayg et al. 2000). Auf der Suche nach weiteren möglichen Kandidatengenen oder Regionen für die JME wurden neben den bisher erwähnten auch zahlreiche andere Loci untersucht und ausgeschlossen, wobei zu beachten ist, dass aufgrund der genetischen Heterogenität diese Ergebnisse nicht notwendigerweise auf andere Studienpopulationen zutreffen müssen. Zu diesen Regionen zählen das Kaliumkanalgen KCNQ2 der benignen Neugeborenenkrämpfe am Chromosom 20 (Sander et al. 1996b); ein Calcium-aktivierter Kaliumkanal (Sander et al. 1999a); das Homoebox-Gen PAX-6 (Sander et al. 1999c); der GABA-Rezeptoren-Cluster am Chromosom 5q32-q35 (Sander et al. 1996a); das CACN1A4 Calciumkanal-Gen auf 19p13 (Genort der familiären hemiplegischen Migräne und der spinozerebellären Ataxie) (Sander et al. 1998b); oder das Monoamino-Oxidase-A (MAO-A) Gen (Haug et al. 2000).

5.2.2.2.2. Andere idiopathische generalisierte Epilepsien

Die *Absence-Epilepsie des Schulalters (Childhood Absence Epilepsy = CAE)* ist eine komplexe polygenetische Erkrankung. Ein möglicher Risikogenort für die CAE wurde in der Region des β3-GABA-Rezeptors am Chromosom 15q11-q13 beschrieben (Feucht et al. 1999). In einer anderen Studienpopulation wurde diese Region mit der JME assoziiert, aber für die CAE ausgeschlossen (Sander et al. 1997c). Ein zweiter möglicher Locus in einer großen Familie wurde am Chromosom 8q24 identifiziert und ist nicht ident mit der Position des Kaliumkanals KCNQ3 der Neugeborenenkrämpfe oder dem Locus von Zara et al. (1998) bei IGE (Fong et al. 1998). Schließlich wurde bei der CAE und JAE auch über eine positive Assoziation eines Allelpolymorphismus am Kandidatengen des μ-Opioidrezeptors am Chromosom 6q berichtet (Sander et al. 2000).

Bei der *juvenilen Absence-Epilepsie (JAE)* scheint nach einer kombinierten Linkage-Analyse und Assoziationsstudie auch das Gen für den Glutamatrezeptor 5 (GRIK1, am Chromosom 21q22.1) eine wichtige Rolle zu spielen (Sander et al. 1997b). Ein weiterer Locus am Chromosom 8p11-12, der auch die β3 Untereinheit des Azetylcholinrezeptors umfasst und mit keinem der bisher beschriebenen Epilepsieloci am Chromosom 8 ident ist, wurde in Familien mit juveniler Absence-Epilepsie und Grand-Mal-Epilepsie gefunden (Durner et al. 1999).

Ein Locus am Chromosom 8q23.3-24.11 wurde für die *autosomal dominante familiäre adulte Myoklonusepilepsie* gefunden (Mikami et al. 1999; Plaster et al. 1999). Für ein *paroxysmales Deltawellen EEG Muster*, das in einer großen italienischen Familie mit idiopathisch generalisierter Epilepsie in autosomal dominanter Weise vererbt wird, besteht ein Suszeptibilitätsgen am Chromosom 3p in der Nähe eines Kalziumkanalgens (Zara et al. 1998).

5.2.2.3. Progressive Myoklonusepilepsie und monogenetische Epilepsien mit mentaler Retardation

Die heterogene Gruppe der progressiven Myoklonusepilepsien umfasst Erkrankungen mit myoklonischen und anderen generalisierten Anfällen, kombiniert mit einem progressiven mentalen und neurologischen Abbau. Bei diesen meist monogenetischen Epilepsien wurden in den letzten Jahren große Fortschritte erzielt. Die *progressive Myoklonusepilepsie vom Unverricht-Lundborg Typ (EPM1)* wird autosomal rezessiv vererbt und beginnt zwischen dem 6. und 15. Lebensalter mit myoklonischen Zuckungen. Die Progredienz in Richtung zerebelläre Ataxie und Demenz ist variabel. Bei dem verantwortlichen Gen, Cystatin B am Chromosom 21q22.3, handelt es sich um einen Hemmer einer neuronalen Protease, bei deren Fehlen es unter anderem zum Untergang zerebellärer Körnerzellen kommen kann (Pennacchio et al. 1996, 1998). Beim

MERRF-Syndrom (Myoklonus Epilepsie mit ragged-red fibers), das durch mütterliche Übertragung gekennzeichnet ist, liegt die Störung in einer Mutation eines mitochondrialen tRNA-Gens mit daraus resultierender Störung der Atmungskette (Masucci et al. 1997). Das zu den progressiven Myoklonusepilepsien zählende autosomal rezessive *EPMR Syndrom (progressive epilepsy with mental retardation)*, eine neuronale Zeroid-Lipofuszinose, wurde auf eine Mutation in einem neuartigen transmembranösen Gen (CLN8) mit noch unbekannter Funktion zurückgeführt (Ranta et al. 1997, 1999). Die ebenfalls autosomal rezessive *Lafora progressive Myoklonusepilepsie* ist genetisch uneinheitlich. Hauptsächlich sind es jedoch Mutationen in einem Gen für eine Protein-Tyrosin Phosphatase am Chromosom 6q24, die zu dieser Krankheit führen (Minassian et al. 1998, 1999).

Eine andere familiäre Epilepsie mit generalisierten Anfällen und sekundärer mentaler Retardation, das *Northern Epilepsy Syndrome*, zeigt einen Genlocus am Chromosom 8p (Tahvanainen et al. 1994).

5.2.3. Fieberkrämpfe

Auch bei Fieberkrämpfen besteht eine starke genetische Komponente, wie aus den vierfach höheren Konkordanzraten in monozygoten verglichen mit dizygoten Zwillingen ersichtlich ist (Miller et al. 1998, 1999a). Der Vererbungsmodus ist in den meisten Fällen komplex . Ein autosomal dominantes Epilepsiesyndrom mit Fieberkrämpfen, das später bei manchen Patienten in eine generalisierte Epilepsie übergeht, wurde auf eine Mutation in der β1 Untereinheit des Natriumkanal am Chromosom 19q13.1 zurückgeführt ($GEFS^+$) (Scheffer und Berkovic 1997; Wallace et al. 1998b). Weitere Suszeptibilitätsloci für Fieberkrämpfe wurden auch am Chromosom 8q13-21 (FEB1) (Wallace et al. 1996), 19p (FEB2) (Johnson et al. 1998), 2q23-24 (FEB3) (Peiffer et al. 1999; Lopes-Cendes et al. 2000) und am Chromosom 5q14-15 (FEB4) (Nakayama et al. 2000) beschrieben.

5.2.4. Status epilepticus

Hinweise, dass der konvulsive Status epilepticus einem starken genetischen Einfluss unterliegt, ergeben sich unzweifelhaft aus Zwillingsstudien; ein möglicher Genort ist aber noch nicht identifiziert (Corey et al. 1998).

6. Epilepsiesyndrome

Christoph Baumgartner

6.1. Klassifikation der Epilepsien bzw. Epilepsiesyndrome

In die Klassifikation der Epilepsien bzw. Epilepsiesyndrome fließen die folgenden drei Kriterien ein: 1. fokale vs. generalisierte Epilepsien; 2. idiopathische vs. symptomatische vs. kryptogenetische Epilepsien und 3. Alter zu Beginn der Erkrankung (Commission on Classification and Terminology of the International League against Epilepsy 1989) (Tabelle 6.1).

6.2. Idiopathische fokale Epilepsien

6.2.1. Benigne fokale Epilepsie mit zentro-temporalen Spitzen („Rolando-Epilepsie") (Tabelle 6.2)

Epidemiologie und Alter zu Beginn. Die Rolando-Epilepsie repräsentiert mit 15% aller Epilepsien unter 15 Jahren und 24% aller Epilepsien im Alter von 5–14 Jahren eines der häufigsten Epilepsiesyndrome im Kindesalter. Die Inzidenz liegt zwischen 7,1 und 21 pro 100.000 pro Jahr. Es besteht ein leichtes Überwiegen des männlichen Geschlechts (Knaben : Mädchen = 3 : 2). Das Alter zu Beginn liegt zwischen 2 und 13 Jahren, bei 80% kommt es im Alter von 5–10 Jahren zur Erstmanifestation von Anfällen (Maximum = 9 Jahre) (Loiseau 1997).

Ursache. Als Ursache werden sowohl genetische als auch erworbene Faktoren angenommen. Eine positive Familienanamnese für Epilepsie findet sich bei bis zu 32% der Patienten (Loiseau 1997). Bei 15% der Geschwister finden sich typische zentrotemporale Spitzen und Anfälle, bei 19% zentrotemporale Spitzen ohne Anfälle und 11% der Eltern hatten in der Kindheit Anfälle (Heijbel et al. 1975). Nachdem ursprünglich eine autosomal dominante Vererbung mit inkompletter Penetranz postuliert wurde (Heijbel et al. 1975), konnten in einer rezenten Studie Argumente für einen autosomal rezessiven Erbgang mit zusätzlicher Heterogenität und einen möglichen Suszeptibilitätslocus am Chromosom 15q14, im Bereich der α7-Untereinheit des Azetylcholinrezeptors gefunden werden (Neubauer et al. 1998). Nur bei ca. 10% der Patienten mit zentrotempo-

Tabelle 6.1. Klassifikation der Epilepsien

1. Fokale (lokalisationsbezogene, lokale, partielle) Epilepsien und Syndrome

1.1. Idiopathisch (mit altersgebundenem Beginn)
- Benigne Epilepsie des Kindesalters mit zentrotemporalen Spitzen (Rolando-Epilepsie)
- Epilepsie des Kindesalters mit occipitalen Paroxysmen
- Primäre Lese-Epilepsie

1.2. Symptomatisch
- Chronisch progressive Epilepsia partialis continua der Kindheit (Kojewnikow-Syndrom)
- Temporallappenepilepsie
- Frontallappenepilepsie
- Parietallappenepilepsie
- Occipitallappenepilepsie
- Bi- und multilobäre Epilepsien

1.3. Kryptogenetisch (vermutlich symptomatisch, Ursache ist aber nicht nachzuweisen)
- Temporallappenepilepsie
- Frontallappenepilepsie
- Parietallappenepilepsie
- Occipitallappenepilepsie
- Bi- und multilobäre Epilepsien
- Epilepsien mit spezifischen Anfallsauslösern

2. Generalisierte Epilepsien und Syndrome

2.1. Idiopathisch (mit altersgebundenem Beginn)
- Benigne familäre Neugeborenenkrämpfe
- Benigne Neugeborenenkrämpfe
- Benigne myoklonische Epilepsie des Kleinkindesalters
- Absence-Epilepsie des Schulalters (Pyknolepsie)
- Juvenile Absence-Epilepsie
- Juvenile myoklonische Epilepsie
- Aufwach-Grand-Mal-Epilepsie
- Andere generalisierte idiopathische Epilepsien
- Epilepsien mit spezifischen Anfallsauslösern

2.2. Kryptogenetisch und/oder symptomatisch (mit altersgebundenem Beginn)
- West-Syndrom (Blitz-Nick-Salaam-Krämpfe)
- Lennox-Gastaut-Syndrom
- Epilepsien mit myoklonisch-astatischen Anfällen
- Epilepsien mit myoklonischen Absencen

2.3. Symptomatisch
- 2.3.1. Mit unspezifischer Ätiologie
  - Frühe myoklonische Encephalopathie
  - Frühe infantile epileptische Encephalopathie mit Burst-Suppression
  - Andere symptomatische generalisierte Epilepsien
- 2.3.2. Spezifische Syndrome
  - Epileptische Anfälle im Rahmen verschiedener anderer Erkrankungen (z.B. Missbildungssyndrome oder Stoffwechselerkrankungen)

Tabelle 6.1 (Fortsetzung)

	3. Epilepsien, die nicht als fokal oder generalisiert eingeordnet werden können
3.1.	**Epilepsien mit fokalen und generalisierten Anfällen**
	Neugeborenenkrämpfe
	Schwere myoklonische Epilepsie des Kleinkindesalters
	Epilepsie mit kontiniuerlichen Spikes und Waves im Schlaf (ESES)
	Erworbene epileptische Aphasie (Landau-Kleffner-Syndrom)
	Andere unbestimmte, nicht oben genannte Epilepsien
3.2.	**Anfälle ohne klare fokale oder generalisierte Zeichen (weder in Klinik noch im EEG), z.B. nächtliche Grand-Mal-Anfälle**
	4. Spezielle Syndrome
4.1.	**Situationsbezogene Anfälle (Gelegenheitsanfälle)**
	Fieberkrämpfe
	Singuläre Anfälle oder singulärer Status epilepticus
	Anfälle aus akutem metabolischem oder toxischem Anlass (z.B. Alkohol, Medikamente, Eklampsie, Hyperglykämie, etc.)

Nach: Commission on Classification and Terminology of the International League against Epilepsy (1989)

ralen Spitzen treten auch Anfälle auf (Neubauer 2000), was die mögliche Rolle von erworbenen Faktoren für die klinische Manifestation von Anfällen nahe legt. So besteht bei ca. 10% der Patienten eine positive Anamnese für Geburtsschwierigkeiten, Schädelhirntraumen oder Fieberkrämpfe, wobei allerdings keine systematischen Studien zu dieser Fragestellung existieren (Loiseau 1997).

Anfallsformen. Folgende Anfallsformen werden beobachtet: (1) kurze hemifaciale Anfälle im Wachzustand ohne Bewusstseinseinschränkung bei Kindern im Alter von über 6–7 Jahren; (2) oropharyngeale Anfälle im Wachzustand oder aus dem Schlaf mit oder ohne Bewusstseinseinschränkung; (3) generalisierte tonisch-klonische Anfälle, wobei manchmal eine postiktale Parese besteht, was einen fokalen Anfallsursprung nahe legt; (4) Hemikonvulsionen, die zumeist die Erstmanifestation bei frühem Beginn der Erkrankung im Alter von 2–5 Jahren darstellen.

Die charakteristische Anfallsform besteht somit in fokalen Anfällen mit sensomotorischen Symptomen im Bereich des Gesichtes und Schlundes: sensorische Symptome: unilaterale Parästhesien von Zunge, Lippen, Gaumen oder Wange, die zum Teil als trockener Mund bzw. Kribbeln in der Zunge beschrieben werden; unilaterale tonische oder klonische Kontraktionen des Mundwinkels, der Zunge, der Kiefer- und Pharynxmuskulatur, wobei es zu gutturalen Lautentäußerungen, Schluckschwierigkeiten und einem Erstickungsgefühl kommen kann. Regelmäßig tritt eine Hypersalivation mit Speichelfluss aus dem Mund sowie eine Anarthrie auf. Das Bewusstsein bleibt erhalten.

Tabelle 6.2. Benigne fokale Epilepsie mit zentro-temporalen Spitzen („Rolando-Epilepsie")

Epidemiologie:	Inzidenz: 7,1–21 pro 100.000 pro Jahr; 15% aller Epilepsien unter 15 Jahren; 24% aller Epilepsien zwischen 5 und 14 Jahren; Knaben : Mädchen = 3 : 2
Erkrankungsbeginn:	5–10 Jahre (Bereich: 2–13 Jahre)
Ätiologie:	Genetische und erworbene Faktoren; positive Familienanamnese für Epilepsie: 32%; zentrotemporale Spitzen und Anfälle: 15% der Geschwister; zentrotemporale Spitzen ohne Anfälle: 19% der Geschwister; vermutlich autosomal rezessiver Erbgang mit zusätzlicher Heterogenität; möglicher Suszeptibilitätslocus: Chromosom 15q14
Anfallsformen:	fokale Anfälle mit sensomotorischen Symptomen im Bereich des Gesichtes und Schlundes (hemifaciale Anfälle, oropharyngeale Anfälle); generalisierte tonisch-klonische Anfälle; Hemikonvulsionen
EEG:	zentrotemporale Spitzen bei normaler Hintergrundaktivität
Besonderheit:	nur ca. 10% der Patienten mit zentrotemporalen Spitzen haben auch Anfälle
Magnetresonanz-tomographie:	unauffällig
Therapie:	Sultiam, Valproinsäure, Gabapentin, Clobazam
Prognose und Verlauf:	günstig, nahezu immer Spontanremission

70–80% der Anfälle ereignen sich im Schlaf. Die Anfallsfrequenz ist variabel, 10–13% der Patienten erleiden lediglich einen singulären Anfall, bei zwei Drittel bestehen seltene Anfälle (Intervall zwischen den Anfällen von mehreren Monaten), allerdings treten bei 20% häufige und schwer behandelbare Anfälle auf (Lerman 1997).

Diagnostik. Die klinisch-neurologische Untersuchung und die intellektuelle Entwicklung sind per definitionem unauffällig. Bei differenzierter Testung lassen sich allerdings sprachliche Probleme nachweisen. Im EEG finden sich die zentrotemporale Spitzen bei normaler Hintergrundaktivität, die entweder isoliert oder repetitiv als pseudorhythmische Cluster mit einer Dauer von 1–4 Sekunden auftreten. Typischerweise zeigen diese Spitzen eine dipolare Potentialverteilung mit frontaler Positivität und zentrotemporaler Negativität (Maximum T7/8 bzw. C5/6), was durch epileptische Aktivität im unteren Anteil der Zentralregion – entsprechend der Repräsentation von Gesicht und Pharynx – erklärt werden kann (Graf et al. 1990; Baumgartner et al. 1996a). Die Spitzen sind bei 40% der Patienten bilateral. Sie werden im Schlaf aktiviert, bei ca. 30% sind sie überhaupt nur im Schlaf zu beobachten, weshalb bei negativem Wach-EEG eine Schlafableitung erfolgen sollte. Während des Schlafs können auch kurze generalisierte Spike-Wave-Paroxysmen auftreten, wobei bei Kindern mit diesen EEG-Veränderungen viermal so häufig Anfälle vorkommen als bei jenen ohne derartige Veränderungen. Zudem können auch Spitzen außerhalb der Zentralregion in multiregionaler Projektion auftreten. Die Magnetresonanztomographie ergibt einen unauffälligen Befund (Lerman 1997; Loiseau 1997).

Therapie. Bei der Behandlung von Patienten mit Rolando-Epilepsie ergeben sich 3 prinzipielle Fragestellungen:

- Soll eine Therapie eingeleitet werden und wenn ja, wann?
  Auf Grund des günstigen Spontanverlaufs und der oft niedrigen Anfallsfrequenz muss das Nutzen/Risiko Verhältnis einer antiepileptischen Therapie besonders sorgfältig überlegt werden, eine Therapie ist nur bei ca. der Hälfte der Patienten indiziert. Faktoren, die für Einleitung einer Pharmakotherapie sprechen sind: kurzes Intervall zwischen den ersten 3 Anfällen, jüngeres Alter zu Krankheitsbeginn (beide Faktoren sind mit einer höheren Anfallsfrequenz assoziiert), generalisierte tonisch-klonische Anfälle, Anfälle während des Tages. Schließlich wird man auch immer die Meinung der Eltern berücksichtigen müssen (Loiseau 1997; Bourgeois 2000).
- Welche Antiepileptika sollen verwendet werden?
  In einer rezenten Metaanalyse, in der Phenytoin, Valproinsäure, Phenobarbital, Carbamazepin und Clonazepam verglichen wurden, konnte keine Überlegenheit eines der genannten Antiepileptika gefunden werden (Bouma et al. 1997). Unter Carbamazepin wurde in seltenen Fällen das Auftreten von atonischen oder myoklonischen Anfällen sowie von kontinuierlichen Spike-Wave-Entladungen im Schlaf beschrieben, weshalb dieses Medikament zurückhaltend eingesetzt werden sollte. In zwei rezenten Placebo-kontrollierten Doppelblindstudien konnte die Effektivität von Gabapentin (Bourgeois et al. 1998) und Sultiam (Rating et al. 2000) nachgewiesen werden.
- Wie lange soll die Behandlung erfolgen?
  Die diesbezüglichen Meinungen sind kontrovers, wobei sich folgende Möglichkeiten ergeben: Behandlungsdauer von 1–2 Jahren; Behandlung bis zur Normalisierung des EEGs; Behandlung bis zum Alter von 14–16 Jahren (Loiseau 1997; Bourgeois 2000).

Prognose und Verlauf. Der Verlauf ist günstig, wobei es nahezu immer zu einer Spontanremission mit Sistieren der Anfälle und Rückbildung der EEG-Veränderungen bis zum Alter von 16 Jahren kommt. Zudem ergeben sich im Allgemeinen auch keine langfristigen negativen psychosozialen Konsequenzen (Bouma et al. 1997; Lerman 1997; Loiseau 1997).

6.2.2. Epilepsie des Kindesalters mit occipitalen Paroxysmen (Tabelle 6.3)

Definition und Epidemiologie. Dieses Syndrom umfasst 2 Entitäten, nämlich eine Form mit spätem und eine mit frühem Beginn (Erkrankungsbeginn im Alter von 7–9 Jahren bei der späten Form und im Alter von 3–5 Jahren bei der frühen Form).

Die Epilepsie des Kindesalters mit occipitalen Paroxysmen repräsentiert 10–40% aller idiopathischen fokalen Epilepsien und 50% aller Occipitallappenepilepsien mit Beginn im Kindesalter. Es besteht ein leichtes Überwiegen des weiblichen Geschlechts (Mädchen : Knaben = 1,7 : 1) (Gobbi und Guerrini 1997).

Ursache. Bei 33–43% der Patienten besteht eine positive Familienanamnese für Epilepsie, zudem wurde eine autosomal-dominante Vererbung mit inkompletter Penetranz postuliert (Kuzniecky und Rosenblatt 1987; Gobbi und Guerrini 1997).

Anfallsformen. Bei der Form mit spätem Beginn treten charakteristischerweise kurze Anfälle mit visuellen Symptomen (Gesichtsfelddefekte, iktale

Tabelle 6.3. Epilepsie des Kindesalters mit occipitalen Paroxysmen

Epidemiologie:	10–40% aller idiopathischen fokalen Epilepsien; 50% aller Occipitallappenepilepsien mit Beginn im Kindesalter; Mädchen : Knaben = 1,7 : 1
Erkrankungsbeginn:	2 unterschiedliche Entitäten: frühe Form: 3–5 Jahre; späte Form: 7–9 Jahre
Ätiologie:	positive Familienanamnese bei 33–43% der Patienten; autosomal-dominante Vererbung mit inkompletter Penetranz (?)
Anfallsformen:	frühe Form: Adversivanfälle aus dem Schlaf mit tonischer Blickdeviation und Erbrechen ⇒ Hemikonvulsionen; späte Form: kurze Anfälle mit visuellen Symptomen; selten: fokal-komplexe Anfälle, generalisierte tonisch-klonische Anfälle; häufig: postiktale migräniforme Kopfschmerzen
EEG:	einseitige oder beidseitige occipitale Spikes, Sharp Waves oder Spike-Wave-Komplexe, blockiert durch Augenöffnen und durch Fixation („fixation-off sensitive Spikes“)
Magnetresonanztomographie:	unauffällig
Therapie:	Sultiam, Valproinsäure, Gabapentin, Clobazam
Prognose und Verlauf:	frühe Form: günstig, nahezu immer Spontanremission; späte Form: unklar

Amaurose, einfache oder komplexe visuelle Halluzinationen, visuelle Illusionen) unter Tags auf, wobei das Bewusstsein erhalten bleibt.

Hingegen kommt es bei der Form mit frühem Beginn zu Adversivanfällen aus dem Schlaf mit tonischer Blickdeviation und Erbrechen, wobei die Anfälle im Allgemeinen weniger als 10 Minuten dauern und das Bewusstsein erhalten bleibt. Die Anfälle können aber auch bis zu mehreren Stunden andauern und sich in Hemikonvulsionen entwickeln. Ein Übergang in fokal-komplexe Anfälle oder generalisierte tonisch-klonische Anfälle ist hingegen selten. Häufig bestehen postiktale migräniforme Kopfschmerzen, die auch mit Übelkeit und Erbrechen einhergehen können (Gobbi und Guerrini 1997).

Diagnostik. Die neurologische und psychomotorische Entwicklung der Kinder ist im Allgemeinen normal, obwohl sich bei einer kleinen Anzahl neurologische, Verhaltens- oder Entwicklungsauffälligkeiten sowie Gesichtsfelddefekte zeigen. Die Bildgebung ergibt Normalbefunde (Gobbi und Guerrini 1997). Im EEG finden sich hoch-amplitudige Spikes bzw. Sharp Waves oder Spike-Wave-Komplexe über einem oder beiden Occipitallappen oder posterior temporal, die durch Augenöffnen blockiert werden und ca. 1–20 Sekunden nach Augenschluss wieder auftreten. Zudem werden die Entladungen auch in der Dunkelheit aktiviert und durch Fixation im dunklen Raum blockiert, sodass man auch von sog. fixation-off sensitiven Spikes spricht. Bei der früh beginnenden Form normalisiert sich das EEG bis zum Alter von 16 Jahren, bei der spät beginnenden Form ist die Datenlage betreffend den Langzeitverlauf noch unzureichend (Gobbi und Guerrini 1997).

Therapie und Prognose. Viele Patienten (insbesondere jene mit der früh beginnenden Variante) haben lediglich einen singulären Anfall, andere wiederum haben seltene Anfälle im Abstand von Monaten oder Jahren. Eher selten treten häufige, tägliche Anfälle auf. Hinsichtlich der medikamentösen Behandlung gilt im wesentlichen das bereits für die Rolando-Epilepsie gesagte. Generell wird man bei der früh beginnenden Form auf Grund des günstigen Verlaufs zunächst mit der Therapie zuwarten, während man sich bei der spät beginnenden Form eher zu einer antikonvulsiven Therapie entschließen wird. Ca. 60–85% der Fälle werden unter einer Antiepileptikatherapie anfallsfrei. Die langfristige Prognose ist bei der früh beginnenden Form exzellent, bei der spät beginnenden Form unklar (Gobbi und Guerrini 1997).

6.2.3. Autosomal dominante nächtliche Frontallappenepilepsie (ADNFLE)

Definition und Ätiologie. Dieses Syndrom, das erstmals 1994 beschrieben wurde, stellt das erste Epilepsiesyndrom dar, bei dem ein Gendefekt identifiziert werden konnte. Die Vererbung ist autosomal dominant mit 70%iger Penetranz (Scheffer et al. 1995a; Scheffer 2000), wobei eine beträchtliche Variabilität im Schwergrad der Erkrankung innerhalb einer Familie bestehen kann. Durch neuere Forschungsergebnisse wurde klar, dass die ADNFLE eine genetisch heterogene Erkrankung ist. So konnten Mutationen am Chromosom 20q sowie am Chromosom 15q24 nachgewiesen werden, es gibt aber auch Familien bei denen diese beide Loci als Ursache ausgeschlossen werden konnten. Die Mutation am Chromosom 20q führt zu einer Veränderung der $\alpha 4$ Untereinheit des Azetylcholinrezeptors, die eine Hypoaktivität dieses Rezeptors nach sich zieht. Die Erkrankung beginnt im Allgemeinen in der Kindheit (mittleres Alter bei Anfallsbeginn: 11 Jahre) (Scheffer 2000).

Anfallsformen. Charakteristischerweise kommt es zu nächtlichen fokal motorischen Anfällen, die in Clustern auftreten. Die Patienten erwachen kurz nach dem Einschlafen, oft besteht eine Aura mit Erschaudern, Angst oder einem komischen Gefühl im Kopf oder in den Gliedmassen. Dann kommt es zu prominenten motorischen Manifestationen mit hypermotorischen, dystonen bzw. dyskinetischen, tonischen oder klonischen Komponenten. Oft bleibt das Bewusstsein erhalten und die Patienten berichten, dass sie nach vorne oder hinten gedrückt würden und dass ihnen der Atem im Hals stecken bleibe. Die Anfälle sind kurz und dauern zumeist nur 5–30 Sekunden. Die Patienten schlafen dann wieder ein, nur um wenig später erneut einen Anfall zu erleiden. Zumeist ereignen sich die Anfälle in Clustern mit 4–11 Anfällen, wobei ein Cluster mehrere Stunden andauert. Es können aber auch wesentlich mehr Anfälle während einer Nacht auftreten. Die Cluster treten zumeist ein- bis viermal pro Monat auf, wobei es aber auch Patienten gibt, die jede Nacht Anfälle erleiden. Manchmal ereignen sich die Anfälle auch kurz vor dem Erwachen. Die Patienten haben auf Grund der nächtlichen Anfälle oft auch Angst einzuschlafen. Bei ca. einem Drittel der Patienten kommt es auch zu Anfällen unter Tags, 60% haben seltene sekundär generalisierte tonisch-klonische Anfälle (Tassinari und Michelucci 1997; Oldani et al. 1998; Scheffer 2000).

Diagnostik. Die neurologische Untersuchung und die psychomotorische Entwicklung sind normal (Scheffer 2000). Während das interiktale EEG im Wachzustand bei nahezu 90% der Patienten normal ist, finden sich im Schlaf bei 50–76% der Patienten regionale Verlangsamungen sowie frontale oder bifrontale Spikes (Oldani et al. 1998; Picard et al. 2000). Die Magnetresonanztomographie ergibt einen Normalbefund, im PET kann in manchen Fällen ein umschriebener frontaler Hypometabolismus, im SPECT eine umschriebene frontale Hypoperfusion nachgewiesen werden (Scheffer 2000). Verhaltensauffälligkeiten finden sich bei bis zu 43% der Patienten (Picard et al. 2000).

Therapie und Verlauf. Das Mittel der Wahl ist Carbamazepin, wobei sich ca. 30% der Patienten als therapieresistent erweisen (Picard et al. 2000).

6.2.4. (Benigne) Familiäre Temporallappenepilepsie (FTLE)

In der Erstbeschreibung von Berkovic et al. (1994) wurde die benigne familiäre Temporallappenepilepsie als klinisch homogenes Syndrom mit den folgenden Charakteristika beschrieben: Beginn im frühen Erwachsenenalter; keine Risikofaktoren für Epilepsie in der Anamnese; fokale Anfälle mit einfacher Symptomatik, seltene fokal komplexe oder nächtliche generalisierte tonisch-klonische Anfälle, die durch Schlafentzug provoziert werden; gutartiger Verlauf; normale Magnetresonanztomographie. Demgegenüber berichteten Cendes et al. (1998) über ein mehr heterogenes klinisches Erscheinungsbild, wobei 41% der Patienten therapieresistent waren und sich bei 61% in der Magnetresonanztomographie eine Hippokampusatrophie zeigte. In einer rezenten Studie konnte in einer italienischen Familie ein autosomal dominanter Vererbungsmodus nachgewiesen werden (Gambardella et al. 2000).

6.3. Symptomatische und kryptogenetische fokale Epilepsien

6.3.1. Temporallappenepilepsien

6.3.1.1. Einteilung

Die Temporallappenepilepsien repräsentieren die häufigste Form der fokalen Epilepsien (Engel 1996b) und können den folgenden Kriterien entsprechend eingeteilt werden:

- Ätiologie: In der Epilepsie-Klassifikation der Internationalen Liga gegen Epilepsie werden idiopathische, symptomatische und kryptogenetische Temporallappenepilepsien unterschieden (Commission on Classification and Terminology of the International League against Epilepsy 1989). Bei den symptomatischen Temporallappenepilepsien sind einerseits die mesiale Temporallappenepilepsie sowie andererseits die läsionellen Temporallappenepilepsien bedingt durch andere Läsionen wie Tumoren, vaskuläre Malformationen, kortikale Dysplasien etc. anzuführen. Die idiopathischen Temporallappenepilepsien werden im Abschnitt 6.2 behandelt.
- Anfallsursprungszone: Hierbei wird zwischen Anfällen aus dem mesialen und neokortikalen Temporallappen unterschieden (Commission on Classification and Terminology of the International League against Epilepsy 1989).
- Bilateralität: Häufig finden sich bitemporale Veränderungen im interiktalen und/oder iktalen EEG, in der strukturellen oder funktionellen Bildgebung sowie in der neuropsychologischen Testung. Deshalb können die beiden Temporallappen nicht als getrennte Entitäten angesehen werden, sondern müssen vielmehr als biologisches Kontinuum betrachtet werden (Engel 1994).

6.3.1.2. Mesiale Temporallappenepilepsie (Tabelle 6.4)

Epidemiologie, Ätiologie und Verlauf. Die mesiale Temporallappenepilepsie (MTLE) ist wahrscheinlich das häufigste Epilepsiesyndrom überhaupt. Die Hippokampussklerose (syn: Ammonshornsklerose, mesiale temporale Sklerose) ist das pathologisch-anatomische Substrat der MTLE und ist durch einen selektiven Zelluntergang im CA1-Sektor und im Hilus, geringer auch im CA3- und CA4-Sektor, bei relativer Verschonung des CA2-Sektors sowie durch ein Aussprossen von Moos-Fasern gekennzeichnet. Diese Veränderungen führen zu einem Zustand erhöhter Synchronisation und Exzitabilität, der schließlich in spontan auftretenden Anfällen resultiert (Wieser et al. 1993a; Engel 1996b, 1997).

Die Ursache der Hippokampussklerose ist letztlich unklar. Bei Patienten mit MTLE sind in der Anamnese gehäuft komplizierte Fieberkrämpfe und andere frühe ZNS-Erkrankungen wie Traumen oder Infektionen zu erheben. Andererseits entwickeln nur relativ wenige Kinder mit komplizierten Fieber-

Tabelle 6.4. Mesiale Temporallappenepilepsie

Epidemiologie:	häufigste Epilepsieform
Ursache:	Hippokampussklerose
Anamnese:	komplizierte Fieberkrämpfe ⇒ anfallsfreies Intervall ⇒ Anfälle ohne präzipitierendes Fieber in der zweiten Hälfte der ersten Lebensdekade oder später ⇒ Anfälle anfangs gut einzustellen ⇒ im Weiteren dann in 30–50% therapierefraktär
Anfallsformen:	Auren (90%, epigastrische Auren, affektive Auren); fokal komplexe Temporallappenanfälle; sekundär generalisierte tonisch-klonische Anfälle (60%)
Interiktales EEG:	intermittierende (rhythmische) Verlangsamung, regional temporal; Spitzen, regional anterior-temporal (in ca. 30% unabhängig bitemporal)
Iktales EEG:	rhythmische 5–7 Hz-Tätigkeit, regional temporal
Magnetresonanztomographie:	T1-gewichtete Sequenzen ⇒ Substanzminderung; T2-gewichtete Sequenzen ⇒ hyperintenses Signal; IR Sequenzen ⇒ Verlust der hippokampalen Binnenstruktur; FLAIR Sequenzen ⇒ Differenzierung Sklerose vs. Liquor
SPECT:	interiktal: Hypoperfusion; iktal: Hyperperfusion
PET:	interiktal: Hypometabolismus
Neuropsychologie:	materialspezifische Gedächtnisdefizite

krämpfen später tatsächlich eine MTLE. Die folgenden Fragen sind somit ungeklärt (Holthausen 1994): (1) Warum treten bei einem Kind komplizierte Fieberkrämpfe auf? (2) Ist die Hippokampussklerose die Ursache oder Folge der komplizierten Fieberkrämpfe? (3) Ist ein anderer, derzeit noch unbekannter Prozess für die Entwicklung sowohl der komplizierten Fieberkrämpfe als auch der MTLE verantwortlich? Zudem sind bei Patienten mit Hippokampussklerose signifikant häufiger Mikrodysgenesien und dysplastische Läsionen wie Hamartome oder Heterotopien zu beobachten als bei Patienten mit Neoplasmen, was in Zusammenschau mit einer erhöhten Inzidenz einer positiven Familienanamnese für Epilepsie auf eine genetische Prädisposition hinweist (Wieser et al. 1993a; Engel 1996b, 1997).

Nach den komplizierten Fieberkämpfen treten Anfälle ohne präzipitierendes Fieber zumeist erst in der 2. Hälfte der ersten Lebensdekade oder später auf. Die Anfälle sprechen anfangs zumeist gut auf Antiepileptika an, sodass oft ein anfallsfreies Intervall von mehreren Jahren, unter Umständen sogar ohne medikamentöse Therapie, bestehen kann. In der Folge treten dann zumeist wieder Anfälle auf, die mit der Zeit zunehmend schwieriger zu behandeln sind, was für die progressive Natur der MTLE spricht. Ca. 30–50% der Patienten erweisen sich langfristig als medikamentös therapierefraktär (Wieser et al. 1993a; Engel 1996b, 1997).

Klinische Anfallsformen

- *Auren:* Ca. 90% der Patienten verspüren eine Aura, die einerseits isoliert auftreten kann (dies stellt ein Charakteristikum der MTLE dar (Wieser et al. 1993a)) oder andererseits in einen fokal-komplexen Anfall übergehen kann. Epigastrische Auren, die im Allgemeinen als aufsteigendes Gefühl aus der Magengegend beschrieben werden, werden dabei weitaus am häufigsten berichtet. An zweiter Stelle, jedoch wesentlich seltener, sind affektive Auren mit Angst anzuführen. Andere Auren wie psychische Phänomene (deja-vu, jamais-vu), Makropsien, Mikropsien, olfaktorische Auren und Depersonalisationserlebnisse sind hingegen selten. Visuelle oder auditorische Auren sprechen gegen eine MTLE. Manche Patienten verlieren ihre Aura im Verlauf ihrer Erkrankung, was von manchen Autoren als schlechtes prognostisches Zeichen gewertet wird (Wieser 1983b; Engel et al. 1997).
- *Fokal komplexe Temporallappenanfälle:* Mit oder ohne vorangehende Aura treten fokal komplexe Anfälle auf, deren Beginn durch eine Bewusstseinsstörung ohne wesentliche motorische Entäußerungen gekennzeichnet ist (die Patienten halten in der gerade ausgeführten Tätigkeit inne, starren regungslos vor sich hin und reagieren nicht auf Ansprache; „motion-less stare“). Dies kann entweder die einzige Anfallsmanifestation sein oder es können im weiteren Anfallsverlauf motorische Phänomene auftreten. Hier sind insbesondere oro-alimentäre Automatismen (Kauen, Schmatzen, Schlucken etc.) charakteristisch für die MTLE, zudem sind auch häufig

Handautomatismen (Nesteln, Wischen Gestikulieren etc.) zu beobachten. Weiters können auch tonische und dystone Halteschablonen auftreten (Wieser 1983b; Engel et al. 1997). Anfallssymptome, die einen Rückschluss auf die Seite des Anfallsursprungs zulassen, sind im Abschnitt „Fokale Anfälle" (Tabelle 3.6) zusammengefasst. In Tabelle 6.5 sind Symptome angeführt, die eine klinische Differenzierung von Anfällen aus dem medialen und lateralen Temporallappen unterstützen können.

Die Anfälle dauern durchschnittlich 1–2 Minuten (Wieser et al. 1993a). Im Allgemeinen folgt den Anfällen eine mehr oder weniger lange Phase mit postiktaler Verwirrtheit, Desorientierung und Sprachstörungen (Dauer bis zu mehreren Minuten). Die Dauer dieser postiktalen Dysfunktion ist bei Anfällen aus der dominanten Hemisphäre länger, was durch eine in diesem Fall bestehende postiktale Sprachstörung erklärt werden könnte (Fakhoury et al. 1994).

Tabelle 6.5. Unterschiede von mesialer und neokortikaler Temporallappenepilepsie

	Mesiale TLE	Neokortikale TLE
Anamnese		
Fieberkrämpfe	häufig	selten
Anfallsfreies Intervall	häufig	selten
Anfallsbeginn	früher	später
Klinische Anfallssymptome		
Auren	epigastrische Auren	psychische Auren mit deja-vu und jamis-vu Erlebnissen, auditorische Auren
Anfallssymptome	frühe orale Automatismen, Handautomatismen, Beinautomatismen, kontralaterale dystone Haltschablonen, Umherblicken, Wechsel der Körperposition, Hyperventilation, postiktales Husten	frühe motorische Manifestationen der kontralateralen oberen Extremität ohne orale Automatismen
PET		
	Hypometabolismus medial und lateral temporal	Hypometabolismus lateral temporal (medial = unauffällig)
Neuropsychologie		
	materialspezifische Gedächtnisstörungen	unauffällig

- *Generalisierte tonisch-klonische Anfälle:* Ca. 60% der Patienten erleiden auch sekundär generalisierte tonisch-klonische Anfälle (Kotagal 1997).

Diagnostik. Die Anamnese und klinische Anfallssemiologie ergeben zumeist bereits erste diagnostische Hinweise. Im interiktalen EEG findet man als unspezifische Veränderungen häufig intermittierende regionale Verlangsamungen über dem betroffenen Temporallappen, denen dann eine lateralisierende Signifikanz zukommt (Gambardella et al. 1995). Diese Verlangsamungen zeigen eine enge Korrelation mit einem Hypometabolismus der lateralen temporalen Strukturen im PET und können deshalb als Zeichen einer ausgedehnten Funktionsstörung angesehen werden, die weit über den medialen Temporallappen hinausgeht (Koutroumanidis et al. 1998). Spitzen über dem anterioren Temporallappen (negatives Maximum an den anterioren (F7, F8) und basalen (FT9, FT10) temporalen Elektroden bzw. an den Sphenoidalelektroden) stellen die charakteristischen epilepsietypischen interiktalen EEG-Veränderungen bei der MTLE dar. Charakteristischerweise finden sich dabei sog. Typ-1 Spikes mit einer umschriebenen Elektronegativität an den basalen temporalen Elektroden und einer korrespondierenden Positivität über dem Vertex (Ebersole 1991; Ebersole und Wade 1991; Baumgartner et al. 1995; Ebner und Hoppe 1995). Die interiktalen Spitzen treten bei einem Drittel der Patienten unabhängig über beiden Temporallappen auf (Engel et al. 1997).

Die iktalen EEG-Veränderungen können entsprechend ihrer Morphologie (rhythmische Alpha- bzw. Thetatätigkeit, rhythmische Deltatätigkeit, rhythmische Spitzenaktivität, regionale Kurvenabflachung, Sistieren der interiktalen Spitzen), ihrer Lokalisation (regional temporal, hemisphärisch oder nichtlateralisiert) und ihrer zeitlichen Entwicklung (initiales Muster vs. späteres signifikantes Muster) eingeteilt werden (Steinhoff et al. 1995; Pataraia et al. 1998). Eine initiale oder verzögerte, rhythmische 5–7 Hz-Tätigkeit über einem Temporallappen stellt dabei das häufigste EEG-Anfallsmuster dar (Engel et al. 1997).

Die hochauflösende Kernspintomographie ermöglicht die in-vivo Darstellung der Hippokampusatrophie bzw. -sklerose und stellt somit einen Eckpfeiler in der Diagnostik dar, wobei sich folgende charakteristische Befunde ergeben (koronare Schichtführung orthogonal zur Längsachse des Temporallappens): T1-gewichtete Sequenzen ⇒ Substanzverminderung als Ausdruck der Hippokampusatrophie; T2-gewichtete Sequenzen ⇒ hyperintenses Signal als Ausdruck der Hippokampussklerose; Inversion-Recovery Sequenzen ⇒ Verlust der Binnenstruktur des Hippokampus; Fluid-Attenuation-Inversion-Recovery (FLAIR) Sequenzen ⇒ Möglichkeit der Differenzierung zwischen Hippokampussklerose und Liquor im Unterhorn des Seitenventrikels (Cascino 1997).

Die Positronen-Emissions-Tomographie mit 18F-Flurodeoxy-Glucose (FDG-PET) zeigt bei 70% der Patienten einen ausgedehnten Hypometabolismus im Bereich des medialen und lateralen Temporallappens, im Thalamus, in den Basalganglien und im lateralen frontalen Kortex (Henry und Chugani 1997). In der Single-Photon-Emissions-Computer-Tomographie (SPECT) ergibt sich eine korrespondierende Hypoperfusion bei allerdings deutlich niedrigerer Sensitivität (Berkovic et al. 1993). Die SPECT bietet – im Gegensatz zur PET – die Möglichkeit der iktalen Tracerverabreichung, wodurch die mit der epileptischen Aktivität einhergehende Hyperperfusion im betroffenen Temporallappen dargestellt werden kann (Berkovic et al. 1993). Charakteristischerweise zeigt sich dabei eine mediale und laterale temporale Hyperperfusion (Ho et al. 1997). In der Magnetresonanz-Spektroskopie kann eine Reduktion des N-Acetyl-Aspartat/Cholin-Quotienten als Ausdruck eines Neuronenverlusts nachgewiesen werden (Cendes et al. 1994b). In der formalen neuropsychologischen Testung können materialspezifische Gedächtnisstörungen festgestellt werden (Hermann et al. 1997).

Therapie. Die Therapie ist dem Abschnitt 14.2.7 „Stufenschema zur Behandlung der fokalen Epilepsien" zu entnehmen.

6.3.1.3. Läsionelle Temporallappenepilepsien (Tabelle 6.6)

Ursache und Epidemiologie. Eine Vielzahl unterschiedlicher struktureller Läsionen können Ursache einer chronischen Temporallappenepilepsie sein. Im Einzelnen sind die folgenden Entitäten anzuführen (O'Brien et al. 1997):

- Tumoren: niedriggradige Gliome (Astrozytome, Oligodendrogliome, Gangliogliome, gemischte Gliome, pleomorphe Xanthoastrozytome), Meningeome, dysembryoplastische Neuroepitheliome;
- vaskuläre Malformationen: arteriovenöse Malformationen, Kavernome;
- fokale kortikale Dysplasien;
- zystische Läsionen: porencephale Zysten, Arachnoidalzysten;
- entzündliche bzw. postentzündliche Veränderungen (häufigste Ursache in Entwicklungsländern): Neurozystizerkose, Tuberkulome;
- vaskuläre Läsionen;
- posttraumatische Läsionen.

Diese Läsionen können im medialen und lateralen Temporallappen lokalisiert sein und somit zu Anfällen aus den jeweiligen Kompartments des Temporallappens führen. Die exakte Epidemiologie der läsionellen Temporallappenepilepsie (LTLE) ist unbekannt. In chirurgischen Serien variiert die Inzidenz zwischen 15 und 58% (Spencer et al. 1984; Kirkpatrick et al. 1993; Wolf et al. 1993), in rezenten Magnetresonanztomographie-Studien konnte bei ca. 34% aller Patienten mit fokalen Epilepsien eine Läsion festgestellt werden (Jackson 1994; Li et al. 1995a). In Populationsstudien hingegen fanden sich Läsionen lediglich bei 5,2% der Patienten, wobei diese Studien allerdings

Tabelle 6.6. Läsionelle Temporallappenepilepsien

Epidemiologie:	chirurgischen Serien: 15–58%; Magnetresonanztomographie-Studien: 34%; Populationsstudien: 5,2%
Ursachen:	Tumoren, vaskuläre Malformationen, fokale kortikale Dysplasien, zystische Läsionen, entzündliche bzw. postentzündliche Veränderungen, vaskuläre Läsionen, posttraumatische Läsionen
Pathomechanismen:	Tumoren: Denervationshypersensitivität, erhöhte Glutamin- bzw. verminderte GABA-Konzentration, relative Ischämie, genetische Prädisposition; vaskuläre Malformationen: Hämosiderinablagerungen, ischämische Mechanismen
Anfallsformen:	Auren, fokal-komplexe Temporallappenanfälle, sekundär generalisierte tonisch-klonische Anfälle
Spezifische Symptome:	frühe kontralaterale Kopfdrehung bzw. Beinautomatismen (?)
Interiktales EEG:	polymorphe Deltatätigkeit; temporale Spikes (bei 22% unabhängige bitemporale Spikes); Normalbefund (27–34%)
Iktales EEG:	regionale temporale, hemisphärische oder nicht-lateralisierte Anfallsmuster
Magnetresonanztomographie:	diagnostische Methode der Wahl, signifikant höhere Sensitivität als CCT

noch aus der Zeit vor Einführung der Magnetresonanztomographie stammen, was diese niedrige Inzidenz erklären könnte (O'Brien et al. 1997).

Pathomechanismen. Die Mechanismen, über die strukturelle Läsionen zu einer chronischen Epilepsie führen, sind weitgehend unbekannt. Folgende Hypothesen werden diskutiert (O'Brien et al. 1997):
Tumoren:

- Denervationshypersensitivität durch partielle Isolation des Neokortex auf Grund von Tumorwachstum und Vernarbung;
- erhöhte Glutaminkonzentration im Tumorgewebe;
- verminderte GABA-Konzentration in Gliomen;
- relative Ischämie durch Beeinträchtigung der Gefäßversorgung bei expansiv wachsenden Tumoren;
- genetische Prädisposition.

Vaskuläre Malformationen:

- Hämosiderinablagerungen bei wiederholten subklinischen Blutungen;
- ischämische Mechanismen bedingt durch arteriovenöse Shunts.

Klinische Anfallssemiologie. Prinzipiell können – wie bei allen anderen Temporallappenepilepsien – (1) Auren, (2) fokal-komplexe Temporallappenanfälle und (3) sekundär generalisierte tonisch-klonische Anfälle auftreten. Die Anfallssemiologie wird dabei durch die Lokalisation der Anfallsursprungszone im medialen oder lateralen Temporallappen determiniert (siehe auch Tabelle 6.5). Zudem wurden in einer Studie auch Unterschiede in der Anfallssemiologie zwischen Patienten mit MTLE und LTLE gefunden, wobei allerdings eine Bestätigung dieser Ergebnisse noch aussteht (MTLE ⇒ frühe, ipsilaterale Handautomatismen, kontralaterale dystone Halteschablonen, orale Automatismen; LTLE: frühe kontralaterale Kopfdrehung; frühe Beinautomatismen) (Saygi et al. 1994).

Diagnostik. Die Magnetresonanztomographie stellt die Methode der Wahl für die Diagnostik der läsionellen Temporallappenepilepsie dar. Die Sensitivität für die Detektion von Tumoren und vaskulären Malformationen beträgt praktisch 100% und auch die überwiegende Mehrzahl der kortikalen Dysplasien kann mit einer entsprechenden Untersuchungstechnik erfasst werden. Allerdings ist festzustellen, dass eine Vorhersage der Histologie aus dem radiologischen Erscheinungsbild einer Läsion nur bedingt möglich ist. Die Computertomographie ist auf Grund der wesentlich niedrigeren Sensitivität als alleinige diagnostische Methode unzureichend. Selbst wenn in der Magnetresonanztomographie eine Läsion festgestellt werden konnte, muss eine sorgfältige radiologische Beurteilung des gesamten Gehirns erfolgen, um allfällige multiple Läsionen (z.B. Kavernome) zu erfassen (O'Brien et al. 1997). Zudem muss eine mögliche duale Pathologie (= Hippokampusatrophie bei extrahippokampaler Läsion) ausgeschlossen werden. In einer rezenten Studie betrug die Inzidenz einer dualen Pathologie 15% (hohe Inzidenz bei Patienten mit kortikalen Dysplasien [25%], porencephalen Zysten [31%] und reaktiven Gliosen [23,5%]; niedrige Inzidenz bei Patienten mit Tumoren [2%] und vaskulären Malformationen [9%]) (Cendes et al. 1995).

Im interiktalen EEG zeigen sich charakteristischerweise eine polymorphe Deltatätigkeit und/oder temporale Spikes (bei 22% unabhängige bitemporale Spikes), bei 27–34% der Patienten ergibt sich ein Normalbefund (Boon et al. 1991; O'Brien et al. 1996). Die Dokumentation der klinischen Anfallssemiologie mittels prolongiertem Video-EEG-Monitoring sollte in unklaren Fällen vor einer chirurgischen Intervention erfolgen, um die Möglichkeit auszuschließen, dass die Anfälle des Patienten auf eine andere Ursache zurückzuführen sind (z.B. idiopathische generalisierte Epilepsie, Pseudoanfälle) (O'Brien et al. 1997). Im iktalen EEG zeigen sich regionale temporale, hemisphärische oder nicht-lateralisierte Anfallsmuster. Eine Lateralisation kontralateral zur Läsion ist selten (< 4%) (Boon et al. 1991; O'Brien et al. 1996).

Therapie. Die medikamentöse Therapie unterscheidet sich nicht von der bei anderen fokalen Epilepsien (siehe Abschnitt 14.2.7 „Stufenschema zur Behandlung der fokalen Epilepsien"). Prinzipiell sollte die chirurgische Entfernung der Läsion frühzeitig in Betracht gezogen werden, um eine mögliche Anfallsfreiheit und damit Heilung nicht unnötig zu verzögern. Zudem sprechen bei Tumoren auch onkologische Gesichtspunkte (histologische Aufarbeitung des Tumorgewebes mit eventuell daraus resultierender therapeutischer Konsequenz, Hintanhalten einer malignen Entartung durch Reduzierung der Tumormasse) sowie bei Gefäßmalformationen das allfällige Blutungsrisiko für eine frühzeitige Operation. Weiterhin kontroversiell beurteilt wird die Frage, ob bei diesen Patienten lediglich eine Läsionektomie oder aber auch eine zusätzliche Resektion des umgebenden Gewebes im Sinne eines epilepsiechirurgischen Eingriffs sensu strictu erfolgen sollte (O'Brien et al. 1997).

6.3.1.4. Kryptogenetische Temporallappenepilepsie

Definition und Epidemiologie. Die kryptogenetische Temporallappenepilepsie wird per Ausschlussdiagnostik über einen unauffälligen Befund in der Magnetresonanztomographie und/oder in der histologischen Untersuchung bei Zustand nach epilepsiechirurgischem Eingriff definiert, wobei diese Definitionen die folgenden Probleme in sich bergen: (1) Trotz konstanter technischer Verbesserungen können bei manchen Patienten mit normaler Magnetresonanztomographie strukturelle Veränderungen in der Histologie (mesiale Temporallappensklerose, fokale kortikale Dysplasien) nachgewiesen werden. (2) Andererseits erscheint eine histologische Definition deshalb ungeeignet, weil nur ein kleiner Teil der Patienten einem epilepsiechirurgischen Eingriff unterzogen wird und die Diagnose selbst dann nur retrospektiv gestellt werden kann.

Bei Patienten mit kryptogenetischer Temporallappenepilepsie beginnen die Anfälle oft in lateralen, neokortikalen Strukturen, weshalb die kryptogenetische Temporallappenepilepsie oft auch – allerdings nicht ganz exakt – mit einer nicht-läsionellen neokortikalen Temporallappenepilepsie gleichgesetzt wird (Walczak 1995; Engel 1996b).

Pathomechanismen. Die Pathophysiologie der kryptogenetischen Temporallappenepilepsie ist unbekannt, wobei sich prinzipiell folgende pathogenetische Möglichkeiten ergeben (Engel 1996b): (1) Läsionen ähnlich wie bei der läsionellen Temporallappenepilepsie, die jedoch so klein sind, dass sie in der Magnetresonanztomographie nicht visualisiert werden können; (2) Neuronaler Zellverlust und synaptische Reorganisation ähnlich wie bei der mesialen Temporallappensklerose, die jedoch mit den herkömmlichen histologischen Aufarbeitungsmethoden nicht erfasst werden können; (3) bisher unbekannte und für die kryptogenetische Temporallappenepilepsie spezifische Prozesse.

Klinische Anfallssemiologie. Psychische Auren mit deja-vu und jamais-vu Erlebnissen, auditorische Auren, frühe motorische Manifestationen der kontralateralen oberen Extremität ohne orale Automatismen sprechen eher für einen lateralen Anfallsursprung, während epigastrische Auren, frühe orale Automatismen, Handautomatismen, Beinautomatismen, kontralaterale dystone Halteschablonen, Umherblicken, Wechsel der Körperposition, Hyperventilation und postiktales Husten eher mit Anfällen aus dem medio-basalen Temporallappen assoziiert sind (Foldvary et al. 1997; Gil-Nagel und Risinger 1997) (Tabelle 6.5). In einer rezenten Studie wurde auch eine hohe Korrelation von kontralateralen dystonen Halteschablonen und ipsilateralen Automatismen mit einem mesialen temporalen Anfallsursprung einerseits sowie ipsilateralen dystonen Halteschablonen und kontralateralen Automatismen mit einem lateralen temporalen Anfallsursprung andererseits postuliert (Dupont et al. 1999), wobei wir aus eigener Erfahrung diese Hypothese nicht nachvollziehen können.

Diagnostik. Im interiktalen EEG finden sich temporale Spikes, wobei sog. Typ-2 Spikes (Elektronegativität über den lateralen temporalen Elektroden ohne korrespondierende Positivität) eher für eine neokortikale Temporallappenepilepsie sprechen (Ebersole 1991; Ebersole und Wade 1991). Die Magnetresonanztomographie ist per definitionem unauffällig. Im PET zeigt sich ein Hypometabolismus lateral temporal bei normalem Metabolismus medial temporal (Hajek et al. 1993). Zudem finden sich bei der Mehrzahl der Patienten keine materialspezifischen Gedächtnisstörungen (Burgerman et al. 1995).

Therapie. Siehe Abschnitt 14.2.7 „Stufenschema zur Behandlung der fokalen Epilepsien".

6.3.1.5. Bilaterale Temporallappenepilepsien

Obwohl direkte Verbindungen der beiden Temporallappen über die Commissura anterior bzw. posterior beim Menschen eher spärlich ausgeprägt sind, finden sich bei Patienten mit Temporallappenepilepsien häufig bitemporale Veränderungen, weshalb die beiden Temporallappen als funktionelles Kontinuum aufgefasst werden müssen. Ob diesen bitemporalen Veränderungen eine initiale bitemporale Schädigung oder aber eine sekundäre Epileptogenese zu Grunde liegt ist weitgehend unbekannt. Am häufigsten finden sich bitemporale Veränderungen im interiktalen EEG, wobei sich bei ca. 30% der Patienten unabhängige bitemporale Spikes zeigen. Bitemporale Spikes sind ein ungünstiger Prognosefaktor bei einem epilepsiechirurgischen Eingriff (Chung et al. 1991). Zudem können auch die Anfälle unabhängig in beiden Temporallappen entstehen (So et al. 1989a, 1989b). In der hochauflösenden Magnetresonanztomographie können bitemporale Veränderungen am besten mit quantitativen volumetrischen Methoden nachgewiesen werden. Auch in den funktionellen bildgebenden Verfahren (PET, MR-Spektroskopie) finden sich bei manchen

Patienten bitemporale Veränderungen. Beeinträchtigungen sowohl des verbalen als auch des nicht-verbalen Gedächtnisses in der neuropsychologischen Testung deuten auf eine bitemporale Funktionsstörung hin (Engel 1994).

6.3.2. Frontallappenepilepsien (Tabelle 6.7)

Ursache und Epidemiologie. Die Frontallappenepilepsien stellen nach den Temporallappenepilepsien die zweithäufigste Form der fokalen Epilepsien dar, wobei es allerdings keine exakten epidemiologischen Daten gibt. Ätiologisch kann man zwischen idiopathischen, symptomatischen und kryptogenetischen Formen unterscheiden. Die idiopathischen Frontallappenepilepsien werden im Kapitel 6.2 abgehandelt. Bei den symptomatischen Formen lassen sich in der Magnetresonanztomographie strukturelle Läsionen (Tumoren, Gefäßmalformationen, fokale kortikale Dysplasien etc.) darstellen. Bei den kryptogenetischen Formen hingegen ist die Magnetresonanztomographie unauffällig.

Einteilung der Frontallappenepilepsien

An Hand der klinischen Anfallssemiologie können die Frontallappenepilepsien in 3 große Gruppen eingeteilt werden, wobei sich allerdings zwischen den

Tabelle 6.7. Frontallappenepilepsien

Epidemiologie:	zweithäufigste Form der fokalen Epilepsien
Ursachen:	symptomatische Formen (Tumoren, Gefäßmalformationen, fokale kortikale Dysplasien) kryptogenetische Formen idiopathische Formen
Klinische Einteilung:	Frontallappenepilepsie mit fokalen klonischen Anfällen Frontallappenepilepsie mit asymmetrischen tonischen Anfällen – supplementär-sensomotorische Epilepsie Frontallappenepilepsien mit fokal-komplexen Anfällen
Interiktales EEG:	regionale, bifrontale oder multiregionale Spitzen und/oder Verlangsamungen; normal
Iktales EEG:	regionales, hemisphärisches, bilaterales oder generalisiertes Anfallsmuster; keine EEG-Veränderungen; häufig Spike-Waves oder paroxysmale schnelle Aktivität
Magnetresonanztomographie:	strukturelle Läsionen ⇒ symptomatisch normal ⇒ kryptogenetisch oder idiopathisch
Interiktaler PET und iktaler SPECT:	lokalisatorische Zusatzinformation in der prächirurgischen Diagnostik

einzelnen Gruppen Überschneidungen ergeben können (Williamson et al. 1997):

- **Frontallappenepilepsie mit fokalen klonischen Anfällen (Jackson-Anfälle):** Fokale klonische Anfälle entstehen durch epileptische Aktivität im primär motorischen Kortex im Gyrus präcentralis. Klinisch kommt es zu einseitigen kontralateralen mehr oder weniger rhythmischen Zuckungen, die oft im Bereich des Mundwinkels oder im Bereich der Hand beginnen. Diese Zuckungen können sich – entsprechend der kortikalen Repräsentation im primär motorischen Kortex – auch auf angrenzende Körperteile ausbreiten, wobei auch Körperteile „übersprungen" werden können (z.B. Beginn im Daumen ⇒ andere Finger ⇒ Handgelenk ⇒ Unterarm ⇒ Oberarm ⇒ Schulter ⇒ Gesicht (zumeist zuerst im Bereich des Musculus orbicularis oculi)), man spricht dann von einem Jackson-Anfall mit Marsch. In ca. 30% der Fälle bestehen auch somatosensorische Symptome als Ausdruck einer somatosensorischen Repräsentation im Gyrus präcentralis und/oder einer Propagation in den Gyrus postcentralis. Das Bewusstsein ist initial erhalten (fokale Anfälle mit einfacher Symptomatik). Die meisten fokalen klonischen Anfälle sind kurz und dauern weniger als 1–2 Minuten. Ein Übergang in sekundär generalisierte tonisch-klonische Anfälle ist möglich. Postiktal kann eine motorische Schwäche bestehen (Todd'sche Parese) (Kotagal und Lüders 1997).

- **Frontallappenepilepsie mit asymmetrischen tonischen Anfällen – supplementär-sensomotorische Epilepsie:** Diese Anfälle entstehen durch epileptische Entladungen in der supplementär motorischen Area (SMA). Den motorischen Phänomenen geht häufig eine somatosensorische Aura voraus (Parästhesien, Ziehen oder Schweregefühl in den Extremitäten ipsi-, kontra- oder bilateral, manche Patienten beschreiben auch ein Gefühl, als ob sich die Extremitäten gerade zu bewegen beginnen würden), weshalb manche Autoren auch von supplementär-sensomotorischen (SSMA) Anfällen sprechen (Bleasel und Morris 1997). Die motorischen Phänomene bestehen dann im plötzlichen Auftreten tonischer Halteschablonen. Typischerweise kommt es dabei zu einer sog. Fechterstellung (Penfield und Jasper 1954) oder M2e-Schablone (Ajmone-Marsan und Ralston 1957) mit Abduktion, Elevation und Außenrotation des kontralateralen Armes in der Schulter, leichter Beugung im Ellbogen sowie Kopf- und Blickdeviation zum abduzierten Arm (als ob die Hand angeschaut würde). Der ipsilaterale Arm wird leicht gebeugt, das kontralaterale Bein wird tonisch gestreckt, das ipsilaterale Bein in der Hüfte und im Knie gebeugt (Bleasel und Morris 1997). Obwohl asymmetrische tonische Halteschablonen der oberen Extremitäten bei SSMA-Anfällen häufig zu beobachten sind, ist die typische Fechterstellung eher die Ausnahme als die Regel (Bleasel und Morris 1997). In einer rezenten Studie war die folgende Symptomsequenz am häufigsten zu beobachten: einseitige tonische Halteschablone des Arms ⇒ beidseitige tonische Halteschablonen der Arme ⇒ zurechtrückende Bewegungen des ganzen Körpers ⇒ Vokalisation ⇒ Lachen, Weinen ⇒ Version von Kopf und Augen (Salanova et al. 1995b). Prinzipiell können auch die folgenden anderen motorischen Symptome auftreten: asymmetrische oder symmetrische Halteschablonen aller 4 Extremitäten (die oberen Extremitäten sind zumeist stärker betroffen als die unteren); einseitige tonische Halteschablone eines Armes; Adduktion und Beugung eines Armes mit Faustschluss; schlagende Bewegungen des ipsilateralen Armes; tretende Bewegungen der Beine; tonische Verkrampfung der kontralateralen unteren Extremität; kontralaterale athetoide, dystone Bewegungen von Hand, Arm oder Bein (Williamson et al. 1997). Zudem kommt es häufig zu Vokalisationen (bedingt durch tonische Kontraktion des Zwerchfells bzw. der Larynxmuskulatur; Reaktion auf die Anfälle bei erhaltenem Bewusstsein) oder einem Sprach-Arrest. Manchmal treten gegen Ende des Anfalls – bedingt durch Propagation in den primär motorischen Kortex – kontralaterale, klonische Zuckungen des Gesichts und/oder der Hand auf. Das Bewusstsein ist zumindest zu Anfallsbeginn erhalten. Die Anfälle sind kurz (10–40 Sekunden), enden abrupt und es besteht keine wesentliche postiktale Verwirrung (Bleasel und Morris 1997).

Zudem kann es auch zu sekundär generalisierten tonisch-klonischen Anfällen kommen.

Die Anfälle treten oft clusterartig mit einem nächtlichen Maximum auf, wobei die Anfallsfrequenz hoch sein kann (Williamson et al. 1997). Durch ihre Klinik werden SSMA-Anfälle oft als Pseudoanfälle verkannt (Kanner et al. 1990), zumal das EEG auf Grund der Lage der supplementär-sensomotorischen Area im Interhemisphärenspalt oft negativ ist.

Elektroencephalographie bei supplementär-sensomotorischer Epilepsie. Im interiktalen EEG finden sich Spitzen mit einem Maximum über dem frontalen Vertex, wobei diese am besten mit einer Querableitung erfasst werden können, auch die Verwendung von parasagittalen Zusatzelektroden kann hilfreich sein. Wenn die interiktalen Spikes ausschließlich im Schlaf auftreten kann ihre Abgrenzung von Vertexzacken Schwierigkeiten bereiten. Mögliche Kriterien zur Differenzierung sind: Spikes mit langsamer Nachschwankung bzw. Polyspikes (diese Unterscheidungsmerkmale sind allerdings bei Kindern nicht zutreffend); persistierende asymmetrische Feldverteilung; Auftreten der Spikes im Wachzustand.

Das iktale EEG wird auf Grund der plötzlich zu Beginn einsetzenden motorischen Symptome zumeist durch Muskelartefakte überlagert, wobei sich initial eine steile Welle gefolgt von einer paroxysmalen schnellen Aktivität mit einem Maximum über der frontalen Mittellinie zeigt, die dann in eine generalisierte rhythmische Thetatätigkeit übergeht.

Unterscheidung SSMA-Anfälle vs. SSMA-Epilepsie. Die meisten SSMA-Anfälle werden durch epileptische Aktivität hervorgerufen, die nicht nur ausschließlich auf die SSMA beschränkt ist, sondern auch mehr oder weniger ausgedehnte angrenzende Hirnareale erfasst (primär motorischer und somatosensorischer Kortex, dorsolateraler prämotorischer Kortex, Gyrus cinguli, präfrontaler Kortex). Klinisch besteht keine Möglichkeit zwischen einer umschriebenen, auf die SSMA begrenzten und einer ausgedehnten Anfallsursprungszone zu unterscheiden. Zudem entstehen viele SSMA-Anfälle durch Propagation aus dem Frontallappen oder aus anderen Hirnlappen in die SSMA. Somit dürfte die Inzidenz einer SSMA-Epilepsie deutlich niedriger sein als die von SSMA-Anfällen (Bleasel und Morris 1997).

• **Frontallappenepilepsien mit fokal-komplexen Anfällen.** Fokal-komplexe Frontallappenanfälle sind durch unspezifische Auren (die Patienten berichten oft über ein vages, nicht näher zu beschreibendes Gefühl im Kopf oder im gesamten Körper), einen plötzlichen Beginn und ein abruptes Ende, komplexe, oft hysterisch, bizarr und teilweise sexuell anmutende Automatismen bzw. motorische Phänomene („hypermotorische" Automatismen), Vokalisationen, eine kurze Dauer (< 60 sec) und eine kurze oder fehlende postiktale Verwirrung charakterisiert. Oft erfolgt eine rasche sekundäre Generalisierung, zudem tritt ein fokal-komplexer Status epilepticus in bis zu 50% der Fälle auf. Die Anfallsfrequenz ist höher als bei den Temporallappenepilepsien mit oft mehreren Anfällen pro Tag, wobei die Anfälle bevorzugt während des Schlafs und oft in Clustern auftreten (Salanova et al. 1995b, 1997; Williamson und Engel 1997; Williamson et al. 1997). Die klinische Anfallssymptomatologie erlaubt keine sichere topische Zuordnung zu Subkompartments des Frontallappens. So können fokal-komplexe Frontallappenanfälle durch epileptische Aktivität im orbitofrontalen, frontopolaren, dorsolateralen frontalen und schließlich auch im medialen frontalen Kortex entstehen (Williamson et al. 1997).

Elektroencephalographie bei Frontallappenepilepsien. Bei der EEG-Untersuchung von Patienten mit Frontallappenepilepsien ergeben sich folgende Schwierigkeiten: (1) Nur ein kleiner Teil des Frontallappens, nämlich die laterale Konvexität, kann durch das Oberflächen-EEG erfasst werden, während epileptische Aktivität im Bereich des orbitofrontalen und des mesialen frontalen Kortex sowie im Bereich des Gyrus cinguli kaum zu erfassen ist. (2) Ein komplexes neuronales Netzwerk ermöglicht die rasche Propagation epileptischer Entladungen innerhalb des Frontallappens und in den Temporallappen, wodurch im Oberflächen-EEG oft der – fälschliche – Eindruck von multiregionalen oder räumlich ausgedehnten Veränderungen entsteht. (3) Umgekehrt können sich im Oberflächen-EEG manchmal fälschlicherweise umschriebene Veränderungen finden, obwohl im invasiven EEG eine räumlich ausgedehnte Spike-Aktivität besteht. (4) Schließlich ist noch das Phänomen der sekundären bilateralen Synchronie bei der Genese von bifrontalen oder generalisierten EEG-Veränderungen, insbesondere bei fronto-mesial gelegenen Läsionen, zu erwähnen (Quesney et al. 1993).

Im interiktalen EEG finden sich somit nur bei 12% der Patienten regionale Veränderungen und bei 32% lobäre Veränderungen über dem Frontallappen. Hingegen sind bei über der Hälfte der Patienten multilobäre (25%), hemisphärische (9%), unabhängige bifrontale (9%) und bilateral synchrone (37%) Veränderungen nachzuweisen (Quesney et al. 1993). In einer anderen Studie konnten bei 37% der Patienten im interiktalen EEG überhaupt keine epilepsietypischen Veränderungen nachgewiesen werden (Salanova et al. 1993).

Im iktalen EEG zeigte sich bei Patienten mit dokumentierter Frontallappenepilepsie nur in 22% ein regionaler und in 11% ein hemisphärischer Anfallsbeginn, während in 37% ein bilaterales oder generalisiertes Muster und in 11% überhaupt keine EEG-Veränderungen zu beobachten waren (Quesney et al. 1993). Hinsichtlich ihrer Morphologie sind Frontallappenanfälle häufig durch Spike-Waves oder eine paroxysmale schnelle Aktivität gekennzeichnet (Westmoreland 1998).

Bildgebung bei Frontallappenepilepsien. In der Magnetresonanztomographie können bei einem Teil der Patienten (46–63% in verschiedenen Studien (Lorenzo et al. 1995; Salanova et al. 1995b)) strukturelle Läsionen (Tumoren, Gefäßmalformationen, fokale kortikale Dysplasien, Zysten, Narben etc.) nachgewiesen werden – symptomatische Frontallappenepilepsie, während bei der kryptogenetischen Frontallappenepilepsie die Magnetresonanztomographie unauffällig ist. Durch die technische Verbesserung der Magnetresonanztomographie wird der Anteil der symptomatischen Formen zunehmen und derjenige der kryptogenetischen Formen abnehmen.

Bei negativem MRT kann bei einem Teil der Patienten durch PET (da Silva et al. 1997; Richardson et al. 1998; Ryvlin et al. 1998) und iktalen SPECT (Harvey et al. 1993) eine lokalisatorische Zusatzinformation gewonnen werden, wobei der Einsatz dieser nuklearmedizinischen Methoden nur im Rahmen der prächirurgischen Epilepsiediagnostik gerechtfertigt ist.

Therapie. Siehe Abschnitt 14.2.7 „Stufenschema zur Behandlung der fokalen Epilepsien“.

6.3.3. Occipitallappenepilepsien (Tabelle 6.8)

Ursache und Epidemiologie. Occipitallappenepilepsien (OLE) sind wesentlich seltener als die Temporal- und Frontallappenepilepsien (in älteren Studien wird die Inzidenz zwischen 1,4 und 8% aller fokalen Epilepsien angegeben), wobei allerdings keine exakten epidemiologischen Daten vorliegen (Williamson et al. 1997). Bezüglich der Ätiologie können idiopathische (siehe Abschnitt 6.2.2), symptomatische (strukturelle Läsionen wie Tumoren, fokale kortikale Dysplasien, Gliosen, porencephale Zysten, Gefäßmalformationen etc.) und krypotogenetische Formen unterschieden werden.

Tabelle 6.8. Occipitallappenepilepsien

Epidemiologie:	selten; 1,4–8% aller fokalen Epilepsien
Ursachen:	symptomatische Formen (Tumoren, fokale kortikale Dysplasien, Gliosen, porencephale Zysten, Gefäßmalformationen etc.) kryptogenetische Formen idiopathische Formen
Anfallssemiologie:	
Initialsymptome:	durch epileptische Aktivität im Occipitallappen; elementare visuelle Halluzinationen, Gesichtsfelddefekte, iktale Blindheit, forcierte Lidschläge, Gefühl der Augenbewegung ohne tatsächlichen Bewegungseffekt, tonische oder klonische Augen- und/oder Kopfdeviationen, iktaler Nystagmus; Bewusstsein ist erhalten ⇒ fokale Anfälle mit einfacher Symptomatik
Propagationssymptome:	medial suprasylvisch ⇒ supplementär-sensomotorische Anfälle; lateral suprasylvisch ⇒ fokale klonische Anfälle oder fokal-komplexe Frontallappenanfälle; medial und lateral infrasylvisch ⇒ fokal-komplexe Temporallappenanfälle; komplexe visuelle Halluzinationen entstehen durch Propagation in den Temporallappen
Klinisch neurologische Untersuchung:	20–60% der Patienten ⇒ Gesichtsfelddefekte
Interiktales EEG:	für die Lokalisation nur bedingt verwertbar; occipitale Spikes: selten; posterior temporale, temporo-occipitale oder bifrontale Spikes
Magnetresonanztomographie:	strukturelle Läsionen ⇒ symptomatisch normal ⇒ kryptogenetisch oder idiopathisch
Interiktaler PET und iktaler SPECT:	lokalisatorische Zusatzinformation in der prächirurgischen Diagnostik

Klinische Anfallssemiologie. Anfälle aus dem Occipitallappen sind einerseits durch Initialsymptome, die durch epileptische Aktivität im Occipitallappen entstehen, charakterisiert, sowie andererseits durch Symptome, die durch Propagation in den Temporal- oder Frontallappen verursacht werden.

Initialsymptome: am häufigsten sind elementare visuelle Halluzinationen (statische, blinkende oder sich drehende Kreise oder andere einfache geometrische Figuren, monochromatisch oder farbig, häufig im kontralateralen Gesichtsfeld), gefolgt von Gesichtsfelddefekten oder iktaler Blindheit (bei bioccipitaler epileptischer Aktivität). Andere Initialsymptome bestehen in forcierten Lidschlägen, einem Gefühl der Augenbewegung ohne tatsächlichen Bewegungseffekt, tonischen oder klonischen Augen- und/oder Kopfdeviationen (im Allgemeinen nach kontralateral, jedoch auch nach ipsilateral möglich) und einem iktalen Nystagmus. Das Bewusstsein ist in dieser Initialphase erhalten (fokale Anfälle mit einfacher Symptomatik).

Die Propagationssymptome entstehen durch mediale oder laterale supra- oder infrasylvische Propagation in den Frontal bzw. Temporallappen (medial suprasylvisch ⇒ supplementär- sensomotorische Anfälle; lateral suprasylvisch ⇒ fokale klonische Anfälle oder fokal-komplexe Frontallappenanfälle; medial und lateral infrasylvisch ⇒ fokal-komplexe Temporallappenanfälle; komplexe visuelle Halluzinationen entstehen durch Propagation in den Temporallappen), wobei zu beachten ist, dass bei ein und demselben Patienten unterschiedliche Propagationswege und somit unterschiedliche klinische Anfallsbilder vorkommen können und somit eine multifokale Epilepsie vorgetäuscht werden kann (Salanova et al. 1992, 1997; Williamson et al. 1992b, 1997).

Diagnostik. Bei der Anamneseerhebung ist insbesondere auf die oben beschriebenen Initialsymptome zu achten, da die klinische Symptomatik im späteren Verlauf des Anfalls zu einer falschen Lokalisationsdiagnostik (Temporallappen- oder Frontallappenepilepsie) Anlass geben kann. Bei 20–60% der Patienten finden sich Gesichtsfelddefekte, nach denen mittels Perimetrie systematisch zu suchen ist (Salanova et al. 1997).

Das interiktale EEG ist für die Lokalisation nur bedingt zu verwerten: Nur bei einer Minderzahl der Patienten finden sich ausschließlich occipitale Spitzen, bei den meisten Patienten zeigen die Spikes ein Maximum über dem posterioren temporalen bzw. dem temporo-occipitalen Kortex (hier oft unabhängig bilateral), zudem finden sich häufig bilateral synchrone Veränderungen, teilweise mit einem frontalen Maximum (Salanova et al. 1992; Williamson et al. 1992b). In der Magnetresonanztomographie finden sich entsprechend der Literatur bei 37–72% der Patienten strukturelle Veränderungen (Salanova et al. 1992).

Therapie. Siehe Abschnitt 14.2.7 „Stufenschema zur Behandlung der fokalen Epilepsien".

6.3.4. Parietallappenepilepsien (Tabelle 6.9)

Ursache und Epidemiologie. Gut dokumentierte Fälle von Parietallappenepilepsie sind sehr selten. Bei den symptomatischen Parietallappenepilepsien kann man strukturelle Läsionen (Tumoren, Gefäßmalformationen, kortikale Dysplasien, Hamartome, Gliosen etc.) in der Magnetresonanztomographie nachweisen, bei den kryptogenetischen Formen findet sich eine unauffällige Magnetresonanztomographie.

Tabelle 6.9. Parietallappenepilepsien

Epidemiologie:	selten
Ursachen:	symptomatische Formen (Tumoren, fokale kortikale Dysplasien, Gefäßmalformationen etc.) kryptogenetische Formen
Anfallssemiologie:	
Initialsymptome:	durch epileptische Aktivität im Parietallappen; bei 63–94% der Patienten; somatosensorische Auren, Körperschemaveränderungen, Schwindel- bzw. Bewegungssensationen, visuelle Illusionen und Halluzinationen, auditorische Halluzinationen, Aphasien
Propagationssymptome:	Propagation in den Occipitallappen, in den lateralen (fokale klonische Anfälle, fokal-komplexe Frontallappenanfälle) und medialen (supplementär-sensomotorische Anfälle) Frontallappen sowie in den Temporallappen (fokal-komplexe Temporallappenanfälle)
Klinisch-neurologische Untersuchung:	15% der Patienten ⇒ somatosensorische Defizite (gestörte Zwei-Punkt-Diskrimination)
EEG:	für die Lokalisation nur bedingt verwertbar; parietale Spikes selten; ipsilaterale temporale, unabhängig bitemporale und/oder bifrontale Spikes; normal
Magnetresonanztomographie:	strukturelle Läsionen ⇒ symptomatisch normal ⇒ kryptogenetisch
Interiktaler PET und iktaler SPECT:	lokalisatorische Zusatzinformation in der prächirurgischen Diagnostik

Klinische Anfallssemiologie. Bei der Anfallssymptomatologie muss – ähnlich wie bei den Occipitallappenepilepsien – zwischen Initialsymptomen bedingt durch epileptische Entladungen im Parietallappen und späteren Symptomen, die durch Propagation entstehen, unterschieden werden. Initialsymptome (bei 63–94% der Patienten): somatosensorische Auren (am häufigsten; kontralaterales Taubheitsgefühl, Parästhesien, Schmerzen), Körperschemaveränderungen, Schwindel- bzw. Bewegungssensationen, visuelle Illusionen und Halluzinationen, auditorische Halluzinationen, Aphasien (Salanova et al. 1995a).

Symptome, die durch Propagation entstehen: die Propagation kann in den Occipitallappen, in den lateralen (fokale klonische Anfälle, fokal-komplexe Frontallappenanfälle) und medialen (supplementär-sensomotorische Anfälle) Frontallappen sowie in den Temporallappen (fokal-komplexe Temporallappenanfälle) erfolgen (Williamson et al. 1992a, 1997; Salanova et al. 1995a, 1997).

Diagnostik. Bei der Anamnese ist insbesondere auf eine sorgfältige Beschreibung allfälliger Auren zu achten, da die Symptome, die durch Propagation entstehen oft zu falschen lokalisatorischen Schlüssen führen können. Bei ca. 15% der Patienten können auch diskrete somatosensorische Defizite (gestörte Zwei-Punkt-Diskrimination) in der klinisch-neurologischen Untersuchung gefunden werden (Salanova et al. 1995a, 1997).

Aus dem interiktalen und iktalen EEG lassen sich häufig keine lokalisatorischen Schlussfolgerungen ziehen, da die EEG-Veränderungen nur in Ausnahmefällen auch parietal lokalisiert sind und zumeist auch außerhalb des Parietallappens (bedingt durch Propagation) abzuleiten sind (ipsilateral temporal, unabhängig bitemporal, bifrontal im Sinne einer sekundären bilateralen Synchronie) oder überhaupt fehlen (Williamson et al. 1992a).

Entscheidend für die Diagnostik ist somit der Nachweis einer Läsion in der Magnetresonanztomographie. Bei negativem MRI-Befund kann im Rahmen der präoperativen Epilepsiediagnostik die iktale SPECT-Untersuchung zusätzliche Information liefern (Ho et al. 1994).

Therapie. Siehe Abschnitt 14.2.7 „Stufenschema zur Behandlung der fokalen Epilepsien".

6.4. Idiopathische generalisierte Epilepsien

6.4.1. Epilepsien mit typischen Absencen

6.4.1.1. Absence-Epilepsie des Schulalters (Tabelle 6.10)

Ursache und Epidemiologie. Die Absence-Epilepsie des Schulalters ist eine genetisch determinierte Erkrankung. Bei ca. 30% der Patienten besteht eine positive Familienanamnese für Epilepsie. Der Vererbungsmodus folgt einem komplexen polygenetischen Muster, wobei mögliche Risikogenorte am Chromosom 15q11-q13 (Feucht et al. 1999), 8q24 (Fong et al. 1998) und 6q (Sander et al. 2000) beschrieben wurden. Von anderen Autoren konnten diese Ergebnisse aber zum Teil nicht bestätigt werden, sodass eine abschließende Beurteilung noch aussteht.

2–8% aller Epilepsie-Patienten leiden an einer Absence-Epilepsie des Schulalters, die Prävalenz im Alter von 0–15 Jahren liegt bei 12,1% (Berg et al. 1999). Mädchen sind doppelt so häufig betroffen wie Knaben. Die Erkrankung beginnt im Alter von 4–8 Jahren (Bereich: 2–12 Jahre). Bei ca. 10% der Patienten bestehen Fieberkrämpfe in der Anamnese (Berkovic 1997b; Duncan 1997b; Panayiotopoulos 1997).

Tabelle 6.10. Absence-Epilepsie des Schulalters

Epidemiologie:	2–8% aller Epilepsien; 12,1% aller Epilepsien im Alter von < 15 Jahren; Mädchen : Knaben = 2 : 1
Erkrankungsbeginn:	4–8 Jahre (Bereich: 2–12 Jahre)
Ätiologie:	genetisch determiniertes Epilepsiesyndrom; positive Familienanamnese für Epilepsie in ca. 30%; Übertragungsmodus: komplex polygenetisch; mögliche Risikogenorte: Chromosom 15q11-q13, 8q24 und 6q (allerdings zum Teil kontroversielle Ergebnisse)
Anfallsformen:	Absencen: 100%; Absencen-Status: 10–15%; generalisierte tonisch-klonische Anfälle: 40% (?)
EEG:	generalisierte 3-Hz-Spike-Wave Paroxysmen Provokation durch Hyperventilation, ca. 20% der Patienten sind photosensibel
Magnetresonanz-tomographie:	unauffällig
Therapie:	Valproinsäure, Ethosuximid (wirkt nur gegen Absencen und nicht gegen generalisierte tonisch-klonische Anfälle), Lamotrigin, Benzodiazepine
Prognose und Verlauf:	langfristige Anfallsfreiheit ⇒ ca. 65% der Patienten; langfristige psychosoziale Probleme ⇒ ca. 30% der Patienten

Anfallsformen. Alle Patienten leiden an typischen Absencen, die unbehandelt mit einer Häufigkeit von bis über 100 mal pro Tag auftreten können. Klinisch sind diese Absencen wie folgt charakterisiert:

- plötzliche, komplette Bewusstseinsstörung mit nachfolgender Amnesie für die Absence;
- Innehalten in den gerade durchgeführten Tätigkeiten, im Sprechen und in der Atmung;
- Vorsichhinstarren oder langsame Augenbewegungen sowie irreguläre, nicht anhaltende Lidschläge;
- nicht stereotype diskrete Automatismen (zwei Drittel der Patienten);
- kurze Dauer (10 Sekunden).

Klinische Ausschlusskriterien hingegen sind:

- deutliche Lid- oder periorale Myoklonien;
- wiederholte oder einzelne myoklonische Zuckungen der Extremitäten, des Rumpfes oder des Kopfes;
- eine lediglich diskrete Bewusstseinsstörung;
- stimulus-sensitive Absencen (Panayiotopoulos 1997).

Ein Absencen-Status ist bei 10–15% der Patienten zu beobachten (Berkovic 1997b).

Bei ca. 40% der Patienten bestehen auch generalisierte tonisch-klonische Anfälle, die zumeist 5–10 Jahre später als die Absencen, also während der Pubertät beginnen, selten auftreten und medikamentös gut zu behandeln sind (Berkovic 1997b; Duncan 1997b). Andere Autoren hingegen meinen, dass das Auftreten von generalisierten tonisch-klonischen Anfällen die Diagnose einer Absence-Epilepsie des Kindesalters ausschließt (Panayiotopoulos 1997), wobei dies jedoch kontroversiell beurteilt wird (Berkovic 1997b).

Diagnostik. Der klinisch neurologische Status und die intellektuelle Entwicklung sind normal. Im EEG zeigt sich ein normaler Grundrhythmus, zudem kann eine intermittierende rhythmische posteriore Deltaaktivität beobachtet werden. Als charakteristisches EEG-Muster finden sich generalisierte 3-Hz-Spike-Wave Paroxysmen mit bifrontalem Maximum, wobei die Frequenz von 3,0–3,5 Hz zu Beginn der Paroxysmen auf 2,5–3,0 Hz am Ende abnimmt. Die Unterscheidung zwischen interiktalen und iktalen Spike-Wave-Paroxysmen ist eine quantitative und hängt von der Sensitivität der klinischen Testung ab, wobei derzeit eine Dauer von 3 Sekunden als Grenze von interiktal zu iktal angegeben wird. Die Spike-Wave-Paroxysmen können durch Hyperventilation provoziert werden, ca. 20% der Patienten sind photosensibel (Berkovic 1997a; Duncan 1997b). Die strukturelle Bildgebung mittels MRT liefert Normalbefunde, wobei sich mittels volumetrischer Untersuchungstechniken in seltenen Fällen (einer von 10 Patienten) ein Volumsvermehrung der grauen Substanz zeigte (Woermann et al. 1998b). Die Wertigkeit dieser Befunde bleibt abzuwarten.

Therapie. Valproinsäure ist das Mittel erster Wahl zur Behandlung der Absence-Epilepsie des Schulalters und führt in ca. 80% der Fälle zu Anfallsfreiheit (Duncan 1997b). Erweisen sich die Absencen als therapieresistent gegenüber Valproinsäure, kann Ethosuximid als Monotherapie oder in Kombination mit Valproinsäure versucht werden, wobei einige Patienten von dieser Therapieumstellung profitieren (Sato et al. 1982; Rowan et al. 1983). Dabei ist allerdings zu beachten, dass Ethosuximid keinen Schutz gegenüber generalisierten tonisch-klonischen Anfällen bietet und deshalb in diesem Fall nicht alleine eingesetzt werden kann.

Lamotrigin hat sich in rezenten Studien als wirksame Substanz bei der Behandlung der Absence-Epilepsie des Schulalters erwiesen. So konnte bei Patienten mit gegenüber Valproinsäure therapieresistenten Absencen bei mehr als der Hälfte eine mehr als 50%-ige Anfallsreduktion und bei einigen Patienten Anfallsfreiheit erzielt werden (Besag et al. 1995; Ferrie et al. 1995; Mikati und Holmes 1997), sodass synergistische Effekte der beiden Substanzen angenommen werden können. In einer rezenten Monotherapiestudie wurden über 70% der Patienten unter einer Lamotrigin-Monotherapie in der offenen

Aufdosierungsphase anfallsfrei, wobei in der anschließenden placebokontrollierten Doppelblindphase lediglich 62% der ursprünglich anfallsfreien Patienten unter einer Fortführung der Lamotrigin-Therapie anfallsfrei blieben (Placebo: 21%) (Frank et al. 1999). Insgesamt ist somit von einer maximal 50%-igen längerfristigen Anfallskontrolle auszugehen, wobei ein direkter Vergleich von Lamotrigin und Valproinsäure in Monotherapie noch aussteht (Panayiotopoulos 2000).

Bei weiterhin therapieresistenten Anfällen können schließlich Benzodiazepine (Clonazepam, Nitrazepam, Clobazam) oder Azetazolamid verwendet werden (Berkovic 1997b).

Carbamazepin, Vigabatrin, Tiagabin und Gabapentin sind kontraindiziert, da diese Medikamente zu einer Exazerbation von Absencen führen können (Genton 2000).

Prognose. Langfristige Anfallsfreiheit kann bei ca. 65% der Patienten erzielt werden, wobei folgende ungünstige Prognosefaktoren identifiziert werden konnten: kognitive Störungen bei Diagnosestellung; Absencen-Status; Auftreten von generalisierten tonisch-klonischen oder myoklonischen Anfällen unter Therapie; abnorme Verlangsamungen im initialen EEG; Polyspikes im EEG; positive Familienanamnese für Epilepsie (Wirrell et al. 1996; Bartolomei et al. 1997). Insbesondere das Auftreten von generalisierten tonisch-klonischen Anfällen ist von entscheidender prognostischer Relevanz, da bei Patienten mit ausschließlichen Absencen in 78% Anfallsfreiheit erzielt werden konnte, jedoch nur bei 35% der Patienten mit Absencen und generalisierten tonischen-klonischen Anfällen (Bouma et al. 1996). Dies unterstreicht die Notwendigkeit einer frühzeitigen adäquaten Behandlung, da dadurch unter Umständen die Entwicklung von generalisierten tonisch-klonischen Anfällen hintangehalten werden kann (Berkovic 1997b). Von den Patienten, bei denen keine Remission erreicht werden kann, entwickeln nahezu die Hälfte eine juvenile myoklonische Epilepsie (insgesamt 15% aller Patienten) (Wirrell et al. 1996). Ein Absetzen der antiepileptischen Therapie ist nach frühestens 2-jähriger Anfallsfreiheit zu erwägen, wobei das EEG (wenn möglich inkl. Langzeit-EEG) eine wichtige Entscheidungshilfe darstellt (Appleton und Beirne 1996). Bei ca. einem Drittel der Patienten kommt es langfristig zu psychosozialen Problemen, wobei insbesondere eine fehlende Anfallskontrolle ein negativer Prädiktor hierfür ist (Berkovic 1997b; Wirrell et al. 1997).

6.4.1.2. Juvenile Absence-Epilepsie (Tabelle 6.11)

Ursache, Epidemiologie, Erkrankungsbeginn. Die juvenile Absence-Epilepsie ist eine genetisch determinierte Erkrankung, wobei mehrere Genorte eine Rolle spielen dürften (Gen für den Glutamatrezeptor am Chromosom 21q22.1; Gen für die β3 Untereinheit des Azetylcholinrezeptors am Chromosom 8p11-12; siehe auch Abschnitt 5 „Genetik der Epilepsien").

Tabelle 6.11. Juvenile Absence-Epilepsie

Epidemiologie:	2,0–2,4% aller Epilepsien im Alter unter 15 Jahren bzw. 4% aller Epilepsien im Alter von 11–15 Jahren; Mädchen = Knaben
Erkrankungsbeginn:	während oder nach der Pubertät (Bereich: 10–17 Jahre)
Ätiologie:	genetisch determiniertes Epilepsiesyndrom; Übertragungsmodus: komplex polygenetisch; mögliche Risikogenorte: Chromosom 21q22.1 und Chromosom 8p11-12
Anfallsformen:	Absencen: 100%; Absencen-Status: 35%; generalisierte tonisch-klonische Anfälle: 80%; myoklonische Anfälle: 15%
EEG:	generalisierte Spike- bzw. Polyspike-Wave-Paroxysmen (Frequenz von 3,5–4 Hz) Provokation durch Hyperventilation, ca. 10–20% der Patienten sind photosensibel
Magnetresonanztomographie:	unauffällig
Therapie:	entsprechende Lebensführung; Valproinsäure, Lamotrigin, Ethosuximid
Prognose und Verlauf:	langfristige Anfallsfreiheit ⇒ 37–60%

Die Prävalenz wird mit ca. 10% aller idiopathischen Epilepsien sowie mit 20% aller Epilepsien mit Absencen angegeben, dies entspricht 2,0–2,4% aller Epilepsien im Alter unter 15 Jahren bzw. 4% aller Epilepsien im Alter von 11–15 Jahren (Eriksson und Koivikko 1997; Panayiotopoulos 1997; Berg et al. 1999). Die Geschlechtsverteilung ist ausgeglichen.

Der Erkrankungsbeginn zeigt einen Gipfel während oder nach der Pubertät (Bereich: 10–17 Jahre). Bei einem Beginn im Alter von 10–12 Jahren ist die Abgrenzung von der Absence-Epilepsie des Kindesalters oft schwierig und zum Teil arbiträr (Berkovic 1997b).

Anfallsformen. Die Absencen, die definitionsgemäß bei allen Patienten zu beobachten sind, treten deutlich weniger häufig auf (durchschnittlich eine oder wenige Absencen pro Tag) als bei der Absence-Epilepsie des Schulalters, sind jedoch von etwas längerer Dauer (Mittel 16,3 Sekunden) und zeigen eine deutliche, im Vergleich zur Absence-Epilepsie des Schulalters jedoch weniger ausgeprägte Bewusstseinsstörung. Ein Absencen-Status tritt bei bis zu 35% der Patienten auf (Panayiotopoulos 1997).

Generalisierte tonisch-klonische Anfälle sind bei 80% der Patienten zu beobachten, sie treten oft morgens nach dem Erwachen auf und stellen manchmal die Erstmanifestation des Anfallsleidens dar – dies ebenfalls im

Gegensatz zur Absence-Epilepsie des Schulalters, bei der die Absencen den generalisierten tonisch-klonischen Anfällen zumeist um Jahre vorausgehen.

Myoklonische Anfälle treten bei 15% der Patienten auf, sind aber – im Gegensatz zur juvenilen myoklonischen Epilepsie – selten und stellen nie den vorherrschenden klinischen Anfallstyp dar (Berkovic 1997b; Duncan 1997b).

Die generalisierten tonisch-klonischen Anfälle nach dem Aufwachen und die Myoklonien weisen auf eine enge Beziehung zur Aufwach-Grand-Mal Epilepsie bzw. zur juvenilen myoklonischen Epilepsie und somit auf ein neurobiologisches Kontinuum der idiopathischen generalisierten Epilepsien hin (Duncan 1997b).

Diagnostik. Die juvenile Absence-Epilepsie sollte bei jedem Adoleszenten mit generalisierten tonisch-klonischen Anfällen in die differentialdiagnostischen Überlegungen einbezogen werden, wobei nach früheren Absencen gezielt gefragt werden muss. Das EEG stellt die wichtigste Hilfsuntersuchung dar. Der Grundrhythmus ist normal, es zeigen sich generalisierte Spike-Wave-Paroxysmen mit einer Frequenz von 3,5–4 Hz, die oft Polyspikes enthalten und durch Hyperventilation provoziert werden können. 10–20% der Patienten sind photosensibel (Duncan 1997b). Im MRT ergeben sich unauffällige Befunde, wobei sich mittels volumetrischer Untersuchungstechniken bei manchen Patienten (4 von 10) eine Volumsvermehrung der grauen Substanz zeigen ließ (Woermann et al. 1998b). Die Wertigkeit dieser Befunde bleibt abzuwarten.

Therapie und Prognose. Valproinsäure ist das Mittel der ersten Wahl, womit bei 70–80% der Patienten Anfallsfreiheit erzielt werden kann. Bei fehlendem Therapieerfolg wird eine Kombinationstherapie von Valproinsäure mit Lamotrigin oder Ethosuximid empfohlen (Panayiotopoulos 1997; Buoni et al. 1999). Das Ansprechen der Therapie korreliert negativ mit der Zahl und Dauer der generalisierten tonisch-klonischen Anfälle vor Therapie-Beginn, was die Wichtigkeit einer frühzeitigen, richtigen Therapie unterstreicht (Panayiotopoulos 1997). Im Langzeitverlauf kann eine komplette Anfallskontrolle allerdings nur bei 37–60% der Patienten erzielt werden (Loiseau et al. 1995; Bartolomei et al. 1997). Die Rezidivrate nach dem Absetzen der antiepileptischen Therapie ist nur unzureichend untersucht, dürfte aber vermutlich zwischen den 10–15% für die Absence-Epilepsie des Schulalters und den 80–90% für die juvenile myoklonische Epilepsie liegen (Duncan 1997b). Eine geregelte Lebensführung mit ausreichendem Schlaf und Alkoholkarenz ist bei diesem Epilepsiesyndrom für eine erfolgreiche Therapie ebenso wichtig wie bei der juvenilen myoklonischen Epilepsie.

6.4.1.3. Myoklonische Absence-Epilepsie

Dieses seltene Epilepsiesyndrom (0,5–1% aller Epilepsien) ist durch myoklonische Absencen charakterisiert, die sich als Absencen mit milder bis ausgeprägter Bewusstseinsstörung und Myoklonien der oberen und unteren Extremitäten mit einer begleitenden tonischen Komponente sowie perioralen Myoklonien manifestieren. Die Myoklonien und tonischen Kontraktionen können asymmetrisch oder einseitig sein und zu Kopfdeviationen bzw. Körperdrehungen führen. Die Absencen dauern 10–60 Sekunden, werden durch Hyperventilation provoziert und treten zumeist nach dem Aufwachen auf. Bei ca. zwei Drittel der Patienten treten auch andere Anfälle auf (generalisierte tonisch-klonische Anfälle, Absencen, Sturzanfälle). Im EEG finden sich generalisierte rhythmische 3-Hz-Spike- bzw. Polyspike-Wave-Komplexe. Die Erkrankung beginnt im Alter von 11 Monaten bis zu 12 Jahren (Mittel: 7 Jahre), es besteht ein Überwiegen des männlichen Geschlechts (Knaben : Mädchen = 70 : 30%), eine positive Familienanamnese findet sich bei 20% der Patienten. Zu Erkrankungsbeginn besteht bei 45% der Kinder eine mentale Retardation, im Verlauf der Erkrankung entwickelt sich eine solche bei weiteren 25%, wobei diese durch ein frühzeitige Anfallskontrolle hintangehalten werden kann. Demgemäß kann das Epilepsiesyndrom sowohl als idiopathisch als auch als symptomatisch bzw. kryptogenetisch klassifiziert werden. Bei ca. 50% der Patienten kann unter einer antiepileptischen Therapie eine langfristige Anfallskontrolle erzielt werden, bei einigen Patienten entwickelt sich ein Lennox-Gastaut-Syndrom. Mittel der Wahl ist Valproinsäure, gefolgt von einer Kombination Valproinsäure plus Lamotrigin oder Ethosuximid (Panayiotopoulos 1997).

6.4.1.4. Lidmyoklonien mit Absencen. Syn: Eyelid Myoclonia with Absences (EMA)

Bei diesem in der ILAE-Klassifikation noch nicht angeführten, genetisch determinierten Epilepsiesyndrom kommt es zum Auftreten von wiederholten, rhythmischen Lidmyoklonien (4–6 Hz), oft verbunden mit rhythmischen Zuckungen der Bulbi und des Kopfes nach oben, die isoliert oder in Kombination mit kurzen Absencen auftreten. Die Lidmyoklonien sind häufig (bis zu mehreren Hundert/Tag). Absencen ohne Lidmyoklonien treten *nicht* auf. Andere Anfallstypen bestehen in seltenen generalisierten tonisch-klonischen Anfällen (nahezu alle Patienten; typische Anfallsauslöser: Flackerlicht, Schlafentzug, Alkohol) und Myoklonien der Extremitäten (ca. 50% der Patienten; selten und nicht tageszeitlich gebunden). Die Erkrankung beginnt im frühen Schulalter (Mittel: 6 Jahre). Im EEG finden sich generalisierte 3–6 Hz-Polyspike-Wave-Komplexe, die durch Augenschluss in einem hellen Raum provoziert werden können, wobei dieses Phänomen im abgedunkelten Raum verschwindet. Alle Patienten sind photosensibel. Die neurologische Untersuchung, die intellektuelle Entwicklung und die Bildgebung sind normal. Das Mittel der Wahl ist Valproinsäure, wobei sich die Lidmyoklonien – auch bei Kontrolle der assoziierten Absencen und der anderen Anfallstypen – zumeist als therapieresistent erweisen und bis ins Erwachsenenalter persistieren. Manche Patienten profitieren von einer Kombinationstherapie Valproinsäure plus Ethosuximid oder Clonazepam oder Lamotrigin (Duncan 1997b; Panayiotopoulos 1997).

6.4.1.5. Periorale Myoklonien mit Absencen

Das Syndrom der perioralen Myoklonien mit Absencen ist durch Absencen mit rhythmischen Kontraktionen des Musculus orbicularis oris mit Protrusion der Lippen und Kontraktionen des Depressor anguli oris mit Zuckungen der Mundwinkel, seltener durch myoklonische Zuckungen der Kaumuskulatur gekennzeichnet. Die Absencen sind kurz (durchschnittlich 3,7 Sekunden), die Bewusstseinseinschränkung variabel. Alle Patienten erleiden auch seltene generalisierte tonisch-klonische Anfälle, die oft von Absencen oder einem Absencen-Status eingeleitet werden. Zumeist besteht eine positive Familienanamnese für Epilepsie. Die Erkrankung beginnt im Alter von 2–13 Jahren (Median: 10 Jahre). Im EEG zeigen sich generalisierte, irreguläre 3–4 Hz Polyspike-Wave-Komplexe, die Polyspikes korrelieren mit den myoklonischen Zuckungen. Es findet sich keine Photosensibilität. Die neurologische Untersuchung, die intellektuelle Entwicklung und die Bildgebung sind normal. Mittel der Wahl ist Valproinsäure, oft ist eine langfristige antiepileptische Therapie erforderlich (Panayiotopoulos 1997).

6.4.1.6. Phantom-Absencen mit generalisierten tonisch-klonischen Anfällen

Dieses seltene, erst kürzlich beschriebene Syndrom ist durch kurze, diskrete und deshalb vom Patienten und dessen Angehörigen oft nicht bemerkte Absencen („Phantom-Absencen“) charakterisiert, wobei sich bei differenzierter Testung sehr wohl kurze Bewusstseinseinschränkungen oder Konzentrationsstörungen objektivieren lassen. Zudem treten auch seltene generalisierte tonisch-klonische Anfälle auf. Häufig kommt es zu einem Absencen-Status, der teilweise in einen generalisierten tonisch-klonischen Anfall mündet. Der Anfallsbeginn liegt in der Adoleszenz. Im EEG zeigen sich generalisierte 3–4 Hz Spike- bzw. Polyspike-Wave-Komplexe. Mittel der Wahl ist Valproinsäure, wobei mit einem guten Ansprechen auf die Therapie zu rechnen ist (Panayiotopoulos 1997).

6.4.2. Juvenile myoklonische Epilepsie (Tabelle 6.12)

Epidemiologie, Alter zu Beginn. Die juvenile myoklonische Epilepsie ist mit 5–10% aller Epilepsien ein häufiges Epilepsiesyndrom, das allerdings aus den folgenden Gründen häufig unterdiagnostiziert bleibt: (1) Zumeist werden die Myoklonien vom Patienten bzw. dessen Angehörigen nicht als epileptische Anfälle interpretiert, sondern als „morgendliche Zittrigkeit bzw. Ungeschick-

Tabelle 6.12. Juvenile myoklonische Epilepsie

Epidemiologie:	5–10% aller Epilepsien
Erkrankungsbeginn:	12–18 Jahre, in seltenen Fällen 8–26 Jahre; Frauen = Männer
Ätiologie:	genetisch determiniertes Epilepsiesyndrom; Übertragungsmodus: komplex polygenetisch mit autosomal co-dominantem Hauptgeneffekt (80% der genetischen Komponente) Risikoloci: 6p21.3 (= ursprünglicher EJM1-Locus), 6 p11, 15q14 und 15q11-q13
Anfallsformen:	Myoklonien: 100%; generalisierte tonisch-klonische oder klonisch-tonisch-klonische Anfälle: 90–95%; Absencen: 30%
Chronobiologie der Anfälle:	Aufwachphase am Morgen oder nach dem Mittagsschlaf
Anfallsauslöser:	Schlafentzug, Alkohol
EEG:	generalisierte Poly-Spike-Wave Komplexe Photosensibilität: 30%
Magnetresonsanztomographie:	unauffällig
Therapie:	entsprechende Lebensführung; Valproinsäure, Lamotrigin, Topiramat, Levetiracetam, Primidon, Phenobarbital, Phenytoin, Clonazepam (therapieresistente Myoklonien), Ethosuximid (therapieresistente Absencen)
Prognose und Verlauf:	Anfallskontrolle: 85%; therapieresistent: 15%; Rezidivrisiko beim Absetzen: 90% ⇒ Absetzversuch frühestens nach 5-jähriger Anfallsfreiheit, lebenslange Therapie (?)

lichkeit“ fehlgedeutet. (2) Im Allgemeinen führt erst der erste generalisierte tonisch-klonische Anfall zum Arztkontakt, wobei hier die Patienten die Myoklonien wiederum nur berichten, wenn sie gezielt danach gefragt werden, was wiederum die Kenntnis des Syndroms seitens des Arztes voraussetzt. (3) Bei ca. 3–5% der Patienten bleiben die Myoklonien der einzige Anfallstyp, wobei die wahre Prävalenz dieses Syndrom-Untertyps in der Bevölkerung aus den unter Punkt 1 genannten Gründen nur schwer zu erheben ist. (4) Manche Patienten erleben die Myoklonien nicht bewusst, obwohl diese im prolongiertem Video-EEG-Monitoring objektiviert werden können (Delgado-Escueta et al. 1997b). In einer rezenten Studie wurde demgemäss bei über 50% der Patienten zunächst eine falsche Diagnose gestellt, die richtige Diagnose erfolgte erst nach durchschnittlich 6 Jahren (Atakli et al. 1998). Die Geschlechtsverteilung ist ausgewogen (Delgado-Escueta et al. 1997b; Janz und Durner 1997).

Das Manifestationsalter liegt im Allgemeinen zwischen 12 und 18 Jahren, in seltenen Fällen zwischen 8 und 26 Jahren. Die Myoklonien manifestieren sich im Allgemeinen früher als die generalisierten tonisch-klonischen Anfälle (Delgado-Escueta et al. 1997b; Janz und Durner 1997).

Ursache. Die juvenile myoklonische Epilepsie zeigt eine starke genetische Komponente, so haben ca. ein Drittel aller Patienten eine positive Familienanamnese für Epilepsie. Die Verwandten leiden dabei entweder ebenfalls an einer juvenilen myoklonischen Epilepsie oder aber an einer Absence-Epilepsie des Schulalters, einer juvenilen Absence-Epilepsie oder einer Aufwach-Grand-Mal-Epilepsie, was die enge genetische Beziehung dieser Epilepsiesyndrome unterstreicht. Das Erkrankungsrisiko für Kinder von betroffenen Patienten liegt bei ca. 5–7% (Janz und Durner 1997). Hinsichtlich des Übertragungsmodus wird von den meisten Autoren ein polygenetisches Modell favorisiert, mit einem autosomal co-dominanten Hauptgeneffekt, der bis zu 80% der genetischen Komponente ausmachen könnte. Bisher wurden 4 Risikoloci beschrieben: 6p21.3 (der ursprüngliche EJM1-Locus), 6p11, 15q14 und 15q11-q13. Näheres siehe im Kapitel 5 „Genetik der Epilepsien".

Anfallsformen. Bei allen Patienten bestehen Myoklonien, die sich als kurze, meist bilateral symmetrische Zuckungen der Schulter-, Arm- und seltener der Beinmuskulatur manifestieren. Das Gesicht ist nie betroffen. In seltenen Fällen können auch asymmetrische oder einseitige Myoklonien auftreten. Meist kommt es zu einigen aufeinanderfolgenden Zuckungen, manchmal dauern diese auch länger über Minuten oder Stunden an und gehen dann zumeist in einen generalisierten tonisch-klonischen Anfall über. Die Intensität der Myoklonien reicht vom subjektiven Gefühl des Elektrisiertwerdens bis hin zu starken Zuckungen. Das Bewusstsein ist nahezu immer erhalten. Da die Myoklonien bevorzugt am Morgen nach dem Erwachen auftreten, führen sie oft zu Symptomen bei der Morgentoilette oder beim Frühstück (Zahnbürste, Zahnputzbecher, Kaffeeschale etc. werden weggeschleudert).

Generalisierte tonisch-klonische oder klonisch-tonisch-klonische Anfälle, die bei 90–95% der Patienten zu beobachten sind, treten ebenfalls nach dem Erwachen auf und werden manchmal von rezidivierenden Myoklonien eingeleitet (Delgado-Escueta et al. 1997b; Janz und Durner 1997).

Absencen treten bei ca. einem Drittel der Patienten auf, sie sind zumeist selten, kurz und sehr diskret und werden deshalb oft weder vom Patienten noch dessen Angehörigen registriert (Janz und Durner 1997).

Chronobiologie und Anfallsauslöser. Charakteristisch für die juvenile myoklonische Epilepsie ist die zeitliche Bindung der Anfälle an die Aufwachphase am Morgen oder nach dem Mittagsschlaf. Zudem können die Anfälle auch in der abendlichen Entspannungsphase auftreten. Schlafmangel und Alkoholkonsum sind definitive Anfallsauslöser. Bei manchen Patienten können die Anfälle auch durch komplexe kognitive Aufgaben, die mit dem Gebrauch der Hände assoziiert sind (Schreiben, schriftliches Rechnen, schriftliche Konstruktionsaufgaben) im Sinne einer komplexen Reflexepilepsie ausgelöst werden (Janz und Durner 1997; Matsuoka et al. 2000).

Diagnostik. Die exakte Anamneseerhebung stellt den Grundpfeiler der Diagnostik dar, wobei in den meisten Fällen bereits auf Grund der Anamnese die Diagnose gestellt werden kann. Fieberkrämpfe sind bei 5–10% der Patienten zu erheben. Während die klinisch neurologische Untersuchung und die intellektuelle Entwicklung unauffällig sind (allenfalls zeigt sich eine geringe mentale Retardation), ergeben sich häufig psychologische bzw. psychiatrische Auffälligkeiten. Janz und Durner (1997) beschreiben die Patienten als emotional labil und unreif mit Schwierigkeiten in der sozialen Anpassung. In einer rezenten neuropsychologischen Studie konnten Defizite für verschiedene Frontallappenfunktionen (insbesondere betreffend die Flexibilität und die abstrakte Konzeptbildung) nachgewiesen werden (Devinsky et al. 1997b). Zudem waren bei über einem Viertel der Patienten psychiatrische Auffälligkeiten, insbesondere Persönlichkeitsstörungen zu erfassen, wobei als Risikofaktoren eine mentale Retardation und eine mangelnde Anfallskontrolle bestanden (Gelisse et al. 1999).

Im interiktalen EEG zeigen sich eine normale Hintergrundaktivität sowie generalisierte Polyspike-Wave Komplexe (bilateral synchron, symmetrisch mit frontozentralem Maximum; Zahl der aufeinanderfolgenden Spikes: 2–3; Frequenz der Spike-Wave-Komplexe: 4–6 Hz und 3 Hz Polyspike-Wave-Komplexe in etwa gleicher Häufigkeit) (Janz und Durner 1997). Zudem finden sich bei ca. 15% der Patienten neben den generalisierten auch asymmetrische bzw. fokale EEG-Veränderungen, die zur fälschlichen Diagnose einer fokalen Epilepsie führen können (Lancman et al. 1994b). Das iktale EEG zeigt während der Myoklonien generalisierte Polyspikes (Frequenz: 10–16 Hz; Zahl der aufeinanderfolgenden Spikes: 5–20; Zahl der Spikes korreliert mit der Intensität und nicht mit der Dauer der Myoklonien), die von irregulären langsamen Wellen mit einer Frequenz von 1–3 Hz gefolgt sind. Manchmal können den Polyspikes generalisierte irreguläre 2–5 Hz Spike-Wave-Komplexe vorausgehen. Zumeist überdauern die EEG-Veränderungen die klinische Anfallssymptomatik (Delgado-Escueta et al. 1997b; Janz und Durner 1997). Bei 30% der Patienten besteht eine photoparoxysmale Reaktion auf Flackerlichtstimulation – die höchste Rate bei allen Epilepsiesyndromen (Wolf und Goosses 1986).

Während die konventionelle strukturelle Bildgebung fast immer Normalbefunde ergibt, konnten in den letzten Jahren mittels unterschiedlicher

Untersuchungsmodalitäten diffuse, frontal betonte Veränderungen nachgewiesen werden: diffuse und/oder mesiofrontale Vermehrung der grauen Substanz in der hochauflösenden MRT (Technik der anatomischen Segmentation) (Woermann et al. 1998b, 1999); reduzierte NAA Konzentration im präfrontalen Kortex in der MRS als Ausdruck einer dort lokalisierten Nervenzellschädigung bzw. -dysfunktion (Savic et al. 2000); mangelnde Aktivierung des dorsolateralen präfrontalen und prämotorischen sowie des basalen frontalen Kortex während visueller Gedächtnisaufgaben im FDG-PET (Swartz et al. 1996); erhöhte frontale Benzodiazepinrezeptordichte im Flumazenil-PET als Ausdruck einer erhöhten Exzitabilität (Koepp et al. 1997). Diese Befunde finden eine gute Entsprechung in neuropathologischen Studien, bei denen sich Mikrodysgenesien im Frontallappen zeigten (Meencke und Janz 1984).

Therapie. Eine erfolgreiche Therapie dieses Epilepsiesyndroms hat eine entsprechende Lebensführung (regelmäßiger Schlaf-Wach-Rhythmus mit ausreichendem Schlaf, Verzicht auf Alkohol, Vermeidung von Flackerlicht bei bestehender Photosensitivität) zur unabdingbaren Voraussetzung. Dies muss dem Patienten durch den behandelnden Arzt unbedingt vermittelt werden. Valproinsäure stellt das Mittel der ersten Wahl dar, da es als einziges Medikament alle Anfallstypen kontrolliert, wobei mit einer Valproinsäure-Monotherapie langfristig 76% der Patienten anfallsfrei werden (Schmidt und Elger 1999). Lamotrigin hat in einigen nicht-kontrollierten Studien positive Effekte gezeigt, wobei allerdings eine abschießende Beurteilung dieses Medikaments derzeit noch nicht möglich ist. Mit Topiramat konnte in einer doppelblinden, Placebo-kontrollierten Studie bei ca. 70% der Patienten, bei denen mit Valproinsäure keine befriedigende Anfallskontrolle erreicht werden konnte und/oder signifikante Nebenwirkungen bestanden, eine mehr als 50%-ige Anfallsreduktion (Placebo im Vergleich 18%) erzielt werden, wobei sich ein signifikanter Effekt nur für die generalisierten tonisch-klonischen Anfälle, nicht jedoch für die Myoklonien zeigte (Biton et al. 1999b). Mit Levetiracetam konnte bei 6/13 Patienten, die gegenüber Valproinsäure und Lamotrigin therapieresistent waren, für einen mittleren Beobachtungszeitraum von 36 Monaten Anfallsfreiheit erreicht werden, bei 12/13 Patienten zeigte sich eine Anfallsreduktion von mehr als 50% (Smith et al. 2000). Von den traditionellen Antiepileptika können bei therapieresistenten Fällen auch noch folgende Medikamente eingesetzt werden: Primidon, gefolgt von Phenobarbital und Phenytoin. Bei therapieresistenten Myoklonien empfiehlt sich die Zugabe von Clonazepam, im Falle von therapieresistenten Absencen die von Ethosuximid.

Prognose. Obwohl bei ca. 85% der Patienten unter antiepileptischer Therapie Anfallsfreiheit erzielt werden kann, erweisen sich ca. 15% der Patienten als therapieresistent, wobei das Vorkommen von Absencen, eine mentale Retardation und psychiatrische Probleme als negative Prädiktoren identifiziert werden konnten (Genton et al. 1999). Auch nach langjähriger Anfallsfreiheit kommt es beim Absetzen der Medikation in 90% zu einem Wiederauftreten von Anfällen, sodass ein Absetzversuch frühestens nach 5-jähriger Anfallsfreiheit erfolgen sollte, von manchen Autoren wird sogar eine lebenslange Therapie als sinnvoll erachtet (Delgado-Escueta et al. 1997b).

6.4.3. Aufwach-Grand-Mal-Epilepsie (Tabelle 6.13)

Definition und Epidemiologie. Die Aufwach-Grand-Mal-Epilepsie ist eine altersgebundene, genetisch determinierte Epilepsieform, die durch generalisierte tonisch-klonische Anfälle unmittelbar nach dem Aufwachen gekennzeichnet ist. Die Erkrankung tritt häufiger beim männlichen Geschlecht auf. Der Erkrankungsbeginn liegt zwischen dem 6. und 35. Lebensjahr mit einem Maximum bei 17 Jahren. Ca. 16–50% aller generalisierten tonisch-klonischen Anfälle ereignen sich unmittelbar nach dem Aufwachen (Duncan 1997b; Janz und Wolf 1997).

Tabelle 6.13. Aufwach-Grand-Mal Epilepsie

Epidemiologie:	1% aller Epilepsien
Erkrankungsbeginn:	6–35 Jahre, Maximum: 17 Jahre
Ätiologie:	genetisch determiniertes Epilepsiesyndrom; Vererbungsmodus: autosomal co-dominantes Allel in Verbindung mit multifaktorieller Komponente; Assoziation mit dem EJM1 Lokus; enge genetische Beziehung zu Absence-Epilepsie des Schulalters, juveniler Absence-Epilepsie und juveniler myoklonischer Epilepsie
Anfallsformen:	generalisierte tonisch-klonische Anfälle: 100%; Absencen: 50%; Myoklonien: 30%
Chronobiologie der Anfälle:	innerhalb von 2 Stunden nach dem Aufwachen
Anfallsauslöser:	Schlafentzug, Alkohol
EEG:	generalisierte Verlangsamungen, generalisierte Spike- bzw. Polyspike-Wave-Komplexe (2,5–4 Hz); Photosensibilität: 17%; Hyperventilationsaktivierung: 10%
Therapie:	entsprechende Lebensführung; Valproinsäure, Topiramat, Lamotrigin, Barbiturate
Prognose und Verlauf:	Anfallskontrolle: 80–90%, Rezidivrisiko beim Absetzen: 70–80%

Ursache. 12% der Patienten haben eine positive Familienanamnese für Epilepsie, wobei die Verwandten entweder ebenfalls an einer Aufwach-Grand-Mal-Epilepsie oder häufiger an einer Absence-Epilepsie des Schulalters, einer juvenilen Absence-Epilepsie oder einer juvenilen myoklonischen Epilepsie leiden, was als Hinweis auf die enge genetische Beziehung dieser Epilepsiesyndrome gewertet werden kann. Das Risiko einer Vererbung auf die Kinder liegt bei 3,3% (Duncan 1997b). Hinsichtlich des Vererbungsmodus wurde ein autosomal co-dominantes Allel in Verbindung mit einer multifaktoriellen Komponente postuliert (Jimenez et al. 1996). Zudem besteht eine Assoziation mit dem EJM-1 Lokus (Greenberg et al. 1995).

Anfallsformen. Das Leitsymptom sind generalisierte tonisch-klonische Anfälle unmittelbar nach dem Aufwachen, unabhängig davon, ob es sich um einen Nachtschlaf oder einen Schlaf während des Tages gehandelt hat. Bei manchen Patienten treten die Anfälle auch in der Entspannungsphase am frühen Abend auf. Zudem kann die tageszeitliche Bindung mit Fortbestehen der Erkrankung zurücktreten. Für eine sinnvolle Zuordnung zum Schlaf-Wach-Zyklus wird eine Mindestanzahl von 6 Anfällen gefordert, von denen mindestens 50% (strengere Definition: mindestens 90%) innerhalb von 2 Stunden nach dem Aufwachen aufgetreten sind. 50% der Patienten leiden zudem an Absencen, 30% an Myoklonien, wobei in diesen Fällen eine Abgrenzung von der juvenilen Absence-Epilepsie bzw. der juvenilen myoklonischen Epilepsie oft schwierig ist. Die Klassifikation erfolgt dann entsprechend der Anfallsart, die sich als erstes entwickelte (Duncan 1997b). Als definitive Anfallsauslöser sind Schlafentzug und Alkohol zu erwähnen.

Diagnostik. Die klinisch-neurologische Untersuchung ist unauffällig, die intellektuellen Fähigkeiten sind im Normbereich. Das Schlafprofil der Patienten ist oft durch spätes Einschlafen und eine lange Phase des erschwerten Erwachens bei insgesamt reduziertem Schlaf gekennzeichnet. Psychopathologisch zeigen die Patienten nach Janz häufig ein unstetes und impulsives Verhalten, was die Therapieführung erschwert und als Mitauslöser von Anfällen angesehen wird (Besser 1993; Janz und Wolf 1997). Im EEG zeigen sich häufig generalisierte Verlangsamungen sowie generalisierte Spike- bzw. Polyspike-Wave-Komplexe (2,5–4 Hz), die speziell nach plötzlichem Erwachen aktiviert werden. Ca. 17% der Patienten sind photosensibel, unter Hyperventilation werden bei ca. 10% der Patienten Spike-Wave-Paroxysmen aktiviert (Besser 1993; Duncan 1997b; Janz und Wolf 1997). Obwohl das konventionelle MRT Normalbefunde ergibt, konnte in einer rezenten volumetrischen Studie ein Substanzplus des mesiofrontalen Kortex nachgewiesen werden (Woermann et al. 1998b).

Therapie und Prognose. Wie bei der juvenilen myoklonischen Epilepsie ist eine entsprechende Lebensführung mit geregeltem Schlaf-Wach-Rhythmus, ausreichendem Schlaf und Alkoholkarenz eine entscheidende Voraussetzung für eine erfolgreiche Therapie, wobei dies aber in Anbetracht des Alters und der allfälligen Psychopathologie der Patienten oft nur schwer zu erreichen ist (Besser 1993; Janz und Wolf 1997).

Unter einer medikamentösen Therapie mit Valproinsäure als dem Mittel der ersten Wahl kann bei 80–90% der Patienten Anfallsfreiheit erzielt werden (Covanis et al. 1982; Dulac et al. 1986; Bourgeois et al. 1987). Barbiturate scheinen wirksamer zu sein als Phenytoin und Carbamazepin. Von den neuen Antiepileptika könnten Lamotrigin und Topiramat für die Behandlung dieses Epilepsiesyndroms mögliche Optionen darstellen. Insbesondere Topiramat zeigte in rezenten Studien eine hohe Effektivität bei primär generalisierten tonisch-klonischen Anfällen (Biton et al. 1999a; Montouris et al. 2000).

Auch nach mehr als zweijähriger Anfallsfreiheit kommt es nach Absetzen der medikamentösen Therapie bei 70- 80% der Patienten zu Anfallsrezidiven (Dulac et al. 1986; Janz und Wolf 1997), weshalb von manchen Autoren eine lebenslange Therapie empfohlen wird (Janz und Wolf 1997).

6.5. Kryptogenetische und/oder symptomatische generalisierte Epilepsien

6.5.1. West-Syndrom (Tabelle 6.14)

Definition und Epidemiologie. Das West-Syndrom ist charakterisiert durch (1) infantile Spasmen, (2) ein Hypsarrhythmie-Muster im EEG und (3) eine psychomotorische Retardation (Siemes 1995; Holmes und Vigevano 1997). Die Inzidenz liegt bei 1:2000–4000 Lebendgeborenen, wobei ein leichtes Überwiegen des männlichen Geschlechts besteht (Riikonen und Donner 1979). Die Erkrankung beginnt zumeist im 3.–8. Lebensmonat.

Ursache. Das West-Syndrom ist ein polyätiologisches frühkindliches Encephalopathiesyndrom (Gross-Selbeck 1993). Prinzipiell können idiopathische, kryptogenetische und symptomatische Formen unterschieden werden. Auf Grund der Verbesserung der modernen Neuroimaging-Methoden (MRT, PET) hat der Anteil der symptomatischen Formen in den letzten Jahren kontinuierlich zugenommen. Hierbei können pränatale, perinatale und postnatale Ursachen unterschieden werden.

Pränatale Ursachen sind dabei die häufigste Untergruppe und umfassen unterschiedlichste cerebrale Malformationen – entweder isoliert (kortikale Dysgenesien: Agyrie-Pachygyrie, laminäre Heterotopien, Lissencephalien (insbesondere das Miller-Dieker-Syndrom), Hemimegalencephalien, Mikrodysgenesien, fokale kortikale Dysplasien, Schizencephalien, Hydrancephalien, Mikropolygyrien, Holoprosencephalien, Balkenaplasien incl. Aicardi-Syndrom, etc.) oder im Rahmen von neurokutanen Syndromen (tuberöse Sklerose, Neurofibromatose, Naevus sebaceus, etc.), intrauterine Infektionen (Toxoplasmose, Zytomegalie, Röteln, Syphilis) und verschiedene Stoffwechselerkrankungen (Dulac et al. 1997).

Tabelle 6.14. West-Syndrom

Epidemiologie:	1:2000–4000 (Knaben > Mädchen)
Erkrankungsbeginn:	3.–8. Lebensmonat
Ätiologie:	polyätiologisches frühkindliches Encephalopathiesyndrom; idiopathisch, kryptogenetisch und symptomatisch (= häufigste Form; pränatal, perinatal, postnatal)
Anfallsformen:	infantile Spasmen
EEG:	Hysarrhythmie
Psychomotorische Retardation:	häufig
Therapie:	Vigabatrin, ACTH, Dexamethason, Valproinsäure, Lamotrigin, Topiramat, Benzodiazepine, Pyridoxin, Immunglobuline
Prognose und Verlauf:	20% versterben; 50–60% entwickeln eine schwer behandelbare Epilepsie; 70–80% mentale Retardation

Als peripartale Ursachen sind in erster Linie hypoxisch-ischämische Encephalopathien anzuführen (Holmes und Vigevano 1997). Als postnatale Ursachen sind Hypoxien, ischämische Infarkte, Infektionen, Traumen, Tumoren und verschiedene metabolische Erkrankungen zu erwähnen (Dulac et al. 1997).

15–32% der Patienten haben vor der Erstmanifestation der Anfälle eine normale Entwicklung, und es findet sich kein Hinweis auf eine strukturelle Hirnveränderung. Diese Patienten werden als kryptogenetisch bzw. idiopathisch klassifiziert. Beim kryptogenetischen West-Syndrom finden sich indirekte Hinweise auf eine fokale oder multifokale Hirnschädigung aus der klinisch neurologischen Untersuchung, dem EEG oder anderen Untersuchungsmethoden (insbesondere PET). Das idiopathische West-Syndrom, dessen Existenz von manchen Autoren überhaupt bezweifelt wird, macht weniger als 5% der Fälle aus. Die Anfälle sind ein rein funktionelles Phänomen, die psychomotorische Entwicklung bis zum Beginn der Anfälle ist normal, es kommt zu keiner wesentlichen psychomotorischen Regression nach Beginn der Erkrankung, insbesondere zu keinem Verlust der visuellen Kontaktfähigkeit, und schließlich finden sich im EEG keine fokalen Veränderungen. Bei diesen Patienten kommt es zu einer kompletten Remission der Anfälle, es bestehen auch keine langfristigen kognitiven Einschränkungen (Dulac et al. 1997).

Zudem dürften auch genetische Faktoren bei der Manifestation des West-Syndroms eine Rolle spielen: Eine positive Familienanamnese für Epilepsie oder Fieberkrämpfe findet sich bei 7–17% der Patienten, bei den kryptogenetischen Formen ist der Prozentsatz mit positiver Familienanamnese mit 40% deutlich höher als bei den symptomatischen Fällen (Dulac et al. 1997).

Anfallsformen. Die typischen Anfälle bestehen in sog. infantilen Spasmen, die durch plötzliche, kurzdauernde Kontraktionen der axialen Muskulatur charakterisiert sind. Es können Beuge-Spasmen (Beugung des Kopfes und aller 4 Extremitäten mit Adduktion der Arme), Streck-Spasmen (Extension des Kopfes, Streckung der Beine, Abduktion der Arme und somit ähnlich dem Moro-Reflex) sowie die am häufigsten auftretenden gemischten Spasmen (Beugung des Kopfes, des Rumpfes, der Arme, aber Streckung der Beine) unterschieden werden. Die zumeist symmetrischen Spasmen beginnen mit einer Kontraktionsphase von 0,5–2 Sekunden, die von einer tonischen Phase von bis zu 10 Sekunden Dauer gefolgt ist. Zudem treten häufig rotatorische und nystagmoide Augenbewegungen, Bulbusdeviationen, Lidflattern und autonome Symptome auf. Individuelle Spasmen treten zumeist in Clustern auf (durchschnittlich 20–40 Spasmen im Abstand von 5–30 Sekunden pro Cluster, wobei die Intensität und Frequenz der Spasmen im Verlauf eines Clusters abnimmt). Durchschnittlich bestehen ein bis mehr als 10 derartige Cluster pro Tag, wobei die Cluster am häufigsten in der Aufwachphase und im Wachzustand, seltener im Schlaf auftreten (Kellaway et al. 1979; Dulac et al. 1997). Bei 12–42% der Patienten gehen den infantilen Spasmen andere Anfallstypen (fokale und generalisierte tonisch-klonische Anfälle) voraus und/oder sind gleichzeitig mit ihnen zu beobachten (Matsumoto et al. 1981; Lombroso 1983).

Psychomotorische Retardation. Das West-Syndrom stellt die häufigste Ursache einer psychomotorischen Entwicklungsstörung im ersten Lebensjahr dar. Die Erkrankung kann einerseits bei psychomotorisch retardierten Kindern auftreten (insbesondere weisen Patienten mit symptomatischem West-Syndrom in 68–85% eine Entwicklungsverzögerung auf), andererseits kann sich das Kind bisher normal entwickelt haben (ca. 10% der Patienten). In beiden Fällen kommt es durch die Anfälle zu einer psychomotorischen Regression, wobei bereits erworbene Fähigkeiten wieder verlernt werden (Dulac et al. 1997).

Diagnostik. Die klinisch-neurologische Untersuchung zeigt in 33–89% Auffälligkeiten (Paresen, Ataxien, Athetosen, Mikrocephalie, Blindheit, Taubheit). Im EEG zeigt sich das pathognomonische Hypsarrhythmie-Muster, das durch hochamplitudige, irreguläre, langsame Wellen (Amplitude > 300 µV) bei fehlendem Grundrhythmus und multifokale Spitzen gekennzeichnet ist. Im Non-REM Schlaf ist ein pseudoperiodisches, diskontinuierliches Muster mit 1–3 Sekunden dauernden Bursts von Spitzen und langsamen Wellen unterbrochen durch eine niedrig-amplitudige Aktivität ohne epilepsietypische Veränderungen zu beobachten (Dulac et al. 1997).

Bei der strukturellen Abklärung besitzt die Magnetresonanztomographie, insbesondere was die Erfassung von kortikalen Malformationen, Tumoren oder Störungen der Myelinisierung betrifft, eine deutlich höhere Sensitivität als die Computertomographie (van Bogaert et al. 1993; Aydinli et al. 1998). Zudem zeigen PET-Untersuchungen in einem hohen Prozentsatz von Patienten mit normaler Magnetresonanztomographie und somit vermeintlichem idiopathischem West-Syndrom einen gestörten uni- oder multifokalen Glucose-Metabolismus (in den meisten Fällen fokalen kortikalen Dysplasien entsprechend), was eine Reklassifikation als symptomatisches West-Syndrom ermöglicht (Chugani und Conti 1996).

Therapie. ACTH und Dexamethason galten bisher als Mittel der ersten Wahl zur Behandlung des West-Syndroms, wobei in den letzten Jahren von manchen Autoren Vigabatrin als Mittel der ersten Wahl vorgeschlagen wurde.

Da hinsichtlich der Effektivität zwischen niedrig- und hochdosierter ACTH-Therapie kein signifikanter Unterschied besteht (Hrachovy et al. 1994), sollte versucht werden mit einer relativ niedrigen Dosis bei kurzer bis mittellanger Anwendung (15–30 Einheiten/m^2 Körperoberfläche/Tag; 4–5 Monate) auszukommen, um so die Nebenwirkungsrate niedrig zu halten (Siemes 1995). 50–80% der Kinder werden unter einer ACTH-Therapie anfallsfrei, als Nachteile sind jedoch die gravierenden Nebenwirkungen (erhöhtes Infektionsrisiko, Hypertonie, hypertrophe Kardiomyopathie, Elektrolytstörungen mit Nierenversagen) und eine hohe Rückfallquote von 30–65% anzuführen. Prednison und ACTH unterscheiden sich in ihrer Effektivität nicht, bei Unwirksamkeit eines der beiden Medikamente kann das jeweils andere jedoch durchaus wirksam sein (Hrachovy et al. 1983).

Gemäß einer rezenten Metaanalyse zeigte Vigabatrin in der Erst-Behandlung von Patienten mit West-Syndrom ohne tuberöse Sklerose (insgesamt 313 Patienten) eine Effektivität von 54%, bei Vorliegen einer tuberösen Sklerose (77 Patienten) eine Effektivität von 95% (Hancock und Osborne 1999). Die Ansprechrate in den verschiedenen Studien variierte dabei zwischen 26 und 76% (Aicardi et al. 1996; Vigevano und Cilio 1997; Villeneuve et al. 1998; Wohlrab et al. 1998; Cossette et al. 1999; Granstrom et al. 1999; Koo 1999). Ein direkter Vergleich mit ACTH erfolgte dabei in 2 Studien, wobei in einer retrospektiven Studie kein Wirkungsunterschied gefunden werden konnte (Cossette et al. 1999). In einer prospektiven Studie hingegen war ACTH insgesamt wirksamer als Vigabatrin, wobei sich jedoch eine unterschiedliche Effektivität in Subgruppen zeigte (Vigabatrin war wirksamer bei Patienten mit zerebralen Malformationen, ACTH bei Patienten mit perinatalen Hypoxien, eine vergleichbare Effektivität zeigte sich bei den kryptogenetischen Fällen) (Vigevano und Cilio 1997). Die Rezidivrate war unter Vigabatrin in allen Studien signifikant geringer als unter ACTH. Auf Grund des wesentlich günstigeren Nebenwirkungsprofils wird deshalb Vigabatrin von einigen Autoren als Mittel der ersten Wahl zur Behandlung des West-Syndroms angesehen (Aicardi et al. 1996; Wohlrab et al. 1998; Appleton et al. 1999b; Cossette et al. 1999; Granstrom et al. 1999). Insbesondere bei Patienten mit West-Syndrom infolge einer tuberösen Hirnsklerose ist Vigabatrin als Mittel der ersten Wahl anzusehen, da es hier eine höhere Effektivität als Cortison zeigte (Chiron et al. 1997). Zudem konnten bei diesen Patienten unter Vigabatrin auch deutliche kognitive Verbesserungen erzielt werden (Jambaque et al. 2000). Einschränkend müssen jedoch die Gesichtsfelddefekte unter Vigabatrin erwähnt werden, deren Überprüfung und Monitoring bei den betroffenen Kindern schwierig und aufwendig ist (Sankar und Wasterlain 1999).

Andere therapeutische Möglichkeiten bestehen in der Verabreichung von Valproinsäure, Lamotrigin, Topiramat, Benzodiazepinen, Pyridoxin und Immunglobulinen. Unter einer hochdosierten Valproinsäure-Therapie konnte Anfallsfreiheit bei 22–78% der Patienten erzielt werden (Siemes 1995). Mit Topiramat konnte bei 4 von 11 Patienten Anfallsfreiheit bei guter Langzeiteffektivität erreicht werden (Glauser et al. 1998, 2000a). Mit Lamotrigin konnte bei 30 Kindern mit therapierefraktärem West-Syndrom in 5 Fällen Anfallsfreiheit und in 4 Fällen eine mehr als 50%-ige Anfallsreduktion erzielt werden (Vegiotti et al. 1994). Bei therapieresistenten Fällen mit umschriebenen strukturellen Veränderungen in der MRT oder im PET sollte die Möglichkeit eines epilepsiechirurgischen Eingriffs erwogen werden.

Prognose und Verlauf. Der Verlauf des West-Syndroms ist im Allgemeinen selbst-limitiert, d.h. unabhängig von der Therapie kommt es zu einem Sistieren der Spasmen und einer Rückbildung des Hypsarrhythmie-Musters im EEG. So dauern unbehandelte Spasmen bei 25% der Patienten weniger als ein Jahr, bei 50% weniger als 2 Jahre und nur in Ausnahmefällen länger als 5 Jahre. Im Alter von 5 Jahren haben sich demgemäss bei nahezu allen Patienten die Spasmen rückgebildet (Dulac et al. 1997).

Insgesamt ist die Prognose jedoch ungünstig: 20% der Patienten versterben innerhalb der ersten 3 Lebensjahre (Grunderkrankung, Aspirationspneumonie); 50–60% haben weiter Anfälle oder entwickeln nach einem anfallsfreien Intervall eine zumeist schwer behandelbare Epilepsie (fokale oder sekundär generalisierte Epilepsien; 40–60% entwickeln ein Lennox-Gastaut-Syndrom); 30–50% haben motorische Defizite; 70–80% entwickeln eine mentale Retardation (Dulac et al. 1997). Einer rezenten Studie zu Folge zeigen 16% aller Patienten (24% der überlebenden Patienten) im Langzeitverlauf normale oder lediglich gering verminderte intellektuelle Fähigkeiten (Riikonen 1996).

6.5.2. Lennox-Gastaut-Syndrom (Tabelle 6.15)

Definition. Das Lennox-Gastaut-Syndrom (LGS) ist durch (1) unterschiedliche, zumeist therapieresistente klinische Anfallsarten (atypische Absencen, axiale tonische Anfälle und atonische Anfälle), (2) durch generalisierte Slow-Spike-Wave-Komplexe im EEG und Bursts von 10–12 Hz Rhythmen im Schlaf

Tabelle 6.15. Lennox-Gastaut-Syndrom

Epidemiologie:	3–10% aller Epilepsien im Kindesalter (Knaben > Mädchen)
Erkrankungsbeginn:	3–5 Jahre
Ätiologie:	idiopathisch (20–30%), symptomatisch (70–80%)
Anfallsformen:	tonische Anfälle, atypische Absencen, generalisierte tonisch-klonische Anfälle, atonische Anfälle, myoklonische bzw. myoklonisch-atonische Anfälle, fokale Anfälle, Status epilepticus (50–75%)
EEG:	Slow-Spike-Wave Komplexe, Non-REM Schlaf: Paroxysmen von 10–12 Hz Rhythmen
Mentale Retardation:	nahezu immer
Therapie:	Valproinsäure, Lamotrigin, Topiramat, Felbamat, Clobazam, Vagus-Nerv-Stimulation, Kallosotomie
Prognose und Verlauf:	60–80% Persistenz der Anfälle; 20% Besuch einer normalen Schule, geregelte Arbeit

sowie (3) durch eine mentale Retardation und/oder psychiatrische Auffälligkeiten gekennzeichnet (Commission on Classification and Terminology of the International League against Epilepsy 1989). Zudem treten häufig auch andere Anfallsarten, wie myoklonische, fokale und sekundär generalisierte tonisch-klonische Anfälle auf. Die Anfallsfrequenz ist im Allgemeinen hoch und oft tritt ein konvulsiver oder nicht-konvulsiver Status epilepticus auf (Genton und Dravet 1997).

Epidemiologie. Auf Grund unterschiedlicher Einschlusskriterien in verschiedenen Studien variieren die Häufigkeitsangaben in der Literatur beträchtlich, wobei die Häufigkeit bei strikter, oben angeführter Definition zwischen 3 und 10% aller Epilepsien im Kindesalter liegen dürfte. Knaben erkranken etwas häufiger als Mädchen (Genton und Dravet 1997).

Ursache. Das LGS kann sich entweder

- bei einem zuvor normal entwickelten Kind ohne Zeichen einer strukturellen Hirnläsion ohne erkennbare Ursache im Alter von 1–8 Jahren manifestieren (kryptogenetische Form; ca. 20–30%), oder
- es tritt bei einem Kind mit bereits verzögerter Entwicklung bzw. vorangehender Hirnschädigung, einem bestehenden West-Syndrom (ca. ein Drittel der Fälle) oder einer bestehenden fokalen Epilepsie auf, wobei das Alter zu Beginn in diesem Fall zwischen 1 und 15 Jahren variieren kann (symptomatische Form; ca. 70–80%).

Zumeist tritt die Erkrankung jedoch sowohl beim symptomatischen als auch beim idiopathischen LGS im Alter zwischen 3 und 5 Jahren auf. Der Prozentsatz der symptomatischen Formen wird sich durch den Einsatz neuer diagnostischer Methoden wie der Magnetresonanztomographie weiter erhöhen.

Die Ursachen der symptomatischen Form umfassen eine weites Spektrum von prä-, peri- und postnatalen Erkrankungen (perinatale Hypoxien; ischämische Infarkte; Infektionen; Meningitis oder Encephalitis; das HHE (Hemikonvulsion-Hemiatrophie-Epilepsie)-Syndrom; zerebrale Malformationen bzw. kortikale Dysgenesien; neurokutane Syndrome; Down-Syndrom; Hydrocephalus; Hirntumoren bzw. Bestrahlung von Hirntumoren). Bei der kryptogenetischen Form dürften genetische Faktoren eine Rolle spielen. Insgesamt handelt es sich somit um eine unspezifische, altersgebundene, diffuse Encephalopathie, wobei die zu Grunde liegenden Pathomechanismen im Wesentlichen unbekannt sind (Farrell 1997b; Genton und Dravet 1997).

Anfallsformen. Den häufigsten Anfallstyp stellen tonische Anfälle in 74–90% der Fälle dar, wobei tonische Anfälle der axialen Muskulatur, der axialen *und* stammnahen sowie generalisierte tonische Anfälle unterschieden werden können. Die motorischen Entäußerungen können dabei symmetrisch oder unilateral betont sein. Bei der Mehrzahl der Patienten sind atypische Absencen zu beobachten. Weitere häufige Anfallstypen sind generalisierte tonisch-klonische Anfälle, atonische Anfälle, myoklonische bzw. myoklonisch-atonische Anfälle und fokale Anfälle. Sturzanfälle, bei denen sich die Patienten häufig verletzen, können durch tonische oder atonische Anfälle verursacht werden. Alle der genannten Anfallstypen können sich auch als Status epilepticus manifestieren (Häufigkeit: 50–75% der Patienten), wobei dann zumeist eine deutliche Bewusstseinseinschränkung bis hin zum Koma mit immer wiederkehrenden tonischen Anfällen im Sinne eines tonischen Status zu beobachten ist (Blume 1987; Farrell 1997b; Genton und Dravet 1997).

Klinische Varianten. Hier sind die myoklonische Variante (mit massiven Myoklonien und myoklonisch-atonischen Anfällen), das early-onset LGS (Beginn im ersten Lebensjahr) sowie das late-onset LGS (Anfallsbeginn im Alter von 10–20 Jahren, selten auch erst zwischen 20 und 30 Jahren; Entwicklung aus einer fokalen und primär generalisierten Epilepsie bzw. kryptogenetisch) zu erwähnen (Chevrie und Aicardi 1972; Bauer et al. 1983; Genton und Dravet 1997).

Diagnostik. Der klinisch neurologische Status kann abhängig von der Ätiologie normal sein oder unspezifische bzw. fokal-neurologische Auffälligkeiten zeigen. Die motorische Entwicklung ist zumeist weniger beeinträchtigt als die kognitive. Im kognitiven Bereich kommt es zumeist zu einer Entwicklungsverzögerung im Sinne einer mentalen Retardation, zudem sind auch häufig psychiatrische Auffälligkeiten wie Aggressionsdurchbrüche, Störungen des Sozialverhaltens und teilweise psychotische Episoden zu erheben.

Im interiktalen EEG zeigen sich eine Grundrhythmusverlangsamung, regionale bzw. generalisierte Verlangsamungen, generalisierte oder multifokale Spitzen oder Spike-Wave-Komplexe sowie die pathognomonischen Slow-Spike-Wave-Komplexe. Im Non-REM Schlaf treten immer wieder Paroxysmen von 10–12 Hz Rhythmen auf, die für die Diagnosestellung und Abgrenzung von anderen Epilepsiesyndromen als notwendige Voraussetzung angesehen werden. Auf Grund der letztgenannten EEG-Veränderungen sowie zur Erfassung von tonischen Anfällen im Schlaf sollte immer auch ein Schlaf-EEG, bevorzugt aber ein Video-EEG-Monitoring im Wach- und Schlafzustand durchgeführt werden. In der Magnetresonanztomographie können symptomatische Ursachen des LGS erfasst werden. Die Diagnose kann oft erst im Verlauf gestellt werden, da im Allgemeinen zu Beginn der Erkrankung nicht alle Kardinalsymptome vorhanden sind (Farrell 1997b; Genton und Dravet 1997).

Therapie. Das Lennox-Gastaut-Syndrom stellt eine schwer behandelbare Epilepsieform dar, sodass Anfallsfreiheit nur in seltenen Fällen erzielt werden kann. Ein Hauptziel der Therapie sollte deshalb – im Gegensatz zu den meisten anderen Epilepsieformen – nicht im Erreichen von Anfallsfreiheit liegen, sondern ein Mittelweg zwischen Anfallsreduktion bzw. Prävention eines Status epilepticus einerseits und Minimierung von medikamentösen Nebenwirkungen andererseits sein. Prinzipiell sollte eine Monotherapie angestrebt werden, obwohl dies in der Praxis nur selten gelingt. In keinem Fall sollten jedoch mehr als 3 Medikamente verordnet werden, mit sedierenden Medikamenten sollte möglichst sparsam umgegangen werden, da einerseits eine Vigilanzminderung anfallsfördernd beim LGS wirkt und anderseits die bestehenden kognitiven Beeinträchtigungen verschlechtert werden können (Farrell 1997b).

Valproinsäure stellt für viele Autoren das Mittel der ersten Wahl für die Behandlung des LGS dar und wirkt am besten gegen atypische Absencen, atonische Anfälle und myoklonische Anfälle, weniger gut jedoch gegen tonische Anfälle (Farrell 1997b; Schmidt und Elger 1999), wobei allerdings der Einsatz im Alter von < 3 Jahren durch das erhöhte Risiko einer Hepatotoxizität limitiert ist (Schmidt und Bourgeois 2000).

Benzodiazepine (Clonazepam, Nitrazepam, Diazepam, Clobazam) sind ebenfalls wirksam, wobei hier dem Clobazam auf Grund seiner weniger sedierenden Wirkung der Vorzug zu geben ist. In einer offenen Studie konnte bei 16 von 25 Patienten (= 64%) unter Clobazam eine mehr als 50%-ige Anfallsreduktion erzielt werden (Munn und Farrell 1993). Auf Grund der möglichen Toleranzentwicklung wurde eine alternierende oder intermittierende Gabe vorgeschlagen. Insbesondere bei intravenöser Verabreichung können Benzodiazepine zu einer Exazerbation tonischer Anfälle bis hin zum Status führen.

Zudem wurden Ethosuximid (Absencen), Phenytoin und Phenobarbital (tonische, tonisch-klonische und fokale Anfälle) sowie Carbamazepin (tonisch-klonische und fokale Anfälle) mit mäßigem Erfolg eingesetzt. Dabei ist allerdings zu bedenken, dass Carbamazepin und Phenytoin zu einer Anfallsexazerbation (insbesondere von Absencen) führen können, unter Phenobarbital kommt es häufig zu Verhaltensauffälligkeiten (Schmidt und Bourgeois 2000).

Von den neuen Antiepileptika haben Lamotrigin, Topiramat und Felbamat in kontrollierten Studien eine signifikante Wirksamkeit in der Add-On-Therapie des LGS gezeigt:

- Lamotrigin: mehr als 50%-ige Anfallsreduktion für alle Anfälle bei 33% der Patienten unter Lamotrigin vs. 16% unter Placebo (Motte et al. 1997; Eriksson et al. 1998).
- Topiramat: mediane Anfallsreduktion von Sturzanfällen um 14,8% unter Topiramat vs. Anfallszunahme um 5,1% unter Placebo; mehr als 50%-ige Anfallsreduktion von Sturzanfällen und generalisierten tonisch-klonischen Anfällen bei 33% der Patienten unter Topiramat vs. 8% unter Placebo (Sachdeo et al. 1999); anhaltende Effektivität in der Langzeittherapie (Glauser et al. 2000b).
- Felbamat: Reduktion der atonischen Anfälle um 34% (Placebo: 9%), Reduktion aller Anfälle um 19% (Placebo: Anfallszunahme um 4%); mehr als 50%-ige Anfallsreduktion: alle Anfälle: 50% der Patienten, generalisierte tonisch-klonische Anfälle: 73%, atonische Anfälle: 59%, atypischen Absencen: 53% (The Felbamate Study Group in Lennox-Gastaut Syndrome 1993). In der offenen Anschlussstudie wurde eine 50%-ige Anfallsreduktion unter Felbamat beobachtet (Placebo: 15%) (Jensen 1994).

Als wesentliche Nachteile sind die allergischen Hautreaktionen unter Lamotrigin, die kognitiven Nebenwirkungen unter Topiramat und die möglichen schwerwiegenden Nebenwirkungen (aplastische Anämie, akutes Leberversagen) unter Felbamat zu nennen. Von manchen Autoren wird empfohlen, Lamotrigin sofort nach Diagnosestellung einzusetzen, um so durch eine langsame Aufdosierung die Inzidenz von allergischen Hautreaktionen gering zu halten (Dulac und Kaminska 1997). Der Einsatz von Felbamat sollte sich auf Patienten beschränken, bei denen die anderen Medikamente keine befriedigende Anfallskontrolle erbracht haben.

Nicht-medikamentöse Therapieoptionen umfassen die ketogene Diät, die Vagus-Nerv-Stimulation und die Kallosotomie.

In einem rezenten Übersichtsartikel (Schmidt und Bourgeois 2000) wurde ein altersabhängiges Therapieschema zur Behandlung des LGS vorgeschlagen (Abb. 6.1).

Prognose. Die Prognose ist sowohl hinsichtlich der Anfälle als auch bezüglich der kognitiven Entwicklung ungünstig. Die meisten Patienten haben tägliche Anfälle; bei 60–80% der Patienten persistieren die Anfälle. Die folgenden

Kind < 5 Jahre

Topiramat, Valproinsäure, Lamotrigin

⇓

mangelnde Anfallskontrolle oder inakzeptable Nebenwirkungen

⇓

Felbamat, Clobazam

⇓

mangelnde Anfallskontrolle oder inakzeptable Nebenwirkungen

⇓

ketogene Diät, Benzodiazepine (Clonazepam), Phenobarbital

⇓

mangelnde Anfallskontrolle oder inakzeptable Nebenwirkungen

⇓

weitere Optionen: Ethosuximid, Methsuximid, Pyridoxin, Vagus-Nerv-Stimulation, Kortison oder ACTH, Vigabatrin

⇓

Kallosotomie

Kind > 5 Jahre

Valproinsäure

⇓

mangelnde Anfallskontrolle oder inakzeptable Nebenwirkungen

⇓

Topiramat, Lamotrigin, Clobazam

⇓

mangelnde Anfallskontrolle oder inakzeptable Nebenwirkungen

⇓

Vagus-Nerv-Stimulation, ketogene Diät, Felbamat, Benzodiazepine (Clonazepam), Phenobarbital

⇓

mangelnde Anfallskontrolle oder inakzeptable Nebenwirkungen

⇓

weitere Optionen: Ethosuximid, Methsuximid, ACTH oder Kortison, Pyridoxin, Vigabatrin

⇓

Kallosotomie

Abb. 6.1. Therapie des Lennox Gastaut Syndroms. Modifiziert nach Schmidt D, Bourgeois B (2000)

Faktoren lassen eine schlechte Anfallskontrolle erwarten: Anfallsbeginn < 3 Jahre, vorangehendes West-Syndrom, symptomatisches LGS, schwere kognitive Defizite. Nur 20% der Patienten können eine normale Schule besuchen oder einer geregelten Arbeit nachgehen. Ungünstige prognostische Faktoren für die kognitive Entwicklung sind ein früher Anfallsbeginn (< 3 Jahre), eine symptomatische Ursache und das Vorkommen eines Status epilepticus (Farrell 1997b).

6.5.3. Myoklonisch astatische Epilepsie des frühen Kindesalters

Diese seltene Epilepsieform (1,7% aller Epilepsien mit Anfallsbeginn < 5 Jahre), die häufiger bei Knaben (73%) als bei Mädchen (37%) vorkommt, ist durch die folgenden Merkmale gekennzeichnet (Farrell 1997b; Genton und Dravet 1997):

- Anfallsbeginn: < 5 Jahre;
- Ätiologie: multifaktoriell, genetische Faktoren spielen eine entscheidende Rolle (Epilepsie bei 37% der Verwandten ersten und zweiten Grades), nur bei 16% besteht vor Beginn der Epilepsie eine mentale Retardation;
- Anfallsformen: myoklonische Anfälle, atonische (= astatische) Anfälle, myoklonisch-astatische Anfälle, atypische Absencen; generalisierte tonisch-klonische Anfälle; tonische Anfälle nur selten und dann spät im Krankheitsverlauf; ein Status von Absencen oder myoklonisch-astatischen Anfällen ist bei 36% der Patienten zu beobachten;
- EEG: 4–7 Hz Theta-Rhythmen mit einem parietalen Maximum; generalisierte Spike- bzw. Polyspike-Wave-Paroxysmen, Photosensibilität;
- Diagnostik: Klinik; EEG; neurologische Untersuchung, kognitive Entwicklung und Bildgebung sind normal; typischerweise normale Kinder mit rezidivierenden Stürzen und episodischen stuporösen Zustandsbildern; zur exakten Diagnosestellung sollte ein prolongiertes Video-EEG-Monitoring incl. einer Nachtableitung durchgeführt werden;
- Verlauf und Prognose: noch unzureichend untersucht, manche Patienten werden nach 3 Jahren anfallsfrei und zeigen auch eine normale kognitive Entwicklung; andere leiden unter therapieresistenten Anfällen und entwickeln eine mentale Retardation;
- Therapie: Valproinsäure, Lamotrigin, Ethosuximid, Benzodiazepine, Phenobarbital, Bromid.

6.6. Spezielle Syndrome

6.6.1. Erster Anfall – singulärer Anfall

Nach einem ersten epileptischen Anfall ergeben sich die folgenden diagnostischen, prognostischen und therapeutischen Fragen:

6.6.1.1. Diagnose

Handelte es sich tatsächlich um einen epileptischen Anfall? Ca. 20% der Patienten, die mit der Diagnose eines ersten epileptischen Anfalls an eine Notfallaufnahme gebracht werden, haben tatsächlich keinen epileptischen Anfall erlitten, sondern vielmehr einen organischen nicht-epileptischen Anfall (hier sind insbesondere die (konvulsiven) Synkopen zu erwähnen) oder einen psychogenen Anfall (King et al. 1998). Die diesbezügliche Differentialdiagnose ist nicht immer einfach und insbesondere in der Notfallsituation oft besonders schwierig. Eine genaue Anfallsbeschreibung (insbesondere Außenanamnese) ist für diese Differentialdiagnose richtungsweisend (Pellegrino 1994).

Welche Art von epileptischem Anfall war es – Anfallstyp? Bei der Anfallsbeschreibung sollte einerseits der Patient selbst befragt werden (Prodromalsymptome, Auren, motorische Manifestationen bei erhaltenem Bewusstsein (Myoklonien, fokal-motorische Anfälle), postiktal bemerkte Symptome wie Zungenbiss, Secessus, Kopfschmerzen, Muskelschmerzen, Müdigkeit, Verwirrtheit) sowie andererseits eine genaue Außenanamnese erhoben werden (Beschreibung des Anfalls durch Augenzeugen).

War es tatsächlich der *erste* Anfall des Patienten? Der erste Anfall, der zu einer ärztlichen Begutachtung führt, ist bei einer signifikanten Anzahl von Patienten nicht der erste Anfall. So hatten in einer rezenten Studie an 300 Patienten mit einem „ersten" Anfall retrospektiv bereits 142 Patienten (47%) einen früheren Anfall erlitten: Bei den 257 Patienten mit einem „ersten" generalisierten tonisch-klonischen Anfall waren bei 116 Patienten (45%) frühere Anfälle zu erheben (bei 43 Patienten (17%) frühere generalisierte tonisch-klonische Anfälle, bei 73 Patienten (28%) frühere fokale Anfälle, Myoklonien oder Absencen); bei den 43 Patienten mit einem anderen Anfallstyp als „ersten Anfall" war der Prozentsatz von früheren Anfällen mit 60% (26 Patienten) noch deutlich höher (King et al. 1998). In einer anderen Studie hatten 74% der Patienten mit einem vermeintlich ersten Anfall bereits vorher Anfälle erlitten (Hauser et al. 1990). Für diese hohe „Dunkelziffer von ersten Anfällen" können folgende Gründe angeführt werden (Pellegrino 1994):

- frühere Anfälle wurden vom Patienten und/oder dessen Angehörigen nicht wahrgenommen (z.B. Amnesie für fokal-komplexe Anfälle oder Absencen);

- frühere Anfälle wurden vom Patienten und/oder dessen Angehörigen zwar wahrgenommen, aber nicht als epileptisch gedeutet (z.B. fokal-komplexe Anfälle, Absencen, fokale Anfälle mit einfacher Symptomatik [Auren oder fokal-motorische Anfälle], Myoklonien [häufig als Nervosität, Zittern oder Zucken fehlgedeutet], nächtliche generalisierte tonisch-klonische Anfälle, bei Patienten die alleine schlafen [hier ist insbesondere nach unerklärlichen Verletzungen während des Schlafs, morgendlich bemerktem Zungenbiss oder Muskelschmerzen, nächtlichem Harn- oder Stuhlverlust, unerklärten Stürzen aus dem Bett etc. zu fragen]);
- frühere Anfälle wurden vom Patienten und/oder dessen Angehörigen zwar wahrgenommen und auch als epileptisch gedeutet, aus Angst vor sozialen Nachteilen und Stigmatisierungen wurde jedoch kein Arzt konsultiert;
- frühere Anfälle wurden vom Patienten und dessen Angehörigen zwar wahrgenommen und führten auch zur Konsultation eines Arztes, dieser hat jedoch nicht die Diagnose eines epileptischen Anfalls gestellt.

Warum ist der Anfall aufgetreten? Hier ist die Unterscheidung in

- unprovozierte, idiopathische oder kryptogenetische Anfälle,
- unprovozierte, symptomatische Anfälle,
- Gelegenheitsanfälle im Gefolge von Schlafmangel oder von extremer körperlicher und/oder psychischer Belastung,
- akut symptomatische Anfälle

für den weiteren Verlauf und damit die Therapieentscheidung essentiell (Pellegrino 1994).

Ist eine diagnostische Zuordnung zu einem Epilepsiesyndrom möglich? Einer rezenten Studie zufolge ist nach einem ersten Anfall auf Grund von klinischen Angaben (Anfallsbeschreibung, Erhebung von früheren Anfällen, Anfallsauslöser) in 47%, auf Grund der Klinik *und* des EEGs (Routine-EEG und EEG nach Schlafentzug, wobei bei einem EEG innerhalb von 24 Stunden nach dem Anfall in einem höheren Prozentsatz epilepsietypische Veränderungen nachgewiesen werden können) in 77% und auf Grund der Klinik, des EEGs und eines MRTs in 81% eine Zuordnung zu einem Epilepsiesyndrom möglich (King et al. 1998). Allerdings muss einschränkend festgestellt werden, dass diese Zahlen etwas hochgegriffen erscheinen, weil einerseits nur 47% der Patienten auch tatsächlich ihren ersten Anfall hatten und zum anderen bei vielen Patienten der erste Anfall der einzige Anfall bleibt (singulärer unprovozierte Anfall), und deshalb nicht von einer Epilepsie oder einem Epilepsiesyndrom gesprochen werden kann.

6.6.1.2. Prognose

Rezidivrisiko. Die Wahrscheinlichkeitsangaben, nach einem ersten unprovozierten Anfall einen weiteren Anfall zu erleiden, schwanken in der Literatur zwischen 23% und 71%, wobei diese Diskrepanz auf unterschiedliche Beobachtungszeiträume, Patientenpopulationen, Definitionen des ersten Anfalls und Studiendesigns zurückzuführen ist und sich bei einheitlicher Betrachtungsweise doch ein relativ konsistentes Bild ergibt (Berg und Shinnar 1991). Bei ausschließlicher Berücksichtigung von Patienten mit einem ersten Anfall lag das Rezidivrisiko in den prospektiven Studien bei durchschnittlich 40%, in den retrospektiven Studien bei 52% (Berg und Shinnar 1991). In neueren, prospektiven Studien lag das Langzeit-Rezidivrisiko für Erwachsene bei 33% (Hauser et al. 1998) und für Kinder bei 42% (Shinnar et al. 1996) bzw. 54% (Stroink et al. 1998) bzw. bei 29%, 37%, 43% und 46% nach 1, 2, 5 und 10 Jahren (Shinnar et al. 2000).

Prognostische Faktoren. Faktoren mit gesicherter prognostischer Relevanz (Tabelle 6.16):

- Vorhandensein von epilepsietypischen Veränderungen im EEG und
- symptomatische Ursache

sind die wichtigsten Prädiktoren für das Auftreten von weiteren Anfällen (EEG mit epilepsietypischen Veränderungen: 1,5–3-fach erhöhtes Risiko; symptomatische Genese: 2-fach erhöhtes Risiko). Demgemäss beträgt das Rezidivrisiko innerhalb von 2 Jahren für Patienten mit idiopathischen/kryptogenetischen Anfällen und normalem EEG 24%, für Patienten mit symptomatischen Anfällen *oder* einem EEG mit epilepsietypischen Veränderungen 48% und für Patienten mit symptomatischen Anfällen *und* einem EEG mit epilepsietypischen Veränderungen 65% (Berg und Shinnar 1991).

Tabelle 6.16. Prognostische Faktoren für das Auftreten eines zweiten Anfalls nach einem ersten epileptischen Anfall

Faktoren mit gesicherter prognostischer Relevanz
– epilepsietypische Veränderungen im EEG
– symptomatische Ursache
– Auftreten von Anfällen aus dem Schlaf
Faktoren, die mit einem gering bis mäßig erhöhten Rezidivrisiko verbunden sind
– positive Familienanamnese für Epilepsie
– fokale Anfälle
Faktoren, deren prognostische Relevanz kontroversiell beurteilt wird
– Status epilepticus
– Alter zum Zeitpunkt des ersten Anfalls
– frühere provozierte Anfälle

Weitere Faktoren von prognostischer Relevanz sind:

- Auftreten von Anfällen aus dem Schlaf (Shinnar et al. 1993; Bora et al. 1995; Shinnar et al. 1996).

Ein gering bis mäßig erhöhtes Rezidivrisiko besteht bei:

- positiver Familienanamnese für Epilepsie und
- fokalen Anfällen (Beghi et al. 1997).

Faktoren, deren prognostische Relevanz kontroversiell beurteilt wird:

- Status epilepticus (nur bei Patienten mit chronisch symptomatischer Ursache, nicht jedoch bei kryptogenetischen Anfällen);
- Alter zum Zeitpunkt des ersten Anfalls: hier konnte ein erhöhtes Risiko für Kinder und junge Erwachsene bis 20 Jahre im Vergleich zu Erwachsenen gefunden werden, ob das Risiko dann im höheren Lebensalter weiter abnimmt oder wieder ansteigt, wird kontroversiell beurteilt (Beghi et al. 1997); bei Kindern mit symptomatischen Anfällen bedeutet ein Anfallsbeginn vor dem Alter von 3 Jahren ein erhöhtes Rezidivrisiko (Shinnar et al. 1996).
- frühere provozierte Anfälle: hier sind insbesondere frühere Fieberkrämpfe zu nennen; bei Kindern mit symptomatischen Anfällen ist eine positive Anamnese für Fieberkämpfe mit einem erhöhten Rezidivrisiko verbunden (Shinnar et al. 1996); bei einem erstem unprovozierten Anfall im Erwachsenenalter und früheren provozierten Anfällen besteht ebenfalls ein erhöhtes Rezidivrisiko (Beghi et al. 1997);

6.6.1.3. Therapie

Unsicherheit der Diagnose. Bei der Entscheidung für oder wider eine antiepileptische Therapie sollte man auch die diagnostische Unsicherheit bedenken, die bei 10–20% liegt. Durch die Anwendung von strikten Kriterien und insbesondere durch eine genaue (Außen-)Anamnese kann allerdings die diagnostische Sicherheit erhöht werden (van Donselaar et al. 1989; Pellegrino 1994).

Effekt einer antiepileptischen Einstellung nach einem ersten Anfall auf das Auftreten von Anfallsrezidiven. Zwei rezenten prospektiven, randomisierten Studien zu Folge kann das Rezidivrisiko für weitere Anfälle durch eine antiepileptische Einstellung nach einem ersten Anfall signifikant gesenkt werden (First Seizure Trial Group (1993): von 51% auf 24% innerhalb eines Beobachtungszeitraums von 24 Monaten; Gilad et al. (1996): von 71% auf 22% innerhalb eines Beobachtungszeitraums von 36 Monaten). Insgesamt war das Risiko in der unbehandelten Gruppe um einen Faktor 2,8 höher (First Seizure Trial Group 1993).

Effekt einer antiepileptischen Einstellung nach einem ersten Anfall auf die Langzeitprognose der Epilepsie. Während eine antiepileptische Therapie nach dem ersten Anfall zwar die Wahrscheinlichkeit des Auftretens eines zweiten Anfalls signifikant reduziert, ist die Langzeitprognose unabhängig davon, ob die antiepileptische Einstellung bereits nach dem ersten oder erst nach weiteren Anfällen erfolgt. So waren die Remissionsraten für ein oder mehrjährige Anfallsfreiheit in 2 rezenten prospektiven Studien für Patienten, die nach einem ersten Anfall behandelt wurden, und solche, die erst nach zwei oder mehr Anfällen eingestellt wurden, vergleichbar (Collaborative Group for the Study of Epilepsy 1992; Musicco et al. 1997). Eine medikamentöse Therapie nach dem ersten Anfall wirkt somit antiepileptisch, aber nicht anti-epileptogen.

Nebenwirkungen. Bei der Entscheidung für und wider eine Therapie sollten auch die potentiellen Nebenwirkungen einer antiepileptischen Therapie berücksichtigt werden. Bei ca. einem Drittel aller Patienten ist unter einer antiepileptischen Therapie mit Nebenwirkungen zu rechnen (Collaborative Group for Epidemiology of Epilepsy 1988), wobei insbesondere Kleinkinder, alte Patienten, schwangere Patientinnen und schließlich Patienten mit Leber-, Nieren- oder hämatologischen Erkrankungen auf Grund ihrer besonderen metabolischen Situation gefährdet für das Auftreten von Nebenwirkungen sind (Collaborative Group for Epidemiology of Epilepsy 1988; Beghi et al. 1997).

Individuelle Patientenfaktoren. Individuelle Patientenfaktoren, die eine Therapieeinleitung beeinflussen können, sind die soziale Situation des Patienten (Führerschein, Arbeitsplatz, etc.) und die subjektive Abwägung der Vor- und Nachteile einer antiepileptischen Therapie (Risiko weiterer Anfällen vs. Risken der Pharmakotherapie).

Praktische Richtlinien. Praktische Richtlinien für und wider die Einleitung einer antiepileptischen Therapie nach einem ersten epileptischen Anfall sind Tabelle 6.17 zu entnehmen.

Tabelle 6.17. Entscheidungskriterien für und wider den Beginn einer antiepileptischen Therapie nach einem ersten Anfall

(1) Behandlung sollte in jedem Fall durchgeführt werden

- anamnestisch bereits frühere Anfälle zu erheben (Anfall war nicht wirklich der erste Anfall)
- symptomatische Genese
  - Vorhandensein einer strukturellen Läsion:
    Hirntumor (Meningeom, Gliom, Hirnmetastase)
    arteriovenöse Malformation
    intrakranielle Infektion (Abszess, Herpesencephalitis)
  - positive Anamnese für Schädel-Hirn-Trauma, Schlaganfall, ZNS-Infektion
- Hinweise auf eine beginnende idiopathische generalisierte Epilepsie (juvenile myoklonische Epilepsie oder Absence-Epilepsie auf Grund der klinischen Anfallssemiologie oder des EEGs)
- EEG mit epileptiformen Veränderungen (Ausnahme: Hinweise auf das Vorliegen einer benignen fokalen Epilepsie des Kindesalters)
- initialer Status epilepticus ohne Hinweis auf akut symptomatische Genese

(2) Behandlung erwägen

- beträchtliche individuelle Risken bei einem erneuten Anfall (Beruf, Lenken eines Kraftfahrzeugs etc.)
- früherer Gelegenheitsanfall oder Fieberkrampf
- unprovozierter Anfall im Alter von 15–60 Jahren und keiner der Faktoren unter (1)

(3) Behandlung nicht durchführen

- unprovozierter Anfall im Alter von <15 oder >60 Jahren und keiner der Faktoren unter (1)
- unprovozierter Anfall bei bestehender Schwangerschaft und keiner der Faktoren unter (1)
- akut symptomatischer Anfall bedingt durch
  - Alkoholentzug
  - Drogen
  - akute Erkrankung (hohes Fieber, Dehydrierung, Hypoglykämie, Immediatanfall bei Schädel-Hirn-Trauma)
- Gelegenheitsanfall durch Schlafentzug
- Hinweise auf das Vorliegen einer benignen fokalen Epilepsie des Kindesalters

Modifiziert nach: Caplan LR (1994); Dulac O, Leppik IE (1997)

6.6.2. Fieberkrämpfe

Definition. Fieberkrämpfe sind epileptische Anfälle, die im Alter von 3 Monaten bis 5 Jahren im Zuge einer fieberhaften Episode auftreten, wobei kein Hinweis auf eine intrakranielle Infektion oder eine andere definierte Ursache besteht. Somit sind Anfälle im Rahmen einer Meningitis, einer Encephalitis oder toxischen Encephalopathie ebenso auszuschließen wie „Anfälle mit Fieber" (Anfälle im Rahmen eines fieberhaften Infekts bei Kindern mit früheren spontan aufgetretenen Anfällen im Sinne einer bestehenden Epilepsie). Man unterscheidet einfache und komplizierte Fieberkrämpfe. Einfache Fieberkrämpfe, die ca. 80–90% aller Fieberkrämpfe ausmachen, sind generalisierte tonische, klonische oder tonisch-klonische Anfälle mit einer Dauer von weniger als 15 Minuten. Komplizierte Fieberkrämpfe (10–20% aller Fieberkrämpfe) sind durch das Vorhandensein eines der folgenden Kriterien gekennzeichnet: (1) fokale Anfallsymptome; (2) Dauer von mindestens 15 Minuten, (3) mehr als ein Anfall innerhalb von 24 Stunden, (4) postiktale neurologische Auffälligkeiten (Hirtz et al. 1997; Knudsen 2000).

Epidemiologie. Die kumulative Inzidenz (= Prozentsatz der Kinder, die bis zum Alter von 5 Jahren einen Fieberkrampf erleiden) liegt bei 2–5% in der westlichen Welt. Fieberkrämpfe treten am häufigsten im Alter von 18–24 Monaten auf (90% im Alter von < 3 Jahren; 50% im 2. Lebensjahr) (Duchowny 1997).

Auslösende Erkrankungen. Die häufigsten auslösenden Erkrankungen sind virale Infekte der oberen Luftwege, Dreitagefieber (Exanthema subitum), akute Mittelohrentzündungen, Harnwegsinfekte und Shigellen-Gastroenteritiden (Duchowny 1997; Gubser et al. 1999). In rezenten Studien wurde eine Assoziation zwischen einer primären humanen Herpes-Virus Typ 6 (HHV-6) Infektion – dem pathogenen Agens des Dreitagefiebers – und dem Auftreten von Fieberkrämpfen postuliert (Inzidenz von Fieberkrämpfen bei primärer HHV-6 Infektion = 8–13%) und auch eine ZNS-Invasion des Virus nachgewiesen. Zudem scheinen Fieberkrämpfe bei HHV-6 Infektionen früher aufzutreten und häufiger komplizierte Fieberkrämpfe zu sein (Stoeckle 2000; Suga et al. 2000; Yoshikawa und Asano 2000). Die endgültige pathogenetische Bedeutung des HHV-6 Virus für das Auftreten von (komplizierten) Fieberkrämpfen ist allerdings noch nicht endgültig geklärt, zumal die oben genannten Befunde in einer rezenten Studie nicht nachvollzogen werden konnten (Teach et al. 1999). Auch Fieberreaktionen nach Impfungen (hier insbesondere Diphterie-Tetanus-Pertussis-, Masern- und zuletzt FSME-Impfung) können zu Fieberkrämpfen führen, wobei ein ähnlicher pathogenetischer Mechanismus wie bei Fieberkrämpfen im Rahmen von Infekten bestehen dürfte (Duchowny 1997).

Tabelle 6.18. Risikofaktoren für das Auftreten eines ersten Fieberkrampfes

- Positive Familienanamnese für Fieberkrämpfe
- Höhe des Fieber (die absolute Temperatur und nicht die Geschwindigkeit des Temperaturanstiegs sind entscheidend)
- Gastroenteritis als Ursache des fieberhaften Infekts (negativ korreliert)
- Besuch von Kinderkrippe oder Kindergarten
- Verzögerte psychomotorische Entwicklung
- Entlassung aus dem Krankenhaus > 28 Tage nach der Geburt
- Hyponatriämie

Quellen: Berg AT et al. (1995); Bethune P et al. (1993); Rantala H et al. (1995)

Risikofaktoren für einen ersten Fieberkrampf. Risikofaktoren für das Auftreten eines ersten Fieberkrampfes sind in Tabelle 6.18 angeführt. Eine positive Familienanamnese für Fieberkrämpfe und die Höhe des Fieber (absolute Temperatur und nicht Geschwindigkeit des Temperaturanstiegs) sind dabei die wichtigsten Risikofaktoren (Bethune et al. 1993; Berg et al. 1995; Rantala et al. 1995).

Fieberkrämpfe besitzen eine starke genetische Komponente: So beträgt die Konkordanz für Fieberkrämpfe 40% bei monozygoten und nur 7% bei heterozygoten Zwillingen. Das Risiko einen Fieberkrampf zu erleiden liegt bei 8% für Geschwister von Kindern mit Fieberkrämpfen, bei 22% wenn ein Elternteil betroffen ist und bei 56% wenn beide Elternteile betroffen sind (Berkovic und Scheffer 1998). Der Vererbungsmodus ist komplex (polygenetisch oder multifaktoriell). In rezenten Studien wurde die genetische Grundlage für einige seltene, autosomal dominante Epilepsiesyndrome mit Fieberkrämpfen aufgeklärt:

- Fieberkrämpfe mit Temporallappenepilepsie: Chromosom 8q13-21 (FEB1);
- isolierte Fieberkrämpfe: Chromosom 19p (FEB2);
- generalisierte Epilepsie mit Fieberkrämpfen plus (GEFS+): Chromosom 2q bzw. Chromosom 19q13.1 (Mutation der β1-Untereinheit des spannungsabhängigen Natriumkanals) (Berkovic und Scheffer 1998).

Diagnostik. Neben der Anamnese (Infektionszeichen, Trauma, Medikation, Toxinexposition, Entwicklungsmeilensteine, frühere Fieberkämpfe, positive Familienanamnese für Fieberkrämpfe oder Epilepsie, Anfallsbeschreibung) sind bei der klinischen Untersuchung insbesondere die Bewusstseinslage, allfällige Zeichen einer Meningitis und fokal-neurologische Auffälligkeiten genau zu dokumentieren. Laboruntersuchungen sollten nur zur Abklärung der Fieberursachen, nicht jedoch wegen dem Fieberkrampf per se durchgeführt werden.

Eine Lumbalpunktion sollte in folgenden Situationen durchgeführt werden:

- bei Verdacht auf ZNS-Infektion (prolongierte Bewusstseinstrübung; Meningismus; vorgewölbte Fontanelle; auch dann, wenn eine extrakranielle Infektionsquelle gefunden wurde);
- bei Kindern < 18 Monate in jedem Fall, weil hier die klinischen Zeichen einer Meningitis fehlen können;
- bei Fieberkrampf unter bestehender Antibiotikatherapie (Ausschluss einer anbehandelten Meningitis).

Ein EEG und eine bildgebende Diagnostik (CT oder MRT) wird bei einfachen Fieberkrämpfen nicht empfohlen (American Academy of Pediatrics. Provisional Committee on Quality Improvement. Subcommittee on Febrile Seizures 1996; Hirtz et al. 1997).

Empfehlungen zur Aufklärung der Eltern. Für die Eltern stellt der erste Fieberkrampf ihres Kindes eine extreme psychische Belastungssituation dar, wobei viele Eltern auch glauben, ihr Kind hätte an dem Fieberkrampf sterben können. Deshalb ist eine entsprechende Aufklärung der Eltern sehr wichtig und für das weitere Management entscheidend. Diese sollte einerseits unmittelbar im Anschluss an die Akutsituation, sowie andererseits auch zu einem späteren Zeitpunkt erfolgen, wenn Fragen entstanden sind bzw. formuliert werden können (Hirtz et al. 1997). Manche Autoren empfehlen die Aushändigung von schriftlichem Informationsmaterial mit den folgenden wesentlichen Punkten:

- Fieberkrämpfe sind furchterregend anzusehen, sind aber ungefährlich (man kann nicht daran sterben). Fieberkrämpfe verursachen keine Hirnschädigung und die Wahrscheinlichkeit später eine Epilepsie zu entwickeln ist sehr gering.
- Es besteht die Möglichkeit, dass weitere Fieberkrämpfe im Zuge fieberhafter Infekte auftreten, die Wahrscheinlichkeit hierfür liegt bei ca. 30%.
- Verhaltensmaßnahmen bei einem neuerlichen Fieberkrampf: Ruhe bewahren; Kind in die Seitenlage bringen; nichts in den Mund stecken; Freimachen des Mundes von Essen oder Erbrochenem. Falls der Anfall nicht innerhalb von 10 Minuten aufhört ⇒ Rettung verständigen oder das Kind in das nächstgelegene Spital bringen (Hirtz et al. 1997).

Manche Autoren empfehlen auch, ein Kind mit einem ersten Fieberkrampf über die Nacht stationär aufzunehmen, um die Aufklärung der Eltern zu verbessern und unnötige Ängste abzubauen. Zudem wird auch eine einmalige Verlaufskontrolle beim niedergelassen Kinderarzt oder in der Spitalsambulanz angeraten (Gubser et al. 1999).

Im Falle zukünftiger Impfungen ist das Risiko im Falle von Fieber genauso hoch wie bei einem fieberhaften Infekt, wobei das Risiko in jedem Einzelfall abzuwägen ist (Hirtz et al. 1997).

Therapie. *Antiepileptische Dauertherapie.* Eine antiepileptische Dauertherapie mit Phenobarbital oder Valproinsäure, nicht jedoch mit Carbamazepin oder Phenytoin kann die Wahrscheinlichkeit von weiteren Fieberkrämpfen signifikant reduzieren (Phenobarbital 5% vs. Placebo 25%; Valproinsäure 4% vs. Placebo 35%). Dennoch gilt eine Dauertherapie als obsolet, weil die Nachteile die Vorteile bei weitem übertreffen (Nebenwirkungen; Ungefährlichkeit der Fieberkrämpfe; keine Reduktion des späteren Epilepsie-Risikos) (American Academy of Pediatrics. Committee on Quality Improvement. Subcommittee on Febrile Seizures 1999; Baumann 1999).

Intermittierende Gabe von Diazepam. Die intermittierende orale Gabe von Diazepam bei Fieber wurde in 3 doppelblinden, placebokontrollierten Studien untersucht, wobei ein positiver Effekt nur in einer Studie gefunden werden konnte (Rosman et al. 1993). Eine Erklärung für diese Diskrepanz könnte die schlechte Compliance in der ersten (Autret et al. 1990) bzw. die zu niedrige Dosierung und geringe Rezidivrate in der zweiten (Uhari et al. 1995) negativen Studie sein (Knudsen 2000). Als Dosierung wird 0,5 mg/kg KG oral oder rektal alle 12 Stunden bei einer rektalen Temperatur von >38,5°C angegeben (Knudsen 2000). Ein Nachteil diese Therapie besteht allerdings in den Nebenwirkungen (Sedierung, Ataxie), sodass die intermittierende Diazepamgabe nach Abwägen der Vor- und Nachteile derzeit ebenfalls nicht empfohlen wird (American Academy of Pediatrics. Committee on Quality Improvement. Subcommittee on Febrile Seizures 1999; Baumann 1999).

Intermittierende Gabe von antipyretischen Substanzen. Die intermittierende Gabe von antipyretischen Substanzen verbessert zwar das Allgemeinbefinden des Kindes, zeigte in mehreren Studien jedoch keinen signifikanten Einfluss auf die Wahrscheinlichkeit, einen erneuten Fieberkrampf zu erleiden. Diese negativen Ergebnisse lassen sich auch dadurch erklären, dass der Fieberkrampf oft das erste Symptom des beginnenden Fiebers ist (Camfield et al. 1980; Schnaiderman et al. 1993; Uhari et al. 1995).

Durchbrechung der Anfallsaktivität bei länger dauernden Fieberkrämpfen. Bei länger dauernden Fieberkrämpfen bestehen – zur Verabreichung durch die Eltern – folgende therapeutische Optionen: Diazepam rektal, Midazolam bukkal (siehe auch Behandlung des Status epilepticus in der Prähospitalphase, Abschnitt 6.6.15.12) (Knudsen 2000).

Therapieempfehlungen. Zusammenfassend kann somit derzeit weder eine Dauertherapie noch eine prophylaktische Therapie empfohlen werden. Eine prophylaktische Behandlung mit Diazepam sollte lediglich in folgenden Fällen durchgeführt werden: mehrere Fieberkämpfe bei einem sehr kleinen Kind, insbesondere, wenn diese prolongiert waren; große Entfernung zwischen

Wohnort und Arzt/Spital; ausgeprägte Angst bzw. Unsicherheit der Eltern trotz entsprechender Aufklärung (Hirtz et al. 1997; Gubser et al. 1999).

Risikofaktoren für das Auftreten weiterer Fieberkrämpfe. Während $^2/_3$ der Kinder lediglich einen singulären Fieberkrampf erleiden, treten bei $^1/_3$ rezidivierende Fieberkrämpfe auf (75% der Rezidive ereignen sich innerhalb eines Jahres). Bei der Hälfte davon kommt es zu einem dritten Fieberkrampf, nur 9% erleiden mehr als 3 Fieberkrämpfe (Duchowny 1997). Das Rezidivrisiko für einfache und komplizierte Fieberkrämpfe unterscheidet sich nicht. Die Risikofaktoren für das Auftreten rezidivierender Fieberkrämpfe sind in Tabelle 6.19 aufgeführt (Berg et al. 1990, 1992, 1997b; Offringa et al. 1994; Rantala und Uhari 1994; van Esch et al. 1994; Tarkka et al. 1998).

Tabelle 6.19. Risikofaktoren für das Auftreten von rezidivierenden Fieberkrämpfen

- Alter bei erstem Fieberkrampf (insbesondere Fieberkrampf im Alter von < 1 Jahr)
- positive Familienanamnese für Fieberkrämpfe
- kurze Dauer zwischen Beginn des Fiebers und Auftreten des Fieberkrampfs
- niedrigere Temperatur
- Anzahl der fieberhaften Infekte und Höhe des dabei auftretenden Fiebers

Quellen: Berg AT et al. (1997); Berg AT et al. (1992); Berg AT et al. (1990); Offringa M et al. (1994); Rantala H, Uhari M (1994); Tarkka R et al. (1998); van Esch A et al. (1994)

Risiko für eine spätere Epilepsie. Das Risiko nach einem Fieberkrampf epileptische Anfälle ohne Fieber zu entwickeln wird in der Literatur mit 2–7% angegeben, wobei die folgenden Risikofaktoren identifiziert werden konnten: neurologische Auffälligkeiten oder Entwicklungsanomalien vor dem ersten Fieberkrampf; komplizierte Fieberkrämpfe; positive Familienanamnese für Epilepsie; kurze Dauer des Fiebers vor dem Auftreten des Fieberkrampfs; Zahl der Fieberkrämpfe (Tabelle 6.20) (Nelson und Ellenberg 1976; Annegers et al.

Tabelle 6.20. Risikofaktoren für das Auftreten einer Epilepsie nach Fieberkrämpfen

- Neurologische Auffälligkeiten oder Entwicklungsanomalien vor dem ersten Fieberkrampf
- Komplizierte Fieberkrämpfe
- Positive Familienanamnese für Epilepsie
- Kurze Dauer des Fiebers vor dem Auftreten des Fieberkrampfs
- Zahl der Fieberkrämpfe

Quellen: Nelson KB, Ellenberg JH (1976); Annegers JF et al. (1987); Verity CM, Golding J (1991); Berg AT, Shinnar S (1996)

1987; Verity und Golding 1991; Berg und Shinnar 1996). Bei Fehlen dieser Risikofaktoren besteht kein erhöhtes Risiko für eine spätere Epilepsie (Verity und Golding 1991).

Intellektuelle Entwicklung. Kinder mit Fieberkrämpfen zeigen im Vergleich zu ihren Alterskollegen ohne Fieberkrämpfe eine unauffällige intellektuelle, kognitive, motorische und Schulentwicklung (Hirtz et al. 1997; Knudsen 2000).

6.6.3. Akut symptomatische Anfälle

Definition. Akut symptomatische Anfälle sind epileptische Anfälle, die im Rahmen einer akuten ZNS-Erkrankung oder im Rahmen einer akuten systemischen Erkrankung bzw. Störung auftreten. Akut symptomatische Anfälle unterscheiden sich von epileptischen Anfällen, die im Rahmen einer Epilepsieerkrankung auftreten, durch (1) einen erkennbaren, unmittelbaren Auslöser für die Anfälle sowie (2) einen günstigeren Verlauf, d.h. bei Behebung, Wegfall oder Vermeidung der auslösenden Ursache treten im Allgemeinen keine weiteren Anfälle auf. Deshalb wird bei Patienten mit akut symptomatischen Anfällen – abgesehen von einer eventuellen, kurzzeitigen antiepileptischen Abschirmung – im Allgemeinen keine Dauertherapie eingeleitet. Fieberkrämpfe sind per definitionem ebenfalls akut symptomatische Anfälle, werden aber auf Grund ihrer speziellen Problematik in einem eigenen Kapitel (6.6.2) behandelt (Hauser und Annegers 1997).

Epidemiologie. Auf Grund methodischer Schwierigkeiten existieren nur wenige Studien zur Epidemiologie von akut symptomatischen Anfällen. In zwei Populationsstudien (Loiseau et al. 1990; Annegers et al. 1995) wurden 40% aller neu aufgetretenen, afebrilen Anfälle als akut symptomatische Anfälle klassifiziert (absolute Inzidenz: 29–39/100.000 Patienten pro Jahr). Männer erleiden etwa doppelt so häufig akut symptomatische Anfälle wie Frauen, wobei dies in der unterschiedlichen Häufigkeit der zu Grunde liegenden Ursachen begründet ist. Die alters-spezifische Inzidenz besitzt ein Maximum im ersten Lebensjahr (hohe Rate von metabolischen, infektiösen und encephalopathischen Ursachen), um dann in der Kindheit abzusinken und im Alter von 25–34 Jahren ein Minimum (15/100.000 Patienten pro Jahr) zu erreichen. Danach kommt es wieder zu einem Ansteigen der Häufigkeit, wobei die Inzidenz bei den über 75-jährigen 123/100.000 Patienten pro Jahr erreicht (Abb. 6.2). Bei den über 65-jährigen werden ca. 50% aller akut symptomatischen Anfälle durch vaskuläre Ereignisse verursacht. Die kumulative Inzidenz bis zum Alter von 80 Jahren beträgt 3,6% (Hauser und Annegers 1997).

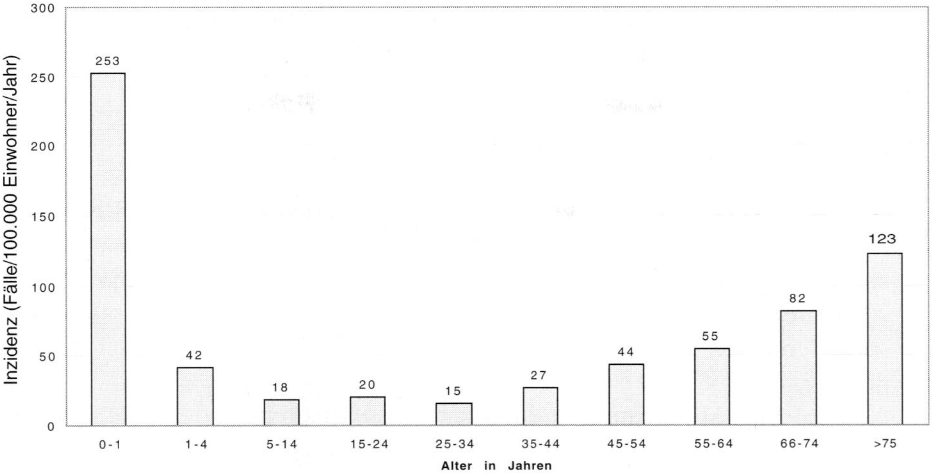

Abb. 6.2. Altersabhängige Inzidenz von akut symptomatischen Anfällen. Modifiziert nach Annegers et al. (1995)

Ursachen von akut symptomatischen Anfällen. In der genannten Populationsstudie aus Rochester Minnesota fanden sich die folgende Ursachen für akut symptomatische Anfälle (Annegers et al. 1995): Schädel-Hirn-Traumen (16%), zerebrovaskuläre Erkrankungen (15%), ZNS-Infektionen (15%), Medikamenten- bzw. Alkoholentzug (14%), metabolische Ursachen (9%), Intoxikationen (6%), Eklampsie (2%) (Abb. 6.3).

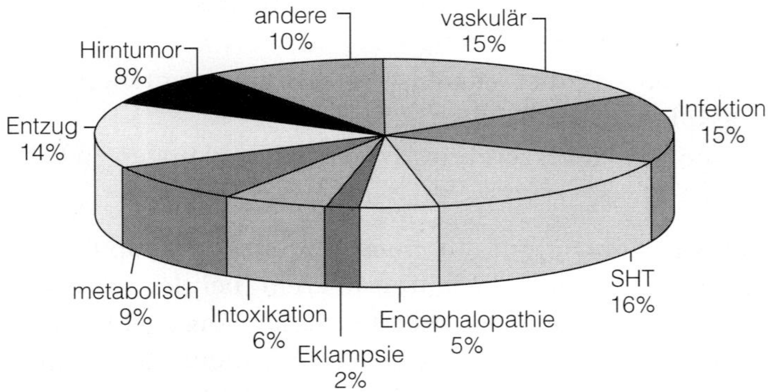

Abb. 6.3. Ursachen von akut symptomatischen Anfällen. Modifiziert nach Annegers et al. (1995)

Bei den genannten Erkrankungen treten akut symptomatische Anfälle mit folgender Häufigkeit auf:

- Schädel-Hirn-Traumen („Frühanfälle"): 6% aller Patienten; Inzidenz korreliert mit der Schwere des Traumas; bei Kindern besteht ein erhöhtes Risiko;
- zerebrovaskuläre Erkrankungen: 5–10% aller Patienten; höheres Risiko bei intrazerebralen Blutungen; höchste Inzidenz im höheren Lebensalter entsprechend dem erhöhten Schlaganfallrisiko in dieser Altersgruppe;
- ZNS-Infektionen: 5% aller Patienten; höchste Inzidenz im Kindesalter entsprechend der höheren Inzidenz von ZNS-Infektionen in dieser Altersgruppe;
- Alkohol- bzw. Medikamentenentzug: höchste Inzidenz in der Altersgruppe der 35 bis 54-jährigen mit einem klaren Überwiegen von Männern; häufigste Ursache bei den 25 bis 55-jährigen; Inzidenz zunehmend;
- metabolische Ursachen: Hypoglykämien und Hypocalcämien; am häufigsten im ersten Lebensjahr;
- Intoxikationen: Kohlenmonoxid, Salicylatüberdosierung; höchste Inzidenz bei den über 75-jährigen;
- Eklampsie: 0,1 pro 1000 Geburten, Häufigkeit abnehmend.

Für die einzelnen Altersgruppen fanden sich folgende Ursachen am häufigsten:

- Altersgruppe 0–1 Jahre: ZNS-Infektionen (20/79), metabolisch (17/79);
- Altersgruppe 1–4 Jahre: ZNS-Infektionen (22/47), Schädel-Hirn-Traumen (13/42);
- Altersgruppe 5–14 Jahre: ZNS-Infektionen (21/48), Schädel-Hirn-Traumen (17/48);
- Altersgruppe 15–34 Jahre: Alkohol- bzw. Medikamentenentzug (21/90), Schädel-Hirn-Traumen (26/90);
- Altersgruppe 35–64 Jahre: Alkohol- bzw. Medikamentenentzug (66/168), zerebrovaskuläre Erkrankungen (25/168);
- Altersgruppe >65 Jahre: zerebrovaskuläre Erkrankungen (60/147) (Annegers et al. 1995).

Diese Ergebnisse stimmen gut mit einer schwedischen Populationsstudie an Erwachsenen im Alter von > 17 Jahren überein, bei der folgende Ursachen festgestellt wurden: Alkohol- bzw. Medikamentenentzug (20/58); zerebrovaskuläre Erkrankungen (15/58); Elektrolytentgleisungen = metabolisch (5/58); Infektionen (3/58) (Abb. 6.4) (Forsgren et al. 1996).

Prognose. Die Prognose von akut symptomatischen Anfällen wird durch die Grunderkrankung determiniert. Bei Patienten mit einer direkten ZNS-Schädigung als Ursache für den akut symptomatischen Anfall (Trauma, Insult, ZNS-

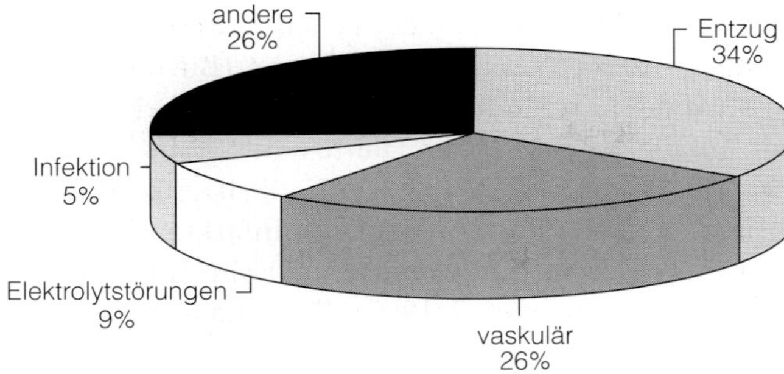

Abb. 6.4. Ursachen von akut symptomatischen Anfällen bei Erwachsenen. Modifiziert nach Forsgren et al. (1996)

Infektion) besteht ein erhöhtes Risiko für die spätere Entwicklung einer Epilepsie (Hauser und Annegers 1997).

6.6.4. Anfälle und Epilepsien bei zerebrovaskulären Erkrankungen

Begriffsbestimmungen und Häufigkeit. Zerebrovaskuläre Erkrankungen stellen mit 40% die häufigste Ursache von Altersepilepsien (Beginn nach dem 60. Lebensjahr) dar (Krämer 1998a). Bei Anfällen, die im Zusammenhang mit zerebrovaskulären Erkrankungen auftreten, muss man zwischen folgenden Situationen unterscheiden:

- Frühanfälle, die innerhalb einer Woche nach dem Akutereignis auftreten, entsprechen akut symptomatischen Anfällen;
- Spätanfälle, die später als eine Woche nach dem Akutereignis auftreten, sind unprovozierte, symptomatische Anfälle;
- eine symptomatische vaskuläre Epilepsie ist durch das wiederholte Auftreten von Spätanfällen definiert (Krämer 1998a).

Die Häufigkeit von Anfällen nach Schlaganfällen wird in der Literatur zwischen 4,4 und 42,8% angegeben, die von Epilepsien zwischen 2,7 und 17%, wobei diese stark unterschiedlichen Angaben auf methodische Unterschiede in den einzelnen Studien zurückzuführen sind (keine Unterscheidung zwischen Ischämien und Blutungen; keine Unterscheidung zwischen Anfällen und Epilepsien; selektierte Patientenpopulationen etc.) (Krämer 1998a; Pohlmann-Eden 1999).

In rezenten Populationsstudien ergibt sich allerdings für die ischämischen Hirninfarkte doch ein relativ einheitliches Bild: In einer Studie an der Mayo-Klinik in Rochester an 535 Patienten waren in 6% Frühanfälle (78% davon manifestierten sich innerhalb der ersten 24 Stunden), in 5% Spätanfälle und in 3,3% rezidivierende Spätanfälle im Sinne einer Epilepsie zu beobachten (So et al. 1996). In einer englischen Studie aus Oxfordshire an 545 Patienten kam es bei 2% zu Frühanfällen innerhalb der ersten 24 Stunden, bei 6% zu Spätanfällen und bei 3% zu einer vaskulären Epilepsie (Burn et al. 1997). In einer prospektiven australischen Studie an 1632 Patienten erlitten insgesamt 8,6% der Patienten Anfälle, wobei fast die Hälfte akut symptomatische Anfälle am ersten Tag waren (Bladin und Norris 1997). Risikofaktoren für Frühanfälle sind hämorrhagische Infarkte, ausgedehnte Infarkte mit kortikaler Beteiligung in der vorderen Zirkulation und embolische Infarkte (So et al. 1996; Bladin und Norris 1997; Burn et al. 1997). Risikofaktoren für Spätanfälle sind Frühanfälle und Hirninfarktrezidive (So et al. 1996).

Das Risiko nach einer intrazerebralen Blutung Anfälle zu erleiden bzw. eine Epilepsie zu entwickeln ist höher als nach ischämischen Infarkten. Die Häufigkeitsangaben für Anfälle insgesamt variieren zwischen 4,6 und 25%, wobei ca. die Hälfte Frühanfälle sind. Eine Spätepilepsie entwickelt sich bei 2,5–6% (Faught et al. 1989; Sung und Chu 1989; Weisberg et al. 1991; Bladin und Norris 1997; Burn et al. 1997). Marklagerblutungen insbesondere des Frontal-, Temporal- und Parietallappens sind dabei als Risikofaktoren für Anfälle zu werten (Krämer 1998a).

Die Häufigkeit von Frühanfällen nach Subarachnoidalblutungen wird mit 26–35% angegeben, die von Spätanfällen mit 5,4–9%. Als Risikofaktoren sind Rezidivblutungen, die Größe der zisternalen Blutansammlung, ischämische Komplikationen und Hyponatriämien anzuführen (Krämer 1998a; Schmidt und Elger 1999). In einer rezenten Studie hatten 17,9% der Patienten mit Subarachnoidalblutungen bereits in der Prähospitalphase Anfälle, während der Hospitalisierung weitere 4,1%. Nach der Entlassung aus der stationären

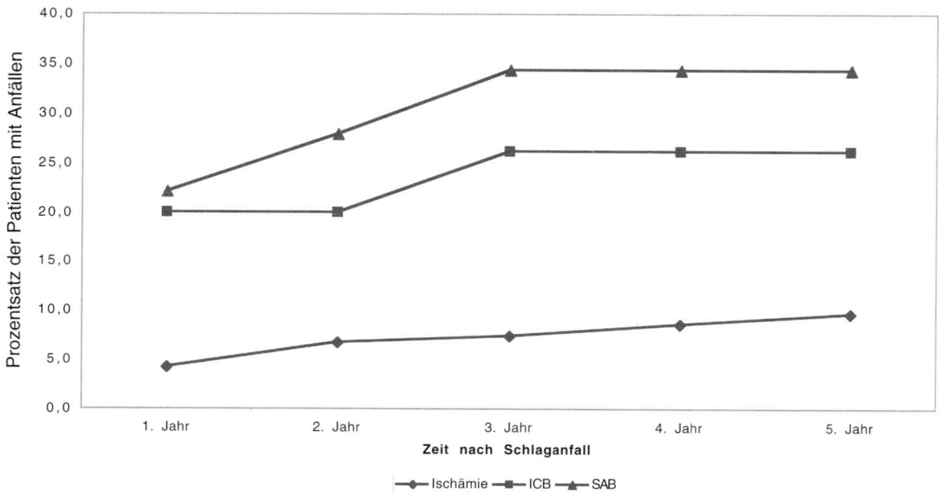

Abb. 6.5. Risiko für Spätanfälle nach verschiedenen Schlaganfalltypen. Modifiziert nach Burn et al. (1997)

Behandlung hatten 8% der Patienten Spätanfälle, wobei die Hälfte von ihnen zum Zeitpunkt des Anfalls antiepileptisch eingestellt war. Somit erleiden die meisten Patienten mit Subarachnoidalblutungen ihre Anfälle bereits vor der Einlieferung ins Spital (Rhoney et al. 2000). Das Risiko für Spätanfälle nach verschiedenen Schlaganfallformen ist in Abb. 6.5 veranschaulicht.

Bei Sinus- und Hirnvenenthrombosen treten in der Akutphase in 40–50% epileptische Anfälle auf, wobei sie hier neben den Kopfschmerzen oft das Erstsymptom darstellen. Oft kommt es zu prolongierten postiktalen Toddschen Paresen. Eine chronische Epilepsie entwickelt sich allerdings nur bei 5,2% aller Patienten und bei 14,3% der Patienten mit Frühanfällen (Preter et al. 1996; Krämer 1998a; Schmidt und Elger 1999).

Bei Carotisdesobliterationen kommt es – vermutlich durch zerebrale Mikroembolien – bei 0,4–1,1% zum Auftreten von Anfällen (Krämer 1998a).

Therapie und Prognose. Eine prophylaktische Antiepileptikatherapie wird generell nicht durchgeführt. Ein singulärer fokaler Frühanfall im Rahmen eines ischämischen Schlaganfalls bedarf auf Grund der günstigen Spontanprognose nicht notwendigerweise einer antiepileptischen Therapie. Zumeist – insbesondere aber bei einem sekundär generalisierten Anfall – erfolgt jedoch eine intermittierende Antiepileptikatherapie durch 2 Wochen, die dann wieder ausgeschlichen werden kann. Bei Frühanfällen im Rahmen von intrazerebralen Blutungen oder Sinus- bzw. Hirnvenenthrombosen wird auf Grund des höheren Rezidivrisikos eine einjährige Antiepileptikatherapie empfohlen (Krämer 1998a). Bei der Subarachnoidalblutung ist die Indikation für eine Antiepileptikaprophylaxe derzeit unklar (Rhoney et al. 2000).

Eine vaskuläre Spätepilepsie ist im Allgemeinen gut behandelbar, wobei Valproinsäure und Gabapentin auf Grund des geringen Interaktionspotentials und des günstigen Nebenwirkungsprofils von manchen Autoren als Mittel der ersten Wahl angesehen werden (Schmidt und Elger 1999).

6.6.5. Anfälle und Epilepsien bei Gefäßmalformationen

Gefäßmalformationen können (in absteigender Häufigkeit) in arteriovenöse Malformationen, Kavernome, venöse Angiome und kapilläre Teleangiektasien eingeteilt werden. Venöse Angiome und kapilläre Teleangiektasien führen nur selten zu Anfällen. Bei den arteriovenösen Malformationen stellen Anfälle mit 17–40% die zweithäufigste klinische Manifestation nach den Blutungen dar. Risikofaktoren für das Auftreten von Anfällen sind das Alter bei Diagnosestellung (<20 Jahre), die Größe (>3 cm) und die Lokalisation (posterofrontal, temporal). Bei den Kavernomen, die 5–20% aller Gefäßmalformationen ausmachen, treten Anfälle bei 40–70% der Patienten auf, wobei die Anfälle oft das einzige klinische Symptom darstellen und sich zumeist im Alter von 30–40 Jahren erstmals manifestieren (O'Brien et al. 1997).

6.6.6. Anfälle und Epilepsien bei Infektionen des Zentralnervensystems

Infektionen des Zentralnervensystems sind eine wichtige Ursache für Epilepsien, in Nordamerika werden ca. 5% aller Epilepsien durch ZNS-Infektionen verursacht (Schmidt und Elger 1999), in den Entwicklungsländern besteht bei 50% der Epilepsien mit Beginn im Erwachsenenalter ursächlich eine Neurozystizerkose (Labar und Harden 1997). Man kann dabei zwischen Anfällen im Rahmen der akuten Erkrankung im Sinne von Frühanfällen und rezidivierenden Spätanfällen im Sinne einer symptomatischen Epilepsie unterscheiden. Die altersabhängige Inzidenz von Infektionen des Zentralnervensystems (ZNS) ist am höchsten bei Kindern und zeigt ein zweites Maximum im höheren Lebensalter, wobei das Auftreten von Anfällen, nach Adjustierung für diese altersabhängige Inzidenz, wiederum unabhängig vom Alter ist.

Aseptische und bakterielle Meningitis, virale Encephalitis. Ungefähr 5% aller Patienten mit einer ZNS-Infektion erleiden akut symptomatische Anfälle, wobei diese Anfälle für ca. 15% aller akut symptomatischen Anfälle überhaupt verantwortlich sind (Hauser und Annegers 1997). Die Art der ZNS-Infektion besitzt einen entscheidenden Einfluss auf das Auftreten von akut symptomatischen Anfällen: So erlitten 23% der Patienten mit einer bakteriellen Meningitis (Durand et al. 1993) und 43% der Patienten mit einer Herpes-Encephalitis (Whitley et al. 1982) akut symptomatische Anfälle. Bei einer tuberkulösen Meningitis treten in ca. 10% Anfälle auf (Labar und Harden 1997). Eine ZNS-Infektion erhöht zudem das Risiko einer nachfolgenden Epilepsie auf das 3-fache, wobei das Risiko unabhängig vom Alter zum Zeitpunkt der Infektion ist, jedoch entscheidend durch die Art der ZNS-Infektion und durch das Auftreten von Frühanfällen beeinflusst wird:

- aseptische Meningitis: kein erhöhtes Epilepsierisiko;
- bakterielle Meningitis: 5-fach erhöhtes Epilepsierisiko (das höchste Risiko besteht innerhalb der ersten 2 Jahre, nach 5 Jahren ist das Risiko nicht mehr wesentlich erhöht; Wahrscheinlichkeit für das Auftreten einer Epilepsie innerhalb von 20 Jahren nach der Infektion: mit Frühanfällen = 13%, ohne Frühanfälle = 2%);
- virale Encephalitis: 16-fach erhöhtes Epilepsierisiko (das erhöhte Risiko persistiert für 15 Jahre nach der Infektion; Wahrscheinlichkeit für das Auftreten einer Epilepsie innerhalb von 20 Jahren nach der Infektion: mit Frühanfällen = 22%, ohne Frühanfälle = 10%) (Annegers et al. 1988, 1996).

Parasitäre Erkrankungen

- Neurozystizerkose: Die Neurozystizerkose ist in Entwicklungsländern für 10% aller akut neurologischen Erkrankungen verantwortlich (Labar und Harden 1997). Ca. 70–90% aller Patienten mit Neurozystizerkose leiden an

Anfällen (Pal et al. 2000). In Mexiko sind 50% der Epilepsien mit Beginn im Erwachsenenalter ursächlich durch eine Neurozystizerkose verursacht (Medina et al. 1990).

- Malaria: Die Malaria ist die häufigste parasitäre Erkrankung mit tödlichem Ausgang, wobei zwar nur 2% aller Patienten mit Malaria eine zerebrale Beteiligung haben, jedoch 80% der Patienten, die versterben. Die Mortalität bei Malaria mit zerebraler Beteiligung liegt bei 20–50%. In Nigeria sind ein Drittel aller Anfälle im Rahmen von Fieber bei Kindern durch eine Malaria verursacht. In einer Studie hatten 307 von 446 Kindern in Nigeria im Alter von 6 Monaten bis 5 Jahren mit Fieber und Malaria Anfälle (Labar und Harden 1997).
- Toxoplasmose: Eine zerebrale Toxoplasmose kommt einerseits als kongenitale Infektion vor (Chorioretinitis, Entwicklungsverzögerung, intrakranielle Verkalkungen, Anfälle) sowie andererseits als Hirnabszess bei Patienten mit gestörter Immunabwehr, im Besonderen bei AIDS. Hier treten Anfälle in 18–29% auf (Labar und Harden 1997).

Hirnabszesse und subdurale Empyeme. Bei 35% der Patienten mit Hirnabszessen und bei 50% der Patienten mit subduralen Empyemen kommt es zum Auftreten von epileptischen Anfällen (Labar und Harden 1997).

6.6.7. Anfälle und Epilepsien bei Hirntumoren

Epidemiologie. Ca. 3,5–5% aller Epilepsien bzw. 15% der Epilepsien mit Erstmanifestation nach dem 25. Lebensjahr werden durch Hirntumoren verursacht. Hirntumoren sind die häufigste Ursache von neu auftretenden Anfällen im Alter von 35 bis 55 Jahren. Ca. 15–25% der Patienten mit therapieresistenten Anfällen, die an ein epilepsiechirurgisches Zentrum zugewiesen werden, leiden an tumorbedingten Epilepsien, wobei der Prozentsatz bei Kindern bei 25–46% liegt (Morris und Estes 1997; O'Brien et al. 1997). Umgekehrt entwickelt sich bei 35–40% aller Patienten mit Hirntumoren eine Epilepsie, wobei die Inzidenz bei infratentoriellen Tumoren (6%) und Tumoren der Hypophysenregion niedriger und bei supratentoriellen Tumoren (50%) entsprechend höher ist (O'Brien et al. 1997; Recht und Glantz 1997). Zudem sind Tumoren in der Zentralregion bzw. kortikale, oberflächlich gelegene Tumoren häufiger mit Anfällen assoziiert als von der Zentralregion entfernt gelegene bzw. im Marklager lokalisierte Tumoren.

Pathomechanismen. Die Mechanismen, über die Tumoren zu Epilepsien führen, sind letztlich unklar. Diskutiert werden eine Hyperexzitabilität durch partielle Denervation des Kortex, eine genetische Dispositon, eine erhöhte Glutamin- bzw. verminderte GABA-Konzentration in Gliomen sowie eine Beeinträchtigung der vaskulären Versorgung durch rasch wachsende Tumoren (O'Brien et al. 1997).

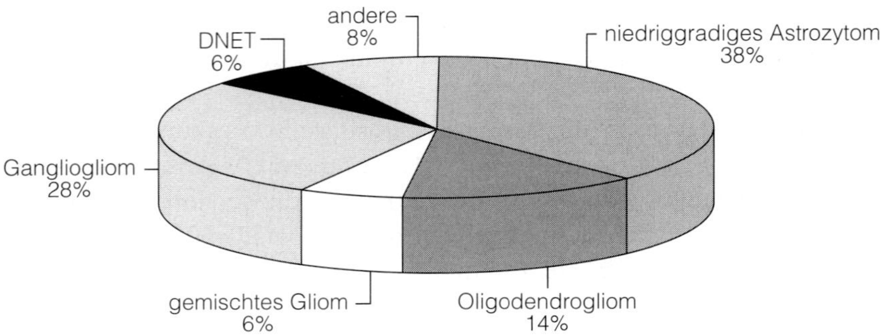

Abb. 6.6. Häufigkeit verschiedener Tumorarten in epilepsiechirurgischen Serien. Modifiziert nach O'Brien TJ et al. (1997)

Tumorarten. Generell verursachen langsam wachsende Tumoren häufiger Anfälle als schnell wachsende Tumoren (Recht und Glantz 1997). Gliome sind die Ursache von 72–88% aller tumorbedingten Epilepsien (50–70% niedriggradige Astrozytome, der Rest Oligodendrogliome, gemischte Gliome, Gangliogliome). Oligodendrogliome besitzen dabei mit 92% das höchste epileptogene Potential, gefolgt von den Astrozytomen (70%) und Glioblastomen (35%). Obwohl Gangliogliome nur 0,7–6% aller Hirntumoren ausmachen, sind sie in 10–50% Ursache von chronischen tumorbedingten Epilepsien, was einerseits durch eine Prädilektion dieser Tumoren für den Temporallappen und andererseits durch eine besondere Epileptogenität dieser Tumoren bedingt sein dürfte. Meningeome repräsentieren 15% aller Hirntumoren, 60–75% der Patienten leiden an Anfällen. Dysembryoplastische Neuroepitheliome (DNET) stellen eine erst kürzlich definierte Tumorform dar, die ebenfalls zu einer chronischen Epilepsie führen kann (O'Brien et al. 1997). Bei Hirnmetastasen treten Anfälle nur in 15–25% auf (Krämer 1999). Die Häufigkeit der einzelnen Tumorarten bei Patienten mit chronischen therapieresistenten Epilepsien in epilepsiechirurgischen Serien sind in Abb. 6.6. dargestellt (O'Brien et al. 1997).

Therapie. Eine prophylaktische antiepileptische Therapie bei Patienten mit primären oder sekundären Hirntumoren bzw. eine postoperative Prophylaxe nach Hirntumoroperationen kann generell nicht empfohlen werden, zumal in den meisten zu diesem Thema durchgeführten Studien kein Nutzen einer prophylaktischen Behandlung nachgewiesen werden konnte. Manche Autoren empfehlen eine prophylaktische Therapie bei Melanommetastasen und eingebluteten Hirntumoren, wobei diese Empfehlung nicht auf kontrollierten Studien basiert. Nach einem ersten Anfall sollte hingegen jedenfalls eine antiepileptische Einstellung erfolgen (Recht und Glantz 1997; Krämer 1999).

Die medikamentöse Therapie von tumorbedingten Epilepsien entspricht den allgemeinen Behandlungsrichtlinien bei symptomatischen fokalen Epilepsien. Bei der chirurgischen Therapie ist grundsätzlich eine möglichst komplette Entfernung des Tumors anzustreben, weil dadurch die Prognose sowohl aus onkologischer als auch aus epileptologischer Sicht entscheidend verbessert wird. Die Frage, ob eine Läsionektomie oder eine erweiterte, durch elektrophysiologische Parameter bestimmte Resektion (epilepsiechirurgischer Eingriff im engeren Sinn) bei der Behandlung tumorbedingter Epilepsien bessere Resultate erbringt, wird in der Literatur kontrovers beurteilt, wobei die komplette Entfernung der Läsion sicherlich der entscheidende Prognosefaktor ist (O'Brien et al. 1997).

6.6.8. Posttraumatische Anfälle und Epilepsien

Definition. Posttraumatische Anfälle treten im Anschluss an Schädel-Hirn-Traumen (SHT) auf, wobei das Trauma ursächlich für die Anfälle verantwortlich ist. Grundsätzlich muss man zwischen folgenden Begriffen unterscheiden:

- Immediat- bzw. Frühestanfälle: generalisierte tonisch-klonische Anfälle, Sekunden bis Minuten nach dem Trauma;
- Frühanfälle: fokal oder generalisiert, innerhalb einer Woche nach dem Trauma;
- Spätanfälle: fokal oder generalisiert, später als eine Woche nach dem Trauma;
- posttraumatische Epilepsie: wiederholte Anfälle, später als eine Woche nach dem Trauma.

SHT werden in penetrierende (i.a. durch Schussverletzungen) und nicht-penetrierende (Stürze, Verkehrsunfälle etc.) Traumen unterteilt, wobei es auch bei nicht-penetrierenden Traumen zu Schädelfrakturen und Duraverletzungen kommen kann. Zudem können entsprechend dem Schweregrad leichte, mittelschwere und schwere SHT unterschieden werden (leicht: keine Schädelfraktur oder intrakranielle Pathologie, keine neurologischen Auffälligkeiten außer einer kurzen Bewusstlosigkeit und kurzen Amnesie; schwer: fokale oder diffuse strukturelle Hirnschädigung, Koma, deutliche Encephalopathie, Amnesie für mehr als 24 Stunden) (Langendorf und Pedley 1997).

Epidemiologie. In den USA beträgt die jährliche Inzidenz von SHT 200/100.000 mit einer altersabhängigen Inzidenz (Maximum 15–24 Jahre, gefolgt von Kleinkindern und älteren Patienten) und einem deutlichen Überwiegen des männlichen Geschlechts. 10% der SHT enden tödlich, 5–10% der Überlebenden erleiden schwere SHT, wobei 10% davon nur in einem persistierenden vegetativen Zustand überleben (Langendorf und Pedley 1997).

Die Risiken von posttraumatischen Anfällen korrelieren direkt mit dem Schweregrad des SHT: Bei leichtem SHT (kurze Amnesie oder Bewusstlosigkeit von weniger als 30 Minuten) besteht kein erhöhtes Risiko für Frühanfälle oder eine posttraumatische Epilepsie. Bei mittelschwerem SHT besteht ein

Tabelle 6.21. Inzidenz von Frühanfällen und Spätepilepsien in Abhängigkeit vom Schweregrad des Schädel-Hirn-Traumas: Untersuchung an 2747 Patienten mit zivilen Kopfverletzungen

		Frühanfälle	Spätepilepsie
Erwachsene	leicht	0,4%	0,8%
	mittelschwer	2,4%	1,6%
	schwer	10,3%	13,3%
Kinder	leicht	1,0%	0,2%
	mittelschwer	1,1%	1,6%
	schwer	30,5%	7,4%

Modifiziert nach: Annegers JF et al. (1980)

gering erhöhtes Risiko, bei schwerem SHT (Kontusion, intrakranielles Hämatom, Bewusstlosigkeit über 24 Stunden) ist das Risiko für Frühanfälle und eine Spätepilepsie deutlich erhöht (Tabelle 6.21). Kinder haben dabei häufiger Frühanfälle, Erwachsene häufiger Spätepilepsien.

Bei nicht-penetrierenden SHT sind Impressionsfrakturen, intrakranielle Hämatome (sowohl subdurale als auch intrazerebrale Hämatome) und Frühanfälle die wichtigsten Risikofaktoren für eine Spätepilepsie. Frühanfälle sind bei Erwachsenen in 25–35% von einer Spätepilepsie gefolgt, bei Kindern, bei denen sie allerdings häufiger auftreten, deutlich seltener.

Hinsichtlich der folgenden Risikofaktoren herrscht in der Literatur kein Konsens: niedriger Glasgow Coma Scale, prolongiertes Koma oder prolongierte Amnesie, permanente fokal-neurologische Zeichen, Läsion im CT, Lokalisation der Läsion (zentro-parietal > temporal > frontal > occipital). Immediatanfälle haben keine prognostische Bedeutung (Jennet 1975; Annegers et al. 1980; Desai et al. 1983; D'Alessandro et al. 1988; De Santis et al. 1992; Lewis et al. 1993; Pohlmann-Eden und Bruckmeir 1997; Angeleri et al. 1999; Asikainen et al. 1999; Schutze et al. 1999).

Pathogenese. Pathogenetisch könnten (1) eine Eisenfreisetzung durch Hämosiderinablagerung mit nachfolgender Bildung freier Radikale und Zerstörung von Zellmembranen, (2) zytotoxische Effekte von exzitatorischen Aminosäuren und (3) durch das Trauma bedingte strukturelle Veränderungen im Hippokampus von Bedeutung sein (Langendorf und Pedley 1997).

Diagnostik. Die bildgebende Diagnostik wird durch den Schweregrad des SHT bestimmt. Allerdings sollte auch bei jedem Patienten mit leichtem SHT und einem Frühanfall ein CCT durchgeführt werden, da sich in einer Studie bei 47% eine strukturelle Läsion zeigte, die in 7% ein chirurgisches Vorgehen notwendig machte. Die Diagnostik bei Spätanfällen unterscheidet sich nicht von der Diagnostik beim ersten Anfall. Das EEG ist von limitiertem Wert und besitzt keine prognostische Bedeutung (Langendorf und Pedley 1997).

Prophylaxe, Therapie und Prognose. Da Patienten mit einem schweren SHT ein hohes Risiko für Frühanfälle haben, und ein Anfall den ohnehin schon kritischen Zustand des Patienten signifikant verschlechtern kann, sollte bei diesen Patienten prophylaktisch Phenytoin bzw. Fosphenytoin oder Valproinsäure für eine Woche verabreicht werden, womit das Auftreten von Frühanfällen signifikant reduziert werden kann. Eine längere Prophylaxe bringt keinen Nutzen (Temkin et al. 1990; Schierhout und Roberts 1998; Haltiner et al. 1999; Temkin et al. 1999).

Beim Auftreten eines ersten Frühanfalls ist im Allgemeinen keine Dauertherapie indiziert, da das Rezidivrisiko niedriger ist als nach einem nichtprovozierten Anfall ohne SHT. Hingegen liegt das Rezidivrisiko nach einem ersten Spätanfall bei 65–90%, sodass in diesem Fall eine antiepileptische Einstellung erfolgen sollte (Langendorf und Pedley 1997). Die Prognose hinsichtlich einer Remission ist mit 50% etwas schlechter als bei einer allgemeinen Epilepsiepopulation.

6.6.9. Kortikale Dysgenesien (Störungen der kortikalen Entwicklung)

6.6.9.1. Definition und Epidemiologie

Kortikale Dysgenesien umfassen eine heterogene Gruppe von genetisch determinierten oder erworbenen Störungen der Hirnrindenentwicklung, die von ausgedehnten Fehlbildungen der kortikalen Laminierung und Gyrierung bis hin zu umschriebenen Störungen der Hirnrindenarchitektur reichen. Während diese Veränderungen früher nahezu ausschließlich pathologisch-anatomisch erfasst werden konnten, ermöglicht die hochauflösende Magnetresonanztomographie die in-vivo Darstellung von kortikalen Dysgenesien, wobei insbesondere fokale kortikale Dysgenesien zunehmend häufiger diagnostiziert werden. Das klinische Spektrum umfasst je nach Schweregrad der Dysgenesien Krankheitsbilder mit mentaler Retardation, ausgeprägten motorischen Defiziten und schweren Epilepsien, therapieresistente fokale Epilepsien ohne sonstige neurologische Ausfallserscheinungen, umschriebene neuropsychologische Defizite wie Dyslexien und unter Umständen auch psychiatrische Erkrankungen aus dem schizophrenen Formenkreis (Redecker et al. 2000). Fokale kortikale Dysgenesien finden sich bei ca. 25% von Kindern und 15% von Erwachsenen mit therapieresistenten fokalen Epilepsien (Dobyns und Kuzniecky 1997; Kuzniecky und Jackson 1997).

Entsprechend den 3 fundamentalen Stadien der Hirnrindenentwicklung werden kortikale Dysgenesien in (1) Proliferationsstörungen (Proliferation von kortikalen Vorläuferzellen in der ventrikulären Zone), (2) Migrationsstörungen (Migration von unreifen, aber postmitotischen Zellen in den sich entwickelnden zerebralen Kortex und (3) Störungen der kortikalen Organisation (Ausbildung der horizontalen und vertikalen Kortexorganisation sowie der axonalen und dendritischen Verbindungen) eingeteilt. Sind mehrere dieser Stadien gestört, so erfolgt die Zuordnung entsprechend dem ersten abnormen Stadium. Zudem erfolgt noch eine Unterscheidung in fokale und diffuse kortikale Dysgenesien, da die genetische Basis dieser Malformationen sich oft unterscheidet (Tabelle 6.22) (Barkovich et al. 1996).

Während als Ursache für kortikale Dysgenesien ursprünglich ausschließlich erworbene Störungen während der ersten Schwangerschaftshälfte angenommen wurden, konnte in den letzten Jahren für einige Entitäten auch eine genetische Basis nachgewiesen werden (Doublecortin-Gen am X-Chromosom beim Agyrie-Pachygyrie-Band-Spektrum; Filamin-Gen am X-Chromosom bei periventrikulären Heterotopien; Mutationen am EMX2-Gen bei Schizencephalien; familiäres Auftreten von bilateralen perisylvischen Polymikrogyrien) (Palmini 2000).

Tabelle 6.22. Klassifikation der kortikalen Dysgenesien

I. Störungen der neuronalen Proliferation

A. Generalisiert
   Verminderte Proliferation: Mikrolissencephalie

B. Fokal oder multifokal
   Vermehrte Proliferation: Megalencephalie und Hemimegalencephalie
   Abnorme Proliferation:
      Kortikale Dysplasien mit abnormen, nicht-neoplastischen Zellen (tuberöse Sklerose, fokale kortikale Dysplasie, ‚focal transmantle' Dysplasie)
      Kortikale Dysplasien mit neoplastischen Veränderungen

II. Migrationsstörungen

A. Generalisiert
   Klassische Lissencephalie (Typ I) und subkortikale Bandheterotopie (Agyrie-Pachygyrie-Band-Spektrum)
   Pflastersteintyp-Lissencephalie (Typ II)
   Diffuse Heterotopien mit normalem Kortex

B. Fokal oder multifokal
   Fokale Heterotopien mit normalem Kortex
   Fokale oder multifokale Heterotopien mit kortikalen Dysplasien
   Exzessiv vermehrte ektopische Neurone in der weißen Substanz

III. Störungen der kortikalen Organisation

A. Generalisiert
   Generalisierte Polymikrogyrie

B. Fokal oder multifokal
   Bilaterale und symmetrische fokale Polymikrogyrien
   Asymmetrische Polymikrogyrien und Schizencephalie
   Fokale oder multifokale kortikale Dysplasien ohne Ballonzellen
   Mikrodysgenesien

Nach: Barkovich AJ et al. (1996)

6.6.9.2. Wichtige kortikale Dysgenesien

6.6.9.2.1. Störungen der neuronalen Proliferation

Diese Erkrankungen sind durch eine vermehrte oder verminderte Anzahl von Neuronen und/oder Gliazellen sowie eine Proliferation abnormer Zellelemente gekennzeichnet.

Mikrolissencephalie. Die Mikrolissencephalie ist eine seltene, schwerwiegende Malformation mit einer stark verminderten Neuronenzahl, einem simplifizierten Hirnwindungsrelief, einer ausgeprägten Mikrocephalie sowie einer Hypoplasie des Hirnstamms und des Zerebellums, die zumeist bereits in der Neonatalperiode zum Tode führt (Dobyns und Kuzniecky 1997).

Megalencephalie und Hemimegalencephalie. Bei der Megalencephalie und Hemimegalencephalie zeigen sich neben der obligaten Vergrößerung zumindest eines Hirnlappens (bei mehr als der Hälfte der Patienten der gesamten Hemisphäre) ein verändertes Hirnwindungsrelief (verdickte, breite Gyri und seichte Sulci), Veränderungen der weißen Substanz (abnormes Signalverhalten, neuronale Heterotopien, Substanzminderung) und eine Ausweitung des Ventrikelsystems. Klinisch bestehen eine mentale Retardation, bei der Hemimegalencephalie Hemiparesen und Hemianopsien sowie fokal eingeleitete Anfälle (in früher Kindheit auch infantile Spasmen und Sturzattacken), die zumeist in den ersten 6 Lebensmonaten beginnen und im Allgemeinen therapieresistent sind. Megalencephalie und Hemimegalencephalie können entweder isoliert oder im Rahmen von zwei neurokutanen Syndromen auftreten – dem epidermalen Naevus-Syndrom und der Hypomelanosis von Ito (Dobyns und Kuzniecky 1997).

Kortikale Dysplasien mit abnormen, nicht-neoplastischen Zellen. Hierzu sind die tuberöse Sklerose, die fokale kortikale Dysplasie und die „focal transmantle" Dysplasie zu zählen. Bei der „focal transmantle" Dysplasie dehnen sich heterotope Neurone, Gliazellen und atypische Zellen von der Ventrikeloberfläche bis an die piale Oberfläche aus.

Fokale kortikale Dysplasien (FCD), die durch eine Störung der normalen Hirnrindenschichtung mit Riesenneuronen und bizarren wenig differenzierten Gliaelementen charakterisiert sind, sind unter den häufigsten kortikalen Malformationen bei Patienten mit fokalen Epilepsien. Die Veränderungen reichen dabei von diskreten Störungen der laminären Schichtung bis hin zu ausgeprägten Veränderungen mit großen bizarr konfigurierten Zellen, sog. Ballonzellen, die sich mit neuronalen und glialen Markern anfärben, weshalb eine Unterteilung in eine FCD Typ I (ohne Ballonzellen) und eine FCD Typ II (mit Ballonzellen, „Taylor-Typ FCD") vorgenommen wurde. Das klinische Spektrum ist variabel, wobei Anfälle zumeist in der ersten Dekade (im Allgemeinen in der ersten Dekade nach dem Alter von 2–3 Jahren, z.T. aber auch unmittelbar nach der Geburt oder erst in der zweiten Dekade) beginnen. Die Lokalisation der Veränderungen bestimmt die klinische Anfallsemiologie, wobei der Frontallappen und die Zentralregion Prädilektionsstellen für FCD sind (Dobyns und Kuzniecky 1997).

Kortikale Dysplasien mit neoplastischen Veränderungen. Verschiedene niedriggradige Tumoren, wie dysembryoplastische Neuroepitheliome (DNET), Gangliogliome und Gangliozytome sind häufig mit kortikalen Dysplasien assoziiert, wobei derartige Tumoren in epilepsiechirurgischen Serien in 5–8% die Ursache für therapieresistente Epilepsien sind. Ein Problem bei der noch immer kontroversiellen Zuordnung dieser mit Tumoren assoziierten kortikalen Dysplasien ergibt sich aus deren Prädilektion für den Temporallappen, wo Heterotopien auch bei normalen Kontrollpersonen häufig zu finden sind (Dobyns und Kuzniecky 1997).

6.6.9.2.2. Migrationsstörungen

Klassische Lissencephalie (Typ I) und subkortikale Bandheterotopie (Agyrie-Pachygyrie-Band-Spektrum). Die klassische Lissencephalie oder generalisierte Agyrie-Pachygyrie (Typ I) stellt eine schwere Missbildung mit fehlenden Hirnfurchen, einem verdicktem Kortex mit 4 abnormen Schichten, diffusen neuronalen Heterotopien, erweiterten Ventrikeln und einer Balkenhypoplasie dar. Bei der subkortikalen Bandheterotopie („Double Cortex Syndrome") findet man Bänder grauer Substanz, die dem Kortex um die gesamte Zirkumferenz folgen und von diesem durch einen schmalen Saum weißer Substanz getrennt sind. Der Kortex zeigt dabei die normalen Schichten I-IV, während Schicht V und VI fehlen, letztere finden sich innerhalb der U-Fasern der weißen Substanz, darunter finden sich Cluster von Ganglienzellen.

Da Lissencephalien und subkortikale Bandheterotopien wiederholt bei Angehörigen einer Familie beobachtet wurden und eine gemeinsame Mutation im Doublecortin-Gen nachgewiesen werden konnte, werden diese Missbildungen unter dem Obergriff Agyrie-Pachygyrie-Band-Spektrum zusammengefasst.

Innerhalb dieses Spektrums können folgende Entitäten unterschieden werden:

- Chromosom 17-gebundene Lissencephalien:
  Miller-Dieker Syndrom (MDS; Lissencephalie mit charakteristischen Gesichtsabnormitäten wie prominente Stirn, eingefallene Schläfen, kurze Nase, vorspringende Oberlippe, schmaler Kiefer etc.) sowie isolierte Lissencephalie-Sequenz (ILS, Lissencephalie mit lediglich diskreten Gesichtsveränderungen). Bei beiden Erkrankungen konnten Veränderungen am kurzen Arm des Chromosoms 17 nachgewiesen werden.

- X-gebundene Lissencephalie und subkortikale Bandheterotopie: Die subkortikale Bandheterotopie und die X-gebundene Lissencephalie stellen unterschiedliche klinische Manifestationen des gleichen Gendefekts am Chromosom Xq22.3 (Mutation im Doublecortin-Gen) dar – bei männlichen Merkmalsträgern tritt eine Lissencephalie auf, bei weiblichen (heterozygoten) Merkmalsträgern eine subkortikale Bandheterotopie (Pinard et al. 1994; des Portes et al. 1998a, 1998b).

Klinisch imponieren Patienten mit einer Lissencephalie bei der Geburt oft normal, manchmal zeigt sich dann eine Trinkschwäche oder Hypotonie. Anfälle treten bei 75% innerhalb der ersten 6 Lebensmonate auf, bei 80% entwickelt sich ein West-Syndrom und in weiterer Folge ein Lennox-Gastaut-Syndrom mit deutlicher mentaler Retardation und spastischer Tetraparese.

Patienten mit subkortikaler Bandheterotopie hingegen zeigen nur eine milde bis mäßige mentale Retardation, Pyramidenzeichen und in manchen Fällen eine Dysarthrie. Die Anfälle beginnen in der Kindheit, zumeist bestehen multiple Anfallstypen, im EEG zeigen sich generalisierte oder multifokale epilepsietypische Veränderungen. Die Dicke der heterotopen grauen Substanz korreliert mit dem Schwergrad der klinischen Symptomatik (Dobyns und Kuzniecky 1997).

Pflastersteintyp-Lissencephalie (Typ II). Die Pflastersteintyp-Lissencephalie (Typ II), die seltener als die klassische Lissencephalie auftritt, ist durch ein pflastersteinartiges Kortexrelief – bedingt durch neuronale und gliale Heterotopien, eine abnorme weiße Substanz, erweiterte Ventrikel, eine Hirnstamm- und Kleinhirnatrophie und eine zerebelläre Polymikrogyrie gekennzeichnet. Zudem treten auch Augenveränderungen und eine kongenitale Muskeldystrophie auf. Eine Typ II Lissencephalie kann im Rahmen unterschiedlicher Syndrome auftreten (zerebrookuläre Dysplasie – Walker-Warburg Syndrom, okulozerebromuskuläres Syndrom, zerebromuskuläres Dystrophie-Syndrom, Muskel-Auge-Hirn-Krankheit). Klinisch besteht eine deutliche mentale Retardation, eine Hypotonie, eine Tetraspastik und eine Visusminderung. Die meisten Patienten versterben in der ersten Lebensdekade (Dobyns und Kuzniecky 1997; Jellinger 1999).

Diffuse Heterotopien mit normalem Kortex. Hier sind die bilateralen symmetrischen kortikalen Einfaltungen (Einfaltungen des Gyrus cinguli), die bilaterale periventrikuläre noduläre Heterotopie, die marginale glioneurale Heterotopie und die leptomeningeale Heterotopie zu erwähnen.

Das Syndrom der X-gebundenen bilateralen nodulären Heterotopie ist durch noduläre Konglomerate grauer Substanz, die die Wände der Seitenventrikel diffus auskleiden, charakterisiert, manchmal besteht auch eine Kleinhirn- oder Balkenatrophie und in seltenen Fällen eine zusätzliche kortikale Dysplasie. Dieses Syndrom wurde bisher nahezu ausschließlich bei Frauen beobachtet, während es bei männlichen Merkmalsträgern bereits zu einem Abort oder zu einer schwerwiegenden klinischen Symptomatik kommt. Der Gendefekt konnte dem Filamin-Gen am X-Chromosom zugeschrieben werden, das ein Protein exprimiert, das für die Zellmigration erforderlich ist (Fox et al. 1998). Die Patienten zeigen eine normale psychomotorische Entwicklung oder allenfalls eine geringe mentale Retardation, 80% entwickeln eine Epilepsie, die sich zumeist erst in der 2. Lebensdekade manifestiert (Huttenlocher et al. 1994; Dobyns und Kuzniecky 1997).

Fokale Heterotopien mit normalem Kortex. Die fokalen Heterotopien umfassen die subependymalen nodulären Heterotopien, die subkortikalen nodulären Heterotopien, die subependymalen und subkortikalen nodulären Heterotopien, die unilateralen kortikalen Einfaltungen und die marginalen glioneuralen Heterotopien, das fetale Alkohol-Syndrom und die leptomeningealen Heterotopien.

Dabei finden sich singuläre oder multiple, subkortikale oder subependymale noduläre Heterotopien. Sie treten fast immer sporadisch auf, die meisten Patienten haben Anfälle und milde kognitive Defizite. Diese Veränderungen sind unter den häufigsten kortikalen Missbildungen bei Epilepsiepatienten überhaupt (Dobyns und Kuzniecky 1997).

Fokale oder multifokale Heterotopien mit kortikalen Dysplasien. Hier sind insbesondere das X-gebundene Aicardi-Syndrom (Balkenagenesie, Pachygyrie, Polymikrogyrie mit einem Maximum in der perisylvischen Region, schwere mentale Retardation, therapieresistente Anfälle (insbesondere infantile Spasmen), chorioretinale Lakunen) und das autosomal rezessive Galloway-Mowat Syndrom (mentale Retardation, Glomerulopathie, Mikrocephalie, Lissencephalie mit Polymikrogyrie) zu erwähnen (Dobyns und Kuzniecky 1997).

Exzessiv vermehrte ektopische Neurone in der weißen Substanz. Exzessiv vermehrte ektopische Neurone in der weißen Substanz können häufig nach epilepsiechirurgischen Eingriffen im Temporallappen, seltener auch im Frontallappen nachgewiesen werden. Allerdings ist zu erwähnen, dass derartige heterotope Neurone oft auch bei Patienten ohne Epilepsie vorhanden sind und somit ihre pathogenetische Bedeutung für eine Epilepsieerkrankung unklar ist. Manchmal können die Veränderungen bereits im MRT durch eine verwaschene Rinden-Mark-Grenze nachgewiesen werden (Dobyns und Kuzniecky 1997).

6.6.9.2.3. Störungen der kortikalen Organisation

Bei diesen Fehlbildungen erreichen die Neurone zwar den Kortex, es kommt aber zu einer Störung bei der Ausbildung der normalen Kortexschichtung und/oder der intrakortikalen Verbindungen.

Generalisierte Polymikrogyrie. Die Polymikrogyrie ist gekennzeichnet durch abnorm kleine, an Zahl vermehrte Windungen mit unvollständiger Trennung durch seichte Furchen. Die Rindenoberfläche ist durch zahlreiche Querfurchen unterteilt, wodurch im Extremfall ein blumenkohlartiges Aussehen des Gehirns resultiert. Die Hirnrinde ist leicht verdickt und zeigt eine Vierschichtung mit Architekturanomalien, wobei die 2. Rindenschicht intakt ist. Zudem finden sich neuronale Heterotopien und erweiterte Ventrikel. Eine wichtige Ursache ist eine intrauterine Zytomegalie-Virus Infektion, wobei es hier auch zu diffusen oder multiplen Veränderungen der weißen Substanz und Verkalkungen kommt. Eine genetische Ursache wird ebenso diskutiert (Dobyns und Kuzniecky 1997; Jellinger 1999).

Bilaterale und symmetrische fokale Polymikrogyrien. Bei diesen Veränderungen, die bilateral symmetrisch frontal, perisylvisch, parietal, occipital oder posterior vorkommen, wird eine genetische Basis mit wahrscheinlich autosomal rezessiver Vererbung angenommen. Die einzelnen Polymikrogyrien sind dabei durch verschiedene elektroklinische Syndrome charakterisiert, die in Abschnitt 6.6.9.4 dargestellt werden (Kuzniecky et al. 1994; Borgatti et al. 1999; Guerreiro et al. 2000).

Asymmetrische Polymikrogyrien und Schizencephalien. Schizencephalien sind Spaltbildungen im Hirnmantel, die die gesamte Hemisphärenwand von der Pia bis zum Ependym durchsetzen und so eine Verbindung zwischen inneren und äußeren Liquorräumen herstellen. Die Wände der Spaltbildungen werden im Allgemeinen von polymikrogyrisch verändertem Kortex gebildet, der angrenzende Kortex ist entweder normal oder ebenfalls polymikrogyrisch verändert. Schizencephalien treten in 60–70% einseitig, in 30–40% beidseitig und dann zumeist asymmetrisch auf.

Patienten mit beidseitigen Schizencephalien zeigen zumeist spastische Tetraparesen, eine schwere mentale Retardation, infantile Spasmen oder therapieresistente fokal motorische Anfälle. Bei einseitigen Schizencephalien findet man zumeist kontralaterale Paresen, Entwicklungsrückstände und fokal eingeleitete Anfälle (fokal motorische oder fokal komplexe Anfälle) (Dobyns und Kuzniecky 1997).

Fokale oder multifokale kortikale Dysplasien ohne Ballonzellen und Mikrodysgenesien. Diese Veränderungen können nur histopathologisch verifiziert werden, weshalb ihre Inzidenz und klinischen Manifestationen nur unzureichend bekannt sind, wobei derartige Befunde aber immer wieder bei Epilepsiepatienten zu erheben sind. Die Veränderungen finden sich am häufigsten im Frontallappen, gefolgt vom Temporallappen (Dobyns und Kuzniecky 1997).

6.6.9.3. Epileptogenität der kortikalen Dysgenesien

Die meisten Patienten mit kortikalen Dysgenesien leiden an epileptischen Anfällen. Hinsichtlich der Epileptogenität ergeben sich dabei Abstufungen innerhalb der fokalen bzw. lateralisierten kortikalen Dysgenesien: FCD vom Taylor-Typ und Hemimegalencephalien besitzen eine wesentlich höhere Epileptogenität als Polymikrogyrien, Schizencephalien und noduläre Heterotopien. Die FCD vom Taylor-Typ und die Hemimegalencephalien besitzen dabei ein hohes Maß an intrinsischer Epileptogenität, d.h., diese Läsionen verursachen Anfälle nicht nur indirekt durch Auswirkungen auf das umgebende Gewebe, sondern sind per se epileptogen. Dementsprechend kann ein spezifisches EEG-Muster von kontinuierlicher Spike-Aktivität beobachtet werden. Vermutlich sind große dysplastische Neuronen und Ballonzellen, die dem programmierten Zelltod entgehen und neue synaptische Verbindungen bilden können, für das hohe epileptische Potential dieser Veränderungen verantwortlich (Palmini 2000).

6.6.9.4. Elektroklinische Syndrome

Die klinische Manifestation von kortikalen Dysgenesien hängt zunächst davon ab, ob es sich um generalisierte bzw. diffuse Formen (Lissencephalie, diffuse Pachygyrie, Bandheterotopie etc.) oder um mehr lokalisierte Formen (Polymikrogyrie, Schizencephalie, fokale kortikale Dysplasie, Hemimegalencephalie) handelt.

Generalisierte oder diffuse kortikale Dysgenesien. Patienten mit generalisierten oder diffusen Formen von kortikalen Dysgenesien leiden an symptomatischen generalisierten oder multifokalen Epilepsien sowie an mäßigen bis schweren mentalen Retardationen. Patienten mit schwereren Veränderungen, wie Lissencephalie oder Agyrie-Pachygyrie sind zumeist schwer retardiert und haben häufige, schwere und therapieresistente Anfälle, wobei häufig auch die Lebenserwartung beträchtlich verkürzt ist. Patienten mit leichteren Formen von generalisierten Dysgenesien haben einen günstigeren klinischen Verlauf mit unterschiedlich schweren Epilepsien und kognitiven Einschränkungen unterschiedlichen Ausmaßes. Die Lebenserwartung ist zumeist nicht eingeschränkt. Manche dieser Patienten haben auch fokale Anfälle (Palmini 2000).

Lokalisierte kortikale Dysgenesien. Patienten mit lokalisierten kortikalen Dysgenesien haben – wie andere Patienten mit neokortikalen Läsionen auch – fokale Anfälle mit oder ohne sekundäre Generalisation, wobei in einem hohen Prozentsatz therapieresistente Anfälle bestehen. Insbesondere das Vorhandensein von Ballonzellen scheint in hohem Ausmaß mit einer Therapieresistenz verbunden zu sein: In einer Studie konnte eine medikamentöse Anfallskontrolle bei 41% der Patienten mit Polymikrogyrien und Schizencephalien erreicht werden, hingegen nur bei 4% der Patienten mit fokalen FCD vom Taylor-Typ oder mit Hemimegalencephalien (Palmini et al. 1997). Bei diesen Patienten finden sich auch häufig kontinuierliche, rhythmische epileptiforme EEG-Veränderungen als Ausdruck einer hohen Epileptogenität (Gambardella et al. 1996).

Fokale kortikale Dysgenesien sind bevorzugt im Bereich der Zentralregion oder anderer eloquenter Hirnareale lokalisiert. Demgemäss treten häufig fokal motorische Anfälle auf und bei vielen Patienten kommt es zu einer oder mehreren Episoden von Epilepsia partialis continua (20% im Vergleich zu 3% bei Patienten mit anderen neokortikalen Epilepsien) (Palmini 2000).

Polymikrogyrien sind durch spezifische elektroklinische Erscheinungsbilder gekennzeichnet, wobei in rezenten Studien folgende Entitäten definiert werden konnten:

- bilaterale perisylvische Polymikrogyrien: Pseudobulbärparalyse mit Dysarthrie und Einschränkungen der Zungenbeweglichkeit; die Anfälle können bei vielen Patienten mit Medikamenten gut kontrolliert werden (Kuzniecky et al. 1994; Borgatti et al. 1999; Guerreiro et al. 2000);
- multilobäre Polymikrogyrien mit Sturzanfällen und elektrischem Status epilepticus im Schlaf (ESES): Anfallsbeginn im Alter von 2–5 Jahren mit Sturzanfällen und ESES; weitgehende Remission mit 5–12 Jahren (Anfallsfreiheit oder seltene fokal-motorische Anfälle); keine kognitive Verschlechterungen durch die Anfälle (Guerrini et al. 1998);
- unilaterale Polymikrogyrie mit kongenitaler Hemiparese: fokal motorische Anfälle ⇒ Entwicklung von atypischen Absencen, negativ myoklonischen Anfällen und atonischen Anfällen, Gangschwierigkeiten; EEG: kontinuierliche Spike-Wave-Paroxysmen oder bilateral synchrone Veränderungen ⇒ Remission (Caraballo et al. 1999);
- bilaterale frontale Polymikrogyrie: Entwicklungsverzögerungen, mentale Retardation, diskrete spastische Tetraparese, Sprachstörungen, Anfälle in 38% (Guerrini et al. 2000).

Zusammenfassend sprechen somit Patienten mit Polymikrogyrien, auch bei Anfällen, die sich sonst als langfristig therapieresistent erweisen (atonische Anfälle) gut auf eine medikamentöse Therapie an, was wichtige therapeutische und prognostische Implikationen hat. Insbesondere die Indikation zur Epilepsiechirurgie sollte bei diesen Patienten deshalb gut überdacht werden (Palmini 2000).

6.6.9.5. Diagnostik

Die hochauflösende Magnetresonanztomographie ermöglichte einen entscheidenden Fortschritt bei der Diagnostik von umschriebenen kortikalen Dysgenesien. Dennoch ergeben sich bei vielen Patienten mit sehr kleinen kortikalen Dysgenesien im MRT Normalbefunde und diese Patienten werden somit fälschlich als kryptogenetische, nicht-läsionelle neokortikale Epilepsien klassifiziert (Palmini 2000). Mit speziellen Akquistions- und Analysetechniken (insbesondere kurvilineare Rekonstruktion) können auch kleinste Dysgenesien nun zunehmend besser erfasst werden (Chan et al. 1998; Bastos et al. 1999). Zudem ließ sich eine Korrelation zwischen einem erhöhten Signal in den T2-gewichteten Bildern und dem Vorhandensein von Ballonzellen nachweisen (Chan et al. 1998; Bastos et al. 1999). Auch die morphologischen Charakteristika von diskreten Malformationen der Hippokampusformation und deren Abgrenzung von Hippokampussklerosen sowie die Erfassung von Patienten mit dualen Pathologien (bilaterale Hippokampussklerose mit temporalen Dysgenesien) konnte in rezenten Studien definiert werden (Baulac et al. 1998b; Ho et al. 1998; Kuzniecky et al. 1999).

Die MR-Spektroskopie ermöglicht die Erfassung von metabolischen Veränderungen, die über die im MRT fassbaren morphologischen Veränderungen hinausgehen und somit für die Planung von epilepsiechirurgischen Eingriffen entscheidend sind. Zudem korreliert das Ausmaß der metabolischen Veränderungen mit dem Grad der Epileptogenität der Läsion (FCD und Hemimegalencephalie > Polymikrogyrie, Schizencephalie, noduläre Heterotopie) (Li et al. 1998).

6.6.10. Progressive Myoklonusepilepsien

6.6.10.1. Definition

Die progressiven Myoklonusepilepsien sind eine Gruppe von Erkrankungen, die durch Myoklonien, generalisierte tonisch-klonische Anfälle, eine progrediente dementielle Entwicklung unterschiedlicher Ausprägung sowie durch andere neurologische Symptome (zumeist zerebelläre Symptome; seltener: pyramidale, extrapyramidale Störungen und Visusverlust) gekennzeichnet sind (Schmidt 1992; Berkovic 1997c; Delgado-Escueta et al. 1997a).

6.6.10.2. Unterformen

6.6.10.2.1. Unverricht-Lundborg-Erkrankung (EPM1)

Definition: autosomal rezessive Erkrankung, die ursprünglich in Finnland und Ostschweden beschrieben wurde (Baltischer Myoklonus), wobei die Erkrankung auch in Südeuropa und Nordafrika in Clustern auftritt (mediterraner Myoklonus), und zudem auch sporadisch ubiquitär zu beobachten ist; wurden ursprünglich als verschiedene Erkrankungen angesehen, entsprechen aber einer Entität.

Ätiologie: Gendefekt am langen Arm von Chromosom 21 ⇒ verminderte Exprimierung von Cystatin B, einem Cystein-Proteaseinhibitor ⇒ mangelnde Regulation intrazellulärer Proteasen mit nachfolgender Zelldegeneration (?).

Erkrankungsbeginn: 8–13 Jahre (Mittel: 10 Jahre).

Initialsymptome: Myoklonien: zumeist am Morgen bzw. nach dem Aufwachen oder in Zuständen der Ermüdung; stimulussensitiv (propriozeptive (Untersuchung der Reflexe, passive Bewegung der Extremitäten), auditorische und visuelle Stimuli sowie Willkürbewegungen (incl. Sprechen) können die Myoklonien auslösen); morgendliche Myoklonien kulminieren oft in einem generalisierten tonisch-klonischem Anfall; die Myoklonien sind irregulär, asynchron und interferieren mit dem Gehen, Schlucken und Sprechen, sodass die Patienten nach fünfjährigem Krankheitsverlauf zumeist schwer behindert sind.

Anfallsformen: generalisierte tonisch-klonische Anfälle, selten myoklonisch-astatische Anfälle, Absencen.

Neurologische Symptome: Intentionstremor, Dysarthrie, Ataxie, Demenz.

Verlauf: langsam progredient, oft erreichen die Patienten ein hohes Alter.

Diagnostik: genetische Analyse (Schmidt 1992; Berkovic 1997c; Delgado-Escueta et al. 1997a; Lehesjoki und Koskiniemi 1999).

6.6.10.2.2. Progressive Myoklonusepilepsie vom Lafora-Typ

Definition: autosomal rezessive Erkrankung mit Gendefekt am langen Arm von Chromosom 6 (6q23-25).

Geographische Verteilung: Mittelmeerländer, Naher Osten, Nordafrika, Indien, Pakistan.

Histopathologie: Lafora-Einschlusskörper (= PAS-positive Polyglucosane) im Gehirn, peripheren Nerven, Skelettmuskel, Herzmuskel, Leber und ekkrinen Schweißdrüsen.

Erkrankungsbeginn: 10–18 Jahre (Mittel: 14 Jahre).

Erstsymptom: in 80% generalisierte tonisch-klonische Anfälle.

Myoklonien: zunächst eher mild, in weiterer Folge an Intensität und Häufigkeit zunehmend.

Anfallsformen: Myoklonien, generalisierte tonisch-klonische Anfälle, Occipitallappenanfälle mit visuellen Auren (50%).

Neurologische Symptome: Demenz (rasch progredient, 1–2 Jahre nach Erkrankungsbeginn), Apraxie, Psychosen, zerebelläre Symptomatik mit Ataxie und Dysarthrie, gesteigerte Reflexe, progrediente Visusminderung bei normalem Augenhintergrund.

Verlauf: rasch progredient; Tod 2–10 Jahre nach Erkrankungsbeginn; mittleres Alter zum Zeitpunkt des Todes = 20 Jahre.

Diagnose: Klinik, Hautbiopsie aus ekkrinen Schweißdrüsen (Schmidt 1992; Berkovic 1997c; Delgado-Escueta et al. 1997a).

6.6.10.2.3. Neuronale Zeroidlipofuszinosen

Gruppe von autosomal rezessiv vererbten Speicherkrankheiten mit Akkumulation von autofluoreszierenden Lipopigmenten (Lipofuscin und Ceroid) im Gehirn, Nerven- und Ganglienzellen, Haut und anderen Geweben; Blutausstrich: vakuolisierte oder granulierte Lymphozyten bei den juvenilen Formen; definitive Diagnose: Nachweis der charakteristischen Einschlusskörper in der Elektronenmikroskopie (ekkrine Schweißdrüsen); Klinik: Myoklonien, epileptische Anfälle, mentale Retardation, Visusstörungen.

Untertypen:

- Infantile Form (Haltia-Santavuori Erkrankung = CLN1): Vererbungsmodus: autosomal rezessiv; Genlokus: CNL1-Gen am Chromosom 1p32; Genprodukt: Palmiotyl Protein Thioesterase (= lysosomales Enzym); Erkrankungsbeginn: 8–18 Monate; Initialsymptom: Regression (progredienter Verlust bereits erlernter Fähigkeiten); Hypotonie, Ataxie, Demenz, Visusverlust, Myoklonien, Anfälle: variabel; nach 3–4 jährigem Krankheitsverlauf entwickelt sich ein apallisches Syndrom mit extremen stimulussensitiven Myoklonien; Tod im Alter von 5–10 Jahren.
- Spätinfantile Form (Janzky Bielschowsky = CLN2): Vererbungsmodus: autosomal rezessiv; Genlokus: CNL2-Gen am Chromosom 11p15; Genprodukt: Pepstatin-insensitive lysosomale Peptidase. Erkrankungsbeginn: 2,5–4 Jahre; Erstsymptom: generalisierte tonisch-klonische Anfälle, Sturzanfälle, atypische Absencen; in weitere Folge Myoklonien (zunächst spontan, segmental und asymmetrisch) mit progredienter Zunahme bis zum Status myoclonicus mit stimulussensitiven Myoklonien; innerhalb weniger Monate nach Krankheitsbeginn: Ataxie, psychomotorische Regression; in weiterer Folge Visusverlust (Augenhintergrund: granuläre Veränderungen der Makula, Optikusatrophie); schließlich Tetraspastik und apallisches Syndrom; Überlebenszeit: 5 Jahre
- Juvenile Form (Spielmeyer-Vogt-Sjörgen = CLN3): Vererbungsmodus: autosomal rezessiv; Genlokus: CNL3-Gen am Chromosom 16p12; Genprodukt: aus 438 Aminosäuren bestehendes Membranprotein, Funktion derzeit noch unbekannt; häufigste Variante, Erkrankungsbeginn: 4–10 Jahre; Initialsymptom: progredienter Visusverlust bis zur Erblindung innerhalb weniger Jahre, Augenhintergrund: Makuladegeneration, Pigmentdegeneration der Retina; frühestens ein Jahr nach Erkrankungsbeginn: generalisierte tonisch-klonische Anfälle, Myoklonien, Absencen, fokale Anfälle;

Parkinsonsyndrom, Stottern, schwere motorische Apraxie mit Rollstuhlpflichtigkeit; zerebelläre Symptome: im Allgemeinen mild; Demenz: relativ spät; mittlere Überlebenszeit: 10 Jahre.

- Adulte Form (Kufs = CLN4): Vererbungsmodus: autosomal rezessiv und dominant; seltenes heterogenes Syndrom; Erkrankungsbeginn: 11–50 Jahre; Initialsymptom: zerebelläre Symptomatik, Myoklonien (spontan und bewegungsinduziert); Makuladegeneration und Pigmentdegeneration der Retina fehlen im Gegensatz zu den anderen Zeroidlipofuszinosen; Demenz; mittlere Überlebenszeit: 10 Jahre (Schmidt 1992; Berkovic 1997c; Delgado-Escueta et al. 1997a; Mole und Gardiner 1999).

6.6.10.2.4. Myoklonusepilepsie mit Ragged Red Fibers (MERRF)

Definition: maternal mitochondrial übertragene, durch Punktmutation am Nukleotid-Paar 8344 bzw. 8356 der mitochondrialen DNA ($tRNA^{Lys}$ Gen) verursachte Erkrankung; eine der häufigsten Formen der progressiven Myoklonusepilepsien.

Histopathologie: Neurodegeneration im Nucleus dentatus und in der unteren Olive; Muskelbiopsie: Ragged Red Fibers (= subsarkolemmale Akkumulation von Mitochondrien).

Erkrankungsbeginn: variabel, frühe Kindheit bis 65 Jahre.

Klinik: extrem variables klinisches Spektrum; Kardinalsymptome: Myoklonien (bewegungsinduziert), generalisierte tonisch-klonische Anfälle, Ataxie; seltener: Demenz, Myopathie, Neuropathie, Taubheit, Optikusatrophie, Dysarthrie, Hypoventilation, axiale Lipome.

Labor: erhöhte Laktatwerte nach Belastung (Schmidt 1992; Berkovic 1997c; Delgado-Escueta et al. 1997a; Cock und Schapira 1999).

6.6.10.2.5. Sialidose

Definition: seltene, autosomal rezessive lysosomale Speicherkrankheit mit enzymatischem Defekt der Glykoproteinneuraminidase ⇒ Akkumulation von Sialyloligosacchariden.

Unterformen:

- Sialidose Typ I (Cherry-red-spot-Myoklonussyndrom): Gendefekt am Chromosom 6 oder 10, Erkrankungsbeginn: 8–15 Jahre; Klinik: Myoklonien (massive, bewegungsinduzierte generalisierte Myoklonien sowie spontane diskrete faciale Myoklonien), progredienter Visusverlust, generalisierte tonisch-klonische Anfälle (ca. 50%), Ataxie, brennende Parästhesien an den Händen und Füßen, Cherry-red-spot im Augenhintergrund; keine Demenz!

– Juvenile und adulte Sialidose Typ II: Gendefekt am Chromosom 20; zusätzlicher partieller β-Galaktosidase Defekt; Demenz, insgesamt noch unzureichend charakterisiert (Schmidt 1992; Berkovic 1997c; Delgado-Escueta et al. 1997a).

6.6.10.2.6. Juvenile Form des Morbus Gaucher (Typ III)

Definition und Histopathologie: seltene, autosomal rezessive Erkrankung mit gestörtem Sphingolipidmetabolismus; Glucocerebrosidspeicherung in verschiedenen Geweben, insbesondere im retikuloendothelialen System; Nachweis in Lymphozyten, Knochenmarksbiopsie, Rektumbiopsie (Gaucher-Zellen).

Erkrankungsbeginn: 6.–8. Lebensjahr.

Erstsymptom: Splenomegalie.

Klinik: Myoklonien (vor allem bewegungsinduziert), generalisierte und fokale Anfälle, zerebelläre Symptomatik, horizontale supranukleäre Blickparesen (charakteristisch), Demenz, pathologische Frakturen.

Überlebenszeit: 3–10 Jahre (Schmidt 1992; Berkovic 1997c; Delgado-Escueta et al. 1997a).

6.6.10.3. Therapie

Valproinsäure ist das Mittel der Wahl, bei Therapieresistenz können Clobazam und Lamotrigin versucht werden, Piracetam hilft bei den Myoklonien. Phenytoin ist kontraindiziert, da es insbesondere bei der Unverricht-Lundborg Erkrankung zu einer massiven Verschlechterung führen kann (Schmidt 1992; Berkovic 1997c; Delgado-Escueta et al. 1997a).

6.6.11. Rasmussen-Encephalitis

Definition und Epidemiologie. Die Rasmussen-Encephalitis ist eine progrediente Erkrankung einer Hemisphäre, die klinisch durch eine schwer behandelbare Epilepsie sowie fortschreitende schwere neurologische Ausfallserscheinungen und einen dementiellen Abbau gekennzeichnet ist. Die Erkrankung tritt sporadisch auf, ist selten, bisher wurden mehr als 100 Fälle publiziert, in größeren Epilepsiezentren wird ein Fall pro Jahr beobachtet (So und Andermann 1997).

Ätiologie und Pathogenese. Histopatholgisch zeigt sich das Bild eines chronisch entzündlichen Prozesses mit perivaskulärer Lymphozyteninfiltration, Mikrogliaknötchen und Mikrogliaproliferation (So und Andermann 1997). Es kommt zu einem Neuronenuntergang im Kortex, oft mit einem Maximum in der Zentralregion, zudem können auch die Basalganglien, der Hirnstamm und das Kleinhirn betroffen sein. Ursprünglich wurde eine virale Genese der Erkrankung vermutet (hoher Prozentsatz von vorangehenden Infektionen, Nachweis von Virus-DNA [Zytomegalie, Herpes Simplex Typ 1 und Typ 6, Epstein-Barr Virus] in Hirnbiopsaten mittels PCR oder in-situ Hybridisierung), wobei diese Befunde jedoch insgesamt nicht ausreichen, um eine kausale Ursache zu untermauern (u.a. Persistenz der genannten Viren in der Normalbevölkerung in einem hohen Prozentsatz). In rezenten Studien wurde nun eine Autoimmungenese postuliert. Im Tierexperiment konnten mit gegen Glumatatrezeptoren (GluR3) gerichteten Antikörpern epileptische Anfälle und neuropathologische Veränderungen ähnlich einer Rasmussen-Encephalitis ausgelöst werden. Zudem konnten diese Antikörper auch bei einigen Patienten mit Rasmussen-Encephalitis isoliert werden (Andrews und McNamara 1996; So und Andermann 1997; Wiendl und Stefan 2000).

Klinik. Die Erkrankung beginnt im Alter von 1–15 Jahren, das Initialsymptom besteht in fokalen Anfällen, wobei bei 20% der Patienten ein Status epilepticus die Erstmanifestation der Erkrankung darstellt. Die Anfälle persistieren im gesamten Krankheitsverlauf und sind im Allgemeinen therapieresistent. $^2/_3$ der Patienten haben tägliche Anfälle, am häufigsten treten fokal motorische, gefolgt von fokal-komplexen Anfällen auf. Bei ca. 50% der Patienten entwikkelt sich eine Epilepsia partialis continua. Als Ausdruck der progressiven Schädigung einer Hemisphäre kommt es zu langsam progredienten Hemiparesen innerhalb von 3 Monaten bis 10 Jahren, wobei die Patienten schließlich ihre Hand nicht mehr gebrauchen können, die Fähigkeit zu gehen wird jedoch im Allgemeinen nicht verloren; andere neurologische Ausfälle in absteigender Häufigkeit sind Hemianopsien, sensible Halbseitenzeichen und Aphasien. Zudem kommt es bei 85% der Patienten zu einem langsam progredienten dementiellen Abbau (So und Andermann 1997).

Diagnostik. Die Diagnosesicherung erfolgt letztlich mit der Hirnbiopsie. In der Magnetresonanztomographie zeigt sich eine progrediente Hirnatrophie, wobei sich im Anfangsstadium auch normale Befunde ergeben können. Zudem finden sich Areale mit erhöhter Signalintensität in den Protonen- bzw. T2-gewichteten Sequenzen. Bei (noch) normalem MRT kann sich im PET bereits ein interiktaler Hypo- bzw. iktaler Hypermetabolismus zeigen, wobei oft hypo- und hypermetabole Areale in einer Untersuchung gleichzeitig vorkommen. In der MR-Spektroskopie findet sich eine reduzierte NAA-Konzentration. Im EEG zeigen sich eine Amplitudenverminderung, eine Verlangsamung und polytope Spikes über einer Hemisphäre, wobei bei ca. 30% der Patienten bilaterale unabhängige Spikes und bei 45% der Fälle bilateral synchrone Spike-Wave-Paroxysmen auftreten (So und Andermann 1997).

Therapie. Antiepileptika können die Anfälle im Allgemeinen nur unzureichend kontrollieren. Mit hochdosierten intravenösen Corticosteroiden, intravenösen Immunglobulinen und Plasmapherese konnte zwar eine vorübergehende Anfallsreduktion erzielt werden, wobei es aber zumeist rasch zu Rezidiven kommt. In einem Einzelfallbericht konnte mit Immunadsorption ein langfristiger Therapieerfolg erzielt werden. Eine antivirale Therapie mit Gancyclovir zeigte in einigen Fällen einen positiven Effekt. In Anbetracht des progredienten Verlaufs und des schlechten Ansprechens auf eine medikamentöse Therapie besteht eine weitere Therapieoption in der Hemisphärektomie. Damit kann bei 60% der Patienten Anfallsfreiheit erzielt werden, die funktionelle Konsequenz ist eine spastische Hemiparese mit Verlust der Handfunktion, wobei die Patienten aber relativ rasch wieder gehen können. Zudem kann es auch zu kognitiven Verbesserungen kommen. Eine Herausforderung stellt dabei sicherlich die Wahl des geeigneten Zeitpunkts für die Hemisphärektomie dar (So und Andermann 1997; Wiendl und Stefan 2000).

6.6.12. Landau-Kleffner Syndrom (Tabelle 6.23)

Definition und Epidemiologie. Das Landau-Kleffner Syndrom (LKS), dessen Zuordnung zu den fokal versus generalisierten Epilepsien unklar ist, ist durch 2 Hauptsymptome, nämlich

- eine erworbene Aphasie und
- paroxysmale EEG-Veränderungen mit einem Maximum temporal bzw. temporo-parieto-occipital, die im Non-REM Schlaf aktiviert werden

und 2 Nebensymptome, nämlich

- psychomotorische und Verhaltensauffälligkeiten und
- eine Epilepsie mit gutartigem Verlauf gekennzeichnet.

Die exakte Epidemiologie ist unklar, seit der Erstbeschreibung wurden bis 1997 ca. 200 Fälle in der Literatur berichtet. Es besteht ein klares Überwiegen des männlichen Geschlechts (Knaben : Mädchen = 2 : 1). Die Erkrankung beginnt im Alter von 3–8 Jahren (bei 70% vor dem 6. Lebensjahr). Die Ätiologie des LKS ist unklar. Eine positive Familienanamnese für Epilepsie besteht bei 12% der Patienten mit Anfällen, jedoch nur bei 5% der Patienten ohne Anfälle (Genton et al. 1997; Smith 1997).

Klinische Symptomatik. Die Aphasie entwickelt sich bei Kindern mit zunächst normaler Sprachentwicklung, wobei der Beginn oft schleichend ist und initial durch einen Verlust des Sprachverständnisses (auditorische verbale Agnosie) gekennzeichnet ist, der rasch von einer expressiven Sprachstörung mit Paraphrasien gefolgt ist. Bei schweren Fällen fehlt jegliche sprachliche Äußerung sowie jegliche Reaktion auf externe auditorische Stimuli (auch auf nicht-ver-

Tabelle 6.23. Landau-Kleffner Syndrom

Epidemiologie:	selten; Knaben : Mädchen = 2 : 1
Erkrankungsbeginn:	3–8 Jahre; 70% vor dem 6. Lebensjahr
Ätiologie:	unklar
Kardinalsymptome:	erworbene Aphasie; paroxysmale EEG-Veränderungen im non-REM Schlaf
Aphasie:	zunächst normale Sprachentwicklung ⇒ Verlust des Sprachverständnisses (auditorische verbale Agnosie) ⇒ expressive Sprachstörung; in schweren Fällen: Fehlen jeglicher Sprachäußerung sowie Fehlen jeglicher Reaktion auf externe auditorische Stimuli
Anfallsformen:	Anfälle nur bei ca. 70%; Anfallssymptome: Augenblinzeln, kurze Blickdeviationen, Nachvornesinken des Kopfes, diskrete Automatismen sowie seltene sekundär generalisierte tonisch-klonische Anfälle
EEG:	Wachzustand und REM Schlaf: multifokale Spitzen (Maximum temporal bzw. temporo-parieto-occipital); non-REM Schlaf: 1,5–5 Hz Spike-Wave-Paroxysmen mit einem Maximum posterior-temporal (< 85% der Ableitzeit)
Magnetresonanztomographie:	normal
Therapie:	Valproinsäure; Benzodiazepine; Cortison oder ACTH; Immunglobuline; multiple subpiale Transektion
Prognose und Verlauf:	Anfälle: gutes Ansprechen auf Antiepileptika, zumeist Remission bis zum 15. Lebensjahr; EEG-Veränderungen: persistieren auch nach Kontrolle der klinischen Anfälle, durch Antiepileptika schwer zu beeinflussen; Sprachstörungen: ungünstige Prognose, bleibende Sprachstörungen bei mehr als 50%

bale Stimuli wie das Läuten einer Glocke oder das Bellen eines Hundes). Die Symptomatik kann während des Krankheitsverlaufs auch beträchtlich fluktuieren. Manchmal werden die Patienten auch als autistisch fehldiagnostiziert. Ein Charakteristikum des LKS besteht darin, dass die neuropsychologischen Veränderungen auf die sprachlichen Funktionen beschränkt bleiben und die Patienten bei nicht-verbalen Tests weitgehend unauffällig abschneiden. Die Pathophysiologie der Sprachstörung ist letztlich unklar, obwohl eine gewisse, zum Teil jedoch lose Korrelation mit den EEG-Veränderungen besteht, sodass es nahe liegt die Sprachstörung als Ausdruck dieser epileptiformen Entladungen zu interpretieren (Shorvon 2000). Zudem kommt es bei ca. 50% der

Patienten zu Verhaltensauffälligkeiten wie Hyperaktivität, Aufmerksamkeitsstörungen, Schlafstörungen und autistischen Verhaltensweisen mit Selbststimulation (Genton et al. 1997; Morrell et al. 1997a; Smith 1997).

Epileptische Anfälle treten nur bei ca. 70% der Patienten auf, 20–30% der Patienten haben überhaupt keine Anfälle. Die Anfälle sind durch folgende Symptome gekennzeichnet: Augenblinzeln, kurze Blickdeviationen, Nachvornesinken des Kopfes, diskrete Automatismen sowie seltene, sekundär generalisierte tonisch-klonische Anfälle (Morrell et al. 1997a; Smith 1997; Shorvon 2000).

Diagnostik. Im EEG finden sich im Wachzustand multifokale Spitzen (mit einem Maximum temporal bzw. temporo-parieto-occipital) bei normalem Grundrhythmus. Die epileptiformen EEG-Veränderungen werden im Non-REM Schlaf aktiviert, es finden sich dann 1,5–5 Hz Spike-Wave-Paroxysmen mit einem Maximum posterior-temporal. Während von den meisten Autoren eine Aktivierung im Non-REM-Schlaf postuliert wird (Morrell et al. 1997a; Smith 1997; Shorvon 2000), fanden andere eine Aktivierung zu Schlafbeginn und jeweils zu Beginn der REM-Phasen (Genton et al. 1997). In jedem Fall macht der Anteil der Spike-Wave-Paroxysmen an der gesamten Schlafableitung – im Gegensatz zum CSWS – weniger als 85% aus. Die Magnetresonanztomographie ist unauffällig (Genton et al. 1997; Smith 1997).

Prognose und Verlauf. Hier muss man zwischen epileptischen Anfällen, EEG-Veränderungen und Aphasie unterscheiden:

Die Anfälle haben generell eine günstige Prognose: Ca. ein Drittel der Patienten erleidet überhaupt nur einen Anfall oder einen singulären Status epilepticus, bei den meisten anderen Patienten manifestieren sich zwischen dem 5. und 10. Lebensjahr seltene Anfälle, die mit Antiepileptika gut einstellbar sind. Nach dem 10. Lebensjahr bestehen nur mehr bei 20% Anfälle, in lediglich vereinzelten Fällen treten Anfälle auch nach dem 15. Lebensjahr auf.

Auch nach Kontrolle der klinischen Anfälle persistieren die EEG-Veränderungen, die durch die antiepileptische Therapie nur schwer zu beeinflussen sind.

Die Sprachstörungen haben eine ungünstige Prognose, obwohl es in manchen Fällen nach wenigen Wochen oder Monaten zu einer kompletten Remission kommen kann. Insbesondere bei frühem Beginn und langer Dauer der Sprachstörung entwickeln sich jedoch bleibende Defizite. Bei mehr als 50% der Patienten kommt es langfristig zu bleibenden Sprachstörungen, weniger als 50% der Patienten können langfristig ein normales, unabhängiges Leben führen (Genton et al. 1997; Smith 1997).

Therapie. Valproinsäure in Monotherapie oder in Kombination mit Benzodiazepinen ist das Mittel der ersten Wahl, wobei die Anfälle gut auf diese Therapie ansprechen, die EEG-Veränderungen jedoch weitgehend unbeeinflusst bleiben. Von anderen Autoren wird deshalb Cortison oder ACTH als Mittel der Wahl – insbesondere bei Patienten mit frühem Beginn der Erkrankung – angesehen (Genton et al. 1997; Smith 1997). In rezenten Studien wurde auch über die Effektivität von Immunglobulinen berichtet (Mikati und Saab 2000). Carbamazepin und Vigabatrin können die EEG-Veränderungen verschlechtern und sollten deshalb nicht eingesetzt werden (Shorvon 2000). Als chirurgische Therapieoption wurde in ausgewählten Fällen die multiple subpiale Transektion beschrieben (Morrell et al. 1997a). Das entscheidende Therapieziel ist die rasche und aggressive Unterdrückung der EEG-Veränderungen – insbesondere bei Patienten mit frühem Krankheitsbeginn – da nur so langfristige neuropsychologische Defizite vermieden werden können (Genton et al. 1997; Smith 1997).

6.6.13. Epilepsie mit kontinuierlichen Spikes und Waves im langsamen Schlaf. Syn.: Epilepsy with Continuous Spikes and Waves during Slow Wave Sleep (CSWS); Electrical Status Epilepticus during Slow Sleep (ESES) (Tabelle 6.24)

Definition, Epidemiologie und Ursache. Dieses Epilepsie-Syndrom, bei dem ebenso die Zuordnung fokal versus generalisiert unklar ist, ist durch kontinuierliche Spike-Wave-Paroxysmen (> 85% der Ableitdauer) im Non-REM Schlaf charakterisiert. Die Häufigkeit betrug in einer rezenten Studie 0,5% aller Epilepsien im Kindesalter. Die Ätiologie ist heterogen: neben idiopathischen Fällen, bei denen vor Erkrankungsbeginn eine normale psychomotorische Entwicklung besteht, wurden auch symptomatische und kryptogenetische Fälle beschrieben. Der Erkrankungsbeginn liegt im Allgemeinen zwischen 5 und 7 Jahren (70% vor dem 9. Lebensjahr), auch hier erkranken Knaben häufiger als Mädchen (2:1) (Genton et al. 1997; Smith 1997).

Klinische Symptomatik und Verlauf. Der Krankheitsverlauf ist durch 3 Phasen gekennzeichnet:

- in der ersten Phase treten Anfälle auf, wobei jedoch noch keine kontinuierlichen Spike-Wave-Paroxysmen im Non-REM Schlaf bestehen;
- die zweite Phase ist durch kontinuierliche Spikes und Waves im Non-REM Schlaf und progrediente neuropsychologische Symptome sowie durch eine Verschlechterung der Anfallssituation gekennzeichnet;
- in der dritten Phase verschwinden die kontinuierlichen Spikes und Waves im Non-REM Schlaf, die Anfälle sistieren, die neuropsychologischen Defizite hingegen bestehen fort.

Basierend auf der Anfallssymptomatologie können 3 Patientengruppen unterschieden werden:

- Gruppe 1: seltene oro-faciale, generalisierte tonisch-klonische und myoklonische Anfälle während des Schlafs (ähneln somit Patienten mit benignen fokalen Epilepsien);

- Gruppe 2: unilaterale fokal motorische und generalisierte tonisch-klonische Anfälle sowie Absencen; die Anfallsfrequenz in dieser Gruppe ist höher, die Anfälle ereignen sich auch während des Wachzustandes;
- Gruppe 3: unilaterale fokal motorische und generalisierte tonisch-klonische Anfälle während des Schlafs sowie Absencen, Absencen-Status und atonische Sturzanfälle im Wachzustand.

Tabelle 6.24. Epilepsie mit kontinuierlichen Spikes und Waves im langsamen Schlaf Syn.: Epilepsy with Continuous Spikes and Waves during Slow Wave Sleep (CSWS); Electrical Status Epilepticus during Slow Sleep (ESES)

Epidemiologie:	0,5% aller Epilepsien im Kindesalter; Knaben : Mädchen = 2 : 1
Erkrankungsbeginn:	5–7 Jahre; 70% vor dem 9. Lebensjahr
Ätiologie:	Ätiologie heterogen: idiopathisch, symptomatisch, kryptogenetisch
Krankheitsverlauf in 3 Phasen:	Anfälle, jedoch noch keine kontinuierlichen Spike-Wave-Paroxysmen im non-REM Schlaf (CSWS) $\Rightarrow$ CSWS, progrediente neuropsychologische Symptome $\Rightarrow$ Verschwinden der CSWS, Sistieren der Anfälle, Persistenz der neuropsychologischen Defizite
Neuropsychologie:	diffuse bzw. multifunktionelle Störungen, Frontallappenfunktionen bevorzugt betroffen
Anfallsformen:	fokal motorische Anfälle (oro-facial), Absencen, myoklonische Anfälle, generalisierte tonisch-klonische Anfälle, atonische Sturzanfälle
EEG:	Wachzustand und REM Schlaf: fokale oder multifokale Spikes mit frontalem Maximum; non-REM Schlaf: bilateral synchrone, generalisierte Spike-Wave Paroxysmen mit einer Frequenz von 1,5–5 Hz (> 85% der Ableitzeit)
Magnetresonanztomographie:	unilaterale Atrophien, fokale Porencephalien, fokale Pachygyrien, diffuse Atrophien, Veränderungen der weißen Substanz
Therapie:	Valproinsäure; Benzodiazepine; Cortison oder ACTH
Prognose und Verlauf:	Anfälle: gutes Ansprechen auf Antiepileptika, zumeist Remission bis zum 15. Lebensjahr; EEG-Veränderungen: schwer zu beeinflussen; neuropsychologische Störungen: ungünstige Prognose, zumeist bleibende Defizite

Im Gegensatz zum LKS sind die neuropsychologischen Störungen nicht auf sprachliche Funktionen beschränkt, sondern umfassen mehrere unterschiedliche Teilbereiche im Sinne einer diffusen, multifunktionellen Störung. So kommt es zu Aphasien, Apraxien, räumlichen und zeitlichen Orientierungsstörungen, Gedächtnisstörungen, Verhaltensstörungen mit Aufmerksamkeitsstörungen, Hyperaktivität, Aggressivität etc. Frontallappenfunktionen sollen bevorzugt betroffen sein. Hinsichtlich der neuropsychologischen Störungen können 2 Gruppen abgegrenzt werden:

- Gruppe 1: normal entwickelte Kinder, bei denen es mit Beginn der kontinuierlichen Spikes und Waves im Non-REM Schlaf zu ausgeprägten neuropsychologischen Störungen im Sinne einer Entwicklungsregression kommt;
- Gruppe 2: hier bestehen bereits vor der Erkrankung Verzögerungen der psychomotorischen Entwicklung, die Einbussen während der Erkrankung sind dann weniger ausgeprägt (Smith 1997).

Diagnostik. Im Wach-EEG erkennt man fokale oder multifokale Spikes mit frontalem Maximum. Im Non-REM Schlaf finden sich während mehr als 85% der Ableitzeit bilateral synchrone, generalisierte Spike-Wave-Paroxysmen mit einer Frequenz von 1,5–5 Hz, die lediglich im REM-Schlaf unterbrochen werden, wobei sich dort ähnliche Veränderungen wie im Wachzustand zeigen. In der Magnetresonanztomographie finden sich bei den meisten Patienten Veränderungen (unilaterale Atrophien, fokale Porencephalien, fokale Pachygyrien, diffuse Atrophien, Veränderungen der weißen Substanz) (Smith 1997).

Prognose und Verlauf. Wie beim LKS bestehen auch hier Unterschiede zwischen epileptischen Anfällen, EEG-Veränderungen und neuropsychologischen Defiziten:

Die Anfälle sind im Allgemeinen gut zu behandeln und sistieren zumeist im Alter von 15 Jahren. Lediglich in Gruppe 3 (siehe oben) können die Anfälle bisweilen schwer zu kontrollieren sein. Die EEG-Veränderungen sind auch bei bestehender klinischer Anfallskontrolle nur schwer zu beeinflussen. Die neuropsychologischen Veränderungen haben eine ungünstige Prognose. Nach Sistieren der EEG-Veränderungen kommt es zwar zu einer Besserung der neuropsychologischen Störungen, wobei jedoch nur 50% der Patienten, die vor Beginn der Erkrankung eine normale Entwicklung zeigten, langfristig eine normale Schule besuchen können. Bei den meisten Patienten muss mit bleibenden Defiziten gerechnet werden, nur wenige Kinder erreichen langfristig ein normales Intelligenzniveau.

Therapie. Ebenso wie beim LKS ist Valproinsäure in Monotherapie oder in Kombination mit Benzodiazepinen das Mittel der ersten Wahl, zudem können auch Cortison oder ACTH eingesetzt werden. Ebenso wie beim LKS ist die rasche und aggressive Unterdrückung der EEG-Veränderungen das wichtigste Therapieziel.

6.6.14. Reflexepilepsien

6.6.14.1. Definition

Reflexepilepsien sind Epilepsien, bei denen Anfälle durch bestimmte Stimuli ausgelöst werden können. Dabei müssen nicht alle Anfälle stimulussensitiv sein und der spezifische Stimulus muss auch nicht immer Anfälle verursachen, weshalb eigentlich besser von Epilepsien mit Reflexanfällen gesprochen werden sollte (Zifkin und Andermann 1997a). Tierexperimentelle Befunde deuten darauf hin, dass – durch strukturelle oder biochemische Veränderungen – übererregbare Neurone in primär sensorischen Kortexregionen oder in deren Projektionsgebieten durch afferente Stimuli zu epileptischen Entladungen angeregt werden. Abhängig von der Art des Stimulus können einfache oder komplexe Reflexepilepsien unterschieden werden.

6.6.14.2. Einfache Reflexepilepsien

6.6.14.2.1. Reflexepilepsien mit visuellen Triggern (Tabelle 6.25)

Definition und Epidemiologie. Visuell ausgelöste Reflexepilepsien stellen die häufigsten Reflexepilepsien dar. Im EEG zeigt sich bei Flackerlichtstimulation eine photoparoxysmale Reaktion, die durch generalisierte Spike- oder Polyspike-Wave-Paroxysmen gekennzeichnet ist („Photosensibilität"). 95% der photosensiblen Individuen haben auch Anfälle, bei ca. 70% ist die photoparoxysmale Reaktion im EEG auch von diskreten klinischen Anfallssymptomen begleitet. Die jährliche Inzidenz von photosensiblen Epilepsien beträgt 1,1 pro

Tabelle 6.25. Einteilung der Reflexepilepsien mit visuellen Triggern

- Epilepsien mit Photosensibilität auf Flackerlichtstimulation
  - reine photosensible Epilepsien
  - photosensible Epilepsien mit spontanen Anfällen
  - Photosensibilität ohne Anfälle
- mustersensible Epilepsien
- selbst-induzierte Anfälle
- Anfälle, die durch Fernsehen, Videospiele und Computer ausgelöst werden
- durch Augenschluss induzierte Anfälle
  - Lidmyoklonien mit Absencen
  - „Fixation-off-sensitive" Epilepsien

100.000, im Alter von 7–19 Jahren ist sie 5,7-mal höher und repräsentiert somit 10% aller Neuerkrankungen an Epilepsie in dieser Altersgruppe. Die Prävalenz liegt bei 1 : 4000 (Quirk et al. 1995a). 5% aller Epilepsiepatienten sind photosensibel (idiopathische generalisierte Epilepsien: 21%; fokale Epilepsien: 2,8%). Photosensible Epilepsien manifestieren sich zumeist im Alter von 12–14 Jahren, Mädchen sind häufiger betroffen als Burschen (2 : 1), es besteht eine starke genetische Komponente (positive Familienanamnese in 8%, Photosensibilität bei 40% der Geschwister) (Schmidt 1992; Binnie 1997b; Zifkin und Andermann 1997a).

Klinik, Anfallsauslöser und Einteilung. Ca. 80% der photosensibeln Patienten erleiden Anfälle durch externe Stimuli, bei ca. 20% der Patienten werden die Anfälle durch bestimmte Muster ausgelöst. Die meisten Patienten berichten, dass epileptogene Stimuli ein unangenehmes Gefühl in den Augen verursachen, wobei der zu Grunde liegende Mechanismus unbekannt ist. Der häufigste externe Auslöser ist das Fernsehen, gefolgt von Videospielen, Lichtorgeln in Diskotheken und Sonnenlicht (Reflexion am Wasser oder Schnee, Brechung durch Bäume oder andere Strukturen am Straßenrand). Folgende Stimulusparameter beeinflussen die Epileptogenität eines visuellen Reizes: Flackerlicht-Frequenz (Maximum bei 16 Hz, über 70% der Patienten sind auch bei 25–30 Hz empfindlich), Lichtexposition unmittelbar nach Lidschluss, binokuläre Stimulation ist stärker epileptogen als monokuläre; Muster: oszillierende oder alternierende Streifenmuster, wobei insbesondere eine Oszillation orthogonal zur Streifenrichtung epileptogen wirkt (Schmidt 1992; Binnie 1997b; Harding und Harding 1999).

Die Einteilung der Reflexepilepsien mit visuellen Triggern ist in Tabelle 6.25 zusammengefasst.

Epilepsien mit Photosensibilität auf Flackerlichtstimulation

Reine photosensible Epilepsien: Bei ca. 40% aller photosensiblen Patienten werden Anfälle ausschließlich durch Flackerlicht ausgelöst, es kommt zu keinen spontanen Anfällen. Reine photosensible Epilepsien treten zumeist in der Adoleszenz mit einem Überwiegen des weiblichen Geschlechts auf. Folgende Anfallsformen werden beobachtet: generalisierte tonisch-klonische Anfälle (84%), Absencen (6%), fokal-motorische Anfälle (2,5%; entsprechen vermutlich asymmetrischen Myoklonien) und Myoklonien (1,5%). Die intellektuelle Entwicklung und der neurologische Status sind normal. Das Ruhe-EEG ist bei 50% der Patienten normal, bei Augenschluss treten häufig generalisierte Spike-Wave-Paroxysmen auf, bei Flackerlichtstimulation zeigt sich eine photoparoxysmale Reaktion. Im Allgemeinen werden die reinen photosensiblen Epilepsien als Varianten der idiopathischen generalisierten Epilepsien angesehen (Binnie 1997b; Zifkin und Andermann 1997a).

Photosensible Epilepsien mit spontanen Anfällen: Bei 58% aller photosensiblen Patienten treten auch spontane Anfälle auf (bei 57% dieser Patienten werden Anfälle auch durch visuelle Umgebungsreize ausgelöst, bei 12% nur durch Flackerlichtstimulation im EEG-Labor, bei den verbleibenden 31% treten hingegen ausschließlich spontane Anfälle auf). Bei der Mehrzahl der Patienten finden sich bereits im Ruhe-EEG generalisierte Spike-Wave-Paroxysmen. Eine Photosensibilität kann sowohl bei idiopathischen generalisierten Epilepsien (juvenile myoklonische Epilepsie (30%), Absence-Epilepsie des Schulalters (18%), Aufwach-Grand-Mal Epilepsie (13%)) als auch bei symptomatischen generalisierten Epilepsien (schwere myoklonische Epilepsie des Kleinkindesalters (71%), myoklonisch astatische Epilepsie der frühen Kindheit, progressive Myoklonusepilepsien) beobachtet werden (Binnie 1997b; Zifkin und Andermann 1997a).

Photosensibilität ohne Anfälle: Ca. 2% der photosensiblen Individuen haben keine Anfälle; die Prävalenz für Photosensibilität liegt in der Allgemeinbevölkerung bei 1:4000 (Binnie 1997b).

Mustersensible Epilepsien. Hier werden die Anfälle (Absencen, Myoklonien oder seltener generalisierte tonisch-klonische Anfälle) durch das Betrachten bestimmter Muster (im Allgemeinen Streifenmuster, wie z.B. Fernseher aus kurzer Distanz, Vorhänge, Tapeten, Jalousien, Heizkörper, Rolltreppen, gestreifte Kleidung etc.) ausgelöst. Praktisch alle mustersensitiven Patienten zeigen bei Flackerlichtstimulation eine photoparoxysmale Reaktion. Eine Mustersensibilität auf alternierende Muster findet sich bei 70% der photosensiblen Patienten, auf stationäre Muster bei 30%. Eine Anfallsauslösung durch Muster im Alltag ist seltener, wird aber oft auch durch die Patienten oder deren Angehörigen nicht bemerkt und/oder durch den Arzt nicht erfragt. In zwei Studien lag die Häufigkeit bei 6% bzw. 18% aller photosensiblen Patienten (Binnie 1997b; Zifkin und Andermann 1997a).

Selbst-induzierte Anfälle. Bei ca. 24–30% aller photosensiblen Patienten ist eine Selbstinduktion von Anfällen durch folgende Manöver zu beobachten: Fächern der Finger vor den Augen, Betrachten bestimmter Muster, Starren auf den Fernseher aus nächster Nähe, langsames Schließen der Augen mit forciertem Aufwärtsblicken und Blinzeln (hier Sistieren die Spike-Wave-Paroxysmen mit zunehmendem Alter oft, sodass sich ein Tic auf der Basis einer positiven Verstärkung entwickelt). Das Ruhe-EEG zeigt bei den meisten Patienten generalisierte Spike-Wave-Paroxysmen, 75% der Patienten sind photosensibel. Die selbst induzierten Anfälle sind im Allgemeinen Myoklonien (insbesondere Lidmyoklonien) oder Absencen. Die Selbstinduktion nimmt teilweise einen zwanghaften Charakter an, viele Patienten berichten auch über ein angenehmes Gefühl während der selbstinduzierten Anfälle (Binnie 1997b; Zifkin und Andermann 1997a).

Anfälle, die durch Fernsehen, Videospiele und Computer ausgelöst werden

Fernsehen kann über die folgenden Mechanismen Anfälle auslösen:

- Flackerlichtprovokation durch Flimmern des Fernsehschirms mit der Netzspannungsfrequenz (50 Hz in Europa bzw. 60 Hz in Nordamerika, weshalb die Inzidenz der Fernseh-Epilepsie in Europa signifikant höher ist als in Nordamerika), wobei insbesondere eine Entfernung von 1–2 Metern in einem abgedunkelten Raum provozierend wirkt;
- Provokation durch das (alternierende) Muster des Bildaufbaus: Dieser Effekt tritt nur bei kurzer Entfernung (weniger als 25 cm) vom Fernsehschirm in einem hell erleuchteten Raum auf, da nur so der Raster aufgelöst werden kann. Bei kleineren Bildröhren ist die Gefahr geringer, da das Muster sich der visuellen Auflösung entzieht;
- Provokation durch den Programminhalt: flackernde oder flimmernde Inhalte; rasch alternierende lineare Muster mit hohem Kontrast (Binnie 1997b).

Die meisten Computerbildschirme sollten auf Grund ihrer physikalischen Eigenschaften (Refreshrate von 70 Hz ohne Zeilensprungverfahren) ein wesentlich niedrigeres anfallsauslösendes Potential besitzen als ein Fernsehgerät, wobei insbesondere die neuen LCD-Bildschirme praktisch flimmerfrei arbeiten (Binnie 1997b).

Insbesondere bei den Videospielen haben in den letzten Jahren eine Reihe von Sensationsberichten in der Presse zu einer Verunsicherung von Patienten, Angehörigen, Ärzten sowie der breiten Öffentlichkeit geführt. In einer daraufhin veranlassten systematischen Studie aus Großbritannien konnten innerhalb eines Zeitraums von zweimal 3 Monaten 118 Patienten identifiziert werden, die während des Videospielens ihren ersten epileptischen Anfall erlitten hatten. Bei 60% bestand ein wahrscheinlicher oder möglicher kausaler Zusammenhang zwischen Videospiel und Anfall (vorhandene Photosensibilität), die meisten Patienten waren 7–19 Jahre alt, in dieser Altersgruppe betrug die Inzidenz 1,5 pro 100.000 pro Jahr entsprechend 3% aller Neuerkrankungen an Epilepsie in dieser Altersgruppe (Quirk et al. 1995b). Neben der Flackerlichtprovokation durch den Computer- oder Fernsehschirm kann natürlich auch der Inhalt des Spieles epileptogen wirken (Kasteleijn-Nolst Trenite et al. 1999). Generell werden die folgenden Vorsichtsmaßnahmen vorgeschlagen (Binnie et al. 1994):

- Verwendung eines kleinen Bildschirms (max. 37 cm), bei größeren Bildschirmen sollte der Abstand zum Bildschirm mindestens das 4-fache des Bildschirmdurchmessers betragen;
- maximale Spieldauer eine Stunde; kein Spiel nach Schlafentzug, bei Hunger oder Fieber;
- bei Personen mit Epilepsie oder mit einer positiven Familienanamnese für Photosensibilität sollte zunächst eine entsprechende Testung in einem EEG-Labor erfolgen;

– Patienten mit nachgewiesener Photosensibilität sollten keine Videospiele gebrauchen oder nur unter entsprechender Aufsicht und entsprechenden Vorsichtsmaßnahmen.

Durch Augenschluss induzierte Anfälle

Lidmyoklonien mit Absencen: Hier kommt es bei photosensiblen Patienten beim Augenschluss zum Auftreten von Spike-Wave-Paroxysmen und Lidmyoklonien (siehe auch Abschnitt 6.4.1) (Binnie 1997b).

„Fixation-off-sensitive" Epilepsie: Obwohl durch Augenschluss bei vielen photosensiblen Patienten generalisierte Spike-Wave-Paroxysmen ausgelöst werden, sind durch Augenschluss induzierte klinische Anfälle (Absencen oder Myoklonien) selten. Bei manchen Patienten werden bilaterale Spike-Wave-Paroxysmen mit bioccipitalem Maximum nicht nur durch Augenschluss in einem hellen Raum, sondern auch durch vollständige Abdunkelung – unabhängig davon, ob die Augen offen oder geschlossen sind – ausgelöst. Deshalb kann angenommen werden, dass der Anfallsauslöser der Wegfall der Fixation ist. Derartige Anfälle treten im Rahmen von idiopathischen Epilepsien, insbesondere der benignen Epilepsie mit occipitalen Paroxysmen, auf. Die klinische Anfallsymptomatik besteht in Blickdeviationen, visuellen Halluzinationen, Kopfschmerzen, Hemikonvulsionen und generalisierten tonisch-klonischen Anfällen. „Fixation-off-sensitive" und photosensible Epilepsien können prinzipiell zwar gemeinsam oder nacheinander beim gleichen Patienten auftreten, was aber in der Regel nicht vorkommt (Binnie 1997b).

Prävention und Behandlung. Bei reinen photosensitiven Epilepsien kann unter Umständen eine Vermeidung oder Modifikation von visuellen Umgebungsreizen ausreichen. Maßnahmen zur Anfallsprävention sind: Tragen dunkler Sonnenbrillen, Abdecken eines Auges oder Tragen von polarisierten Brillen (Photo- und Mustersensitivität sind beim binokulären Sehen wesentlich höher als beim monokulären), ausreichende Entfernung vom Fernsehschirm, Verwendung einer Fernbedienung, Fernsehen in einem gut erleuchteten Raum mit einer Tischlampe auf dem Fernseher, Abdecken des Fernsehschirms mit einer Polaroidfolie, Verwendung eines kleinen Fernsehschirms (Ausschaltung der visuellen Auflösung des Bildschirmrasters), Verwendung von 100 Hz Computerschirmen oder von LCD-Bildschirmen.

Bei schweren Formen der reinen photosensitiven Epilepsien und bei Epilepsien mit Photosensibilität ist Valproinsäure das Mittel der Wahl, gefolgt von Lamotrigin, Ethosuximid und Benzodiazepinen. Bei Photosensibilität ohne Anfälle besteht selbstverständlich keine Behandlungsindikation (Schmidt 1992; Binnie 1997b; Zifkin und Andermann 1997a). Zudem sollte eine entsprechende Beratung der Patienten hinsichtlich der Altersabhängigkeit der

Photosensibilität erfolgen: Die Photosensibilität manifestiert sich zumeist während der Pubertät und verliert sich nur bei 25% der Patienten im Alter zwischen 20 und 40 Jahren (Harding et al. 1997).

6.6.14.2.2. Andere einfache Reflexepilepsien

- Somatosensorische und propriozeptive Reflexepilepsien (Berührung, bewegungsinduzierte Anfälle, heißes Wasser („Hot Water Epilepsy"), vegetative Stimuli).
- Audiogene, vestibuläre und olfaktorische Reflexepilepsien (Binnie 1997b).

6.6.14.2.3. Startle Epilepsien

Die Startle Reaktion – bestehend aus einem Augenblinzeln, Grimassieren, Beugung des Rumpfes und der Gliedmaßen – ist eine physiologische Reaktion bei Säuglingen. Startle-induzierte Anfälle werden durch plötzliche Berührung oder laute Geräusche ausgelöst. Häufig bestehen symptomatische generalisierte Epilepsien und multiple Behinderungen, insbesondere beim Down-Syndrom kommen häufig Startle-induzierte Anfälle vor. Zumeist treten tonische Anfälle, seltener atonische oder myoklonische Anfälle auf. Startle-induzierte Anfälle manifestieren sich zumeist in der Kindheit oder Adoleszenz, bei der Mehrzahl der Patienten treten auch spontane Anfälle auf. Differentialdiagnostisch abzugrenzen sind ausgeprägte physiologische Startle-Reaktionen, posttraumatische Stress-Erkrankungen, die Startle-Erkrankung oder Hyperekplexie sowie das Syndrom der Jumping Frenchmen of Maine (Binnie 1997b; Serles et al. 1999).

6.6.14.3. Komplexe Reflexepilepsien

Definition und Epidemiologie. Bei den komplexen Reflexepilepsien werden die Anfälle durch relativ komplexe Stimuli hervorgerufen, die eine Integration höherer kortikaler Funktionen nach sich ziehen. Die Latenz zwischen dem Stimulus und den Anfällen bzw. EEG-Veränderungen ist im Allgemeinen länger als bei den einfachen Reflexepilepsien. Komplexe Reflexepilepsien sind selten, werden aber oft auch nicht als solche erkannt (Zifkin und Andermann 1997b).

Einzelne Syndrome

- *Leseepilepsie:* Bei der primären Leseepilepsie, einem altergebundenen idiopathischen Epilepsiesyndrom, treten Anfälle ausschließlich während des Lesens auf. Die Anfälle beginnen in der Adoleszenz und sind durch rhythmisches Zucken des Kiefers und nachfolgende generalisierte tonisch-klonische Anfälle gekennzeichnet. Die psychomotorische Entwicklung, die neurologische Untersuchung, das interiktale EEG und die strukturelle Bildgebung sind normal. Im iktalen EEG zeigt sich in Assoziation mit den rhythmischen Kieferzuckungen eine rhythmische Thetatätigkeit oder repetitive Spikes uni- oder bilateral frontozentral, zentroparietal oder temporoparietal. Bei der sekundären Leseepilepsie treten auch spontane Anfälle auf, Kieferzuckungen fehlen, bereits das interiktale EEG ist oft abnorm. Sprach-induzierte Anfälle werden durch Sprechen, Lesen und Schreiben induziert und stellen wahrscheinlich eine Variante der Leseepilepsie dar (Zifkin und Andermann 1997b).

- *Anfälle, die durch Denken ausgelöst werden:* Die Anfälle werden durch Denkprozesse ausgelöst (Rechnen, Zeichnen, Kartenspielen, Schachspielen etc.). Die meisten Patienten haben auch spontane Anfälle, im Allgemeinen Myoklonien, Absencen und generalisierte tonisch-klonische Anfälle. Im EEG finden sich generalisierte Spike- bzw. Polyspike-Wave-Komplexe. Bei manchen Patienten mit juveniler myoklonischer Epilepsie können Anfälle durch komplexe mentale Aufgaben, die mit dem Gebrauch der Hände assoziiert sind (Schreiben, schriftliches Rechnen, schriftliche Konstruktionsaufgaben), ausgelöst werden (Janz und Durner 1997; Zifkin und Andermann 1997b; Matsuoka et al. 2000).
- *Anfälle, die durch Essen ausgelöst werden:* Die Anfälle (einfach oder komplexfokale Anfälle) treten zumeist kurz nach Beginn des Essens, seltener bereits beim Anblick bzw. Geruch des Essens oder im Anschluss an eine schwere Mahlzeit auf. Zumeist besteht eine symptomatische fokale Epilepsie (Zifkin und Andermann 1997b).
- *Musikogene Epilepsie:* Hier werden die Anfälle durch das Hören bestimmter Musikstücke ausgelöst, wobei häufig eine emotionale Komponente besteht. Die Anfälle entstehen häufig in rechtshirnigen temporo-limbischen Strukturen (Wieser et al. 1997).

6.6.15. Status epilepticus

6.6.15.1. Definition

Nach der Definition der „Epilepsy Foundation of America's Working Group on Status Epilepticus" liegt ein Status epilepticus dann vor, wenn für die Dauer von mindestens 30 Minuten entweder eine kontinuierliche Anfallsaktivität besteht oder mehrere Anfälle hintereinander auftreten, ohne dass der Patient dazwischen das Bewusstsein erlangt (Epilepsy Foundation 1993). Die Dauer von 30 Minuten wurde deshalb gewählt, weil nach dieser Zeit mit neuronalen Schädigungen zu rechnen ist. Im klinischen Alltag sollte jedoch ein Status epilepticus unbedingt schon früher diagnostiziert und behandelt werden, da einerseits ein einzelner generalisierter tonisch-klonischer Anfall selten länger als 2 Minuten dauert (Theodore et al. 1994), und andererseits durch eine frühzeitige Therapie die Prognose entscheidend verbessert werden kann (Lowenstein und Alldredge 1993; Towne et al. 1994). Deshalb sollte dem Vorschlag von Lowenstein et al. (1999) folgend bei Erwachsenen und Kindern über 5 Jahren bereits bei einer mehr als 5-minütigen Anfallsdauer bzw. bei 2 oder mehr Anfällen, zwischen denen der Patient das Bewusstsein nicht wiedererlangt, von einem Status epilepticus ausgegangen werden. Für Kinder unter 5 Jahren liegen noch keine ausreichenden Daten vor, um die Anfallsdauer festsetzen zu können (Lowenstein et al. 1999).

6.6.15.2. Epidemiologie

Die Inzidenz des Status epilepticus wurde in zwei großen Studien untersucht, wobei sich in einer Studie eine Inzidenz von 15,9–21,1 pro 100.000 Personen/Jahr (Hesdorffer et al. 1998) und in der anderen eine Inzidenz von 41–61 pro 100.000 Personen/Jahr (DeLorenzo et al. 1995) ergab. Diese Unterschiede können durch eine unterschiedliche Bevölkerungszusammensetzung sowie methodische Aspekte erklärt werden (Walker 1998). Die kumulative Inzidenz im Alter von 75 Jahren beträgt 0,4% (Hesdorffer et al. 1998). Bei 58% der Patienten stellt der Status epilepticus die Erstmanifestation eines epileptischen Anfallsgeschehens dar, wobei die Häufigkeit im höheren Lebensalter auf 70% ansteigt (DeLorenzo et al. 1995). Die Inzidenz ist altersabhängig (U-förmige Häufigkeitsverteilung mit einem Maximum im Kleinkindesalter (< 1 Jahr) und einem zweiten Maximum im höheren Lebensalter (> 60 Jahre)), zudem sind Männer häufiger betroffen als Frauen (bedingt durch ein höheres Risiko für eine symptomatische Genese) (DeLorenzo et al. 1995; Hesdorffer et al. 1998).

6.6.15.3. Einteilung und Klinik des Status epilepticus

In Analogie zur Einteilung der epileptischen Anfälle unterscheidet man generalisierte und fokale bzw. fokal eingeleitete Formen des Status epilepticus. Andererseits kann man zwischen einem konvulsiven und nicht-konvulsiven Status epilepticus differenzieren (Tabelle 6.26). Diese Einteilungskriterien reflektieren allerdings den klinischen Verlauf und die Prognose des Status epilepticus in vielen Aspekten nur unzureichend (Shorvon 1994; Pohlmann-Eden und Szabo 1999).

Tabelle 6.26. Einteilung des Status epilepticus

Fokaler bzw. fokal eingeleiteter Status epilepticus

- Status fokaler Anfälle mit einfacher Symptomatik
  Aura continua
  Fokal motorischer Status = Epilepsia partialis continua
- Status fokaler Anfälle mit komplexer Symptomatik ⇒ nicht-konvulsiver Status
- Status (sekundär) generalisierter tonisch-klonischer Anfälle ⇒ Grand-mal Status

Generalisierter Status epilepticus

- Absencenstatus ⇒ nicht-konvulsiver Status
- Status (primär) generalisierter tonisch-klonischer Anfälle ⇒ Grand-mal Status
- Status myoclonicus
- Status tonischer Anfälle
- Status klonischer Anfälle

6.6.15.4. Status generalisierter tonisch-klonischer Anfälle („Grand-Mal-Status")

Der Status generalisierter tonisch-klonischer Anfälle („Grand-Mal-Status") ist die häufigste und gefährlichste Form des Status epilepticus, der sich entweder aus fokal eingeleiteten sekundär generalisierten tonisch-klonischen Anfällen (häufiger) oder aus primär generalisierten tonisch-klonischen Anfällen (seltener) entwickeln kann. Klinisch ist der Grand-Mal-Status durch die folgenden 3 Stadien charakterisiert (Treiman 1993; Treiman 1995):

- Stadium 1: einzelne, zeitlich abgesetzte, generalisierte tonisch-klonische Anfälle, zwischen denen der Patient das Bewusstsein nicht vollständig wiedererlangt;
- Stadium 2: Abnahme der Intensität der motorischen Entäußerungen; diskrete Zuckungen im Bereich der distalen Extremitätenabschnitte, der Bauchmuskulatur und des Gesichts; nystagmusartige Augenbewegungen; kontinuierliche Anfallsaktivität im EEG;
- Stadium 3: subtiler generalisierter konvulsiver Status epilepticus (lediglich minimale motorische Entäußerungen) bzw. subklinischer oder elektrischer Status epilepticus (fehlende motorischen Entäußerungen = elektromechanische Dissoziation). Dieses letzte Stadium ist deshalb besonders gefährlich, weil es hier durch die anhaltende elektrische Anfallsaktivität zu schweren neuronalen Schädigungen kommen kann. Deshalb sollte in diesem Stadium unbedingt ein EEG-Monitoring durchgeführt werden.

6.6.15.5. Nicht-konvulsiver Status epilepticus

Unter dem Begriff „nicht-konvulsiver Status epilepticus“ werden in ihrer Pathogenese und ihrem Schweregrad äußerst heterogene Entitäten subsummiert, weshalb von Kaplan (1999) eine Einteilung entsprechend der Pathophysiologie (fokal vs. generalisiert) und entsprechend der Bewusstseinslage vorgeschlagen wurde (Tabelle 6.27). Zudem ist es auch für eine Erstellung der Prognose sinnvoll, Patienten mit leichter bzw. mittelgradiger Bewusstseinsstörung von komatösen Patienten zu unterscheiden.

Bei Patienten mit leichter bzw. mittelgradiger Bewusstseinsstörung können die folgenden klinischen Symptome bestehen: Agitation, Lethargie, aggressives Verhalten, bizarre Verhaltensweisen, inadäquates Lachen, Weinen oder Singen; reduzierte Sprachproduktion bis zum Mutismus, Echolalie, Perseveration; Desorientiertheit; Vorsichhinstarren, orale oder Handautomatismen, Zittrigkeit, diskrete Myoklonien des Gesichts oder der Extremitäten; vegetative Symptome (Appetitlosigkeit, Übelkeit, Erbrechen, Gewichtsverlust); rigide Tonuserhöhungen im Sinne einer Katalepsie (Kaplan 1996, 1999). Eine klinische Unterscheidung zwischen einem fokal-komplexen Status und einem Absencen-Status ist nicht möglich, diese Differentialdiagnose kann lediglich mittels EEG erfolgen. Insbesondere bei älteren Patienten kann es bei Benzodiazepinentzug zu einem de-novo Absencen-Status kommen (Thomas et al. 1992). Der Status myoclonicus tritt vorwiegend nach Hypoxie auf und stellt ein extrem ungünstiges prognostisches Zeichen dar (Wijdicks et al. 1994a). Ebenso sind der subtile und der subklinische Status epilepticus als Endstadium eines generalisierten tonisch-klonischen Status mit einer hohen Morbidität bzw. Mortalität assoziiert.

Tabelle 6.27. Nicht-konvulsiver Status epilepticus

Einteilungskriterien

- Bewusstseinslage
- Pathophysiologie: fokal vs. generalisiert vs. nicht-klassifizierbar

Patienten mit leichter oder mittelgradiger Bewusstseinsstörung

- Fokal-einfacher Status
- Fokal-komplexer Status
- Absencen-Status
- DD: postiktaler Zustand, metabolische Encephalopathie, Aphasie, Intoxikation, psychiatrisches Zustandsbild, mentale Retardation

Komatöse Patienten

- Status myoclonicus
- Subtiler Status epilepticus
- Subklinischer oder EEG-Status

Modifiziert nach: Kaplan PW (1999)

6.6.15.6. Differentialdiagnose – Pseudostatus epilepticus

Die klinische Diagnose eines Status epilepticus ist nicht immer einfach. So hatten nur 54% der Patienten, die wegen eines vermeintlichen Status epilepticus an eine Intensivstation transferiert wurden, auch tatsächlich einen Status epilepticus, während die anderen Patienten entweder an medikamentös induzierten oder metabolischen Encephalopathien litten (23%) oder sich im Pseudostatus epilepticus (psychogener Status, 23%) befanden, was die Notwendigkeit einer entsprechenden Expertise und auch der Durchführung einer EEG-Ableitung bei unklaren Fällen unterstreicht (Walker et al. 1996).

6.6.15.7. Ätiologie des Status epilepticus

Folgende Ursachen eines Status epilepticus sind anzuführen (Lowenstein und Alldredge 1998):

- akute ZNS-Erkrankung (innerhalb einer Woche nach Erkrankungsbeginn; Ischämie, Hypoxie bzw. Anoxie, ZNS-Infektion, Blutung, Tumor, Trauma etc.);
- akute Allgemeinerkrankung (fieberhafter Infekt, Sepsis, metabolische Encephalopathie);
- akuter Alkohol- oder Medikamentenentzug (insbesondere Benzodiazepine);
- Drogenintoxikation (insbesondere Kokain);
- chronische oder frühere ZNS-Erkrankung (Ischämie, kongenitale ZNS-Malformationen, Tumor, Trauma etc.);
- vorbestehende Epilepsie (spontan, ohne erkennbare Ursache auf Grund der Schwere der Epilepsie; Alkoholgebrauch; Nicht-Einnahme der Antiepileptika; Fieber);
- chronischer Alkoholismus.

Im Kindesalter sind dabei die häufigsten Ursachen fieberhafte Infekte (52%), gefolgt von chronischen ZNS-Erkrankungen (38%; insbesondere kongenitale ZNS-Malformationen) sowie niedrige Antiepileptikaserumspiegel (34%). Bei Erwachsenen sind die häufigsten Ursachen niedrige Antiepileptikaserumspiegel (34%), chronische ZNS-Erkrankungen (25%), akuter Schlaganfall (22%), Hypoxie bzw. Anoxie (18%), metabolische Ursachen (15%) und Alkohol (13%) (DeLorenzo et al. 1995).

Die ursächliche Bedeutung von niedrigen Antiepileptikaserumspiegeln wird allerdings wahrscheinlich überschätzt, da sich einerseits aus subtherapeutischen Serumspiegeln nicht notwendigerweise ein Kausalzusammenhang ableiten lässt und andererseits 66–82% der Patienten mit einem Status epilepticus therapeutische Serumspiegel haben (Barry und Hauser 1994; Maytal et al. 1996; Walker 1998).

6.6.15.8. Pathophysiologie des Status epilepticus

Die Pathophysiologie des Status epilepticus ist letztlich unklar, wobei jedenfalls die Mechanismen, die normalerweise zur Beendigung eines Anfalls führen, zusammenbrechen. Prinzipiell kann entweder eine mangelnde Inhibition oder eine übermäßige Exzitation oder eine Kombination dieser beiden Mechanismen angenommen werden (Fountain und Lothman 1995). In rezenten Studien konnten auch akute Änderungen der funktionellen Eigenschaften der $GABA_A$ Rezeptoren durch prolongierte hippokampale Anfallsaktivität nachgewiesen werden, die zu einer Abnahme der Sensitivität gegenüber Diazepam (bei unverändertem Ansprechen auf GABA und Pentobarbital) führen. Diese Ergebnisse besitzen auch eine praktisch klinische Konsequenz bei der Therapie des refraktären Status epilepticus. Zudem wird auch eine Bedeutung von Neuropeptiden (Neuropeptid Y und Galanin) bei der Pathogenese des Status epilepticus diskutiert (Kapur 1999). Auch genetische Faktoren dürften eine Rolle spielen (Corey et al. 1998).

Ein Status epilepticus verursacht potentiell lebensbedrohliche systemische Effekte, wobei es in der Frühphase (innerhalb der ersten 30 Minuten) zu einer maximalen sympathischen Aktivierung mit erhöhten Plasmakatecholaminspiegeln, Blutdruckanstieg, Tachykardie, u.U. kardialen Arrhythmien, Hyperglykämie, Azidose und Hyperthermie kommt, in der darauffolgenden Spätphase (> 30 Minuten) brechen die homöostatischen Mechanismen zusammen (Hypotension und Hypoglykämie). Zudem kann es auch zu einer Rhabdomyolyse mit konsekutivem Nierenversagen und einem Lungenödem kommen (Walton 1993; Fountain und Lothman 1995).

Ein Status epilepticus kann über die folgenden Mechanismen zu irreversiblen Nervenzellschädigungen führen:

- zu Grunde liegende ZNS-Schädigung;
- Auswirkung der oben angeführten systemischen Effekte;
- neuronale Schädigung durch epileptische Aktivität: exzessive neuronale Aktivität ⇒ präsynaptische Glutamatfreisetzung ⇒ Aktivierung von NMDA- und AMPA-Rezeptoren ⇒ Calciumeinstrom ⇒ Aktivierung von Proteasen und Lipasen ⇒ Membranschädigung ⇒ Zelltod; Aktivierung von Immediate Early Genes (c-fos) ⇒ Aktivierung von Endonukleasen ⇒ Fragmentierung von DNA in Oligonukleosome (Fountain und Lothman 1995; Kapur 1999).

6.6.15.9. Prognose

Der Grand-Mal-Status ist ein medizinischer Notfall, der mit einer Mortalität von ca. 20% einhergeht (Lowenstein und Alldredge 1993; Towne et al. 1994; DeLorenzo et al. 1995; Logroscino et al. 1997). Die wichtigsten prognostischen Faktoren sind:

- Ätiologie: schlechtere Prognose bei akut symptomatischem Status, wobei hier die Prognose durch die zugrundeliegende ZNS-Erkrankung determiniert wird; insbesondere bei einem Status myoclonicus nach einer Hypoxie besteht eine infauste Prognose (Wijdicks et al. 1994a);
- Alter (schlechtere Prognose bei Alter > 60 Jahre);
- Geschlecht (schlechtere Prognose bei Männern) (Logroscino et al. 1997);
- Dauer des Status epilepticus (schlechtere Prognose bei einer Anfallsdauer von > 1 Stunde; die Bedeutung der Anfallsdauer wird allerdings kontroversiell beurteilt) (Towne et al. 1994; Logroscino et al. 1997).

6.6.15.10. Management des Grand-Mal-Status

Das akute Management des Grand-Mal-Status hat im wesentlichen 3 Ziele (siehe Abb. 6.7) (Lowenstein und Alldredge 1998):

- Aufrechterhaltung der Vitalfunktionen;
- Unterbrechung der Anfallsaktivität – antikonvulsive Therapie (Abb. 6.8);
- diagnostische Zuordnung.

Falls keine ausreichend rasche Blutzuckerbestimmung möglich ist, sollte initial eine Glucoseinfusion verabreicht werden, zudem wird der Einsatz von Thiamin 100 mg i.V. zur Vermeidung einer Wernicke-Korsakoff-Encephalopathie empfohlen.

Benzodiazepine. Als Initialtherapie stehen die Benzodiazepine auf Grund ihres schnellen Wirkungseintritts an erster Stelle. Prinzipiell stehen Diazepam, Clonazepam, Lorazepam und Midazolam zur Verfügung. Diazepam, Clonazepam und Lorazepam besitzen dabei eine vergleichbare Wirksamkeit und können die Anfallsaktivität in 80% der Fälle unterbrechen (Treiman 1989; Treiman 1990). Diazepam und Clonazepam werden auf Grund ihrer ausgeprägten lipophilen Eigenschaften rasch ins Fettgewebe umverteilt, sodass die antiepileptische Wirkdauer mit 20–30 Minuten nur sehr kurz ist, weshalb diese beiden Substanzen immer mit einer nachfolgenden Fosphenytoin-Infusion kombiniert werden müssen (Anfallsrezidiv in bis zu 50% innerhalb von 2 Stunden bei alleiniger Verabreichung!) (Tassinari et al. 1998). Lorazepam bietet den Vorteil einer wesentlich längeren antiepileptischen Wirkdauer von 4–14 Stunden. Auf Grund der langen Eliminationshalbwertszeit sind Diazepam, Clonazepam und Lorazepam nicht für eine kontinuierliche Infusion geeignet (Gefahr der Akkumulation!). Midazolam bietet den Vorteil der vielfältigen parenteralen Applikationsmöglichkeiten (intravenös, intramuskulär, bukkal, rektal), wobei es als einziges Präparat zur Behandlung des Status epilepticus auch bei intramuskulärer Applikation effizient ist (Chamberlain et al. 1997; Shorvon 1998; Towne und DeLorenzo 1999). Zudem eignet es sich auf Grund seiner pharmakokinetischen Eigenschaften (rascher Wirkungseintritt, kurze

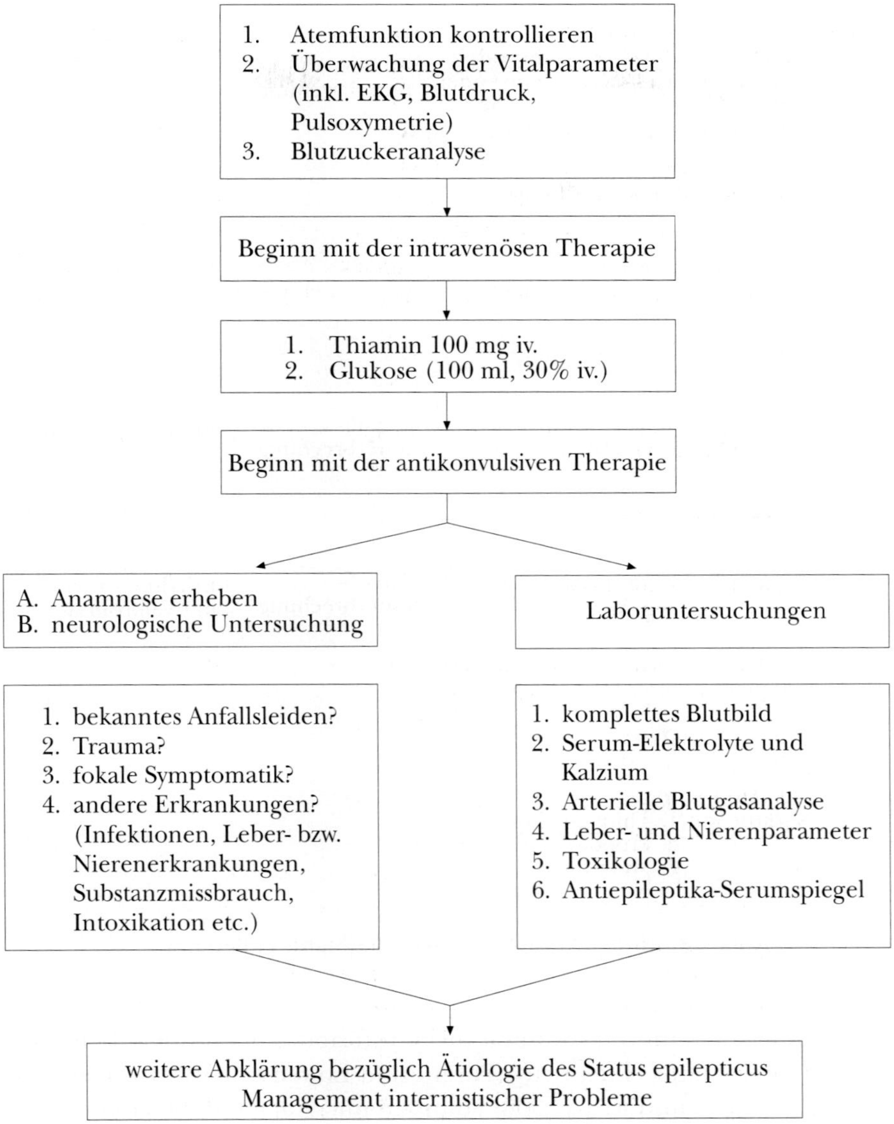

Abb. 6.7. Management des Status epilepticus. Modifiziert nach Lowenstein und Alldredge (1998)

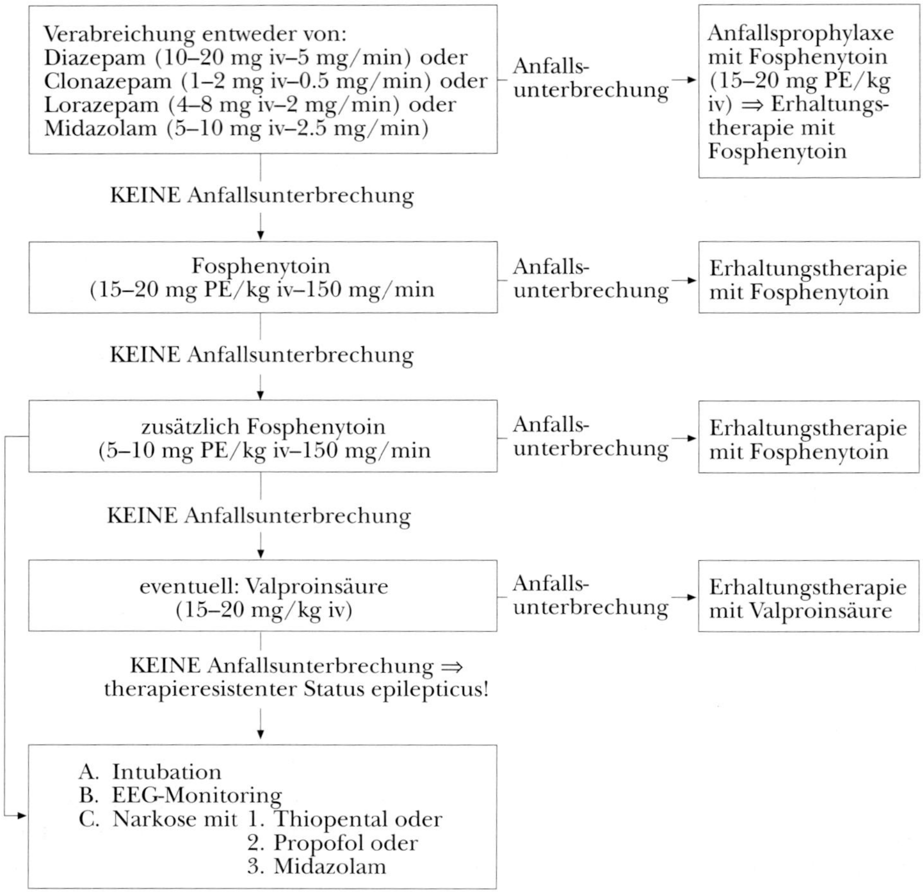

Abb. 6.8. Antikonvulsive Therapie des Status epilepticus

Halbwertszeit) auch für die kontinuierliche Infusion, insbesondere beim therapieresistenten Status epilepticus (Parent und Lowenstein 1994; Nordt und Clark 1997; Hanley und Kross 1998; Fountain und Adams 1999; Holmes und Riviello 1999). Nebenwirkungen der Benzodiazepine bestehen in Atemdepression (3–10%), Hypotension (< 2%) sowie Sedierung (20–60%) (Lowenstein und Alldredge 1998).

Hydantoine. Unmittelbar im Anschluss an die Benzodiazepingabe sollte Fosphenytoin verabreicht werden, und zwar sowohl bei fortbestehender Anfallsaktivität mit dem Ziel der Anfallsunterbrechung als auch nach Sistieren der Anfallsaktivität, da nur so ein anhaltender antiepileptischer Schutz erzielt werden kann (Ausnahme: Lorazepam). Details zu Fosphenytoin sind dem Abschnitt 15.10 „Phenytoin und Fosphenytoin" zu entnehmen.

Valproinsäure. Die intravenöse Darreichungsform von Valproinsäure stellt eine erst seit kurzem verfügbare Option in der Statusbehandlung dar. Eine Unterbrechung der Anfallsaktivität bei der Initialbehandlung des Status epilepticus konnte bei 80% der Patienten erzielt werden. Die Vorteile der Valproinsäure sind das breite Wirkungsspektrum und die gute Verträglichkeit, insbesondere bestehen keine sedierenden, atemdepressiven oder kardiovaskulären Effekte. Selten treten gastrointestinale Nebenwirkungen, Thrombozytopenien und Hypernatriämien auf. Insgesamt ist die Datenlage derzeit aber noch nicht ausreichend, um eine konklusive Beurteilung im Rahmen der Statusbehandlung zu erlauben. Die Dosisempfehlung liegt bei einer Initialdosis von 15–20 mg/kg innerhalb von 60 Minuten (entsprechend 1000–1500 mg), gefolgt von einer Erhaltungsdosis von 6 mg/kg/h bis zu einer maximalen Gesamtdosis von 9600 mg/Tag. Erste Erfahrungen sprechen für eine noch höhere Effizienz bei einem Bolus von 40–50 mg/kg (= 2800–3500 mg) und einer nachfolgenden Infusion von 2400–3600 mg innerhalb von 24 Stunden (Pohlmann-Eden und Szabo 1999; Beyenburg et al. 2000). Zudem konnte in einer rezenten Studie an 20 Patienten auch gezeigt werden, dass auch die rasche Applikation von Valproinsäure (Infusionsgeschwindigkeit zwischen 33,3 und 555 mg/min, Median = 200 mg/min) gut vertragen wird und mit keinen ernsten Nebenwirkungen assoziiert ist (Limdi und Faught 2000).

Phenobarbital. Phenobarbital ist ein effektives Medikament zur Statusbehandlung (vergleichbare Effektivität wie Lorazepam bzw. Diazepam plus Phenytoin) (Treiman et al. 1998). Nachteile sind der verzögerte Wirkungseintritt nach etwa 25 Minuten, die lange Halbwertszeit mit der Gefahr der Akkumulation sowie die Nebenwirkungen (Sedierung, Atemdepression, Hypotension), weshalb Phenobarbital nur zum Einsatz gelangen sollte, falls mit Benzodiazepinen und Fosphenytoin keine Anfallskontrolle erzielt werden kann. Die Applikation ist unter Intensivbereitschaft durchzuführen (Lowenstein und Alldredge 1998). In Österreich ist Phenobarbital i.V. nicht verfügbar.

Vergleich verschiedener Therapieoptionen. In einer rezenten randomisierten, doppelblinden Studie wurden 4 Therapiestrategien beim Status epilepticus verglichen. Anfallsfreiheit konnte dabei mit Lorazepam in 64,9%, mit Phenobarbital in 58,2%, mit Diazepam plus Phenytoin in 55,8% und mit Phenytoin alleine in 43,6% erzielt werden. Lediglich der Unterschied zwischen Lorazepam und Phenytoin war dabei statistisch signifikant ($p = 0{,}002$), wobei allerdings die Erfolgskriterien (Anfallskontrolle nach 20 Minuten) das schneller wirksame Lorazepam gegenüber dem Phenytoin begünstigt haben dürften. Für die klinische Praxis dürfte diese Studie deshalb nur von eingeschränkter Bedeutung sein, weil wesentliche neue Therapieoptionen (z.B. Benzodiazepine plus Fosphenytoin) nicht untersucht wurden. In Tabelle 6.28 sind die pharmakologischen Daten der wichtigsten Antiepileptika zur Statusbehandlung angeführt.

Tabelle 6.28. Medikamente für die Behandlung des Status epilepticus

Substanz	Initialdosis (mg/kg)	Übliche Dosis bei Erwachsenen	max. Injektions-geschwindigkeit	Wirkeintritt	Antiepileptische Wirkdauer	Halbwertszeit
Benzodiazepine						
Lorazepam	0,05–0,1	4–8 mg	2 mg/min	2–3 min	4–14 h	20 h
Diazepam	0,2–0,5	10–20 mg	5 mg/min	1–3 min	20 min	20–40 h
Clonazepam	0,02–0,05	1–2 mg	0,5 mg/min	1–2 min	30 min	18–49 h
Midazolam	0,05–0,2	5–10 mg	2,5 mg/min	1–5 min	1–5 h	1,5–3,5 h
Hydantoine						
Phenytoin	15–20	1000–1500 mg	50 mg/min	10–30 min	12–24 h	24 h
Fosphenytoin	15–20	1000–1500 mg	150 mg/min	10–20 min	12–24 h	24 h
Barbiturate						
Phenobarbital*	10–20	800–1000 mg	50–75 mg/min	15–60 min	24–96 h	96 h
Thiopental	2–5	100–250 mg	500 mg/min	10–15 min	5–10 min	3–8 h
Andere						
Valproinsäure	15–20 (40–50**)	1000–1500 mg (2800–3500 mg**)	20 mg/min (200 mg/min**)	5–10 min	–	7–13 h
Propofol	1–2	7,5–15 mg	40 mg alle 10 Sek	sofort	–	0,5–1 h

* In Österreich nicht verfügbar; ** höhere Dosen und schnellere Infusionsgeschwindigkeiten werden gut vertragen
Quellen: Chang CWJ, Bleck TP (1995); Pohlmann-Eden B, Szabo K (1999); Beyenburg S et al. (2000)

6.6.15.11. Therapieresistenter Status epilepticus

Bei ca. 30% der Patienten gelingt auch mit der Kombination von Benzodiazepinen und Fosphenytoin (bzw. eventuell von Valproinsäure oder Phenobarbital) keine Anfallsunterbrechung. Es liegt dann ein therapieresistenter Status epilepticus vor, der einer intensivmedizinischen Therapie incl. Intubation bedarf (Lowenstein und Alldredge 1998). Die antikonvulsive Behandlung erfolgt mit Barbituraten (Thiopental), Midazolam oder Propofol. In jedem Fall sollte ein EEG-Monitoring zur Beurteilung des Therapieeffekts durchgeführt werden (Sistieren der Anfallsaktivität, Erreichen eines Burst-Suppression-Musters). Die Narkose wird für 12–24 Stunden aufrechterhalten, dann erfolgt eine Dosisreduktion unter klinischer Beobachtung und EEG-Kontrolle (Lowenstein und Alldredge 1998; Bleck 1999).

Thiopental. Thiopental ist ein lipophiles Barbitursäurederivat mit raschem Wirkungseintritt (30 Sekunden) und einer langen Halbwertzeit mit der Gefahr der Akkumulation. An Nebenwirkungen sind die Atem-, Bewusstseins- und Kreislaufdepression, in seltenen Fällen Hypersensitivitätsreaktionen (Erythem, Hypotonie, Larynxödem, Inzidenz: 1:30.000) zu nennen. In der Langzeittherapie sind Pankreatitiden und Leberfunktionsstörungen beschrieben. Die Hypotonie kann oft so ausgeprägt sein, dass eine Dopamingabe erforderlich wird. Bei längerer Narkosedauer über 3 Tage kommt es zu Akkumulation, weshalb die Aufwachphase nach Beendigung der Therapie oft prolongiert ist. Die Initialdosis beträgt 100–250 mg als Bolus über 30 Sekunden, gefolgt von 50 mg alle 2–3 Minuten bis im EEG entweder die Anfallsaktivität unterbrochen werden kann oder ein Burst-Suppression-Muster (Interburst-Intervall 2–7 Sekunden) auftritt. Die weitere Dosierung erfolgt unter EEG-Kontrolle (Aufrechterhaltung des Burst-Suppression-Musters), was im Allgemeinen mit einer Dosis von 3–5 mg/kg/Stunde erreicht werden kann (Lowenstein und Alldredge 1998; Pohlmann-Eden und Szabo 1999; Beyenburg et al. 2000).

Propofol. Propofol ist ein intravenöses, schnell wirksames Anästhetikum, das über eine Potenzierung der GABA vermittelten prä- und postsynaptischen Inhibition antikonvulsiv wirkt. Propofol ist wirksam bei der Behandlung des therapierefraktären Status, wobei in einer rezenten Studie die Effektivität etwas niedriger war als die von Phenobarbital (Statuskontrolle mit Propofol: 63% vs. Phenobarbital: 82%; Unterschied = nicht signifikant), der Wirkungseintritt aber wesentlich schneller (Propofol: 2,6 Minuten; Phenobarbital: 123 Minuten). Der Vorteil von Propofol liegt somit in einem raschen Wirkungseintritt, einer kurzen Halbwertszeit und damit guten Steuerbarkeit und einem günstigen Nebenwirkungsprofil (insbesondere im Vergleich zu Barbituraten niedrigere Häufigkeit von Hypotonien). Als Nachteile sind mögliche prokonvulsive Effekte und als seltene Nebenwirkungen neuroexzitatorische Effekte (Opisthotonus, Muskelrigidität, choreatiforme Bewegungsstörungen,

Myoklonien) im niedrigen Dosisbereich zu erwähnen. Die Initialdosis beträgt 1–2 mg/kg über 5–10 Minuten, gefolgt von einer Erhaltungsdosis von 1–15 mg/kg/Stunde unter EEG-Kontrolle (Aufrechterhaltung eines Burst-Suppression-Musters) (Brown und Levin 1998; Stecker et al. 1998).

Midazolam. Midazolam ist ein kurzwirksames, wasserlösliches Benzodiazepin (Wirkungseintritt nach 1–5 Minuten; Verteilungshalbwertszeit = 15 Minuten; Eliminationshalbwertszeit = 1,5–3,5 Stunden, bei älteren Patienten bis zu 10 Stunden), das ebenfalls erfolgreich in der Behandlung des therapierefraktären Status eingesetzt wurde. Im Vergleich zu den Barbituraten ergeben sich dabei wesentlich günstigere pharmakokinetische Eigenschaften (schneller Wirkungseintritt, gute Steuerbarkeit) und ein geringeres Nebenwirkungspotential, insbesondere die kardiovaskulären Effekte betreffend. An Nebenwirkungen wurden Singultus, Husten, Übelkeit und Erbrechen beschrieben. Die Initialdosis beträgt 0,2 mg/kg als Bolus, gefolgt von einer Erhaltungsdosis von 0,1–0,6 mg/kg/Stunde unter EEG-Kontrolle (Aufrechterhaltung eines Burst-Suppression-Musters) (Parent und Lowenstein 1994; Nordt und Clark 1997; Hanley und Kross 1998; Fountain und Adams 1999; Holmes und Riviello 1999).

6.6.15.12. Behandlung in der Prähospitalphase

Bei Schwierigkeiten mit einem peripher-venösen Zugang ergeben sich in der Prähospitalphase die folgenden Therapieoptionen:

- Midazolam:
  - intramuskulär: 0,15–0,3 mg/kg (5–10 mg) ⇒ Peak-Serumkonzentration nach 25 min, gleiche Effektivität wie intravenöses Diazepam (Chamberlain et al. 1997; Towne und DeLorenzo 1999)
  - bukkal bzw. sublingual: 10 mg ⇒ Peak-Serumkonzentration später, aber pharmakodynamischer Effekt nach 5–10 min (Scott et al. 1999);
- Diazepam:
  - rektal: 0,2–0,5 mg/kg ⇒ Peak-Serumkonzentration nach 10–20 min (Dreifuss et al. 1998);
- Fosphenytoin:
  - intramuskulär: 10–20 mg PE/kg ⇒ therapeutische Serumkonzentration (1 μg/ml freies Phenytoin) nach 24 Minuten, Nachteile: großes Injektionsvolumen; intramuskuläre Gabe nicht zugelassen für die Status-Behandlung.

6.6.15.13. Behandlung des Absencen-Status sowie des fokal-einfachen und fokal-komplexen Status

Prinzipiell werden diese Statusformen mit den gleichen Medikamenten behandelt wie der Grand-Mal Status (Benzodiazepine, Fosphenytoin, Valproinsäure), wobei nur im seltenen Fall eines therapieresistenten fokal-komplexen Status intensivmedizinische Maßnahmen bis zur Allgemeinnarkose erforderlich sind (Pohlmann-Eden und Szabo 1999).

7. Anfallsauslöser

Fritz Leutmezer

7.1. Alkohol und Alkoholentzug

In einer amerikanischen Untersuchung an fast 500 Patienten, die wegen eines epileptischen Anfalls in ein Schwerpunktkrankenhaus eingeliefert worden waren, war bei 41% ein (zumindest zeitlicher) Zusammenhang mit Alkoholkonsum nachweisbar (Earnest und Yarnell 1976), womit Alkohol, nicht zuletzt aufgrund seines häufigen Gebrauchs in unserem Kulturkreis, der wohl häufigste Anfallsauslöser sein dürfte.

Dementsprechend findet sich in der einschlägigen Literatur fast immer der Warnhinweis, dass Patienten mit Epilepsie Alkohol strikt meiden sollen, allerdings werden als Argument fast immer nur anekdotische Berichte über durch Alkohol provozierte Anfälle angeführt, systematische oder gar experimentelle Untersuchungen, die diese These untermauern, findet man kaum (Hoppener et al. 1983). Nach chronischem Alkoholkonsum fand man aber jedenfalls eine Steigerung der NMDA-Rezeptoren (Michaelis et al. 1990), ein Mechanismus, der für die Entstehung alkoholabhängiger epileptischer Anfälle entscheidend sein könnte. Darüber hinaus dürfte auch eine Zunahme der Kalziumkanäle nach chronischem Alkoholkonsum pathophysiologische Bedeutung für die Entstehung von Anfällen haben (Messing und Diamond 1993).

Bei Patienten mit gelegentlichem bzw. regelmäßigem, aber geringem Alkoholkonsum lassen sich aus experimentellen Untersuchungen keine Hinweise ableiten, dass Alkohol tatsächlich zu einer statistisch signifikanten Anfallshäufung führt (Mattson et al. 1975; Hoppener et al. 1983). Diese Ergebnisse schließen aber nicht aus, dass bei einzelnen (möglicherweise prädisponierten) Patienten Alkohol sehr wohl als Anfallsauslöser wirken kann. Auch für die häufig gemachte Beobachtung, dass Alkohol bei Patienten mit juveniler myoklonischer Epilepsie, juveniler Absence-Epilepsie und Aufwach-Grand-Mal-Epilepsie anfallsauslösend wirken kann (Delgado-Escueta und Enrile-Bacsal 1984), gibt es keine statistisch abgesicherten Daten aus großen Untersuchungen. Interessant scheint in diesem Zusammenhang auch die Tatsache, dass Lennox (1941) Anfälle im Anschluss an Alkoholkonsum häufiger bei Patienten mit fokaler als mit primär generalisierter Epilepsie gefunden hat. Ein generelles Alkoholverbot lässt sich daher aus den vorliegenden Daten nicht ableiten, im Gegenteil, es existieren auch Untersuchungen, die dem Alkohol eine potenziell antiepileptische Wirkung zuschreiben, nachdem sogar ein Rückgang epilepsietypischer EEG-Veränderungen bei Patienten nach geringem Alkoholkonsum nachgewiesen wurde (Mattson et al. 1975). Für die Praxis empfiehlt es sich daher individuell für jeden Patienten abzuklären, ob sich anamnestisch Hinweise für eine mögliche Anfallsprovokation durch Alkohol ergeben. Nur solchen Patienten sollte letztlich vom Genuss auch geringer Mengen Alkohols abgeraten werden.

Während also der Konsum geringer Mengen Alkohols, mit Ausnahme einer kleinen Gruppe in dieser Hinsicht besonders sensitiver Patienten, keine Gefährdung mit sich bringt, stellt der chronische Alkoholabusus einen prognostisch ungünstigen Faktor bei vorbestehender Epilepsie (Hauser et al. 1988), aber auch einen Risikofaktor für das Auftreten eines ersten generalisierten tonisch-klonischen Anfalls dar (Leone et al. 1997). Unter chronischen Alkoholikern liegt die Prävalenz epileptischer Anfälle bei 10% (Hauser 1990), wobei die häufigste Ursache der Alkoholentzug ist. Zudem sollten aber bei Patienten mit positiver Alkoholanamnese immer auch andere ätiologische Faktoren in Betracht gezogen werden, da nicht selten andere Ursachen (Tabelle 7.1) als der chronische Alkoholmissbrauch oder dessen plötzliches Absetzen für das Auftreten von Anfällen verantwortlich sind (McMicken und Freedland 1994).

Entzugsanfälle, die für etwa 50% aller alkoholassoziierten Anfälle verantwortlich sind (Earnest und Yarnell 1976), ereignen sich in 90% zwischen 6 und 48 Stunden nach der letzten Alkoholaufnahme, im Extremfall aber auch erst nach 7 Tagen und sind in der Regel generalisierte tonisch klonische Anfälle (Victor und Brausch 1967). Die Ursache alkoholischer Entzugsanfälle scheint in einer, nach Stimulation des $GABA_A$ Rezeptors einsetzenden, Desensitivierung dieser Rezeptoren durch den Alkohol zu liegen, was schließlich in einer

Tabelle 7.1. Ursachen alkoholassoziierter epileptischer Anfälle

- Alkoholentzug
- Schädel-Hirn-Trauma
- Neoplasien
- Metabolische Entgleisung
- Entzündliche ZNS-Erkrankungen (Meningitis/Enzephalitis, Abszess)
- Zusätzlicher Drogen- und Medikamentenmissbrauch
- Zerebrovaskuläre Erkrankungen
- Vorbestehende Epilepsie (wobei der Alkoholkonsum die Pharmakokinetik von Antiepileptika beeinflussen und so auf die Anfallshäufigkeit rückwirken kann)

Modifiziert nach: Cramer und Scheyer (1990)

vermehrten Aktivierung von NMDA Rezeptoren und damit in einem gesteigerten Kalziumeinstrom in die Zelle resultiert (Hoffman et al. 1992). Von einigen Autoren wurde postuliert, dass ein linearer Zusammenhang zwischen der Menge konsumierten Alkohols und der Anfallshäufigkeit bestehe, was für einen direkten toxischen Effekt des Alkohols spricht. Dem Alkoholentzug dagegen wurde nur in einem geringen Prozentsatz aller Patienten eine maßgebliche Rolle für das Auftreten der Anfälle beigemessen (Ng et al. 1988). Diese Hypothese wurde allerdings von anderen Autoren in Frage gestellt (Hauser et al. 1988; Leppik und Micks 1988), sodass letztlich bis heute keine Klarheit über die Ursache des bei chronischen Alkoholikern beträchtlich erhöhten Anfallsrisikos besteht.

Die Therapie alkoholinduzierter Anfälle sollte mit Benzodiazepinen erfolgen, da nicht nur die Anfälle selbst, sondern auch andere (v.a. mit dem Alkoholentzug assoziierte) Symptome damit gut beherrschbar sind (Adinoff et al. 1988). Die Effektivität von Phenytoin ist dagegen umstritten, seit in einer prospektiven, doppelblinden placebokontrollierten Studie zwar eine Tendenz zugunsten von Phenytoin im Vergleich zu Placebo, aber keine statistisch signifikanten Unterschiede gezeigt werden konnten (Alldredge et al. 1989). Sofern keine Anfallsserie oder Status epilepticus und außer dem Alkoholkonsum keine Hinweise für eine (andere) symptomatische Epilepsie vorliegen, sollte daher der Einsatz von Phenytoin zurückhaltend erfolgen, nicht zuletzt deshalb, weil auch die Compliance chronischer Alkoholiker oft ungenügend ist und damit die Gefahr einer Überdosierung besteht, ebenso wie die Möglichkeit der Auslösung von Anfällen nach plötzlichem Absetzen/Weglassen der Medikamente.

7.2. Emotionale Auslösefaktoren

Emotionaler Stress wird von Epilepsiepatienten am häufigsten unter allen Anfallsauslösern genannt (Garcia et al. 1997), experimentelle Arbeiten zu diesem Thema kommen jedoch zu keinen einheitlichen Ergebnissen, wobei eine methodische Schwierigkeit bereits in der Definition des Begriffes Stress liegt, der für unterschiedliche Menschen ganz unterschiedliche Dinge bedeuten kann.

In einer prospektivem Studie an 12 Patienten zeigte sich eine Korrelation zwischen dem Ausmaß an Stress und der Häufigkeit und/oder Schwere der Anfälle für jeden einzelnen Patienten (Temkin und Davis 1984). In einer vergleichbaren Untersuchung, in der aber mögliche andere Einflussvariablen wie Alkoholkonsum, Schlafqualität und -dauer, Compliance hinsichtlich der Medikamenteneinnahme und Menstruationszyklus berücksichtigt wurden, fand sich eine solche Korrelation aber nur mehr bei 14% aller Patienten (Neugebauer et al. 1994). Schließlich konnte in einer Studie an Epilepsiepatienten, die während des Golfkrieges einer massiven Stressbelastung durch Raketenangriffe ausgesetzt waren, überhaupt kein statistisch signifikanter Anstieg der Anfallshäufigkeit oder -schwere nachgewiesen werden (Neufeld et al. 1994).

7.3. Medikamente

Prinzipiell muss man 3 Gruppen von Medikamenten unterscheiden, die anfallsauslösend wirken können:

7.3.1. Drogen

Drogen können Anfälle unabhängig von der Dosis und der Art der Aufnahme auslösen und zwar sowohl nach der ersten Einnahme als auch bei chronischem Missbrauch. Die am häufigsten anfallsauslösende Droge ist Kokain, das bei 4–8% aller Patienten Anfälle hervorruft (Alldredge et al. 1989) und seine Wirkung über die präsynaptische Hemmung der Wiederaufnahme von Noradrenalin, Dopamin, Serotonin und Acetylcholin entfaltet, gefolgt von PCP (Phencyclidin, angel dust), das in Abhängigkeit von der Dosierung sowohl erregende als auch hemmende Wirkung auf das ZNS entfalten kann. Ebenfalls zu dieser Gruppe zählen die Amphetamine (und eines seiner Metaboliten, 3,4-MDMA – „ecstasy"), die ihre Wirkung über das noradrenerge und dopaminerge Transmittersystem entfalten, sowie Heroin und Opiate, die normalerweise dämpfend auf das ZNS wirken, in hoher Dosierung aber Anfälle provozieren. Schließlich können auch organische Lösungsmittel, die gelegentlich als Suchtmittel Verwendung finden, Anfälle auslösen, die klinisch als Temporallappenanfälle imponieren (Jacobsen et al. 1994). Für Marihuana und LSD dagegen konnte bisher keine anfallsfördernde Wirkung nachgewiesen werden (Brust et al. 1992), treten dennoch Anfälle auf, sollte das immer den Verdacht auf zusätzlichen Konsum anderer Drogen oder das Vorhandensein möglicher anderer Ursachen epileptischer Anfälle lenken.

7.3.2. Medikamente

Zu den Medikamenten, deren Entzug Anfälle provozieren kann, gehören im Wesentlichen Benzodiazepine, Barbiturate und andere Sedativa und Hypnotika, meist nach langjährigem Gebrauch und plötzlichem Absetzen. Aber auch Opiate, Amphetamine, Flumazenil und Baclofen können zu Entzugsanfällen führen. Darüber hinaus können Entzugsanfälle nach plötzlichem Absetzen von Antiepileptika auftreten. In einer Untersuchung an 55 Patienten, die wegen eines ersten epileptischen Anfalls eine Notfallabteilung aufgesucht hatten, wurde bei etwa einem Drittel ein Entzugsanfall nach Narkotikamissbrauch vermutet (Wijdicks und Sharbrough 1993).

Arzneimittel im eigentlichen Sinn wurden zwar in großer Zahl als potenziell anfallsauslösend beschrieben, absolut betrachtet sind epileptische Anfälle als Komplikation einer medikamentösen Behandlung aber selten. So traten in einer Bostoner Studie epileptische Anfälle nur bei 0,08% von insgesamt fast 33.000 Patienten auf, die wegen möglicher Medikamentennebenwirkungen monitiert wurden (Porter und Jick 1977). Darüber hinaus ist die Interpretation einer solchen Studie schwierig, da in vielen Fällen die zugrunde liegende Erkrankung, die den Anlass für eine medikamentöse Therapie darstellt, ebenfalls eine Ursache für das Auftreten von Anfällen sein kann. Eine detaillierte Übersicht über die in Österreich im Handel befindlichen Medikamente, welche (möglicherweise) anfallsauslösend wirken können, findet sich in Tabelle 7.2, wobei auf folgende Aspekte besonders hingewiesen werden soll:

- Bei zahlreichen dieser Medikamente traten Anfälle nur extrem selten bei adäquater Dosierung auf, meist lag die Inzidenzrate nicht über jener der Normalbevölkerung, sodass nicht mit Sicherheit geschlossen werden kann, ob der Anfall im kausalen oder bloß zufälligem, zeitlichem Zusammenhang mit der Medikamenteneinnahme auftrat.
- Bei einer zweiten Gruppe von Medikamenten traten Anfälle nur bei extrem hoher Dosierung auf, wie sie in der Praxis eigentlich nur bei Intoxikationen im Rahmen eines Suizidversuches erreicht werden (dies gilt beispielsweise für die nichtsteroidalen Antirheumatika, wo Anfälle erst ab einer Dosis von über 400mg/kg KG als Einmalgabe auftraten).
- Wieder andere Medikamente wirken nur dann anfallsauslösend, wenn sie falsch oder zu rasch appliziert werden oder ihre Metabolisierung durch eine vorbestehende Organerkrankung beeinträchtigt wird.
- Nur eine kleine Gruppe von Medikamenten schließlich kann auch bei korrekter Verabreichung Anfälle provozieren, diese Substanzen sind in der Tabelle besonders gekennzeichnet. Doch auch bei ihnen besteht in der Regel keine absolute Kontraindikation für die Verabreichung bei Patienten mit Epilepsie, man sollte, wenn gleichwertige Ausweichpräparate fehlen, lediglich auf eine suffiziente antiepileptische Medikation achten und eine möglichst niedrige Dosis sowie Applikationsgeschwindigkeit anstreben.
- Schließlich stellt auch eine positive Familienanamnese für Epilepsie oder eine vorbestehende System- oder ZNS-Erkrankung einen ungünstigen Faktor bezüglich Anfallsauslösung dar.

Medikamenteninduzierte Anfälle sind in der Mehrzahl generalisierte Anfälle, lediglich 4% manifestieren sich als fokal komplexe Anfälle. In diesem Fall sollte man immer besonders genau morphologische Läsionen im ZNS als mögliche Ursache der Anfälle ausschließen. Während die überwiegende Zahl solcher Anfälle selbstlimitierend verläuft, tritt in immerhin 15% ein Status epilepticus mit all seinen möglichen Komplikationen (Messing et al. 1984) auf. Medikamenteninduzierte Anfälle, die einer spezifischen Therapie bedürfen, sind in Tabelle 7.3 zusammengefasst.

Tabelle 7.2. Medikamente, die epileptische Anfälle auslösen können (unterstrichene Substanzen weisen ein ernstzunehmendes Risiko bzgl. Anfallsprovokation auf)

Gruppe/Substanz	Bemerkungen
Acetazolamid	
Adrenerge Substanzen	nur bei Überdosierung i.R. zu rascher i.v.-, nicht bei oraler Gabe
Albendazol	
Allgemeinanästhetika	Enfluran (klinisch und EEG-dokumentierte Anfälle wurden beobachtet, v.a. bei zu tiefer Narkose oder gleichzeitiger Hypokapnie), Ethomidat, Halothan, Ketanest (nur bei 25-facher Überdosierung beschrieben), Methohexital, Propofol
Aluminiumhältige Antacida	führen nur bei chron. Anwendung im Rahmen einer Aluminiumencephalopathie selten zu Anfällen
Anexate	Sowohl bei rascher i.v. Applikation als auch in Form von Entzugsanfällen bei Kombinationstherapie mit Benzodiazepinen
Antiarrhythmika	Ajmalin, Chinidin, Flecainid, Mexiletin, Lidocain, Propafenon (bei Überdosierung), Digitalispräparate, Betablocker (Überdosierung), Disopyramid
Antibiotika[1]	Betalactamantibiotika, Sulfonamide, Aminoglykoside, Chinolonderivate
Anticholinergika	Chlorambucil (bei Kindern mit nephrotischem Syndrom sind generalisierte Anfälle möglich, bei Erwachsenen fokale Anfälle)
Antidepressiva[2]	Trizyklische AD, selektive SSRI, Mirtazapin, Desipramin, Imipramin, Maprotilin, Mianserin, Nefazedon, Nortryptilin; bisher nicht beschrieben bei Milnacipran und Moclobemid

[1] Fast alle Antibiotika wurden in Zusammenhang mit der Auslösung epileptischer Anfälle gebracht, wobei ein kausaler Zusammenhang teilweise schwierig nachzuweisen ist, da diese Medikamente häufig bei Patienten mit ZNS- oder systemischen Infektionen verabreicht werden, die per se schon mit einer höheren Anfallswahrscheinlichkeit assoziiert sind. Dass die Applikationsart eine entscheidende Rolle spielt, stellte sich heraus, als mit Verlassen der intrathekalen Verabreichung auch die Häufigkeit von Anfällen drastisch zurückging, eine Tendenz, die bei oraler Gabe noch stärker zutage tritt (Edwards und Kellsey 1950; Porter und Jick 1977). Die wahrscheinlich stärkste prokonvulsive Tendenz besitzen die Penicilline, deren lokale ZNS-Applikation reproduzierbar zu Anfällen führt (Gutnick et al. 1976), was schließlich in der Etablierung eines Tiermodells der menschlichen Epilepsie gemündet hat. Cephalosporinen konnte im Tierexperiment eine ähnlich starke prokonvulsive Wirkung nachgewiesen werden, in der klinischen Praxis finden sich Anfälle jedoch nur nach exzessiv hohen Dosen oder bei Nierenversagen ohne entsprechender Dosisanpassung

Tabelle 7.2 (Fortsetzung)

Gruppe/Substanz	Bemerkungen
Antidiabetika	Insuline, Biguanide, Sulfonylharnstoffe und Carbamoylmethylbenzoesäurederivate können i.R. einer Hypoglykämie anfallsprovozierend wirken, nicht aber Alpha-Glucosidasehemmer
Antiepileptika[3]	
Antihistaminika	Nur bei systemischer Applikation im Rahmen einer intravenösen Überdosierung
Antimykobakterielle Substanzen	Isoniazid (eine der wenigen Substanzen für die ein kausaler Zusammenhang pathophysiologisch – über eine Hemmung von Enzymen, die an der GABA-Synthese beteiligt sind – nachgewiesen wurde (Wood und Peesker 1972)), Rifabutin
Antimykotika	Amphotericin B, Fluconazol (nur bei i.v. Applikation, kausaler Zshg. nicht gesichert), Itraconazol, Miconazol
Antineoplastische Substanzen	Idarubicin, Ifosfamid, Busulfan, Chlorambucil, platinhältige Verbindungen, Methotrexat, Paclitaxel, L-Asparaginase (kann über einen Antithrombin III-Mangel eine Sinusvenenthrombose und in der Folge symptomatische Anfälle auslösen [Feinberg und Swenson 1988])
Antipsychotika[4]	Phenothiazine, Butyrophenone, Thioxanthene, Oxazepine, Thiazepine, Benzamide, Lithiumpräparate, Risperidon, Prothipendyl und Zotepin wurden in Zusammenhang mit dem Auftreten von Anfällen gebracht. Dezidiert meiden sollte man Clozapin, da es bei einer Behandlungsdauer von knapp vier Jahren bei 10% aller Patienten zum Auftreten eines oder mehrerer Anfälle kam (Devinsky et al. 1991). Für Indolderivate wurde bisher kein Fall einer möglichen Anfallsauslösung berichtet.

(Bechtel et al. 1980). Ähnliches gilt für Quinolonpräparate (Fraser und Harrower 1977).

Trotzdem sollte eine vorbestehende Epilepsie oder ein erstmals aufgetretener Anfall, ebenso wenig wie ein Status epilepticus Anlass sein, dem Patienten ein (aufgrund eines vorliegenden Antibiogramms oder im Rahmen einer pragmatischen Therapie ausgewähltes) Antibiotikum aus Angst vor einer möglichen Anfallsexazerbation vorzuenthalten. Es empfiehlt sich lediglich und vor allem bei der ersten Verabreichung ein kontinuierliches Herz-Kreislauf-Monitoring sowie eine nicht zu rasche Applikation in einer möglichst niedrigen Dosis.

[2] In therapeutischer Dosierung treten epileptische Anfälle nur selten auf, von den trizyklischen Antidepressiva sollten aber Maprotilin und Bupropion gemieden werden, da sie mehr als andere trizyklische Substanzen in Zusammenhang mit dem Auftreten von Anfällen gebracht wurden (Zaccara et al. 1990). Selektive Serotonin-Wiederaufnahme-Hemmer dürften ein extrem geringes Risiko darstellen, jedenfalls

Tabelle 7.2 (Fortsetzung)

Gruppe/Substanz	Bemerkungen
Antivirale Substanzen	Aciclovir, Ganciclovir (Einzelfallberichte, ein kausaler Zusammenhang ist nicht gesichert), Saquinavir
Anxiolytika	Hydroxyzin
Atropin	
Baclofen	bei oraler wie intrathekaler Applikation, auch Entzugsanfälle
Betarezeptorenblocker	gelegentlich in Zusammenhang mit Anfallsauslösung, allerdings wurde die Diagnose immer klinisch gestellt, sodass nicht ausgeschlossen werden kann, dass auch konvulsive Synkopen darunter waren
Bupropion	das neuerdings als unterstützende Maßnahme bei Raucherentwöhnung zugelassene Medikament kann bereits in der empfohlenen Dosierung Anfälle auslösen, das Risiko steigt bei Überdosierung exponentiell an; kontraindiziert bei vorbestehender Epilepsie oder Anfallsneigung
Colchicin	
Chloroquin	siehe Kap. Reisen
Deferoxamin	sowohl per se als auch in Kombination mit einer Aluminiumencephalopathie
Disulfiram	häufig bei gleichzeitigem Alkoholkonsum, selten auch ohne
Dopaminerge Substanzen	L-Dopa, Dopamin und Dobutamin
Erythropoietin	Anfälle i.R. eines akuten Fieberschubes, aber auch gen. ton.-klon. Anfälle ohne Temperaturerhöhung

traten bei Patienten, die Fluoxetin einnahmen, nur in 0,2% epileptische Anfälle auf, ein Risiko, das mit einer nicht therapierten Kontrollgruppe vergleichbar ist. Gleiches dürfte ersten Erfahrungen zufolge auch für die kombinierten Noradrenalin-Serotonin-Wiederaufnahme-Hemmer gelten (Weber 1989). MAO-Hemmer wiederum scheinen nur bei hypertonen Krisen im Rahmen einer Tyramineinnahme ein anfallsauslösendes Potenzial zu besitzen (Lieberman et al. 1985; Henry und Martin 1987).

[3] Neben einer Anfallshäufung nach plötzlichem Absetzen von Antiepileptika, die weiter oben Erwähnung findet, gibt es Berichte über eine (paradoxe) Anfallsexazerbation nach einer Überdosierung von Carbamazepin und Phenytoin (Itil und Soldatos 1980; Krämer und Hopf 1987). Tiagabin wurde verdächtigt, in Einzelfällen einen nicht-konvulsiven Status epilepticus auslösen zu können (Ettinger et al. 1999; Knake et al. 1999). Darüberhinaus scheinen Carbamazepin (Snead und Hosey 1985) und Phenytoin (Levy und Fenidel 1965), aber auch Vigabatrin und Gabapentin bereits im

Tabelle 7.2 (Fortsetzung)

Gruppe/Substanz	Bemerkungen
Immunsuppressiva/ Immunmodulatoren	Cyclosporin (bei Erstmanifestation von Anfällen unter Therapie immer MRT zum Ausschluss opportunistischer Infekte und cyclosporininduzierter Veränderungen der weißen Substanz), Muromonab-CD3, Glukokortikoide (nur Einzelfallberichte bei i.v. Applikation meist i.R. eines vorbestehenden Organversagens), alpha-Interferon (etwa 1% aller wegen Hepatitis mit IFN-alpha behandelten Patienten entwickelten generalisierte Anfälle (Shakil et al. 1996)), kein Zusammenhang mit Anfällen fand sich bisher bei Applikation von IFN-beta
Impfstoffe	Siehe Kapitel Reisen und Schutzimpfungen
Isotretionin	
Lokalanästhetika	v.a. nach irrtümlicher intravenöser Applikation; extrem selten auch nach oraler oder subkutaner Gabe, wobei hier ein kausaler Zusammenhang ebenso wenig gesichert ist wie die Tatsache, dass es sich wirklich um epileptiforme Ereignisse gehandelt hat (Pelter et al. 1989). In normaler Dosis besteht für Lidocain auch ein antiepileptischer Effekt, der in der Behandlung des Status epilepticus genutzt wurde (Pascual et al. 1988).
Methylphenidat	
Metronidazol	
Migränemittel	selektive 5HT1-Rezeptor-Agonisten („Triptane")
nichtsteroidale Antirheumatika[5]	
Opioidhältige Substanzen	sowohl Analgetika als auch Antitussiva u.a.
Pentoxifyllin	nur bei akuter Überdosierung

Normaldosisbereich Absencen auslösen zu können (Genton 2000). Lamotrigin steht im Verdacht myoklonische Anfälle auslösen zu können.

[4] Phenothiazine können – auch in mäßiger Dosis verabreicht – Anfälle bei Patienten mit negativer Anfallsanamnese in bis zu 10% auslösen und zwar in einer dosisabhängigen Weise, wobei die Piperazinpräparate diesbezüglich etwas günstiger eingestuft werden können (Logothetis 1967). Nach Möglichkeit sollte den Butyrophenonen der Vorzug gegeben werden, da insbesondere das Haloperidol eine geringere anfallsauslösende Potenz besitzen dürfte (Remick und Fine 1979). Von den neueren Antipsychotika wurde für Clozapin ein Zusammenhang mit der Auslösung von Anfällen dokumentiert, so trat bei 10% aller Patienten im Verlauf einer vierjährigen Therapie zumindest einmal ein epileptischer Anfall auf (Devinsky et al. 1991).

[5] Fast alle nichtsteroidalen Analgetika/Antirheumatika/Antiphlogistika wurden in Einzelfallberichten mit dem Auftreten eines Anfalls in Zusammenhang gebracht (Hall et al. 1986). In den meisten Fällen erfolgte aber weder eine klinisch-neurologi-

Tabelle 7.2 (Fortsetzung)

Gruppe/Substanz	Bemerkungen
Pergolid	
Pethidin	
Physostigmin	
Röntgenkontrastmittel	manchmal bei zerebraler Angiographie, selten (< 0,2%) auch bei i.v. Gabe (Nelson et al. 1989); das Risiko steigt bei Patienten mit ZNS-Metastasen auf rund 15% an (McCarron et al. 1981)
Schilddrüsen-hormonpräparate	
Sympathomimetika	Ephedrin
Terbutalin	
Tetracosactacid	
Theophyllin	akute Intoxikationen gehen meist mit Übelkeit, Erbrechen, abdominellen Schmerzen und Tremor einher, während bei chronischer Intoxikation häufig der Anfall das zunächst einzige Symptom darstellt (Cooling 1993)
Verapamil	lediglich ein Fall mit Myoklonien

sche Beurteilung der Anfallssemiologie noch existieren EEG-Aufzeichnungen, sodass offen bleiben muss, ob tatsächlich immer epileptische Anfälle vorgelegen haben. Darüber hinaus traten Anfälle fast ausschließlich in einem Dosisbereich von über 400mg/kg KG auf, der weit jenseits jedes therapeutischen Bereiches liegt und in diesem Ausmaß eigentlich nur versehentlich oder in suizidaler Absicht erreicht werden kann. Eine Ausnahme bildet lediglich die Mefanaminsäure, die bei o.a. Dosierung in bis zu 30% Anfälle auslösen kann. Bei den üblicherweise verwendeten Dosierungen bestehen aber keinerlei Bedenken hinsichtlich der Anwendung bei Patienten mit Epilepsie (Smolinske et al. 1990).

Tabelle 7.3. Medikamenteninduzierte Anfälle, die einer spezifischen Therapie bedürfen

Isoniazid	meist schlechtes Ansprechen auf Antiepileptika, daher Pyridoxin in gleicher Dosis zugeben
Theophyllin	schlechtes Ansprechen auf Antiepileptika kann Hämodialyse notwendig machen
Meperidin	(in Österreich nicht gebräuchliches Allgemeinanästhetikum); Anfälle, die durch den Metaboliten Normeperidin ausgelöst werden, sollen nicht wie sonst üblich mit Naloxon behandelt werden, da dies zu einer Verstärkung der prokonvulsiven Wirkung führt

Modifiziert nach: Garcia und Alldredge (1994)

7.4. Müdigkeit und Anstrengung

Untersuchungen zu diesem Thema lassen keine konklusiven Schlussfolgerungen zu. So wurde in einer Studie ein anfallsprotektiver Effekt für körperliches Training postuliert (Denio et al. 1989), andere Arbeiten kommen zu dem Schluss, dass der Abfall des pH-Wertes und des Basenüberschusses, wie er nach Ende einer körperlichen Belastung vorkommen kann, die Anfallsschwelle herabsetzt (Kuijer 1980). Allerdings konnte ein solcher Effekt in keiner kontrollierten Studie an Patienten nachgewiesen werden, sodass man davon ausgehen kann, dass körperliche Betätigung (vielleicht mit Ausnahme von Hochleistungssport) keine Gefährdung für Patienten mit Epilepsie darstellt und aufgrund der zahlreichen positiven Effekte auf die psychische und physische Verfassung unbedingt empfohlen werden soll.

7.5. Schlaf- und Schlafentzug

Schlafentzug kann bei Patienten mit fokaler Epilepsie das Auftreten interiktaler epileptiformer Entladungen um 30–70% erhöhen und ist damit v.a. nach mehreren unauffälligen Routine-EEGs ein nützliches diagnostisches Hilfsmittel (Veldhuizen et al. 1983; Ellingson et al. 1984). Außerdem dürfte Schlafentzug, besonders in Kombination mit Alkoholkonsum, bei manchen Epilepsiepatienten auch für das gehäufte Auftreten von Anfällen verantwortlich sein. Die Kombination aus Schlafentzug, Müdigkeit und Alkoholkonsum wurde darüber hinaus auch bei Menschen ohne Epilepsie in Zusammenhang mit dem Auftreten von Gelegenheitsanfällen überzufällig häufig gefunden (Friis 1990). In einer prospektiven Längsschnittstudie konnte ein statistisch signifikanter Zusammenhang zwischen Stress und Schlafentzug auf der einen und der Frequenz von Anfällen auf der anderen Seite hergestellt werden (Neugebauer et al. 1994). Während bei vielen (vor allem fokalen) Epilepsien der Schlafentzug nur bei einer kleinen Gruppe prädisponierter bzw. besonders sensitiver Patienten anfallsauslösend wirkt, und Empfehlungen hinsichtlich eines regelmäßigen und ausreichenden Schlafes nur bei entsprechend positiver Anamnese notwendig sind, stellt der Schlafentzug, ebenso wie plötzliches Aufwecken aus dem Schlaf, bei Patienten mit generalisierter Epilepsie (und hier insbesondere bei der juvenilen myoklonischen Epilepsie (Dreifuss 1989), der juvenilen Absence-Epilepsie und der Aufwach-Grand-Mal-Epilepsie) einen häufig anzutreffenden Anfallsauslöser dar. Seine Vermeidung sollte daher ein fixer Bestandteil des Therapiekonzeptes bei diesen Epilepsiesyndromen sein.

8. Fertilität und Schwangerschaft

Susanne Aull-Watschinger

8.1. Grundproblematik

Einerseits beeinflussen Antiepileptika und epileptische Anfälle, insbesondere bei mesialer Temporallappenepilepsie, endokrine Funktionen, andererseits wird das Auftreten epileptischer Anfälle durch zyklusbedingte hormonelle Schwankungen begünstigt. Störungen der Reproduktion und Fertilität treten bei Frauen und Männern mit Epilepsie im Vergleich zur Normalpopulation deutlich häufiger auf.

8.2. Einfluss der Epilepsie und Antiepileptika auf die Fertilität bei Frauen

50% der Frauen mit Epilepsie haben Dysfunktionen betreffend die Reproduktion mit Menstruationsstörungen wie Amenorrhoe, Oligomenorrhoe, abnorm verkürzten oder verlängerten Menstruationszyklen, Menometrorrhagien und gynäkologischen Störungen wie anovulatorischen Zyklen, polyzystischen Ovarien (PCO) und polyzystischem Ovarien-Syndrom (PCOS) (Cogen et al. 1979; Herzog et al. 1986; Bilo et al. 1988; Isojärvi et al. 1993; Morrell et al. 1997b). Bei 50% der Patientinnen mit Temporallappenepilepsie bestehen Menstruationsstörungen (Morrell et al. 1997b). Bei diesen Frauen liegt die Frequenz anovulatorischer Zyklen (35%) wesentlich höher als bei Frauen, die an idiopathischer generalisierter Epilepsie leiden, 14–20% der Frauen mit Temporallappenepilepsie haben eine Amenorrhoe (Cummings et al. 1995). Die Fertilität bei Frauen mit Epilepsie ist im Vergleich zur Normalpopulation um 15–30% niedriger (Dansky et al. 1980; Webber et al. 1986; Schupf und Ottman 1994; Wallace et al. 1998a). Frauen, die an idiopathischer generalisierter Epilepsie leiden, haben die gleiche Fertilitätsrate wie Frauen ohne epileptische Anfälle (Webber et al. 1986).

Die Temporallappenepilepsie beeinflusst die hypothalamisch-hypophysäre Achse über enge Verbindungen des limbischen Systems zu hypothalamischen Zentren, die die Regulation, Produktion und Sekretion des Gonadotropin-Releasinghormons (GnRH) steuern. Bei Frauen mit Epilepsie finden sich abnorme Serum-Werte von Gonadotropin, Prolaktin sowie eine veränderte LH-Freisetzung auf GnRH (Herzog et al. 1982, 1986). Anfallsaktivität im mesialen Temporallappen kann entweder durch Anstieg des GnRH mit konsekutivem Anstieg von LH und Abfall von FSH zur Entwicklung eines polyzystischen Ovars (PCO) führen oder durch einen Abfall des GnRH mit nachfolgendem Abfall von LH bei normalem FSH die Ausbildung eines hypogonadotropen Hypogonadismus (HH) bewirken. Beide Veränderungen verursachen einen Abfall von Progesteron, was sich wiederum anfallsfördernd auswirken kann. PCO ist mit linksseitiger Temporallappenepilepsie, HH mit rechtsseitiger Temporallappenepilepsie assoziiert (Herzog 1993).

Polyzystische Ovarien (PCO), polyzystisches Ovarien-Syndrom (PCOS) und Valproinsäure. Kontroversiell wird der Zusammenhang zwischen dem Auftreten eines PCOS und einer Valproinsäure-Medikation diskutiert. Das PCOS ist definiert durch obligate Befunde wie

- Oligo-/Amenorrhoe,
- Hyperandrogenämie und
- mittels vaginalem Ultraschall dokumentierte polyzystische Ovarien
  - bilaterale Vergrößerung der Ovarien > 9 ml im Volumen,
  - 10 oder mehr Follikel mit 2–10 mm Durchmesser pro Ovar,
  - vermehrtes und verdichtetes Stroma sowie

fakultative Befunde wie Fertilitätsstörung, Hirsutismus, Alopezie, Akne, Übergewicht, erhöhter LH/FSH-Quotient, erhöhte LH-Serumkonzentration, abnorme Lipidprofile, Insulinresistenz und Hyperinsulinismus (Franks 1995).

Eine mögliche Erklärung für das Auftreten eines PCOS unter Valproinsäure-Medikation ist die Hemmung des Abbaus von Testosteron zu Östradiol durch fehlende Enzyminduktion in der Leber. Als anderer Mechanismus ist die Zunahme der Fettmasse und des Body-Mass-Index zu diskutieren, was wiederum eine vermehrte Bildung von „Insulin Growth Factor 1" mit nachfolgender erhöhter Testosteronbildung im Ovar bewirken würde (Bauer und Krämer 2000). Bei Vorliegen von polyzystischen Ovarien, die bei 20% der Normalpopulation gefunden werden, und/oder Hyperandrogenämie darf allerdings nicht zwangsläufig auf ein PCOS geschlossen werden (Franks 1995; Knochenhauser et al. 1998). Es wurde über ein vermehrtes Auftreten von polyzystischen Ovarien und Hyperandrogenämie (43%) unter Valproinsäure-Medikation berichtet, besonders negativ soll sich dabei ein Therapieeinsatz vor dem 20. Lebensjahr auswirken (Isojärvi et al. 1993). Nach Absetzen von Valproinsäure und Wechsel auf Lamotrigin kann zumeist eine Normalisierung des Menstruationszyklus, wahrscheinlich durch Reduktion des Gewichtes, erzielt werden (Isojärvi et al. 1998). Andere Untersuchungen konnten die hohe Prävalenz eines PCOS unter Valproinsäure nicht bestätigen, berichteten vielmehr über eine mit einer Normalpopulation vergleichbare Inzidenz, zudem konnten auch keine signifikanten Unterschiede in der Häufigkeit eines PCOS bei Patientinnen unter Valproinsäure im Vergleich zu solchen unter Carbamazepin gefunden werden (Bauer et al. 2000).

Empfehlungen. Bei der Betreuung von Frauen mit Epilepsie ist es unerlässlich vor Behandlungsbeginn bzw. regelmäßig bei laufender Medikation eine exakte Anamnese bezüglich Menstruationsunregelmäßigkeiten durchzuführen. Folgendes Procedere wird empfohlen (Bauer et al. 2000): bei bestehenden Zyklusanomalien ist eine Abklärung eines eventuellen PCOS anzuschließen. Sollten sich Menstruationsstörungen erst während einer neu initiierten Therapie manifestieren, sind gynäkologische Untersuchungen ebenfalls indiziert. Sollte ein PCOS bei erhöhtem Body-Mass-Index > 25 kg/m^2 unter Antiepileptikatherapie festgestellt werden, sollte zunächst eine Gewichtsreduktion angestrebt werden. Gelingt dies nicht, sollte die antikonvulsive Medikation umgestellt werden. Bei Persistenz der Zyklusunregelmäßigkeiten ist eine hormonelle Behandlung anzuschließen. Eine enge Zusammenarbeit mit dem behandelnden Gynäkologen ist selbstverständlich.

8.3. Hormoneller Einfluss auf das Anfallsleiden (Katameniale Epilepsie)

Bei der katamenialen Epilepsie kommt es in Abhängigkeit vom Menstruationszyklus zu einer Zunahme der Anfälle. Es werden 3 Zeitspannen unterschieden, in denen die Anfallsfrequenz um mehr als das Doppelte im Vergleich zum übrigen Zyklus erhöht sein kann: (1) 3 Tage vor und die ersten 2–3 Tage während der Menstruation, (2) in der Mitte des Zyklus vor der Ovulation, (3) zwischen Tag 10 des einen und Tag 2 des darauffolgenden Zyklus (Herzog 1991).

Als Mechanismen werden für die erste Zyklushälfte die prokonvulsive, exzitatorische Wirkung von Östrogen, die zur Anfallshäufung führen kann, diskutiert, in der Proliferationsphase entfaltet Progesteron seine antikonvulsive Wirkung. In weiterer Folge kann der Abfall der Hormone prämenstruell eine Zunahme der Anfallsfrequenz bewirken. Gleichsinnig beeinflusst das Sinken der Serumspiegel der Antikonvulsiva prämenstruell die Anfallsfrequenz negativ (Shavit et al. 1984; Rosciszewska et al. 1986). Bei Frauen mit insuffizienter lutealer Phase mit niedriger Progesteron-Sekretion konnte durch Gabe von Progesteron eine deutliche Reduktion der Anfallsfrequenz herbeigeführt werden (Herzog et al. 1986, 1991). Eine Reduktion der Anfallsfrequenz um 72% konnte durch eine Progesteron-Therapie bei Frauen mit katamenialer Epilepsie ohne endokrinologische Veränderungen erzielt werden (Herzog 1995). Die optimale Tagesdosis beträgt Progesteron 200–600 mg als Vaginalovula aufgeteilt in 2–3 Tagesdosen. Auch über die Effektivität von Azetazolamid, synthetischem Progestin, Clomiphen und synthetischen Gonadotropin-Releasing-Hormon-Analoga wurde berichtet, ebenso wurde die Anpassung der

Antiepileptikadosierung an den Zyklus, d.h. passagere Erhöhung der Dosis bei Anfallshäufung, und die perimenstruelle Gabe von Benzodiazepinen empfohlen, allerdings liegen für sämtliche oben angeführten therapeutischen Versuche lediglich unkontrollierte Studien mit kleinen Fallzahlen vor (Zahn 1999).

8.4. Orale Kontrazeptiva

Durch Einnahme von enzyminduzierenden Antiepileptika (Carbamazepin, Phenytoin, Phenobarbital, Primidon, Oxcarbazepin, Topiramat) kann der Schutz der Pille durch beschleunigten Abbau und geänderte Proteinbindung herabgesetzt werden („Versagerrate" 3,1/100 Frauenjahre im Vergleich zu 0,7/100 Frauenjahre bei Frauen, die keine enzyminduzierenden Medikamente einnehmen). Zwischenblutungen können für einen verminderten kontrazeptiven Schutz sprechen, die Patientinnen müssen diesbezüglich unbedingt aufgeklärt werden. Die derzeit vorwiegend eingesetzten oralen Kontrazeptiva mit einem Östrogengehalt ≤ 35 µg weisen eine höhere Versagerquote auf, es werden deshalb Präparate mit höherem Östrogengehalt (≥ 50 µg) und die Verordnung nicht-enzyminduzierender Antiepileptika empfohlen (Guberman 1999). Zusätzliche Barrieremethoden sind ebenfalls anzuraten.

8.5. Schwangerschaft (Tabelle 8.1)

8.5.1. Anfallsfrequenz während der Schwangerschaft

Bei bis zu einem Drittel der Frauen kommt es während der Schwangerschaft zu einer Zunahme der Anfallsfrequenz (Knight und Rhind 1975; Schmidt et al. 1983; Gjerde et al. 1988; Cantrell et al. 1997). Als Gründe dafür werden die schwangerschaftsbedingt geänderte Pharmakokinetik der Antiepileptika (Änderungen der Proteinbindung, erhöhter Metabolismus in der Leber), verminderte Compliance aus Angst vor der Teratogenität der Antiepileptika, erhöhte Östrogenspiegel, eine geänderte Magenmotilität sowie vermehrte Übelkeit und Erbrechen diskutiert (Yerby et al. 1992). Es gibt keinen sicheren Prädiktor über die voraussichtliche Anfallsfrequenz während einer Schwangerschaft – Dauer des Anfallsleidens, Anfallsart und Verläufe früherer Schwangerschaften ermöglichen keine verlässliche Aussage (Zahn et al. 1998). Generalisierte tonisch-klonische Anfälle der Mutter können durch abdominelle Traumen zu einer direkten Schädigung des Kindes bzw. hypoxisch-ischämisch durch eine verminderte plazentare Perfusion zu einer sekundären Schädigung des Kindes führen (Zahn et al. 1998).

Tabelle 8.1. Richtlinien für Frauen mit Epilepsie während der Schwangerschaft

Anfallsfrequenz	bei 1/3 der Frauen Zunahme der Anfallsfrequenz; *keine Prädiktoren!*
Schwangerschafts- und perinatale Komplikationen	2-fach erhöhtes Risiko für Hyperemesis gravidarum, vaginale Blutungen, Präeklampsie, vorzeitige Wehen und Wehenschwäche; 2-fach erhöhte Sectiorate
Kindliche Komplikationen	2–3-fach erhöhtes Missbildungsrisiko; 2,8-fach erhöhtes Risiko eines erniedrigten Geburtsgewichts; 3,7-fach erhöhtes Risiko für niedrigen Apgar-Score und Asphyxie; 2–3-fach erhöhtes Risiko, selbst an einem Anfallsleiden zu erkranken; schwere innere Blutungen innerhalb der ersten 24 Stunden post partum wegen Mangel an Vitamin-K abhängigen Gerinnungsfaktoren
Antiepileptika	*ideal:* Monotherapie mit einem Antiepileptikum der 1. Wahl in der niedrigst möglichen Dosis; bei guter Anfallskontrolle keine Indikation für Wechsel der Antiepileptika vor/während einer Schwangerschaft, da Inzidenz der Missbildungen für verschiedene Antiepileptika vergleichbar; *Ausnahme:* Valproinsäure und Carbamazepin bei positiver Familienanamnese und Auftreten von Neuralrohrdefekten in vorangegangenen Schwangerschaften. Wechsel nur *vor* Eintritt, nicht während einer Schwangerschaft
Pränatale Diagnostik	*16.–18. SSW:* Ultraschall, α-Fetoproteinbestimung im Serum zum Missbildungsscreening; *bei inkonklusivem Befund:* Amniozentese, α-Fetoprotein- und Acetylcholinesterasebestimmung im Fruchtwasser
Prophylaxe	*Folsäure:* bei allen Frauen im gebärfähigem Alter, die Antiepileptika einnehmen, bereits *vor* Eintreten einer Schwangerschaft; Dosis: 5 mg/d p.o. *Vitamin K_1:* während des letzten Schwangerschaftsmonats; Dosis: 10 mg/d p.o.
Stillen	*empfohlen:* Carbamazepin, Phenytoin, Valproinsäure, Diazepam bis zu 10 mg/d; *Vorsicht:* Barbiturate, Lamotrigin, Gabapentin, Vigabatrin, kurzzeitiger Einsatz von Lorazepam und Clonazepam; *abzuraten*: Ethosuximid, Felbamat, Diazepam ≥ 30 mg/d; *unklar:* Oxcarbazepin, Tiagabin, Topiramat

8.5.2. Schwangerschafts- und perinatale Komplikationen

Bei Frauen mit Epilepsie treten Schwangerschaftskomplikationen wie Hyperemesis gravidarum, vaginale Blutungen und Präeklampsie sowie peripartale Komplikationen wie vorzeitige Wehen, Wehenschwäche und erhöhte Sectiorate doppelt so häufig auf wie bei Frauen ohne Epilepsie (Bjerkedal und Bahna 1973; Nelson und Ellenberg 1982; Yerby et al. 1985).

8.5.3. Kindliche Komplikationen

Für die Kinder von Müttern mit Epilepsie besteht ein 2,8-fach erhöhtes Risiko für ein niedriges Geburtsgewicht, ebenso ist das Risiko niedriger Apgar-Scores und einer Asphyxie 3,7-fach erhöht (Yerby et al. 1985). Post partum können schwere innere Blutungen, die innerhalb der ersten 24 Stunden nach der Geburt auftreten, bedingt durch einen Mangel an Vitamin K-abhängigen Gerinnungsfaktoren, das Kind gefährden.

Das Risiko kleiner und großer Missbildungen bei Kindern von Müttern unter antiepileptischer Medikation während der Schwangerschaft ist im Vergleich zur Normalpopulation 2–3-fach erhöht, die Inzidenz an großen Missbildungen beträgt 4–8% (Yerby 1994). Kleine Missbildungen, die unter dem Begriff fetales Antiepileptika-Syndrom zusammengefasst werden und sich als Dysmorphien manifestieren (siehe unten), kommen bei bis zu 10% der Kinder vor.

Kinder von Müttern mit Epilepsie haben ein 2–3-fach erhöhtes Risiko, später selbst an einem Anfallsleiden zu erkranken, eine väterliche Epilepsie scheint hingegen keinen Einfluss auf die Inzidenz von Epilepsien bei den Nachkommen zu haben (Annegers et al. 1978; Ottman et al. 1988).

8.5.4. Antiepileptikatherapie vor und während der Schwangerschaft

Bei geplanter Schwangerschaft sollte die Fortsetzung der antikonvulsiven Medikation kritisch überprüft bzw. der Wechsel einer Kombinations- auf eine Monotherapie erwogen werden. Dabei sind dieselben Behandlungsstrategien zu verfolgen wie bei jedem anderen Anfallspatienten (Morrell 1998): es ist eine Monotherapie mit einem Antiepileptikum der ersten Wahl in der niedrigst möglichen Dosierung anzustreben (Delgado-Escueta und Janz 1992; Janz 1994). Die einzelnen Antiepileptika weisen keinerlei wesentlichen Unterschiede bezüglich der Inzidenz von Missbildungen auf, für die neuen Antiepileptika stehen derzeit noch keine ausreichenden Daten zur Verfügung, um ihren Einsatz bei Frauen im gebärfähigen Alter vorzuziehen. Somit besteht keine Indikation zum Wechsel des Antiepileptikums vor oder während einer Schwangerschaft bei guter Anfallskontrolle. Ausnahmen stellen eine positive Familienanamnese hinsichtlich Neuralrohrdefekten sowie vorangegangene Schwangerschaften mit dem Vorkommen von Neuralrohrdefekten unter

Medikation mit Carbamazepin und/oder Valproinsäure dar. In diesen Fällen sollte bei Kinderwunsch, jedoch nicht während einer Schwangerschaft, die Behandlung von Carbamazepin und/oder Valproinsäure auf ein anderes Antiepileptikum umgestellt werden.

8.5.5. Missbildungsrisiko

Das Missbildungsrisiko ist 2–3-fach erhöht gegenüber Frauen, die keine Antiepileptika einnehmen (Yerby 1994). Die einzelnen Antiepileptika unterscheiden sich nicht wesentlich hinsichtlich der Inzidenz von Missbildungen. Polytherapie ist mit einem höheren Missbildungsrisiko assoziiert als Monotherapie (Nakane et al. 1980; Lindhout et al. 1984; Kaneko et al. 1988; Delgado-Escueta und Janz 1992; Koch et al. 1992; Janz 1994; Samren et al. 1997). Die häufigsten großen Missbildungen sind Lippen-, Kiefer-, Gaumenspalten, kardiale Missbildungen und Neuralrohrdefekte. Kleine Missbildungen manifestieren sich als Dysmorphien kraniofazial sowie im Bereich der Extremitäten in Form von Epikanthus, Hypertelorismus, tiefer sitzenden Ohren, tieferem Haaransatz, Finger- und Nagelhypoplasien und werden als fetales Antiepileptika-Syndrom zusammengefasst.

Valproinsäure und/oder Carbamazepin sind mit dem Vorkommen von Spina bifida und Hypospadie assoziiert (Rosa 1991; Lindhout et al. 1992; Omtzigt et al. 1992a; Källen 1994). Über kardiale Defekte wurde ebenfalls berichtet (Markestad et al. 1984). Unter Valproinsäure kommen Radiusaplasien vor (Markestad et al. 1984; Verloes et al. 1990; Koch et al. 1992). Für die Valproinsäure-Monotherapie konnte eine signifikante Dosisabhängigkeit für das Vorkommen von großen Missbildungen nachgewiesen werden (Omtzigt et al. 1992b; Samren et al. 1997; Samren et al. 1999). Phenobarbital, Primidon und Phenytoin sind mit kardialen Defekten und Spaltmissbildungen im Gesichtsbereich assoziiert (Annegers et al. 1978; Källen et al. 1989). Im Gegensatz zur Monotherapie scheinen Benzodiazepine in Kombination mit anderen Antiepileptika, insbesondere mit Valproinsäure, das Risiko von großen Missbildungen zu potenzieren (Laegreid et al. 1993; Samren et al. 1999). Über die neuen Antikonvulsiva liegen noch keine ausreichenden Daten vor, um sie bei Frauen im gebärfähigen Alter den klassischen Antiepileptika vorzuziehen.

8.5.6. Pränatale Diagnostik

Eine Ultraschall-Untersuchung zum Missbildungsscreening und die Bestimmung des α-Fetoproteins im Serum sollte in der 16.–18. Schwangerschaftswoche durchgeführt, bei suspektem bzw. inkonklusivem Befund sollte eine Amniozentese zur Bestimmung des α-Fetoproteins und der Acetylcholinesterase im Fruchtwasser angeschlossen werden.

8.5.7. Prophylaxe

Folsäure. Niedrige Folsäurespiegel sind mit einer erhöhten Abortusrate und fetalen Missbildungen assoziiert. Carbamazepin, Phenytoin und Barbiturate reduzieren die Folsäureabsorption, Valproinsäure hemmt die Umwandlung von Folsäure in dessen aktiven Metaboliten (Reynolds 1973; Dansky et al. 1987; Ogawa et al. 1991; Wegner und Nau 1992). Die Einnahme von Folsäure reduziert signifikant das Auftreten von Neuralrohrdefekten (Milunsky et al. 1989; Medical Research Council Vitamin Study Research Group 1991; Czeizel und Dudas 1992). Bei Frauen im gebärfähigem Alter sollte bei laufender Antiepileptika-Medikation als Dauertherapie prophylaktisch täglich Folsäure 5 mg eingenommen werden, da der Großteil der Frauen erst bei bereits bestehender Schwangerschaft den Arzt aufsucht.

Vitamin K. Die Einnahme von enzyminduzierenden Antiepileptika kann einen Mangel an Vitamin K-abhängigen Gerinnungsfaktoren verursachen und so zu frühen, d.h. innerhalb der ersten 24 Stunden post partum auftretenden, schweren inneren neonatalen Blutungen führen (Mountain et al. 1970; Cornelissen et al. 1993). Deshalb wird die Einnahme von Vitamin K_1 (10 mg/d) peroral während des letzten Schwangerschaftsmonats empfohlen (Thorp et al. 1995; Zahn et al. 1998). Blutungen des Neugeborenen werden mit Fresh-Frozen-Plasma behandelt (Thorp et al. 1995) .

8.6. Stillen

Die Antiepileptika-Konzentration in der Brustmilch verhält sich umgekehrt proportional der Proteinbindung im Serum, so wird ein Antikonvulsivum wie Valproinsäure, das in hohem Maße proteingebunden im Serum vorliegt, nur in geringer Konzentration über die Muttermilch ausgeschieden. Hoch lipophile Antiepileptika wie Benzodiazepine reichern sich in der Muttermilch an, da die Triglycerid-Konzentration in der Brustmilch höher ist als im Serum (Hägg und Spigset 2000). Prinzipiell sind die Antiepileptikaspiegel im mütterlichen Serum höher als in der Brustmilch, auch ist das Kind während der Schwangerschaft einer wesentlich höheren Antiepileptikakonzentration ausgesetzt als während des Stillens.

Carbamazepin, Valproinsäure, Phenytoin. Bei Carbamazepin, Valproinsäure und Phenytoin bestehen keine Einwände gegen das Stillen, da die Dosis dieser Antiepileptika, der gestillte Kinder ausgesetzt sind, lediglich maximal bis 6% der üblichen pädiatrisch empfohlenen Dosen entspricht. Als mögliche sehr seltene Nebenwirkungen kommen Sedierung und Trinkschwäche in Frage. Über schwerere hämatologische bzw. hepatotoxische Nebenwirkungen unter Valproinsäure und Carbamazepin liegen lediglich einzelne Fallberichte vor (Frey et al. 1990; Merlob et al. 1992; Stahl et al. 1997).

Phenobarbital. Phenobarbital wird nur langsam im kindlichen Organismus abgebaut, so können die kindlichen Plasmaspiegel an die mütterlichen heranreichen (Hägg und Spigset 2000). Seit langem sind Nebenwirkungen wie Sedierung, Müdigkeit, Trinkschwäche und Erbrechen bekannt. Der Einsatz von Barbituraten während des Stillens ist mit Vorsicht und unter genauer Beobachtung des Säuglings möglich. Sollten oben angeführte Symptome auftreten, sollte langsam abgestillt bzw. die Medikation reduziert werden. Abruptes Absetzen könnte zu einer Entzugssymptomatik führen und ist deshalb zu vermeiden (Knott et al. 1987; American Academy of Pediatrics: Committee on Drugs 1994).

Ethosuximid. Bei gestillten Kindern erreicht der Plasmaspiegel von Ethosuximid 10–60% der pädiatrisch empfohlenen Dosis (Hägg und Spigset 2000). Übererregbarkeit, Trinkschwäche und Sedierung sind als Nebenwirkungen beschrieben, allerdings traten diese Symptome unter Polytherapie auf (Kuhnz et al. 1984). Der Einsatz von Ethosuximid in der Stillperiode wird nicht empfohlen.

Benzodiazepine. Die Halbwertszeit von Diazepam beim Neugeborenen beträgt 400 Stunden mit Maximum innerhalb der ersten Lebenstage. Der Säugling erhält ca. 5% der empfohlenen pädiatrischen Dosis beim Stillen. Bei einer täglichen Einnahme von 10 mg Diazepam oder weniger sollte kein Risiko für das Kind beim Stillen gegeben sein, bei Dosen über 30 mg täglich und längerem Therapieeinsatz sollte abgestillt werden (Hägg und Spigset 2000).

Auch die Halbwertszeit von Clonazepam ist beim Neugeborenen deutlich gegenüber der Halbwertszeit bei Erwachsenen verlängert. Ein Fallbericht beschreibt persistierende Apnoen bei einem Neugeborenen innerhalb der ersten 10 Lebenswochen (Fisher et al. 1985). Unter Clonazepam-Medikation der Mutter ist deshalb eine strenge Beobachtung des Kindes unerlässlich.

Lorazepam wird in nur geringem Ausmaß über die Muttermilch ausgeschieden (Whitelaw et al. 1981; Summerfield und Nielsen 1985). Gegen den kurzzeitigen Einsatz von Lorazepam gibt es keine Einwände, bei längerem Gebrauch und höherer Dosierung ist Vorsicht geboten.

Lamotrigin. Bei Lamotrigin können über die Muttermilch Konzentrationen im kindlichen Serum erreicht werden, die ca. 50% der unteren pädiatrisch empfohlenen Dosis entsprechen. Über Nebenwirkungen wurde bislang nicht berichtet (Rambeck et al. 1997; Tomson et al. 1997). Sollten Kinder unter Lamotrigin-Therapie der Mutter gestillt werden, sollten sie genauest bezüglich Sedierung und Trinkschwäche beobachtet werden.

Vigabatrin. Vigabatrin erscheint in seiner pharmakologisch aktiven Form in der Muttermilch (Tran et al. 1998). Die Anwendung dieses Medikaments bei stillenden Müttern sollte nur mit äußerster Vorsicht erfolgen.

Gabapentin. Gabapentin tritt in die Muttermilch über. Vorsicht beim Stillen ist geboten, die Säuglinge müssen hinsichtlich Trinkschwäche und Sedierung beobachtet werden (Hägg und Spigset 2000).

Felbamat. Ein Fallbericht beschreibt die Ausscheidung von Felbamat in die Muttermilch (Schering Plough 1993). Auf Grund fehlender exakter Daten über Felbamat und wegen der Möglichkeit schwerster Nebenwirkungen wie aplastischer Anämie und Leberversagen sollten Mütter unter Felbamat nicht stillen.

Oxcarbazepin, Tiagabin, Topiramat. Über die Ausscheidung von Oxcarbazepin, Tiagabin und Topiramat in die Muttermilch liegen keine Informationen vor, somit können keine Empfehlungen gemacht werden.

Allgemeine Empfehlungen. Da die Vorteile des Stillens bei weitem ein mögliches und geringes Risiko überwiegen, sollte das Stillen generell empfohlen werden (Delgado-Escueta und Janz 1992; Zahn et al. 1998). Besonders für Carbamazepin, Valproinsäure und Phenytoin kann das Risiko auf Grund der geringen Konzentrationen im kindlichen Serum als sehr gering eingestuft werden, für die neuen Antiepileptika können derzeit noch keine endgültigen Empfehlungen abgegeben werden (Hägg und Spigset 2000).

8.7. Einfluss der Epilepsie und von Antiepileptika auf die Fertilität bei Männern

Bei 38–71% der Männer mit Epilepsie treten Hyposexualität und Potenzstörungen auf, abnorme Spermiogramme finden sich bei 90% (Hierons und Saunders 1966; Kolarsky et al. 1967; Taylor 1969; Blumer 1970; Shukla et al. 1979; Fenwick et al. 1985, 1986). Die Ätiologie scheint multifaktoriell, einschließlich psychosozialer, medikamentöser, epileptischer und hormoneller Faktoren, zu sein (Taylor 1969). Unter sämtlichen traditionellen Antiepileptika können Potenzstörungen auftreten. Über die neuen Antiepileptika liegen diesbezüglich noch wenig Informationen vor, einzelne Fallberichte deuten auf positive Auswirkungen von Lamotrigin bei ungünstiger Wirkung von Gabapentin auf die Potenz hin (Husain et al. 2000).

Wie beim weiblichen Geschlecht kommt es auch bei Männern mit Epilepsie zu einer Beeinflussung des hypothalamisch-hypophysären Systems durch iktale und interiktale epileptische Entladungen im Temporallappen. Dies führt zu einer geänderten LH-Freisetzung aus der Hypophyse mit konsekutiver Erniedrigung des Testosteron-Spiegels im Serum. Bei männlichen Patienten mit Temporallappenepilepsie bestehen in einem hohen Prozentsatz reproduktive Dysfunktionen und Hyposexualität (Herzog et al. 1986). Weiters bewirken enzyminduzierende Antiepileptika eine erhöhte Bildung von sexualhormonbindendem Globulin, was wiederum eine Verminderung des freien, biologisch aktiven Testosterons nach sich zieht. Bei Patienten mit Hyposexualität sollten deshalb keine enzyminduzierenden Antiepileptika verordnet werden.

9. Epileptische Anfälle bei internen Erkrankungen

Wolfgang Serles

9.1. Elektrolytstörungen und Stoffwechselerkrankungen

9.1.1. Hyponatriämie

Eine Hyponatriämie besteht definitionsgemäß bei Werten unter 135 mmol/l (schwere Hyponatriämie < 120 mmol/l) und ist mit 2,5% eine der häufigsten metabolischen Störungen in einem stationären Patientengut (Beermann und Edhag 1978). Epileptische (in der Regel generalisierte tonisch-klonische) Anfälle treten bei akut symptomatischen Hyponatriämien, aber auch durch zu rasche Korrektur des Serum-Natriumspiegels auf. In einer retrospektiven Studie betrug die Häufigkeit für hyponatriämisch bedingte Anfälle bei Kindern unter 2 Jahren in einer Notaufnahme 56% (Farrar et al. 1995).

Gewöhnlich finden sich hypoosmolare (< 280 mOsm/kg H_2O) Hyponatriämien, welche durch einen Natriumverlust (*extrarenal* bei Erbrechen, Durchfall, Pankreatitis, Peritonitis, Verbrennungen, Muskeltrauma etc.; *renal* z.B. diuretikainduziert (Hydrochlorothiazide) – in der Regel hypovolämisch) oder eine übermäßige Wasserzufuhr (akutes und chronisches Nierenversagen, Herzinsuffizienz, nephrotisches Syndrom – hypervolämisch, klinisch mit Ödemen einhergehend) bedingt sind. Seltenere Ursachen für übermäßige Wasserzufuhr sind eine psychogene Polydipsie (Hariprasad et al. 1980) oder die Behandlung von Enuresis nocturna mit Desmopressin (Robson et al. 1996). Eine weitere Ursache stellt die hypoosmolare normovolämische Hyponatriämie wie beim SIADH-Syndrom, Hypothyreose oder Carbamazepin bzw. Oxcarbazepin-Medikation (Van Amelsvoort et al. 1994) dar. Seltene normoosmolare Hyponatriämien (Pseudohyponatriämien) finden sich bei Hyperproteinämien/Hyperlipidämien, hyperosmolare Hyponatriämien (> 296 mOsm/kg) bei Hyperglykämien oder Infusionen mit Mannit.

Die Therapie für normo- oder hypervolämische Hyponatriämien besteht in der Restriktion der Wasserzufuhr, bei der hypovolämischen Hyponatriämie wird Flüssigkeit und Natrium substituiert. Eine Natriumsubstitution bis auf Werte über 120 mmol/l sollte rascher (z.B. 4–6 ml/kg Körpergewicht 3% Kochsalzlösung i.v. (Sarnaik et al. 1991)), jedoch nicht rascher als 1 mval/l pro

Stunde bzw. nicht über 12 mval/l pro 24 Stunden (Norenberg et al. 1982), die weitere Korrektur langsamer erfolgen, um das Auftreten einer zentralen pontinen Myelinolyse zu vermeiden (Adams et al. 1959; Paguirigan und Lefken 1969).

9.1.2. Hypoparathyreoidismus – Hypokalzämie

Häufigste Ursache einer Hypokalzämie (Gesamtkalzium im Serum < 2,2 mmol/l, ionisiertes Kalzium < 1,1mmol/l) ist ein Hypoparathyreoidismus nach Schilddrüsen- oder Nebenschilddrüsenoperationen, jedoch gehen auch Nierenversagen, Malabsorption und Pankreatitis sowie Hyperventilation (Verminderung des ionisierten Kalziums) damit einher. Typische klinische Symptome beim Hypoparathyreoidismus sind neben Tetanie sowie Hemichorea, Choreoathetose oder Parkinsonsymptomen bei Stammganglienverkalkungen (Mobus Fahr) in der Regel generalisierte tonisch-klonische, jedoch auch fokal motorische Anfälle (Uncini et al. 1985; Ogata et al. 1987; el Maghraoui et al. 1995). Therapeutisch wird 10%iges Kalziumglukonat intravenös verabreicht.

9.1.3. Hypomagnesiämie

Magnesium hat einen sedierenden Effekt auf das ZNS. Es existieren Berichte über eine negative Korrelation zwischen Serum-Magnesiumspiegel und Anfallsfrequenz sowie Status epilepticus bei generalisierten idiopathischen Epilepsien (Benga et al. 1985; Gupta et al. 1994). Eine seltene primäre (kongenitale) Hypomagnesiämie (Shalev et al. 1998) (Serummagnesium < 0,65 mmol/l) sowie sekundäre (erworbene) Hypomagnesiämien (Alkoholismus, Malabsorption, erhöhte renale Ausscheidung etc.) können mit generalisierten Anfällen oder fokalen Anfällen (uni- oder multifokal) einhergehen. Häufig liegt eine sekundäre Hypokalzämie durch eine hemmende Wirkung der Hypomagnesiämie auf die Nebenschilddrüse vor. Klinisch findet sich zusätzlich eine neuromuskuläre Übererregbarkeit mit Aktions- oder Intentionstremor, Myoklonien, Schreckreaktionen (Startle Reaktion) und Hyperreflexie.

9.2. Schilddrüsenerkrankungen

9.2.1. Hyperthyreose

Schilddrüsenhormone können die Krampfschwelle senken (Sundaram et al. 1985). So kann es im Rahmen einer thyreotoxischen Krise in bis zu 9% der Fälle auch zu epileptischen Anfällen kommen (Jabbari und Huott 1980; Primavera et al. 1990).

9.2.2. Hypothyreose

Generalisierte tonisch-klonische Anfälle, vor allem mit einer ungewöhnlich langen postiktalen Erholungsphase, können eines der Symptome bei unbehandelter langdauernder Hypothyreose oder bei 20–25% im Rahmen eines heute sehr seltenen Myxödemkomas darstellen (Evans 1960; Messing und Simon 1986; Bryce und Poyner 1992). Bei der Autoimmunthyreoiditis Hashimoto, welche mit einer Hypothyreose einhergehen kann, kann es zu einer mit Kortison behandelbaren Encephalopathie (Hashimoto-Encephalopathie) kommen, welche auf Schilddrüsenantikörper zurückgeführt wird (Shaw et al. 1991). Auch euthyreote Patienten können jedoch im Rahmen der Encephalopathie (mit Pyramidenbahn- sowie extrapyramidalen Symptomen und frontotemporalem neuropsychologischen Defizit) Myoklonien sowie fokale oder generalisierte Anfälle erleiden (Ghika-Schmid et al. 1996).

9.3. Diabetes mellitus

Hypoglykämien und nicht-ketotische Hyperglykämien sind eine häufige Ursache für epileptische Anfälle. Fokal motorische Anfälle, Epilepsia partialis continua und Occipitallappenanfälle sind in ca. 20–25% der Fälle von nicht-ketotischen Hyperglykämien zu finden (Singh et al. 1973; Harden et al. 1991), wobei die fokal motorischen Anfälle mit einer postiktalen Parese einhergehen können (Grant und Warlow 1985). Seltener sind generalisierte tonisch-klonische Anfälle oder Reflexanfälle, welche, durch aktive oder passive Elevation von Extremitäten oder einfaches Gehen ausgelöst, beobachtet wurden (Singh et al. 1973; Aquino und Gabor 1980; Venna und Sabin 1981; Hennis et al. 1992). Anfälle treten gewöhnlich in Stadien mit moderater Blutzuckererhöhung, normaler oder leicht erhöhter Osmolalität und normalen oder leicht erniedrigten Serumnatriumspiegeln auf (Singh und Strobos 1980). Therapeutisch ist die Beseitigung der Hyperglykämie essentiell, Antiepileptika sind wirkungslos bzw. kontraindiziert, so kann z.B. Phenytoin die Insulinfreisetzung hemmen (Malherbe et al. 1972).

Diabetische Hypoglykämien sind bei mit oralen Antidiabetika oder Insulin behandelten Diabetikern häufig. Nichtdiabetische Hypoglykämien gehen am häufigsten mit Alkoholkrankheit und Sepsis, weiters Nahrungskarenz und Neoplasmen, insbesondere aber mit insulinproduzierenden Tumoren einher (Malouf und Brust 1985). Hypoglykämische Anfälle treten bei Erwachsenen in 10–20%, bei Kindern noch häufiger auf. Dabei handelt es sich in der Regel um generalisierte tonische oder tonisch-klonische Anfälle, jedoch wurden auch fokale Anfälle beobachtet (Lahat et al. 1995).

Eine Ketoazidose, wie sie beim Typ1-Diabetiker typisch ist, führt zu keinen epileptischen Anfällen, da offensichtlich mit der intrazellulären Azidose auch die Glutamat-Dekarboxylase-Aktivität erhöht wird, welche eine GABA-Erhöhung zur Folge hat (Singh und Strobos 1980).

9.4. Porphyrie

Diese Erkrankung ist durch genetisch bedingte Enzymdefekte der Biosynthese von Häm und Akkumulation der Zwischenstufen (Porphyrine) bedingt, wobei

Metaboliten mit wahrscheinlich neurotoxischer Wirkung entstehen. Nach dem Ort der vorwiegenden Enzymexpression unterscheidet man erythropoetische und hepatische Porphyrien. Nur letztere gehen mit zerebralen Anfällen einher, die neben Bauchkoliken, Hypertonie und Tachykardie, okulären Paresen, Heiserkeit, Müdigkeit, Lethargie bis zum Koma Teil einer Attacke einer akuten intermittierenden Porphyrie sein können (weitere akute Porphyrien mit Anfällen: Porphyria variegata und hereditäre Koproporphyrie sowie die Porphyria cutanea tarda als chronisch verlaufende hepatische Porphyrie). Die Inzidenz von (sekundär) generalisierten tonisch-klonischen Anfällen beträgt zwischen 3,7–15%, welche meistens während einer Attacke, jedoch bis zu 28 Tage nach Exposition gegenüber einem auslösenden Agens (Alkohol, Sexualhormone, Narkose, Infektionen, verschiedene Medikamente, u.a. auch Antiepileptika wie Phenobarbital, Primidon und Phenytoin, jedoch auch Carbamazepin, Valproinsäure und Clonazepam) auftreten können (Reynolds und Miska 1981; Bylesjo et al. 1996). In weiteren Studien an Zellkulturen fand man, dass auch Felbamat, Lamotrigin und Tiagabin zur Akkumulation von Porphyrinen führen, während Gabapentin und Vigabatrin ohne Gefahr verabreicht werden können (Hahn et al. 1997; Zadra et al. 1998). Am geringsten porphyrinogen in der Substanzgruppe der Benzodiazepine dürfte Lorazepam sein, wobei hier klinische Studien fehlen (Lambrecht et al. 1999).

9.5. Nierenerkrankungen

Generalisierte tonisch-klonische, aber auch myoklonische, fokal-komplexe und fokal motorische Anfälle bis hin zur Epilepsia partialis continua sind eine Komplikation bei einem Drittel der Patienten mit urämischer Encephalopathie (Somnolenz bis Koma, athetoide Bewegungen, Asterixis, Myoklonien, Nystagmus und Ataxie) im Rahmen einer terminalen Niereninsuffizienz (Bolton und Young 1990). Beim chronischen Nierenversagen treten sie in weniger als 10% auf (Raskin 1995) und stellen eine häufige Spätfolge und manchmal ein präterminales Ereignis dar (Raskin und Fishman 1976). Beim akuten Nierenversagen treten sie innerhalb der ersten 15 Tage der Erkrankung auf (De Deyn et al. 1992).

Die gesteigerte Empfindlichkeit gegenüber neurotoxischen Antibiotika wie Penicillinen oder Cephalosporinen kann bei renaler Insuffizienz durch die erniedrigte Proteinbindung und höhere freie Konzentration dieser Substanzen im Plasma bzw. im ZNS zu zerebralen Anfällen führen. Weiters treten Anfälle im Rahmen des Dialyse-Dysequilibrium-Syndroms als akute Komplikation während des späten Dialysevorgangs oder bis zu einigen Stunden danach infolge eines reversiblen zerebralen Ödems auf, wobei die Inzidenz durch verbesserte Dialysetechniken gesunken ist (Fraser und Arieff 1988). Eine ebenfalls früher häufigere Komplikation stellt das Dialyse-Encephalopathie-Demenz-Syndrom dar, das bei chronischem Nierenversagen nach mehreren Jahren Dialysepflichtigkeit auftritt, wobei es hier bei $^{2}/_{3}$ der Patienten bevorzugt während oder unmittelbar nach der Dialyse zu Anfällen kommt (Alfrey et al. 1976; O'Hare et al. 1983; Bolton und Young 1990). Es ist gekennzeichnet durch ausgeprägte Sprachstörungen, psychiatrische und kognitive Störungen, Asterixis, Myoklonien, Gangataxie sowie zerebrale Anfälle und wird wahrscheinlich durch eine Intoxikation mit Aluminium, das aus dem Dialysat oder verabreichten phosphatbindenden Substanzen stammt, verursacht (Arieff et al. 1979).

Verhalten bei Nierenerkrankungen und Anfällen bzw. antiepileptischer Therapie. Therapeutisch sind Benzodiazepine, Phenytoin, Carbamazepin sowie vor allem Valproinsäure wirksam (Asconape und Penry 1982). Zu beachten sind differierende therapeutische Bereiche einzelner Medikamente abhängig vom Ausmaß der Proteinbindung, welche bei gleichzeitigem Anstieg des freien Anteils erniedrigt ist (z.B. für Phenytoin 5–10 statt 10–20 mg/ml) sowie die Gefahr der Akkumulation bei eingeschränkter Nierenfunktion (Lauer et al. 1991). Letzteres gilt für Phenobarbital, Primidon (Asconape und Penry 1982; Lauer et al. 1991) und Gabapentin (Blum et al. 1994), welches ausschließlich renal eliminiert wird. Bei Vigabatrin (Bachmann et al. 1996), Lamotrigin (Fillastre et al. 1993) und Oxcarbazepin (Rouan et al. 1994) kommt es zu deutlichen Verlängerungen der Halbwertszeit, genaue Dosisempfehlungen fehlen aufgrund größerer Untersuchungen jedoch.

Bei Dialysepatienten sollten Antiepileptika immer erst nach der Dialyse und auf Grund der bei einigen Medikamenten verkürzten Halbwertszeit auf mehrere Zeitpunkte verteilt eingenommen werden. Je höher die Proteinbindung einer Substanz, umso weniger stark wird sie im Rahmen der Dialyse eliminiert.

9.6. Gastrointestinale und Lebererkrankungen

Bei der sich meistens im Kindes- (5.–6. Lebensjahr), aber auch erst im Erwachsenenalter manifestierenden glutensensitiven Enteropathie (= nichttropische Sprue, Zöliakie) wird die Prävalenz von epileptischen Anfällen mit 3,5–5,5% angegeben (Chapman et al. 1978; Holmes 1996). Die Ursachen für diese Assoziation sind unbekannt, immunologische Mechanismen oder eine direkte Toxizität der gebildeten Antikörper (z.B. IgA-Endomysium-Antikörper) an den Neuronen werden diskutiert. Ein Syndrom mit Zöliakie, bilateralen, vorzugsweise occipitalen Verkalkungen und Epilepsie wurde in italienisch-stämmigen Populationen beschrieben (Gobbi et al. 1992), wobei andere Gruppen diese Assoziation mit intrazerebralen Verkalkungen nicht bestätigen konnten (Cronin et al. 1998). Bei allen Epilepsiepatienten mit unklarer Ätiologie und gastrointestinalen bzw. Malabsorptionssymptomen sollte ein Antikörper-Screening durchgeführt werden.

Entzündliche Darmerkrankungen wie Colitis ulcerosa oder Morbus Crohn weisen eine erhöhte Inzidenz von zerebralen Anfällen auf, wobei die Ursachen zum überwiegenden Teil in vaskulären Ereignissen zu suchen sind (Lloyd-Still und Tomasi 1989; Gormally et al. 1995), jedoch möglicherweise auch immunologisch bedingt sein könnten (Elsehety und Bertorini 1997). Im Rahmen der infektiösen Systemerkrankung des Morbus Whipple, hervorgerufen durch das grampositive Aktinobakterium Tropheryma whippelli, können neben supranukleärer Ophthalmoplegie, Ataxie, rhythmischen Myoklonien und okulofacialen Myorhythmien sowie Demenz auch fokale oder generalisierte Anfälle als Symptome der zerebralen Mitbeteiligung auftreten, welche isoliert (Suzer et al. 1999) oder gemeinsam mit gastrointestinalen und Gelenkssymptomen oder Manifestationen in anderen Organsystemen klinisch in Erscheinung treten (Schnider et al. 1996; Durand et al. 1997).

Die hepatische Encephalopathie bei Leberzirrhose ist mit dem Auftreten von epileptischen Anfällen verbunden, wobei die Inzidenz zwischen 2% und 33% schwankt, die höheren Angaben jedoch möglicherweise auf fälschlicherweise hinzugerechneten Entzugsanfällen beruhen (Adams und Foley 1959; Plum und Posner 1980). Die Anfälle können fokal oder generalisiert sein und treten bevorzugt im klinischen Stadium III der hepatischen Encephalopathie auf (Rothstein und Herlong 1989), wobei der Mechanismus der Anfallsauslösung, ebenso wie die Pathogenese der hepatischen Encephalopathie, ungeklärt sind. Im Rahmen des akuten Leberversagens könnte Ammoniak durch eine vermehrte synaptische Glutamatfreisetzung zu Anfällen führen (Albrecht und Jones 1999). Epileptiforme Veränderungen im EEG bedeuten eine schlechte Prognose (Ficker et al. 1997).

Verhalten bei Lebererkrankungen und Anfällen bzw. antiepileptischer Therapie. Therapeutisch ist die kausale Behandlung einer Leberzirrhose bzw. die symptomatische Behandlung mit einer Reduktion ZNS-toxischer Eiweißmetabolite des Darms durch Verminderung des Eiweißkatabolismus (Eiweißrestriktion, salinische Abführmittel) sowie durch Unterdrückung der ammoniakbildenden Darmflora (Laktulose, Neomycin) vorrangig.

Bei symptomatischen Anfällen und antiepileptischer Therapie bzw. Koinzidenz von Lebererkrankung und Epilepsie zeigt die Pharmakokinetik der meisten vorwiegend hepatisch metabolisierten Antiepileptika erst bei fortgeschrittenem Leberparenchymschaden Veränderungen. Zudem wird die verminderte hepatische Clearance zumindest teilweise durch die Zunahme des freien Medikamentenanteils ausgeglichen. Diese kommt durch die abnehmende Eiweißbindung zustande, welche wiederum durch die im Rahmen der verminderten Syntheseleistung der Leber entstehende Hypalbuminämie bedingt ist (Dreifuss und Langer 1987). So wird für Phenytoin, Phenobarbital und Valproinsäure bei einer vorliegenden Lebererkrankung keine oder nur eine geringe Dosisreduktion empfohlen, bei Primidon sind die Daten nicht ausreichend (Asconape und Penry 1982). Bei der Verabreichung von Carbamazepin bei Lebererkrankungen wird eine engmaschige Kontrolle des Serum-

und Epoxidspiegels empfohlen (Boggs et al. 1997). Eine Dosisreduktion bei herabgesetzter hepatischer Clearance wird im Falle von Benzodiazepinen (mit Ausnahme von Oxazepam) wegen der Gefahr der Kumulation, bei Lamotrigin (Boggs et al. 1997), Tiagabin (Lau et al. 1997), sowie in geringerem Ausmaß auch bei Topiramat und Oxcarbazepin empfohlen, während bei Vigabatrin und Gabapentin auf Grund der fehlenden hepatalen Metabolisierung keine Dosisanpassung erforderlich ist (Boggs et al. 1997). Valproinsäure und Felbamat sind aufgrund ihrer Hepatotoxizität bei vorbestehenden Lebererkrankungen, ebenso wie Benzodiazepine und Phenobarbital im Rahmen von hepatischen Encephalopathien, kontraindiziert.

9.7. Kardiovaskuläre Erkrankungen

Bei Patienten mit einer kardialen Vorerkrankung kann die intravenöse Verabreichung von Benzodiazepinen sowie von Phenytoin aufgrund der Auslösung von Blutdruckabfall und kardialen Arrhythmien ein erhöhtes Risiko darstellen. Bei Phenytoin ist dies abhängig von Alter, Schwere der kardialen Erkrankung und Verabreichungsgeschwindigkeit (Donovan und Cline 1991). Die direkten oder durch das Lösungsmittel postulierten kardiotoxischen Effekte (Cloyd et al. 1980; Dreifuss 1991) von Phenytoin sollen bei der Prodrug Fosphenytoin deutlich reduziert sein, was sich in einer besseren Verträglichkeit in Anwendungsbeobachtungen auch gezeigt hat (DeToledo und Ramsay 2000).

In abnehmender Häufigkeit können Carbamazepin, Oxcarbazepin und Phenytoin Reizbildungsstörungen im Sinusknoten sowie atrioventrikuläre Überleitungsstörungen im Sinne eines AV-Blocks (Beermann et al. 1975; Beermann und Edhag 1978; Kennebäck et al. 1991) mit zunehmendem Risiko im höheren Alter (Krämer 1998a) verursachen oder verstärken. Deshalb besteht eine Kontraindikation, insbesondere für Carbamazepin, in geringerem Ausmaß bei vorbestehender Hypotonie, aber vor allem bei schwerer kardiovaskulärer Erkrankung, Reizbildungsstörung des Sinusknotens und atrioventrikulärer Überleitungsstörung. Während einerseits epileptische Anfälle selbst Rhythmusstörungen induzieren können (Li et al. 1995b; Wilder-Smith und Wilder-Smith 1995; Schernthaner et al. 1999), werden auch vorbestehende Reizleitungsstörungen als eine der möglichen Ursachen des plötzlichen unerklärten Todes bei Epilepsiepatienten (SUDEP) angeschuldigt (Pacia et al. 1994; Natelson et al. 1998).

9.8. Kollagenosen und Vaskulitiden

9.8.1. Systemischer Lupus erythematodes (SLE)

Die Kollagenose mit der höchsten Inzidenz an neurologischen Symptomen (75% (Kovacs et al. 1993)) und Anfällen (10–54% (Brown und Swash 1989;

Wong et al. 1991; Futrell et al. 1992; Sibley et al. 1992)) ist der SLE. In Ausnahmefällen kann ein cerebraler Anfall auch das erste Symptom der Erkrankung darstellen (Tola et al. 1992). Es können einfach fokale oder fokal-komplexe und am häufigsten generalisierte Anfälle (bis hin zum Status epilepticus) auftreten, wobei ätiologisch zerebrale Mikroinfarkte, embolisch oder durch lokale Immunkomplexablagerungen bedingt, sowie weniger häufig subarachnoidale und intrazerebrale Blutungen verantwortlich sind (Hanly et al. 1992). Anfälle können aber auch durch Infektionen im Rahmen der immunsuppressiven Therapie, von Immunsuppressiva selbst ausgelöst (z.B. Cyclosporin), oder durch eine Lupusnephritis mit Nierenversagen oder hypertensiver Encephalopathie bedingt sein, woraus sich die Schwierigkeit in der Erhebung der exakten Anfallsinzidenz bei dieser Erkrankung erklärt. In der Magnetresonanztomographie zeigen sich im aktiven Stadium Abnormitäten in ca. 75% der Fälle (Gonzalez-Crespo et al. 1995; Sibbitt et al. 1999).

Singuläre Anfälle oder mehrere Anfälle innerhalb von 48 Stunden im Rahmen einer systemischen Exazerbation müssen nicht antiepileptisch eingestellt werden oder werden für einen begrenzten Zeitraum eingestellt, abhängig vom therapeutischen Ansprechen auf Cortison, Immunsuppressiva (Cyclophospamid, Azathioprin, Cyclosporin) oder intravenöse Immunglobuline (Tomer und Shoenfeld 1992).

Verschiedene Antiepileptika so z.B. Hydantoine, Ethosuximid, Trimethadion, aber auch Primidon, Carbamazepin und Valproinsäure (Weinstein 1980; Harmon und Portanova 1982; Drory et al. 1989; Bleck und Smith 1990; Asconape et al. 1994; Verma et al. 2000) können ein SLE-ähnliches Syndrom induzieren, das nach Monaten der Therapie auftritt und auch nach Absetzen bis zu einigen Monaten bestehen kann, wobei die klinischen Symptome meist auf Haut und Gelenke (ev. Pleuritis/Perikarditis) beschränkt bleiben, das Komplement nicht erhöht ist sowie keine Antikörper gegen doppelsträngige DNS vorhanden sind (Fritzler 1994). Es bestehen jedoch keine Hinweise, dass eines dieser Medikamente einen *idiopathischen* SLE auslösen kann.

9.8.2. Andere Kollagenosen

Anfälle können auch bei anderen Kollagenosen (Sjögren-Syndrom, progressive systemische Sklerose) und Vaskulitiden (primäre Angiitis des ZNS, Wegener'sche Granulomatose, Polyarteriitis nodosa), rheumatoider Arthritis sowie Sarkoidose auftreten.

9.9. Anfälle bei Organtransplantierten

Die Ätiologie für das Auftreten von Anfällen bei transplantierten Patienten ist multifaktoriell und schließt in erster Linie ischämische zerebrale Läsionen, weiters immunsuppressive Medikamente, Infektionen, metabolischen Störungen (s.o.), Transplantatabstoßung, paraneoplastische Syndrome (limbische Enzephalitis, Opsoklonus-Myoklonus-Syndrom) oder Multiorganversagen (Gilmore 1988; Padovan et al. 2000) ein. Die Inzidenz beträgt zwischen 1,5 und 42%, abhängig vom transplantierten Organ, wobei sie in der Reihenfolge von Nieren-, Herz-, Knochenmarks- und besonders Leberempfängern zunimmt (O'Sullivan 1985; Patchell et al. 1985; Adams et al. 1987; Vogt et al. 1988; Wijdicks et al. 1996) und bei Kindern höher als bei Erwachsenen ist (McEnery et al. 1989; Martin et al. 1992).

Durch Cyclosporin werden Anfälle in 2–6% ausgelöst. Sie sind unabhängig vom jeweiligen therapeutischen Serumspiegel und werden Cyclosporin-Metaboliten zugeschrieben (Cilio et al. 1993). Mit etwa gleicher Häufigkeit kann das etwas stärker immunsuppressiv wirkende Tacrolimus (FK506) (Wijdicks et al. 1994b) Anfälle auslösen und in geringerem Ausmaß das bei akuten Abstoßungsreaktionen eingesetzte OKT3 (monoklonale Antikörper gegen Lymphozyten) (Parizel et al. 1997).

Akut sind Benzodiazepine und Phenytoin (außer während der ersten 2–6 Wochen nach einer Knochenmarkstransplantation) oder Valproinsäure i.v. (gleiche Ausnahme wie Phenytoin und auch nicht bei Lebertransplantierten aufgrund der potentiellen Hepatotoxizität) Mittel der Wahl. Bei der Notwendigkeit einer antiepileptischen Dauertherapie erhöhen Phenobarbital, Phenytoin und Carbamazepin durch die Enzyminduktion den Abbau von Steroiden und Immunsuppressiva, deswegen wird Valproinsäure bevorzugt. Ebenso sollte Carbamazepin bei Knochenmarkstransplantierten nicht eingesetzt werden. Alternativen sind die neueren Antiepileptika wie Gabapentin oder Topiramat, wobei allerdings noch keine detaillierten Erfahrungen vorliegen (Wijdicks et al. 1996).

9.10. Operationen und medizinische Eingriffe

Außer der Vermeidung von Triggerfaktoren für Anfälle wie Alkoholgenuss, Schlafentzug sowie die regelmäßige Medikamenteneinnahme vor einem operativen Eingriff von Seiten des Patienten ist von ärztlicher Seite sowie seitens des Pflege- und medizinischen Personals eine entsprechende Kenntnis der möglichen Anfälle wie z.B. das Auftreten von Myoklonien oder fokal-komplexen Anfällen vorauszusetzen. So sollte der behandelnde Neurologe den Arzt, der den Eingriff vornimmt, und/oder den Anästhesisten über Frequenz, Art und Schweregrad der Anfälle, z.B. die Notwendigkeit einer abwartenden Haltung bei postiktaler Verwirrtheit, informieren, um so irrationale Ängste im Zusammenhang mit epileptischen Anfällen, welche auf mangelnde Vertrautheit mit anfallsartigen Phänomenen zurückzuführen sind, abzubauen. In diesem Zusammenhang darf auch nicht auf die Möglichkeit von konvulsiven Synkopen sowie das Auftreten von psychogenen Anfällen im Rahmen von Eingriffen in Lokalanästhesie oder präoperativ vergessen werden.

Am Tag der Operation kann die übliche Dosis mit einem Schluck Wasser eingenommen werden (ebenso wie Asthma-, Diabetes-, kardiale Medikamente oder Antihypertensiva). Nur wenn dies nicht möglich ist (Erbrechen, gastrointestinale Eingriffe) sollte eine parenterale oder rektale Gabe (vor allem bei Kindern) erfolgen. Carbamazepin kann als Suspension (20 mg/ml) rektal in gleicher Dosis wie oral verdünnt mit Wasser verabreicht werden, dies ist bei höheren Dosen allerdings unpraktikabel; ebenso Valproinsäure z.B. in Tropfenform 300 mg/ml in gleicher Dosis wie oral oder in der mittlerweile verfügbaren parenteralen Form (hierfür liegen allerdings keine Daten vor) sowie Phenytoin in der parenteralen Form (Graves et al. 1985; Graves und Kriel 1987; Holmes et al. 1989; Chang et al. 1999). Lamotrigin wird rektal nur zu 60% der oralen Dosis resorbiert, Gabapentin kann nicht rektal verabreicht werden (Kriel et al. 1997; Birnbaum et al. 2000).

Eine Prämedikation kann mit Benzodiazepinen (Lorazepam, Midazolam) durchgeführt werden. Zur postoperativen Aspirationsvermeidung sollten Cimetidin wegen der Erhöhung des Phenytoinspiegels sowie Metoclopramid wegen seiner möglicherweise prokonvulsiven Wirkung vermieden werden.

Valproinsäure kann Thrombozytopenien und eine Plättchendysfunktion verursachen. Obwohl die Rolle von Valproinsäure in Zusammenhang mit intraoperativen Blutungskomplikationen nicht völlig klar ist, sollte bei großen Operationen auf ein anderes Antiepileptikum gewechselt bzw. aufgrund eines möglicherweise dosisabhängigen Effektes Dosen von über 40mg/kg pro Tag vermieden werden (Loiseau 1981; Gidal et al. 1994; Allarakhia et al. 1996; Anderson et al. 1997; Verrotti et al. 1999).

Bei der Wahl der Inhalationsanästhetika sollte Enfluran gemieden werden, da es aus ungeklärten Gründen die Krampfschwelle senkt, Halothan und Methoxyfluran sind am sichersten, Isofluran nimmt eine Mittelstellung ein (Clark et al. 1973; Clark und Rosner 1973). Lachgas (N_2O) und das Kurznarkotikum Propofol (Borgeat 1997) werden bei Patienten mit Epilepsie als sicher angesehen, Thiopental wird als sehr kurz wirksames Narkotikum beim Status epilepticus angewandt. Etomidat und Ketamin sollen nur mit Einschränkungen verwendet werden.

Lokalanästhetika wie Lidocain, Bupivacain und Procain sind in niederen Dosen antikonvulsiv, in höheren jedoch prokonvulsiv, wobei die Gefahr in einer akzidentellen intravenösen Injektion mit systemischer Wirkung besteht, welche z.B. durch den Zusatz von Epinephrin verhindert werden soll.

Postoperativ können die Serumspiegel durch Blutverluste, sowie pharmakodynamische Effekte und veränderte Pharmakokinetik, eventuell mitbedingt durch Anästhetika, sowohl erhöht als auch erniedrigt sein.

10. Differentialdiagnose

Fritz Leutmezer

10.1. Einleitung

Bei bis zu 20% aller Patienten mit anfallsartig auftretenden neurologischen Symptomen wird ein nicht-epileptisches Anfallsgeschehen (zunächst) irrtümlich als Epilepsie diagnostiziert, die Hälfte davon erhält aufgrund dieser falschen Diagnose in der Folge Antiepileptika (Jeavons 1983). Dies unterstreicht die Wichtigkeit der kritischen Überprüfung der Diagnose Epilepsie bei jedem einzelnen Patienten. Einen zentralen Stellenwert für die korrekte Diagnose nimmt die Anamnese ein, weshalb die Differentialdiagnose epileptischer Anfälle hier anhand von drei klinischen Leitsymptomen besprochen werden soll, die allein oder in Kombination bei jedem epileptischen Anfall auftreten: Bewusstseinsstörungen, motorische Phänomene sowie sensible oder sensorische Symptome. Im Anschluss an eine (inkomplette) tabellarische Aufzählung von Erkrankungen (Tabelle 10.1), die bei dem jeweiligen Leitsymptom differentialdiagnostisch in Erwägung gezogen werden sollten, wird auf einzelne wichtige bzw. häufige Differentialdiagnosen gesondert eingegangen.

10.2. Synkopen

10.2.1. Definition und Epidemiologie

Unter Synkope versteht man einen kurzzeitigen Verlust des Bewusstseins aufgrund einer passageren zerebralen Minderdurchblutung (frontal akzentuiert (Toyry et al. 1997)), der in der Regel mit einem Tonusverlust der Muskulatur einhergeht und zum Sturz des Patienten führt.

Während eine Epilepsie in einer Gruppe von 200 Patienten mit einer erstmaligen Synkope in nur weniger als 2% als Ursache diagnostiziert wurde (Kapoor et al. 1983), und somit einen eher geringen Stellenwert in der Differentialdiagnose von Synkopen hat, ist umgekehrt die Synkope nicht zuletzt aufgrund ihrer absoluten Häufigkeit die wichtigste Differentialdiagnose eines epileptischen Anfalls. In amerikanischen Untersuchungen waren Synkopen für 6% aller Spitalsaufenthalte und für 3% aller Begutachtungen in Notfall-

Tabelle 10.1. Differentialdiagnose epileptischer Anfälle anhand klinischer Leitsymptome

1. Leitsymptom paroxysmale Bewusstseinsstörung

1.1. Mit Sturz

1.1.1. Synkopen

1.1.2. Erkrankungen mit Störung der Schlaf-Wach-Regulation

1.2. Mit Amnesie

1.2.1. transiente globale Amnesie

2.2.2. psychiatrische Erkrankungen
dissoziative (psychogene) Amnesie
dissoziativer Fugue (hysterischer Wandertrieb)

1.2.3. Störung der Schlaf-Wach-Regulation

1.2.4. Intoxikation

1.3. Mit paroxysmaler Verwirrtheit

1.3.1. metabolische Störungen
Störungen des Wasser- und Elektrolythaushaltes (Hyponatriämie, Hypernatriämie, Hypokalzämie, Hyperkalzämie, Hypomagnesiämie)
Avitaminosen (Vitamin B1, Vitamin B12, Niacin, Biotin)
Störungen des Kohlenhydratstoffwechsels (Hypoglykämie, Hyperglykämie)
hepatische und renale Insuffizienz

1.3.2. endokrine Störungen
Hyperthyreose, Hypo- und Hyperparathyreoidismus, Cushing Syndrom, Karzinoid, Phäochromozytom

1.3.3. Intoxikationen
Medikamente (Antiarrhythmika, Penicillin, Anticholinergika, Methyldopa, Clonidin, Antiparkinsonmedikamente, Cimetidin, Corticosteroide, Digitalis, Indomethacin, Interferon, Lithium, Ranitidin, Salicylate, Sedativa, Wismut, Zytostatika)
gewerbliche Gifte (Kohlenstoffdisulfid, CO, Schwermetalle, Methylchlorid, Methylbromid, organische Lösungsmittel und Phosphate)
Alkohol und Drogen

1.3.4. Entzugserscheinungen
Alkohol, Drogen, Sedativa, Hypnotika

1.3.5. Störungen der Schlaf-Wach-Regulation

1.3.6. zerebrovaskuläre Durchblutungsstörungen

1.3.7. Infektionen
ZNS-Infektionen
systemische Infektionen

1.3.8. physikalische Noxen
Hitze, Kälte, Strahlenschaden, Elektrotrauma

1.3.9. sonstige Ursachen
Hypoxie, Neoplasmen, postoperative Verwirrtheitszustände, Schädel-Hirn-Trauma, Migräne, Stupor

Tabelle 10.1 (Fortsetzung)

1.4. Ohne weitere charakteristische Leitsymptome
  1.4.1. funktionelle/psychogene Anfälle
  1.4.2. Simulation

2. Leitsymptom motorische Phänomene

2.1. Paroxysmale Hyperkinesien
  2.1.1. Schreckreaktionen
    physiologische (reflektorische) Schreckreaktionen
    Startle Erkrankung (Hyperekplexie)
    sekundäre (symptomatische) Startle Erkrankung
      Stiff-man-Syndrom
      Gilles-de-la-Tourette-Syndrom
      Läsionen des zervikalen Rückenmarks
      Arnold-Chiari-Malformation
      Verschluss der dorsalen Thalamusarterien
      Creutzfeld-Jakob-Erkrankung
      Gangliosidosen
      Aufmerksamkeitsstörungen
    Schreckreaktionen in Kombination mit komplexen motorischen Auffälligkeiten
      Jumping Frenchman of Maine, Latah (Malaysia), Mali-Mali u.ä.
  2.1.2. Myoklonien
  2.1.3. paroxysmale Hyperkinesien i.R. von Störungen der Schlaf-Wach-Regulation
  2.1.4. paroxysmale choreatiforme-/ballistische Hyperkinesien
    Paroxysmale Choreoathetose
    Chorea minor
    Chorea gravidarum
    medikamentös induzierte Chorea (Reserpin, L-Dopa, Dopaminagonisten, Antidepressiva, Metoclopramid, Phenytoin, Carbamazepin, Ca-Antagonisten)
    symptomatische Chorea
      Virusencephalitiden
      Lupus erythematodes
      Polycythämia vera
      Akanthozytose
      Thyreotoxikose
      Angiome des ZNS
      Gangliosidosen
    postapoplektische Chorea
    Chorea im Rahmen eines Subclavian Steal Syndrom
  2.1.5. paroxysmale Dystonien
    Schreibkrampf
    Blepharospasmus
    dystone Koordinationsstörungen bei Musikern

Tabelle 10.1 (Fortsetzung)

L-Dopa sensitive Dystonie (Segawa-Erkrankung)
medikamentös induzierte Dystonien (Neuroleptika, Reserpin, Antidepressiva, Metoclopramid, H2-Antagonisten, Phenytoin, Carbamazepin, Ca-Antagonisten)
paroxysmale nächtliche Dystonie
paroxysmale dyston-athenoide Bewegungen i.R. einer Polyradikulitis oder Multiplen Sklerose
faziobukkolinguale Dystonien

2.1.6. Tremor

2.1.7. Tics

2.1.8. Opsoklonus

2.1.9. anfallsartig auftretende Tonuserhöhung der Muskulatur
Dekompensationszeichen der hinteren Schädelgrube
Tetanie
tonische Hirnstammanfälle
Morbus Addison und Hypopituitarismus
lokalisierte Spasmem (Spasmus hemifacialis, hemimastikatorischer Spasmus, okulogyre Krisen, Spasmus mutans, Geniospasmus)

2.1.10. andere anfallsartig auftretende Bewegungsstörungen
Episodische Ataxien
Akathisie

2.2. Paroxysmale Lähmungen

2.2.1. transitorisch ischämische Attacke

2.2.2. Migräne

2.2.3. dyskaliämische Lähmungen

2.2.4. thyreotoxische episodische Lähmung

2.2.5. Paramyotonia congenita

2.2.6. Schlaflähmung

2.2.7. Guillain-Barré-Syndrom

2.2.8. atonische Form der Hirnstammanfälle

2.3. Sturz (Drop attacks)

3. Leitsymptom paroxysmale sensible/sensorische Störungen

3.1. Lokalisierte Parästhesien

3.1.1. transitorisch ischämische Attacke

3.1.2. Migräne

3.1.3. Läsion peripherer Nerven (Polyneuropathie, Polyradikulitis, Mononeuritis multiplex, lokale mechanische Nervenläsion)

3.1.4. multiple Sklerose

3.1.5. Hyperkalzämie (i. R. d. Tetanie oder eines Hyperventilationssyndroms)

3.1.6. Restless leg Syndrom

3.1.7. psychiatrische Erkrankungen

Tabelle 10.1 (Fortsetzung)

3.2. Visuelle Phänomene
- 3.2.1. paroxysmaler Visusverlust/-einschränkung
  - zerebrale Durchblutungsstörung (Amaurosis fugax)
  - Glaskörperblutung
  - Embolie/Thrombose der Netzhautgefäße
  - Netzhautablösung
  - Keratokonus
  - Neuritis nervi optici
  - Arteriitis temporalis
  - hysterische Blindheit
- 3.2.2. paroxysmale visuelle Halluzinationen
  - Mouches volantes bei Glaskörpertrübung
  - Glaukom
  - Netzhauteinrisse
  - Migräneaura
  - Läsionen im Okzipitallappen
  - psychiatrische Erkrankungen (hypnagoge Halluzinationen, Schizophrenie)
  - Phosphene und Photopsien bei unphysiologischem Druck auf die Augenbulbi
  - Intoxikationen

ambulanzen verantwortlich (Day et al. 1982; Silverstein et al. 1982). Etwa 25% aller älteren Menschen berichten, dass sie zumindest einmal im Leben eine Synkope erlitten hätten, die Prävalenz ist somit fünfmal häufiger als die eines (einmaligen) epileptischen Anfalls.

10.2.2. Einteilung und Ätiologie

Im Gegensatz zur Epilepsie, wo eine weitgehend akzeptierte internationale Klassifikation existiert, fehlt ein solcher Konsensus bezüglich der Einteilung von Synkopen bis heute. Im Folgenden wird daher eine Einteilung der Synkopen nach ihrer Ätiologie versucht:

Unter den *reflektorischen Synkopen* subsummiert man jene Formen, bei denen ein Reiz zu einer über das autonome Nervensystem reflektorisch vermittelten Verminderung der zerebralen Durchblutung führt. Mechanischer Druck auf Rezeptoren im Carotissinus beim Carotis-Sinus-Syndrom kann hier ebenso als Auslöser fungieren, wie eine Reizung des Trigeminusnerven bei den trigeminovagalen Synkopen, eine exzessive Sympathikusaktivierung im Rahmen ausgeprägter Schmerz- und Schreckreaktionen sowie massiver körperlicher Überanstrengung. Die Reaktion läuft dagegen relativ stereotyp ab und besteht in einer meist über den Nervus vagus vermittelten kardio- und/oder vasodepressorischen Gegenreaktion.

Bei der zweiten Gruppe, die als *pressorische Synkopen* zusammengefasst werden können, liegt die Ursache der zerebralen Minderperfusion in einer Druckerhöhung, wobei entweder, wie bei der Hustensynkope, der intrakranielle Druck kurzfristig den systolischen Blutdruck übersteigt und dadurch die zerebrale Blutzufuhr unterbrochen wird oder eine lokale Strömungsbehinderung in einem Blutgefäß zu einem ungenügenden zerebralen Blutfluss führt wie beispielsweise bei der Strecksynkope oder beim Vena-cava-inferior-Syndrom, wo der Fetus bei Rückenlage der Mutter die Zirkulation in der unteren Hohlvene behindert.

Die dritte Gruppe umfasst jene Synkopen, die durch eine *orthostatische Dysregulation* zustande kommen, wobei konstitutionelle Faktoren wie beim hypotonen Adoleszenten ebenso als Ursache in Betracht kommen wie eine Reihe neurologischer Grunderkrankungen, die sich unter anderem im Symptom der orthostatischen Hypotension manifestieren können.

Eine weitere Gruppe umfasst *kardiale und kardiovaskuläre Synkopen,* bei denen die passagere zerebrale Minderdurchblutung entweder durch eine mechanisch oder rhythmogen bedingte verminderte kardiale Auswurfleistung zustande kommt oder ein lokales Strömungshindernis im Bereich der großen Arterien vorliegt.

Daneben können Synkopen auch im Rahmen zahlreicher Stoffwechselerkrankungen, bei Liquorzirkulationsstörungen, als Nebenwirkung zahlreicher Medikamente und bei einer Vielzahl psychiatrischer Erkrankungen auftreten (siehe Tabelle 10.2).

Über die Häufigkeit der einzelnen Ursachen einer Synkope gibt eine Metaanalyse an über 1000 Patienten (Linzer et al. 1997) Auskunft. So fanden sich am häufigsten reflektorische Synkopen (9–45%), gefolgt von kardialen (5–45%) und orthostatisch bedingten Synkopen (4–10%). Etwas häufiger als orthostatische Synkopen waren solche aufgrund einer neurologischen Grunderkrankung (3–32%), diese Gruppe war jedoch ätiologisch sehr heterogen und umfasste epileptische Anfälle genauso wie transitorisch-ischämische Attakken, Migräne und das Subclavian Steal Syndrom. Etwa gleich häufig fanden sich schließlich Synkopen als Nebenwirkungen einer medikamentösen (Poly-) Therapie sowie Synkopen als Folge einer psychiatrischen Erkrankung (je 1–8%). Mit 13–41% bildeten allerdings auch in dieser Untersuchung jene Patienten die größte Gruppe, bei denen keine Ursache für die Synkope gefunden werden konnte.

Tabelle 10.2. Synkopen – Einteilung und Ätiologie

1. Reflektorische Synkopen

- vasovagale (neurokardiogene) Synkopen
  - vasovagale Erschöpfungs-/Ermüdungsreaktion
  - vasovagale Schreckreaktion
  - vasovagale Schmerzreaktion
- Carotis-Sinus-Syndrom
- Schlucksynkopen
- trigemino-vagale Synkopen
  - okulovagale Synkope
  - Trigeminus-Eintauchreflex

2. Pressorische Synkopen

- Husten- und Lachsynkopen
- Miktionssynkopen
- Strecksynkopen
- Vena-cava-inferior- (supines hypotensives) Syndrom in der Schwangerschaft

3. Synkopen bei orthostatischer Hypotonie

- Shy-Drager-Syndrom
- pure autonomic failure
- familiäre Pandysautonomie
- akute Pandysautonomie
- (autonome) Polyneuropathie
- orthostatische Hypotonie im Alter
- konstitutionelle Hypotonie in der Adoleszenz
- medikamentös induzierte orthostatische Hypotonie
- hypovolämisch bedingte orthostatische Hypotonie
- Multisystematrophie
- Tumoren der hinteren Schädelgrube und im Bereich des III. Ventrikels
- multiple Sklerose
- Läsionen des zervikalen Myelons
- Polyradikulitis (Guillain-Barré-Syndrom)
- Tabes dorsalis
- Holmes-Adie-Syndrom
- idiopathische cerebelläre Ataxie
- Lambert-Eaton-Syndrom
- Fibromyalgie
- Vitamin B1-Mangel
- Glossopharyngeus- und Trigeminusneuralgie

4. Kardiale Synkopen

- Herzrhythmusstörungen: Bradykardien (Sick-Sinus-Syndrom, AV-Block II/III, Schrittmacherfunktionsstörung, medikamenteninduzierte Bradykardie), Tachykardien (ventrikuläre und supraventrikuläre Tachykardien, Torsades de pointes)
- Störungen der kardialen Auswurfleistung: Myokardinfarkt, Herzbeuteltamponade, Myxom, Aortendissektion, Aorten- u. Mitralstenose, hypertrophe Kardiomyopathie, Pulmonalstenose, Fallot'sche Tetralogie und Blalock-Taussig-Anastomose

Tabelle 10.2 (Fortsetzung)

5. (Kardio-)vaskulär bedingte Synkopen
- hochgradige, beidseitige Stenose der Arteria carotis interna
- vertebrobasiläre Durchblutungsstörung
- Subclavian-Steal-Syndrom
- Takayasu-Arteriitis
- Pulmonalembolie

6. Metabolisch bedingte Synkopen
- Hypoxie
- Hypoglykämie
- Hypokapnie (Hyperventilation)
- Intoxikation

7. Synkopen im Rahmen von Liquorzirkulationsstörungen
- Hydrocephalus malabsorptivus und occlusus
- Arnold-Chiari-Syndrom
- Syringomyelie

8. Medikamentös bedingte Synkopen
- Nitrate, ACE-Hemmer, Calcium-Kanal-Blocker, Hydralazin, Diuretika, trizyklische Antidepressiva, Phenothiazine, Butyrophenone, Opiate, Barbiturate, Dopaminagonisten, Antihistaminika, Digitalis, Vincristin, Insulin, Quinidin, Procainamid, Amiodaron, Sotalol, Amphetamie, Alkohol

9. Psychiatrische Erkrankungen mit gehäuftem Auftreten von Synkopen
- Angststörung
- Panikstörung
- Somatisierungsstörung
- Major depression

10. Andere Ursachen
- Synkopen i.R. einer Neuralgie
- respiratorischer Affekt-/Schreikrampf im Kindesalter
- postprandiale Hypotonie im Alter
- Dumping-Syndrom (Frühdumping [10–20 min]; Spätdumping [60–90 min])

10.2.3. Klinische Symptomatik

Vor allem in der Vergangenheit wurden Synkopen oft als epileptische Anfälle fehldiagnostiziert, weil eine Reihe von Symptomen, die bei Synkopen häufig sind, als diagnostisch beweisend für epileptische Anfälle betrachtet wurden. So galten Myoklonien, Automatismen, Secessus, aber auch Zungenbiss und Vokalisationen häufig als „epilepsietypisch“, während die „klassische Synkope“ dem gängigen Klischee alter Filme entsprach, wo die Hauptdarstellerin beim Anblick von Blut bleich zu Boden sinkt, nach wenigen Sekunden die Augen wieder öffnet und mit erstauntem Blick fragt: „Wo bin ich nur?“. Eine Unter-

Tabelle 10.3. Klinische Symptomatik bei Synkopen

Aura	93%
Myoklonien	90%
(Oroalimentäre) Automatismen und Nestelbewegungen	79%
Augendeviation nach oben oder lateral	66%
Halluzinationen (visuell und auditiv)	60%
Sturz mit vorangegangener Erhöhung des Muskeltonus	52%
Mit vorangegangenem Tonusverlust	48%
Vokalisationen	40%
Sturz ohne Bewußtseinsverlust	14%
Bewußtseinseinschränkung ohne Sturz	1%

Modifiziert nach: Benke T et al. (1997); Lempert T et al. (1994)

suchung (Lempert et al. 1994), in der an freiwilligen Versuchspersonen eine Synkope provoziert und mittels Video aufgezeichnet wurde, widerlegte diese weitverbreitete Meinung (Tabelle 10.3).

Ursache all dieser Symptome ist eine passagere zerebrale Minderdurchblutung, wobei die Art und der Ausprägungsgrad der Symptomatik im Wesentlichen von der Dauer der Durchblutungsstörung abhängig ist. So kann unter Umständen eine nur sehr kurze Unterbrechung der Blutzufuhr zum Gehirn (< 5 Sekunden) überhaupt unbemerkt bleiben oder nur ein wenig charakteristisches Schwindelgefühl auslösen. Bei länger dauernder Minderperfusion kommt es zu einer Bewusstseinseinschränkung („inkomplette Synkope"), motorischen Automatismen und anderen Auffälligkeiten bis schließlich bei ausreichend langer Unterbrechung des zerebralen Blutflusses ein typischer Bewusstseinsverlust einsetzen kann. Bei fortbestehendem Durchblutungsmangel können auch Myoklonien und eventuell Stuhl- oder Harnverlust auftreten („konvulsive Synkope") .

10.2.4. Diagnose und Differentialdiagnose

Wenn auch die häufigsten Ursachen von Synkopen harmlos sind bzw. eine zugrundeliegende Erkrankung in beinahe der Hälfte aller Fälle nicht aufgedeckt werden kann, ist eine umfassende Diagnostik trotzdem von eminenter Bedeutung, da insbesondere einige kardiale Grunderkrankungen, die Synkopen verursachen können, mit einer Einjahresmortalität von bis zu 20% einhergehen (Hopson und Kienzle 1992). Daher sollte bei jeder erstmals aufgetretenen Synkope eine Basisdiagnostik durchgeführt werden, deren Bedeutung in erster Linie im Ausschluss lebensbedrohlicher Ursachen einer Synkope liegt. Eine mögliche Strategie zur umfassenden Abklärung einer Synkope bei gleichzeitig möglichst sparsamem Einsatz diagnostischer Ressourcen zeigt ein nach

Empfehlungen des „American College of Physicians" modifizierter Entscheidungsbaum (Abb. 10.1). Am Beginn der Diagnostik sollte eine umfassende Anamnese (insbesondere auch möglicher Auslösefaktoren) und die physikalische Krankenuntersuchung stehen. Dadurch kann bei einer nicht geringen Zahl von (insbesondere reflektorischen) Synkopen bereits die Diagnose gestellt werden, bei einer weiteren großen Gruppe sollten sich hieraus die nächsten Schritte ableiten lassen (z.B. kardiale Untersuchungen bei Patienten mit pathologischem EKG oder auffälligen Herzgeräuschen, EEG, Neuropathie-Screening und bildgebende Verfahren bei neurologischen Auffälligkeiten oder Versuch einer Medikamentenreduktion bei älteren Patienten mit medi-

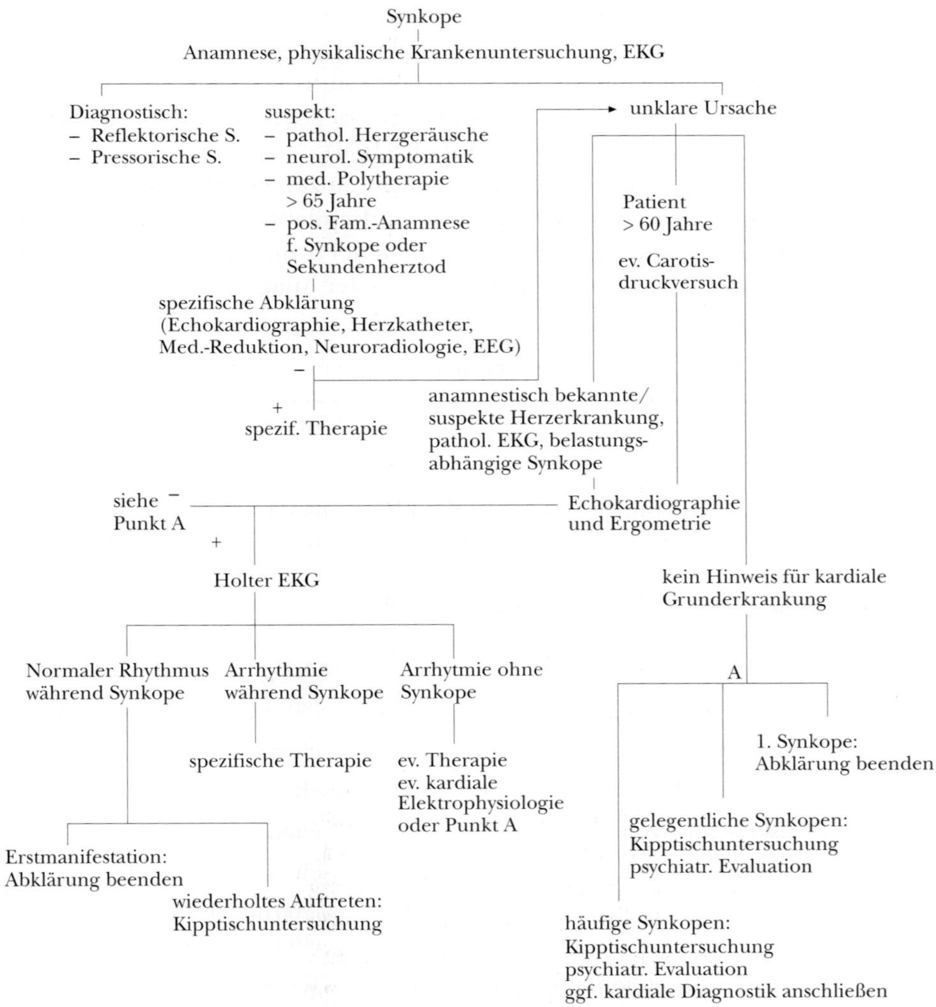

Abb. 10.1. Flußdiagramm zur Diagnose synkopaler Ereignisse. Modifiziert nach Linzer M et al. (1997)

kamentöser Polytherapie). Bei den übrigen Patienten richtet sich die weitere Diagnostik nach dem Lebensalter, der Häufigkeit der Synkopen, der Familienanamnese und möglichen Begleitumständen.

Die differentialdiagnostische Abgrenzung verschiedener epileptischer Anfallstypen von Synkopen hängt zunächst von der Art der Synkope ab. Bei *inkompletten Synkopen* fehlt ein vollständiger Bewusstseinsverlust, eine Einschränkung des Bewusstseins dagegen findet sich ebenso wie alle Arten von Automatismen und auraartigen Empfindungen. Dementsprechend stehen differentialdiagnostisch fokal-komplexe Anfälle an erster Stelle. Aber auch die Absence-Epilepsie des Schulalters und atypische Absencen im Rahmen des Lennox Gastaut Syndroms können Anlass zu Verwechslungen geben. Bei *Synkopen mit vollständigem Bewusstseinsverlust und Sturz* sollte man in erster Linie an Anfälle aus der supplementär sensomotorischen Area und an tonische oder atonische Anfälle (z.B. im Rahmen eines Lennox Gastaut Syndroms) denken. *Konvulsive Synkopen* wiederum können alle Arten primär oder sekundär generalisierter tonisch-klonischer Anfälle imitieren (Tabelle 10.4).

Wie in Tabelle 10.4 aufgezeigt existiert kein einzelnes Symptom, das eine sichere Unterscheidung zwischen Synkope und epileptischem Anfall ermöglicht. Dennoch wird die Kombination verschiedener Symptome, deren zeitliche Dauer und Ausprägung, in Zusammenschau mit der Anamnese in vielen Fällen

Tabelle 10.4. Unterscheidungsmerkmale Synkope – epileptischer Anfall

Merkmal	Synkope	Epileptischer Anfall
Aura – gastrointestinal, somatosensorisch, akustisch	häufig	häufig
psychisch, gustatorisch, olfaktorisch, deja vu	nie	häufig
Reproduzierbare Auslöser (Schreck, Schmerz, Husten, Schlucken, Miktion, rasches Aufstehen, Manipulation im Bereich der Carotisbifurkation, Augenreiben, Hyperventilation)	häufig	selten
Postiktale kognitive Defizite	<30 sec	bis zu Stunden
Lateraler Zungenbiss	selten[1]	häufig[2]
Stuhl- und Harninkontinenz	selten[1]	häufig[2]
Kopf- und Muskelschmerzen	selten[1]	häufig[2]
Verletzungen durch Stürze	selten	häufig
Anstieg der Serum-CK innerhalb 24 Stunden	<200 mU/l, selten	häufig
Serum-Prolaktin-Anstieg innerhalb einer Stunde	häufig	häufig

[1] Findet sich nur im Rahmen einer konvulsiven Synkope
[2] Findet sich nur im Rahmen eines generalisierten tonisch-klonischen Anfalls

eine Zuordnung ermöglichen. So ist eine Aura bei Synkopen zwar ebenso häufig zu erheben wie bei epileptischen Anfällen, das Auftreten einer gustatorischen, olfaktorischen oder deja vu – Aura aber ist richtungsweisend für ein epileptisches Geschehen. Auch eine längere Phase postiktaler Verwirrtheit oder sonstiger kognitiver Defizite kommt typischerweise nur bei epileptischen Anfällen vor. Während sich bei (v.a. reflektorischen und pressorischen) Synkopen häufig Auslösefaktoren eruieren lassen, finden sich diese bei epileptischen Anfällen, mit Ausnahme des Alkohols, Schlafentzugs und bestimmter Licht- oder eventuell Schreckreize, praktisch nie. Ein Anstieg des Serum-Prolaktins erlaubt keine Differenzierung zwischen Synkope und Anfall (Lusic et al. 1999), ein Anstieg der Serum Creatin-Kinase dagegen findet sich bei Synkopen extrem selten und erreicht nie das bei Anfällen mögliche Ausmaß (Neufeld et al. 1997).

Schwierigkeiten in der differentialdiagnostischen Abgrenzung von Synkopen und epileptischen Anfällen können zwei seltene Phänomene verursachen: Einerseits kann eine iktale Bradykardie als Symptom eines Anfalls eine Synkope verursachen (Reeves et al. 1996), andererseits existieren Einzelfallberichte über Kinder, bei denen eine Synkope einen epileptischen Anfall ausgelöst haben soll, wofür die Autoren eine genetische Prädisposition in Form einer verminderten Schwelle der zerebralen Erregungsbereitschaft verantwortlich machen (Battaglia et al. 1989; Emery 1990).

10.2.5. Synkope und EEG

Wie in Kapitel 4 dargelegt, nimmt das EEG einen zentralen Stellenwert in der Diagnose epileptischer Anfälle ein. Nicht immer war jedoch die Bedeutung des EEG zur Abgrenzung von Synkopen und epileptischen Anfällen so klar wie heute, da Artefakte, die im Rahmen von Synkopen häufig vorkommen, gelegentlich als epilepsietypische Veränderungen fehlinterpretiert wurden (Lloyd-Smith und Tatlow 1958). Heute weiß man aus Video-EEG-Aufzeichnungen experimentell ausgelöster Synkopen, dass die EEG-Veränderungen einem charakteristischen Muster folgen, dass aber Spikes oder steile Wellen definitiv nicht vorkommen. In Abhängigkeit von der Dauer der zerebralen Minderperfusion kommt es zunächst zu einer generalisierten niedrig-amplitudigen Verlangsamung, die von einer höher amplitudigen, bifrontal akzentuierten Deltaaktivität abgelöst wird. Bei weiter andauernder Perfusionsstörung findet sich typischerweise eine Kurvenabflachung. Die Rückbildung dieser EEG-Veränderungen erfolgt in umgekehrter Reihenfolge (Brenner 1997).

10.3. Drop attacks

10.3.1. Definition

In Abgrenzung zur Synkope versteht man darunter einen plötzlichen Sturz ohne Bewusstseinsverlust. Differentialdiagnostische Schwierigkeiten in der

Abgrenzung zu Synkopen oder epileptischen Anfällen können sich vor allem dann ergeben, wenn die Bewusstlosigkeit nur sehr kurz andauert oder vom Patienten amnesiert wird, weshalb eine Außenanamnese in diesen Fällen von großer Bedeutung ist.

10.3.2. Einteilung und Ätiologie (Tabelle 10.5)

Typischer Vertreter dieser Gruppe ist die vestibuläre Sturzattacke, bei der eine, durch endolymphatische Druckschwankungen ausgelöste, einseitige Utriculus- oder Sacculusreizung zu einer inadäquaten vestibulospinalen Haltungsreaktion führt. Weiters können plötzliche Stürze bei Läsionen im Bereich der hinteren Schädelgrube, aber auch bei Frauen im mittleren Alter ohne erkennbare Ursache auftreten. Aufgrund des charakteristischen Sturzgeschehens, bei der sich die Frauen fast immer an den Knien verletzen, ist diese Krankheit im Französischen als „maladie des genoux bleus", die Krankheit der blauen Knie, bekannt. Eine vertebrobasiläre Insuffizienz führt dagegen in den meisten Fällen auch zu einer Bewusstlosigkeit, die allerdings extrem kurz verlaufen oder amnesiert werden kann, sodass sie sich anamnestisch manchmal als isoliertes Sturzgeschehen präsentiert. Besondere Erwähnung verdient auch die L-Dopa sensitive Dystonie, die in der Pubertät beginnt und vornehmlich die unteren Extremitäten betrifft. Die Beschwerden treten typischerweise immer erst in der zweiten Tageshälfte auf und führen zu häufigen Stürzen

Tabelle 10.5. Ursachen von Drop attacks

– Epileptische drop attacks	– fokale Anfälle – myoklonische Anfälle – tonische Anfälle oder atonische Anfälle im Rahmen eines Lennox Gastaut Syndroms – myoklonisch-astatische Anfälle
– Vestibuläre Sturzattacken	
– Vertebrobasiläre Drop attacks	
– Kataplektische Sturzattacken im Rahmen der Narkolepsie	
– Atonische Hirnstammanfälle bei (entzündlichen, tumorösen oder vaskulären) Läsionen im Bereich der Formatio reticularis	
– Kryptogene Sturzattacken der Frau	
– Hydrocephalus	
– Syringobulbie	
– Tumoren der hinteren Schädelgrube und im Bereich des III. Ventrikels	
– Sturzattacken im Rahmen des Morbus Parkinson	
– L-Dopa sensitive Dystonie	
– Hypothyroidismus	
– Malformationen im Bereich der Halswirbelsäule	

ohne Bewusstseinsstörung. Diagnostisch ist das ausgezeichnete Ansprechen auf L-Dopa.

Epileptische Drop attacks fanden sich in einer Untersuchung bei 81% aller Patienten mit Frontallappenepilepsie (Geier et al. 1977). Seltener werden sie auch bei anderen fokalen Epilepsien gefunden, wobei eine kurze Phase atonischer, tonischer oder klonischer Muskelaktivität, welche die Beine betrifft, verantwortlich sein kann (Tinuper et al. 1998).

10.4. Migräne

10.4.1. Definition und Epidemiologie

Bei der Migräne handelt es sich um eine Erkrankung mit rezidivierenden, meist halbseitigen Kopfschmerzattacken, die in der Regel mit vegetativen Begleitsymptomen, manchmal auch mit neurologischen Funktionsausfällen einhergeht. Im Intervall sind die Patienten völlig beschwerdefrei.

Mit einer Gesamtprävalenz von 12–16% gehört sie zu den häufigsten neurologischen Krankheitsbildern, wobei Frauen etwa vier mal häufiger betroffen sind als Männer.

10.4.2. Einteilung und Ätiologie

In Tabelle 10.6 ist die IHS Klassifikation der Migräne (Headache Classification Committee of the International Headache Society 1988) dargestellt.

Tabelle 10.6. IHS Klassifikation der Migräne

1. Migräne ohne Aura
2. Migräne mit Aura
2.1. Migräne mit typischer Aura
2.2. Migräne mit prolongierter Aura
2.3. Familiäre hemiplegische Migräne
2.4. Basilaris-Migräne
2.5. Migräne-Aura ohne Kopfschmerz
2.6. Migräne mit akutem Aurabeginn
3. Ophthalmoplegische Migräne
4. Retinale Migräne
5. Periodische Syndrome in der Kindheit als mögliche Vorläufer oder Begleiterscheinungen einer Migräne
6. Benigner paroxysmaler Schwindel in der Kindheit
7. Migränekomplikationen
8. Migranöse Störungen, die nicht die o.a. Kriterien erfüllen

Nach: Headache Classification Committee of the International Headache Society (1988)

Die Ätiologie der Migräne ist nicht restlos geklärt, neben einer vaskulären Hypothese, der zufolge nach einer primären kortikalen Minderperfusion, die für die Aura und eventuelle Ausfallserscheinungen verantwortlich ist, es zu einer Vasodilatation und damit zum Kopfschmerz kommt, wird auch eine neurogene Hypothese diskutiert. Nach dieser Hypothese kommt es im Kortex und bestimmten Arealen des Hirnstammes zu einer durch Depolarisation von Neuronen bedingten Minderperfusion, die sich entsprechend der aus dem Tierexperiment bekannten „spreading depression" ausbreitet. Darüber hinaus konnte zumindest für eine Form der Migräne, der sog. familiären hemiplegischen Migräne, ein Gendefekt auf Chromosom 19 identifiziert werden.

10.4.3. Klinische Symptomatik

Die charakteristische klinische Symptomatik ist in Tabelle 10.7 zusammengefasst.

Tabelle 10.7. Migräne – klinische Symptomatik

– Kopfschmerzdauer:	4–72 Stunden
– Schmerzcharakteristika:	einseitig pulsierend mäßig bis starke Intensität Verstärkung bei körperlicher Belastung
– Begleitphänomene:	Übelkeit und/oder Erbrechen erhöhte Licht- und/oder Lärmempfindlichkeit erhöhte Geruchsempfindlichkeit
– Ausschluss symptomatischer Kopfschmerzen, unauffälliger neurologischer Befund im Intervall	

10.4.4. Diagnose und Differentialdiagnose

Die Diagnose der Migräne ergibt sich im Wesentlichen aus der typischen Anamnese und dem Fehlen pathologischer Befunde im neurologischem Status, der strukturellen Bildgebung und anderen neurologischen Hilfsbefunden.

Differentialdiagnostische Schwierigkeiten in der Abgrenzung zu epileptischen Anfällen ergeben sich nur bei den mit 15–20% allerdings selten auftretenden Formen der Migräne mit Aura, wo neben den Kopfschmerzen auch neurologische Ausfallssymptome angetroffen werden. Diese betreffen in rund 90% aller Fälle das visuelle System (Hachinski et al. 1973), weshalb differentialdiagnostisch in erster Linie Occipitallappenanfälle in Betracht gezogen werden sollten. Der in der Folge einsetzende typische Migränekopfschmerz führt üblicherweise zur richtigen Diagnose, allerdings kann der Kopfschmerz in seltenen Fällen der Migräneaura ohne Kopfschmerz auch gänzlich fehlen, und umgekehrt treten bei vielen (idiopathischen) Occipitallappenepilepsien auch Kopfschmerzen mit vegetativen Begleitsymptomen auf. Seltener kann es im Rahmen einer Migräne mit Aura auch zu passageren sensiblen oder motorischen Ausfällen kommen, die auch jene typische Ausbreitung erfahren können, die normalerweise als diagnostisch für fokale Anfälle („Jackson-Anfall") angesehen wird (Heyck 1973). Im Rahmen einer Basilarismigräne kann es neben einer Reihe von Hirnstammsymptomen schließlich auch zu einem Bewusstseinsverlust kommen, eine Abgrenzung sowohl gegenüber epileptischen Anfällen als auch gegenüber Synkopen kann dann schwierig sein.

10.5. Myoklonien

10.5.1. Definition

Myoklonien sind definiert als kurze, plötzliche und unwillkürliche Bewegungen als Folge zentral ausgelöster Muskelkontraktionen (positiver Myoklonus) oder Inhibition dieser Kontraktionen (negativer Myoklonus). Gelegentlich können Myoklonien auch als Folge peripherer Nervenläsionen auftreten (Banks et al. 1985).

10.5.2. Einteilung und Ätiologie

Man unterscheidet grundsätzlich zwischen epileptischen Myoklonien, die bei einer Reihe von generalisierten Epilepsien isoliert oder in Kombination mit generalisierten tonisch-klonischen Anfällen auftreten und nicht epileptischen Myoklonien. Bei letzteren wiederum kann man zwischen physiologischen Myoklonien und symptomatischen Myoklonien, die im Rahmen einer Grunderkrankung auftreten, unterscheiden. Die einzelnen möglichen Ursachen von Myoklonien sind in Tabelle 10.8 zusammengefasst, aufgrund des relativ stereotypen Erscheinungsbildes ist aber aus der Phänomenologie ein Rückschluss auf die Ätiologie der Myoklonien nur in sehr begrenztem Umfang möglich, lediglich der auch als Asterixis oder „flapping tremor" bezeichnete negative Myoklonus ist relativ charakteristisch für toxisch-metabolische Encephalopathien.

Tabelle 10.8. Klassifikation der Myoklonien nach ihrer Ätiologie

1. Epileptischer Myoklonus
- frühe myoklonische Encephalopathie
- benigne myoklonische Epilepsie
- maligne myoklonische Epilepsie
- myoklonisch astatische Epilepsie
- juvenile myoklonische Epilepsie
- Lennox-Gastaut-Syndrom
- Epilepsia partialis continua
- progressive Myoklonusepilepsien
- primäre Leseepilepsie
- posthypoxischer Status myoclonicus
- fokaler paroxysmaler Myoklonus bei ischämisch demarkiertem Areal im Bereich oberhalb der Fissura Sylvii

2. Physiologische Myoklonien
- Einschlaf- und Aufwachmyoklonien
- Angst- oder schreckinduzierte Myoklonien
- Myoklonien nach körperlicher Belastung
- essentielle nächtliche Myoklonien
- benigne Schlafmyoklonien bis zum 3. Lebensmonat
- benigne frühkindliche Füttermyoklonien
- (nicht symptomatischer) Singultus

3. Essentielle Myoklonien

4. Postsynkopale Myoklonien

5. Symptomatische Myoklonien
- degenerative Systemerkrankungen (Morbus Parkinson, Multisystematrophie, PSP, M. Alzheimer)
- infektiöse Erkrankungen (Slow-virus-Encephalopathien, akute virale Encephalopathien, M.Whipple, Sepsis)
- metabolische Encephalopathien (hepatische, urämische und Dialyse-Encephalopathie, M. Wilson, Gangliosidosen, Hypo-, Hyperglykämie)
- toxische Encephalopathien (Wismut, Schwermetalle, Methylbromid, DDT, Strychnin, Cadmium, Blei, organische Quecksilberverbindungen, Tetraethyl, Kokain, LSD, Cannabinoide, L-Dopa, trizyklische Antidepressiva, MAO-Hemmer, Lithium, Penicillin, Opiate, Cephalosporine, Etomidate, Phencyclidin)
- paraneoplastische Encephalopathien (Neuroblastome, Adenocarcinom, cholinerge Krise im Rahmen eines Thymoms)
- hypoxisch bedingte Myoklonien (Lance-Adams-Syndrom)
- sonstige symptomatische Myoklonien (Hitzschlag, Elektrotrauma, Dekompressionszwischenfall, Überdruck, fokale ZNS-Läsionen, stereotaktische Thalamotomie, postsynkopale Myoklonien)

Modifiziert nach: Fahn (1986)

10.6. Differentialdiagnose nächtlicher Anfälle

Bis zu ein Drittel seines Lebens verbringt der Mensch im Schlaf. Bestimmte Epilepsiesyndrome sind mit Schlaf bzw. einzelnen Schlafstadien assoziiert, das jeweilige Schlafstadium hat Einfluss auf die Synchronizität des EEGs und kann damit die Entstehung und/oder Ausbreitung epileptischer Entladungen im Gehirn beeinflussen. Andererseits gibt es bestimmte Erkrankungen der Schlaf-Wach-Regulation, die mit paroxysmalen motorischen oder kognitiven Veränderungen einhergehen und differentialdiagnostische Schwierigkeiten in der Abgrenzung zu epileptischen Anfällen bereiten können (Labar 1991; Roberts 1998).

Diagnostisch von Bedeutung sind neben einer exakten Anamnese (Außenanamnestische Angaben? Zu welchem Zeitpunkt während des Schlafes treten die Phänomene auf? Können Träume erinnert werden? Postiktale Defizite?), die Polysomnographie bzw. das Video-EEG-Monitoring, wobei allerdings insbesondere bei nächtlichen Frontallappenanfällen das iktale Oberflächen-EEG oft inkonklusiv bleibt.

10.6.1. Non-REM-Phänomene

Kennzeichen:

- positive Familienanamnese
- tritt im Schlafstadium III und IV auf
- häufig im Kindesalter, bei Erwachsenen in der Regel mit anderen Störungen kombiniert.

Tabelle 10.9. Differentialdiagnostische Kriterien: nächtliche Frontallappenanfälle vs. Parasomnien

Kriterium	Nächtliche Frontallappenanfälle	Parasomnien
Episoden/Nacht	oft mehrere	eine
Dauer einer Episode	wenige Sekunden bis 3 Minuten	bis 30 Minuten
Zeitliche Verteilung während der Nacht	zufällig verteilt	während bestimmter Schlafstadien
Postiktale Defizite	in Abhängigkeit von Anfallsausbreitung	fehlen
Amnesie	häufig fehlend oder inkomplett	meist komplett
Iktales EEG	epileptische Aktivität nicht immer fassbar	

Somnambulismus (Schlafwandeln). Pro Nacht tritt nur eine Episode auf, die bis zu 30 Minuten andauern kann. Differentialdiagnostisch kommen nächtlich auftretende fokal-komplexe Anfälle (insbesondere auch ein fokaler Status) in Betracht. Diese treten jedoch zufällig über den ganzen Schlafzyklus verteilt auf, die motorischen Phänomene sind weniger komplex und „automatisiert" und im Gegensatz zum Schlafwandeln können gelegentlich tonische oder klonische Phänomene auftreten. Besondere differentialdiagnostische Schwierigkeiten bietet das epileptische Schlafwandeln, hier kann nur das Video-EEG-Monitoring Klarheit verschaffen (Plazzi et al. 1995).

Pavor nocturnus. Plötzliches Aufschreien aus dem Schlaf heraus, bis zu 10 Minuten, wobei die Person während der Episode nicht kontaktierbar ist, danach besteht meist eine Amnesie. Differentialdiagnostisch können (nächtliche) Frontallappenanfälle Schwierigkeiten bereiten, die jedoch nur sehr kurz dauern und häufig tonische Halteschablonen aufweisen.

10.6.2. REM-Phänomene

Charakteristisch hierfür ist das Auftreten im letzten Drittel der Nacht. Beim sog. *REM-sleep behavior disorder* kommt es aus dem Schlaf heraus zu aggressiven, teils komplexen Handlungen, im Rahmen derer sich die Patienten häufig verletzen. Im Gegensatz dazu kommt es beim *Albtraum* zu keinen motorischen Entäußerungen, allerdings kommt es häufig zu einem Aufschrei, wenn die Patienten aus dem Schlaf hochschrecken. Die Patienten sind sofort voll kontaktierbar und können den Traum erinnern.

10.6.3. Phänomene ohne zeitliche Bindung an bestimmte Schlafstadien

Periodische Fußbewegungen im Schlaf: Im Rahmen des Restless-Leg-Syndrom, aber auch anderer Schlafstörungen kann es zu rhythmischer Dorsalflexion der Großzehe oder des Vorfußes bis zu zwei Sekunden Dauer kommen. Die langsame Frequenz (etwa 2/min) ermöglicht in den meisten Fällen aber eine klare Abgrenzung von fokalen klonischen Anfällen.

Jactatio capitis/corporis: siehe Abschnitt 10.7.

Bruxismus: Bei manchen Kindern kommt es durch rhythmische Kontraktionen der Massetermuskulatur zum Zähneknirschen. In den meisten Fällen kommt es zu einer Spontanremmission, differentialdiagnostische Schwierigkeiten können lediglich oroalimentäre Automatismen bieten, bei denen die Kinder aber üblicherweise wach, wenn auch nicht adäquat ansprechbar sind.

Enuresis nocturna: Nächtliches Einnässen tritt bei bis zu 10% aller Kinder zwischen dem 3. und 12. Lebensjahr auf. Neben einer idiopathischen Form, die häufig in Zusammenhang mit psychischen Faktoren oder einer familiären Disposition gebracht wird, liegt den symptomatischen Formen eine andere Erkrankung zugrunde. Häufig findet sich auch eine Assoziation mit einer Schlafstörung. Die letztgenannte Gruppe kann unter Umständen schwierig von nächtlichen fokalen Anfällen abzugrenzen sein, da ihr meist eine Phase motorischer Unruhebewegungen und erhöhten Muskeltonus vorangeht. Andererseits kann der Secessus oft der einzige, indirekte Hinweis für einen stattgehabten generalisierten Anfall sein.

Schlafmyoklonien: Im Erwachsenenalter finden sich (selten) essentielle nächtliche Myoklonien sowie (physiologischerweise) Einschlafmyoklonien. Sehr viel häufiger finden sich Myoklonien im Kindesalter, auf diese wird im Abschnitt 10.5 eingegangen.

Nächtliche Hypoglykämien können bei Diabetikern mit nicht optimaler medikamentöser Therapie auftreten, da typische Vorboten, die die Patienten tagsüber zur Kohlehydrateinnahme veranlassen, im Schlaf nicht bemerkt werden. Typische Symptome sind Unruhe, autonome Veränderungen und, in Abhängigkeit vom Serumglucosewert, auch Bewusstseinsstörungen.

10.6.4. Narkolepsie

Schlaflähmung, hypnagoge Halluzinationen und automatisiertes Handeln können differentialdiagnostische Schwierigkeiten in der Abgrenzung zu nächtlichen fokalen Anfällen (Aura? Postiktale Paresen/Schwäche? Fokaler Status?) bereiten. Wenn tagsüber Mikroschlafepisoden von wenigen Sekunden auftreten, können diese Anlass zu Verwechslung mit Absencen geben, bei zeitlicher Häufung solcher „Naps“ ist auch an einen fokalen Status epilepticus oder einen postiktalen Dämmerzustand zu denken. Die typische Symptomkonstellation sowie das Auftreten von Kataplexien weisen meist den Weg zur richtigen Diagnose, in der Polysomnographie finden sich charakteristische REM-Episoden während des Einschlafens.

10.6.5. Schlafapnoesyndrom

Im Rahmen von Arousal-Reaktionen kann es gelegentlich zu plötzlichem Aufbäumen und anderen motorischen Entäußerungen kommen, ähnlich nächtlichen fokal-komplexen Anfällen. Tagsüber können bei diesen Patienten Einschlafattacken und damit in Zusammenhang stehendes automatisiertes Verhalten auftreten, was ebenfalls Anlass zu Verwechslungen mit epileptischen Zuständen geben kann. Polysomnographische Ableitungen sind das adäquate diagnostische Verfahren.

10.6.6. Hypersomnien

Sie können im Rahmen einer beeinträchtigten Atmung im Schlaf (Pickwick-Syndrom, Undines-Fluch), bei hirnorganischen Erkrankungen oder aber als psychogene Hypersomnien auftreten. Typischerweise kommt es zu kurzen Schlafattacken, die aber selten so ausgeprägt sind, dass der Patient im Gehen einschläft und zu Boden stürzt, was Anlass zu Verwechslungen sowohl mit Synkopen als auch epileptischen Anfällen geben kann. Eine Sonderform ist das Kleine-Levine-Syndrom, bei dem die Hypersomnien attackenweise über mehrere Wochen andauern. Der Patient verlässt während solcher Phasen kaum das Bett und neigt zu psychopathologischen Auffälligkeiten. Auch Synkopen können während solcher Episoden auftreten.

10.7. Differentialdiagnose epileptischer Anfälle im Kindesalter

Neben den meisten in Tabelle 10.1 angeführten Differentialdiagnosen epileptischer Anfälle gibt es eine Reihe paroxysmaler nicht epileptischer Zustände, die fast ausschließlich im Kleinkindalter auftreten und besondere Berücksichtigung verdienen:

Gastroösophagealer Reflux findet sich häufig bei Kindern im Alter zwischen 6 und 8 Wochen. Ist die Symptomatik stark ausgeprägt kann es im Rahmen des Erbrechens auch zu Apnoe und Laryngospasmus kommen, was unter Umständen zu Verwechslung mit epileptischen Anfällen führen kann. Ganz besonders gilt dies für tonische oder rotatorische Bewegungen, die im Zusammenhang mit gastroösophagealem Reflux beobachtet wurden (Sandifer's Syndrom). Die strenge zeitliche Bindung der Symptomatik an die Nahrungsaufnahme ist der entscheidende diagnostische Hinweis (Pedley 1983).

Respiratorischer Affekt- oder Schreikrampf findet sich bei knapp 5% aller Kleinkinder im Alter von 6 Monaten bis 4 Jahren. Entscheidend für die Unterscheidung zu epileptischen Anfällen ist die exakte Anamneseerhebung mit den Eltern, weil solche Zustände durch äußere Reize wie Verbote, Tadel, Wut, Schmerz oder Schreck ausgelöst werden. Man unterscheidet zwischen einer „blassen Form", der pathophysiologisch eine extreme Bradykardie oder Asystolie zugrunde liegt, von einer (häufigeren) zyanotischen Form, bei der wahrscheinlich eine Kombination von Apnoe und Valsalva-Reflex ursächlich beteiligt ist. Nach einer Phase länger dauerndem Schreiens kommt es zum Bewusstseinsverlust und parallel dazu typischerweise auch zu einem Tonusverlust der Muskulatur. Dauert die Apnoe länger an, können Opisthotonus und generalisierte klonische Bewegungen beobachtet werden (Vassella 1992).

Synkopen im Rahmen angeborener Herzfehler (siehe Tabelle 10.2).

Jactatio capitis/corporis: Repetitive Schaukelbewegungen des Kopfes oder des gesamten Oberkörpers finden sich bei bis zu 30% aller Kinder im 1. Lebensjahr und nehmen danach kontinuierlich ab. Die Episoden treten vor allem in der Einschlafphase auf, können bis zu 30 Minuten andauern und resultieren charakteristischerweise in einer am Occipitalpol fehlenden Kopfbehaarung.

Benigner Myoklonus im Kleinkindalter: Bis zum sechsten Lebensmonat können physiologischerweise Fütter- und Schlafmyoklonien auftreten. Letztere manifestieren sich in den ersten zwei Lebenswochen, treten in allen Schlafstadien auf und können bis zu 20 Minuten andauern. Spätestens mit dem 6. Lebensmonat verschwinden sie wieder, ihre Ursache ist ungeklärt, wenn auch ein transientes Ungleichgewicht im Serotoninhaushalt vermutet wird (Vassella 1992). Benigne Myoklonien können auch im Wachzustand auftreten und geben oft Anlass zu Verwechslungen mit BNS-Anfällen, die klinisch nicht unterscheidbar sind. Richtungsweisend ist das Fehlen eines Hypsarrhythmie-Musters sowie die normale psychomotorische Entwicklung. Die Myoklonien sistieren spontan bis zum 2. Lebensjahr (Lombroso und Fejerman 1977). Darüber hinaus können beim Kleinkind wie auch beim Erwachsenen Einschlafmyoklonien auftreten, sie sind jedoch nicht zuletzt aufgrund ihrer strengen zeitlichen Bindung an die Einschlafphase unschwer zu diagnostizieren.

Masturbation: In den ersten Monaten können masturbatorische Aktivitäten insbesondere in Verbindung mit rhythmischen Beckenbewegungen Anlass zu Verwechslungen mit epileptischen Anfällen geben. Typischerweise kann dieses Verhalten durch Zuwendung prompt beendet werden. Bei geistig retardierten Kindern kann dieses Verhalten auch nach dem ersten Lebensjahr andauern und besonders schwierig zu differenzieren sein, da sich diese Kinder im Rahmen der Selbstbefriedigung häufig in einem Fugue-ähnlichen Zustand befinden und auf Außenreize dann häufig nicht oder nur inadäquat reagieren (Pellock 1997).

Benigner paroxysmaler Schwindel des Kindesalters: Die Attacken, die meist im Kleinkindalter auftreten, beginnen mit einem ängstlichen Gesichtsausdruck, die Kinder torkeln in der Folge herum, versuchen sich festzuklammern und bleiben schließlich regungslos am Boden liegen, ohne jedoch das Bewusstsein zu verlieren. Die Episoden dauern nicht länger als eine Minute und werden pathophysiologisch in Zusammenhang mit Migräneattacken gebracht, da ein Drittel dieser sonst völlig gesunden Kinder später an dieser Form der Kopfschmerzen leidet (Barron 1991).

Hypnagoge paroxysmale Dystonie: Extrem selten treten aus dem Schlaf heraus kurze Episoden mit Extremitätendystonie auf, die von einem Aufschrei begleitet werden können. Die Abgrenzung dieser Störung zur Epilepsie scheint fraglich, seit bei einigen Kindern mit solchen Episoden ein epileptischer Anfall aus der supplementär-sensomotorischen Area nachgewiesen werden konnte.

10.8. Differentialdiagnose epileptischer Anfälle im höheren Lebensalter

1910 lag der Anteil der über 65-jährigen in Österreich bei 5%, 1985 bei 15% und für 2030 schätzt man einen Anteil von 33%. Allein dieser Anstieg verdeutlicht die zunehmende Bedeutung, die den spezifischen Problemen älterer Menschen – auch im Rahmen der Epilepsie – in Zukunft zukommen wird. Epileptische Anfälle sind, nach zerebrovaskulären Durchblutungsstörungen und Demenzen, die häufigste neurologische Erkrankung im höheren Lebensalter. Die kumulative Inzidenz epileptischer Anfälle nach dem 60. Lebensjahr ist höher als die vor dem 20. Lebensjahr einschließlich Säuglings- und Kleinkindalter (Tallis et al. 1991). Im Vergleich zu jüngeren Menschen überwiegt im höheren Lebensalter die Zahl fokaler Epilepsien bei weitem. In Tabelle 10.10 sind die wichtigsten Differentialdiagnosen verschiedener Anfallsarten im höheren Lebensalter zusammengefasst.

10.8.1. Transitorisch ischämische Attacke

Von 821 Patienten, bei denen im Rahmen einer prospektiven Studie ein Insult oder eine TIA diagnostiziert worden war, hatten 5% in Wirklichkeit einen epileptischen Anfall erlitten (O'Donoghue und Sander 1997). Differentialdiagnostische Schwierigkeiten machen dabei nicht nur negative Symptome wie Paresen oder Sensibilitätsstörungen, sondern auch positive motorische Phänomene. So wurden fokale repetitive Muskelzuckungen bei Patienten mit hochgradigen Carotisstenosen beobachtet, ohne dass sich Anhaltspunkte für ein epileptisches Geschehen fanden (Yanagihara et al. 1985). Auch rezidivierende passagere Sehstörungen im Sinne einer Amaurosis fugax können Anlass zu Verwechslungen mit epileptischen Anfällen, vornehmlich aus dem Gebiet des

Tabelle 10.10. Differentialdiagnosen verschiedener Anfallsarten im höheren Lebensalter

Anfallsart	Differentialdiagnose
Fokal-komplexe Anfälle	Verwirrtheitszustände (metabolisch-toxisch, ischämisch, entzündlich ...)
Prolongierte postiktale kognitive Defizite	Verwirrtheitszustände
De novo Absencestatus	organische Psychosen
Einfach fokale Anfälle	transitorisch ischämische Attacke
Postiktale (Todd'sche) Parese	transitorisch ischämische Attacke
Epilepsia partialis continua	extrapyramidal-motorische Störungen
Sturzanfälle	Synkopen

Occipitallappens geben. Schließlich sollte bei allen differentialdiagnostischen Abgrenzungen bedacht werden, dass ein ischämischer Insult selbst epileptiforme EEG-Veränderungen und epileptische Anfälle auslösen kann (Kilpatrick et al. 1990).

10.8.2. Synkope (siehe auch Abschnitt 10.2)

Obwohl prinzipiell jede Synkope auch im höheren Lebensalter vorkommen kann, spielen kardial und orthostatisch bedingte Synkopen bei dieser Altersgruppe die zahlenmäßig größte Rolle, im Gegensatz zu reflektorischen Synkopen, die überwiegend im (frühen) Erwachsenenalter auftreten. Aus diesem Grund sollte bei älteren Personen schon nach der ersten Synkope auch besonderes Augenmerk auf eine kardiale Abklärung gerichtet werden.

10.8.3. Transiente globale Amnesie

Entscheidend für die Unterscheidung zu fokal-komplexen Anfällen und postiktalen Zustandsbildern ist die genaue Anamnese. Die betroffenen Personen haben für die Dauer einiger Stunden eine antero- und retrograde Amnesie und fallen charakteristischerweise durch stereotype Wiederholung der immer selben Fragen auf.

11. Psychogene nicht-epileptische Anfälle

Gudrun Gröppel, Georg Glauninger und *Thomas Kapitany*

11.1. Definition

Unter psychogenen, nicht epileptischen Anfällen (PNE Anfälle) versteht man paroxysmale Verhaltensschemata, die epileptischen Anfällen in ihrer klinischen Symptomatik ähnlich sind, denen allerdings keine organische Störung der Hirnfunktion zu Grunde liegt, und die somit auch nicht mit EEG-Veränderungen einhergehen (Lesser 1996). PNE Anfälle sind ein indirekter Ausdruck eines psychischen Konflikts bei zugleich gestörter direkter verbaler und emotionaler Kommunikation, wobei es zu einer Verlagerung des Ausdrucks auf eine körperlich symbolische Ebene kommt. PNE Anfälle werden in der Internationalen Klassifikation psychischer Störungen, ICD-10 (WHO 1991) als „Dissoziative Krampfanfälle" der Gruppe Dissoziativer Störungen zugeordnet (Scheidt und Flügel 1997). In der amerikanischen Klassifikation DSM-IV werden sie als „Konversionsstörung mit Krampfanfällen" den somatoformen Störungen zugeteilt (Bowman 1999).

11.2. Ursache und Epidemiologie

10% bis 40% der Patienten einer Spezialambulanz für Epilepsie leiden an PNE Anfällen (Gates und Mercer 1995; Lesser 1996), 28% dieser Patienten haben sowohl PNE Anfälle als auch epileptische Anfälle. Insgesamt sind 59–83% aller Patienten mit PNE Anfällen Frauen (Lesser 1996). Das starke Überwiegen des weiblichen Geschlechts ist vielleicht durch den Umstand, dass bei manchen Patienten ein sexueller Missbrauch als wesentliche Ursache dieser Anfälle besteht, erklärbar (Bowman 1993). Umgekehrt leiden 20–40% der Patienten, bei denen eine Konversionsstörung diagnostiziert wurde, in Wahrheit an Erkrankungen organischen Ursprungs wie Epilepsie, Multiple Sklerose oder Lupus erythematodes (Devinsky und Thacker 1995). Aus diesen Zahlen wird erkennbar, dass beträchtliche Überlappungen von epileptischen und PNE Anfällen bestehen, und dass deshalb sowohl von neurologischer als auch von psychiatrischer Seite bezüglich der Diagnose Vorsicht geboten ist.

PNE Anfälle können in jedem Lebensalter auftreten. Die meisten Patienten sind bei Krankheitsbeginn zwischen 15 und 40 Jahre alt (Devinsky 1998). Die Inzidenz liegt bei 1,4/100.000 Personen pro Jahr (Sigurdartottir und Olafsson 1998). PNE Anfälle können auch im Kindesalter vorkommen (Gumnit 1997), wobei die meisten Kinder zum Zeitpunkt des ersten Anfalls zwischen 8 und 10 Jahre alt sind. PNE Anfälle vor dem 6. Lebensjahr sind eine Rarität (Kramer et al. 1995).

11.3. Klinische Symptomatik

Die klinische Symptomatik von PNE Anfällen ist vielfältig. Die Anfälle eines Patienten zeigen bis auf geringe Variationen zumeist eine stereotype Symptomatik (Gulick et al. 1982). Der Beginn der Anfälle ist meist schleichend. Im Allgemeinen ist die Dauer mit mehr als 2 Minuten länger als bei epileptischen Anfällen (Gates und Mercer 1995; Lesser 1996). Selten beschreibt der Patient auch eine Aura wie zum Beispiel Schwindel, Übelkeit, Schmerz, visuelle oder auditorische Sensationen oder auch komplexere Gefühle wie Depersonalisation (Gulick et al. 1982). Es gibt nur wenige Symptome, die für PNE Anfälle pathognomisch sind:

- Kopfbewegungen: Wiederholte Kopfdrehbewegungen über die Mittellinie (Seite zu Seite-Kopfbewegungen) kommen bei PNE Anfällen häufig, bei epileptischen Anfällen praktisch nie vor (Riggio 1994; Gates und Mercer 1995; Lesser 1996). Umgekehrt verhält es sich mit der Version (unnatürliche, anhaltende ausgeprägte Kopfdrehung), die bei PNE Anfällen kaum zu beobachten ist. Kopfwendungen auf eine Seite sowie tonische Flexion bzw. Extension des Kopfes treten sowohl bei epileptischen als auch bei PNE Anfällen auf (Gates et al. 1985).
- Motorische Phänomene im Bereich der Extremitäten: Zittern der Extremitäten, definiert als rhythmische schnelle Bewegungen um eine Achse (es können entweder nur eine oder bis zu alle vier Extremitäten betroffen sein) ist ein relativ typisches Symptom für PNE Anfälle und wird bei epileptischen Anfällen kaum beobachtet (Gulick et al. 1982). Klonische Zuckungen der Extremitäten sieht man sowohl bei PNE als auch bei epileptischen Anfällen. Ebenso kommen hypermotorische Phänomene wie Schlagen oder Treten, die den Anfällen oft einen gewalttätigen Charakter verleihen, sowohl bei PNE Anfällen als auch bei fokal komplexen Frontallappenanfällen vor (Saygi et al. 1992).
- Beckenbewegungen: Beckenbewegungen (sowohl Ante- und Retroflexionsbewegungen als auch Drehbewegungen) sind ein relativ typisches Symptom für PNE Anfälle, wobei der von Charcot beschrieben Arc de cercle allerdings sehr selten auftritt.

- Sturz: Patienten mit PNE Anfällen stützen sich beim Hinfallen häufig mit den Armen ab oder sinken langsam zu Boden. Typisch ist, dass während oder nach dem Sturz kaum weitere Symptome, wie Myoklonien, tonische Verkrampfungen oder tonisch-klonische Krämpfe auftreten, sondern die Patienten schlaff zu Boden fallen oder sinken und regungslos liegen bleiben (Leis et al. 1992). Abzugrenzen sind epileptische Sturzanfälle (generalisierte tonische und atonische Anfälle, myoklonisch astatische Anfälle, sog. Temporallappen-Synkopen) (Farrell 1997b; Gambardella et al. 1994).
- Vokalisationen: Sind bei PNE Anfällen eher von jammerndem und weinendem Charakter und unterscheiden sich so einerseits von den anhaltenden Vokalisationen bei generalisierten tonischen oder tonisch-klonischen Anfällen und bei den supplementär sensomotorischen Anfällen sowie andererseits von den abgehackten Vokalisationen hervorgerufen durch epileptische Aktivität im primär motorischen Kortex. Iktales Weinen wurde als typisches Zeichen für PNE Anfälle beschrieben (Walczak und Bogolioubov 1996).
- Die Reaktion auf Ansprache kann bei PNE Anfällen ebenso wie bei epileptischen Anfällen beeinträchtigt sein. Peri-iktaler Pseudoschlaf (Patienten liegen mit geschlossenen Augen regungslos da) wird als typisch für PNE Anfälle angesehen (Benbadis et al. 1996b).
- Zungenbiss und Harnverlust können auch bei PNE Anfällen vorkommen. Allerdings beißen sich die Patienten eher in die Zungenspitze und nicht in den Zungenrand oder die Wange wie Epilepsie-Patienten.
- Augen: geschlossene Augen während des Anfalls sollen ein typisches Symptom für PNE Anfälle sein (DeToledo und Ramsay 1996). Blickdeviationen hingegen treten bevorzugt bei epileptischen Anfällen auf.
- Autonome Symptome: Schwitzen, Erbrechen, Herzrasen oder auch Veränderungen der Respiration sind sowohl bei PNE Anfällen als auch bei epileptischen Anfällen zu beobachten.

Insgesamt kommt dem gesamten Erscheinungsbild, d.h. der Symptomenfolge und -kombination eines PNE Anfalls bei der Differentialdiagnose gegenüber einem epileptischen Anfall eine ganz entscheidende Bedeutung zu. In rezenten Studien wurde deshalb von mehreren Arbeitsgruppen versucht, PNE Anfälle entsprechend ihrer Symptomatik zu klassifizieren (Meierkord et al. 1991; Betts und Boden 1992; Gröppel et al. 2000), wobei (1) psychogene hypermotorische Anfälle (klonische und/oder hypermotorische Extremitätenbewegungen, Beckenbewegungen, irreguläre oder Seite-zu-Seite-Kopfbewegungen, tonische Kopfextensionen), (2) psychogene Anfälle mit minimalen motorischen Symptomen (Zittern der Extremitäten) und schließlich (3) psychogene Sturzanfälle (Hinfallen oder -sinken ohne weitere motorische Entäußerungen) unterschieden werden können (Gröppel et al. 2000).

Tabelle 11.1. Vergleich der klinischen Symptomatik von psychogenen nicht-epileptischen und epileptischen Anfällen

			PNE Anfälle	epileptische Anfälle
Allgemeine Symptomatik		Dauer	> als 2 Min.	< als 2 Min.
		Beginn	schleichend (über Min.)	abrupt
		Bewusstsein, Reaktion auf Ansprache	fehlende Reaktion auf Ansprache, peri-iktaler Pseudoschlaf	fehlende Reaktion auf Ansprache bei fokal komplexen und generalisierten Anfällen (außer Myoklonien)
		vegetative Symptomatik	Schwitzen, Erbrechen Herzrasen usw.	Schwitzen, Erbrechen, Herzrasen usw.
		Vokalisation	jammernd, iktales Weinen	am Anfang des Anfalls, anhaltend (tonisch) oder abgehackt (klonisch)
		Harnverlust	möglich	möglich
Präiktale Symptomatik		Aura	Schwindel, Übelkeit, Schmerz usw.	siehe Kapitel einfach fokale Anfälle
Iktale Symptomatik	Kopf	Seite zu Seite-Kopfdrehen	sehr typisch	nie
		Version	nie	häufig
		unilaterales Kopfdrehen	möglich	möglich
		Extension bzw. Flexion	möglich	möglich
		Grimassieren	bilateral	unilateral
		unilaterale Kloni	nie	bei Vorkommen sehr aussagekräftig
		Augen	geschlossen	unilaterales Lidflattern Blickdeviation
		Zungenbiss	vorne	seitlich
	Extremitäten	Kloni	nicht rhythmisch	rhythmisch
		Automatismen	bizarres Gestikulieren	unwillkürliche stereotype Bewegungen

Tabelle 11.1 (Fortsetzung)

			PNE Anfälle	epileptische Anfälle
Iktale Symptomatik	Extremitäten	Schlagen/ Treten	häufig (selten gegen Personen gerichtet)	bei Frontallappenanfällen
		tonische/ dystone Haltung	bizarre Verkrampfungen, die stärker und schwächer werden, meist bilateral	anhaltende unwillkürliche, unnatürliche Haltung
		Zittern	sehr typisch	nie
	Becken	Vor- bzw. Rückwärtsbewegungen	häufig, Arc de cercle (selten)	bei Frontallappenanfällen
	sonstige Symptome	Fallen	sanftes Zu-Boden-Gleiten	atonische Anfälle, tonische Anfälle, myoklonisch astatische Anfälle, Temporallappen-Synkopen
		iktale Sprache	sehr häufig	bei Anfällen aus der nicht-dominaten Hemisphäre
Postiktale Symptomatik			Schreien, Verwirrtheit	Verwirrtheit, Aphasie, Parese, Kopf- und Muskelschmerzen

Die klinische Symptomatik bei Kindern ist denen von Erwachsenen prinzipiell ähnlich. Lediglich bei sehr kleinen Kindern ist das vor sich hin Starren oft das einzige Symptom (Kramer et al. 1995).

11.4. Psychogener nicht-epileptischer Status

Da die Differentialdiagnose zwischen PNE Status und Status epilepticus (SE) klinisch häufig sehr schwer zu stellen ist und die SE-Medikamente der ersten Wahl (Benzodiazepine, Fosphenytoin) bei einem PNE Status nicht greifen, werden viele Patienten mit einem PNE Status entsprechend einem therapierefraktären SE aggressiv, bis hin zur Barbituratnarkose, behandelt. Die meisten Patienten, die einen PNE Status erleiden, haben eine Anamnese mit Selbstmordversuchen, Selbstzerstörungstendenzen, Essstörungen und anderen

Tabelle 11.2. Symptome, die für psychogene nicht-epileptische Anfälle typisch und atypisch sind

Typische Symptome	Atypische Symptome
Seite zu Seite-Kopfdrehungen	Version
Zittern (eine bis alle vier Extremitäten)	unilaterale, rhythmische, klonische Bewegungen
Arc de cercle	Augendeviation

schweren psychiatrischen Erkrankungen (Rechlin et al. 1997), wobei eine hohe Rezidivneigung besteht. Die klinische Symptomatik besteht meist aus bizarr anmutenden Bewegungen (Levitan und Bruni 1986), denen die Stereotypie von generalisierten tonisch-klonischen Anfällen fehlt. Zungenbiss, Harnverlust, Verletzungen, Zyanose, sowie Hypersalivation können bei diesen Anfällen genauso wie bei epileptischen Anfällen vorkommen (Howell et al. 1989). Die Langzeitprognose hängt vom Typ und der Schwere der psychiatrischen Grunderkrankung ab (Pakalnis et al. 1991).

11.5. Diagnostik

11.5.1. Video-EEG-Monitoring

Auf Grund von Anamnese, Routine-EEG und MRT ist eine konklusive Differentialdiagnose in vielen Fällen nicht möglich. So leiden ca. 20% der Patienten, die wegen therapierefraktärer Anfälle an ein Epilepsiezentrum mit der Frage der operativen Epilepsiebehandlung zugewiesen werden, an PNE Anfällen (Krumholz 1999). Der Goldstandard für eine sichere Differentialdiagnose ist deshalb das prolongierte Video-EEG-Monitoring, bei dem die klinische Anfallssemiologie und die korrespondierenden EEG-Veränderungen objektiviert werden können. PNE Anfälle zeigen keine epilepsietypischen Veränderungen im iktalen EEG, wobei allerdings festzuhalten ist, dass auch bei manchen epileptischen Anfällen – insbesondere bei Frontallappenanfällen, die zudem klinisch oft psychogen anmuten – iktale EEG-Veränderungen fehlen können (Salanova et al. 1995b; Bautista et al. 1998). Das Fehlen von epilepsietypischen iktalen EEG-Veränderungen ist deshalb kein absoluter Beweis für die nicht-epileptische Genese eines Anfallsgeschehens, sondern ist vielmehr immer in Zusammenschau mit Anamnese, klinischer Anfallssymptomatik und anderen Zusatzuntersuchungen zu werten. Zudem kann das völlige Fehlen von interiktalen epilepsietypischen Veränderungen über eine längere Ableitdauer, wie sie im Rahmen des prolongierten Video-EEG-Monitorings gegeben ist, als weiterer Hinweis für die korrekte Zuordnung dienen. Umgekehrt können interiktale epilepsietypische Veränderungen PNE Anfälle nicht ausschließen, da (1) ca. 28% der Patienten sowohl an epileptischen als auch an PNE Anfällen leiden und bei diesen Patienten natürlich im interiktalen EEG epilepsietypische Veränderungen auftreten, sowie (2) in seltenen Fällen auch bei Menschen, die nicht an Epilepsie leiden, epilepsietypische interiktale EEG-Veränderungen vorkommen können (insbesondere bei Verwandten von Epilepsiepatienten, siehe auch Rolando-Epilepsie) (Devinsky und Thacker 1995). Zudem können sich auch Schwierigkeiten bei der EEG-Befundung ergeben: (1) Benigne epilepsieähnliche EEG-Veränderungen (z.B. Small Sharp Spikes, Wickett Spikes, 14 und 6 positive Spikes, Psychomotor Variante, SREDA) können fälschlich als epileptiform interpretiert werden (Devinsky und Thacker 1995). (2) Auch Bewegungsartefakte (z.B. rhythmische Kopfbewegungen) können ein Anfallsmuster vortäuschen.

11.5.2. Bestimmung des Prolaktin-Spiegels

Während die Plasmaspiegel von Prolaktin nach generalisierten tonisch-klonischen sowie nach fokal-komplexen Anfällen ansteigen, ergeben sich nach PNE Anfällen keine diesbezüglichen Änderungen. Das Ausmaß der Erhöhung des Prolaktinspiegels dürfte mit dem Grad der Bewusstseinsstörung korrelieren (Dana-Haeri et al. 1983; Anzola 1993). Die maximalen Prolaktinwerte werden 15–20 Minuten nach dem Anfall erreicht, nach einer Dauer von zirka einer Stunde normalisieren sich die Wert wieder. Bei der Bestimmung des Prolaktinspiegels zur Differentialdiagnose epileptischer vs. PNE Anfälle ist allerdings die Häufigkeit erhöhter Werte bei den einzelnen Anfallsformen zu berücksichtigen:

- generalisierte tonisch-klonische Anfälle: 80% (Wyllie et al. 1984);
- fokal-komplexe Temporallappenanfälle: 75% (Meierkord et al. 1992);
- fokal-komplexe Frontallappenanfälle: 12,5% (Meierkord et al. 1992);
- einfach-fokale Anfälle: im Allgemeinen kein Prolaktinanstieg (Meierkord et al. 1992).

Die Durchführung der Blutabnahme innerhalb des kurzen Zeitfensters von einer Stunde stellt zudem ein wesentliches logistisches Problem dar. Außerdem ist zu beachten, dass der Prolaktinspiegel auch nach Synkopen erhöht sein kann (Oribe et al. 1996) und dass eine 1,5-fache Erhöhung des Prolaktinspiegels nachts physiologisch ist (Anzola 1993). Die Erhöhung anderer Hormone wie zum Beispiel der Gonadotropine sind von geringem differentialdiagnostischen Wert.

11.5.3. Induktion

Die dafür am häufigsten benutzte Methode ist die intravenöse Applikation von Kochsalzlösung in Kombination mit verbaler Suggestion. Bei dieser Methode erklärt man dem Patienten, dass ihm ein „Medikament, welches Anfälle auslöst", injiziert wird, dass aber „auch ein entsprechendes Antidot bereitgehalten wird". Andere Methoden sind Kompression von Extremitäten, feuchte Lappen im Genick, Photostimulation und andere (Lancman et al. 1994a; Slater et al. 1995). Induktion hat bezüglich der Diagnose eine Sensitivität von zirka 77% und eine Spezifität von 100% (Lancman et al. 1994a). Weiters können in manchen Fällen nicht habituelle PNE Anfälle ausgelöst werden (Alper 1994). Ein durch Induktion ausgelöster PNE Status ist selten (Ney et al. 1996). Um eine Belastung der Arzt-Patientenbeziehung zu vermeiden, muss die nachträgliche Aufklärung über diese Art der Diagnostik differenziert erfolgen, um dem Patienten nicht fälschlich zu vermitteln, dass man der Meinung ist, er würde die Anfälle nur vortäuschen (Devinsky 1998).

11.5.4. Psychiatrische Diagnostik

Die wissenschaftliche Auseinandersetzung mit PNE Anfällen begann im 19. Jahrhundert durch die Arbeiten von Charcot und Janet an einem Konzept der Hysterie, welches ursprünglich im alten Ägypten sowie in der griechischen Antike entwickelt wurde. Für Sigmund Freud stellten diese Arbeiten und die Erfahrungen mit solchen Patienten einen wichtigen Ausgangspunkt für seine tiefenpsychologische Theorienbildung dar (Spitzer et al. 1996).

Auf Freuds Konzepte zurückgehend werden PNE Anfälle heute in der Internationalen Klassifikation psychischer Störungen, ICD-10 (WHO 1991) als „Dissoziative Krampfanfälle" (ICD 10, F44.5) in der Gruppe Dissoziativer Störungen definiert. In der amerikanischen Klassifikation DSM-IV werden sie als „Konversionsstörung mit Krampfanfällen" den Somatoformen Störungen (DSM IV, 300.11) zugeschrieben. Im Folgenden halten wir uns an die Klassifikation des DSM-IV.

Bei beiden Konzepten wird ein zugrundeliegender psychischer Konflikt vorausgesetzt. In der Praxis ist es allerdings häufig nicht möglich, den psychischen Konflikt zum Zeitpunkt der Diagnosestellung und vor Beginn einer gezielten psychotherapeutischen Behandlung genau zu benennen. Wie schon oben erwähnt, werden PNE Anfälle als indirekter Ausdruck, also als „Konversion" eines Konflikts in motorische bzw. sensible Symptomatik, gesehen. Allerdings muss diese Symptomatik, auch wenn sie der eines PNE Anfalls gleicht, nicht immer Ausdruck einer Konversionsstörung sein (Bowman 1999). Als Differentialdiagnose ist auch an Panikattacken, wobei der Anfall das Korrelat einer Panikattacke ist (Snyder et al. 1994), Dissoziative Trance-Episoden oder an „Flashbacks" eines traumatischen Geschehens (posttraumatische Belastungsstörung) zu denken. Sexueller Missbrauch oder physische Misshandlung werden von einem erheblichen Teil (50–80%) der Patienten in der Anamnese berichtet (Bowman und Mertz 1996). Wenn alle diagnostischen Kriterien auf diese Diagnosen hinweisen, kann man nicht mehr von einem PNE Anfall sprechen.

Tabelle 11.3. Psychiatrische Komorbidität bei psychogenen nicht-epileptischen Anfällen

Vorwiegend affektive Störungen – Achse I	Persönlichkeitsstörungen – Achse II
Depressive Symptome (45–47% bzw. 50–80%)	Hysterie
Angststörung (10–20% bzw. 36–47%)	Borderline Syndrom
Panikstörungen	Abhängige/vermeidende Persönlichkeitsprofile
	Antisoziale Persönlichkeitsprofile

In zahlreichen Untersuchungen hat sich gezeigt, dass die Patientengruppe mit PNE Anfällen, über die Konversionsstörung hinaus reichend, einen bedeutenden Anteil an zusätzlichen psychiatrischen Erkrankungen aufweist (70–80%) (Walczak et al. 1995; Rechlin et al. 1997), wobei allerdings bei PNE Anfällen die Konversionsstörung immer die psychiatrische Grunderkrankung darstellt (Bowman 1999).

Die häufigsten Probleme stellen depressive Symptome dar: 45–47% der Patienten zeigen depressive Symptome zum Zeitpunkt der Diagnose, 50–80% berichten über frühere depressive Phasen (Bowman und Markand 1996). 10–20% der Patienten zeigen zusätzlich zur Konversionsstörung Symptome einer Angststörung. Wenn man die posttraumatische Belastungsstörung dazuzählt, sind es sogar 36–47% (Bowman 1999). Panikstörungen können natürlich auch als Zusatzerkrankung vorkommen (Alper 1994). Eine zusätzliche Persönlichkeitsstörung kann bei $^1/_3$ bis $^2/_3$ der Patienten diagnostiziert werden (Bowman 1999). Häufig finden sich hier extrovertierte Persönlichkeitsstörungen (hysterisch, borderline, antisozial), aber auch abhängige und vermeidende Persönlichkeitsprofile werden beschrieben. Bei Patienten mit chronischen PNE Anfällen kommen häufiger Persönlichkeitsstörungen vor als bei Patienten, die erst seit kurzer Zeit an PNE Anfällen leiden (Bowman 1999). Der Anteil an psychiatrischer Komorbidität beeinflusst die Erstellung einer gezielten Behandlungsstrategie und die Prognose der Erkrankung wesentlich.

Im Kindesalter sind die häufigsten Ursachen für PNE Anfälle: Angststörungen, psychosozialer Stress (Kontaktstörungen mit Gleichaltrigen), posttraumatischer Stress (sexueller oder physischer Missbrauch) und Hyperaktivität (Wyllie et al. 1999).

11.6. Therapie

Die Art und Weise die Diagnose zu präsentieren hat große Bedeutung für eine effektive Behandlung. Es sollte besonders auf die notwendige Neuorientierung des Krankheitsverständnisses des Patienten und auf die häufig vom Patienten befürchtete Stigmatisierung eingegangen werden. Um die Problematik für den Patienten leichter verständlich zu machen eignet sich die Verwendung von bildhaften Vergleichen, wie zum Beispiel der des Druckkochtopfes, der als Ventil für angestaute Emotionen dient (Bowman 1999). Wenn es gelingt, dem Patienten die Sorge zu nehmen, er würde sich seine Beschwerden nur einbilden oder diese vortäuschen, wird es möglich, seine Bereitschaft zu fördern, sich auf die notwendige psychiatrische/psychosomatische Abklärung einzulassen (Bowman 1999). Einerseits soll dabei das häufig komplexe psychiatrische Störungsbild der Patienten genau untersucht werden, und andererseits ein Verständnis für die zu Grunde liegenden psychosozialen Konfliktkonstellationen ermöglicht werden. Danach kann die Indikationsstellung und Vermittlung der jeweils indizierten weiterführenden Behandlung erfolgen. Zumeist ist eine psychotherapeutische Behandlung notwendig (Bowman 1999). Abhängig von der aktuellen psychosozialen Situation und dem zugrunde liegenden Konflikt ist besonders bei jugendlichen und adoleszenten Patienten eine familientherapeutische Intervention angezeigt (Devinsky und Thacker 1995; Bowman 1999). Expressive und kreative Therapietechniken können bei der Unterstützung der direkten emotionalen Ausdrucksfähigkeit hilfreich sein. Eine psychopharmakologische Behandlung stellt besonders beim Vorliegen einer schwereren psychiatrischen Komorbidität (z.B. Persönlichkeitsstörungen) ein wichtiges Element der Therapie dar (Alper 1994).

11.7. Prognose

Bezüglich der Prognose gibt es verschiedene Faktoren, die für einen guten Outcome ausschlaggebend sind: (1) kurze Anfallsanamnese, (2) identifizierbare Anfallsauslöser und (3) das Fehlen von schwerwiegenden psychiatrischen Erkrankungen (Bowman 1993; Walczak et al. 1995; Mace und Trimble 1996). Wichtig ist, dass die Patienten der richtigen Therapie früh genug und somit in einem Stadium zugeführt werden, in dem das Konversionsverhalten noch beeinflussbar und nicht chronifiziert ist (Krumholz 1999). Es ist anzumerken, dass Kinder im Allgemeinen eine bessere Prognose haben als Erwachsene. Mögliche Gründe dafür sind einerseits, dass bei Kindern früher als bei Erwachsenen die richtige Diagnose gestellt wird, andererseits leiden Kinder eher an Stress- oder Angst-Reaktionen (Krumholz 1999) und nicht so oft an Persönlichkeitsstörungen mit schlechterer Prognose wie Erwachsene (Wyllie et al. 1991). Generell konnte in retrospektiven Studien gezeigt werden, dass der weitere Krankheitsverlauf durch Behandlung von speziell für die Problematik geschulten Ärzten bzw. Therapeuten günstig beeinflusst wurde (Aboukasm et al. 1998).

12. Psychiatrische Aspekte

Thomas Kapitany, Georg Glauninger und *Barbara Schimka*

12.1. Einführung

Psychiatrische Erkrankungen sind bei Patienten mit Epilepsie häufiger als in der Allgemeinbevölkerung. In einer Metaanalyse epidemiologischer Daten (Koch-Weser et al. 1988; Silberman et al. 1994; Victoroff 1994; Altshuler et al. 1999) fanden Hermann et al. (2000) eine durchschnittliche Lebenszeitprävalenz von 60% für Achse I Diagnosen des DSM IV (American Psychiatric Association 1994), dazu zählen affektive Störungen, Psychosen, Angststörungen, Konversionsstörungen etc. Die psychiatrische Komorbidität ist erhöht bei Patienten mit chronifizierten, medikamentös therapieresistenten Krankheitsverläufen und psychosozialen Defiziten (Hermann et al. 2000). Dem Erkennen und der rechtzeitigen Behandlung psychischer Störungen kommt im klinischen Alltag große Bedeutung zu. Es besteht ein eindeutiger Zusammenhang zwischen unzureichender Behandlung psychischer Störungen und geringerer Lebensqualität (Lehrner et al. 1999; Wiegartz et al. 1999).

Die Ursachen einer erhöhten psychiatrischen Komorbidität liegen in einer komplexen Interaktion von neurobiologischen, psychosozialen und medikamentösen Faktoren:

- Neurobiologische Faktoren: bestimmte Anfallstypen (fokal-komplexe Anfälle), bestimmte Lokalisationen der Anfallsursprungszone (Anfälle unter Einbeziehung von limbischen Strukturen, insbesondere aus dem medialen Temporallappen) (Altshuler et al. 1990; Indaco et al. 1992), eine hohe Anfallsfrequenz, eine längere Erkrankungsdauer und ein jüngeres Alter bei Krankheitsbeginn stellen Risikofaktoren für das Auftreten einer psychiatrischen Problematik dar (Trimble und Schmitz 1997).
- Psychosoziale Variablen: Hier wurden das Erleben von Stigmatisierung und sozialer Diskriminierung aufgrund der Erkrankung (Jacoby 1994) oder Probleme mit dem Arbeitsplatz bis hin zu häufig frühzeitiger Invaliditätsberentung beschrieben. Mechanismen erlernter Hilflosigkeit oder Angst vor unvorhersehbarer und plötzlicher Beeinträchtigung der funktionellen Integrität und damit verbundener Offenbarung der Erkrankung

führen zu Einschränkungen der Lebensgestaltung und prädisponieren zu depressiven Störungen (Hermann et al. 1996b). Ein weiterer Risikofaktor sind psychiatrische Erkrankungen in der Familie (Robertson et al. 1987).

- Antiepileptikatherapie: Eine psychiatrische Symptomatik kann auch als Nebenwirkung einer antiepileptischen Therapie auftreten (Dodrill 1991; Mendez et al. 1993).

12.2. **Affektive Störungen** (Tabelle 12.1)

Für Patienten mit therapieresistenten fokal komplexen Anfällen, bei denen ein besonders hohes Risiko für psychiatrische Erkrankungen besteht, wurde eine Lebenszeitprävalenz für affektive Störungen zwischen 43 und 63% beschrieben (Silberman et al. 1994; Victoroff 1994; Altshuler et al. 1999; Hermann et al. 2000). Depressive Störungen machen den größten Teil der psychiatrischen Problematik bei Epilepsiepatienten aus. Über manische Zustandsbilder gibt es in der Literatur nur wenige Berichte, dann am ehesten in engem Zusammenhang mit iktaler Symptomatik oder bei zufälliger Koinzidenz von epileptischer Erkrankung und genetischer Disposition zu psychiatrischer Erkrankung (Wolf 1982).

Tabelle 12.1. Affektive Störungen bei Epilepsien

	Interiktale affektive Störung	Peri- und postiktale affektive Störung	Iktale affektive Störung
Risikofaktoren	fokal-komplexe Anfälle Temporallappen-epilepsie inhibitorische Mechanismen Phenbarbital, Phenytoin soziale Benachteiligung, Stigmatisierung	fokal-komplexe Anfälle Temporallappen-epilepsie Anfallshäufung	einfach fokale Anfälle Temporallappen-epilepsie
Symptomatik	kurze Episodendauer, 1–2 d rascher Beginn	Dauer 1–2 d, selten bis 2 Wo Beginn Stunden bis 2 d vor Anfall oder unmittelbar nach Anfall	kurz, auf Anfall beschränkt meist auch andere iktale Symptome
	kurze depressive Episoden Antriebslosigkeit	dysphorisch gefärbte Verstimmung	Schuldgefühle, Suizidgedanken Anhedonie

Tabelle 12.1 (Fortsetzung)

	Interiktale affektive Störung	Peri- und postiktale affektive Störung	Iktale affektive Störung
Symptomatik	dysphorische Gereiztheit intermittierende Schmerzen kurze euphorische Phasen generalisierte Ängstlichkeit		
Behandlung	wenn möglich, Ersatz von PB, PHT, VGB durch CBZ, LTG oder VPA Antidepressiva; 1. Wahl SSRI's, bei Therapieresistenz ev. Kombination mit Trizyklika	Optimierung der antiepileptischen Therapie ev. unspezifische Behandlung mit Benzodiazepinen	Optimierung der antiepileptischen Therapie

12.2.1. Ursachen

Hirnorganischen Veränderungen wird eine bedeutende pathogenetische Rolle für die Entstehung von affektiven Störungen bei Epilepsie beigemessen. Unterstützt wird diese Annahme durch die Tatsache, dass Depressionen bei vergleichbaren anderen chronischen Erkrankungen signifikant seltener auftreten (Mendez et al. 1986). Besondere Bedeutung haben dabei Anfallstyp sowie die Lokalisation der Anfallsursprungzone. Am häufigsten treten Depressionen bei Patienten mit fokal komplexen Anfällen (Mendez et al. 1986; Robertson et al. 1987) und hier insbesondere bei Patienten mit Temporallappenepilepsien auf (Currie et al. 1971; Mendez et al. 1986; Gureje 1991). Robertson (1998) zufolge prädisponiert eine linksseitige Anfallsursprungszone für eine Depression (Mendez et al. 1986; Bromfield et al. 1992; Seidenberg et al. 1995), wobei Schmitz et al. (1997) mittels SPECT Untersuchungen als zusätzliche Risikofaktoren eine kontralaterale temporale bzw. bifrontale Hypoperfusion finden konnten.

Pathophysiologisch wurden inhibitorische Mechanismen als Reaktion auf die exzessive exzitatorische epileptische Aktivität für das Entstehen der psychiatrischen Symptomatik postuliert (Engel 1989). Blumer (2000) wertet als Hinweis hierfür unter anderem das verzögerte Auftreten einer depressiven Symptomatik im Verlauf der Epilepsieerkrankung (Gastaut et al. 1955; Slater und Beard 1963) und eine häufig beobachtete Zunahme psychiatrischer Symptome bei verbesserter Anfallskontrolle oder vollkommener Anfallsfreiheit (Landolt 1958; Blumer et al. 2000).

Als weitere wichtige Einflussfaktoren werden pharmakologische Effekte von verschiedenen Antiepileptika beschrieben, wobei das Auftreten von Depressionen vor allem mit einer Phenobarbital-, aber auch einer Phenytoin-Therapie assoziiert ist (Dodrill 1991; Schmitz et al. 1997). Bei den neuen Antiepileptika wurde unter Vigabatrin das Auftreten von Depressionen beobachtet (Brent et al. 1987). Im Zusammenhang mit depressiogener Medikamentennebenwirkung wurden eine Verringerung von freiem Tryptophan im Plasma (Pratt et al. 1984) sowie eine Verarmung an Folsäure (Fröscher et al. 1995) gefunden.

Im Sinne eines multifaktoriellen Modells werden nicht zuletzt auch psychosoziale Faktoren als mitverursachend diskutiert. Im Zusammenhang mit dem Erleben von Kontrollverlust wirken die Mechanismen der „Erlernten Hilflosigkeit" bei Patienten mit Epilepsie depressionsfördernd (Hermann et al. 1996b).

12.2.2. *Iktale depressive Symptomatik*

Eine depressive Symptomatik kann bei einer Epilepsie als iktales Phänomen mit typischerweise kurzen stereotypen Gefühlen von Anhedonie, Schuldgefühlen und Suizidgedanken bei einfach fokalen Anfällen auftreten. Die affektiven Symptome sind dann meist mit anderen iktalen Phänomenen kombiniert, können aber auch das einzige Symptom des Anfalls darstellen, und bereiten dann diagnostische Schwierigkeiten.

12.2.3. *Peri-iktale und postiktale depressive Symptomatik*

Peri-iktal treten affektive Symptome vor allem mit dysphorischer Färbung auf und können Stunden bis 2 Tage dem Anfallsbeginn vorausgehen oder unmittelbar anschließend an einen Anfall auftreten. Bei der postiktalen Depression handelt es sich um ein häufiges Problem bei Patienten mit schwer behandelbaren fokalen Epilepsien, wobei eine durchschnittliche Dauer von 1–2 Tagen, aber auch Verläufe bis zu 2 Wochen beschrieben wurden (Kanner und Rivas Nieto 1999).

12.2.4. *Interiktale Depression*

Für die interiktale Depression ist die exakte Prävalenz aufgrund methodischer Unterschiede in den Untersuchungen nicht genau bekannt. Darüber hinaus besteht jedoch einhellig die Auffassung, dass es sich um ein häufiges und klinisch relevantes Problem handelt. In einer Metaanalyse zur Häufigkeit von Major Depression bei Epilepsiepatienten fanden Herman et al. (2000) eine Lebenszeitprävalenz von durchschnittlich 30% (8–48%).

Es stellt sich allerdings die Frage, inwieweit die Anwendung von Kriterien nichtorganischer psychiatrischer Störungen für die Erfassung der psychiatrischen Symptomatik von Epilepsiepatienten sinnvoll ist. Mendez et al. (1993) klassifizierten 50% von depressiven Episoden bei Epilepsiepatienten als „Depression nicht anders klassifizierbar".

Die Interiktale dysphorische Störung (IDS), erstmals 1923 von Kraepelin (1923) beschrieben, ist im Gegensatz zur Major Depression Episode (MDE) durch ein chronisch verlaufendes intermittierendes Bild wechselnder heterogener affektiver Symptomatik gekennzeichnet.

Blumer (2000) beschreibt ein Krankheitsbild mit acht Kernsymptomen, von denen zumindest drei in deutlich beeinträchtigendem Ausmaß vorliegen müssen. Zu nennen sind zunächst das Vorliegen von depressiven Episoden (mehrere Stunden bis einige Tage). Charakteristisch treten mehrmals pro Monat kurze, meist nur Stunden andauernde Episoden dysphorischer Verstimmung mit impulsiven, in der Regel nur verbalen Ausbrüchen auf. Häufig finden sich auch kurze Phasen gehobener Stimmungslage, jedoch ohne typische Antriebssteigerung oder Ideenflucht. Als weitere Symptome werden Antriebsminderung, Schlafstörungen, intermittierend auftretende somatoforme Schmerzzustände, sowie Ängstlichkeit und Phobien beschrieben (Blumer et al. 1995; Blumer 2000). Mit den Beschwerden abwechselnd werden Tage bis Wochen andauernde symptomfreie Perioden beschrieben. Einen behandlungswürdigen Ausprägungsgrad erreicht die Symptomatik bei 30–50% aller Epilepsiepatienten (Blumer et al. 1995). In welchem Ausmaß Überschneidungen zwischen MDE und IDS vorliegen, wurde bisher nicht untersucht.

In schweren Fällen kann die Depression zu einer suizidalen Entwicklung führen, welche für die erhöhte Mortalitätsrate bei Epilepsiepatienten mitverantwortlich ist (Barraclough 1987). Gegenüber der Allgemeinbevölkerung besteht ein 5–10-fach erhöhtes Suizidrisiko bei Epilepsiepatienten (Barraclough 1981; Lambert und Robertson 1999). Eine Metaanalyse von Arbeiten, die gesamt 6500 Patienten umfasste, beschreibt für Epilepsiepatienten ein 5-fach erhöhtes Risiko und bei Temporallappenepilepsie ein 8-fach erhöhtes Risiko (Harris und Barraclough 1997).

Therapie. Wichtig ist die Kenntnis des untypischen Erscheinungsbildes der depressiven Störungen und die Beachtung der meist milderen Symptomatik als Voraussetzung für die Einleitung einer adäquaten Behandlung. Verschiedene Gründe führen bei dieser Patientenpopulation häufig dazu, dass die psychiatrische Symptomatik dieser Patienten nicht behandelt wird. Dazu gehört neben dem uncharakteristischen Erscheinungsbild auch die Tendenz des Patienten, aus Angst vor noch größerer Stigmatisierung die Beschwerden zu verharmlosen, weiters verhalten sich auch die Behandler aufgrund der Sorge vor Verschlechterung der Epilepsie und aus Furcht vor Medikamenteninteraktionen durch eine psychopharmakologische Therapie oft zurückhaltend.

Zunächst sollte eine Reevaluierung der antiepileptischen Therapie erfolgen. Es sollte nach rezenten eventuell mitverursachenden Therapieumstellungen gefragt werden. Nach Möglichkeit sollte auf den Einsatz von Phenobarbital, Phenytoin oder Vigabatrin verzichtet werden, Valproinsäure, Carbamazepin und Lamotrigin sind hinsichtlich ihrer positiven affektiven Effekte hier zu bevorzugen (Lambert und Robertson 1999). In weiterer Folge sollte die Behandlung depressiver Störungen unter Rücksichtnahme auf die häufig problematische Gesamtsituation erfolgen und neben einer psychopharmakologischen Therapie auch eine beratende und stützende Gesprächstherapie beinhalten. Auch für Selbsthilfegruppen wurde ein positiver Effekt auf eine vorhandene psychiatrische Symptomatik beschrieben (Becú et al. 1993).

Eine psychopharmakologische Behandlung sollte ohne zu Zögern bei Vorliegen deutlich beeinträchtigender Symptomatik initiiert werden. Hinsichtlich des epileptogenen Potentials von Antidepressiva gilt es zu berücksichtigen, dass es sich um ein dosisabhängiges Phänomen handelt, das bei üblicher Dosierung der meisten Antidepressiva ein vernachlässigbares Risiko darstellt (Ojeman et al. 1983; Robertson und Trimble 1985). Es wird jedoch empfohlen, solchen Medikamenten den Vorzug zu geben, die die Anfallsschwelle nur gering oder gar nicht beeinflussen, wobei unter den neueren Antidepressiva eine ausreichende Auswahl zur Verfügung steht. Als weiteres Kriterium ist auf ein geringes Medikamenteninteraktionsrisiko zu achten, da vor allem im Zytochrom P-450 Enzymsystem verschiedene Interaktionen zwischen Antiepileptika und Psychopharmaka auftreten können. So ist die Enzyminduktion durch Carbamazepin oder Barbiturate einerseits, sowie eine mögliche Enzyminhibition durch Trizyklika oder einen Teil der SSRIs (Fluoxetin, Paroxetin, Sertralin) andererseits zu beachten (Nemroff et al. 1996).

Bisher gibt es nur eine einzige Studie unter doppelblinden, Placebo-kontrollierten Bedingungen zur antidepressiven Therapie bei Epilepsiepatienten, wobei Amitriptylin mit Nomifensin und Plazebo verglichen wurde. In einer niedrigen Dosierung wurde kein Unterschied zu Plazebo gefunden, in der höheren Dosis fand sich dann ein Vorteil für Nomifensin gegenüber Amitriptylin (Robertson und Trimble 1985). Blumer (1997) beschreibt in retrospektiven Untersuchungen eine effektive, sichere Behandlung mit trizyklischen Antidepressiva bis 150 mg/Tag, und bei Nichtansprechen mit einer Kombination mit SSRIs, in der Regel Paroxetin. Zuletzt wird auch der primäre Einsatz eines SSRIs als Alternative empfohlen (Blumer 2000).

Lambert und Robertson (1999) geben in ihrem Review eine detaillierte Übersicht über die Profile einzelner in Frage kommender Antidepressiva. Gerade hinsichtlich des Suizidrisikos dieser Patientengruppe ist mit Rücksicht auf die Nebenwirkungsprofile der verschiedenen Antidepressiva den Serotoninwiederaufnahmehemmern oder den neuen dualen Antidepressiva gegenüber tri- oder tetrazyklischen Antidepressiva der Vorzug zu geben (Kasper et al. 1992).

12.3. Psychotische Störungen bei Epilepsie (Tabelle 12.2)

Die Prävalenz psychotischer Störungen wird für allgemeine Epilepsiepopulationen zwischen 2% und 7% (Krohn 1961; Gudmundsson 1966) und bei Patienten, die in Epilepsie-Zentren untersucht wurden, mit 19–27% angegeben

Tabelle 12.2. Psychotische Störungen bei Epilepsie

	Interiktale Psychose	Peri-iktale Verwirrtheit	Postiktale Psychose	Alternativpsychose	Iktale Psychose
Risikofaktoren	fokal-komplexe Anfälle	fokal-komplexe Anfälle	fokal-komplexe Anfälle	fokal-komplexe Anfälle	einfach fokale Anfälle Anfallsursprung oft frontal bzw. extratemporal
	Temporallappen-epilepsie	Temporallappen-epilepsie	Temporallappen-epilepsie	Temporallappen-epilepsie	
	GABAerge Antikonvulsiva (TGB, VGB, TPM)	Anfallshäufung	Anfallshäufung, Status epilepticus	Anfallsreduktion bzw. -freiheit	Anfallshäufung, Status epilepticus
Symptomatik	Dauer: Wochen bis Monate	Dauer: Tage bis Wochen	Dauer: Tage bis Wochen	Dauer: Tage bis Wochen	Dauer: Stunden bis Tage
	Bewusstsein klar	Bewusstsein oft getrübt	Bewusstsein getrübt oder klar	Bewusstsein klar	Bewusstsein oft getrübt
	Entwicklung unabhängig vom Anfallsgeschehen	Entwicklung der Symptomatik langsam, proportional zur Anfallshäufung	symptomfreies Intervall von 1 Tag bis 1 Woche nach Anfallshäufung	Besserung der Symptome nach Anfall	Symptomatik selbstlimitierend
	paranoid-halluzinatorische Symptomatik	produktive Symptome	produktive Symptome	polymorphes psychopathologisches Bild, psychotische Symptomatik nicht obligat	paranoid-halluzinatorische Symptomatik
	erhaltener Affekt	affkektive Störung im Hintergrund	Stimmungs-schwankungen	Stimmungs-schwankungen	Stimmungs-schwankungen
	selten Negativ-symptomatik			Agitiertheit, Angstzustände	
EEG	unverändert	vermehrt epileptiforme und unspezifische Veränderungen	vermehrt epileptiforme und unspezifische Veränderungen	Normalisierung	Status epilepticus
Behandlung	Neuroleptika, ev. Kombination mit Antidepressiva	Optimierung der antiepileptischen Therapie, ev. Neuroleptika oder Benzodiazepine	Optimierung der antiepileptischen Therapie, ev. Neuroleptika oder Benzodiazepine, häufig Spontanremission	Reduktion der antiepileptischen Therapie	Antiepileptika i.v.

(Devinsky und Vasquez 1993). Psychotische Störungen sind häufiger bei Patienten mit fokalen, insbesondere Temporallappenepilepsien (Trimble 1991) als bei idiopathischen generalisierten Epilepsien. Sie können nach ihrem zeitlichen Bezug zum Anfallsgeschehen eingeteilt werden in iktale, peri-iktale, postiktale und interiktale Psychosen, sowie Alternativpsychosen.

12.3.1. Iktale Psychosen

Iktale psychotische Symptome sind klinischer Ausdruck eines meist fokalkomplexen, seltener eines einfach fokalen Anfallsstatus, treten aber auch im Rahmen von Absence-Status auf (Wieser et al. 1985). Die Diagnose eines Anfallsgeschehens ist im Falle eines einfach fokalen Status aufgrund der fehlenden Bewusstseinsstörungen mitunter schwierig, ist aber differentialtherapeutisch entscheidend (intravenöse antiepileptische Therapie, nicht jedoch antipsychotische Behandlung). Die Symptomatik ist vielgestaltig und umfasst Wahnvorstellungen, Halluzinationen, sowie zusätzlich verschiedene affektive Symptome wie panische Angst und depressive Verstimmung. Da sich der Anfallsursprung bei diesen Patienten häufig im medialen Temporallappen befindet, kann die zugrunde liegende epileptische Aktivität dem Oberflächen-EEG entgehen (Wieser 1983a).

12.3.2. Peri-iktale Verwirrtheit

Es handelt sich um ein akutes organisches Psychosyndrom, das im Rahmen einer unmittelbaren postiktalen Bewusstseinsstörung entsteht, und dabei auch eine Reihe von produktiv-psychotischen Symptomen aufweisen kann (Trimble 1991). Das in der Regel nur kurz dauernde Zustandsbild kann im Rahmen von Anfallsserien auch über einen längeren Zeitraum bestehen.

12.3.3. Postiktale Psychosen

Postiktale Psychosen zeichnen für etwa 25% der psychotischen Störungen bei Epilepsie verantwortlich (Schmitz 1988). Sie treten typischerweise nach einer Serie bzw. nach einem Status generalisierter tonisch-klonischer oder fokal komplexer Anfälle auf, unterscheiden sich aber von peri-iktalen Zuständen mit psychotischen Symptomen durch ein luzides Intervall zwischen Anfall und Beginn der Psychose (Savard et al. 1991; Devinsky et al. 1995). Eindeutige prädisponierende Faktoren konnten bislang nicht nachgewiesen werden. Es gibt Hinweise auf ein erhöhtes Risiko bei bitemporalem Anfallsursprung (Savard et al. 1991; Umbricht et al. 1995).

Logsdail und Toone (1988) definieren postiktale Psychosen wie folgt:

- psychiatrische Symptome, die nach einer dem Anfallsereignis folgenden, längstens 7 Tage andauernden symptomfreien Periode auftreten;

- psychotische und affektive Symptome;
- ein Zustandsbild, welches nicht nur eine Aggravierung des vor dem Anfallsereignis bestehenden psychiatrischen Status oder der Persönlichkeit darstellt;
- eine zeitliche Limitierung, üblicherweise Tage, selten Wochen;
- eine fehlende deutliche Beeinträchtigung des Bewusstseins wie etwa beim Delirium, oder ein Zustand von Verwirrtheit, der sekundär der psychiatrischen/psychotischen Symptomatik zuzuschreiben ist;
- ein Zustandsbild, das nicht auf eine andere medizinisch-psychiatrische Ursache zurückzuführen ist (z.B. Drogenintoxikation, metabolische Entgleisung, Schädelverletzung, fokal-komplexer Status).

Die psychiatrischen Symptome können vielgestaltig sein, beinhalten jedoch meist paranoide Wahninhalte und affektive Symptome (Logsdail und Toone 1988). Differentialdiagnostisch muss ein Delirium und ein nicht-konvulsiver Anfallsstatus mittels EEG ausgeschlossen werden. Als zugrunde liegende Mechanismen der postiktalen Psychose werden homöostatische Regulationsmechanismen, welche die epileptische Übererregbarkeit eindämmen, diskutiert. Mehrere Autoren sehen unter Bezugnahme auf diese Hypothese einen Zusammenhang zwischen der postiktalen Psychose und anderen postiktalen Phänomenen, wie der Todd'schen Lähmung oder der postiktalen Amnesie (Engel 1989; Savard et al. 1991). Diskutiert werden auch eine dopaminerge Hypersensitivität oder GABAerge Mechanismen (Ring et al. 1994; Szabo et al. 1996).

Therapie. Meist ist eine milde Sedierung mit Benzodiazepinen (z.B. Lorazepam) ausreichend und die Verwendung von Neuroleptika nicht erforderlich (Lancman et al. 1994c; Devinsky et al. 1995), weiters sollte die Behandlung vor allem auf eine verbesserte antiepileptische Einstellung abzielen.

12.3.4. Interiktale Psychose

Von einer interiktalen Psychose spricht man, wenn die psychotischen Symptome zeitlich unabhängig vom Anfallsgeschehen auftreten. Charakteristischerweise geht der Beginn der Anfallserkrankung dem ersten Auftreten der interiktalen Psychose um mehr als 10 Jahre voraus. Die Symptomatologie der interiktalen Psychose wird oft als „schizophrenieartig" beschrieben, bei gezielten Untersuchungen erfüllten jedoch nur die Hälfte bis zwei Drittel der Patienten die diagnostischen Kriterien der Schizophrenie (Slater und Beard 1963; Perez et al. 1985; Umbricht et al. 1995). Mehrere Autoren berichten, dass bei der interiktalen Psychose in der Regel eine sogenannte Negativsymptomatik (Apathie, Affektverflachung, Anhedonie, etc.) fehlt, weiters sei der Verlauf der psychotischen Symptomatik milder und insgesamt günstiger als bei Schizophreniepatienten (McKenna et al. 1985; Stagno 1997). Interiktale Psychosen sind seltener als peri-iktale Psychosen und machen 10–30% aller psychotischen Störungen bei Epilepsie aus (Schmitz 1988).

Als Risikofaktoren für die Entwicklung einer interiktalen Psychose wurden ein Krankheitsbeginn vor dem 20. Lebensjahr (Taylor 1975), eine fokale Epilepsie mit Anfallsursprung im Temporallappen und fokal-komplexen Anfällen, ein linksseitiger epileptischer Fokus (Trimble 1991; Sachdey 1998), ein niedriger sozioökonomischer Status und eine antiepileptische Polytherapie, insbesondere in hoher Dosierung beschrieben (Cummings und Trimble 1995; Devinsky et al. 1995).

Bei der Diagnose muss auf den zeitlichen Zusammenhang zwischen den Anfällen und der Entwicklung der psychotischen Symptomatik geachtet werden. Neben den psychopathologischen Symptomen sollte die Diagnosefindung durch den Ausschluss eines fokal-komplexen Status mittels EEG erfolgen. Weiters ist zu klären, ob affektive Symptome im Vordergrund stehen und in diesem Fall einer antidepressiven Therapie der Vorzug gegeben werden sollte.

Therapie. Die Behandlung der interiktalen Psychose ist bislang uneinheitlich, jedoch sollten Patienten mit Psychosen mit einer neuroleptischen Medikation behandelt werden, obwohl diese, so wie die meisten Antidepressiva, die Krampfschwelle senken (Trimble und Schmitz 1997).

Viele Antipsychotika werden mit einer Anfallsinduktion in Verbindung gebracht (Messing et al. 1984), wobei es schwierig zu differenzieren ist, ob die Ursache in der psychotropen Medikation selbst liegt oder mit dem generell erhöhten Anfallsrisiko bei psychotischen Patienten zusammenhängt (Hyde und Weinberger 1997). Butyrophenone (z.B. Pimozid, Melperon, Haloperidol) wirken gegenüber Phenothiazinen mit geringerer Wahrscheinlichkeit anfallsauslösend. Unter den atypischen Neuroleptika besitzt Clozapin die größte prokonvulsive Wirkung (Devinsky et al. 1991) und sollte nach Möglichkeit vermieden werden. Trotz eines ähnlichen Rezeptorprofils erwies sich Olanzapin in klinischen Studien als sicher (Long 1996), ebenso gibt es für andere atypische Neuroleptika wenige Berichte über diesbezügliche nachteilige Wirkungen.

Zu beachten ist ferner, dass Patienten mit antikonvulsiver Therapie, durch Induktion des Zytochrom P-450 Enzymsystems, niedrigere Neuroleptika-Plasmaspiegel zeigen können und andererseits, durch Zugabe einer neuroleptischen oder antidepressiven Therapie, der Plasmaspiegel einiger Antikonvulsiva ansteigen kann (Monaco und Cicolin 1999).

Blumer (1997) interpretierte bei seiner Patientengruppe das Auftreten von interiktaler psychotischer Symptomatik als interiktale dysphorische Störung mit psychotischen Symptomen und berichtete über gute Erfolge mit einer rein antidepressiven Zweizügeltherapie, bestehend aus einem Trizyklikum (z.B. Imipramin oder Amitryptilin) und einem SSRI (z.B. Paroxetin). Nur bei ausgeprägterer psychotischer Symptomatik kombinierte er mit einem Neuroleptikum (z.B. Risperidon). Aussagekräftige Ergebnisse unter prospektiven, kontrollierten Untersuchungsbedingungen sind jedoch ausständig. Neben einer psychopharmakologischen Intervention sollte die Behandlung psychotischer Patienten, in Anbetracht der für sie sehr belastenden Situation, auch ausreichend stützende und strukturierende Gespräche beinhalten.

12.3.5. Forcierte Normalisierung (Alternativpsychosen)

Forcierte Normalisierung ist dadurch charakterisiert, dass sich mit dem Auftreten einer psychotischen Störung das EEG normalisiert oder sich im Vergleich zu den Vorbefunden verbessert (Landolt 1958). Die dabei auftretende Störung wird Alternativpsychose genannt. Tellenbach (1965) fasst diesen Begriff weiter und definiert ihn im Zusammenhang mit dem Auftreten einer psychotischen Störung nach einer effektiven antiepileptischen oder epilepsiechirurgischen Therapie bei signifikanter Anfallsreduktion bzw. Anfallsfreiheit, mit oder auch ohne „forcierter Normalisierung" des EEG. Eine solche somit „iatrogen" verursachte psychotische Störung, wird bei einigen Antiepileptika als Nebenwirkung beschrieben, insbesondere bei Ethosuximid (Wolf et al. 1984) und solchen mit GABAerger Wirkung (Vigabatrin, Tiagabin, Topiramat) (Thomas et al. 1996; Trimble et al. 2000). Prädisponierende Faktoren sind eine fokale Epilepsie unter Mitbeteiligung des limbischen Systems und psychiatrische Probleme in der Anamnese (Krishnamoorthy und Trimble 1999). Die Therapie der Wahl ist eine Reduktion bzw. Umstellung der antiepileptischen Medikation.

12.4. Fazit für die Praxis

Es besteht eine hohe Koinzidenz von Epilepsie und psychiatrischer Symptomatik, wobei affektive Störungen und Psychosen zu den häufigsten und klinisch relevantesten zählen. Die nicht zu vernachlässigenden Konversionsstörungen mit dem Auftreten von funktionellen nicht-epileptischen Anfällen werden gesondert an eigener Stelle berichtet. Ein hohes Risiko für das Auftreten von psychiatrischer Symptomatik besteht besonders bei Patienten mit einem chronischen therapieresistenten Verlauf, bei frühem Beginn der Erkrankung und bei Patienten mit Anfallsursprung im Temporallappen. Die psychiatrische Symptomatik unterscheidet sich häufig etwas von den typischen primären psychiatrischen Syndromen. Aufgrund der Besonderheiten besteht die Gefahr, dass psychiatrische Auffälligkeiten übersehen werden, auch deshalb weil die Ausprägung milder sein kann. Wegen der Chronizität und im Zusammenspiel mit der Epilepsie ist aber eine Behandlung schon in milden Fällen angezeigt, weshalb das Wissen um die möglichen Ausformungen psychiatrischer Störungen bei Epilepsie für die behandelnden Neurologen und Psychiater von besonderer Bedeutung ist.

13. Neuropsychologie

Hannes Lehrner

13.1. Psychosoziale Aspekte – Lebensqualität

Viele Patienten mit der Diagnose Epilepsie leiden nicht nur an Anfällen, sondern haben auch eine Reihe von psychosozialen Problemen. Häufig sind Epilepsiepatienten Vorurteilen und Ausgrenzungen ausgesetzt (Donoghue et al. 1998). Die Vorurteile reichen dabei von der Ansicht, dass Anfallspatienten an einer Geisteskrankheit leiden bis hin zur Meinung, dass sie am Arbeitsplatz nicht die erforderlichen Leistungen erbringen können. Dies führt dazu, dass sie im Vergleich zur Allgemeinbevölkerung weniger häufig verheiratet sind (Collings 1990; Jacoby 1992) und häufig mit Problemen am Arbeitsmarkt konfrontiert sind (Fraser et al. 1983). Verminderte Chance auf einen Arbeitsplatz ist eine der Hauptschwierigkeiten, mit denen Epilepsiepatienten zu kämpfen haben (Floyd 1986). Zusätzlich fühlen sich viele Patienten wegen der Anfälle stigmatisiert (Jacoby 1994; Baker et al. 1997) und vermeiden deswegen Sozialkontakte.

Ein weiterer Grund für soziale Benachteiligung ist die oftmals zu beobachtende unzureichende Sozialisation der Patienten. Die Bindung zu einem chronisch kranken Kind ist meist intensiver als zu einem gesunden. Die Eltern versuchen die Krankheit zu beseitigen und gesundheitliche Schäden von ihrem Kind abzuwenden. Diese Einstellung kann leicht zu Überprotektion führen, dem Kind werden Belastungen abgenommen, Gefahrenquellen werden ausgeschaltet. Das Kind oder der Jugendliche lernt das Knüpfen von Sozialkontakten nicht in adäquater Form. Dies kann zu sozialer Isolation, Einsamkeit und physischer Inaktivität führen. Wird zum Beispiel das Freizeitverhalten von Epilepsiepatienten analysiert, zeigt sich, dass sie die meiste Zeit mit Heimaktivitäten wie Fernsehen, Radio hören und Lesen verbringen. Die wenigsten unternehmen soziale Aktivitäten, und wenn, dann meistens mit der Familie. Als Ursache dafür werden Angst vor einem Anfall und Desinteresse angegeben (Bjorholt et al. 1990).

Der bedeutendste Faktor für die allgemeine Lebensqualität von Epilepsiepatienten scheint der Grad der Anfallskontrolle zu sein. Patienten mit gut kontrollierter Epilepsie berichten in der Regel über wenige psychosoziale Probleme (Leidy 1999). Allerdings lassen sich im klinischen Alltag zum Teil deutliche Diskrepanzen zwischen der aktuellen Befundlage und der subjektiv angegebenen Beeinträchtigung feststellen. So kann sich ein Patient mit seltenen Anfällen stärker beeinträchtigt fühlen als ein Patient mit häufigen Anfällen. Die subjektive Einschätzung der Beeinträchtigung hängt wesentlich von der Einstellung des Patienten und den Reaktionen der Umgebung auf die Anfälle ab.

Um die verschiedenen psychosozialen Aspekte der Beeinträchtigungen durch eine Krankheit umfassend erklären zu können, wurde in jüngerer Vergangenheit der Begriff „gesundheitsbezogene Lebensqualität" als Evaluationsparameter für den psychosozialen Status eines Patienten eingeführt. Dabei geben Patienten selbst Auskunft über ihr Befinden und ihre Funktionsfähigkeit, und damit wird eine Einschätzung des Befindens unabhängig von der aktuellen Befundlage möglich (Devinsky et al. 1997a). Um die „gesundheitsbezogene Lebensqualität" quantitativ erfassen zu können, gab es in letzter Zeit vermehrt Bestrebungen zur Entwicklung kulturübergreifender Messinstrumente für den internationalen Gebrauch. Im Folgenden werden drei Verfahren kurz beschrieben, die aus dem angloamerikanischen Bereich in den deutschsprachigen Bereich übertragen wurden und zur Erfassung der Lebensqualität bei Epilepsiepatienten international verwendet werden.

Fragebogen zum Gesundheitszustand (SF-36). Der Fragebogen zum Gesundheitszustand (SF-36) (Bullinger und Kirchberger 1998) wurde konstruiert, um unabhängig vom aktuellen Gesundheitszustand und Alter einen Selbstbericht der gesundheitsbezogenen Lebensqualität zu erhalten. Folgende 9 Bereiche werden erhoben: körperliche Funktionsfähigkeit, körperliche Rollenfunktion, körperliche Schmerzen, allgemeine Gesundheitswahrnehmung, Vitalität, soziale Funktionsfähigkeit, emotionale Rollenfunktion, psychisches Wohlbefinden, Veränderungen der Gesundheit. In einer Vergleichsstudie von Epilepsie, Multipler Sklerose und Diabetes mellitus konnte gezeigt werden, dass Epilepsiepatienten im Bereich des emotionalen Wohlbefindens stärker beeinträchtigt waren, während in körperlichen Bereichen MS-Patienten am stärksten beeinträchtigt waren (Hermann et al. 1996a). In einer großangelegten europäischen Studie mit über 5000 Teilnehmern wurde der negative Einfluss häufiger Anfälle auf die mittels SF-36 Skalen erhobene Lebensqualität dokumentiert (Baker et al. 1997). Nach einem erfolgreichen epilepsiechirurgischen Eingriff konnten Verbesserungen hinsichtlich der Lebensqualität anhand des SF-36 dokumentiert werden (Malmgren et al. 1997). Am meisten profitieren Patienten, deren subjektive Lebensqualität präoperativ am geringsten war (Rose et al. 1996). Beim Vergleich mit Patienten mit Bluthochdruck, Diabetes mellitus und koronarer Herzerkrankung zeigen anfallsfreie Epilepsiepatienten in allen Bereichen der mittels SF-36 erfassten Lebensqualität bessere Werte (Vickrey et al. 1994).

Quality of Life Inventory in Epilepsy (QUOLIE-31). Der Quality of Life Inventory in Epilepsy (QUOLIE-31) ist ein spezifisch für Epilepsiepatienten entwickeltes Verfahren zur Überprüfung der epilepsieabhängigen Lebensqualität (Cramer et al. 1998). Folgende 8 Bereiche werden erhoben: Angst vor Anfällen, allgemeine Lebensqualität, emotionales Erleben, Energie-Müdigkeit, kognitive Funktionen, Medikamentennebenwirkungen, soziale Funktionen, Gesamtscore. Die ersten Erfahrungen mit der QUOLIE-31 in der klinischen Routine belegen die Brauchbarkeit des Verfahrens zur Gewinnung von Zusatzinformation bezüglich des Gesundheitsstatus des Patienten (Grudzinski et al. 1998).

Washington Psychosocial Seizure Inventory (WPSI). Die Washington Psychosocial Seizure Inventory (WPSI) wurde ebenfalls speziell für Epilepsiepatienten entwickelt (Dodrill et al. 1980; Krämer et al. 1985) und erfasst folgende 8 Bereiche: familiäre Situation, emotionale Situation, interpersonale Probleme, Arbeitssituation, finanzieller Status, Anpassung an die Anfälle, medizinisches Management, Gesamtscore (allgemeine psychosoziale Situation). Das Verfahren wurde in multinationalen Studien zur Erfassung der Lebensqualität, zur Erfassung des psychosozialen Outcomes nach einem epilepsiechirurgischen Eingriff und in Medikamentenstudien erfolgreich eingesetzt (Dodrill und Batzel 1994).

13.2. Kognitive Veränderungen

Ein Großteil der Patienten mit Epilepsie führt ein normales Leben ohne Einschränkung kognitiver Fähigkeiten. Bei einer signifikanten Minorität kommt es vor allem in den Bereichen Konzentration, Aufmerksamkeit, psychomotorische Verarbeitungsgeschwindigkeit und Gedächtnisfunktionen zu Beeinträchtigungen der kognitiven Leistungsfähigkeit. Risikofaktoren für solche Beeinträchtigungen sind das Vorhandensein struktureller Läsionen, medikamentöse Polytherapie, früher Beginn des Anfallsgeschehens, epileptogene Zone im Temporallappen sowie häufige sekundär generalisierte Anfälle (Perrine und Kiolbasa 1999). Klagt ein Patient über kognitive Beeinträchtigungen sollte eine neuropsychologische Untersuchung zur Objektivierung der kognitiven Defizite durchgeführt werden. Für die neuropsychologische Untersuchung wird eine umfangreiche psychometrische Testbatterie verwendet, um die wichtigsten kognitiven Fähigkeiten zu überprüfen. Dabei sollten die psychologischen Teilbereiche Intelligenz, kognitive Verarbeitungsgeschwindigkeit, Konzentration und Aufmerksamkeit, Arbeitsspeicher, Lernen und Gedächtnis, Sprache und Exekutivfunktionen erhoben werden (Tabelle 13.1).

Die Beurteilung der Intelligenz, der kognitiven Verarbeitungsgeschwindigkeit, der Konzentration und des Arbeitsspeichers dient zur Überprüfung der

Tabelle 13.1. Auswahl von im deutschsprachigen Raum verwendeten neuropsychologischen Verfahren für die Untersuchung von Epilepsiepatienten

Händigkeit

– Edinburgh Handedness Inventory (Salmaso und Longoni 1985)

Intelligenz

– Hamburg Wechsler Intelligenz Test für Erwachsene (HAWIE-R) (Tewes 1994)
– Wortschatz-Test (WST) (Schmidt und Metzler 1992)
– Mehrfachwahl-Wortschatz Intelligenztest (MWTB) (Lehrl 1978)

Wahrnehmungsgeschwindigkeit

– Trail Making Test (TMT-A, TMT-B) (Reitan 1979)

Konzentration und Aufmerksamkeit

– D-2 Aufmerksamkeits-Belastungs-Test (Brickenkamp 1994)

Arbeitsspeicher

– Verbal: Zahlenspanne (HAWIE-R)
– Nonverbal: Corsi Blockspanne (Spreen und Strauss 1991)

Episodisches Gedächtnis

Verbal

– Wechsler Gedächtnis Test-Revidierte Fassung (WMS-R) (Härting et al. 2000)
– California Verbal Learning Test – Deutsche Fassung (CVLT) (Delis et al. 1987)
– Verbaler Lern- und Merkfähigkeitstest (VLMT) (Helmstaedter und Durwen 1990)

Nonverbal

– Wechsler Gedächtnis Test-Revidierte Fassung (WMS-R)
– Diagnostikum für Cerebralschäden (DCS) (Weidlich und Lamberti 1993; Helmstaedter et al. 1991)
– Rey-Osterrieth Komplexe Figur (Spreen und Strauss 1991)

Sprachfunktionen

– Aachener Aphasietest (AAT) (Huber et al. 1983)
– Controlled Oral Word Test (COW) (Spreen und Strauss 1991)
– Clipname (Jokeit 1998)

Exekutivfunktionen

– Stroop Test (Bäumler 1985)
– Semantic Verbal Fluency (Spreen und Strauss 1991)
– Wisconsin Card Sorting Test (WCST) (Heaton et al. 1993)

allgemeinen kognitiven Leistungsfähigkeit des Patienten. Die Überprüfung der für Gedächtnisleistungen verantwortlichen Hippokampusformation ist besonders wichtig. Dazu werden Verfahren verwendet die grundlegende Funktionen von Lernen und Gedächtnis (Akquisition, Abspeichern, Abrufen) erfassen. Das Gehirn zeigt eine ausgeprägte Hemisphärenspezialisierung für materialspezifische Gedächtnisleistungen. Um der funktionalen Lateralität gerecht zu werden, sollte die neuropsychologische Untersuchung deshalb in jedem Fall Testmaterial verbaler Natur (Texte, Wörter usw.) und nonverbaler Natur (abstrakte Figuren, Gesichter usw.) beinhalten. Zusätzlich nimmt die Evaluierung von Sprachfunktionen (Sprachverständnis, Sprachflüssigkeit, Benennen) und Exekutivfunktionen (Problemlöseverhalten, Interferenz usw.) eine wichtige Stellung ein.

Aufgrund des Testergebnisses können

- gezielte Interventionsmaßnahmen eingeleitet werden;
- Auswirkungen der medikamentösen Therapie auf die kognitiven Fähigkeiten dokumentiert werden;
- Veränderungen des kognitiven Status des Patienten abhängig von der Anfallskontrolle im zeitlichen Verlauf objektiviert werden.

Wurden bei der neuropsychologischen Untersuchung spezifische Defizite aufgedeckt, kann ein kognitives Training eingeleitet werden. Zentrales Anliegen jedes kognitiven Trainings ist die Verbesserung der Alltagskompetenz und die Verbesserung der personalen Autonomie des Patienten. Entscheidend für das Gelingen des Trainings ist die Motivation des Patienten. Um den Patienten nicht zu über- oder unterfordern, ist es wichtig, dass die Trainingsinhalte auf den jeweiligen Schweregrad der Beeinträchtigungen abgestimmt werden. Für die Behandlung kognitiver Störungen stehen eine Reihe von Ansätzen zur Verfügung, die entweder an der Steigerung einzelner Leistungen, z.B. Gedächtnisfunktionen, arbeiten oder aber im Sinne breitgestreuter Therapieprogramme konzipiert sind. Das Training von Ersatzfunktionen ist bei materialspezifischen Störungen sinnvoll. Zum Beispiel wird bei verbalen Gedächtnisstörungen mit visuellen Vorstellungsbildern gearbeitet. Unter dem Begriff „visual imagery" (Neisser 1979) ist diese Technik bereits früh in die Literatur eingegangen. Für die Durchführung von komplexen Therapieprogrammen stehen das Neurotraining von Schweizer (Schweizer 1989) und das lerntheoretisch orientierte Hirnleistungstraining von Holzapfel (Holzapfel 1990) zur Verfügung. In neuerer Zeit werden häufig computergestützte kognitive Rehabilitationsverfahren eingesetzt (Schett et al. 1991). Trainingsprogramme am Computer zeichnen sich in der Regel durch eine große Auswahl an verfügbarer Software zum Trainieren verschiedenster kognitiver Bereiche aus. Dabei können sowohl basale Funktionen, wie Konzentration und Aufmerksamkeit, als auch höhere Funktionen, wie das Planen eines Tagesablaufs, trainiert werden. Die meisten modernen Verfahren arbeiten adaptiv, d.h. dass nach erfolgreicher Aufgabenbewältigung entsprechend anspruchsvollere Aufgaben angeboten werden. Bei Misserfolg wird der Schwierigkeitsgrad automatisch gesenkt. Der Patient bleibt dadurch motiviert. Viele Verfahren sind auch mehrdimensional, d.h., mit steigender Schwierigkeit werden auch Anforderungen an andere Bereiche wie z.B. Kurzzeitgedächtnis, Problemlösestrategien usw. mittrainiert (Tretter und Goldhorn 1991). In der Praxis hat es sich als sinnvoll erwiesen, eine Kombination aus psychologischem Kompetenztraining und computergesteuertem Hirnleistungstraining anzubieten.

13.3. Die Rolle der Neuropsychologie im Rahmen der Epilepsiechirurgie

Die neuropsychologische Untersuchung stellt einen wichtigen Teil der präoperativen Epilepsiediagnostik dar (Jones-Gotman et al. 1993). Mittels psychometrisch standardisierter Testverfahren kann eine objektive Beschreibung der präoperativen kognitiven Fähigkeiten des Patienten gegeben werden. Dieses präoperative kognitive Profil

- ermöglicht Aussagen für die Lateralisation bzw. Lokalisation der epileptogenen Zone und
- dient als Ausgangspunkt (Baseline) für den postoperativen neuropsychologischen Zustand (= neuropsychologischer Outcome) (Chelune 1993).

Anhand der Ergebnisse der neuropsychologischen Untersuchung (z.B. materialspezifische Gedächtnisstörungen) wird versucht, Zusatzinformation für die Lokalisation der epileptogenen Zone zu erhalten. Spezifische Beeinträchtigungen des verbalen Gedächtnisses liefern Hinweise auf eine Störung des dominanten Temporallappens, während Beeinträchtigungen des nonverbalen Gedächtnisses Hinweise auf eine Störung des nichtdominanten Temporallappens geben.

Die Möglichkeit einer neurochirurgischen Intervention ruft bei vielen Patienten Ängste und Unsicherheiten bezüglich der postoperativen Veränderungen ihrer geistigen Leistungsfähigkeit hervor (Wheelock et al. 1998). Ein wesentlicher Bestandteil der präoperativen neuropsychologischen Evaluierung ist daher die Beurteilung der möglichen Folgen und Konsequenzen der Resektion bestimmter Gehirnstrukturen auf die kognitive Leistungsfähigkeit des Patienten (Chelune et al. 1991). Neben den klinischen Variablen Beginn der Erkrankung, Anfallsfrequenz, Anfallsart, EEG-Parameter sowie Vorliegen einer strukturellen Läsion beeinflussen die Variablen Seite des Eingriffs, Resektionsverfahren und die erzielte postoperative Anfallskontrolle wesentlich die kognitive Situation des Patienten nach einem epilepsiechirurgischen Eingriff.

Günstige Prognosefaktoren für den postoperativen neuropsychologischen Outcome:

- Vorhandensein einer Läsion,
- postoperative Anfallsfreiheit,
- Operation am nichtdominanten Temporallappen,
- früher Beginn der Erkrankung,
- niedriges präoperatives kognitives Leistungsniveau,
- niedriges Alter bei Operation.

14. Allgemeine Behandlungsprinzipien

Christoph Baumgartner

14.1. Behandlungsziele

Die moderne Epilepsiebehandlung muss den vielfältigen Problemen einer chronischen Erkrankung Rechnung tragen und umfasst deshalb die folgenden Ziele (Camfield und Camfield 1997; Dam 1997; Jones 1998; Schmidt und Elger 1999):

- Anfallskontrolle;
- Vermeidung von Nebenwirkungen der Therapie (Pharmakotherapie, chirurgische Therapie etc.);
- Prävention und Behandlung von im Rahmen der Epilepsieerkrankung auftretenden neurologischen und neuropsychologischen Störungen (hier sind auch durch die Epilepsie verursachte aberrante motorische und/oder kognitive Entwicklungen im Kindesalter zu nennen);
- Prävention oder Behandlung von durch die Epilepsie bedingten psychiatrischen Störungen;
- Vermeidung von negativen sozialen Folgen der Epilepsieerkrankung;
- Prävention der erhöhten Mortalität von Epilepsiepatienten.

Diese Ziele können nur durch eine enge Kooperation eines multidisziplinären Teams aus Neurologen, Kinderärzten, Psychiatern, Neurochirurgen, Neuropsychologen und Sozialarbeitern verwirklicht werden. Insbesondere ist aber die laufende Aufklärung des Patienten und seiner Angehörigen sowie deren aktive Einbindung in die Behandlungsstrategie entscheidend für eine erfolgreiche und für den Patienten befriedigende Therapie.

Die optimale Anfallskontrolle ist aus folgenden Gründen in der Epilepsiebehandlung von ganz entscheidender Bedeutung (Shinnar und Berg 1994; Berg und Shinnar 1997; Camfield und Camfield 1997; Jones 1998):

- Die Anfälle stellen das Kernsymptom der Erkrankung dar.
- Anfälle können zu Verletzungen oder Unfällen führen, die für den Patienten bzw. dessen Umwelt potentiell gefährlich sind (Verletzungen durch

Stürze, Ertrinken beim Schwimmen oder Baden, Verbrennungen, durch Anfälle verursachte Verkehrsunfälle etc.).

- Anfälle spielen auch für die, mit einer Epilepsie assoziierte, erhöhte Mortalität eine pathogenetische Bedeutung (Unfälle mit tödlichem Ausgang, SUDEP).
- Anfälle können zu einer Beeinträchtigung des Selbstwertgefühls führen, sind sozial stigmatisierend und verursachen häufig Probleme im Schul-, Berufs- und Sozialleben (Verlust des Arbeitsplatzes, Einschränkungen bei der Ausübung bestimmter Berufe und in der Mobilität, Schwierigkeiten bei der Arbeitssuche, soziale Isolation, Restriktionen in den Freizeitaktivitäten etc.).
- Negative kognitive Auswirkungen von Anfällen: Anfälle können zu passageren neuropsychologischen Störungen führen, bei Kindern kann durch häufige Anfälle die kognitive Entwicklung beeinträchtigt werden; ob häufige Anfälle oder die Epilepsieerkrankung per se auch bei Erwachsenen zu dauerhaften neuropsychologischen Defiziten führt, wird in der Literatur kontroversiell beurteilt.
- Anfälle bewirken einen Nervenzelluntergang und wirken dadurch epileptogen („seizures beget seizures"): diese Frage wird in der Literatur ebenfalls kontroversiell beurteilt, wobei sich aus den derzeit vorliegenden klinischen Studien keine Hinweise ergeben, dass diese Hypothese – obwohl im Tierexperiment gut dokumentiert – auch beim Menschen zutrifft (Ausnahme: prolongierter Status epilepticus).

Die optimale Anfallskontrolle ist für das Erreichen der meisten anderen Therapieziele eine entscheidende Vorraussetzung. Optimale Anfallskontrolle heißt zunächst immer Anfallsfreiheit. Anfallsfrei zu sein oder nicht bedeutet für den Patienten einen entscheidenden Unterschied, denn nur bei bestehender Anfallsfreiheit können die negativen psychosozialen Konsequenzen der Epilepsie vermieden werden, weshalb dieses Ziel bereits am Beginn der Behandlung konsequent angestrebt werden sollte. Einer Bagatellisierung von „seltenen, lediglich leichten oder nächtlichen" Anfällen seitens des Patienten oder des Arztes ist deshalb entschieden entgegenzutreten. Kann innerhalb von 3 Monaten keine Anfallsfreiheit erzielt werden, so ist der Patient an eine Spezialambulanz zu überweisen (Schmidt und Elger 1999).

Das Ziel der Anfallsfreiheit ist auch ein durchaus realistisches. Bei ca. 54–81% der Patienten mit neu-diagnostizierten Epilepsien kann langfristig Anfallsfreiheit und damit eine Remission erreicht werden, wobei bei einem hohen Prozentsatz der Patienten auch die Antiepileptika abgesetzt werden können (Casetta et al. 1997; Cockerell et al. 1997; Sillanpää et al. 1998). Bei einer signifikanten Minderheit hingegen entwickelt sich eine chronische Epilepsie mit persistierenden Anfällen. Bei diesen Patienten kann auch mit umfangreichen medikamentösen Therapieversuchen nur selten Anfallsfreiheit erzielt werden (Mattson und Cramer 1997). Hier ist dann die Möglichkeit alternativer Behandlungsmethoden, insbesondere der Epilepsiechirurgie zu überprüfen (Engel 1996a). Bei denjenigen Patienten, für die die Epilepsiechirurgie keine therapeutische Option darstellt, muss das Behandlungsziel der Anfallsfreiheit modifiziert werden. Oft ist bei diesen Patienten eine Minimierung der Nebenwirkungen bei noch adäquater Anfallskontrolle (z.B. Kontrolle von generalisierten tonisch-klonischen Anfällen bei persistierenden fokalen Anfällen) ein vernünftigeres Behandlungsziel als eine geringfügig bessere Anfallskontrolle bei fehlender Anfallsfreiheit und deutlichen Nebenwirkungen. Allfällige Nebenwirkungen der Pharmakotherapie sind – auch bei bestehender Anfallsfreiheit – unbedingt zu beachten (auch bei „niedriger Dosierung" oder Serumkonzentrationen im „Referenzbereich") und sollten zu einem Überdenken der Therapiestrategie (Dosisänderung, Wechsel des Medikaments etc.) Anlass geben (Dam 1997).

14.2. Grundlagen der Pharmakotherapie

14.2.1. Beginn der Pharmakotherapie – Indikation zur antiepileptischen Therapie

Vor- und Nachteile der Pharmakotherapie. Die Entscheidung für oder gegen den Beginn einer medikamentösen antiepileptischen Therapie hängt davon ab, ob das Risiko weiterer Anfälle höher ist als die Risken einer Pharmakotherapie. Somit wird die Entscheidung maßgeblich von der Wahrscheinlichkeit weiterer Anfälle und der Effektivität der Medikamente beeinflusst. Anfälle können zu Verletzungen oder zum Tod des Patienten oder anderer (Verkehrsunfälle) führen, beträchtliche psychosoziale Konsequenzen haben und bei prolongierten Anfällen auch neuronale Schädigungen verursachen. Andererseits birgt auch die Pharmakotherapie Risken: bei einem von 30.000 Patienten kommt es zu gravierenden, lebensbedrohlichen Nebenwirkungen, bei ca. 15% der Patienten sind die Nebenwirkungen (zumeist zu Beginn der Behandlung) so stark ausgeprägt, dass die Medikamente abgesetzt und durch andere ersetzt werden müssen (Camfield und Camfield 1997; Jones 1998). Die Vor- und Nachteile einer antiepileptischen Therapie sollten deshalb immer mit dem Patienten und dessen Angehörigen besprochen werden.

Behandlungsbeginn nach 2 unprovozierten Anfällen. Nach dem Auftreten von mindestens 2 nicht-provozierten Anfällen (egal welcher Art) innerhalb eines Jahres und damit dem Vorliegen einer Epilepsie ergibt sich generell die Indikation zum Beginn einer Pharmakotherapie. Das Risiko, nach 2 unprovozierten Anfällen einen weiteren Anfall zu erleiden, liegt bei 73%, wobei die meisten Anfälle sich bereits innerhalb eines Jahres ereignen (Hauser et al. 1998).

Zuwarten mit der Behandlung nach 2 unprovozierten Anfällen. In Ausnahmefällen kann auch nach 2 unprovozierten Anfällen noch mit der Einleitung einer antiepileptischen Therapie zugewartet werden: benigne fokale Epilepsie im Kindesalter; isolierte Auren oder einfach-fokale Anfälle bei Kindern; Oligoepilepsie bei Erwachsenen (Camfield und Camfield 1997).

Behandlungsbeginn nach einem singulären unprovozierten Anfällen. Die diesbezüglichen Überlegungen und Indikationen sind dem Abschnitt 6.6.1 „Erster Anfall" zu entnehmen.

Prophylaktische Behandlung. Eine prophylaktische antiepileptische Behandlung wird derzeit generell nicht empfohlen. Einzige Ausnahme ist eine Kurzzeitprophylaxe nach einem schweren Schädel-Hirn-Trauma über 2 Wochen, die das Auftreten von Frühanfällen, nicht aber das von Spätanfällen oder einer Epilepsie verhindern kann (American Academy of Physical Medicine and Rehabilitation 1998; Schierhout und Roberts 1998; Haltiner et al. 1999).

14.2.2. Initiale Monotherapie

Bei jedem Patienten sollte zuerst immer eine Monotherapie mit dem für das jeweilige Epilepsie-Syndrom am besten geeigneten Medikament versucht werden (Reynolds und Shorvon 1981; Schmidt und Gram 1995; Bauer 1998). Dabei erfolgt zunächst eine langsame Aufdosierung auf eine vorher festgelegte Zieldosis (die erfahrungsgemäß zur Anfallskontrolle ohne wesentliche Nebenwirkungen führt). Während der Aufdosierungsphase können prinzipiell 3 Situationen auftreten:

- Der Patient verträgt das Medikament gut, es treten keine Nebenwirkungen auf.
- Es kommt zu dosisabhängigen Nebenwirkungen ⇒ in diesem Fall ist die Dosis zunächst zu reduzieren, bei den meisten Patienten kann dann – durch eine langsamere Dosissteigerung – dennoch die Zieldosis ohne Nebenwirkungen erreicht werden; falls aber erneut Nebenwirkungen auftreten, bevor die Zieldosis erreicht wird, ist abzuwarten, ob auch mit dieser niedrigeren Dosierung Anfallsfreiheit ohne Nebenwirkungen erzielt werden kann; falls auch nach der Dosisreduktion die Nebenwirkungen über eine gewissen Zeitraum fortbestehen, ist das Medikament als unverträglich einzustufen. Es sollte dann eine Umstellung auf ein anderes Antiepileptikum erfolgen.
- Es treten idiosynkratische Nebenwirkungen auf ⇒ bei schwerwiegenden Effekten ist die Therapie selbstverständlich sofort zu stoppen, bei leichteren Nebenwirkungen (Hautreaktionen) kann die Therapie unter Umständen unter einer entsprechenden Begleittherapie fortgesetzt werden.

Nach Erreichen der Zieldosis muss abgewartet werden, ob Anfallsfreiheit besteht oder weiterhin Anfälle auftreten (manche Patienten bleiben sofort nach

Therapiebeginn auch während der Aufdosierungsphase anfallsfrei, andere haben in der Aufdosierungsphase weiter Anfälle um dann nach Erreichen der Zieldosis anfallsfrei zu werden, und eine dritte Gruppe hat auch nach Erreichen der Zieldosis weiter Anfälle). Bei den ersten beiden Gruppen ist von einem Therapieerfolg zu sprechen (Anfallsfreiheit ohne Nebenwirkungen) und die Medikation ist in unveränderter Dosierung fortzuführen. Bei der dritten Patientengruppe ist die Dosis langsam solange weiter zu steigern, bis entweder Anfallsfreiheit besteht oder Nebenwirkungen auftreten („Ausdosierung"). Wird Anfallsfreiheit ohne Nebenwirkungen erzielt, ist ebenfalls ein Therapieerfolg eingetreten und die Medikation ist in unveränderter Dosierung fortzusetzen. Treten hingegen Nebenwirkungen auf, ohne dass Anfallsfreiheit erzielt werden konnte, liegt ein Therapieversager mit dem verordneten Medikament vor und es ist auf eine andere Therapie umzustellen (Schmidt und Gram 1995). Die erste Monotherapie sollte, wenn die Medikamente gut vertragen werden, mindestens für ca. 6 Monate fortgeführt werden, da bei vielen Patienten nach anfänglichen Anfällen eine Remission eintritt. Selbstverständlich ist dabei allerdings die individuelle Frequenz und Intensität der Anfälle zu berücksichtigen (Mattson und Cramer 1997).

Argumente für die Monotherapie. Am Beginn der Behandlung ist der Monotherapie aus folgenden Gründen der Vorzug zu geben (Tabelle 14.1) (Schmidt und Gram 1995; Guberman 1998):

- Effektivität: Die initiale Monotherapie ist bei einem hohen Anteil der Patienten wirksam und gut verträglich.
- Biologische Variabilität: Individuelle Patienten sprechen unterschiedlich auf einzelne Medikamente an, sodass ca. 30% der Patienten nach Versagen der initialen Monotherapie von einer alternativen Monotherapie mit einem anderen Medikament profitieren.
- Klare Beurteilung von Effektivität und Nebenwirkungen: Bei einer Kombinationstherapie ist es schwierig zu entscheiden, welches Medikament wirkt bzw. welches Nebenwirkungen verursacht. Ohne vorherige Monotherapie

Tabelle 14.1. Argumente für eine initiale Monotherapie

- Effektivität
- Biologische Variabilität
- Klare Beurteilung von Effektivität und Nebenwirkungen
- Bessere Verträglichkeit
- Verminderung des teratogenen Potentials
- Keine pharmakokinetischen und pharmakodynamischen Interaktionen
- Bessere Compliance
- Geringere Kosten

muss es unklar bleiben, ob nicht durch eine Monotherapie mit einem der beiden Medikamente eine gleiche antiepileptische Wirkung bei geringeren Nebenwirkungen erzielt hätte werden können.

- Bessere Verträglichkeit: eine Monotherapie ist im Allgemeinen nebenwirkungsärmer als eine Kombinationstherapie. So konnte in einer Studie eine Zunahme der Nebenwirkungsrate abhängig von der Zahl der unterschiedlichen verordneten Medikamente nachgewiesen werden (Monotherapie ⇒ Nebenwirkungen bei 22% der Patienten; Kombinationstherapie mit zwei Medikamenten ⇒ 34%, Kombinationstherapie mit drei Medikamenten ⇒ 44%) (Collaborative Group for Epidemiology of Epilepsy 1986; Guberman 1998). Im Widerspruch dazu meinen andere Autoren, dass nicht die Zahl der Medikamente, also Mono- oder Polytherapie, für die Nebenwirkungsrate verantwortlich sei, sondern die sog. „Total Drug Load“, d.h. die Gesamtdosis an Medikamenten (Deckers et al. 1997).
- Verminderung des teratogenen Potentials: das Fehlungsrisiko steigt proportional mit der Zahl der eingenommenen Medikamente an.
- Keine pharmakokinetischen und pharmakodynamischen Interaktionen.
- Bessere Compliance.
- Geringere Kosten (Guberman 1998; Schneiderman 1998).

Erfolgschancen der initialen Monotherapie. Ca. 60–70% der Patienten mit neu-diagnostizierten fokalen Epilepsien können mit einer initialen Monotherapie befriedigend eingestellt – wobei eine Remission von einem Jahr erreicht werden kann (Schmidt und Gram 1995; Mattson und Cramer 1997). Der Prozentsatz der Patienten, die unmittelbar anfallsfrei werden und anfallsfrei bleiben, liegt allerdings deutlich niedriger bei 40–60% (Schneiderman 1998). Diese Diskrepanz kann folgendermaßen erklärt werden:

- Die Parameter zur Beurteilung der antiepileptischen Wirksamkeit (Effizienzparameter) werden in unterschiedlichen Studien unterschiedlich angegeben. Zudem ist zwischen Anfallsfreiheit und befriedigender Anfallskontrolle zu unterscheiden.
- Die Beurteilung hängt von der Dauer des Beobachtungszeitraums ab: Einerseits kann es bei einem längeren Beobachtungszeitraum zum Wiederauftreten von Anfällen kommen, andererseits ist – der oft günstige Spontanverlauf – zu berücksichtigen: Die meisten Rezidive ereignen sich innerhalb der ersten 3 Monate. Manche Patienten, die zu Beginn der Therapie (innerhalb der ersten 6 Monate) noch Anfälle gehabt haben, werden im weiteren Verlauf anfallsfrei. Ein weitgehend stabiler Zustand wird nach ca. 12 Monaten erreicht (Mattson et al. 1996).

Der Erfolg oder Misserfolg der initialen Monotherapie ist für die weitere Prognose von entscheidender Bedeutung, da sie letztlich den zu erwartenden Verlauf der Epilepsie widerspiegelt. So wurden in einer rezenten Studie von

470 neu-diagnostizierten Patienten 47% unter einer initialen Monotherapie anfallsfrei, jedoch nur 17% durch weitere therapeutische Maßnahmen (14% durch eine alternative Monotherapie, 3% durch eine Kombinationstherapie) (Kwan und Brodie 2000).

Prognosefaktoren. Hier sind die gleichen Prognosefaktoren zu nennen, wie bei der Prognose der Epilepsie im Allgemeinen – letztlich determiniert das bestehende Epilepsiesyndrom die Prognose (siehe Abschnitt 2).

Fehler bei der initialen Monotherapie. Die folgenden Fehler können ein scheinbares Versagen der initialen Monotherapie vortäuschen (Tabelle 14.2) (Schmidt 1983b):

- Zu rasche Dosissteigerung: Eine zu rasche Dosissteigerung erhöht die Inzidenz von Nebenwirkungen zu Therapiebeginn (sowohl idiosynkratische als auch dosisabhängige) und kann damit zu einem vorzeitigen, unnotwendigen Therapieabbruch führen.
- Ungeeignete Wahl des Dosierungsintervalls, keine Verwendung von Retardpräparaten: Durch eine entsprechende Wahl des Dosierungsintervalls und die Verwendung von Retardpräparaten kann im Allgemeinen eine bessere Verträglichkeit erzielt werden.
- Mangelnde Ausdosierung: Bei Fortbestehen von Anfällen unter der zunächst gewählten Zieldosis sollte die Dosis weiter gesteigert werden und nicht frühzeitig auf eine andere Monotherapie oder eine Kombinationstherapie umgestellt werden. So konnte in einer Studie durch konsequentes Ausdosieren bei 31% der Patienten, bei denen zunächst „therapieresistente" Anfälle unter einer suboptimalen Therapie bestanden hatten, Anfallsfreiheit erzielt werden (Schmidt und Richter 1986).
- Dosierung nach Serumspiegeln: Die Dosierung eines Antiepileptikums sollte primär nach klinischen Gesichtspunkten (Anfallskontrolle, Nebenwirkungen) erfolgen und nicht an Hand von Serumkonzentrationen. Serumspiegel im oberen „therapeutischen" oder „toxischen" Bereich stellen demnach bei fehlender Anfallskontrolle und fehlenden Nebenwirkungen keinen Grund dar, die Dosis nicht weiter zu steigern.

Tabelle 14.2. Fehler bei der initialen Monotherapie

– Zu rasche Dosissteigerung
– Ungeeignete Wahl des Dosierungsintervalls
– Keine Verwendung von Retardpärparaten
– Mangelnde Ausdosierung
– Dosierung nach Serumspiegeln

14.2.3. Alternative Monotherapie

Falls mit der initialen Monotherapie trotz Ausdosierung keine befriedigende Anfallskontrolle erzielt werden kann, sollte die Dosis des Medikaments reduziert werden bis die Nebenwirkungen verschwinden und zugleich überlappend auf eine Monotherapie mit einem anderen Antiepileptikum umgestellt werden – „alternative Monotherapie" (Schmidt und Gram 1995). Die Umstellung kann dabei nach den folgenden 3 Schemata erfolgen:

- Während der Aufdosierung des zweiten Antiepileptikums wird das erste in der maximal tolerierten Dosierung fortgeführt; nachdem die Zieldosis des zweiten Medikaments erreicht ist, erfolgt eine langsame Reduktion des ersten Medikaments (Mattson und Cramer 1997).
- Während der Aufdosierung des zweiten Antiepileptikums wird das erste bereits ausgeschlichen.
- Während der Aufdosierung des zweiten Antiepileptikums wird das erste sukzessive auf die Hälfte reduziert und zunächst in dieser Dosierung weiter fortgeführt (sog. $1\,{}^{1}/_{2}$ Therapie) (Schmidt und Elger 1999).

Erfolgschancen einer alternativen Monotherapie. Mit einer alternativen Monotherapie kann bei 12–30% der Patienten eine komplette Anfallskontrolle und bei 19–46% eine mehr als 50%-ige Anfallsreduktion erreicht werden (Schmidt und Gram 1995; Bauer 1998). Die Erfolgsaussichten hängen entscheidend von der Ursache für das Versagen der initialen Monotherapie ab und sind am besten, wenn die initiale Monotherapie auf Grund von idiosynkratischen Nebenwirkungen abgebrochen werden musste, weniger gut wenn dosisabhängige Nebenwirkungen zum Therapieabbruch führten und am deutlich schlechtesten, wenn die erste Monotherapie auf Grund von mangelnder Anfallskontrolle beendet wurde (Kwan und Brodie 2000).

14.2.4. Rationale Kombinationstherapie

Bei ca. 20–30% der Patienten kann weder mit einer initialen noch mit einer alternativen Monotherapie Anfallsfreiheit erzielt werden (Schmidt und Gram 1995; Mattson und Cramer 1997; Bauer 1998). Bei diesen Patienten sollte eine Kombinationstherapie zur Anwendung gelangen. Zu Beginn der Kombinationstherapie ist zunächst dasjenige Medikament, das während der ersten beiden Monotherapien effektiver war und/oder weniger Nebenwirkungen verursachte, als Basistherapeutikum zu belassen bzw. die Therapie auf dieses umzustellen. Bei der Wahl einer Medikamentenkombination sollten folgende Grundsätze berücksichtigt werden („rationale Kombinationstherapie") (Ferendelli 1995):

- unterschiedliche Wirkmechanismen;
- fehlende oder geringe Interaktionen;

- großer therapeutischer Index;
- geringst mögliche Nebenwirkungen bzw. unterschiedliches Nebenwirkungsprofil.

Diese Prinzipien erscheinen zwar theoretisch sinnvoll, sind jedoch nicht durch klinische Studien belegt und wurden deshalb kritisch hinterfragt (Bauer 1998; Guberman 1998). Die Kombination von Substanzen mit unterschiedlichem Wirkmechanismus ist deshalb nur eingeschränkt möglich, da die meisten Antiepileptika mehrere unterschiedliche Wirkorte besitzen, die Angriffspunkte in vielen Fällen nur unzureichend aufgeklärt sind und schließlich die derzeit bekannten Wirkmechanismen keinen ausreichenden Rückschluss auf das klinische Wirkspektrum zulassen. Eine Kombination von Substanzen mit fehlenden Interaktionen erleichtert zwar die Kombinationstherapie, die Kenntnis von relevanten Interaktionen kann aber sehr wohl „rational" in die Therapieüberlegungen einfließen.

Erfolgsaussichten einer Kombinationstherapie. Nur bei einem kleinen Teil der Patienten kann durch eine Kombinationstherapie Anfallsfreiheit erzielt werden. Dennoch kann bei ca. 20–50% der Patienten eine signifikante (mehr als 50%-ige Anfallsreduktion) erreicht werden (sog. „Responder").

14.2.5. Vorgehen bei Versagen der Kombinationstherapie

Wenn unter einer Kombinationstherapie keine befriedigende Anfallskontrolle erreicht werden kann, bestehen für das weitere Vorgehen die folgenden Möglichkeiten:

- Im Falle einer fokalen Epilepsie: ist der Patient ein Kandidat für einen epilepsiechirurgischen Eingriff? ⇒ Zuweisung zur prächirurgischen Epilepsiediagnostik.
- Umstellung von der Kombinationstherapie auf eine Monotherapie: Durch Umstellung einer erfolglosen Kombinationstherapie auf eine Monotherapie kann bei über 80% der Patienten bei gleicher Anfallskontrolle eine Verringerung der Nebenwirkungen erzielt werden. So konnten in einer Studie 83% der Patienten von einer Polytherapie ohne Zunahme der Anfallsfrequenz auf eine Monotherapie umgestellt werden (bei 36% konnte sogar eine Verbesserung der Anfallskontrolle erzielt werden), lediglich bei 17% kam es zu einer Anfallszunahme (Schmidt 1983a). Andere Studien konnten diese Ergebnisse bestätigen (Shorvon und Reynolds 1979; Theodore und Porter 1983).
- Umstellung auf eine andere Polytherapie.

14.2.6. Gründe für unbefriedigende Anfallskontrolle

Im Folgenden sind einige Gründe für eine unbefriedigende Anfallskontrolle angeführt (Tabelle 14.3) (Schmidt und Elger 1999):

- Patient leidet an einer schwer behandelbaren Epilepsie.
- Patient hat keine Epilepsie oder leidet neben epileptischen auch an nicht-epileptischen, psychogenen Anfällen: Die Differentialdiagnose von epileptischen und nicht-epileptischen (Pseudo-) Anfällen ist nicht immer einfach und sollte bei fehlender Anfallskontrolle überprüft werden. Manche Patienten leiden sowohl an epileptischen als auch an nicht-epileptischen, psychogenen Anfällen, was eine richtige Diagnostik und erfolgreiche Therapie besonders schwierig macht (Gumnit 1997).
- Falsche Klassifikation des Anfallsleidens: Eine falsche Klassifikation des Anfallsleidens (fokal versus generalisiert) führt auf Grund der unterschiedlich zu wählenden therapeutischen Strategie ebenfalls zu suboptimalen Ergebnissen.
- Unzureichende Dosierung der Medikamente: Es sollte immer zunächst ein Medikament in Monotherapie ausdosiert werden, d.h. die Dosis sollte solange gesteigert werden, bis entweder Anfallsfreiheit erreicht wird oder Nebenwirkungen auftreten. Falls keine Anfallskontrolle gelingt, sollte auf eine andere Monotherapie umgestellt werden. Von einer frühzeitigen Polytherapie ist in jedem Falle abzuraten (Schmidt und Gram 1995; Guberman 1998; Schneiderman 1998).
- Fehler bei der Kombination von mehreren Antiepileptika: Falls durch eine Monotherapie trotz Ausdosierung keine suffiziente Anfallskontrolle gelingt, können einige Patienten von einer Kombinationstherapie profitieren. Dabei sind einerseits sinnvolle Medikamenten-Kombinationen zu wählen („rationale Polytherapie") und andererseits mögliche pharmokokinetische Interaktionen (subtherapeutische Serumspiegel trotz Nebenwirkungen) zu beachten (Ferendelli 1995).
- Mangelnde Compliance: Bei ca. 20% der Epilepsie-Patienten stellt mangelnde Compliance den Grund für eine unbefriedigende Anfallskontrolle

Tabelle 14.3. Gründe für unbefriedigende Anfallskontrolle

- Schwer behandelbare Epilepsie
- Patient hat keine Epilepsie oder leidet neben epileptischen auch an nicht-epileptischen, psychogenen Anfällen
- Falsche Klassifikation des Anfallsleidens
- Unzureichende Dosierung der Medikamente
- Fehler bei der Kombination von mehreren Antiepileptika
- Mangelnde Compliance

dar. Auf die Wertigkeit der Serumspiegeluntersuchungen zur Überprüfung der Compliance wird im Abschnitt 14.7, „Therapeutisches Drug-Monitoring von Antiepileptika“, eingegangen. Eine umfassende Aufklärung, eine Reduktion der Zahl der täglich notwendigen Tabletteneinnahmen und häufigere klinische Kontrollen können zu einer Verbesserung der Compliance beitragen (Cramer 1997).

14.2.7. Stufenschema zur Behandlung der fokalen Epilepsien

Stufe 1: Carbamazepin wird nach wie vor als das Mittel der ersten Wahl zur Behandlung der fokalen Epilepsien angesehen.

Stufe 2: Falls mit Carbamazepin keine vollständige Anfallskontrolle gelingt oder nicht tolerierbare Nebenwirkungen auftreten, ist auf eine alternative Monotherapie mit einem der folgenden Medikamente umzustellen: Gabapentin, Lamotrigin, Oxcarbazepin, Phenytoin, Topiramat oder Valproinsäure.

Stufe 3: Falls in Stufe 1 und 2 keine befriedigende Anfallskontrolle erreicht werden kann, sollte eine Kombinationstherapie versucht werden, wobei unterschiedliche Kombinationsmöglichkeiten existieren. Mögliche sinnvolle Kombinationen sind – ohne Anspruch auf Vollständigkeit – die folgenden:

- (Carbamazepin oder Oxcarbazepin) + (Valproinsäure oder Phenytoin);
- (Carbamazepin oder Phenytoin oder Valproinsäure oder Oxcarbazepin) + (Topiramat oder Lamotrigin oder Gabapentin oder Tiagabin);
- prinzipiell erscheinen auch Kombinationen der neuen Antiepileptika sinnvoll, diesbezüglich liegen aber noch zu wenige Daten vor.

Stufe 4: Falls mit dieser Vorgangsweise keine Anfallskontrolle gelingt, ist der Patient als therapierefraktär einzustufen. Es sollte die Diagnose überprüft werden und eine Abklärung bezüglich der Möglichkeit eines epilepsiechirurgischen Eingriffs erfolgen.

14.3. Beendigung der Therapie

Bei ca. 54–81% der Epilepsiepatienten ist eine Langzeitremission zu erwarten, wobei bei vielen dieser Patienten auch die Medikamente erfolgreich abgesetzt werden können (Casetta et al. 1997; Cockerell et al. 1997; Sillanpää et al. 1998). Entsprechend einer rezenten Metaanalyse liegt das Rezidivrisiko für das Wiederauftreten von Anfällen nach Absetzen der Therapie bei mindestens 2-jähriger Anfallsfreiheit innerhalb eines Jahres bei 25%, innerhalb von 2 Jahren bei 30% (Berg und Shinnar 1994). Vom Quality Standards Subcommitee der American Academy of Neurology wird das generelle Rezidivrisiko (ohne Spezifikation des Beobachtungszeitraums) mit 31% für Kinder und mit 39% für Erwachsene angegeben (American Academy of Neurology 1996). Diese Zahlen müssen dem Rezidivrisiko unter Weiterführen der antiepileptischen Therapie gegenübergestellt werden, das bei ca. 10%, 19% bzw. 26% nach 1, 2 bzw. 4 Jahren liegt (Medical Research Council Antiepileptic Drug Withdrawal Study Group 1991).

14.3.1. Risikofaktoren für das Auftreten von Anfallsrezidiven

In einer Metaanalyse und rezenten Studien konnten die folgenden definitiven Risikofaktoren für das Auftreten von Anfallsrezidiven identifiziert werden (Tabelle 14.4) (Berg und Shinnar 1994; Berg et al. 1997a):

- Alter zu Beginn der Epilepsie: Anfallsbeginn in der Adoleszenz (12–20 Jahre; relatives Risiko im Vergleich zum Kindesalter = 1,79) > Anfallsbeginn im Erwachsenenalter (> 20 Jahre; relatives Risiko im Vergleich zum Kindesalter = 1,34) > Anfallsbeginn im Kindesalter (< 12 Jahre); Ausnahme: schlechtere Prognose bei Beginn im Kleinstkindalter.
- Symptomatische Epilepsie (relatives Risiko im Vergleich zu idiopathischen Epilepsien = 1,55; insbesondere ist das Vorliegen einer mentalen Retardation prognostisch ungünstig; die meisten Daten stammen von Epilepsien im Kindesalter, für Erwachsene ist die Datenlage unzureichend).
- EEG: insbesondere Verlangsamungen; allerdings: Schwierigkeiten bei der Beurteilung und dem Vergleich verschiedener Studien.

Tabelle 14.4. Risikofaktoren für Anfallsrezidive nach Beendigung der antiepileptischen Therapie

- **Alter zu Beginn der Epilepsie**
  Anfallsbeginn in der Adoleszenz (12–20 Jahre; relatives Risiko im Vergleich zum Kindesalter = 1,79) > Anfallsbeginn im Erwachsenenalter (> 20 Jahre; relatives Risiko im Vergleich zum Kindesalter = 1,34) > Anfallsbeginn im Kindesalter (< 12 Jahre); Ausnahme: schlechtere Prognose bei Beginn im Kleinstkindalter
- **Symptomatische Epilepsie**
  Relatives Risiko im Vergleich zu idiopathischen Epilepsien = 1,55; insbesondere ist das Vorliegen einer mentalen Retardation prognostisch ungünstig; die meisten Daten stammen von Epilepsien im Kindesalter, für Erwachsene ist die Datenlage unzureichend
- **EEG**
  Insbesondere Verlangsamungen; allerdings: Schwierigkeiten bei der Beurteilung und dem Vergleich verschiedener Studien
- **Art des Epilepsiesyndroms**
  Juvenile myoklonische Epilepsie ⇒ extrem hohes Rezidivrisiko; benigne fokale Epilepsien des Kindesalters ⇒ sehr geringes Rezidivrisiko
- **Auftreten von „Durchbruchanfällen"-Anfällen bei Fieber**

- Art des Epilepsiesyndroms: juvenile myoklonische Epilepsie ⇒ extrem hohes Rezidivrisiko; benigne fokale Epilepsien des Kindesalters ⇒ sehr geringes Rezidivrisiko.
- Auftreten von „Durchbruchanfällen"-Anfällen bei Fieber.

Die folgenden prognostischen Faktoren besitzen keine wesentliche Relevanz bzw. sind als Epiphänomen der oben genannten Faktoren zu werten (Tabelle 14.5):

- Anfallstyp (Art und Zahl der unterschiedlichen Anfallstypen): reflektiert das Epilepsiesyndrom und ist deshalb nicht als eigenständiger Prognosefaktor zu werten;
- Schweregrad der Epilepsie (Status epilepticus, Dauer der aktiven Epilepsie, Dauer bis zum Erreichen der Anfallskontrolle, Therapieversager, Notwendigkeit einer Polytherapie);
- früherer erfolgloser Absetzversuch (gilt insbesondere bei altersgebundenen Epilepsien);
- positive Familienanamnese;
- Behandlungsdauer: bei längerer Behandlungsdauer ist mit einem gering niedrigeren Rezidivrisiko zu rechnen, weil einige Patienten ihr Rezidiv bereits unter der antiepileptischen Therapie erlitten haben und damit nicht mehr als Rezidive nach dem Absetzen ins Gewicht fallen.

In zwei Studien wurden Risikofunktionen publiziert, die es ermöglichen das Rezidivrisiko eines individuellen Patienten relativ genau zu berechnen (Medical Research Council Antiepileptic Drug Withdrawal Study Group 1993; Shinnar et al. 1994).

Tabelle 14.5. Faktoren ohne wesentlichen Einfluss auf das Rezidivrisiko beim Absetzen der antiepileptischen Therapie (teilweise als Epiphänomen anderer Faktoren zu werten)

– Anfallstyp (Art und Zahl der unterschiedlichen Anfallstypen): reflektiert das Epilepsiesyndrom und ist deshalb nicht als eigenständiger Prognosefaktor zu werten
– Schweregrad der Epilepsie (Status epilepticus, Dauer der aktiven Epilepsie, Dauer bis zum Erreichen der Anfallskontrolle, Therapieversager, Notwendigkeit einer Polytherapie)
– Früherer erfolgloser Absetzversuch (gilt insbesondere bei altersgebundenen Epilepsien)
– Positive Familienanamnese
– Behandlungsdauer: bei längerer Behandlungsdauer ist mit einem gering niedrigeren Rezidivrisiko zu rechnen, weil einige Patienten ihr Rezidiv bereits unter der antiepileptischen Therapie erlitten haben und damit nicht mehr als Rezidive nach dem Absetzen ins Gewicht fallen

14.3.2. Beratung des Patienten

Mit dem Patienten und dessen Angehörigen sind die Vorteile (Beendigung einer chronischen, unter Umständen mit Nebenwirkungen behafteten Medikamenteneinnahme; teratogene Risken bei Frauen) und Nachteile (Rezidiv-Risiko; Einschränkungen beim Autofahren und anderen potentiell gefährlichen Tätigkeiten während des Absetzens; psychosoziale Konsequenzen eines erneuten Anfalls) eines Absetzversuchs zu besprechen. Zudem ist ein möglichst genaues Risikoprofil zu erstellen. Maßnahmen im Falle eines Rezidivs sind festzulegen (telefonische Kontaktaufnahme mit dem Arzt, Verständigung der Rettung etc.). Auch die gute Behandelbarkeit der Epilepsie im Falle eines Rezidivs ist anzusprechen. Letztlich müssen der Patient bzw. dessen Angehörige dann selbst die Entscheidung treffen.

14.3.3. Zeitpunkt des Absetzens

Generell sollte frühestens nach 2-jähriger Anfallsfreiheit ein Absetzversuch unternommen werden, bei bestimmten Epilepsiesyndromen, wie z.B. der juvenilen myoklonischen Epilepsie frühestens nach 5 Jahren, obwohl hier manche Autoren eine lebenslange Therapie für sinnvoll erachten. In rezenten Studien wurden bei Kindern auch frühere Absetzversuche unternommen: nach einem Jahr zeigten sich dabei mit 34% nach einem Jahr und 39% nach 2 Jahren vergleichbare Ergebnisse wie in anderen Studien, bei denen erst nach einem längeren anfallsfreien Intervall abgesetzt worden war (Dooley et al. 1996); nach einem halben bzw. einem Jahr waren die Rezidivraten mit ca. 50% vergleichbar, lagen jedoch höher als die sonst in der Literatur angeführten, was durch den Spontanverlauf der Epilepsie erklärt werden könnte (Peters et al. 1998).

14.3.4. Geschwindigkeit des Absetzens

Die Antiepileptika sollten nicht abrupt abgesetzt werden, sondern langsam ausgeschlichen werden (im Falle einer Monotherapie über einen Zeitraum von 8 Wochen mit einer Dosisreduktion um 25% alle 2 Wochen; im Falle einer Polytherapie 8 Wochen für jedes Medikament; bei Barbituraten oder Benzodiazepinen langsamer) (Berg et al. 1997a). Ein extrem langsames Absetzen über 9 Monate konnte im Vergleich zum Absetzen über 6 Wochen keine Vorteile erbringen (Tennison et al. 1994).

14.3.5. Untersuchungen vor Beginn des Absetzens

Anamnese. Durch eine nochmalige genaue Anamnese sollte man sich davon vergewissern, dass der Patient tatsächlich keine Anfälle hat (auch keine isolierten Auren, Absencen oder Myoklonien) (Berg et al. 1997a).

EEG. Prognostische Bedeutung; Ausschluss von (subklinischen) iktalen EEG-Veränderungen z.B. bei Absence-Epilepsien; Erstellen eines Ausgangsbefundes (Berg et al. 1997a).

Serumspiegel. Bei vielen Patienten reicht – entgegen einem weit verbreiteten Irrglauben – auch ein subtherapeutischer Serumspiegel aus, um Anfallsfreiheit zu gewährleisten. Im Falle eines Rezidivs hat man dann einen entsprechenden Richtwert (Chadwick 1999b).

14.3.6. Rezidivanfälle

Das Risiko während eines Rezidivanfalls eine Verletzung zu erleiden ist gering und wird bei Kindern mit 0,8% angegeben. Für Erwachsene werden Restriktionen beim Lenken eines Kraftfahrzeugs empfohlen, obwohl das Unfallsrisiko während des Absetzens oder während einer Änderung der antiepileptischen Therapie niedrig zu sein scheint (Krauss et al. 1999). Die psychosozialen Aspekte (Schamgefühl, wenn sich der Anfall vor anderen ereignet, die nichts von der Erkrankung gewusst haben; Diskriminierung in Schule und Beruf; Verlust des Arbeitsplatzes; tiefe Enttäuschung über das Wiederauftreten von Anfällen: „Nun fängt wieder alles von vorne an") stellen somit das Hauptproblem eines Rezidivanfalls dar und müssen mit dem Patienten vor Beginn des Absetzens besprochen werden (Berg et al. 1997a).

Im Falle eines Rezidivs kann bei mehr als 90% der Patienten unter einer erneuten antiepileptischen Therapie wieder eine langzeitige Remission erzielt werden. Bei einer kleinen Zahl von Patienten kann nach dem Rezidiv keine befriedigende Anfallskontrolle mehr erreicht werden, wobei hierfür der Spontanverlauf der Epilepsie und nicht das Absetzen der Medikamente ursächlich sein dürfte (Chadwick et al. 1996b).

14.4. Wirksamkeit von Antiepileptika

Prinzipiell stehen zum Wirksamkeitsnachweis von Antiepileptika folgende Studiendesigns zu Verfügung:

14.4.1. Add-On Studien bei therapieresistenten Epilepsien

14.4.1.1. Studiendesign und Zielparameter

Dieses Design ist der Goldstandard für die klinische Prüfung neuer Antiepileptika. Die Patienten erhalten dabei nach einer stabilen Vorbehandlungsphase („Baseline"), in der die bestehende antiepileptische Therapie nicht verändert werden darf, zusätzlich entweder die Prüfsubstanz oder Placebo in einem doppelblinden Design (weder der Patient noch der Arzt wissen, ob die Prüfsubstanz oder Placebo verabreicht wird). Da mit diesem Design nur bei sehr wenigen Patienten Anfallsfreiheit erzielt werden konnte, wurde als Zielgröße die sog. Responderrate (RR) eingeführt, die den Anteil der Patienten angibt, bei dem eine mehr als 50%-ige Reduktion der Anfallsfrequenz erzielt werden kann. Da es auch unter Placebo zu einer Anfallsreduktion und auch zum Auftreten von Nebenwirkungen kommen kann, müssen Wirkung und Nebenwirkungen der Prüfsubstanz zum Placeboeffekt mittels der folgenden Parameter in Bezug gesetzt werden (Elferink und Van Zwieten-Boot 1997; Marson et al. 1997; Cramer et al. 1999; Lesaffre et al. 2000):

- Odds-Ratio: normierter Quotient aus Responder- bzw. Nebenwirkungsrate unter der Prüfsubstanz und der Responder- bzw. Nebenwirkungsrate unter Placebo; errechnet sich nach folgender Formel:
  $\{RR_{AED} / (1 - RR_{AED})\} / \{RR_{PLC} / (1 - RR_{PLC})\}$,
  wobei RR_{AED} die Responderrate unter dem Antiepileptikum und RR_{PLC} die Responderrate unter Placebo bezeichnet;
- Success-Ratio: Quotient aus Responder- bzw. Nebenwirkungsrate unter der Prüfsubstanz und der Responder- bzw. Nebenwirkungsrate unter Placebo; errechnet sich somit als
  RR_{AED} / RR_{PLC};
- Differenzeffekt („difference in response") = Differenz der Responderrate unter der Wirksubstanz minus Responderrate unter Placebo; analog kann eine Differenz der Nebenwirkungs-Summenscores = Differenz des Nebenwirkungs-Summenscores unter der Wirksubstanz minus Nebenwirkungs-Summenscores unter Placebo errechnet werden;
- Number-Needed-to-Treat (NNT): Entspricht der Zahl der Patienten, die behandelt werden muss, um einen Responder zu erhalten (Elferink und Van Zwieten-Boot 1997). Dieses Maß ist zwar sehr anschaulich, wurde aber aus statistischen Gründen in einer rezenten Studie kritisiert (Lesaffre et al. 2000).

14.4.1.2. Vergleich der neuen Antiepileptika

Die Ergebnisse der Add-On-Studien der neuen Antiepileptika wurden in rezenten Metaanalysen studiert. Die wesentliche Schlussfolgerung der Studie von Marson et al. (1997) war, dass (1) alle neuen Antiepileptika wirksamer als Placebo sind, (2) kein signifikanter Unterschied in der Wirksamkeit und Verträglichkeit der neuen Antiepileptika besteht. Die höchsten Odds-Ratios bei der Wirksamkeit (= höchste Wirksamkeit) ergaben sich dabei für Topiramat und Vigabatrin, die niedrigsten (= geringste Wirksamkeit) für Gabapentin und Lamotrigin, Tiagabin lag dazwischen. Umgekehrt zeigten sich bei Verträglichkeit die günstigsten Werte für Gabapentin, Lamotrigin und Tiagabin, während hier Topiramat und Vigabatrin ungünstiger lagen (Tabelle 14.6, Abb. 14.1). Ein Problem bei der Interpretation dieser Ergebnisse besteht darin, dass Gabapentin und Lamotrigin teilweise in niedrigeren Dosen verabreicht wurden als sie nunmehr in der Postmarketing-Phase zur Anwendung gelangen und die geringe Wirksamkeit und gute Verträglichkeit somit zum Teil auf eine Unterdosierung in den ursprünglichen Studien zurückgeführt werden könnte (Krämer und Bourgeois 1998).

Dies wurde in einer rezenten Metaanalyse von Cramer et al. (1999) berücksichtigt, indem hier Wirksamkeit und Nebenwirkungen auch getrennt für die empfohlenen Dosierungen beurteilt wurden. Bei der Wirksamkeit zeigten sich im Differenzeffekt signifikante Unterschiede zwischen den Substanzen, wobei hier wieder die höchste Wirksamkeit für Topiramat und Vigabatrin zu beobachten war. Bei den Nebenwirkungen ergaben sich die niedrigsten (günstigsten) Werte für Gabapentin und Tiagabin, intermediäre Werte für Vigabatrin und Lamotrigin, sowie die höchsten (ungünstigsten) Werte für Topiramat. Allerdings wurden für die verschiedenen Substanzen zum Teil unterschiedliche Nebenwirkungsparameter erfasst, sodass ein derartiger Vergleich der Nebenwirkungen eigentlich nicht zulässig ist (Tabelle 14.7, Abb. 14.2).

Bei Verwendung der „Number-Needed-to-Treat" zeigte sich ein signifikanter Unterschied zwischen einzelnen Antiepileptika, hier schnitten Topiramat, Vigabatrin und Levetiracetam am besten ab (Tabelle 14.8, Abb. 14.3) (Elferink und Van Zwieten-Boot 1997).

Tabelle 14.6. Vergleich der Wirksamkeit und Nebenwirkungen der neuen Antiepileptika in den doppelblinden Add-On Studien bei Patienten mit fokalen Epilepsien

Odds-Ratios für Responder

	Responder unter Medikament	Responder unter Placebo	Odds Ratio	95%-iges Konfidenzintervall
Gabapentin	93/459	27/291	2,29	1,53–3,43
Lamotrigin	68/330	24/266	2,32	1,47–3,68
Tiagabin	104/493	17/276	3,03	2,01–4,58
Topiramat	232/527	25/216	4,07	2,87–5,78
Vigabatrin	118/292	28/203	3,68	2,45–5,51
Zonisamid	37/149	16/142	2,47	1,36–4,47

Odds-Ratios für Therapieabbrüche

	Therapieabbrüche unter Medikament	Therapieabbrüche unter Placebo	Odds Ratio	95%-iges Konfidenzintervall
Gabapentin	32/459	16/291	1,36	0,75–2,49
Lamotrigin	91/664	37/380	1,19	0,79–1,79
Tiagabin	96/493	32/276	1,81	1,21–2,70
Topiramat	109/527	16/216	2,56	1,64–4,00
Vigabatrin	33/292	6/203	2,58	1,26–5,27
Zonisamid	17/149	3/142	4,23	1,71–10,49

Modifiziert nach: Marson AG et al. (1997)

Odds-Ratios für Responder

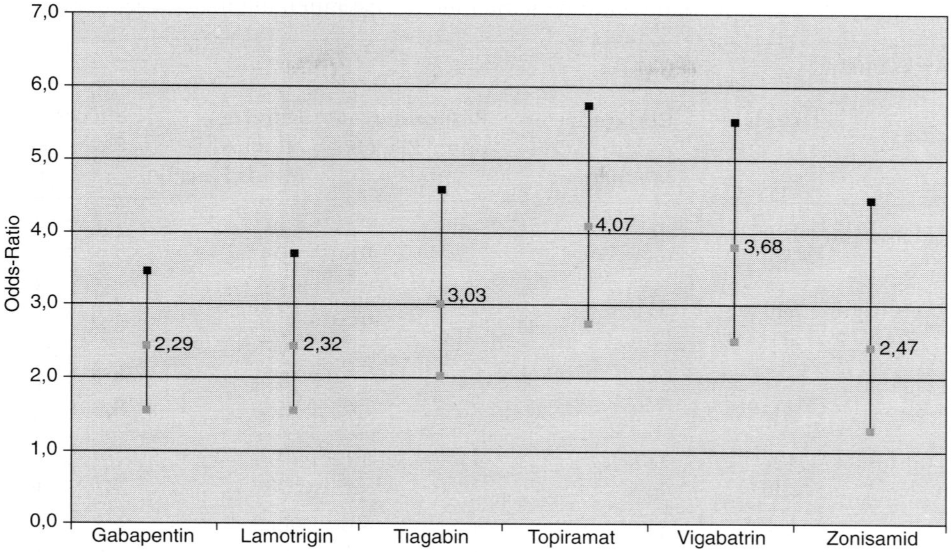

Dargestellt sind die Odds-Ratios für Responder und deren 95%-ige Konfidenzintervalle

Odds-Ratios für Therapieabbrüche

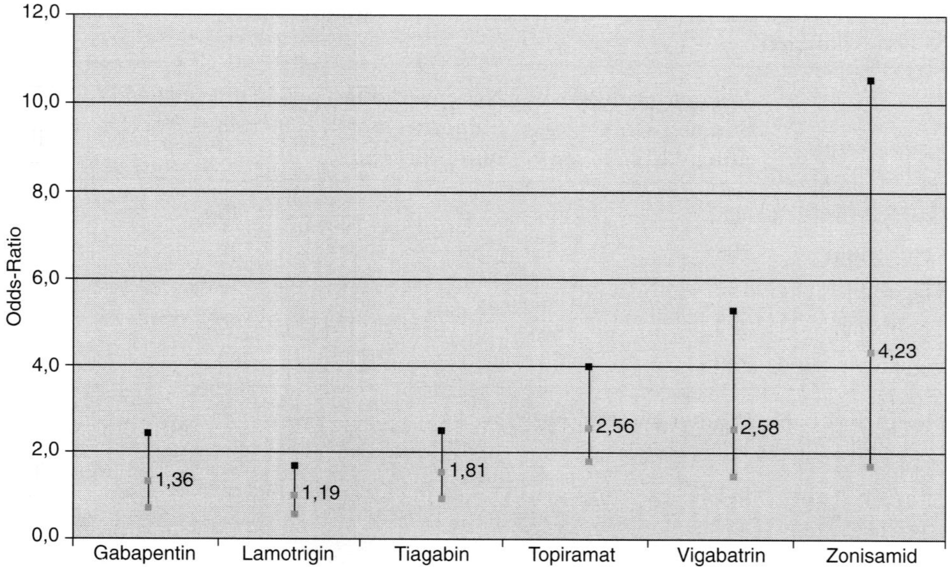

Dargestellt sind die Odds-Ratios für Therapieabbrüche und deren 95%-ige Konfidenzintervalle

Abb. 14.1. Vergleich der Wirksamkeit der neuen Antiepileptika in den doppelblinden Add-On-Studien bei Patienten mit fokalen Epilepsien. Modifiziert nach Marson et al. (1997)

Tabelle 14.7. Vergleich der Wirksamkeit und der Nebenwirkungen der neuen Antiepileptika in den doppelblinden Add-On Studien bei Patienten mit fokalen Epilepsien

Wirksamkeit

	Dosis	Responderrate unter Medikament	Responderrate unter Placebo	Differenzeffekt AED minus Placebo	Success-Ratio
Gabapentin	1200 mg	21%	9%	12%	2,3
	alle	20%	9%	11%	2,2
Lamotrigin	500 mg	34%	18%	16%	2,1
	alle	23%	9%	14%	2,3
Tiagabin	30–32 mg	22%	6%	16%	3,7
	alle	21%	6%	15%	3,5
Topiramat	400 mg	43%	14%	29%	2,9
	alle	44%	12%	32%	3,7
Vigabatrin	3000 mg	44%	14%	30%	3,1
	alle	40%	14%	26%	3,5

Die obere Zeile gibt die Ergebnisse für die optimale Dosis des jeweiligen Medikaments an, die untere die Ergebnisse für alle Dosierungen

Nebenwirkungen

	Nebenwirkungs-Summenscore unter AED	Nebenwirkungs-Summenscore unter Placebo	Differenz AED minus Placebo
Gabapentin	81	36	45
Lamotrigin	208	86	122
Tiagabin	130	78	52
Topiramat	287	107	180
Vigabatrin	250	161	89

Modifiziert nach: Cramer JA et al. (1999)

Abb. 14.2. Vergleich der Wirksamkeit und der Nebenwirkungen der neuen Antiepileptika in den doppelblinden Add-On Studien bei Patienten mit fokalen Epilepsien. Modifiziert nach Cramer JA et al. (1999)

Wirksamkeit

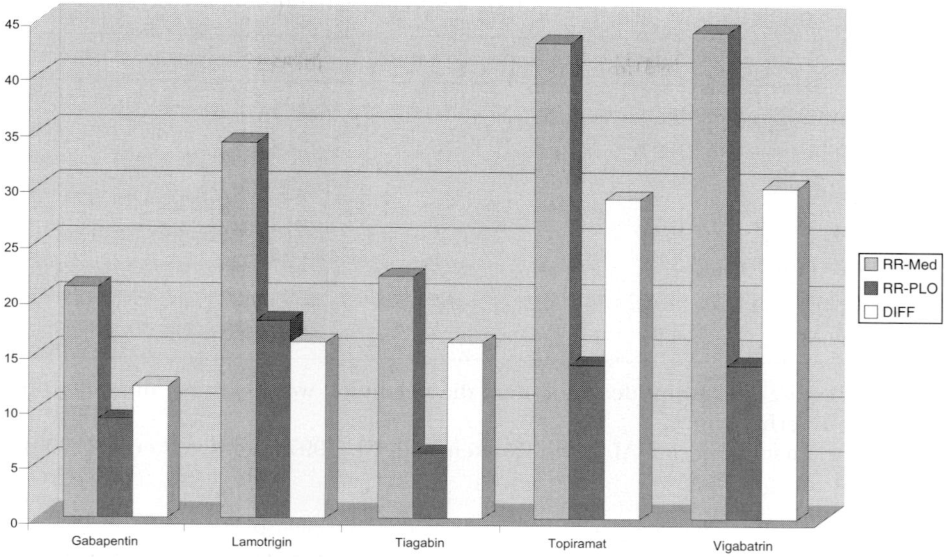

RR-AED Responderrate unter Antiepileptikum; *RR-PLC* Responderrate unter Placebo; *DIFF* Responderrate unter Antiepileptikum minus Responderrate unter Placebo. Dargestellt sind die Ergebnisse für die optimale Dosis des jeweiligen Medikaments

Nebenwirkungen

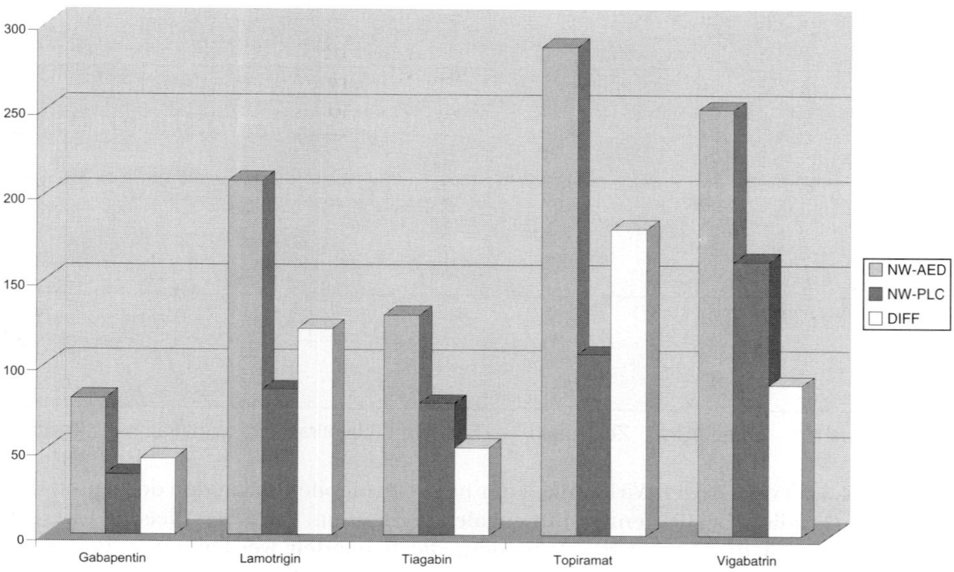

NW-AED Nebenwirkungssummenscore unter Antiepileptikum, *NW-PLC* Nebenwirkungssummenscore unter Placebo; *DIFF* Nebenwirkungssummenscore unter Antiepileptikum minus Nebenwirkungssummenscore unter Placebo. Dargestellt sind die Ergebnisse für die optimale Dosis des jeweiligen Medikaments

Tabelle 14.8. Vergleich der Wirksamkeit der neuen Antiepileptika in den doppelblinden Add-On Studien bei Patienten mit fokalen Epilepsien. Numbers-Needed-to-Treat

	Number-Needed-to-Treat	95%-iges Konfidenzintervall
Gabapentin	9,10	6,27–16,61
Lamotrigin	8,87	5,93–17,56
Zonisamid	7,33	4,49–20,03
Tiagabin	6,70	5,12–9,66
Levetiracetam	3,92	3,28–4,88
Vigabatrin	3,76	2,94–5,19
Topiramat	3,25	2,67–4,16

Angegeben ist die Anzahl der Patienten, die behandelt werden muss, um einen Responder zu erhalten.
Modifiziert nach: Elferink AJA, Van Zwieten-Boot BJ (1997); Verdru P et al. (2000)

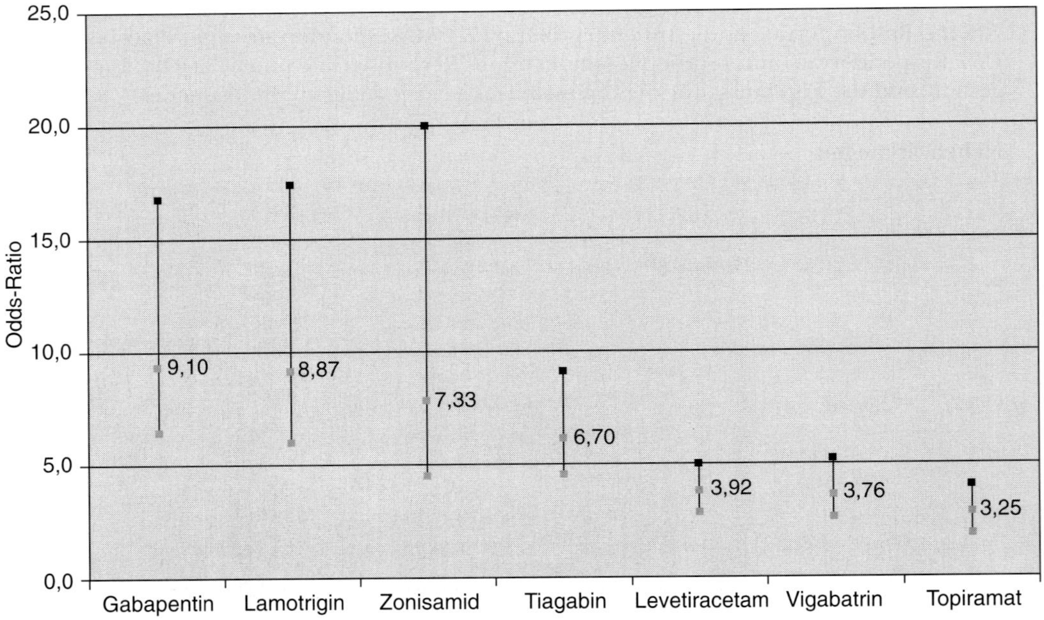

Abb. 14.3. Vergleich der Wirksamkeit der neuen Antiepileptika in den doppelblinden Add-On-Studien bei Patienten mit fokalen Epilepsien. Numbers-Needed-to-Treat. Angegeben ist die Anzahl der Patienten, die behandelt werden muss, um einen Responder zu erhalten. Modifiziert nach Elferink AJA et al. (2000)

14.4.2. Monotherapie-Studien

Da ca. 60–70% der Epilepsiepatienten mit einer Monotherapie befriedigend eingestellt werden können, sind Monotherapiestudien von besonderem klinischem Interesse. Man kann dabei Vergleichsstudien (Äquivalenzstudien) und sog. „Therapieversager-Studien" unterscheiden (Beydoun 1997; Chadwick 1997).

14.4.2.1. Vergleichsstudien

Bei den Vergleichsstudien, die von den europäischen Zulassungsbehörden als valide Methode für den Wirksamkeitsnachweis eines Antiepileptikums anerkannt werden, wird die Prüfsubstanz mit einem Standardantiepileptikum hinsichtlich antiepileptischer Wirksamkeit und Nebenwirkungen verglichen – zumeist in einem doppelblinden Design, an neu-diagnostizierten Patienten.

Vergleich der traditionellen Antiepileptika. Für die traditionellen Antiepileptika (Carbamazepin, Valproinsäure, Phenytoin, Phenobarbital, Primidon) konnte bei der Behandlung von Patienten mit fokalen Epilepsien eine vergleichbare Wirksamkeit gezeigt werden, wobei Carbamazepin, Valproinsäure und Phenytoin besser verträglich waren als Phenobarbital und Primidon (Mattson et al. 1985, 1992; Richens et al. 1994; Heller et al. 1995; Verity et al. 1995). Ob Carbamazepin bei fokalen Anfällen besser wirksam ist als Valproinsäure wird kontroversiell beurteilt (Mattson et al. 1992; Richens et al. 1994; Heller et al. 1995; Verity et al. 1995). Deshalb wird Carbamazepin von den meisten Autoren als Mittel der ersten Wahl zur Behandlung von fokalen Epilepsien angesehen.

Vergleich der neuen Antiepileptika mit den traditionellen Antiepileptika. Für die neuen Antiepileptika zeigte sich in den Äquivalenzstudien eine den traditionellen Antiepileptika vergleichbare Wirksamkeit bei generell besserer Verträglichkeit (Ausnahme: Vigabatrin war weniger wirksam als Carbamazepin). Insgesamt war in den meisten Studien somit eine höhere Effektivität (Anzahl der Patienten, die das Studienmedikament bis zum Ende der Studie eingenommen hatten; entspricht somit im Wesentlichen der Differenz aus Wirksamkeit minus Nebenwirkungen) für die neuen Antiepileptika zu beobachten (Tabelle 14.9).

Vergleich der neuen Antiepileptika. Zu dieser Fragestellung existieren bisher nur 2 Studien: In einer Doppelblindstudie war Vigabatrin gleich wirksam wie Gabapentin (Lindberger 1999). In einer rezenten Studie erfolgte ein direkter Vergleich von Lamotrigin und Gabapentin, wobei kein signifikanter Unterschied für Wirksamkeit und Nebenwirkungen zwischen den beiden Substanzen gefunden werden konnte (Tabelle 14.9)

Tabelle 14.9. Monotherapie-Studien mit neuen Antiepileptika bei Patienten mit fokalen Epilepsien – Äquivalenzstudien

Substanz	Autoren	Patienten	Design	Referenz-substanz	Wirksamkeit	Nebenwirkungen
Vigabatrin	Kälviäinen (1995)	neu-diag.	offen	CBZ	VGB < CBZ	VGB < CBZ
	Tanganelli (1996)	neu-diag.	offen	CBZ	VGB < CBZ	VGB < CBZ
	Chadwick (1999)	neu-diag.	doppelblind	CBZ	VGB < CBZ	VGB < CBZ
	Lindberger (1999)	neu-diag.	doppelblind	GBP	VGB = GBP	VGB = GBP
Lamotrigin	Brodie (1995)	neu-diag.	doppelblind	CBZ	LTG = CBZ	LTG < CBZ
	Reunanen (1996)	neu-diag.	offen	CBZ	LTG = CBZ	LTG < CBZ
	Brodie (1999)	neu-diag., Alter > 65a	doppelblind	CBZ	LTG = CBZ	LTG < CBZ
	Steiner (1999)	neu-diag.	doppelblind	PHT	LTG = PHT	LTG < PHT
	Brodie (2000)	neu-diag.	doppelblind	GBP	LTG = GBP	LTG = GBP
Gabapentin	Chadwick (1998)	neu-diag.	doppelblind	CBZ	GBP 900/1800 mg = CBZ GBP 300 mg < CBZ	GBP < CBZ
	Lindberger (1999)	neu-diag.	doppelblind	VGB	GBP = VGB	GBP = VGB
	Brodie (2000)	neu-diag.	doppelblind	LTG	GBP = LTG	GBP = LTG
Oxcarbazepin	Reinikainen (1987)	unbefried. eingestellt	doppelblind	CBZ	OXC = CBZ	OXC < CBZ
	Dam (1989)	neu-diag.	doppelblind	CBZ	OXC = CBZ	OXC < CBZ
	Bill (1997)	neu-diag.	doppelblind	PHT	OXC = PHT	OXC < PHT
	Christe (1997)	neu-diag.	doppelblind	VPA	OXC = VPA	OXC = VPA
	Guerreiro (1997)	neu-diag., Alter < 17 a	doppelblind	PHT	OXC = PHT	OXC < PHT
Topiramat	Privitera (2000)	neu diag.	doppelblind	CBZ, VPA	TPM 100/200 mg = CBZ, VPA	TPM 100 mg < CBZ, VPA

CBZ Carbamazepin; *PHT* Phenytoin; *VPA* Valproinsäure; *VGA* Vigabatrin; *LTG* Lamotrigin; *GBP* Gabapentin, *OXC* Oxcarbazepin; *TPM* Topiramat

14.4.2.2. Therapieversager-Studien

Die amerikanische Zulassungsbehörde FDA erkennt bisher Vergleichsstudien nicht an, da das Fehlen eines signifikanten Unterschieds zwischen Prüfsubstanz und Standardantiepileptikum prinzipiell auch auf eine fehlende Wirksamkeit sowohl der Prüfsubstanz als auch des Standardantiepileptikums bei der jeweils untersuchten Patientenpopulation zurückzuführen sein könnte. Deshalb wird von der FDA im Rahmen von sog. Therapieversager-Studien ein signifikanter Unterschied zu Placebo oder einer niedrigen, subtherapeutischen Dosierung der Prüfsubstanz oder eines Standardantiepileptikums gefordert. Diese Studien wurden entweder als Kurzzeitstudien an stationären Patienten mit therapieresistenten Epilepsien im Rahmen der prächirurgischen Epilepsiediagnostik (sog. prächirurgische Studien) durchgeführt oder aber als längerfristige Studien an ambulanten Patienten (hier zumeist als Umstellung auf eine Monotherapie bei therapieresistenten Patienten (sog. Konversionsstudien) oder seltener an neu-diagnostizierten Patienten). In allen Studien waren die neuen Antiepileptika wirksamer als Placebo bzw. ein Antiepileptikum in subtherapeutischer Dosierung (Tabelle 14.10).

14.5. Wirkmechanismen von Antiepileptika (Tabelle 14.11)

Die Wirkmechanismen der derzeit verfügbaren Antiepileptika beruhen im Wesentlichen auf einer Erhöhung der Inhibition und einer Verminderung der Exzitation, was über eine Beeinflussung von spannungsabhängigen Ionenkanälen, von Neurotransmitterrezeptoren und des Neurotransmittermetabolismus erfolgen kann. Die meisten Antiepileptika besitzen mehrere, unterschiedliche Wirkmechanismen, für manche Antiepileptika, wie z.B. für Gabapentin oder Levetiracetam, ist der Wirkmechanismus letztlich nicht geklärt (White 1999).

14.5.1. Beeinflussung von spannungsabhängigen Ionenkanälen

Spannungsabhängige Natriumkanäle (Abb. 14.4). Einer der wichtigsten Wirkmechanismen von Antiepileptika ist die Blockade von schnell feuernden Natriumkanälen. Dabei wird der inaktive Zustand der Natriumkanäle durch Stabilisierung der inaktiven Konformation des Kanals verlängert, wodurch rasche und repetitive Entladungen unter epileptischen Bedingungen unterdrückt werden. Die Blockade ist spannungs- und frequenzabhängig (im Zustand der Depolarisation ausgeprägter als im Zustand der Hyperpolarisation), d.h. umso stärker, je intensiver die Neuronen entladen. Die Hemmung von spannungsabhängigen Natriumkanälen stellt den zentralen Wirkmechanismus von Carbamazepin, Phenytoin, Lamotrigin und Oxcarbazepin, sowie einen der Wirkmechanismen von Valproinsäure, Topiramat und Felbamat dar (Meldrum 1996; Thomas et al. 1997).

Tabelle 14.10. Monotherapie-Studien mit neuen Antiepileptika bei Patienten mit fokalen Epilepsien – Placebo-kontrollierte Studien

Substanz	Autoren	Patienten	Design	Wirksamkeit
Lamotrigin	Gilliam (1998)	neu-diag.	doppelblind	LTG > VPA (1000 mg)
Gabapentin	Bergey (1997)	therapieresistent, prächirurgisch	doppelblind	GBP (3600 mg) > GBP (300 mg)
Oxcarbazepin	Schachter (1999)	therapieresistent, prächirurgisch	doppelblind	OXC (2400 mg) > Placebo
	Beydoun (2000)	therapieresistent, Umstellung auf Monotherapie	doppelblind	OXC (2400 mg) > OXC (300 mg)
Felbamat	Sachdeo (1992)	therapieresistent, Umstellung auf Monotherapie	doppelblind	FLB (3600 mg) > VPA (15 mg/kg)
	Faught (1993)	therapieresistent, Umstellung auf Monotherapie	doppelblind	FLB (3600 mg) > VPA (15 mg/kg)
Tiagabin	Schachter (1995)	therapieresistent, Umstellung auf Monotherapie	doppelblind	TGB (36 mg) > TGB (6 mg)
Topiramat	Sachdeo (1997)	therapieresistent, Umstellung auf Monotherapie	doppelblind	TPM (1000 mg) > TPM (100 mg)

VPA Valproinsäure; *LTG* Lamotrigin; *GBP* Gabapentin; *OXC* Oxcarbazepin; *FLB* Felbamat; *TGB* Tiagabin; *TPM* Topiramat

Tabelle 14.11. Wirkmechanismen von Antiepileptika

	CBZ	CLB	ESM	FBM	GBP	LTG	LVT	OXC	PB	PHT	PRD	TGB	TPM	VGB	VPA
Spannungsabhängige Ionenkanäle															
Inhibition von schnell feuernden spannungsabhängigen Natriumkanälen	+			+		+		+		+			+		+
Hemmung von Natriumströmen vermittelt über non-NMDA Rezeptoren													+		
Hemmung von low voltage activated voltage dependent calcium channels (LVA-VDCC)			+												(+)
Hemmung von high voltage activated voltage dependent calcium channels (HVA-VDCC)	(+)			+		+		+	(+)	(+)			+		
Verstärkung der inhibitorischen synaptischen Transmission															
Hemmung der präsynaptischen Wiederaufnahme von GABA												+			
Erhöhung der GABA-Konzentration durch Hemmung des GABA-Abbaus (Hemmung der GABA-Tansaminase)														+	+
Verstärkung der über den $GABA_A$-Rezeptor vermittelten Chloridströme		+		+					+				+		
Erhöhung der GABA-Konzentration über einen unbekannten Mechanismus					+								+		+
Verminderung der exzitatorischen synaptischen Transmission															
Inhibition durch Bindung am NMDA-Rezeptor													+		

Tabelle 14.11 (Fortsetzung)

	CBZ	CLB	ESM	FBM	GBP	LTG	LVT	OXC	PB	PHT	PRD	TGB	TPM	VGB	VPA
Inhibition durch Bindung am AMPA- bzw. Kainat-Rezeptor													+		
Verminderung der Aspartat-Konzentration und Freisetzung															+
Andere Wirkmechanismen															
Carboanhydrase-Hemmung													(+)		
Weitere, noch unbekannte Wirkmechanismen wahrscheinlich					+	+	+				+				+

CBZ Carbamazepin; *CLB* Clobazam; *ESM* Ethosuximid; *FBM* Felbamat; *GBP* Gabapentin; *LTG* Lamotrigin; *LVT* Levetiracetam; *OXC* Oxcarbazepin; *PB* Phenobarbital; *PHT* Phenytoin; *PRD* Primidon; *TGB* Tiagabin; *TPM* Topiramat; *VGB* Vigabatrin; *VPA* Valproinsäure

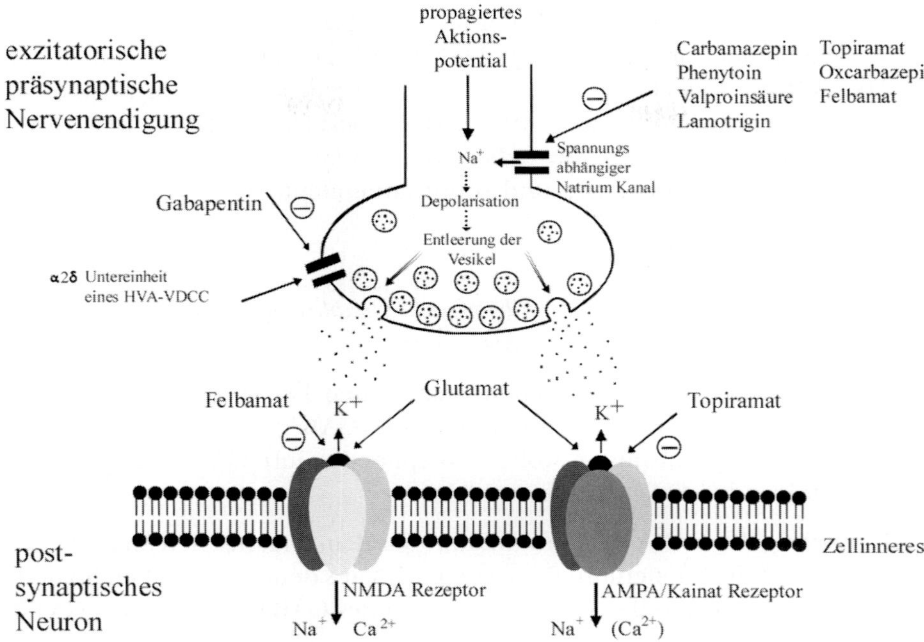

Abb. 14.4. Exzitatorische Neurotransmission. Modifiziert nach Rho JM und Sankar R (1999)

Spannungsabhängige Calciumkanäle (voltage dependent calcium channels – VDCC). Hier können Kanäle mit niedriger und hoher Reizschwelle unterschieden werden, d.h. die bei negativeren (etwa –50 mV) bzw. bei positiveren (etwa –30 mV) Membranpotentialen aktiviert werden (low- vs. high voltage activated VDCC).

- Low voltage activated VDCC (LVA-VDCC): Die T-Typ Calciumkanäle sind die wichtigsten Vertreter der LVA-VDCC. Ethosuximid bewirkt eine Hemmung dieser T-Typ Calciumkanäle in thalamokortikalen Neuronen, wodurch Absencen unterdrückt werden. Im höheren Dosisbereich und in geringerem Ausmaß blockiert auch Valproinsäure diese T-Typ Kalziumströme, was seine Wirksamkeit bei Absencen erklären könnte (Meldrum 1996; White 1999).
- High voltage activated VDCC (HVA-VDCC): Bei den HVA-VDCC können L-, N-, P-/Q- und R-Typ Calciumkanäle unterschieden werden. Die Blockade von HVA-VDCC stellt einen erst kürzlich beschriebenen potentiellen Wirkmechanismus von Antiepileptika dar, dessen klinische Relevanz allerdings noch nicht endgültig geklärt ist. Für die folgenden Antiepileptika wurde ein diesbezüglicher Effekt nachgewiesen: Lamotrigin, Oxcarbazepin, Felbamat und Topiramat, im hohen Dosisbereich auch Phenytoin,

Carbamazepin und Phenobarbital (Stefani et al. 1997; Shank et al. 2000). Zudem bindet Gabapentin mit hoher Affinität an die $\alpha_2\delta$ Untereinheit der HVA-VDCC, wobei die funktionelle Bedeutung dieser Bindung noch nicht geklärt ist (Rho und Sankar 1999). Die Blockade von HVA-VDCC, aber auch von LVA-VDCC, könnte neben einem anfallsunterdrückenden Effekt auch eine neuroprotektive und somit antiepileptogene Wirkung haben (Stefani et al. 1997).

14.5.2. Verstärkung der inhibitorischen synaptischen Transmission (Abb. 14.5)

Eine Verstärkung der inhibitorischen synaptischen Transmission erfolgt über Beeinflussung der Gamma-Amino-Buttersäure (GABA), den wichtigsten inhibitorischen Neurotransmitter, wobei Antiepileptika ihre GABAerge Wirkung über die folgenden Mechanismen entfalten:

- Hemmung der GABA Wiederaufnahme aus dem synaptischen Spalt: Tiagabin hemmt die Wiederaufnahme von GABA aus dem synaptischen Spalt in Neurone und Gliazellen durch Hemmung des GABA-Transporters GAT-1 (White 1999).
- Hemmung des GABA Abbaus: Vigabatrin erhöht die Konzentration von GABA im synaptischen Spalt durch irreversible Hemmung des GABA-abbauenden Enzyms GABA-Transaminase (White 1999). Zudem bewirkt auch

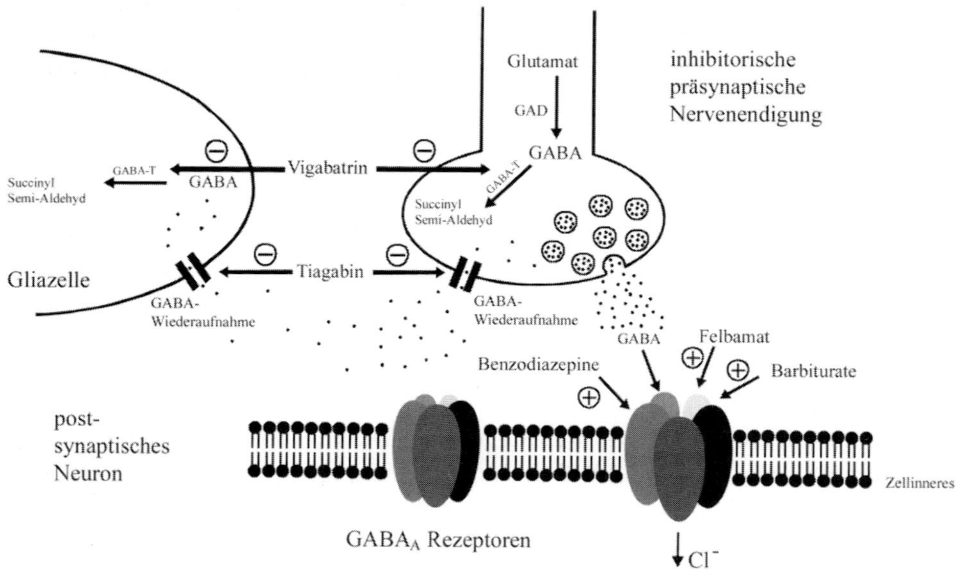

Abb. 14.5. Inhibitorische Neurotransmission. Modifiziert nach Rho JM, Sankar R (1999)

Valproinsäure eine Hemmung der GABA-Transaminase (Rowan 1997; Thomas et al. 1997).

- Interaktion mit dem postsynaptischen $GABA_A$-Chlorid-Kanal-Komplex: GABA bewirkt durch Bindung am $GABA_A$-Chlorid-Kanal-Komplex eine Öffnung dieses Ionenkanals mit einem Chlorideinstrom in die Zelle und einer daraus resultierenden Hyperpolarisation (Thomas et al. 1997). Die Barbiturate erhöhen diesen GABA-Effekt durch eine Verlängerung der Kanalöffnungszeit, die Benzodiazepine durch eine erhöhte Frequenz der Kanalöffnungszeit. Im Gegensatz zu den Benzodiazepinen entfalten die Barbiturate ihren inhibitorischen Effekt auch in Abwesenheit von GABA. Topiramat erhöht den GABA-mediierten Chlorideinstrom durch Bindung an eine von Benzodiazepinen und Barbituraten unabhängige Bindungsstelle des $GABA_A$-Rezeptors. Zudem potenziert auch Felbamat die GABA-vermittelten Chloridströme durch einen Barbiturat-artigen Mechanismus (Meldrum 1996; White 1999).
- Beeinflussung von GABA über einen unbekanntem Mechanismus: Valproinsäure bewirkt durch Förderung der GABA-Synthese (Verstärkung der GABA-Decarboxylase) bzw. Hemmung des GABA-Abbaus (Inhibition der GABA-Transaminase) eine Erhöhung der GABA-Konzentration im gesamten Gehirn um ca. 30–40%. Zudem führt Valproinsäure auch zu einer vermehrten GABA-Freisetzung in den synaptischen Spalt (Rowan 1997; Thomas et al. 1997). Gabapentin erhöht die GABA-Konzentration im menschlichen Gehirn und fördert in-vitro die nicht-vesikuläre, nicht-synaptische GABA-Freisetzung (Rho und Sankar 1999). Topiramat bewirkt ebenfalls eine beträchtliche Steigerung der GABA-Konzentration im Gehirn, die am ehesten durch eine nicht-vesikuläre, nicht-synaptische Freisetzung von GABA erklärt werden kann (Rho und Sankar 1999).

14.5.3. Verminderung der exzitatorischen synaptischen Transmission (Abb. 14.4)

Die exzitatorische synaptische Transmission wird durch die Neurotransmitter Glutamat und Aspartat vermittelt, die postsynaptisch an den NMDA-, AMPA- und Kainat-Rezeptoren gebunden werden.

- Felbamat bewirkt am NMDA-Rezeptor einen inhibitorischen Effekt durch kompetitive Hemmung von Glycin, einem Koagonisten von Glutamat. Zudem gibt es Hinweise, dass Felbamat seine Wirkung am NMDA-Rezeptor vorwiegend über eine Blockade von offenen Kalziumkanälen entfaltet.
- Topiramat besitzt einen antagonisierenden Effekt von Glutamat am Kainat- bzw. AMPA-Rezeptor.
- Valproinsäure vermindert die Bildung und Freisetzung von Aspartat (Meldrum 1996; Thomas et al. 1997; Rho und Sankar 1999; White 1999).

14.5.4. Wirkmechanismen vs. klinisches Wirkspektrum

Leider ist es nicht möglich aus den bisher bekannten Wirkmechanismen auf das klinische Wirkspektrum eines Antiepileptikums rückzuschließen, was eine rationalere Therapieführung erleichtern würde. So besteht z.B. der zentrale Wirkmechanismus von Carbamazepin und Lamotrigin in der Hemmung schnell feuernder Natriumkanäle. Dennoch besitzt Lamotrigin ein wesentlich breiteres Wirkspektrum als Carbamazepin, das auch generalisierte Anfälle incl. Absencen umfasst, die durch Carbamazepin sogar verschlechtert werden können. Ähnlich verhält es sich bei GABAergen Substanzen: Während die Wirksamkeit von Tiagabin und Vigabatrin auf fokal eingeleitete Anfälle begrenzt ist, haben Phenobarbital und Benzodiazepine ein breites Wirkspektrum. Diese Diskrepanz kann nur dadurch erklärt werden, dass die genannten Antiepileptika noch an anderen, bisher nicht identifizierten Wirkorten angreifen.

14.6. Pharmakokinetik

Die Kenntnis einiger grundlegender pharmakokinetischer Parameter ist für eine rationale medikamentöse Epilepsiebehandlung unerlässlich: Die wichtigsten pharmakokinetischen Parameter betreffen die Resorption, die Verteilung und die Elimination (Perucca 1997).

14.6.1. Resorption

Die Bioverfügbarkeit gibt an, in welchem Ausmaß und mit welcher Geschwindigkeit ein Medikament nach oraler Gabe oder intramuskulärer bzw. rektaler Applikation in die systemische Zirkulation gelangt. Die Resorption kann durch andere Medikamente (z.B. Antacida) und die Nahrungsaufnahme beeinflusst werden, zudem ist die Resorption mancher Antiepileptika, wie z.B. die von Gabapentin, dosisabhängig, d.h., bei Verabreichung größerer Einzelmengen wird weniger resorbiert als bei kleineren Dosen, und die Bioverfügbarkeit nimmt ab (Perucca 1997).

14.6.2. Verteilung

Die Verteilung eines Medikaments in die verschiedenen Körper-Kompartments wird im Wesentlichen durch

- physikalisch-chemische Eigenschaften (fettlösliche Substanzen werden in Organe mit hohem Fettgehalt wie das Gehirn besser aufgenommen als wasserlösliche),
- die Proteinbindung,
- die Gewebsbindung (z.B. Akkumulation (Redistribution) von Benzodiazepinen im Fettgewebe, was für die kurze antiepileptische Wirksamkeit z.B.

von Diazepam und dessen Akkumulation bei kontinuierlicher Verabreichung verantwortlich ist),
- die Gewebeperfusion (regionaler Blutfluss) und
- die Passierbarkeit biologischer Barrieren wie der Bluthirnschranke determiniert.

Das Verteilungsvolumen – definiert als das virtuelle Volumen, in dem sich das Medikament verteilt – ist ein Parameter für die Gewebskonzentration dieses Medikaments. Ein Verteilungsvolumen von kleiner als 1 l/kg besagt, dass die Substanz im Gewebe in niedrigerer Konzentration vorliegt als im Plasma, ein Verteilungsvolumen von größer als 1 l/kg hingegen, dass im Gewebe höhere Konzentrationen bestehen als im Plasma.

Die Proteinbindung gibt den an Plasmaproteine gebundenen Anteil eines Antiepileptikums an. Serumspiegelmessungen erfassen die Gesamtkonzentration des Medikaments, d.h. sowohl den freien als auch den gebundenen Anteil. Nur der freie Anteil kann allerdings die Blut-Hirnschranke passieren und ist somit sowohl für die antiepileptische Wirkung als auch für die dosisabhängigen Nebenwirkungen verantwortlich. Eine klinische Bedeutung besitzt die Proteinbindung bei Zuständen mit Hypalbuminämie (Leber- und Nierenerkrankungen) oder bei einer Verdrängung aus der Eiweißbindung durch andere Medikamente, wobei dann der gebundene Anteil des Antiepileptikums absinkt und es bei gleicher Gesamt-Serumkonzentration unter Umständen zu toxischen Nebenwirkungen kommen kann. Im Allgemeinen erfolgt die Proteinbindung linear, d.h. der prozentuale Anteil des an Proteine gebundenen Medikaments bleibt über verschiedene Serumspiegelkonzentrationen konstant. Eine Ausnahme stellt die Valproinsäure dar, wobei hier die Bindungskapazität im höheren Konzentrationsbereich abnimmt und somit der freie Valproinsäure-Anteil überproportional ansteigt. Daraus können bei deutlicher Dosiserhöhung – durch den erhöhten freien Valproinsäure-Anteil – ein fehlender oder nur geringer Anstieg des Gesamt-Serumspiegels bei toxischen Nebenerscheinungen resultieren (Perucca 1997).

14.6.3. Elimination

Die Elimination eines Antiepileptikums erfolgt entweder direkt renal (z.B. Gabapentin oder Vigabatrin) oder nach vorheriger Biotransformation in der Leber mit nachfolgender renaler Ausscheidung der Metaboliten.

Der Eliminationsprozess wird durch die Clearance und die Halbwertszeit erfasst. Die Gesamt-Clearance ist dabei jenes virtuelle Plasmavolumen, aus dem das Medikament pro Zeiteinheit eliminiert wird. Die biologische Halbwertszeit ist durch diejenige Zeit definiert, die notwendig ist, bis 50% der Substanz eliminiert sind bzw. die Plasmakonzentration um 50% absinkt. Praktisch klinisch gibt die Halbwertszeit Auskunft einerseits über die Fluktuationen des Medikaments im Plasma und damit über das notwendige Dosierungsintervall (im Allgemeinen 1–2mal pro Halbwertszeit) sowie andererseits über die Zeit, bis bei gleichbleibender Dosierung ein Steady-State des Medikaments erreicht wird (4–5-fache Halbwertszeit) (Perucca 1997).

14.6.4. Biotransformation

Die meisten Medikamente sind zu stark lipidlöslich, um direkt renal eliminiert werden zu können (nach glomerulärer Filtration erfolgt eine tubuläre Reabsorption). Die Elimination dieser Substanzen hängt somit von einer Biotransformation in wasserlösliche, polare Substanzen ab, die dann renal ausgeschieden werden können. Die Biotransformation von Antiepileptika erfolgt im Allgemeinen zu pharmakologisch inaktiven Metaboliten. Allerdings haben Clobazam, Diazepam, Carbamazepin und Primidon aktive Metaboliten. Oxcarbazepin und Fosphenytoin können als Pro-Drugs angesehen werden, da erst durch ihre Biotransformation pharmakologisch aktive Substanzen entstehen. Eine Verschiebung des Verhältnisses Substanz/aktiver Metabolit ist für die Interpretation von toxischen Nebenwirkungen wichtig, wie sie z.B. nach Zugabe von Valproinsäure bei bestehender Carbamazepin-Therapie durch Erhöhung des Carbamazepin-Epoxids möglich sind. Auch für die Interpretation der klinischen Wirksamkeit von Primidon ist es notwendig, den Phenobarbital-Spiegel – also den hauptsächlich aktiven Metaboliten – zu messen.

Die Biotransformation erfolgt zum Großteil im glatten endoplasmatischen Retikulum der Leberzellen (Mikrosomen), aber auch in anderen Organen wie Darmschleimhaut, Niere, Lunge, Blut, Gehirn, wobei die wesentlichen Metabolisierungsschritte in Oxidation, Reduktion, Hydrolyse (diese 3 Reaktionen werden als Phase I zusammengefasst) und Konjugation (Phase II) bestehen.

Oxidation. Die Oxidation ist der wichtigste Biotransformationsschritt der Phase I und wird vorwiegend über das Zytochrom-P450-System vermittelt. Die Enzyme des Zytochrom-P450-Systems finden sich ubiquitär in nahezu allen Organsystemen, wobei die höchsten Konzentrationen in der Leber vorliegen. Entsprechend ihrer Aminosäurensequenz wurden die verschiedenen Isoenzyme in 36 Genfamilien kategorisiert, die durch arabische Ziffern in der Nomenklatur gekennzeichnet werden (innerhalb einer Familie muss eine Homologie der Aminosäurensequenz von mehr als 40% gegeben sein). Für den Metabolismus von Antiepileptika sind letztlich nur 3 Genfamilien von Bedeutung. Innerhalb der Familien erfolgt eine weitere Einteilung in Subfamilien (gekennzeichnet durch Buchstaben), wobei hier eine Homologie der Aminosäurensequenz von mehr als 55% gegeben sein muss. Schließlich wird das individuelle Genprodukt durch arabische Ziffern bezeichnet, wobei sich hier die Isoformen oft nur durch 2 Aminosäuren unterscheiden und dann als funktionell identisch anzusehen sind.

Beispiel: CYP3A4 bezeichnet das Isoenzym 4 der Subfamilie A aus der Familie 3.

Bisher konnten 25 Isoenzyme aus der menschlichen Leber isoliert werden, wobei für den Metabolismus von Medikamenten nur 7, für die Interaktionen von Antiepileptika nur 3 von Bedeutung sind: CYP2C9/10, CYP2C19 und CYP3A4. Phenytoin wird zu 60–80% durch das Isoenzym CYP2C19 und zu 20–40% durch das Isoenzym CYP2C9/10 (CYP2C9 und CYP2C10 sind funktionell identisch und werden deshalb zusammengefasst) metabolisiert. Carbamazepin wird zu 40–60% durch das Isoenzym CYP3A4 in Carbamazepin-Epoxid umgewandelt. Aus der Kenntnis der Metabolisierung von bestimmten Medikamenten durch bestimmte Isoenzyme lassen sich Rückschlüsse auf die zu erwartenden Interaktionen ziehen. Dabei ist allerdings zu bedenken, dass das Ausmaß einer Interaktion im Einzelfall oft nur unzureichend vorhersehbar ist, weil die Metabolisierung interindividuellen Schwankungen unterliegt. So zeigt das Isoenzym CYP3A4 eine 5–20-fache Variabilität in seiner Metabolisierungskapazität. Zudem gibt es auch genetische Polymorphismen bei bestimmten Isoenzymen: beim Isoenzym CYP2C19 sind 5% der Weißen und 20% der Asiaten sog. „poor Metabolizer", beim Isoenzym CYP2D6 5–10% der Weißen und 1% der Asiaten.

Die Interaktionen sind enzymspezifisch, d.h., *alle* Medikamente, die durch ein bestimmtes Isoenzym metabolisiert werden, werden durch Inhibitoren dieses Isoenzyms inhibiert. Besonders signifikant wird eine derartige Inhibition, wenn ein bestimmtes Medikament vorwiegend oder ausschließlich durch ein bestimmtes Isoenzymsystem metabolisiert wird. Umgekehrt kann ein Medikament ein bestimmtes Isoenzym inhibieren, unabhängig davon, ob es selbst ein Substrat dieses Enzyms ist oder nicht (Levy 1995; Levy und Bourgeois 1997; Patsalos 1999). In Tabelle 14.12 sind die wichtigsten Isoenzyme des Zytochrom-P450-Systems, deren Substrate und deren Inhibitoren angeführt.

Reduktion. Die Reduktion wird ebenfalls vorwiegend durch mikrosomale Enzyme in der Leber vermittelt, das wichtigste Beispiel ist die Reduktion von Oxcarbazepin zu seinem aktiven Metaboliten MHD.

Hydrolyse. Hier sind vorwiegend Cholinesterasen und Arylesterasen zu erwähnen, die die Umwandlung von Fosphenytoin zu Phenytoin katalysieren. Epoxid-Hydrolasen sind für die Umwandlung von Carbamazepin-Epoxid, des wichtigsten Metaboliten von Carbamazepin, zum inaktiven Carbamazepin-10,11-epoxid verantwortlich, wobei dieser Schritt durch Valproinsäure gehemmt wird und damit einen Anstieg der Carbamazepin-Epoxid-Konzentration nach sich zieht.

Konjugation. In der Phase II werden die Medikamente selbst oder deren Phase I Metabolite an endogene Moleküle oder funktionelle Gruppen gebunden (Acetylierung, Glukuronidierung, Methylierung etc.), wodurch polare, wasser-

Tabelle 14.12. Isoformen des Zytochrom P-450 Systems und darauf basierende Interaktionen

	Substrat	Isoenzym-Inducer	Isoenzym-Inhibitor
CYP1A2	Coffein, *Carbamazepin*, Lidocain, Östradiol, Procarbazin, Propafenon, Theobromin, Theophyllin, Tamoxifen, Verapamil	*Carbamazepin*, Holzkohlen-gegrillte Speisen, Zigarettenrauchen, Omeprazol, *Phenobarbital*, *Phenytoin*	Ciprofloxazin, Norfloxacin
CYP2B	Acenocoumarol, Cyclophosphamid, *Diazepam*, *Ethosuximid*, Ifosfamid, Morphin, Phenprocoumon	Dexamethason, *Phenobarbital*, *Phenytoin*, Testosteron	Chloramphenicol, Orphenadrin
CYP2C8	*Carbamazepin*, *Phenytoin*	*Carbamazepin*, Dexamethason, *Phenobarbital*, *Phenytoin*	Amiodaron, Cimetdin
CYP2C9/10	Acenocoumarol, Fluconazol, Ibuprofen, *Phenytoin*, Tolbutamid, Phenprocoumon	*Carbamazepin*, Dexamethason, *Phenobarbital*, *Phenytoin*	Amiodaron, Cimetdin, Fluconazol, Miconazol, *Valproinsäure*
CYP2C19	Cimetidin, *Diazepam*, Fluoxetin, Omeprazol, *Phenytoin*	*Carbamazepin*, Dexamethason, *Phenobarbital*, *Phenytoin*	Amiodaron, Cimetdin, *Felbamat*, Ketoconazol, *Topiramat*
CYP2D6	Amitryptilin, Clomipramin, Clozapin, Codein, Haloperidol, Imipramin, Lidocain, Omeprazol, Propanolol, Timolol	keine bekannt	Chinidin, Clomipramin, Cimetidin, Fluoxetin, Propafenon, Thioridazin
CYP2E1	Äthanol, Enfluran, *Ethosuximid*, *Felbamat*, Halothan, Isofluran, Paracetamol, Theopyhllin	Äthanol, Isoniazid	Disufiram
CYP3A4	Amiodaron, Acenocoumarol *Carbamazepin*, Chinidin, Cyclosporin, *Diazepam*, Erythromycin, *Ethosuximid*, *Felbamat*, Felodipin, Imipramin, *Midazolam*, Nifedipin, Tamoxifen, *Tiagabin*, Phenprocoumon	*Carbamazepin*, Cortison, Dexamethason, *Felbamat*, *Oxcarbazepin*, *Phenobarbital*, *Phenytoin*, Rifampicin	Äthinylöstradiol, Erythromycin, Fluconazol, Ketoconazol, Miconazol, Verapamil

Antiepileptika sind kursiv gedruckt; modifiziert: Patsalos PN (1999); Perucca E (1997); Riva R et al. (1996)

lösliche Metabolite entstehen, die renal ausgeschieden werden können. Lamotrigin und Lorazepam werden ohne vorherige Phase I Metabolisierung direkt konjugiert und ausgeschieden.

Im Allgemeinen werden Antiepileptika entsprechend einer linearen Kinetik metabolisiert, d.h., je höher die Konzentration im Blut, desto höher die Biotransformation. Eine wichtige Ausnahme ist Phenytoin, wobei es bei höheren Konzentrationen zu einer Sättigung der Abbaukapazität kommt; durch geringe Dosissteigerungen kann es deshalb zu einem überproportionalen Ansteigen des Serumspiegels kommen.

Die folgenden Faktoren können die Biotransformation beeinflussen:

Enzyminduktion: Bestimmte Substanzen können die Synthese von metabolisierenden Enzymen (vorwiegend des Zytochrom-P450-Systems) stimulieren („induzieren"), was zu einem gesteigerten Metabolismus der entsprechenden Substrate führt. Im Allgemeinen werden nur bestimmte Isoenzyme des Zytochrom-P450-Systems induziert. Enzyminduzierende Antiepileptika sind Carbamazepin, Phenytoin, Phenobarbital und in geringerem Ausmaß auch Oxcarbazepin. Carbamazepin bewirkt darüber hinaus noch eine Autoinduktion, d.h., Carbamazepin induziert bei chronischer Verabreichung seinen eigenen Abbau, sodass 20–30 Tage nach Therapiebeginn unter Umständen eine Dosiserhöhung zur Aufrechterhaltung konstanter Plasmaspiegel erforderlich ist.

Enzyminhibition: Darunter versteht man eine verminderte Elimination durch Hemmung von metabolisierenden Enzymen (kompetitiv über Verdrängung durch ein anderes Substrat oder nicht-kompetitiv durch irreversible Hemmung von Isoenzymen des Zytochrom-P450-Systems, wobei hier wieder bestimmte Isoenzyme durch bestimmte Substanzen selektiv gehemmt werden). Beispiele für derartige Enzyminhibitoren sind Valproinsäure (Hemmung des Abbaus von Carbamazepin-Epoxid oder Phenobarbital) und Felbamat (Hemmung des Abbaus von Phenytoin, Phenobarbital, Valproinsäure und Carbamazepin-Epoxid).

Andere Faktoren: Zudem können auch genetische Faktoren (siehe oben), das Alter, Schwangerschaft, Ernährung und Erkrankungen (insbesondere Lebererkrankungen) die Biotransformation beeinflussen (Perucca 1997).

14.6.5. Renale Ausscheidung

Die renale Ausscheidung – vermittelt über glomeruläre Filtration, aktiven tubulären Transport und passive tubuläre Reabsorption – unterliegt im Allgemeinen weniger ausgeprägten interindividuellen Unterschieden wie die hepatale Biotransformation. Eine Beeinträchtigung der renalen Ausscheidung ist bei Zuständen zu erwarten, bei denen die glomeruläre Filtration reduziert ist:

akutes und chronisches Nierenversagen, Neugeborene, alte Patienten. Unter diesen Bedingungen muss die Dosis von Medikamenten, die vorwiegend unverändert renal ausgeschieden werden (Vigabatrin, Gabapentin, Primidon), entsprechend reduziert werden (Perucca 1997).

14.7. Therapeutisches Drug-Monitoring von Antiepileptika – Wertigkeit und Indikation für die Bestimmung von Serumkonzentrationen

14.7.1. Grundlagen

Die Bestimmung der Serumkonzentration von Antiepileptika hat die medikamentöse Epilepsiebehandlung entscheidend beeinflusst und wird heute in großem Umfang eingesetzt. Der Grundgedanke der Serumkonzentrationsbestimmung liegt dabei in der Annahme, dass – ähnlich bei manchen Antibiotika – die Wirksamkeit eines Antiepileptikums entscheidend von dessen Serumkonzentration abhängt und dass deshalb die Serumkonzentration zur individuellen Therapiesteuerung besser geeignet ist als die Dosis. Die Sinnhaftigkeit einer Serumkonzentrationsbestimmung hängt allerdings ganz entscheidend von der richtigen Indikationsstellung und der nachfolgenden entsprechenden Interpretation der Ergebnisse ab (Wolf 1991; Commission on Antiepileptic Drugs und International League against Epilepsy 1993; Mattson 1995; Fröscher et al. 1997, 1999; Johannessen 1997; McKee und Brodie 1997; Eadie 1998). Wahllos, lediglich „routinemäßig" durchgeführte Untersuchungen verursachen hingegen unnötige Kosten (Laborkosten, zusätzliche Arzttermine etc.) und bedeuten Belastungen (nicht-indizierte Blutabnahme, Zeitaufwand für die Befundbesprechung eines nutzlosen Befundes) und eventuell sogar Gefahren (nicht-indizierte Änderung der antiepileptischen Therapie) für den Patienten. So bestand in einer Studie von Schoenenberger et al. (1995) nur für 27% der Serumspiegelbestimmungen eine sinnvolle Indikation, wobei die Blutabnahme in diesen Fällen wiederum nur in 51% zu einem richtigen Zeitpunkt durchgeführt worden war. Insgesamt waren also nur 14% der Serumspiegelbestimmungen korrekt indiziert und durchgeführt worden. Woo et al. (1988) konnten zeigen, dass eine Dosiserhöhung bei subtherapeutischen Serumspiegeln nicht zu einer Verbesserung der Anfallskontrolle, sondern lediglich zu einer Zunahme der Nebenwirkungen führt.

14.7.2. Der sog. therapeutische Bereich eines Antiepileptikums

Dem Konzept des sog. therapeutischen Bereichs eines Antiepileptikums liegt die Beobachtung zu Grunde, dass bei einer bestimmten Serumkonzentration bei der Mehrzahl der Patienten Anfallskontrolle bei fehlenden dosisabhängigen Nebenwirkungen erzielt werden kann. Bei Serumkonzentrationen unterhalb des therapeutischen Bereichs ist bei der Mehrzahl der Patienten nur mit einer unzureichenden Anfallskontrolle zu rechnen (sog. subtherapeutischer Bereich), während bei Werten oberhalb des therapeutischen Bereichs häufiger dosisabhängige Nebenwirkungen auftreten (sog. toxischer Bereich).

Bei der Beurteilung des therapeutischen Bereichs eines Antiepileptikums ergeben sich allerdings folgende Schwierigkeiten:

- Die angegebenen Werte beruhen fast ausnahmslos auf retrospektiven Beobachtungen an teilweise sehr kleinen Patientenzahlen (Krämer 1989; Fröscher et al. 1997, 1999).
- Die durch verschiedene Autoren angegebenen Werte differieren zum Teil ganz beträchtlich. So liegen sie etwa für Phenytoin zwischen 3–17 µg/ml und 10–30 µg/ml, für Carbamazepin zwischen 1–4 µg/ml und 8–12 µg/ml, für Phenobarbital zwischen 15–20 µg/ml und 40–60 µg/ml (Fröscher et al. 1997, 1999).
- Die angegebenen Werte sind Durchschnittswerte, die aus mehr oder weniger großen Patientengruppen ermittelt wurden und lassen somit keine Rückschlüsse auf die antiepileptische Wirksamkeit bzw. das Auftreten von Nebenwirkungen beim individuellen Patienten zu.

Manche Patienten haben somit bereits bei Serumspiegelwerten im Referenzbereich Nebenwirkungen, die ernst genommen werden sollten (Dosisreduktion bzw. Wechsel des Medikaments). Bei anderen Patienten wiederum sollte bei mangelnder Anfallskontrolle und Serumspiegeln an der oberen Grenze des Referenzbereichs durchaus noch eine Dosissteigerung in den sog. „toxischen“ Bereich versucht werden, bis Anfallskontrolle erreicht wird oder manifeste Nebenwirkungen auftreten. Umgekehrt kann bei manchen Patienten auch mit sog. subtherapeutischen Serumspiegeln Anfallsfreiheit erzielt werden. Es ergibt sich somit das Konzept des „individuellen Referenzbereichs“.

Da mit dem Begriff „therapeutischer Bereich“ eine scheinbare Objektivität suggeriert wird, die für den Patienten zu völlig unnötigen Belastungen führen kann („Mein Serumspiegel liegt im subtherapeutischen Bereich, mein Anfallsschutz ist unzureichend“. „Mein Serumspiegel liegt im toxischen Bereich, die Therapie ist für meine Gesundheit schädlich“) und den behandelnden Arzt in einen sinnlosen Zugzwang bringen kann (Erhöhen der Dosis bei bestehender Anfallsfreiheit und subtherapeutischen Serumspiegeln, Erniedrigen der Dosis bei fehlenden Nebenwirkungen und toxischen Serumspiegeln), haben verschiedene Autoren vorgeschlagen, den Begriff „therapeutischer Bereich“ zu streichen und durch die folgenden Begriffe zu ersetzen: unterer, mittlerer und oberer Wirkungsbereich (Wolf 1991), Zielbereich (Thomson und Brodie 1992), optimaler Bereich (Commission on Antiepileptic Drugs und International League against Epilepsy 1993), therapeutisches Orientierungs-Fenster (Stefan 1999).

14.7.3. Wird durch die Bestimmung der Serumspiegel eine bessere Behandlung ermöglicht?

Obwohl einige frühe Arbeiten eine verbesserte Behandlungsmöglichkeit durch die Kenntnis der Serumspiegel postulierten, konnte dies in prospektiven, kontrollierten Studien nicht nachvollzogen werden. Fröscher et al. (1981) konnten in einer prospektiven Studie an 105 Patienten bei einem Beobachtungszeitraum von einem Jahr keine Verbesserung des Behandlungsergebnisses durch die Kenntnis der Serumspiegel nachweisen. In einer rezenten Studie an 180 neu-diagnostizierten Patienten mit fokaler oder idiopathischer generalisierter Epilepsie konnte durch die Bestimmung der Serumspiegel und der daraus resultierenden Nachjustierung der Dosis zum Erreichen des sog. therapeutischen Bereichs ebenfalls keine Verbesserung der Anfallskontrolle und auch keine Verminderung der Häufigkeit von Nebenwirkungen erzielt werden (Jannuzzi et al. 2000). Daraus kann geschlossen werden, dass eine routinemäßige Serumspiegelbestimmung ohne spezielle Fragestellung nicht durchgeführt werden sollte.

14.7.4. Zu welchem Zeitpunkt sollte die Serumspiegelbestimmung erfolgen?

Serumspiegelbestimmungen sollten im Allgemeinen immer einen Talspiegel unter Steady-State-Bedingungen erfassen, d.h. die Blutabnahme sollte am Ende eines Dosierungsintervalls unmittelbar vor der nächsten geplanten Medikamenteneinnahme erfolgen. Blutabnahmen, die zu einem früheren Zeitpunkt im Dosierungsintervall durchgeführt werden, werden stärker durch inter- bzw. intraindividuelle Variationen der Medikamentenresorption beeinflusst und sind somit weniger verlässlich. Zudem beziehen sich die in der Literatur angegeben Referenzwerte auf die Talspiegel. Für die Praxis ist jedoch festzustellen, dass eine Blutabnahme genau zum Zeitpunkt der nächsten Medikamenteneinnahme oft nur schwierig durchgeführt werden kann, sodass ein Zeitraum von 2–3 Stunden vor der nächsten Medikamenteneinnahme – auch in Hinblick auf den zu erwartenden Messfehler – sicherlich toleriert werden kann. Medikamente mit langer Halbwertszeit und Retardpräparate haben einen wesentlich konstanteren Serumspiegel als Medikamente mit kurzer Halbwertszeit, was bei der Interpretation der Serumspiegel ebenfalls berücksichtigt werden sollte. In jedem Fall sollte aber der Zeitpunkt der letzten Medikamenteneinnahme vor der Blutabnahme festgehalten werden.

In folgenden speziellen Situationen sollte von der Abnahme eines Talspiegels abgegangen werden:

- Bei Auftreten von Nebenwirkungen zu bestimmten Tageszeiten sollte die Blutabnahme zum Zeitpunkt der maximalen Nebenwirkungen erfolgen, unter Umständen sollte in dieser Situation auch ein Tagesprofil der Serumspiegel erstellt werden.

- Bei Auftreten eines Anfallsrezidivs oder einer ungewöhnlichen Anfallshäufung sollte die Blutabnahme so rasch als möglich nach den Anfällen erfolgen.

Zum anderen ist zu beachten, dass eine Serumspiegelbestimmung erst nach Erreichen von Steady-State Bedingungen – also frühestens vier Halbwertszeiten nach Dosisänderung – sinnvoll ist. Zudem sind pharmakokinetische Aspekte der Heteroinduktion und im Falle von Carbamazepin der Autoinduktion zu beachten.

14.7.5. Unterscheiden sich die sog. neuen Antiepileptika hinsichtlich der Notwendigkeit der Serumspiegelbestimmungen von den traditionellen Antiepileptika?

Seitens der pharmazeutischen Industrie wird immer wieder propagiert, dass für die neuen Antiepileptika keine Serumspiegelmessungen erforderlich seien, wobei dies auch als Möglichkeit der Kostenersparnis im Vergleich zu den billigeren traditionellen Antiepileptika angeführt wird. Auf Grund der pharmakokinetischen Eigenschaften der neuen Antiepileptika ist diese Argumentation allerdings nicht nachvollziehbar. So erscheinen für Lamotrigin, Tiagabin, Topiramat und Zonisamid und mit Einschränkungen auch für Gabapentin und Oxcarbazepin auf Grund einer inter- und intraindividuellen Variabilität in der Pharmakokinetik Serumspiegelmessungen prinzipiell sinnvoll. Eine Ausnahme stellt lediglich Vigabatrin auf Grund des speziellen Wirkmechanismus – irreversible Hemmung der GABA-Transaminase – dar (Tomson und Johannessen 2000). Derzeit existieren für die neuen Antiepileptika nur vorläufige Referenzwerte. Insgesamt sind somit Serumspiegelbestimmungen bei den neuen Antiepileptika genauso sinnvoll oder sinnlos wie bei den traditionellen Antiepileptika.

14.7.6. Empfehlungen zur Durchführung von Serumspiegelbestimmungen bei Antiepileptika (Commission on Antiepileptic Drugs der International League against Epilepsy 1993; Fröscher et al. 1997)

Serumspiegel sollten in den folgenden Situationen durchgeführt werden:

- Nach Beginn einer antiepileptischen Therapie und Erreichen des Fließgleichgewichts zur Feststellung eines Ausgangswerts (bei Anfallskontrolle und fehlenden Nebenwirkungen) – individuell effektiver Serumspiegel;
- routinemäßig alle 6–12 Monate, um die Compliance zu verifizieren;
- *nach* Änderungen der antiepileptischen Therapie (Änderungen der Dosierung, des Medikaments oder der Begleitmedikation);
- mangelnder Anfallskontrolle und
  - Verdacht auf mangelnde Compliance (neben niedrigen Serumkonzentrationen begründen auch Schwankungen des Variationskoeffizienten > 20% diesen Verdacht),

  - hochdosierte Phenytoin-Therapie, um die mögliche Dosissteigerung berechnen zu können;
- Intoxikationsverdacht, wenn
  - der Patient über dosisabhängige Nebenwirkungen klagt,
  - der Patient sich langsam klinisch verschlechtert und es unklar ist, ob sein Zustand durch die Grunderkrankung oder Medikamenten-Nebenwirkungen bedingt ist, insbesondere bei (i) Phenytoin-Therapie und (ii) Kombinationstherapie;
- Situationen mit unüblicher Pharmakokinetik:
  - im Kleinkindesalter,
  - in der Schwangerschaft,
  - im höheren Lebensalter,
  - bei anderen Erkrankungen, insbesondere Leber- oder Nierenerkrankungen,
  - bei schwer kranken oder intensivpflichtigen Patienten;
- Änderungen von Kombinationstherapien, insbesondere wenn mit pharmakokinetischen Interaktionen durch Zugabe oder Absetzen von anderen Medikamenten zu rechnen ist;
- Tagesprofile bei an bestimmte Tageszeiten gekoppelten Nebenwirkungen und Medikamenten mit kurzer Halbwertszeit;
- Bestimmung unmittelbar (innerhalb von 6 Stunden) nach einem Anfallsrezidiv oder bei ungewöhnlicher Anfallshäufung;
- Bestimmung des freien Anteils bei stark eiweißgebundenen Medikamenten und
  - möglichen Interaktionen mit anderen, ebenfalls stark eiweißgebundenen Medikamenten,
  - in der Schwangerschaft,
  - bei Lebererkrankungen;
- Bestimmung von Metaboliten, falls diese als mögliche Ursache für Nebenwirkungen angesehen werden (z.B. Carbamazepin-Epoxid).

14.7.7. Ursachen für unerwartete Serumspiegel

Im Folgenden sind Situationen angeführt, die zu unerwarteten Serumspiegeln Anlass geben können:

- unregelmäßige Medikamenteneinnahme (mangelhafte Compliance);
- Nichtbeachtung des Intervalls zwischen letzter Medikamenteneinnahme und Zeitpunkt der Blutabnahme bei Medikamenten mit kurzer Halbwertszeit;
- Medikament noch nicht im Fließgleichgewicht („Steady-State") – mit diesem ist frühestens vier Halbwertszeiten nach Erreichen der Zieldosis, nach einer Dosisänderung, nach Zugabe eines potentiell interagierenden Medi-

kaments oder nach Änderungen der Leberfunktion oder des Magen-Darm-Trakts zu rechnen;
- nicht-lineare Kinetik (z.B. Phenytoin, Gabapentin);
- Interaktionen mit anderen Antiepileptika oder mit anderen Medikamenten (nur bei Gabapentin und Vigabatrin weitgehend zu vernachlässigen);
- Situationen mit unüblicher Pharmakokinetik:
  - im Kleinkindesalter,
  - in der Schwangerschaft,
  - im höheren Lebensalter,
  - bei anderen Erkrankungen, insbesondere Leber- oder Nierenerkrankungen,
  - bei schwer kranken oder intensivpflichtigen Patienten;
- genetische Aktivitätsunterschiede der metabolisierenden Enzyme;
- verminderte Bioverfügbarkeit – Resorptionsstörungen;
- veränderte Eiweißbindung und damit des freien, für die Wirkung verantwortlichen Anteils eines Antiepileptikums, insbesondere bei Medikamenten mit hoher Eiweißbindung (z.B. Phenytoin, Tiagabin, Valproinsäure) und/oder dosisabhängiger Eiweißbindung (z.B. Valproinsäure).

14.7.8. Fehler bei der Interpretation von Serumspiegeln

Folgende mögliche Fehlerquellen bei der Beurteilung von Serumspiegeln sind zu beachten:

- Erhöhen der Dosis bei sog. subtherapeutischen Serumspiegeln und befriedigender Anfallskontrolle, um so Werte im Referenzbereich zu erzielen. So konnte in einer Studie gezeigt werden, dass ein derartiges Vorgehen nicht mit einer besseren Anfallskontrolle, sondern lediglich mit einer höheren Nebenwirkungsrate verbunden war (Woo et al. 1988).
- Keine weitere Dosissteigerung bei einem Patienten mit unbefriedigender Anfallskontrolle und fehlenden Nebenwirkungen wegen eines Serumspiegels an der oberen Grenze des Referenzbereichs, um Serumspiegel im sog. toxischen Bereich zu vermeiden. Unter Umständen wird dem Patienten dadurch die Möglichkeit einer befriedigenden Anfallskontrolle ohne Nebenwirkungen vorenthalten.
- Nichtbeachtung der individuellen Toxizitätsschwelle. Bei manchen Patienten treten dosisabhängige Nebenwirkungen auch bei Serumspiegeln innerhalb des sog. therapeutischen Bereichs auf, die ernst genommen werden müssen und Anlass für eine Dosisreduktion oder einen Wechsel des Medikaments sein sollten.
- Nichtbeachtung der antiepileptischen Wirkung oder der möglichen Verursachung von Nebenwirkung durch Metaboliten (z.B. Carbamazepin ⇒ Epoxid, Valproinsäure ⇒ verschiedene Metaboliten, Primidon ⇒ Phenobarbital, PEMA).

  - Bei der Kombination von Carbamazepin und Valproinsäure steigt der prozentuelle Anteil des Carbamazepin-Epoxids, sodass unter Umständen Nebenwirkungen bei gleichbleibender Carbamazepin-Konzentration auftreten können.
  - Bei der Einnahme von Primidon ist die Bestimmung des äußerst variablen Primidon-Spiegels von untergeordneter Bedeutung, entscheidend ist vielmehr die Bestimmung von Phenobarbital als dem wichtigsten, antiepileptisch wirksamen Metaboliten.
- Nichtbeachtung von pharmakodynamischen Effekten und möglichen Nebenwirkungen.

14.8. Laboruntersuchungen während der Antiepileptikatherapie

Laborkontrollen unter einer Antiepileptikatherapie werden in der Hoffnung durchgeführt, die seltenen, gravierenden Nebenwirkungen (Hepatotoxizität, Knochenmarkssuppression, Pankreatitis u.a.) rechtzeitig zu erkennen und dadurch zu vermeiden (Leppik 1997). Die wichtigsten Laborveränderungen unter Antiepileptikatherapie sind deshalb im Folgenden kurz zusammengefasst.

14.8.1. Leberenzymveränderungen (Tabelle 14.13)

Unbehandelte Patienten mit Epilepsie haben normale Leberenzymwerte. Deshalb sollte vor Beginn einer Antiepileptikatherapie eine Bestimmung der Leberenzyme erfolgen, um allfällige subklinische Hepatopathien aufzudecken. Nach einem generalisierten tonisch-klonischen Anfall kann es neben einer Erhöhung der Creatinphosphokinase auch zu einer passageren, einige Tage dauernden Erhöhung von LDH, GOT und GPT kommen. Wenige Wochen nach Einleitung einer antiepileptischen Therapie kann es insbesondere unter den enzyminduzierenden Antiepileptika (Carbamazepin, Phenytoin, Phenobarbital, Primidon), aber auch unter Valproinsäure, Felbamat und Oxcarbazepin, durch unterschiedliche Mechanismen (Enzyminduktion, mikrosomale Veränderungen, vermehrte Freisetzung und vermehrter Abbau von Gamma-GT hemmenden Substanzen) zu einem Anstieg der Gamma-GT bis zum Dreifachen der Norm kommen. Unter Vigabatrin, Lamotrigin, Gabapentin, Topiramat und Tiagabin sind derartige Veränderungen nicht zu erwarten. Zudem kommt es bei ca. einem Drittel der Patienten auch zu einem Anstieg der alkalischen Phosphatase. Diese Laborveränderungen sind klinisch bedeutungslos und sind kein Grund das Antiepileptikum abzusetzen oder eine weiterführende Diagnostik durchzuführen (Laborkontrollen, Hepatitisserologie, Abdomen-Ultraschall etc.) oder sog. Leberschutzpräparate einzusetzen. Vielmehr ist es wichtig, den Patienten und unter Umständen auch dessen Hausarzt über die zu erwartenden Laborveränderungen zu informieren, um so eine

Tabelle 14.13. Leberenzymveränderungen unter Antiepileptikatherapie

Enzym	Schmidt	Krause	
		Männer	Frauen
GGT	93%	64,5%	67,9%
ALP	28%		
GPT	13%	18,6%	15,1%
GOT	4%	6,2%	3,3%
LAP	13%		
LDH	12%		
Amylase	5%		

Prozentzahl der Patienten mit erhöhten Enzymwerten; *GGT* Gamma-Glutamyltransferase; *ALP* alkalische Phosphatase; *GPT* Glutamat-Pyruvat-Transaminase; *GOT* Glutamat-Oxalacetat-Transaminase; *LAP* Leucin-Aminopeptidase; *LDH* Laktatdehydrogenase.
Quellen: Schmidt D, Siemes H (1998); Krause KH, Steinhoff BJ (1997)

unbegründete Angst vor einer Leberschädigung durch das Antiepileptikum bereits im Vorfeld auszuräumen. Zudem kann dadurch auch vermieden werden, dass dem Patienten – wie es leider immer wieder vorkommt – zu Unrecht ein Alkoholabusus unterstellt wird (Krause und Steinhoff 1997; Krämer 1998a; Schmidt und Elger 1999).

Während geringgradige Erhöhungen der Transaminasen (GOT und GPT) unter Antiepileptika immer wieder beobachtet werden (GPT-Erhöhung bei 13%; GOT-Erhöhung bei 4%), sollte eine Erhöhung der Transaminasen über das 2–3-fache des oberen Referenzwertes hingegen Anlass für eine internistische Abklärung und für ein Überdenken der weiteren Antiepileptikatherapie sein. Zu beachten ist, dass es unter Vigabatrin zu einer Erniedrigung der Transaminasen kommt, sodass deren Bestimmung nicht mehr aussagekräftig ist (Krause und Steinhoff 1997; Krämer 1998a; Schmidt und Elger 1999).

Insgesamt ist auch in der Langzeittherapie die Inzidenz von möglicherweise durch Antiepileptika verursachten leichten Leberschädigungen mit 0,6–2,5% sehr niedrig.

In den ersten Wochen oder Monaten kann es insbesondere unter Felbamat und Valproinsäure, seltener unter Carbamazepin, Phenytoin oder Lamotrigin zu einem akuten Leberversagen mit massivem Anstieg der Leberenzyme im Sinne einer Überempfindlichkeitsreaktion kommen, wobei selbst engmaschige Laborkontrollen eine derartige Reaktion nicht voraussagen können und der klinischen Beobachtung die entscheidende Bedeutung zukommt (siehe auch Ausführungen bei den einzelnen Substanzen) (Krause und Steinhoff 1997; Krämer 1998a; Schmidt und Elger 1999).

14.8.2. Hämatologische Veränderungen

Aplastische Anämie. Aplastische Anämien treten als seltene Überempfindlichkeitsreaktionen auf und enden in 30–50% tödlich. Die Häufigkeit liegt für Felbamat bei 1 : 4000, für Carbamazepin bei 1 : 200.000, für Phenytoin bei unter 1 : 100.000, für andere Antiepileptika (Phenobarbital, Primidon) existieren lediglich Einzelfallberichte. Regelmäßige Laborkontrollen sind für die Früherkennung von geringem Wert, am wichtigsten ist die entsprechende klinische Unterweisung des Patienten (Krause und Steinhoff 1997; Leppik 1997; Schmidt und Elger 1999).

Megaloblastische Anämien. Megaloblastische Anämien treten unter Antiepileptika sehr selten auf (0,15–0,75%; insbesondere unter Phenytoin, Phenobarbital, Primidon, seltener unter Valproinsäure und Carbamazepin), wobei der Vitamin B12 Spiegel in der Regel normal ist, der Folatspiegel jedoch häufig erniedrigt ist, weshalb insbesondere bei gebärfähigen Frauen eine Folatsubstitution erfolgen sollte (Krause und Steinhoff 1997; Schmidt und Elger 1999).

Leukopenien. Zu Beginn einer Antiepileptikatherapie kann es – insbesondere unter Carbamazepin oder Ethosuximid – relativ häufig (unter Carbamazepin bei 10–20% der Patienten) zu einer (klinisch irrelevanten) passageren Leukopenie kommen, die sich im weiteren Behandlungsverlauf wieder normalisiert. Chronische Leukopenien sind insgesamt selten (2% unter Carbamazepin, aber auch Berichte unter Phenytoin und Phenobarbital) (Krause und Steinhoff 1997), wobei eine Umstellung erst bei Gesamtleukozytenwerten von unter 2000/µl bzw. bei Granulozytenwerten von unter 1000/µl erfolgen sollte (Leppik 1997).

Thrombopenien. Insbesondere unter Valproinsäure treten bei ca. einem Drittel der Patienten dosisabhängige Thrombozytopenien auf (Thrombozyten <75000/µl) (Beydoun et al. 1997b); zudem wurden (auch bei normaler Thrombozytenzahl) Störungen der Plättchenaggregation, Verminderungen des Fibrinogens, des von Willebrand Faktors bzw. des Ristocetin-Kofaktors und Verlängerungen der Blutungszeit beschrieben (Kreuz et al. 1992; Gidal et al. 1994; Kis et al. 1999). Die klinische Relevanz dieser Befunde wird allerdings kontroversiell beurteilt (Tetzlaff 1991; Ward et al. 1996), in jedem Fall sollte aber vor anstehenden Operationen ein Gerinnungsstatus incl. Blutungszeit erhoben werden. Ein Absetzen der Therapie sollte bei Werten unter 50000/µl erwogen werden (Leppik 1997).

14.8.3. Praktische Empfehlungen

Gravierende Nebenwirkungen können durch die richtige Interpretation von klinischen Symptomen wesentlich früher und effizienter erkannt werden als durch regelmäßige Laborkontrollen. Die Patienten sollten deshalb über mögliche klinische Symptome bei Therapiebeginn aufgeklärt werden.

Laboruntersuchungen sollten vor Beginn einer antiepileptischen Therapie durchgeführt werden, um etwaige Auffälligkeiten zu erkennen. Nach Beginn einer Carbamazepin-Therapie sollte nach 2–6 Monaten eine Kontrolle des Blutbilds erfolgen. Für Felbamat und Valproinsäure werden regelmäßige Laborkontrollen empfohlen, obwohl festgehalten werden muss, dass durch diese Laborkontrollen gravierende Nebenwirkungen nicht früher erkannt werden als durch die sorgfältige klinische Beobachtung.

Von manchen Autoren werden Laborkontrollen in halbjährlichen bis jährlichen Abständen empfohlen, wobei es für diese regelmäßigen Laboruntersuchungen allerdings keine rationale Basis gibt und auch auf die beträchtlichen Kosten hingewiesen werden muss, die in etwa den Ausgaben für die Antiepileptika entsprechen. Allerdings ist es in der klinischen Praxis oft schwierig, Patienten, die jahrelang auf die regelmäßige Durchführung von Blutabnahmen konditioniert wurden, davon zu überzeugen, dass dies nun nicht mehr notwendig ist (Leppik 1997). In Tabelle 14.14 sind kritische Laborveränderungen zusammengefasst, die zu einem Absetzen bzw. Überdenken der bestehenden Antiepileptikatherapie Anlass geben sollten.

Tabelle 14.14. Kritische Laborveränderungen, die zu einem Absetzen bzw. Überdenken der bestehenden Antiepileptikatherapie Anlass geben sollten

	Normalwerte	Kritische Werte
Blutbild		
Leukozyten	4.000–10.000/mm³	< 2.000/mm³
Granulozyten	1.500–6.700/mm³	< 1.000/mm³
Thrombozyten	150.000–350.000/mm³	< 50.000/mm³
Hämoglobin	12,0–17,0 g/100 ml	< 10,0 g/100 ml
Hämatokrit	40,0–53,0%	< 25%
Leberenzyme		
GOT	F: 0–15 U/l; M: 0-18 U/l	F: > 45 U/l; M: > 54 U/l
GPT	F: 0–19 U/l; M: 0-23 U/l	F: > 57 U/l; M: > 69 U/l
LDH	120–240 U/l	> 720 U/l
ALP	60–170 U/l	> 510 U/l
Gamma-GT	F: 4–18 U/l; M: 6–28 U/l	keine
Bilirubin gesamt	0,2–1,0 mg/100 ml	> 1,5 mg/100 ml
Andere		
Natrium	135–145 mmol/l	< 125 mmol/l

Modifiziert nach: Leppik IE (1997)

15. Die einzelnen Antiepileptika

Christoph Baumgartner

15.1. Benzodiazepine

15.1.1. Allgemeines

Eine Reihe unterschiedlicher Benzodiazepine werden in der Epilepsietherapie eingesetzt: Diazepam, Clonazepam, Lorazepam und Midazolam werden zur Behandlung des Status epilepticus eingesetzt, die Vor- und Nachteile dieser Substanzen sind im Abschnitt „Status epilepticus" abgehandelt. In der Langzeittherapie sollten lediglich Clobazam und Clonazepam zur Anwendung gelangen.

15.1.2. Wirkmechanismus

Der Wirkmechanismus der Benzodiazepine besteht in einer Verstärkung der GABAergen Inhibition. Die Benzodiazepine erhöhen durch ihre Bindung am Benzodiazepin-Rezeptor – der Teil des $GABA_A$-Rezeptor-Chlorid-Kanal-Komplexes ist – die Affinität von GABA zu seinem Rezeptor. Dadurch wird die Frequenz der Kanalöffnungen erhöht (im Gegensatz dazu verlängern die Barbiturate die Kanalöffnungszeit) und es kommt zu einem vermehrten Einstrom von Chlorid-Ionen in das Zellinnere und damit zu einer Hyperpolarisation und Hemmung. Ein Nachteil der Benzodiazepine besteht in der Toleranzentwicklung, die vermutlich über eine Abnahme der Zahl der Benzodiazepin-Rezeptoren vermittelt wird (Henriksen 1998).

15.1.3. Clobazam (Tabelle 15.1)

Handelsname. Frisium®

Pharmakokinetik. Clobazam besitzt als 1,5-Benzodiazepin eine Sonderstellung unter den Benzodiazepinen. Durch seine differente chemische Struktur besitzt Clobazam deutlich geringere sedierende Effekte und ist deshalb für die orale Therapie besser geeignet als die 1,4-Benzodiazepine. Clobazam wird nach oraler Gabe rasch und nahezu vollständig resorbiert (maximale Plasma-

Tabelle 15.1. Vor- und Nachteile von Clobazam

Vorteile

Wirksamkeit/Indikationen

- Wirksamkeit in der Monotherapie der fokalen Epilepsie: vergleichbar mit Carbamazepin und Phenytoin
- Hohe Wirksamkeit in der Kombinationstherapie unterschiedlicher Epilepsiesyndrome
- Breites Wirkungsspektrum

Verträglichkeit/Nebenwirkungen

- Gravierende Nebenwirkungen selten
- Keine Effekte auf hämatologische und blutchemische Parameter
- Keine allergischen Reaktionen

Pharmakokinetik/Interaktionen

- Lange Halbwertszeit (insbesondere des pharmakologisch aktiven Metaboliten N-Desmethyl-Clobazam)
- Geringe Interaktionen mit anderen Antiepileptika bzw. Medikamenten
- Keine Interaktionen mit oralen Kontrazeptiva

Nachteile

Wirksamkeit

- Wirkungsverlust in der Langzeittherapie durch Toleranzentwicklung

Verträglichkeit/Nebenwirkungen

- Zentralnervöse Nebenwirkungen (Sedierung, kognitive Nebenwirkungen)
- Psychiatrische Nebenwirkungen (insbesondere bei Kindern und älteren Patienten)
- Abhängigkeitspotential

Pharmakokinetik/Interaktionen

- Aktive Metaboliten
- Hohe Plasmaproteinbindung

Kommentar

- Effektives Antiepileptikum in der Kombinationstherapie unterschiedlicher Epilepsiesyndrome
- Eignet sich für die intermitterende Gabe (Zunahme der Anfallsfrequenz, katameniale Epilepsie etc.)
- Vorübergehendes Ausweichpräparat bei allergischen Reaktionen auf andere Antiepileptika
- Wesentliche Nachteile sind zentralnervöse Nebenwirkungen und Toleranzentwicklung

spiegel nach 1–4 Stunden), die Proteinbindung beträgt 85–90%. Clobazam wird in der Leber extensiv metabolisiert, es existieren mindestens 14 Metaboliten, der wichtigste, das N-Desmethyl-Clobazam (= Norclobazam), besitzt ebenfalls eine – allerdings um einen Faktor 5 niedrigere – antiepileptische Wirksamkeit. In der Langzeittherapie liegt das Konzentrationsverhältnis von N-Desmethyl-Clobazam : Clobazam bei 10 : 1. Die mittlere Halbwertszeit von Clobazam liegt bei 18 Stunden, die von N-Desmethyl-Clobazam bei 42 Stunden (Ko et al. 1997; Shorvon 1998).

Interaktionen. *Auswirkungen anderer Antiepileptika auf Clobazam:* Die Metabolisierung von Clobazam zu N-Desmethyl-Clobazam wird durch enzym-induzierende Substanzen (Carbamazepin, Phenytoin und Phenobarbital) beschleunigt. Nachdem N-Desmethyl-Clobazam ebenfalls eine antiepileptische Wirksamkeit besitzt, wird die Effizienz einer Clobazam-Therapie durch diese Interaktion wahrscheinlich nicht negativ beeinflusst.

Auswirkungen von Clobazam auf andere Antiepileptika: Clobazam kann die Konzentration von Phenytoin, Valproinsäure und Phenobarbital erhöhen, wobei dieser Effekt inkonstant und zumeist klinisch nicht signifikant ist. Über Enzyminduktion kann es zu einem signifikanten Abfall der Carbamazepin-Konzentration kommen.

Auswirkungen von Clobazam auf orale Kontrazeptiva: keine.

Wechselwirkungen mit anderen Medikamenten: Hier sind insbesondere pharmakodynamische Interaktionen im Sinne eines additiven sedierenden Effekts bei Ko-Medikation mit zentraldämpfenden Medikamenten zu nennen (Patsalos 1999).

Wirksamkeit. In den insgesamt 8 doppelblinden, placebokontrollierten Studien an Patienten mit therapieresistenten Epilepsien (die Patienten litten an unterschiedlichen Epilepsiesyndromen), konnte bei mehr als 50% der Patienten eine mehr als 50%-ige Anfallsreduktion erreicht werden, wobei 16–21% der Patienten über den Studienzeitraum von 1–4 Monaten anfallsfrei wurden (Schmidt 1994). In einer Metaanalyse von 35 offenen Studien an insgesamt 2259 Patienten konnte insgesamt eine 65%-ige Anfallsreduktion erzielt werden, 18% der Patienten wurden anfallsfrei, eine Toleranzentwicklung war in 32% zu beobachten (Beobachtungszeitraum: 7 Tage bis 120 Monate) (Robertson 1995). In der größten offenen Studie aus Kanada an insgesamt 877 Patienten zeigte sich eine Responderrate von 40%, 10–30% der Patienten wurde anfallsfrei (Canadian Clobazam Cooperative Group 1991). In einer rezenten Monotherapiestudie an Kindern mit neu-diagnostizierten Epilepsien zeigte sich eine mit Carbamazepin und Phenytoin vergleichbare Wirksamkeit und Nebenwirkungsrate. In dieser Studie war eine Toleranzentwicklung nur bei 7,5% der

Patienten zu beobachten und damit nicht häufiger als unter Carbamazepin oder Phenytoin (Canadian Study Group for Childhood Epilepsy 1998).

Indikationen. Kombinationstherapie von Anfällen, die mit anderen Antiepileptika nicht befriedigend eingestellt werden können: fokale Anfälle; generalisierte tonisch-klonische Anfälle; Absencen; Myoklonien; atonische Anfälle.

Nebenwirkungen. Die Nebenwirkungsrate in den Doppelblind-Studien lag bei 33%, in den offenen Studien bei 38%. Im Vergleich zu Diazepam zeigten sich signifikant seltener Nebenwirkungen. Im Allgemeinen sind die Nebenwirkungen mild und treten lediglich vorübergehend zu Therapiebeginn auf, sodass die Therapie nur in 4% auf Grund von Nebenwirkungen abgebrochen werden muss (Robertson 1995; Shorvon 1998).

- Zentralnervöse Nebenwirkungen: Am häufigsten werden Sedierung und Müdigkeit berichtet, seltener treten Ataxie, Koordinationsstörungen und Schwindel auf. Insbesondere bei Kindern und älteren Patienten kann es zu psychischen bzw. psychiatrischen Störungen (Hyperaktivität, Irritabilität, Aggressivität, Depressionen, dysphorische Zustandsbilder, Halluzinationen) kommen. Zudem können kognitive Beeinträchtigungen (Konzentrations- und Gedächtnisstörungen) auftreten (Robertson 1995; Homan und Rosenberg 1997; Shorvon 1998). In einer rezenten Doppelblind-Studie konnten allerdings bei einer Clobazam-Monotherapie im Vergleich zu Carbamazepin und Phenytoin nicht häufiger kognitive Beeinträchtigungen oder Verhaltensauffälligkeiten nachgewiesen werden (Bawden et al. 1999).
- Anticholinerge Nebenwirkungen: selten kann es zu Obstipation, Durchfall, Mundtrockenheit und Verschwommensehen kommen;
- Toleranzentwicklung: ein Hauptnachteil liegt in der Toleranzentwicklung bei 30–50% der Patienten (Remy 1994).
- Clobazam kann zu einer Abhängigkeitsentwicklung führen; bei abruptem Absetzen kann es zu Entzugsanfällen, Schlafstörungen, Psychosen und deliranten Zustandsbildern kommen (Robertson 1995; Homan und Rosenberg 1997; Shorvon 1998).
- Clobazam hat keinen Effekt auf hämatologische oder blutchemische Parameter.
- Clobazam hat keinen Effekt auf Blutdruck, Puls, EKG oder andere Vitalparameter.
- Idiosynkratische Reaktionen wurden bisher nicht berichtet.

Dosierung. Für Erwachsene beträgt die Initialdosis 10 mg/Tag, die Erhaltungsdosis 20–30 mg/Tag (bis maximal 60mg/Tag). Für Kinder beträgt die empfohlene Erhaltungsdosis 0,5–2 mg/kg/Tag. Die Dosierung erfolgt in 1–2 Gaben.

Serumspiegel. Die Serumspiegelwerte sind stark variabel, eine Bestimmung deshalb wenig sinnvoll. Als Referenzwerte für N-Desmethyl-Clobazam werden 3–50 µmol/l (1–15 µg/ml; Umrechnungsfaktor: 3,33) angegeben (Fröscher et al. 1999).

15.2. Carbamazepin (Tabelle 15.2)

Handelsnamen. Neurotop®, Tegretol®

Wirkmechanismus und Pharmakokinetik. Carbamazepin ist chemisch den trizyklischen Antidepressiva verwandt. Der Wirkmechanismus besteht in einer Hemmung von spannungsabhängigen, schnell feuernden Natriumkanälen. Die gastrointestinale Resorption von Carbamazepin ist variabel und folgt wahrscheinlich keiner Kinetik erster Ordnung, maximale Plasmaspiegel werden nach 3–4 Stunden erreicht. Insgesamt besteht dennoch eine gute orale Bioverfügbarkeit zwischen 80 und 90%. Die Proteinbindung beträgt 85% (zu 75% an Albumin und zu 10% an ein saures Glykoprotein). Carbamazepin wird zu mehr als 90% in der Leber durch die Zytochrom-P450-Isoenzemye CYP3A4 und CYP2C8 zu Carbamazepin-Epoxid verstoffwechselt. Carbamazepin-Epoxid besitzt ein mit Carbamazepin vergleichbares antiepileptisches und Nebenwirkungspotential (Carbamazepin-Epoxid / Carbamazepin Quotient in Monotherapie = 0,1–0,2) und wird zu Carbamazepin-10-11-trans-dihydrodiol hydroxiliert, das nach Glukuronidierung renal eliminiert wird. Die Plasmahalbwertszeit beträgt bei einmaliger Verabreichung 24–36 Stunden, auf Grund einer Autoinduktion (Carbamazepin beschleunigt seinen eigenen Abbau in der Leber) sinkt sie bei chronischer Verabreichung auf 12–15 Stunden. Die Autoinduktion ist im Allgemeinen nach 20–30 Tagen voll ausgeprägt, sodass zu diesem Zeitpunkt ev. eine Dosisanpassung erfolgen muss (Spina et al. 1996; Brodie und Johnson 1997; Mattson 1997; Krämer 1998a).

Vergleich von nicht-retardierter und retardierter Form. Die Serumspiegel von Carbamazepin zeigen nur eine schwache Korrelation zur Dosis, wobei im Allgemeinen beträchtliche Schwankungen zwischen Spitzen- und Talspiegeln bestehen. Diese Schwankungen sind zum Teil für die Nebenwirkungen verantwortlich (Brodie und Johnson 1997). Beim Einsatz von Retardpräparaten sind die Schwankungen der Serumspiegel geringer, was zu einer besseren Verträglichkeit führt (McKee et al. 1991). Dadurch konnte in einer doppelblinden Studie eine höhere Dosierung und damit eine bessere Anfallskontrolle erzielt werden (Canger et al. 1990). Allerdings ist die geringere Bioverfügbarkeit (15–22%) zu beachten (Brodie und Johnson 1997), sodass eine Dosisanpassung bei Umstellung von der nicht-retardierten auf die retardierte Form erforderlich sein kann (McKee et al. 1991). Die Compliance wird durch die Zweimal-Gabe verbessert.

Tabelle 15.2. Vor- und Nachteile von Carbamazepin

Vorteile

Wirksamkeit
- Hohe Wirksamkeit in der Monotherapie-Therapie von fokalen Epilepsien

Verträglichkeit/Nebenwirkungen
- Gute Verträglichkeit

Pharmakokinetik/Interaktionen
- Retardparäparate:
  Vermindern Serumspiegelschwankungen ⇒ bessere Verträglichkeit
  Ermöglichen 2-mal tägliche Dosierung

Nachteile

Wirksamkeit
- Wirksamkeit auf fokal eingeleitete und generalisierte tonisch-klonische Anfälle beschränkt
- Kann Absencen, myoklonische und atonische Anfälle auslösen bzw. verstärken
- Kann zu einer Verschlechterung bei der benignen fokalen Epilepsie des Kindesalters, bei progressiven Myoklonusepilepsien und beim ESES führen

Verträglichkeit/Nebenwirkungen
- Vorübergehende Nebenwirkungen zu Therapiebeginn
- Allergische Hautreaktionen
- Kardiale Reizleitungstörungen (Cave: ältere Patienten, Patienten mit kardialen Vorerkrankungen)

Pharmakokinetik/Interaktionen
- Pharmakologisch aktiver Metabolit
- Starke Serumspiegelschwankungen ⇒ Nebenwirkungen
- Autoinduktion
- Zahlreiche Interaktionen mit anderen Antiepileptika, oralen Kontrazeptiva und anderen Medikamenten

Kommentar
- Mittel der ersten Wahl bei fokalen Epilepsien

Interaktionen. *Auswirkungen anderer Antiepileptika auf Carbamazepin:* Der Abbau von Carbamazepin wird durch eine Ko-Medikation mit Enzym-induzierenden Antiepileptika (Phenytoin und Phenobarbital) beschleunigt, die Halbwertszeit wird auf 5–13 Stunden erniedrigt. Die Carbamazepin-Epoxid-Konzentration wird durch Phenobarbital im Allgemeinen nur gering beeinflusst, teilweise kommt es sogar zu einem Konzentrationsanstieg, sodass der Carbamazepin-Epoxid/Carbamazepin Quotient ansteigt. Valproinsäure hemmt den Abbau von Carbamazepin-Epoxid, sodass die Konzentration dieses aktiven Metaboliten signifikant ansteigt und bei gleichbleibenden Carbamazepin-Serumspiegeln Intoxikationserscheinungen auftreten können. Clobazam kann über eine Enzyminduktion zu einem signifikanten Abfall der Carbamazepin-Serumspiegel führen. Bei Zugabe von Lamotrigin – insbesondere bei hohen Carbamazepin-Spiegeln – kommt es relativ häufig zum Auftreten von Schwindel, Ataxie und Doppelbildern, wobei es sich hier um eine pharmakodynamische Interaktion handeln dürfte (Besag et al. 1998). Bei Auftreten von derartigen Nebenwirkungen sollte deshalb die Einnahme der beiden Medikamente um eine Stunde zeitversetzt erfolgen und/oder die Carbamazepin-Dosis um ca. 20% reduziert werden. Oxcarbazepin senkt in hohen Dosen durch Induktion von CYP3A4 die Serumkonzentration von Carbamazepin um bis zu 22%. Felbamat induziert die Umwandlung von Carbamazepin zu Carbamazepin-Epoxid und inhibiert dessen Abbau, sodass es zu einer Erniedrigung der Carbamazepin-Konzentration um ca. 25% bei gleichzeitigem Anstieg des Carbamazepin-Epoxids um bis zu 60% kommt. Bei Zugabe von Felbamat sollte deshalb die Dosis von Carbamazepin um 20–30% reduziert werden (Spina et al. 1996; Brodie und Johnson 1997).

Auswirkungen von Carbamazepin auf andere Antiepileptika: Carbamazepin erniedrigt als enzym-induzierende Substanz die Konzentrationen von Valproinsäure, Ethosuximid, Benzodiazepinen (Clonazepam, Midazolam), Lamotrigin, Felbamat, Monohydroxyderivat (MHD = Metabolit von Oxcarbazepin), Tiagabin und Topiramat; zudem wird der Umbau von Primidon zu Phenobarbital, von Diazepam in Nordiazepam (= aktiver Metabolit) sowie von Clobazam in N-Desmethyl-Clobazam (= aktiver Metabolit) beschleunigt; der Effekt auf Phenytoin ist uneinheitlich und individuell unterschiedlich, da Carbamazepin den Phenytoin-Metabolismus sowohl induzieren als auch inhibieren kann; Phenobarbital, Vigabatrin, Gabapentin und Levetiracetam werden durch Carbamazepin nicht beeinflusst (Spina et al. 1996; Brodie und Johnson 1997).

Auswirkungen von Carbamazepin auf orale Kontrazeptiva: Carbamazepin induziert den Metabolismus sowohl der Östrogen- als auch der Progesteronkomponente von oralen Kontrazeptiva, was zu Durchbruchsblutungen und ungewollten Schwangerschaften führen kann. Deshalb sollte ein Präparat mit einer Östrogenkomponente von mindestens 35–50 µg verordnet werden, wobei auch dann der kontrazeptive Schutz inadäquat sein kann und zusätzliche andere Methoden der Kontrazeption zur Anwendung kommen sollten (Spina et al. 1996; Brodie und Johnson 1997).

Auswirkungen anderer Medikamente auf Carbamazepin: Die folgenden Medikamente können durch Enzyminhibition zu einem klinisch signifikanten Anstieg der Carbamazepin-Konzentration mit Intoxikationserscheinungen führen:

- Antidepressiva: selektive Serotonin-Reuptake-Hemmer (Fluoxetin, Fluvoxamin und Sertralin) und insbesondere Viloxazin; keine Interaktion: trizyklische Antidepressiva, Paroxetin;

- Antibiotika: Makrolidantibiotika (Erythromycin, Troleandomycin, Josamycin; Flurithromycin, Clarithromycin, Ponsinomycin; keine Interaktion: Azithromycin); Isoniazid, Metronidazol; Miconazol;
- Calciumantagonisten: Verapamil, Diltiazem; keine Interaktion: Nifedipin;
- andere Medikamente: Propoxyphen, Allopurinol, Cimetidin (Ausweichmöglichkeiten: Ranitidin, Famotidin), Omeprazol, Danazol, Nikotinamid (Spina et al. 1996).

Auswirkungen von Carbamazepin auf andere Medikamente: Carbamazepin kann durch Enzyminduktion bei den folgenden Medikamenten einen klinisch signifikanten Abfall der Serumkonzentration bewirken:

- Psychopharmaka: Antidepressiva (trizyklische Antidepressiva, Mianserin, Nomifensin, Paroxetin); Neuroleptika (Haloperidol, Chlorpromazin, Thioridazin, Clopenthixol, Flupenthixol, Clozapin);
- andere Medikamente (Auswahl): Glucokortikoide, orale Antikoagulantien, Cyclosporin, Muskelrelaxantien, Digitoxin, Felodipin, Nimodipin, Nitroglycerin, Propanolol und andere Beta-Blocker, Theophyllin (Spina et al. 1996).

Indikationen

- Fokale Anfälle mit und ohne sekundäre Generalisierung; Carbamazepin ist das Mittel der ersten Wahl zur Behandlung von fokalen Epilepsien.
- Primär generalisierte tonisch-klonische Anfälle.

Carbamazepin kann Absencen, myoklonische und atonische Anfälle induzieren und sollte deshalb bei idiopathischen und sekundär generalisierten Epilepsien nicht eingesetzt werden. Zudem kann Carbamazepin auch zu einer Verschlechterung bei benignen fokalen Epilepsien des Kindesalters, bei progressiven Myoklonusepilepsien und beim elektrischen Status des Schlafs (ESES) führen (Bauer 1996; Genton 2000).

Wirksamkeit. *Fokale Epilepsie.* Carbamazepin besitzt eine vergleichbare Wirksamkeit wie Phenytoin, Valproinsäure, Phenobarbital und Primidon für die Kontrolle von generalisierten tonisch-klonischen Anfällen (Mattson et al. 1985, 1992; Richens et al. 1994; Heller et al. 1995). Bei fokalen Anfällen ist Carbamazepin gleich wirksam wie Phenytoin, jedoch wirksamer als Phenobarbital und Primidon (Mattson et al. 1985). Die Effektivität im Vergleich zu Valproinsäure bei fokalen Anfällen wird kontroversiell beurteilt – während manche Autoren eine vergleichbare Effektivität postulieren (Richens et al. 1994; Heller et al. 1995; Verity et al. 1995), wurde in anderen Studien eine bessere Anfallskontrolle für Carbamazepin gefunden (Mattson et al. 1992). Bei Kindern wurden übereinstimmende Ergebnisse zu den angeführten Studien bei Erwachsenen gefunden (Verity et al. 1995; de Silva et al. 1996).

Beim Vergleich mit den neuen Antiepileptika war Carbamazepin gleich wirksam wie Lamotrigin (Brodie et al. 1995, 1999), Oxcarbazepin (Reinikainen et al. 1987; Dam et al. 1989) und Gabapentin (Chadwick et al. 1998), jedoch wirksamer als Vigabatrin (Kalviainen et al. 1995; Chadwick 1999a).

Nebenwirkungen

- Nebenwirkungen zu Therapiebeginn: Bei bis zu 15% der Patienten treten zu Therapiebeginn Nebenwirkungen in Form von Übelkeit, Müdigkeit, Kopfschmerzen, Doppelbildern und Ataxie auf, weshalb Carbamazepin langsam aufdosiert werden muss. Diese Nebenwirkungen sind bei ca. 50% der Patienten durch Toleranzentwicklung und Autoinduktion lediglich passager, sodass bei diesen Patienten langfristig sogar höhere Dosierungen ohne Nebenwirkungen erreicht werden können (Collaborative Group for Epidemiology of Epilepsy 1988; Brodie und Johnson 1997).
- Zentralnervöse Nebenwirkungen: Diese sind dosisabhängig und entsprechen den oben genannten Nebenwirkungen zu Therapiebeginn (Übelkeit, Schwindel, Müdigkeit, Kopfschmerzen, Doppelbilder und Ataxie).
- Kognitive Effekte: sind unter einer Carbamazepin-Langzeittherapie im Allgemeinen minimal (Smith et al. 1987; Aldenkamp und Vermeulen 1995; Vermeulen und Aldenkamp 1995; Prevey et al. 1996).
- Arzneimittelexantheme treten bei ca. 10% der Patienten auf (in manchen Studien bis 15%), wobei durch eine langsame Aufdosierung die Inzidenz verringert werden kann. Bei ca. 50% der Patienten ist diese Reaktion so mild, dass die Therapie nach Dosisreduktion oder kurzzeitiger Therapiepause fortgesetzt werden kann. Gravierende Hautreaktionen (Stevens-Johnson-Syndrom; Lyell-Syndrom; exfoliative Dermatitis) sind selten (Brodie und Johnson 1997; Mattson 1997; Sillanpää 1997).
- Lupus erythematodes: In seltenen Fällen kann ein, nach Absetzen reversibler, systemischer Lupus erythematodes ausgelöst werden (Mattson 1997).
- Blutbildveränderungen: Während gravierende Blutbildveränderungen (aplastische Anämie, Agranulozytose) extrem selten sind (Inzidenz 1:200.000) (Mattson 1997), tritt eine geringgradige und passagere Leukopenie bei ca. 10–20% der Patienten zu Therapiebeginn auf. Persistierende Leukopenien sind bei ca. 2% der Patienten zu beobachten (Hart und Easton 1982). Eine Beendigung der Carbamazepin-Therapie wird bei Leukozytenwerten unter 2000/µl oder Granulozytenwerten unter 1000/µl empfohlen (Krämer 1998a).
- Hyponatriämie: bei ca. 5–40% der Patienten (Van Amelsvoort et al. 1994); zumeist klinisch nicht relevant; Mechanismus: inadäquate ADH-Sekretion, direkte Effekte auf die Tubuluszellen in der Niere.
- Kardiale Reizleitungsstörungen: negativ chrono- und dromotrope Effekte; vor allem bei älteren Patienten (Kennebäck et al. 1991).

- Endokrine Effekte: T4, freies T4 und freies T3 ⇓; TSH ⇑ (klinische Hypothyreose allerdings selten); sexualhormonbindende Proteine ⇑, freies Testosteron ⇓ (Bedeutung für die Hyposexualität Carbamazepin-behandelter Männer?) (Brodie und Johnson 1997).
- Gastrointestinale Nebenwirkungen: selten; Übelkeit, Erbrechen, Diarrhö, Obstipation (Brodie und Johnson 1997).
- Andere, sehr seltene Nebenwirkungen: Hepatotoxizität; Nierenversagen (Brodie und Johnson 1997).

Dosierung. Carbamazepin sollte auf Grund der zu Therapiebeginn relativ häufig auftretenden Nebenwirkungen langsam aufdosiert werden. Die Initialdosis für Erwachsene beträgt zwischen 100 und 200 mg/Tag, die Dosis sollte um 100–200 mg alle 4–7 Tage bis auf eine Zieldosis von 600–800 mg/Tag gesteigert werden. Falls erforderlich dann weitere Steigerung in 100–200 mg Inkrementen bis zur Anfallskontrolle oder zum Auftreten von Nebenwirkungen. Für Kinder beträgt die empfohlene Initialdosis 5–10 mg/kg/Tag, die Steigerung erfolgt in wöchentlichen Abständen um 5–10 mg/kg/Tag, bis die Erhaltungsdosis (10–30 mg/kg/Tag) erreicht ist. Nach 20–30 Tagen ist auf Grund der nunmehr voll ausgeprägten Autoinduktion gegebenenfalls eine Dosisanpassung erforderlich. Die Dosierung erfolgt in 2 (Retardpräparate) bzw. 3–4 Einzelgaben (Mattson 1997; Schmidt und Elger 1999).

Serumspiegel. Die Referenzwerte für den Serumspiegel betragen 17–50 µmol/l (4–12 µg/ml; Umrechnungsfaktor = 4,23) (Thomson und Brodie 1992; Krämer 1998a).

15.3. **Ethosuximid** (Tabelle 15.3)

Handelsnamen. Petinimid®, Suxinutin®.

Wirkmechanismus und Pharmakokinetik. Ethosuximid besitzt eine heterozyklische Ringstruktur. Der Wirkmechanismus besteht in einer Blockierung von T-Typ Calcium-Kanälen (= low voltage activated voltage dependent calcium channels: LVA-VDCC) an Neuronen im Thalamus, die an den thalamokortikalen Oszillationen bei der Entstehung von Absencen entscheidend beteiligt sind. Die Blockierung erfolgt spannungsabhängig mit zunehmender Blockade bei Membranhyperpolarisation, die normale tonische Aktivität thalamischer Neurone wird dabei nicht beeinflusst.

Ethosuximid wird nach oraler Gabe praktisch vollständig resorbiert und wird nicht an Plasmaproteine gebunden. 20% werden unverändert renal eliminiert, 80% werden über Isoenzyme des Zytochrom-P450-Enzymsystems in der Leber metabolisiert. Die entstehenden Metaboliten werden glukuronidiert und renal ausgeschieden. Die Plasmahalbwertszeit liegt bei 40–60 Stunden (Bromfield 1997; Wolf 1997a).

Tabelle 15.3. Vor- und Nachteile von Ethosuximid

Vorteile

Wirksamkeit/Indikationen
- Absence-Epilepsie des Schulalters: hohe Effektivität gegen Absencen
- Atypische Absencen
- Absencen-Status

Verträglichkeit/Nebenwirkungen
- Gravierende Nebenwirkungen selten

Pharmakokinetik/Interaktionen
- Keine Plasmaproteinbindung
- Lange Halbwertszeit
- Geringe Interaktionen mit anderen Antiepileptika bzw. Medikamenten
- Keine Interaktionen mit oralen Kontrazeptiva

Nachteile

Wirksamkeit
- Keine Wirksamkeit gegenüber generalisierten tonisch-klonischen Anfällen oder Myoklonien

Verträglichkeit/Nebenwirkungen
- Gastrointestinale Nebenwirkungen
- Psychiatrische Nebenwirkungen

Pharmakokinetik/Interaktionen
- Keine

Kommentar
- Hocheffektives Antiepileptikum zur Behandlung von Absencen, wirkt jedoch nicht gegen generalisierte tonisch-klonische Anfälle ⇒ wurde von Valproinsäure als Mittel der ersten Wahl zur Behandlung der Absencen-Epilepsie des Schulalters verdrängt

Interaktionen. *Auswirkungen anderer Antiepileptika auf Ethosuximid:* Der Abbau von Ethosuximid wird durch enzym-induzierende Substanzen (Carbamazepin, Phenytoin und Phenobarbital) um 15–25% beschleunigt. Der Effekt von Valproinsäure auf Ethosuximid ist variabel.

Auswirkungen von Ethosuximid auf andere Antiepileptika: Ethosuximid kann über einen ungeklärten Mechanismus die Konzentration von Valproinsäure um 30% reduzieren. Die Effekte auf Carbamazepin, Phenytoin und Phenobarbital sind inkonstant, die Angaben in der Literatur variieren.

Auswirkungen von Ethosuximid auf orale Kontrazeptiva: Keine.

Wechselwirkungen mit anderen Medikamenten: Isoniazid hemmt, Rifampicin induziert den Metabolismus von Ethosuximid (Wolf 1997a; Patsalos 1999).

Wirksamkeit. Ethosuximid kann typische Absencen sowohl klinisch als auch im EEG bei 61% der Patienten komplett unterdrücken (Sherwin 1989), wobei sich eine vergleichbare Effektivität mit Valproinsäure ergibt (Sato et al. 1982). Manche Patienten profitieren auch von einer Kombination mit Valproinsäure (Sato et al. 1982; Rowan et al. 1983).

Indikationen

- Absence-Epilepsie des Schulalters: Ethosuximid bietet allerdings keinen Schutz gegen generalisierte tonisch-klonische Anfälle;
- atypische Absencen;
- Absencen-Status.

Eine Verstärkung oder Auslösung bestimmter Anfälle wurde für Ethosuximid bisher nicht beschrieben.

Nebenwirkungen

- Dosisabhängige, gastrointestinale Nebenwirkungen: Übelkeit, Erbrechen, Magenschmerzen, Appetitlosigkeit, Gewichtsverlust, Durchfälle; vorwiegend zu Therapiebeginn, im Allgemeinen vorübergehend, sistieren bei Dosisreduktion.
- Dosisabhängige, zentralnervöse Nebenwirkungen: Schwindel, Müdigkeit, Kopfschmerzen.
- Psychiatrische Nebenwirkungen: Dosisunabhängig; Irritabilität, Angstzustände, Depressionen, visuelle und auditorische Halluzinationen, Psychosen, Schlafstörungen, Albträume.
- Kognitive Effekte: Es wurden sowohl kognitive Beeinträchtigungen als auch kognitive Verbesserungen beschrieben.
- Extrapyramidal motorische Nebenwirkungen: Dosisunabhängig; Dystonien, Parkinsonoid, Dyskinesien, Akathisien.
- Idiosynkratische Nebenwirkungen:
  - Hauterscheinungen: Arzneimittelexantheme, Stevens-Johnson-Syndrom (sehr selten);
  - rheumatologische Erkrankungen: Drogen-induzierter Lupus erythematodes;
  - Blutbildveränderungen: Granulozytopenie, Thrombopenie, Panzytopenie, aplastische Anämie (Bromfield 1997; Wolf 1997a).

Dosierung. Die Initialdosis für Erwachsene und für Kinder > 6 Jahre beträgt 250 mg/Tag, die Dosis wird alle 3 Tage um 250 mg bis auf eine Erhaltungsdosis von 15–20 mg/kg/Tag gesteigert. Bei kleineren Kindern kann mit der Erhaltungsdosis von 15–20 mg/kg/Tag begonnen werden, eine Steady-State Konzentration wird nach 1–2 Wochen erreicht. Die maximalen Dosen liegen bei

2000 mg/Tag für Erwachsene bzw. bei 40 mg/kg/Tag für Kinder. Trotz der langen Halbwertszeit sollte die Tagesdosis auf Grund einer besseren Verträglichkeit auf 2–3 Einzelgaben aufgeteilt werden. Die Einnahme sollte nach den Mahlzeiten erfolgen, da so die gastrointestinalen Nebenwirkungen minimiert werden können.

Serumspiegel. Die Referenzwerte für den Serumspiegel sind 280–700 μmol/l (40–100 μg/ml; Umrechnungsfaktor: 7,08) (Thomson und Brodie 1992; Fröscher et al. 1999).

15.4. Felbamat (Tabelle 15.4)

Handelsname. Taloxa®.

Wirkmechanismus und Pharmakokinetik. Felbamat ist ein Meprobamat-Analogon. Felbamat besitzt mehrere Wirkmechanismen: 1. Hemmung der schnell feuernden spannungsabhängigen Natriumkanäle; 2. Hemmung von spannungsabhängigen Calciumkanälen (high voltage activated voltage dependent calcium channels – VDCC); 3. Verstärkung der GABA vermittelten Chloridströme durch einen Barbiturat-artigen Mechanismus; 4. Hemmung exzitatorischer Aktivität durch kompetitive Hemmung von Glycin, einem Koagonisten von Glutamat, am NMDA-Rezeptor. Zudem dürfte Felbamat seine Wirkung am NMDA-Rezeptor vorwiegend über eine Blockade von offenen Kalziumkanälen entfalten (Krämer und Bourgeois 1998; Rho und Sankar 1999).

Felbamat wird nach oraler Gabe schnell und unabhängig von der Nahrungsaufnahme nahezu vollständig resorbiert (orale Bioverfügbarkeit: >90%, maximale Serumkonzentrationen nach 2–6 Stunden). Die Eiweißbindung ist mit etwa 20–25% niedrig. Felbamat wird zu 40–50% unverändert renal ausgeschieden, die restlichen 50–60% werden in der Leber durch verschiedene Isoenzyme des Zytochrom-P450-Systems (CYP3A4 und CYP2E1) zu inaktiven Metaboliten verstoffwechselt. Das Isoenzym CYP3A4 wird dabei induziert, das Isoenzym CYP2C19 wird kompetitiv gehemmt. Die Halbwertszeit beträgt 20–23 Stunden, bei Kombination mit enzym-induzierenden Substanzen 13–14 Stunden (Faught 1997; Theodore 1997; Krämer und Bourgeois 1998).

Interaktionen. *Auswirkungen anderer Antiepileptika auf Felbamat:* Enzym-induzierende Antiepileptika (Carbamazepin, Phenytoin oder Phenobarbital) erhöhen die Felbamat-Clearance um ca. 30%, die Halbwertszeit wird entsprechend auf 13–14 Stunden erniedrigt. Valproinsäure als Enzym-Inhibitor vermindert die Felbamat-Clearance um ca. 15% (Faught 1997; Theodore 1997). Gabapentin kann die renale Clearance von Felbamat vermindern und so zu einem Anstieg der Felbamat-Konzentration führen (Krämer und Bourgeois 1998; Perucca 1999).

Tabelle 15.4. Vor- und Nachteile von Felbamat

Vorteile

Wirksamkeit/Indikationen
- Kombinationstherapie von fokalen Epilepsien
- Lennox-Gastaut-Syndrom: Wirksamkeit in Doppelblindstudie belegt
- Breites Wirkungsspektrum gegenüber allen Anfallstypen

Verträglichkeit/Nebenwirkungen
- Generell gute Verträglichkeit
- Wirkt eher stimulierend

Pharmakokinetik/Interaktionen
- Geringe Eiweißbindung
- Lange Halbwertszeit

Nachteile

Wirksamkeit
- Eher geringe Wirksamkeit in der Kombinationstherapie von fokalen Epilepsien

Verträglichkeit/Nebenwirkungen
- Seltene, aber potentiell lebensbedrohliche Nebenwirkungen (aplastische Anämie, Leberversagen)
- Engmaschige Laborkontrollen erforderlich
- Gewichtsabnahme

Pharmakokinetik/Interaktionen
- Zahlreiche Interaktionen mit anderen Antiepileptika und mit oralen Kontrazeptiva

Kommentar
- Felbamat sollte nach einer sorgfältigen Nutzen/Risiko-Abwägung beim Lennox-Gastaut-Syndrom oder bei fokalen Epilepsien nur dann eingesetzt werden, wenn durch andere Antiepileptika keine befriedigende Anfallskontrolle gelingt

Auswirkungen von Felbamat auf andere Antiepileptika: Felbamat führt über Enzyminhibition zu einem Anstieg der Serumkonzentration der meisten traditionellen Antiepileptika: Phenytoin um 20–60%; Phenobarbital um 25%; Valproinsäure 25–50%, bei höherer Felbamat-Dosierung bis zu 100% (Hemmung der VPA-β-Oxidation ohne Veränderung des freien VPA-Anteils); bei Kombination mit Carbamazepin kommt es zwar zu einer Erniedrigung der Carbamazepin-Serumkonzentration um ca. 25%, gleichzeitig aber zu einem Anstieg des Carbamazepin-Epoxids um bis zu 60%. Bei Zugabe von Felbamat sollte deshalb die Dosis von Carbamazepin, Phenytoin, Valproinsäure und Phenobarbital um 20–30% reduziert werden. Umgekehrt ist die Dosis der genannten

Medikamente bei Absetzen von Felbamat entsprechend zu erhöhen (Faught 1997; Theodore 1997; Krämer und Bourgeois 1998). Zudem kann Felbamat die Konzentration von Lamotrigin und Vigabatrin um ca. 15% erhöhen, während Monohydroxyderivat (MHD = Metabolit von Oxcarbazepin) nicht beeinflusst wird (Perucca 1999).

Auswirkungen von Felbamat auf orale Kontrazeptiva: Felbamat vermindert die Bioverfügbarkeit sowohl der Östrogen- (42%) als auch der Gestagenkomponente (13%) von oralen Kontrazeptiva, sodass der Konzeptionsschutz entsprechend beeinträchtigt sein kann.

Interaktionen mit anderen Medikamenten: Bisher wurden keine relevanten Interaktionen beobachtet.

Wirksamkeit. *Fokale Epilepsien:*

- Kombinationstherapie bei Erwachsenen: In 2 doppelblinden Add-On-Studien konnte mit Felbamat eine Responderrate von 36% (Placebo: 11% (Theodore et al. 1991)) bzw. von 16% (Placebo: 5% (Leppik et al. 1991)) erzielt werden. In einer rezenten offenen Studie konnte eine Responderrate von 39% erzielt werden, wobei 5% der Patienten anfallsfrei wurden (Canger et al. 1999).
- Monotherapie bei Erwachsenen: In der Monotherapie von Patienten mit fokalen Epilepsien war Felbamat wirksamer als eine niedrig dosierte Valproinsäure-Therapie; bei diesen gegenüber anderen traditionellen Antiepileptika therapieresistenten Patienten konnte bei 29% eine mehr als 50%-ige Anfallsreduktion erzielt werden; niedrig dosierte Valproinsäure: 11% (Jensen 1993).

Generalisierte Epilepsien:

- Lennox-Gastaut-Syndrom: Felbamat zeigte in einer doppelblinden Add-On Studie einen signifikanten Therapieeffekt beim Lennox-Gastaut-Syndrom: Reduktion der atonischen Anfälle um 34% (Placebo: 9%), Reduktion aller Anfälle um 19% (Placebo: Anfallszunahme um 4%); mehr als 50%-ige Anfallsreduktion bei 50% aller Anfälle, bei 73% der generalisierten tonisch-klonischen Anfälle, bei 59% der atonischen Anfälle und bei 53% der atypischen Absencen (The Felbamate Study Group in Lennox-Gastaut Syndrome 1993). In der offenen Anschlußstudie wurde eine 50%-ige Anfallsreduktion unter Felbamat beobachtet (Placebo: 15%) (Jensen 1994).
- Generalisierte Anfälle: in kleineren, unkontrollierten Studien zeigte Felbamat auch ein gute Wirksamkeit bei primär generalisierten tonisch-klonischen Anfällen, bei typischen Absencen und Myoklonien (insbesondere auch bei der juvenilen myoklonischen Epilepsie) (Faught 1997).

Indikationen

- Add-On Therapie des Lennox-Gastaut-Syndroms für Patienten im Alter von > 4 Jahren, wenn durch andere Antiepileptika keine befriedigende Anfallskontrolle erzielt werden kann.
- Add-On Therapie von fokalen Epilepsien für Patienten im Alter von > 4 Jahren, wenn durch andere Antiepileptika keine befriedigende Anfallskontrolle erzielt werden kann.

Eine Exazerbation von bestimmten Anfallstypen wurde unter Felbamat bisher nicht beschrieben.

Richtlinien für die Indikation und Durchführung einer Felbamat-Therapie sind in Tabelle 15.5. zusammengefasst.

Tabelle 15.5. Richtlinien für Indikation und Durchführung einer Felbamattherapie

- Einsatz nur bei schwer behandelbaren Epilepsien, die durch andere Antiepileptika nicht zufriedenstellend behandelt werden können
- Sorgfältige Anamnese hinsichtlich hämatologischer Erkrankungen incl. Leuko- und Thrombopenien, Leberfunktionsstörungen, Überempfindlichkeitsreaktionen oder Autoimmunerkrankungen
- Bestimmung von Differential-Blutbild und Leberfunktionsproben vor Behandlungsbeginn
- Information des Patienten bzw. dessen Angehörigen über die möglichen Risken einer Felbamatbehandlung
- Information des Patienten bzw. dessen Angehörigen über mögliche klinische Anzeichen von schwerwiegenden hämatologischen (Ekchymosen, Petechien, vermehrte Blutungsneigung, Anzeichen einer Infektion und/oder Anämie (Müdigkeit, Abgeschlagenheit, Fieber etc.)) oder hepatalen (Ikterus, Anorexie, Übelkeit, Erbrechen, Bauchschmerzen) Nebenwirkungen
- Verabreichung nur an Patienten, bei denen eine entsprechende Compliance gewährleistet ist
- Langsame Titration von Felbamat
- Kontrolle von Differential-Blutbild und Leberfunktionsproben in 2-wöchigen Abständen werden von der Herstellerfirma empfohlen. Daten, die den Nutzen von regelmäßigen Laborkontrollen für die Früherkennung von gravierenden hepatalen Nebenwirkungen belegen, existieren jedoch nicht. Allerdings war bei einem Drittel der Patienten mit aplastischer Anämie ein pathologisches Blutbild ein Erstsymptom. Absetzen von Felbamat bei Granulozyten < 1500/ml bzw. Thrombozyten < 150.000/ml oder Anstieg der Transaminasen um das 2–3 fache des Ausgangswerts
- Regelmäßige klinische Kontrolle des Patienten in 4–6-wöchigen Abständen
- Sorgfältige Bewertung der Wirksamkeit nach 2–3 Behandlungsmonaten
- Einsatz nur durch Neurologen oder Pädiater mit entsprechenden Erfahrungen in der Epilepsiebehandlung

Modifiziert nach: French J et al. (1999); Schmidt D, Elger CE (1999)

Nebenwirkungen. Zentralnervöse und gastrointestinale Nebenwirkungen waren unter Polytherapie signifikant häufiger zu beobachten als unter Monotherapie.

- Zentralnervöse Nebenwirkungen: Kopfschmerzen und Schlafstörungen (besonders bei Patienten mit vorbestehenden Schlafproblemen, im Allgemeinen Besserung nach 1–2 Monaten) sind für Felbamat spezifische Nebenwirkungen und treten bei 2–5% der Patienten auf (Krämer und Bourgeois 1998); Schwindel, Doppelbilder und Somnolenz waren bei 3,3–5,7% der Patienten unter Kombinationstherapien, jedoch nur bei 0,3–2,5% der Patienten unter Monotherapie zu beobachten und dürften somit auf Interaktionen mit den anderen Medikamenten zurückzuführen sein (Jensen 1993); zudem wurde eine stimulierende Wirkung von Felbamat berichtet (Ketter et al. 1996), wobei sich bei Kindern manchmal eine paradoxe Sedierung zeigte (Theodore 1997). Insgesamt ist das Nebenwirkungsprofil auf das ZNS als günstig einzustufen.
- Gastrointestinale Nebenwirkungen: Appetitlosigkeit, Übelkeit, Brechreiz, Erbrechen, Dyspepsien, Geschmacksstörungen (5–10%).
- Gewichtsabnahme: durchschnittlich 3–5% des Körpergewichts; bei 4,2% der Patienten unter Kombinationstherapie und bei 2,2% der Patienten unter Monotherapie in den Doppelblindstudien (Pellock 1999); von manchen Autoren wird die Inzidenz aber wesentlich höher eingeschätzt (Bourgeois 1997a), so war in einer offenen Studie bei 34% der Patienten eine Gewichtsabnahme von > 4 kg und bei 11% der Patienten von > 8 kg zu beobachten (Bergen et al. 1995).
- Allergische Hauterscheinungen: Arzneimittelexantheme (3–4%); Stevens-Johnson-Syndrom, Lyell-Syndrom (einzelne Fallberichte, extrem selten); zumeist 2–3 Wochen nach Therapiebeginn (Theodore 1997).
- Aplastische Anämie: generell wird eine Häufigkeit von 1 : 4000 angegeben, davon 30% mit tödlichem Ausgang; bisher wurden insgesamt 34 Fälle berichtet (bei genauer Analyse von 31 Fällen konnte nur bei 23 Fällen eine tatsächliche aplastische Anämie nachvollzogen werden; nur bei 14 von 23 dieser Patienten bestand eine wahrscheinliche bzw. mögliche kausale Beziehung zwischen der Felbamat-Exposition und dem Auftreten einer aplastischen Anämie, sodass von einer tatsächlichen Häufigkeit von 127 pro 1,000.000 oder 1 : 7900 ausgegangen werden kann; Allgemeinbevölkerung 2 pro 1,000.000, somit 64-fach erhöhtes Risiko) (Kaufman et al. 1997). Seit dem „Dear Doctor Letter“ 1994 sind trotz 10.000–12.000 Patienten, die pro Jahr mit Felbamat behandelt wurden, keine weiteren Fälle von aplastischer Anämie mehr berichtet worden (French et al. 1999).
- Akutes Leberversagen: geschätzte Inzidenz: 1 : 26.000 bis 1 : 34.000 (somit vergleichbar mit Valproinsäure); bisher 18 Fälle berichtet, in 30% mit letalem Ausgang; lediglich bei 7 Fällen bestand eine wahrscheinliche Assozia-

tion zwischen der Felbamat-Exposition und dem Auftreten des Leberversagens (French et al. 1999).

Dosierung. Die Anfangsdosis beträgt für Erwachsense 600–1200 mg/Tag, für Kinder von 4–14 Jahren 7,5–15 mg/kg KG/Tag. Zu Beginn der Therapie sollte eine Dosisreduktion von Carbamazepin, Phenytoin, Valproinsäure und Phenobarbital um 20–30% erfolgen. Die Dosis wird bei Erwachsenen um 600 mg/Tag sowie bei Kindern um 7,5 mg/kg KG/Tag jeweils alle 1–2 Wochen gesteigert. Während der Dosiserhöhung ist eine weitere Dosisreduktion von Carbamazepin, Phenytoin, Valproinsäure und Phenobarbital in Erwägung zu ziehen. Die Maximaldosis ist 3600 mg/Tag für Erwachsene und 45 mg/kg KG/Tag für Kinder. Die Verabreichung erfolgt in 2–3 Einzelgaben.

Serumspiegel. Die Wertigkeit der Serumspiegel ist derzeit noch nicht etabliert.

15.5. Gabapentin (Tabelle 15.6)

Handelsname. Neurontin®.

Wirkmechanismus und Pharmakokinetik. Gabapentin ist eine strukturell der GABA verwandte neutrale Aminosäure. Obwohl Gabapentin ursprünglich als GABA-mimetische Substanz synthetisiert wurde, besteht kein direkter Effekt auf das GABAerge System (keine Umwandlung in GABA, keine Hemmung des GABA-Abbaus, keine Hemmung der GABA-Wiederaufnahme aus dem synaptischen Spalt, keine Bindung am $GABA_A$- oder $GABA_B$-Rezeptor). Gabapentin erhöht jedoch die GABA Konzentration im menschlichen Gehirn und fördert in-vitro zudem die nicht-synaptische GABA-Freisetzung. Zudem bindet Gabapentin mit hoher Affinität an die $\alpha_2\delta$ Untereinheit spannungsabhängiger Calciumkanäle (high voltage activated voltage dependent calcium channels (HVA-VDCC)), wobei die funktionelle Bedeutung dieser Bindung noch nicht geklärt ist. Letztlich ist der Wirkmechanismus von Gabapentin somit nach wie vor unklar (Chadwick und Browne 1997; McLean 1997; Krämer und Bourgeois 1998; Rho und Sankar 1999).

Gabapentin wird aus dem Magen-Darm-Trakt mittels eines sättigbaren L-Aminosäuretransportsystems resorbiert, maximale Serumspiegel werden nach 2–3 Stunden erreicht. Die orale Bioverfügbarkeit ist dosisabhängig, wobei sie nur im unteren Dosisbereich von 300 bis 600 mg dreimal täglich konstant bei 60% liegt, im höheren Dosisbereich von dreimal 1200 mg täglich jedoch auf 35% absinkt. Die Nahrungsaufnahme beeinflusst die Resorption nicht. Gabapentin wird nicht an Plasmaproteine gebunden, wird nicht metabolisiert und unverändert renal ausgeschieden. Der Übertritt ins Gehirn erfolgt mittels des L-Aminosäuretransportsystems, wobei die Konzentration im Gehirn 80% der Konzentration im Serum beträgt. Die Halbwertszeit liegt bei 5–7 Stunden (Chadwick und Browne 1997).

Tabelle 15.6. Vor- und Nachteile von Gabapentin

Vorteile

Wirksamkeit

- Kombinationstherapie fokaler Epilepsien: Wirksamkeit in Doppelblindstudien belegt
- Monotherapie fokaler Epilepsien: Wirksamkeit in Doppelblindstudien belegt

Verträglichkeit/Nebenwirkungen

- Gute Verträglichkeit
- Keine allergischen Reaktionen
- Keine gravierenden Nebenwirkungen in der Langzeittherapie

Pharmakokinetik/Interaktionen

- Rasche Aufdosierung möglich
- Keine Eiweißbindung
- Keine Metabolisierung
- Praktisch keine Interaktionen mit anderen Antiepileptika oder Medikamenten

Nachteile

Wirksamkeit

- Wirksamkeit auf fokal eingeleitete Anfälle beschränkt
- Eher geringe Wirksamkeit in der Kombinationstherapie von fokalen Epilepsien
- Kann Absencen und Myoklonien verstärken

Verträglichkeit/Nebenwirkungen

- Gewichtszunahme

Pharmakokinetik/Interaktionen

- Orale Bioverfügbarkeit dosisabhängig
- Kurze Halbwertszeit ⇒ 3 mal tägliche Dosierung

Kommentar

- Auf Grund der Pharmakokinetik und der fehlenden Interaktionen geeignetes Mittel für Patienten mit gravierenden Begleiterkrankungen und alte Patienten (hier ist allerdings die unter Umständen verminderte Kreatinin-Clearance zu berücksichtigen)
- Wurde in den kontrollierten Studien zu niedrig dosiert, durch Dosiserhöhung kann eine verbesserte Wirksamkeit ohne wesentliche Zunahme der Nebenwirkungen erzielt werden
- Im hohen Dosisbereich ⇒ Einzeldosen über 1200 mg nicht sinnvoll (eingeschränkte Resorption ⇒ häufigere Dosierung erforderlich)

Interaktionen. *Auswirkungen anderer Antiepileptika auf Gabapentin:* Die traditionellen Antiepileptika Carbamazepin, Phenytoin, Valproinsäure und Phenobarbital haben keinen signifikanten Effekt auf die Pharmakokinetik von Gabapentin.

Auswirkungen von Gabapentin auf andere Antiepileptika: Gabapentin hat keinen Einfluss auf die Konzentration von Carbamazepin, Valproinsäure und Phenobarbital. Während in den meisten klinischen Studien kein Einfluss auf die Phenytoin-Spiegel gefunden wurde, zeigte sich in einer Dosisfindungsstudie ein Trend zu höheren Phenytoin-Konzentrationen. Die renale Clearance von Felbamat kann vermindert werden, woraus Erhöhungen der Felbamat-Konzentration resultieren können.

Auswirkungen von Gabapentin auf orale Kontrazeptiva: Gabapentin hat keinen Effekt auf orale Kontrazeptiva.

Interaktionen mit anderen Medikamenten: Aluminium- und Magnesiumhydroxid enthaltende Antacida vermindern die Resorption von Gabapentin um 20%, Cimetidin reduziert die renale Clearance um 10% (Krämer und Bourgeois 1998).

Wirksamkeit. *Fokale Epilepsien:*

- Kombinationstherapie bei Erwachsenen: In der Kombinationstherapie konnte mit Gabapentin bei durchschnittlich 20% der Patienten eine mehr als 50%-ige Anfallsreduktion (= „Responder"; mit Placebo bei 9% der Patienten) erzielt werden, bei der empfohlenen Dosierung von 1200 mg bei 21% (mit Placebo bei 9% der Patienten) (Cramer et al. 1999). In einer offenen Studie an 2216 Patienten (davon 1055 auswertbare Patienten), bei der die Dosis von Gabapentin bis zu einer maximalen Dosis von 3600 mg/Tag hochtitriert wurde („STEPS-Trial"), konnte bei 46% Anfallsfreiheit und bei 76% eine mehr als 50%-ige Anfallsreduktion erzielt werden. Die Responderrate und die Zahl der anfallsfreien Patienten stieg dabei proportional zur Dosis an (Tabelle 15.7) (Morrell 1999). In weiteren offenen Add-On Studien, in denen Gabapentin bis zur Verträglichkeitsgrenze aufdosiert wurde, konnte eine mehr als 50%-ige Anfallsreduktion bei 33,9 bis 71% der Patienten und Anfallsfreiheit bei 8,7 bis 46% erzielt werden (Baulac et al. 1998a; Bruni 1998; Wilson et al. 1998a; Mayer et al. 1999). Daraus lässt sich schließen, dass Gabapentin in wesentlich höheren Dosen als ursprünglich empfohlen verabreicht werden sollte, um die optimale antiepileptische Wirksamkeit zu entfalten (Wilson et al. 1998a; Morrell 1999; Morris 1999).
- Monotherapie bei Erwachsenen: Bisher wurden 4 doppelblinde Monotherapiestudien mit Gabapentin durchgeführt. In der ersten Studie konnte kein signifikanter Effektivitätsunterschied zwischen einer Dosierung von

Tabelle 15.7. Dosisabhängigkeit der Responderraten unter einer Add-on Therapie mit Gabapentin – STEPS-Trial

Dosis	Responderrate	Anteil der anfallsfreien Patienten
≤ 900 mg	18,1%	15,1%
≤ 1200 mg	25,1%	20,2%
≤ 1800 mg	44,9%	33,4%
≤ 2400 mg	54,2%	38,2%
≤ 3600 mg	76,0%	46,4%

Modifiziert nach: Morrell MJ (1999)

600, 1200 und 2400 mg gefunden werden (Beydoun et al. 1997a). In einer prächirurgischen Studie war eine tägliche Dosis von 3600 mg einer niedrigen Dosis von 300 mg (Placeboäquivalent) signifikant überlegen (Bergey et al. 1997). Schließlich zeigte sich bei neu-diagnostizierten Patienten für Gabapentin in einer Dosierung von 900 bzw. 1800 mg/Tag eine vergleichbare Wirksamkeit wie für Carbamazepin (in einer relativ niedrigen Dosierung von 600 mg/Tag), bei jedoch geringerer Nebenwirkungsrate für Gabapentin (Chadwick et al. 1998). In einer offenen Studie konnten 23 von 45 therapierefraktären Patienten (= 51%) auf eine hochdosierte Gabapentin-Monotherapie (Dosis: 2400–4800 mg/Tag) umgestellt werden, wobei eine mehr als 50%-ige Anfallsreduktion bei 7 Patienten (30,4%) erreicht werden konnte (Beydoun et al. 1998). In einer rezenten Doppelblindstudie war Gabapentin gleich wirksam wie Vigabatrin (Lindberger 1999). Zudem konnte im direkten Vergleich von Gabapentin (durchschnittliche Dosis = 1800 mg) mit Lamotrigin (durchschnittliche Dosis = 150 mg) weder für Wirksamkeit noch für Nebenwirkungen ein signifikanter Unterschied zwischen den beiden Substanzen gefunden werden (Brodie et al. 2000).

- Kombinationstherapie bei Kindern: Bei Kindern im Alter von 3–12 Jahren mit therapieresistenten fokalen Epilepsien konnte ein moderater Effekt von Gabapentin in der Add-On-Therapie nachgewiesen werden (Appleton et al. 1999a). In einer offenen Studie konnte eine Responderrate von 34,3% erreicht werden (Khurana et al. 1996). Allerdings kann es – insbesondere bei retardierten Patienten – in bis zu 10% zu Verhaltensauffälligkeiten kommen (Khurana et al. 1996; Mikati et al. 1998; Pellock und Appleton 1999). Bei Rolando-Epilepsie ist Gabapentin wirksamer als Placebo (Bourgeois et al. 1998).

Generalisierte Epilepsien: Bei der Absence-Epilepsie des Schulalters zeigt Gabapentin keinen Effekt (Trudeau et al. 1996). Bei idiopathischen generalisierten Epilepsien können zwar die generalisierten tonisch-klonischen Anfälle, nicht jedoch die Absencen und Myoklonien vermindert werden (Chadwick et al. 1996a).

Indikationen

- Monotherapie und Kombinationstherapie von fokalen Epilepsien im Erwachsenenalter und bei Kindern im Alter von > 12 Jahren.
- Kombinationstherapie von fokalen Epilepsien bei Kindern im Alter von 3–12 Jahren.

Gabapentin kann Absencen und Myoklonien verstärken und sollte deshalb bei idiopathischen und symptomatischen generalisierten Epilepsien nicht eingesetzt werden (Genton 2000).

Nebenwirkungen. Gabapentin besitzt ein günstiges Nebenwirkungsprofil, die Nebenwirkungen sind zumeist gering bis mäßiggradig und bilden sich in vielen Fällen auch bei gleichbleibender Dosis nach wenigen Wochen komplett zurück.

Zentralnervöse Nebenwirkungen:
- In den doppelblinden Add-On-Studien traten die in Tabelle 15.8 angeführten Nebenwirkungen signifikant häufiger auf als unter Placebo.
- Monotherapiestudien (Dosis >900mg/Tag; n = 327): Schwindel (19,6%), Kopfschmerzen (12,5%), Müdigkeit (10,4%), Somnolenz (8,6%), Ataxie (6,1%) (Beydoun et al. 1997a; Chadwick et al. 1998).
- Kognitive Nebenwirkungen: Gabapentin hat keine negativen kognitiven Effekte (Dodrill et al. 1999).
- Wirkungen auf die Thymopsyche: Gabapentin scheint positive Effekte auf die Thymopsyche zu haben (Harden et al. 1999).
- Bei Kindern: Verhaltensänderungen bei bis zu 10% (Hyperaktivität, Irritabilität, Agitation) (Pellock und Appleton 1999).

Gastrointestinale Nebenwirkungen: Übelkeit und/oder Erbrechen (6,7% in den Monotherapiestudien) (Beydoun et al. 1997a; Chadwick et al. 1998).

Tabelle 15.8. Nebenwirkungen unter Gabapentin in Kombinationstherapie (Parke-Davis, data on file)

Nebenwirkung	Placebo (n = 378)	Gabapentin-Add-on-Therapie (n = 543)
Allgemeine Müdigkeit	5,0%	11,0%
Somnolenz	8,7%	19,3%
Schwindel	6,9%	17,1%
Ataxie	5,6%	12,5%
Nystagmus	4,0%	8,3%
Tremor	3,2%	6,8%

Gewichtszunahme: erst rezent berichtete, in den doppelblinden Add-On-Studien zunächst nicht beschriebene Nebenwirkung; offene Add-On-Studien: Gewichtszunahme von >5% des Körpergewichts bei 45,6% der Patienten und von >10% bei 26,3% der Patienten (Asconape und Collins 1995); Monotherapiestudien: im Dosisbereich von 600–2400 mg bei 6% der Patienten (bei 3% mehr als 7% des Körpergewichts) (Beydoun et al. 1997a); im hohen Dosisbereich von 3000–4800 mg bei 26% der Patienten mehr als 7%, durchschnittlich 5% des Körpergewichts (Beydoun et al. 1998).

Andere Nebenwirkungen: Purpura (5,5%) (Beydoun et al. 1997a; Chadwick et al. 1998).

Die meisten Nebenwirkungen sind unabhängig von der Dosis. In rezenten Studien konnte durch eine Dosissteigerung bis auf 3600 mg die Anfallskontrolle verbessert werden, während die Nebenwirkungen nicht zunahmen (Wilson et al. 1998a; Morrell 1999; Morris 1999).

Dosierung. *Erwachsene:* 1.Tag: 300–400 mg; 2. Tag: 600–800 mg; 3. Tag: 900–1200 mg; Erhaltungsdosis: 1800–2400 mg/Tag (in Einzelfällen bis 4800 mg/Tag).

Kinder: 1.Tag: 10 mg/kg; 2. Tag: 20 mg/kg; 3. Tag: 30 mg/kg; Erhaltungsdosis: 30–60 mg/kg/Tag (in Einzelfällen bis 100 mg/kg/Tag) (Pellock und Appleton 1999).

Die kurze Halbwertszeit von 5–7 Stunden erfordert eine 2–3mal tägliche Dosierung.

Serumspiegel. Die Referenzwerte für den Serumspiegel liegen bei 30–90 µmol/l (5–16 µg/ml; Umrechungsfaktor: 5,84) (Krämer 1998a; Fröscher et al. 1999; Tomson und Johannessen 2000).

15.6. Lamotrigin (Tabelle 15.9)

Handelsname. Lamictal®.

Wirkmechanismus und Pharmakokinetik. Lamotrigin wirkt – ähnlich wie Carbamazepin und Phenytoin – über eine Blockade spannungsabhängiger, schnell feuernder Natriumkanäle. Im Gegensatz zu den beiden genannten Substanzen hat Lamotrigin ein breites antiepileptisches Wirkspektrum, das auch generalisierte Anfälle umfasst, sodass eine selektive Bindung an bestimmte Natriumkanal-Subunit-Typen postuliert wurde (Binnie 1997a; Messenheimer 1997; Rho und Sankar 1999). Zudem blockiert Lamotrigin spannungsabhängige Calciumkanäle (high voltage activated voltage dependent calcium channels (HVA-VDCC)), wobei die klinische Relevanz dieses Effekts noch nicht endgültig geklärt ist.

Tabelle 15.9. Vor- und Nachteile von Lamotrigin

Vorteile

Wirksamkeit/Indikationen

- Monotherapie fokaler Epilepsien: vergleichbare Wirksamkeit wie Standardantiepileptika bei besserer Verträglichkeit
- Kombinationstherapie fokaler Epilepsien: Wirksamkeit in Doppelblindstudien belegt
- Lennox-Gastaut-Syndrom: Wirksamkeit in Doppelblindstudie belegt
- West-Syndrom: Wirksamkeit in offener Studie belegt
- Idiopathische generalisierte Epilepsien: Wirksamkeit in Doppelblindstudie belegt

Verträglichkeit/Nebenwirkungen

- Gute Verträglichkeit
- Positive psychotrope Effekte
- Keine Gewichtszunahme oder endokrinen Nebenwirkungen
- Keine gravierenden Nebenwirkungen in der Langzeittherapie

Pharmakokinetik/Interaktionen

- Keine Interaktionen mit oralen Kontrazeptiva

Nachteile

Wirksamkeit

- Eher geringe Wirksamkeit in der Kombinationstherapie von fokalen Epilepsien
- Datenlage bei idiopathischen generalisierten Epilepsien derzeit noch unzureichend (direkter Vergleich mit Valproinsäure steht aus)
- Kann Myoklonien bei der frühkindlichen myoklonischen Epilepsie verstärken

Verträglichkeit/Nebenwirkungen

- Allergische Hauterscheinungen (insbesondere bei Kindern; erhöhte Inzidenz bei Kombination mit Valproinsäure wird kontroversiell beurteilt; in seltenen Fällen gravierende allergische Reaktionen: Stevens-Johnson-Syndrom)
- Schlafstörungen

Pharmakokinetik/Interaktionen

- Langsame Aufdosierung
- Interaktionen mit anderen Antiepileptika (insbesondere mit Valproinsäure)

Kommentar

- Antiepileptikum mit breitem Wirkungsspektrum und guter Verträglichkeit
- Frühzeitiger Einsatz in der Monotherapie von fokalen Epilepsien (?)
- Alternative zu Valproinsäure als Mittel der ersten Wahl bei jungen Frauen mit idiopathischen generalisierten Epilepsien (?)
- Sollte beim Lennox-Gastaut Syndrom frühzeitig eingesetzt werden
- Synergistischer Effekt mit Valproinsäure

Lamotrigin wird nach oraler Gabe rasch und nahezu vollständig resorbiert (orale Bioverfügbarkeit nahezu 100%, maximale Plasmakonzentration nach 2–3 Stunden), die Nahrungsaufnahme beeinflusst die Geschwindigkeit, nicht jedoch das Ausmaß der Resorption. Die Plasmaeiweißbindung beträgt 55% und wird durch andere Medikamente nicht beeinflusst. Lamotrigin wird extensiv in der Leber metabolisiert (Glukuronidierung zu inaktiven Metaboliten), lediglich 8% werden unverändert über die Niere ausgeschieden. Nach wiederholter Einnahme kommt es zu einer geringen bis mäßigen Autoinduktion mit einem Abfall der Lamotrigin-Serumkonzentration um 25%, ansonsten hat Lamotrigin keinen Effekt auf das hepatale Zytochrom-P450-System. Die Plasmahalbwertszeit beträgt bei Erwachsenen ca. 30 Stunden und ist bei Kindern deutlich kürzer (Binnie 1997a; Krämer 1998a; Krämer und Bourgeois 1998).

Interaktionen. *Auswirkungen anderer Antiepileptika auf Lamotrigin:* Enzym-induzierende Antiepileptika (Carbamazepin, Phenytoin oder Phenobarbital) führen zu einer signifikanten Erniedrigung der Lamtrogin-Serumkonzentrationen und dadurch zu einer Verkürzung der Halbwertszeit bei Erwachsenen auf ca. 15 Stunden und bei Kindern auf ca. 7 Stunden. Die Zugabe von Valproinsäure verlängert die Halbwertszeit bei Erwachsenen auf etwa 60 Stunden. Bei gemeinsamer Gabe von enzym-induzierenden Antiepileptika und Valproinsäure hebt sich dieser Effekt auf (Krämer und Bourgeois 1998). Oxcarbazepin kann im hohen Dosisbereich durch Induktion der UDP-Glukuronyltransferase zu Erniedrigungen der Lamotrigin-Serumspiegel um bis zu 29% führen (May et al. 1999; Krämer 2000). Felbamat kann die Konzentration von Lamotrigin um ca. 15% erhöhen (= klinisch wahrscheinlich nicht signifikant) (Perucca 1999).

Auswirkungen von Lamotrigin auf andere Antiepileptika: Lamotrigin bewirkt eine geringgradige Autoinduktion (Reduktion der Halbwertszeit um 25%) (Binnie 1997a). Lamotrigin hat keinen Effekt auf die Serumkonzentrationen von Carbamazepin, Phenytoin oder Phenobarbital. Allerdings kommt es bei Kombination mit Carbamazepin – insbesondere bei hohen Carbamazepin-Spiegeln – häufig zum Auftreten von Schwindel, Ataxie und Doppelbildern, wobei es sich hierbei um eine pharmakodynamische Interaktion handeln dürfte (Besag et al. 1998). Bei Auftreten von derartigen Nebenwirkungen sollte deshalb die Einnahme der beiden Medikamente um eine Stunde zeitversetzt erfolgen und/oder die Carbamazepin-Dosis um ca. 20% reduziert werden. Bei Zugabe von Lamotrigin kann es zu einem Abfall der Valproinsäure-Konzentration um 25% (Anderson et al. 1996) sowie der Clonazepam-Konzentration kommen (Eriksson et al. 1996; Riva et al. 1996; Krämer und Bourgeois 1998; Patsalos 1999).

Auswirkungen von Lamotrigin auf orale Kontrazeptiva: Lamotrigin hat keinen Effekt auf orale Kontrazeptiva.

Interaktionen mit anderen Medikamenten: Das Antidepressivum Sertralin führt zu einem signifikanten Anstieg der Lamotrigin-Konzentration, das Analgetikum Paracetamol zu einem leichten Abfall (Krämer und Bourgeois 1998).

Wirksamkeit. *Fokale Epilepsien:*

- Kombinationstherapie bei Erwachsenen: In der Kombinationstherapie konnte mit Lamotrigin bei durchschnittlich 23% der Patienten eine mehr als 50%-ige Anfallsreduktion (= „Responder"; mit Placebo bei 9% der Patienten) erzielt werden, bei der empfohlenen Dosierung von 500 mg bei 34% (mit Placebo bei 18% der Patienten) (Cramer et al. 1999); Anfallsfreiheit konnte nur selten erreicht werden (Krämer und Bourgeois 1998).
- Monotherapie bei Erwachsenen: In der Monotherapie von Patienten mit fokalen Epilepsien zeigte Lamotrigin eine vergleichbare Effektivität wie Carbamazepin (Brodie et al. 1995, 1999; Reunanen et al. 1996) bzw. Phenytoin (Christe et al. 1997; Steiner et al. 1999), wobei die Verträglichkeit von Lamotrigin signifikant besser war. Hinsichtlich der schlechteren Verträglichkeit von Carbamazepin ist allerdings anzumerken, dass die Aufdosierung von Carbamazepin relativ rasch erfolgte und ein nicht-retardiertes Carbamazepin-Präparat verwendet wurde (Krämer und Bourgeois 1998). In einem direkten Vergleich von Lamotrigin (durchschnittliche Dosis = 150 mg) mit Gabapentin (durchschnittliche Dosis = 1800 mg) konnte weder für Wirksamkeit noch für Nebenwirkungen ein signifikanter Unterschied zwischen den beiden Substanzen gefunden werden (Brodie et al. 2000). In einer rezenten Studie wurden Patienten, die unter einer Monotherapie mit Carbamazepin oder Phenytoin therapieresistent waren, auf eine Lamotrigin- bzw. niedrig dosierte Valproinsäure-Monotherapie umgestellt. Die Monotherapiephase konnte dabei signifikant häufiger unter Lamotrigin als unter niedrig-dosierter Valproinsäure erfolgreich abgeschlossen werden (Gilliam et al. 1998). In einer anderen Studie wurden ebenfalls therapieresistente Patienten auf eine Monotherapie mit Lamotrigin oder Valproinsäure umgestellt, wobei sich bei vergleichbarer Wirksamkeit eine bessere Verträglichkeit von Lamotrigin zeigte (Kerr et al. 1999).
- Kombinationstherapie bei Kindern: Bei Kindern konnte in der Kombinationstherapie bei ca. 30% der Patienten eine mehr als 50%-ige Anfallsreduktion erreicht werden (Besag et al. 1995).

Generalisierte Epilepsien:

- West-Syndrom: In einer Studie an 30 Kindern mit therapierefraktärem West-Syndrom konnte bei 5 Kindern Anfallsfreiheit und bei 4 Kindern eine mehr als 50%-ige Anfallsreduktion erzielt werden (Vegiotti et al. 1994). Kontrollierte Studien wurden allerdings nicht publiziert, sodass eine konklusive Bewertung von Lamotrigin beim West-Syndrom derzeit nicht möglich ist.

- Lennox-Gastaut-Syndrom: In der Add-On-Therapie des Lennox-Gastaut-Syndroms konnte in kontrollierten Doppelblind-Studien eine mediane Anfallsreduktion aller Anfälle (tonisch-klonische, tonische, atonische, myoklonische) von 32% erzielt werden (unter Placebo 9%). Eine mehr als 50%-ige Anfallsreduktion konnte bei 33% der Patienten unter Lamotrigin vs. 16% unter Placebo erreicht werden (Motte et al. 1997; Eriksson et al. 1998).
- Idiopathische und symptomatische generalisierte Epilepsien: In der Kombinationstherapie bei Patienten mit unterschiedlichen therapieresistenten Epilepsien des Kindesalters konnte nach 12 Wochen bei 34% und nach 48 Wochen bei 48% eine mehr als 50%-ige Anfallsreduktion erzielt werden, wobei die Wirksamkeit bei typischen und atypischen Absencen am höchsten war (Besag et al. 1995). Bei Patienten mit therapieresistenten generalisierten Epilepsien konnte durch die Zugabe von Lamotrigin eine mehr als 50%-ige Reduktion der generalisierten tonisch-klonischen Anfälle bei 50% der Patienten sowie der Absencen bei 33% erreicht werden (Beran et al. 1998).
- Absence-Epilepsie des Schulalters: In der Add-On-Therapie der Absence-Epilepsie des Schulalters konnte bei Patienten mit therapieresistenten Absencen bei mehr als der Hälfte der Patienten eine mehr als 50%-ige Anfallsreduktion und bei einigen Patienten Anfallsfreiheit erzielt werden (Besag et al. 1995; Ferrie et al. 1995; Mikati und Holmes 1997), sodass synergistische Effekte von Valproinsäure und Lamotrigin postuliert wurden. In einer Monotherapiestudie wurden über 70% der Patienten unter einer Lamotrigin-Monotherapie in der offenen Aufdosierungsphase anfallsfrei (Frank et al. 1999), wobei in der anschließenden placebokontrollierten Doppelblindphase lediglich 62% der ursprünglich anfallsfreien Patienten unter einer Fortführung der Lamotrigin-Therapie anfallsfrei blieben (Placebo: 21%). Insgesamt ist somit von einer maximal 50%-igen längerfristigen Anfallskontrolle auszugehen, was deutlich unter der Erfolgsrate von Valproinsäure liegt. Allerdings steht ein direkter Vergleich von Lamotrigin und Valproinsäure in Monotherapie noch aus (Panayiotopoulos 2000).
- Juvenile myoklonische Epilepsie: Auch bei der juvenilen myoklonischen Epilepsie hat Lamotrigin in unkontrollierten Studien positive Effekte gezeigt (Timmings und Richens 1993; Sharpe und Buchanan 1995), wobei eine abschließende Bewertung jedoch noch aussteht.

Indikationen. Lamotrigin besitzt ein breites Wirkungsspektrum, das sowohl fokale als auch generalisierte Epilepsien umfasst.

- Monotherapie und Add-On-Therapie von fokalen Epilepsien,
- Lennox-Gastaut-Syndrom,
- West-Syndrom,
- idiopathische generalisierte Epilepsien.

Lamotrigin kann Myoklonien bei der frühkindlichen myoklonischen Epilepsie verstärken.

Nebenwirkungen

- Zentralnervöse Nebenwirkungen:
  - Add-On-Studien: Siehe Tabelle 15.10. Therapieabbruch auf Grund von Nebenwirkungen: Lamotrigin: 8%, Placebo: 3% (Messenheimer et al. 1998).
  - Monotherapiestudien (gepoolte Daten von 443 Patienten): Somnolenz (8%), allgemeine Schwäche (16%), Schwindel (8%), Schlafstörungen (6%), Kopfschmerzen (20%). Therapieabbruch auf Grund von Nebenwirkungen: Lamotrigin: 9,5%, Carbamazepin: 19,1%, Phenytoin: 18,9% (Messenheimer et al. 1998). Hier muss allerdings angeführt werden, dass Carbamazepin relativ schnell aufdosiert und nicht in retardierter Form verabreicht wurde, was unter Umständen zur schlechteren Verträglichkeit beigetragen haben könnte.
  - Kognitive Nebenwirkungen: Bisher konnten unter Lamotrigin keine negativen kognitiven Effekte beobachtet werden (Monaco 1996).
  - Psychische bzw. psychiatrische Nebenwirkungen: Es wurden positive psychotrope Effekte beschrieben; allerdings wurde in Einzelkasuistiken auch über Exazerbationen von Depressionen und Auslösung alternativer Psychosen berichtet (Trimble 1996; Ketter et al. 1999).
- Gastrointestinale Nebenwirkungen:
  - Add-On-Studien (gepoolte Daten von 962 Patienten unter Lamotrigin (LTG) und 593 Patienten unter Placebo (PLC): Übelkeit (LTG: 19%; PLC: 9%), Erbrechen (LTG: 10%; PLC: 5%) (Messenheimer et al. 1998).

Tabelle 15.10. Nebenwirkungen unter Lamotrigin in Kombinationstherapie

Nebenwirkung	Placebo (n = 593)	Lamotrigin-Add-on-Therapie (n = 962)
Schwindel	15%	35%
Kopfschmerzen	21%	26%
Doppelbilder	6%	21%
Ataxie	6%	20%
Somnolenz	7%	13%
Verschwommensehen	4%	14%
Koordinationsstörungen	2%	6%
Tremor	1%	5%
Schlafstörungen	3%	6%

Modifiziert nach: Messenheimer J et al. (1998)

  - Monotherapiestudien (gepoolte Daten von 443 Patienten): Übelkeit (10%) (Messenheimer et al. 1998).
- Allergische Hauterscheinungen (Guberman et al. 1999):
  - Klinisches Spektrum: Urtikaria; makulopapulöses skarlantiformes Exanthem; Hypersensitivitätssyndrom; Stevens-Johnson-Syndrom; toxische epidermale Nekrolyse (Lyell-Syndrom).
  - Inzidenz – Erwachsene (gepoolte Daten von 3348 Patienten): 10%; Therapieabbruch: 3,8%; gravierende Hautreaktion bzw. Spitalseinweisung erforderlich: 0,3%; Stevens-Johnson-Syndrom: 0,1%.
  - Inzidenz – Kinder und Jugendliche unter 16 Jahren (gepoolte Daten von 1233 Patienten): 12,9%; gravierende Hautreaktion bzw. Spitalseinweisung erforderlich: 1,1%.
  - Todesfälle: Weniger als 10 in der Literatur berichtet.
  - Zeitliches Auftreten: Zumeist innerhalb der ersten 6 Wochen, selten später als 12 Wochen nach Therapiebeginn.
  - Risikofaktoren: Alter (Kinder und Jugendliche haben ein größeres Risiko); Geschwindigkeit der Dosissteigerung; bestehende Therapie mit Valproinsäure (bei Berücksichtigung der Interaktion Valproinsäure – Lamotrigin und entsprechend langsamer Aufdosierung konnte allerdings in einer rezenten Studie keine erhöhte Inzidenz allergischer Hautreaktionen bei Kombination mit Valproinsäure gefunden werden (Faught et al. 1999)).
  - Vorsichtsmaßnahmen: Aufklärung des Patienten über mögliche Hauterscheinungen und allfällige Anzeichen einer Hypersensitivitätsreaktion (Fieber, Halsschmerzen, Lymphknotenschwellungen, Schleimhautläsionen).
- Chronische Nebenwirkungen: Bisher nicht beschrieben.

Dosierung. Lamotrigin muss langsam aufdosiert werden, um das Risiko des Auftretens allergischer Hautreaktionen zu verringern, wobei das folgende Aufdosierungsschema empfohlen wird: Erwachsene und Kinder über 12 Jahre:

- Monotherapie: 1. und 2. Woche: 25 mg/Tag, 3. und 4. Woche 50 mg/Tag, Erhaltungsdosis: 100–200 mg/Tag (in Einzelfällen bis zu 500 mg/Tag).
- Bei Kombination mit enzyminduzierenden Substanzen (Carbamazepin, Phenytoin, Phenobarbital): 1. und 2. Woche: 1 x 50 mg/Tag, 3. und 4. Woche: 2 x 50 mg/Tag, Erhaltungsdosis: 200–400 mg/Tag (in Einzelfällen bis zu 800 mg/Tag).
- Bei Kombination mit Valproinsäure: 1. und 2. Woche: 25 mg jeden 2.Tag, 3. und 4. Woche: 25 mg/Tag, Erhaltungsdosis: 50–200 mg/Tag.

Kinder zwischen 2 und 12 Jahren:

- Monotherapie: Eine initiale Monotherapie wird bei Kindern, bis zum Vorliegen weiterer Daten, nicht empfohlen.

- Bei Kombination mit enzyminduzierenden Substanzen (Carbamazepin, Phenytoin, Phenobarbital): 1. und 2. Woche: 2 x 0,5 mg/kg/Tag, 3. und 4. Woche: 2 x 1 mg/kg/Tag, Erhaltungsdosis: 2 x 1–7,5 mg/kg/Tag.
- Bei Kombination mit Valproinsäure: 1. und 2. Woche: 0,2 mg/kg/Tag, 3. und 4. Woche: 0,5 mg/kg/Tag, Erhaltungsdosis: 1–7 mg/kg/Tag.

  Die Gabe erfolgt – je nach Ko-Medikation – in 1–2-täglichen Einzeldosen.

Serumspiegel. Die Referenzwerte für den Serumspiegel liegen bei 10–50 μmol/l (2,5–12,5 μg/ml; Umrechungsfaktor: 3,93) (Krämer 1998a; Fröscher et al. 1999; Tomson und Johannessen 2000).

15.7. Levetiracetam (Tabelle 15.11)

Handelsname. Keppra®.

Wirkmechanismus und Pharmakokinetik. Levetiracetam ist ein wasserlösliches Azetamid. Der Wirkmechanismus von Levetiracetam ist unbekannt und unterscheidet sich von dem aller bisher bekannten Antiepileptika.

Levetiracetam wird rasch und nahezu vollständig resorbiert (orale Bioverfügbarkeit nahezu 100%; maximale Plasmakonzentrationen werden nach 1–2 Stunden erreicht). Die Resorptionsgeschwindigkeit wird durch gleichzeitige Nahrungsaufnahme vermindert, nicht jedoch das Ausmaß der Resorption. Levetiracetam wird kaum an Plasmaproteine gebunden (< 10%). Innerhalb von 24 Stunden werden 93% der verabreichten Dosis ausgeschieden. Levetiracetam wird dabei einerseits zu 66% unverändert renal ausgeschieden, andererseits zu 24% als L057 (wichtigster, pharmakologisch inaktiver Metabolit). Die Metabolisierung zu L057 erfolgt dabei unabhängig vom Zytochrom-P450-Systems. Die Halbwertszeit liegt bei 6–8 Stunden (Patsalos 2000; Shorvon 2000).

Interaktionen. *Auswirkungen anderer Antiepileptika auf Levetiracetam:* Bisher wurden keine Effekte anderer Antiepileptika auf Levetiracetam beobachtet.

Auswirkungen von Levetiracetam auf Antiepileptika: In mehreren doppelblinden, placebo-kontrollierten Studien hatte Levetiracetam keinen Einfluss auf die Plasmakonzentration von Carbamazepin, Phenytoin, Valproinsäure, Lamotrigin, Phenobarbital, Primidon und Gabapentin. In einzelnen Fällen wurden allerdings Erhöhungen der Phenytoin-Serumspiegel um 27–52% beobachtet (Patsalos 2000).

Interaktionen mit oralen Kontrazeptiva: Keine.

Interaktionen mit anderen Medikamenten: Levetiracetam hat keinen Effekt auf andere Medikamente: Durch die Zugabe von Probenicid steigt die Serumkonzentration von L057 um eine Faktor 2,5 an, wobei die klinische Relevanz dieses Effekts derzeit noch unklar ist (Patsalos 2000).

Tabelle 15.11. Vor- und Nachteile von Levetiracetam

Vorteile

Wirksamkeit

- Kombinationstherapie fokaler Epilepsien: Wirksamkeit in Doppelblindstudien belegt
- Monotherapie fokaler Epilepsien: Wirksamkeit in Doppelblindstudien belegt
- Kombinationstherapie idiopathischer generalisierter Epilepsien: Wirksamkeit in ersten offenen Studien belegt

Verträglichkeit/Nebenwirkungen

- Gute Verträglichkeit
- Keine allergischen Reaktionen
- Keine gravierenden Nebenwirkungen in der Langzeittherapie

Pharmakokinetik/Interaktionen

- Keine Eiweißbindung
- Metabolisierung unabhängig vom Zytochrom P450-System
- Keine aktiven Metaboliten
- Praktisch keine Interaktionen mit anderen Antiepileptika oder Medikamenten

Nachteile

Wirksamkeit

- Monotherapie fokaler Epilepsien: Datenlage für konklusive Beurteilung noch unzureichend
- Idiopathische generalisierte Epilepsien: Datenlage für konklusive Beurteilung noch unzureichend

Verträglichkeit/Nebenwirkungen

- Keine

Pharmakokinetik/Interaktionen

- Keine

Kommentar

- Neues vielsprechendes Antiepileptikum mit wahrscheinlich breitem klinischem Wirkspektrum
- Datenlage für endgültige Beurteilung derzeit noch unzureichend

Wirksamkeit. *Fokale Epilepsien:*

- Kombinationstherapie bei Erwachsenen: In 3 doppelblinden, placebokontrollierten Studien (insgesamt 904 Patienten) konnten mit einer Levetiracetam-Kombinationstherapie folgende Responderraten (mehr als 50%-ige Anfallsreduktion) erzielt werden: Placebo: 13%; Levetiracetam 1000 mg: 28%; Levetiracetam 2000 mg: 32%; Levetiracetam 3000 mg: 41%. Unter Levetiracetam wurden 6,3% der Patienten anfallsfrei, unter Placebo keiner (Shorvon et al. 1999; Betts et al. 2000; Cereghino et al. 2000; Shorvon et al. 2000). Einer rezenten Metaanalyse zu Folge beträgt die Odds-Ratio für Responder 3,81 und für einen vorzeitigen Therapieabbruch 1,25 (Chaisewikul et al. 2000).
- Monotherapie bei Erwachsenen: In einer Studie wurde der Versuch unternommen, Patienten, die unter einer Monotherapie mit einem traditionellen Antiepileptikum weiter Anfälle hatten, auf eine Monotherapie mit Levetiracetam umzustellen. Dies gelang bei 19,9% der Patienten (mit Placebo bei 9,5% der Patienten), wobei bei diesen Patienten eine durchschnittliche Anfallsreduktion von 73,8%, eine Responderrate von 59,2% (= 11,6% der Gesamtgruppe) und Anfallsfreiheit in 18,4% (= 5,0% der Gesamtgruppe) zu beobachten war (Ben-Menachem und Falter 1999).
- Kombinationstherapie bei Kindern: In einer offenen placebokontrollierten Studie an 23 Kindern mit therapieresistenten fokalen Epilepsien konnte bei 52% eine mehr als 50%-ige Anfallsreduktion und bei 9% Anfallsfreiheit erreicht werden (Glauser et al. 1999).

Generalisierte Epilepsien:

- Photosensible Epilepsien: In einer Kurzzeitstudie konnten positive Effekte bei Patienten mit photosensiblen Epilepsien beobachtet werden (Kasteleijn-Nolst Trenite et al. 1996).
- Juvenile myoklonische Epilepsie: In einer rezenten Studie konnte bei 6/13 Patienten, die gegenüber Valproinsäure und Lamotrigin therapieresistent waren, für einen mittleren Beobachtungszeitraum von 36 Monaten Anfallsfreiheit erzielt werden, bei 12/13 Patienten zeigte sich eine Anfallsreduktion von mehr als 50% (Smith et al. 2000).

Indikationen

- Kombinationstherapie von fokalen Epilepsien bei Erwachsenen;
- Kombinationstherapie von generalisierten Epilepsien bei Erwachsenen.

Eine Exazerbation von bestimmten Anfallstypen wurde unter Levetiracetam bisher nicht beschrieben.

Nebenwirkungen. Levetiracetam besitzt ein günstiges Nebenwirkungsprofil.

Tabelle 15.12. Nebenwirkungen unter Levetiracetam in den Doppelblind-Add-On-Studien

Nebenwirkung	Placebo (n = 351)	Levetiracetam (n = 672)
Schwindel	4,3%	9,2%
Infekte	7,4%	13,2%
Müdigkeit	9,7%	14,1%
Somnolenz	9,7%	14,9%

Modifiziert nach: Shorvon SD et al. (1999)

- Zentralnervöse Nebenwirkungen:
  - In den Doppelblind-Add-On-Studien traten die in Tabelle 15.12. angeführten Nebenwirkungen signifikant häufiger auf als unter Placebo; diese Nebenwirkungen waren bei einer Dosierung von 2000–3000 mg häufiger als unter 1000 mg zu beobachten (Shorvon et al. 1999).
  - In den offenen Add-On-Studien (gepoolte Daten von 1359 Patienten, insgesamt 2258 Patienten-Jahre) waren folgende Nebenwirkungen zu beobachten: Kopfschmerzen (25%), Müdigkeit (22%), Somnolenz (22%), Schwindel (18%) (Shorvon 2000).
  - Kognitive Nebenwirkungen: in den Doppelblindstudien konnten unter Levetiracetam Verbesserungen in kognitiven und Lebensqualitätsparametern festgestellt werden (Cramer et al. 2000).
- Bisher nicht beobachtet: idiosynkratische Reaktionen, Gesichtsfelddefekte, Beeinflussung von Vitalparametern.

Dosierung. Für Erwachsene beträgt die empfohlene Anfangsdosis 500 mg zweimal täglich (insgesamt 1000 mg/Tag), die Dosis sollte um 500–1000 mg/Tag alle 7 Tage bis auf eine maximale Dosis von 3000 mg/Tag gesteigert werden (empfohlene Erhaltungsdosis: 1000–3000 mg/Tag; in Einzelfällen bis 4000 mg/Tag). Die Gabe erfolgt in 2 täglichen Einzelgaben (Shorvon 2000).

Serumspiegel. Referenzwerte für die Serumspiegel sind derzeit noch nicht etabliert.

15.8. Oxcarbazepin (Tabelle 15.13)

Handelsname. Trileptal®.

Wirkmechanismus und Pharmakokinetik. Oxcarbazepin ist ein Carbamazepin-Analogon (10-Keto-Carbamazepin). Der Wirkmechanismus besteht – ähnlich wie der von Carbamazepin – in einer Hemmung von schnell feuernden Natriumkanälen. Zudem wird auch eine Hemmung von spannungsabhängigen Calciumkanälen (high voltage activated voltage dependent calcium channels: HVA-VDCC) und eine Interaktion mit Kaliumkanälen postuliert. Dadurch könnte die Wirksamkeit von Oxcarbazepin bei Anfällen, die gegenüber Carbamazepin resistent sind, erklärt werden (Stefani et al. 1997; Krämer 2000).

Oxcarbazepin wird nach oraler Einnahme rasch und nahezu vollständig sowie unabhängig von der Nahrungsaufnahme resorbiert (orale Bioverfügbarkeit > 95%, maximale Plasmakonzentrationen des Monohydroxyderivats 4–6 Stunden nach oraler Gabe). Es besteht eine lineare Beziehung zwischen Dosis und Serumkonzentration. Oxcarbazepin wird zu mehr als 95% in den pharmakologisch aktiven Metaboliten – das 10,11-Dihydro-10-Hydroxy-Carbazepin (Monohydroxyderivat = MHD) – reduziert, das die eigentliche Wirksubstanz darstellt. Dieser Reduktionsschritt wird durch vom Zytochrom-P450-System unabhängige, nicht-mikrosomale und nicht induzierbare Keto-Reduktasen

Tabelle 15.13. Vor- und Nachteile von Oxcarbazepin

Vorteile

Wirksamkeit
- Hohe Wirksamkeit in der Add-On und Monotherapie-Therapie von fokalen Epilepsien

Verträglichkeit/Nebenwirkungen
- Qualitativ ähnliches Nebenwirkungsprofil wie Carbamazepin bei jedoch insgesamt besserer Verträglichkeit
- Allergische Reaktionen seltener als unter Carbamazepin

Pharmakokinetik/Interaktionen
- Niedrige Eiweißbindung
- Keine Autoinduktion
- Relativ geringes Interaktionspotential
- Rasche Umstellung von Carbamazepin auf Oxcarbazepin möglich

Nachteile

Wirksamkeit
- Wirksamkeit auf fokal eingeleitete und generalisierte tonisch-klonische Anfälle beschränkt

Verträglichkeit/Nebenwirkungen
- Hyponatriämien
- Allergische Hautreaktionen, Kreuzallergie mit Carbamazepin in 23–30% der Fälle

Pharmakokinetik/Interaktionen
- Interaktionen mit oralen Kontrazeptiva

Kommentar
- Alternative zu Carbamazepin als Mittel der ersten Wahl bei fokalen Epilepsien (?)

vermittelt. Die weitere Metabolisierung von MHD erfolgt zum größten Teil mittels Glukuronidierung und nachfolgender renaler Ausscheidung, sowie zu einem kleinen Teil mittels Oxidation zu dem Dihydroxyderivat (DHD). Auf Grund dieser Metabolisierung zeigt Oxcarbazepin keine Autoinduktion und ein im Vergleich zu Carbamazepin wesentlich geringeres Interaktionspotential. Die Ausscheidung erfolgt zu mehr als 95% renal, nahezu ausschließlich in Form von Metaboliten. Die Halbwertszeit von Oxcarbazepin beträgt 1–5 Stunden, die von MHD 8–13 Stunden (Krämer 2000).

Interaktionen. *Auswirkungen anderer Antiepileptika auf Oxcarbazepin:* Die Oxidation von MHD in DHD sowie die Glukuronidierung von MHD sind durch andere Antiepileptika induzierbar, weshalb es bei Ko-Medikation mit Carbamazepin, Phenytoin und Phenobarbital, sowie weniger ausgeprägt auch bei Zugabe von Valproinsäure zu einer Erniedrigung der Serumkonzentrationen von Oxcarbazepin bzw. von MHD kommt (bei Männern ausgeprägter als bei Frauen). Valproinsäure bewirkt eine leichte Zunahme des freien Oxcarbazepin-Anteils. Clobazam hat im Allgemeinen keinen Effekt auf den Metabolismus von Oxcarbazepin, in Einzelfällen wurden allerdings erhöhte Serumkonzentrationen von MHD beobachtet. Felbamat führt zu keinen Veränderungen bei MHD, wohl aber zu erhöhten Serumkonzentrationen von Oxcarbazepin und DHD (Perucca 1999; Krämer 2000).

Auswirkungen von Oxcarbazepin auf andere Antiepileptika: Nachdem zunächst angenommen worden war, dass Oxcarbazepin bzw. MHD die Zytochrom-P450-Enzyme nicht beeinflussen, konnte in rezenten Studien eine (möglicherweise dosisabhängige) Hemmung der Isoenzyme CYP2C19 sowie eine Induktion von CYP3A4 und CYP3A5 nachgewiesen werden. Im niedrigen bis mittleren Dosisbereich hat Oxcarbazepin keinen regelhaften Einfluss auf die Serumkonzentrationen von Carbamazepin, Phenytoin, Valproinsäure und Phenobarbital. Im höheren Dosisbereich hingegen kann es durch Hemmung von CYP2C19 zu einem Anstieg der Phenytoin-Konzentration um bis zu 40% und der Phenobarbital-Konzentration um bis zu 15% kommen. Durch Induktion von CYP3A4 sinkt die Serumkonzentration von Carbamazepin um bis zu 22%, durch Induktion der UDP-Glukuronyltransferase kommt es zu Erniedrigungen der Serumspiegel von Lamotrigin um bis zu 29% (May et al. 1999; Krämer 2000).

Auswirkungen von Oxcarbazepin auf orale Kontrazeptiva: Oxcarbazepin vermindert die Bioverfügbarkeit sowohl der Östrogen- als auch der Gestagenkomponente von oralen Kontrazeptiva um ca. 50%.

Interaktionen mit anderen Medikamenten: Oxcarbazepin vermindert die Bioverfügbarkeit des Calciumantagonisten Felodipin um ca. 50%, ansonsten bestehen keine signifikanten Interaktionen mit anderen Medikamenten (Krämer 2000).

Wirksamkeit. *Fokale Epilepsien:*

- Kombinationstherapie bei Erwachsenen: In einer placebokontrollierten doppelblinden Studie bei Erwachsenen konnten mit unterschiedlichen Oxcarbazepin-Dosen folgende Responderraten erzielt werden: Placebo = 12,7%; 600 mg Oxcarbazepin = 26,8%; 1200 mg Oxcarbazepin = 41,2%; 2400 mg Oxcarbazepin = 50,0%. Allerdings waren die Abbruchraten von 36,2% unter 1200 mg und von 66,7% unter 2400 mg Oxcarbazepin relativ hoch, was auf die methodischen Probleme einer raschen und hohen Aufdosierung bei ohnehin schon hoch dosierter vorbestehender Therapie hindeutet (Krämer 2000).
- Monotherapie bei Erwachsenen: Hier war Oxcarbazepin gleich wirksam wie Carbamazepin (Reinikainen et al. 1987; Dam et al. 1989), Phenytoin (Bill et al. 1997) und Valproinsäure (Christe et al. 1997), wobei die Verträglichkeit von Oxcarbazepin signifikant besser war als die von Carbamazepin und Phenytoin und vergleichbar mit der von Valproinsäure. Zudem war Oxcarbazepin in einer prächirurgischen Studie signifikant wirksamer als Placebo (Schachter et al. 1999). Eine hoch dosierte Oxcarbazepin-Therapie war einer niedrigdosierten (300 mg/Tag) ebenfalls signifikant überlegen (Beydoun et al. 2000). Die Zweimalgabe ist gleich wirksam und verträglich wie die Dreimalgabe (Krämer 2000) .
- Kombinationstherapie bei Kindern: Bei Kindern im Alter von 3–17 Jahren (mittleres Alter: 11 Jahre) wurde unter einer Add-On-Therapie mit Oxcarbazepin in einer medianen Dosierung von 31,4 mg/kg/Tag (Bereich: 6,4–51,4 mg/kg/Tag) eine Responderrate von 41% beobachtet (Placebo = 22%) (Krämer 2000). 4% wurden unter Oxcarbazepin anfallsfrei, jedoch nur einer unter Placebo (Glauser et al. 2000c).
- Monotherapie bei Kindern: Oxcarbazepin zeigte bei Kindern im Alter von 5–17 Jahren (mittleres Alter: 10,5 Jahre) eine mit Phenytoin vergleichbare Wirksamkeit bei besserer Verträglichkeit (Guerreiro et al. 1997).

Indikationen

- Mono- und Kombinationstherapie von fokalen Epilepsien bei Erwachsenen und Kindern.
- Generalisierte tonisch-klonische Anfälle bei Erwachsenen und Kindern.

Bisher gibt es keine Berichte über die Auslösung von Absencen oder Myoklonien unter Oxcarbazepin, wie sie für Carbamazepin beschrieben wurden. Allerdings sind die Erfahrungen bei generalisierten Epilepsien limitiert, sodass diesbezüglich noch keine abschließende Beurteilung möglich ist.

Nebenwirkungen. Die Nebenwirkungen von Oxcarbazepin sind qualitativ denen von Carbamazepin ähnlich, sind quantitativ aber schwächer ausgeprägt (Krämer 2000).

- Zentralnervöse Nebenwirkungen:
  - In den Doppelblind-Add-On-Studien bzw. Monotherapiestudien traten die in Tabelle 15.14 angeführten Nebenwirkungen unter Oxcarbazepin (OXC) signifikant häufiger auf als unter Placebo (PLC) (Krämer 2000).
  - Kognitive Nebenwirkungen: in Monotherapiestudien zeigte Oxcarbazepin keine negativen kognitiven Effekte bzw. keinen Unterschied zu Phenytoin, das in dieser Studie ebenfalls keine kognitiven Veränderungen verursachte (Aikia et al. 1992).
- Gastrointestinale Nebenwirkungen:
  - Doppelblind-Add-On-Studien: Übelkeit (OXC: 18,2% vs. PLC: 7,4%), Erbrechen (OXC: 16,9% vs. PLC: 8,2%) (Krämer 2000).
  - Monotherapie-Studien: Übelkeit (OXC: 13,2% vs. PLC: 12,1%), Erbrechen (OXC: 6,6% vs. PLC: 6,1%) (Krämer 2000).
- Hyponatriämie:
  - Definition: Serumnatrium < 135 mmol/l ⇒ Häufigkeit unter Oxcarbazepin-Therapie = 23–73,3%; Carbamazepin: 5–40% (Van Amelsvoort et al. 1994); erhöhte Inzidenz im höheren Lebensalter.
  - Klinisch relevant: Serumnatrium < 125 mmol/l ⇒ Häufigkeit unter OXC = 3% (Krämer 2000).
  - Zumeist asymptomatisch (kein Absetzen erforderlich), in seltenen Fällen Verwirrtheitszustände und komatöse Zustandsbilder ⇒ Therapie: Absetzen von OXC, Flüssigkeitsrestriktion (Steinhoff et al. 1992).
  - Mechanismus: erhöhtes Ansprechen der Nierentubuli auf ADH.
  - Vorsicht bei Patienten mit eingeschränkter Nierenfunktion, vorbestehendem niedrigem Serumnatrium, Begleitmedikation mit Diuretika ⇒ Kontrolle des Serumnatriums (Krämer 2000).
- Sonstige Laborveränderungen: Erniedrigung der Harnsäure; Erniedrigung von Thyroxin (TSH und T3 unverändert); erhöhte insulinartige

Tabelle 15.14. Nebenwirkungen unter Oxcarbazepin in Mono- und Kombinationstherapie

	Kombinationstherapie		Monotherapie	
Nebenwirkung	Placebo	Oxcarbazepin	Placebo	Oxcarbazepin
Kopfschmerzen	21,0%	26,7%	12,1%	37,5%
Schwindel	10,8%	25,6%	4,5%	19,5%
Somnolenz	10,8%	25,4%	6,1%	21,6%
Doppelbilder	2,5%	17,2%	0,5%	0,0%
Müdigkeit	6,8%	13,4%	8,6%	12,1%
Ataxie	4,2%	11,4%	0,0%	1,8%

Modifiziert nach: Krämer G (2000)

Wachstumsfaktoren (IGF-I) bei jungen Mädchen ⇒ keine klinischen Effekte; selten (< 1%): erhöhte Transaminasen, Leukopenien.

- Idiosynkratische Reaktionen: allergische Hautreaktionen (im Allgemeinen im ersten Behandlungsmonat) seltener als unter Carbamazepin (Therapieabbruch wegen Arzneimittelexanthem unter OXC in 10%, unter Carbamazepin in 16% der Fälle) (Dam et al. 1989); neuere klinische Studien: 4,8%; Kreuzallergie mit Carbamazepin: 25–31% (Krämer 2000).

Dosierung. Oxcarbazepin sollte langsam aufdosiert werden, wobei bei Erwachsenen mit einer Dosis von 150–300 mg begonnen wird und alle 3 Tage um 150–300 mg zunächst bis auf eine Zieldosis von 900–1200 mg/Tag gesteigert wird. In Abhängigkeit von der Anfallskontrolle kann dann weiter bis auf eine Dosis von 1800 mg bzw. von 15–20 mg/kg gesteigert werden. Selten sind Dosen von über 2400 mg/Tag erforderlich, in Einzelfällen wurden Dosierungen von 5400 mg/Tag gut vertragen. Bei Kindern wird eine initiale Dosis von 8–10 mg/kg/Tag (in 2 Einzeldosen) und eine Erhaltungsdosis von 30–46 mg/kg/Tag empfohlen. Die Gabe kann in 2 täglichen Einzeldosen erfolgen (Krämer 2000).

Patienten können von einem Tag auf den anderen von Carbamazepin auf Oxcarbazepin umgestellt werden, wobei die äquipotente Dosierung 1,5 beträgt, d.h., es muss um 50% mehr Oxcarbazepin verabreicht werden als Carbamazepin. Dennoch wird zur Vermeidung von Nebenwirkungen eine Umstellung im Verhältnis von 1 : 1 und eine nachfolgende langsame Aufdosierung von Oxcarbazepin empfohlen (Krämer 2000). Cave: Eine abrupte Umstellung von Oxcarbazepin auf Carbamazepin ist nicht möglich (fehlende Enzyminduktion!).

Serumspiegel. Die Referenzwerte für den Serumspiegel von MHD liegen bei 40–80 µmol/l (10–20 µg/ml; Umrechungsfaktor: 3,96) (Krämer 1998a; Fröscher et al. 1999; Tomson und Johannessen 2000).

15.9. Phenobarbital (Tabelle15.15)

Handelsname. Maliasin®. 100 mg Barbexaclon = 60 mg Phenobarbital; 25 mg Barbexaclon = 15 mg Phenobarbital.

Wirkmechanismus und Pharmakokinetik. Phenobarbital ist chemisch eine schwache Säure und wird bereits seit 1912 als Antiepileptikum eingesetzt. Der Wirkmechanismus besteht in einer Verstärkung der GABAergen Inhibition durch Bindung am $GABA_A$-Rezeptor-Chlorid-Kanal-Komplex (vermehrter Chlorideinstrom in die Zellen durch Verlängerung der Kanalöffnungszeit und damit verbundene Hyperpolarisation). Zudem erfolgt im hohen Dosisbereich auch eine Hemmung von spannungsabhängigen Calcium-Kanälen (high

Tabelle 15.15. Vor- und Nachteile von Phenobarbital

Vorteile

Wirksamkeit

- Wirksamkeit in der Monotherapie-Therapie von fokalen Epilepsien
- Gute Wirksamkeit bei der juvenilen myoklonischen Epilepsie und bei der Aufwach-Grand-Mal-Epilepsie
- Neugeborenenkrämpfe
- Breites Wirkspektrum

Verträglichkeit/Nebenwirkungen

- Allergische Reaktionen selten
- Keine bzw. sehr seltene Auswirkungen auf das Blutbild

Pharmakokinetik/Interaktionen

- Lange Halbwertszeit

Nachteile

Wirksamkeit

- Wirksamkeit bei fokalen Anfällen geringer als die von Carbamazepin
- Kann Absencen im hohen Dosisbereich verstärken

Verträglichkeit/Nebenwirkungen

- Zentralnervöse Nebenwirkungen (Sedierung, negative kognitive Effekte; Kinder: Verhaltensauffälligkeiten; ältere Patienten: Verwirrtheitszustände)
- Libidoverlust, Potenzstörungen
- Bindegewebserkrankungen

Pharmakokinetik/Interaktionen

- Zahlreiche Interaktionen (andere Antiepileptika, orale Kontrazeptiva und andere Medikamente)

Kommentar

- Mittel der Wahl bei Neugeborenenkrämpfen
- Reservemittel bei fokalen Epilepsien und einigen idiopathischen generalisierten Epilepsien (juvenile myoklonische Epilepsie; Aufwach-Grand-Mal-Epilepsie)
- Sollte nur zum Einsatz gelangen, wenn alle Optionen mit anderen Antiepileptika ausgeschöpft wurden
- Das Ausschleichen von Phenobarbital bereitet oft Schwierigkeiten (Anfallsexazerbation)

voltage activated voltage dependent calcium channels: HVA-VDCC) (Bourgeois 1997b; Rho und Sankar 1999).

Die orale Bioverfügbarkeit von Phenobarbital liegt über 90%, maximale Plasmaspiegel werden nach 2–4 Stunden erreicht, die Plasmaeiweißbindung liegt bei 45%. 20–25% der Phenobarbital-Dosis werden unverändert renal ausgeschieden, die restlichen 75–80% werden in der Leber metabolisiert (20–30% werden zu p-Hydroxy-Phenobarbital hydroxiliert, 25–30% N-glukosidiert). Die Halbwertszeit liegt bei Erwachsenen zwischen 80 und 100 Stunden (Bourgeois 1997b).

Interaktionen. *Auswirkungen anderer Antiepileptika auf Phenobarbital:* Valproinsäure und Phenytoin hemmen den Phenobarbital-Abbau, woraus ein Anstieg der Phenobarbital-Konzentrationen um 50 bzw. 30% resultieren kann. Carbamazepin besitzt keinen signifikanten Einfluss auf die Phenobarbital-Konzentration. Clobazam kann die Konzentration von Phenobarbital erhöhen, wobei dieser Effekt inkonstant und zumeist klinisch nicht relevant ist. Felbamat führt über eine Enzyminhibition zu einem Anstieg der Phenobarbital-Serumkonzentration um 25% (Patsalos 1999). Im höheren Dosisbereich kann Oxcarbazepin durch Hemmung von CYP2C19 zu einem Anstieg der Phenobarbital-Konzentration um bis zu 15% führen (Krämer 2000). Zudem kann Vigabatrin zu einem leichten Abfall der Serumkonzentrationen von Phenobarbital führen (Krämer 1998b; Perucca 1999).

Auswirkungen von Phenobarbital auf andere Antiepileptika: Phenobarbital bewirkt eine ausgeprägte Enzyminduktion des hepatalen Zytochrom-P450-Systems und somit einen verstärkten Abbau anderer Antiepileptika, die in der Leber verstoffwechselt werden (Carbamazepin, Valproinsäure, Ethosuximid, Lamotrigin, Felbamat, Monohydroxyderviat (MHD = Metabolit von Oxcarbazepin), Tiagabin). Die Carbamazepin-Epoxid-Konzentration wird im Allgemeinen nur gering beeinflusst, teilweise kommt es sogar zu einem Konzentrationsanstieg, sodass der Carbamazepin-Epoxid/Carbamazepin Quotient ansteigt. Phenobarbital kann den Phenytoin-Metabolismus sowohl induzieren (bevorzugt bei hohen Phenytoin-Konzentrationen) als auch inhibieren (bevorzugt bei hohen Phenobarbital-Konzentrationen). Zudem wird der Umbau von Clobazam in N-Desmethyl-Clobazam signifikant induziert. Topiramat wird durch Phenobarbital nicht maßgeblich beeinflusst (Bourgeois 1997b).

Auswirkungen von Phenobarbital auf orale Kontrazeptiva: Phenobarbital bewirkt einerseits über eine Enzyminduktion einen beschleunigten Abbau der Östrogen- und Gestagenkomponente, anderseits durch eine vermehrte Synthese von sexualhormonbindendem Globulin eine Verminderung der freien Hormonkonzentration, weshalb orale Kontrazeptiva mit einer höheren Östrogen- und Gestagenkonzentration verabreicht werden müssen oder besser andere kontrazeptive Methoden angewendet werden sollten (Patsalos 1999).

Auswirkungen andere Medikamente auf Phenobarbital: Furosemid, Azetazolamid, Methylphenidat und Propoxyphen erhöhen die Phenobarbital-Konzentration, Folsäure, Pyridoxin, Chloramphenicol, Dicoumarol und Phenylbutazon erniedrigen die Phenobarbital-Konzentration (Eadie 1997).

Auswirkungen von Phenobarbital auf andere Medikamente: Phenobarbital führt zu einer verminderten Resorption von Cimetidin, Cyclosporin, Dicoumarol und Griseofulvin. Phenobarbital führt durch Enzyminduktion zu verminderten Plasmakonzentrationen der folgenden Medikamente: orale Antikoagulantien, Calciumantagonisten (Felodipin, Nimodipin; Serumspiegel auf 7 bzw. 15% reduziert (!)), Acetaminophen, Cimetidin, Chloramphenicol, Chlorpromazin, Cyclosporin, Desipramin, Digitoxin, Griseofulvin, Haloperidol, Lidocain, Nortryptilin, Phenylbutazon, Theophyllin (Patsalos 1999).

Wirksamkeit. Phenobarbital besitzt ein breites Wirkungsspektrum, das alle Anfälle mit Ausnahme von Absencen umfasst (Bourgeois 1997b).

- Fokale Epilepsien: Phenobarbital hat eine zu Carbamazepin, Phenytoin und Primidon vergleichbare Wirksamkeit bei sekundär generalisierten tonisch-klonischen Anfällen, ist jedoch weniger wirksam bei fokalen Anfällen und besitzt zudem ein ungünstigeres Nebenwirkungsprofil (Mattson et al. 1985). Bei Kindern mit fokalen Epilepsien zeigte sich beim Vergleich Phenobarbital vs. Carbamazepin ebenfalls ein Trend zu einer besseren Anfallskontrolle mit Carbamazepin (Mitchell und Chavez 1987).
- Idiopathische generalisierte Epilepsien: Phenobarbital zeigt eine gute Effektivität bei der Behandlung der juvenilen myoklonischen Epilepsie und von primär generalisierten tonisch-klonischen Anfällen, wurde hier jedoch von Valproinsäure als Mittel der ersten Wahl abgelöst.
- Neugeborenenkrämpfe: Phenobarbital ist hocheffektiv bei Neugeborenenkrämpfen, wobei in ca. 30% eine komplette Anfallskontrolle erreicht wird (Bourgeois 1997b).

Indikationen

- Neugeborenenkrämpfe: Mittel der ersten Wahl.
- Fokale Epilepsien: Reservemittel, nur, wenn mit anderen Antiepileptika keine befriedigende Anfallskontrolle erzielt werden kann.
- Idiopathische generalisierte Epilepsien (juvenile myoklonische Epilepsie, Aufwach-Grand-Mal Epilepsie, generalisierte tonisch-klonische Anfälle): Reservemittel, nur, wenn mit anderen Antiepileptika keine befriedigende Anfallskontrolle erzielt werden kann.
- Fieberkämpfe: eine Prophylaxe mit Phenobarbital ist obsolet.

Im hohen Dosisbereich kann Phenobarbital Absencen verstärken (Genton 2000).

Nebenwirkungen. Als entscheidende Nachteile sind die dosisabhängigen, zentralnervösen Nebenwirkungen zu werten.

- Dosisabhängige, zentralnervöse Nebenwirkungen (Bourgeois 1997b; Eadie 1997):
  - Erwachsene: Sedierung, einerseits zu Therapiebeginn oft bereits im niedrigen Dosisbereich (zumeist Rückbildung durch Toleranzentwicklung bei Fortführung der Therapie), andererseits im hohen Dosisbereich.
  - Kinder: Verhaltensauffälligkeiten mit Hyperaktivität und Aggressivität, Schlafstörungen (bereits im niedrigen Dosisbereich); Depressionen; negative kognitive Effekte mit Konzentrationsstörungen, Gedächtnisstörungen und Lernschwierigkeiten (Bourgeois 1997b).
  - Ältere Patienten: Gedächtnisstörungen, Verhaltensauffälligkeiten, Verwirrtheitszustände (Krämer 1998a).
  - In allen Altersgruppen im höheren Dosisbereich: Dysarthrie, Ataxie, Nystagmus, Koordinationsstörungen.
  - Bewegungsstörungen: Sehr selten.
- Idiosynkratische Reaktionen: Sehr selten: Arzneimittelexantheme, exfoliative Dermatitis, Agranulozytose, aplastische Anämie, Hepatitis (Eadie 1997).
- Mangelsyndrome bei Langzeitverabreichung: selten; megaloblastische Anämie durch Folatdepletion; Störungen des Vitamin D- und Calcium-Metabolismus mit nachfolgender Osteoporose; können durch entsprechende Substitution hintangehalten werden.
- Vitamin K Mangel bei Neugeborenen von mit Phenobarbital behandelten Müttern ⇒ Vitamin K Prophylaxe im letzten Schwangerschaftsmonat;
- Exazerbation einer akuten intermittierenden Porphyrie.
- Bindegewebserkrankungen (Dupuytrensche-Kontrakturen, Plantarfibrome, Schulter-Arm-Syndrom): Häufigkeit: 2,5%, tritt zumeist innerhalb des ersten Jahres auf (Mattson et al. 1989).
- Libidoverlust und Potenzstörungen.
- Im Vergleich zu Carbamazepin und Phenytoin führt Phenobarbital seltener zu gastrointestinalen Nebenwirkungen, allergischen Hautreaktionen oder Blutbildveränderungen.
- Cave: Obwohl die lange Halbwertszeit von Phenobarbital auch bei abruptem Absetzen ein langsames Absinken der Serumspiegel über 1–2 Wochen bewirkt, kann ein Absetzen von Phenobarbital zu Entzugsanfällen führen; deshalb sollte Phenobarbital sehr langsam ausgeschlichen werden (z.B. 25%-ige Dosisreduktion jedes Monat für 4 Monate oder 33%-ige Dosisreduktion jedes Monat für 3 Monate), unter Umständen unter einer begleitenden Therapie mit Clobazam (Eadie 1997).

Dosierung. Die Erhaltungsdosis beträgt für Erwachsene 1,5–4 mg/kg/Tag, auf Grund der langen Anflutungszeit kann die volle Erhaltungsdosis bereits von Beginn an verabreicht werden. Ein Steady-State Plasmaspiegel wird allerdings erst nach 2–3 Wochen erreicht. Bei Kindern ist die Erhaltungsdosis altersabhängig: 2 Monate bis ein Jahr: 4–11 mg/kg/Tag; 1–3 Jahre: 3–7 mg/kg/Tag; 3–6 Jahre: 2–5 mg/kg/Tag; > 7 Jahre: 1,5–4 mg/kg/Tag. Die Dosierung erfolgt ein- bis zweimal täglich (Bourgeois 1997b).

Serumspiegel. Die Referenzwerte für den Serumspiegel liegen bei 45–175 µmol/l (10–40 µg/ml, Umrechungsfaktor 4,31) (Thomson und Brodie 1992; Krämer 1998a; Fröscher et al. 1999).

15.10. Phenytoin und Fosphenytoin

15.10.1. Phenytoin (Tabelle 15.16)

Handelsnamen. Epilan-D Gerot®, Epanutin®, Phenhydan®.

Wirkmechanismus und Pharmakokinetik. Phenytoin – eine schwache organische Säure – wurde 1937 entdeckt und war das erste Antiepileptikum ohne nennenswerten sedierenden Effekt. Der Wirkmechanismus besteht in einer Hemmung von spannungsabhängigen, schnell feuernden Natriumkanälen. Phenytoin wird nicht-linear, aber nahezu vollständig aus dem Magen-Darm-Trakt resorbiert (orale Bioverfügbarkeit = 95%; maximale Plasmaspiegel werden 4–8 Stunden nach oraler Gabe erreicht), die Eiweißbindung beträgt 90–95%. Phenytoin wird zu weniger als 5% unverändert renal eliminiert, der überwiegende Teil (mehr als 95% werden in der Leber metabolisiert (Para-Hydroxilierung), wobei die zuständigen Zytochrom-P450-Isoenzyme (CYP2C3 und CYP2C9) sättigbar sind. Dies hat jenseits von Serumkonzentrationen von 32–40 µmol/l eine nicht-lineare Pharmakokinetik zur Folge, d.h., es kann zu einem überproportionalen, exponentiellen Anstieg des Phenytoinspiegels bei nur geringer Dosissteigerung bzw. zu einer langsamen Akkumulation bei gleichbleibender Dosierung und damit relativ leicht zu Intoxikationen kommen. Die Plasmahalbwertszeit liegt zwischen 20 und 40 Stunden (Browne 1997; Graves und Ramsey 1997; Krämer 1998a).

Interaktionen. *Auswirkungen anderer Antiepileptika auf Phenytoin:* Valproinsäure verdrängt Phenytoin aus seiner Plasmaeiweißbindung, sodass im Anfangsstadium einer Valproinsäure-Ko-Medikation höhere freie Phenytoin-Spiegel mit unter Umständen toxischen Nebenwirkungen resultieren. Dieser Effekt gleicht sich aber durch eine vermehrte Phenytoin-Ausscheidung im Allgemeinen wieder aus, wobei allerdings bei höheren Phenytoin-Konzentrationen die limitierte Abbaukapazität von Phenytoin zu beachten ist. Zudem inhibiert Valproinsäure den Phenytoin-Metabolismus. Der Einfluss von Carbamazepin ist uneinheitlich und individuell unterschiedlich, da Carbamazepin den Phenytoin-Metabolismus sowohl induzieren als auch inhibieren kann. Ebenso

Tabelle 15.16. Vor- und Nachteile von Phenytoin

Vorteile

Wirksamkeit
- Hohe Wirksamkeit in der Monotherapie-Therapie von fokalen Epilepsien

Verträglichkeit/Nebenwirkungen
- Gute Verträglichkeit zu Therapiebeginn

Pharmakokinetik/Interaktionen
- Rasche Aufdosierung möglich
- Lange Halbwertszeit

Nachteile

Wirksamkeit
- Wirksamkeit auf fokal eingeleitete und generalisierte tonisch-klonische Anfälle beschränkt
- Kann Absencen verstärken und zu einer Verschlechterung beim ESES führen
- Kontraindiziert bei progessiven Myoklonusepilepsien

Verträglichkeit/Nebenwirkungen
- Allergische Hautreaktionen
- Chronische Nebenwirkungen: Gingivahyperplasie, kosmetische Effekte, Kleinhirnatrophie (?)
- Schlechte lokale Verträglichkeit bei parenteraler Applikation

Pharmakokinetik/Interaktionen
- Sättigbare Biotransformation ⇒ Akkumulation möglich
- Zahlreiche Interaktionen (andere Antiepileptika, orale Kontrazeptiva und andere Medikamente)

Kommentar
- Reservemittel bei fokalen Epilepsien
- Für die parenterale Applikation (Statusbehandlung, nicht-notfallmäßige parenterale Behandlung) ist Fosphenytoin auf Grund der besseren lokalen Verträglichkeit zu bevorzugen

kann Phenobarbital den Phenytoin-Metabolismus sowohl induzieren (bevorzugt bei hohen Phenytoin-Konzentrationen) als auch inhibieren (bevorzugt bei hohen Phenobarbital-Konzentrationen). Clobazam kann die Konzentration von Phenytoin erhöhen, wobei dieser Effekt inkonstant und zumeist klinisch nicht relevant ist. Vigabatrin senkt den Phenytoin-Plasmaspiegel aus ungeklärter Ursache nach 4–6 Wochen um 20–30%. Im höheren Dosisbereich kann Oxcarbazepin durch Hemmung von CYP2C19 zu einem Anstieg der Phenytoin-Konzentration um bis zu 40% führen (Krämer 2000). Felbamat führt über Enzyminhibition zu einem Anstieg der Phenytoin-Serumkonzentration um 20–60% (Patsalos 1999). Topiramat führt über eine Hemmung des

CPY2C19 Isoenzyms zu einem Anstieg der Phenytoin-Konzentration um bis zu 25% (insbesondere bei höheren Phenytoin-Dosierungen im Sättigungsbereich der Phenytoin-Clearance). In einzelnen Fällen wurden bei Zugabe von Levetiracetam Erhöhungen der Phenytoin-Serumspiegel um 27–52% beobachtet (Patsalos 2000).

Auswirkungen von Phenytoin auf andere Antiepileptika: Als enzym-induzierende Substanz beschleunigt Phenytoin den Abbau von Carbamazepin, Valproinsäure, Ethosuximid, Lamotrigin, Felbamat, Monohydroxyderviat (MHD = Metabolit von Oxcarbazepin), Tiagabin und Topiramat. Ebenso wird der Umbau von Primidon in Phenobarbital und von Clobazam in N-Desmethyl-Clobazam signifikant induziert. Andererseits hemmt Phenytoin den Abbau von Phenobarbital durch kompetitive Hemmung (Patsalos 1999).

Auswirkungen von Phenytoin auf orale Kontrazeptiva: Phenytoin induziert den Metabolismus von oralen Kontrazeptiva, weshalb der kontrazeptive Schutz vermindert wird (Patsalos 1999).

Auswirkungen anderer Medikamente auf Phenytoin: Die Resorption von Phenytoin kann durch Sondennahrung („Isocal“, „Osmolite“) bis zu 75% vermindert werden (Ausweichmöglichkeit: „Ensure“). Ebenso können Antacida, Sucralfat (Einnahme um 1–2 Stunden trennen!) und Cisplatin die Resorption beeinträchtigen.

Die folgenden Medikamente können durch Enzyminhibition zu einem Anstieg der Phenytoin-Konzentration führen: Allopurinol, Amiodaron, Chloramphenicol, Cimetidin, Cyclosporin, Disulfiram, Fluoxetin, Fluconazol, Omeprazol, Isoniazid, Phenylbutazon, Sulfonamide, Tamoxifen, Ticlopidin, Tolbutamid (Patsalos 1999).

Auswirkungen von Phenytoin auf andere Medikamente: Phenytoin vermindert die orale Bioverfügbarkeit von Cyclosporin, Furosemid und Praziquantel um 50–75%. Phenytoin führt durch Enzyminduktion zu verminderten Plasmakonzentrationen (bis zu 50%) der folgenden Medikamente: orale Antikoagulantien, Dexamethason, Theophyllin, Chloramphenicol, Digoxin, Folsäure, Methadon, Midazolam (Patsalos 1999).

Wirksamkeit. *Fokale Epilepsie:* Phenytoin besitzt für die Kontrolle von generalisierten tonisch-klonischen Anfällen und fokalen Anfällen eine vergleichbare Wirksamkeit wie Carbamazepin, Valproinsäure, Phenobarbital und Primidon (Mattson et al. 1985; Heller et al. 1995), wobei Phenytoin, Carbamazepin und Valproinsäure besser verträglich sind als Phenobarbital und Primidon. Beim Vergleich mit den neuen Antiepileptika war Phenytoin gleich wirksam wie Oxcarbazepin, wobei unter Oxcarbazepin weniger Nebenwirkungen zu beobachten waren als unter Phenytoin (Bill et al. 1997).

Indikationen

- Fokale Anfälle.
- Primär und sekundär generalisierte tonisch-klonische Anfälle.

Phenytoin kann zur Aggravation von Absencen und eines ESES (elektrischer Status epilepticus im Schlaf) führen (Genton 2000). Zudem ist Phenytoin bei progressiven Myoklonusepilepsien kontraindiziert, da es insbesondere bei der Unverricht-Lundborg Erkrankung zu einer massiven Verschlechterung der Anfallssituation führen kann (Berkovic 1997c).

Nebenwirkungen

- Dosisabhängige Nebenwirkungen: Typische dosisabhängige Nebenwirkungen bestehen in Nystagmus (Serumkonzentration >20 mg/ml), Ataxie (vorwiegend Stand- und Gangataxie; Serumkonzentration >30 mg/ml) sowie Sedierung (ab Serumkonzentration >40 mg/ml). Seltene dosisabhängige Nebenwirkungen sind eine reversible „Phenytoin-Encephalopathie" mit Sedierung, Konzentrationsstörungen, fokal-neurologischen Zeichen, Zunahme der Anfallsfrequenz sowie EEG-Veränderungen (Verlangsamungen und Zunahme von epilepsietypischen Veränderungen) und Bewegungsstörungen (insbesondere Choreoathetosen und oro-faciale Dyskinesien) (Browne 1997).
- Idiosynkratische Nebenwirkungen: Arzneimittelexantheme treten in ca. 10% auf (insbesondere bei Kindern und jugendlichen Erwachsenen; zumeist innerhalb der ersten 10 Tage der Therapie) und sind manchmal mit Fieber, Leukopenien und Lymphknotenschwellung assoziiert. Selten kann es zu gravierenden dermatologischen Nebenwirkungen wie Erythema multiforme, exfoliativer Dermatitis oder Stevens-Johnson-Syndrom kommen. Andere seltene idiosynkratische Nebenwirkungen sind Hepatitiden und ein systemischer Lupus erythematodes (SLE; Induktion eines SLE oder Exazerbation eines vorbestehenden SLE). Relativ häufig kommt es unter Phenytoin zum Auftreten von Lymphknotenschwellungen, wobei die Frage, ob Phenytoin maligne Lymphome verursachen kann, kontroversiell beurteilt wird. So wurden einerseits reversible lymphomähnliche Zustandsbilder mit Lymphknotenschwellungen (mit malignen Zellveränderungen), Hepato- und Splenomegalie, Fieber und Eosinophilie beschrieben, andererseits wurde auch eine kleine Zahl von persistierenden Lymphomen beobachtet (zufällige Koinzidenz?). In jedem Fall empfiehlt es sich, Phenytoin beim Auftreten von Lymphknotenschwellungen sofort abzusetzen (Browne 1997).

Chronische Nebenwirkungen (Browne 1997):

- Gingivahyperplasie: 20% aller Patienten; Mechanismus: Zunahme der Anzahl der Fibroblasten und des Bindegewebes; Auftreten 2–3 Monate nach Therapiebeginn, maximal ausgeprägt nach 9–12 Monaten; Rückbildung

3–6 Monate nach Absetzen von Phenytoin; Prävention und Therapie: Entsprechende Mundhygiene, periodische Gingivaektomie.
- Kosmetische Effekte mit Vergröberung der Gesichtszüge, Vergrößerung von Lippen und Nase, Hirsutismus, Akne: selten; ursächliche Bedeutung nicht endgültig geklärt.
- Kleinhirnatrophie mit Degeneration von Purkinjezellen: selten; mögliche Mechanismen: chronische Phenytoin-Therapie; Phenytoin-Intoxikation; direkter Effekt der Anfälle; insgesamt unklarer Mechanismus.
- Kognitive Effekte: Ausmaß gering bis mäßig; vergleichbar mit Carbamazepin.
- Polyneuropathie: selten; Inzidenz korreliert mit Dauer der Therapie; Reflexabschwächung, reduzierte Nervenleitgeschwindigkeit (insbesondere motorisch), Sensibilitätsstörungen; zumeist asymptomatisch; nicht reversibel nach Absetzen.
- Immunologische Effekte: Suppression der humoralen und zellulären Immunreaktion; IgA Mangel.
- Endokrine Effekte: Reduktion der Oxytocin- und ADH-Freisetzung; Reduktion von T4 und freiem T4 durch vermehrte Konversion von T4 zu T3; T3 und TSH bleiben unverändert; verminderte Insulinfreisetzung im Pankreas.
- Metabolische Osteopathie: Labor: alkalische Phosphatase ⇑, Kalzium ⇓, Vitamin D ⇓; reduzierte Knochendichte bei 50% der Patienten; klinisch manifeste Osteomalazie: selten; Mechanismus: verminderte Kalziumresorption, vermehrte hepatale Metabolisierung von Vitamin D, veränderte Nebenschilddrüsenfunktion.
- Makrozytose (0–36%), erniedrigte Folsäurespiegel (27–91%), erniedrigte Vitamin B12-Spiegel (0–11%; Sekundäreffekt der erniedrigten Folsäurespiegel); klinische Relevanz = kontroversiell; makrozytäre Anämie nur bei 0,15–0,75%.
- Milde Leukopenien (3000–5000 Leukozyten/mm^3): häufig, kein Therapieabbruch erforderlich solange neutrophile Granulozyten >1500/mm^3.

Dosierung. Die Initialdosis für Erwachsene beträgt 100–200 mg/Tag, die Dosis wird täglich um 100 mg bis auf 300 mg/Tag erhöht, dann in Inkrementen von 25–50 mg bis auf eine Erhaltungsdosis von 5–8 mg/kg/Tag (Cave: Übergang in eine nicht-lineare Kinetik im höheren Dosisbereich). Nach Erreichen eines Serumspiegels von 10 µg/ml sollte eine Dosissteigerung lediglich in Inkrementen von 25–50 mg in 4-wöchigen Abständen erfolgen. Für Kinder beträgt die empfohlene Initialdosis 5 mg/kg/Tag, die Erhaltungsdosis 5–12 mg/kg/Tag. Die Verabreichung erfolgt in 2 Einzelgaben (Browne 1997; Graves und Ramsey 1997; Schmidt und Elger 1999).

Ist eine rasche Aufdosierung erforderlich so kann eine orale Loading-Dosis verabreicht werden: Erwachsene: 400 mg, nach 4 Stunden 300 mg, nach weiteren 4 Stunden 300 mg ⇒ therapeutische Plasmaspiegel nach 14–20 Stunden; Kinder: 4 Einzelgaben von 5–6 mg/kg in 8-stündigen Abständen ⇒ therapeutische Plasmaspiegel nach 16–38 Stunden (Browne 1997).

Eine i.V. Gabe von Phenytoin zur Aufsättigung nach Anfallskontrolle durch Benzodiazepine oder Gabe zur Anfallsprävention nach (neurochirurgischen) Operationen sollte entsprechend einer rezenten Konsensuskonferenz nur unter folgenden Voraussetzungen erfolgen: Alter 7–60 Jahre; adäquater venöser Zugang (mindestens 20 Gauge Nadel); Patient muss Schmerzen an der Injektionsstelle berichten können; folgende Bedingungen sind auszuschließen: kardiovaskuläre Erkrankungen, konsumierende Erkrankungen, periphere arterielle Verschlusskrankheit, Hyponatriämie, Sepsis. Andernfalls ist Fosphenytoin zu verwenden (Meek et al. 1999).

Serumspiegel. Die Referenzwerte für den Serumspiegel sind 40–80 µmol/l (10–20 µg/ml; Umrechungsfaktor: 3,96) (Thomson und Brodie 1992).

15.10.2. Fosphenytoin

Handelsname. Pro-Epanutin®.

Wirkmechanismus und Pharmakokinetik. Fosphenytoin ist eine Pro-Drug von Phenytoin, ist chemisch durch eine Phospatester-Gruppe am basischen Phenytoin-Molekül gekennzeichnet und besitzt selbst keine pharmakologische Aktivität. Im Gegensatz zu Phenytoin ist Fosphenytoin wasserlöslich und besitzt eine wesentlich bessere lokale Verträglichkeit. Fosphenytoin muss gekühlt zwischen 2 und 8 °C gelagert werden, bei Raumtemperatur ist Fosphenytoin nicht über 48 Stunden haltbar.

Nach intravenöser Verabreichung werden nach Ende der Infusion die höchsten Plasmaspiegel erreicht, auch nach i.m. Injektion beträgt die Bioverfügbarkeit 100%, wobei therapeutische Plasmakonzentrationen innerhalb von 30 Minuten und maximale Plasmakonzentrationen nach 3–4 Stunden erreicht werden. Die lokale Verträglichkeit nach i.m. Injektion ist gut. Fosphenytoin wird zu 95–99% an Plasmaproteine (vorwiegend Albumin) gebunden, wobei die Proteinbindung sättigbar ist, d.h. im höheren Konzentrationsbereich nimmt der freie Anteil zu. Fosphenytoin verdrängt Phenytoin aus seiner Plasmaproteinbindung. Fosphenytoin wird mittels Hydrolyse rasch und vollständig zu Phenytoin, Formaldehyd und Formiat metabolisiert (Umwandlungshalbwertszeit: 10–15 Minuten; Umwandlung „Mol zu Mol", d.h., 1 mmol Fosphenytoin wird zu 1 mmol Phenytoin umgewandelt; komplette Umwandlung nach 1–1,5 Stunden (Knapp und Kugler 1998)). Die Metabolisierung wird durch Phosphatasen katalysiert, ist unabhängig von Dosis, Geschwindigkeit und Art der Applikation und wird durch andere Medikamente nicht beeinflusst. Formaldehyd und Formiat besitzen im angewandten Dosisbereich keine wesentlichen biologischen Wirkungen. Die durch die Umwandlung von

Fosphenytoin zu Phenytoin entstehende Zeitverzögerung kann durch eine dreimal so schnelle Injektion von Fosphenytoin kompensiert werden, sodass bei maximaler Injektionsgeschwindigkeit von Fosphenytoin und Phenytoin weitgehend identische Plasmaspiegel von freiem Phenytoin – der pharmakologisch aktiven Substanz – erzielt werden können (Browne et al. 1996).

Wirksamkeit. Fosphenytoin ist eine Pro-Drug, sodass seine Wirksamkeit der des aktiven Metaboliten Phenytoin entspricht. In einer großen doppelblinden Studie konnte ein generalisierter konvulsiver Status epilepticus bei 55,8% der Patienten mit Diazepam und Phenytoin kupiert werden, sowie bei 43,6% der Patienten mit Phenytoin alleine (Treiman et al. 1998). Zudem wurde die Wirksamkeit von Fosphenytoin selbst in offenen Studien untersucht: Dabei konnte mit Fosphenytoin in Kombination mit einem Benzodiazepin bei 59/63 Erwachsenen (93,6%) und 10/10 Kindern (100%) ein generalisierter konvulsiver Status innerhalb von 30 Minuten unterbrochen werden (Fischer et al. 1996).

Indikationen

- Behandlung des generalisierten tonisch-klonischen Status epilepticus.
- Behandlung und Prävention von Anfällen im Zusammenhang mit neurochirurgischen Operationen und/oder Schädel-Hirn-Traumen.
- Ersatz für eine orale Phenytoin-Therapie, wenn eine orale Behandlung nicht möglich und/oder kontraindiziert ist.

Nebenwirkungen

- Lokale Verträglichkeit: Im Vergleich zu Phenytoin besitzt Fosphenytoin eine wesentlich bessere lokale Verträglichkeit. Phenytoin führt auf Grund des stark alkalischen Charakters der Lösung häufig zu Schmerzen bzw. Brennen an der Injektionsstelle oder zu Phlebitiden. Demgemäss muss bei Phenytoin-Injektionen die Infusionsgeschwindigkeit häufiger reduziert werden oder der Injektionsort gewechselt werden als bei Fosphenytoin. Perivaskuläre Injektionen von Phenytoin können zu Gewebsnekrosen führen. Zudem tritt bei ca. 6% der Patienten ein sog. Purple-Glove Syndrom auf, das durch progressive Ödeme, Hautverfärbungen und Schmerzen in der Extremität, an der die Phenytoin-Injektion vorgenommen wurde, gekennzeichnet ist (O'Brien et al. 1998a).
- Juckreiz: Bei bis zu 30% der Patienten kommt es während der Fosphenytoin-Injektion zu Juckreiz bzw. Parästhesien in der Leiste, in der Perianalregion, am Rücken, im Bereich des unteren Abdomens und am Hinterkopf, der bei Stopp der Infusion oder langsamerer Applikation rasch sistiert (Browne et al. 1996; Graves und Ramsey 1997).
- Kardiale Nebenwirkungen: Hypotonie und kardiale Reizleitungsstörungen (Verzögerung der AV-Überleitung mit Bradykardien und AV-Block jeden Grades, Asystolie und Kammerflimmern), insbesondere bei rascher i.V.

Injektion. Versehentliche Überdosierungen haben auch zu Todesfällen geführt. Im Mittel kommt es zu einem Abfall des systolischen und diastolischen Blutdrucks von 9,6 bzw. 3,3 mm Hg (bei 55% der Patienten Abfall des systolischen Blutdrucks um mehr als 20 mm Hg), sowie zu einer durchschnittlichen Abnahme der Herzfrequenz um 7 Schläge pro Minute.
Aus kardialer Sicht bestehen folgende Kontraindikation für die Anwendung von Fosphenytoin: Sinusbardykardie, sinuatrialer Block, AV-Block 2. und 3. Grades, Adams Stokes Syndrom. Bei Patienten mit niedrigem Blutdruck und Herzinsuffizienz muss Fosphenytoin vorsichtig angewendet werden. Für die Dauer der Infusion ist ein kontinuierliches Monitoring von EKG, Blutdruck und Atmung erforderlich.
- Dosisabhängige Nebenwirkungen: werden durch die Umwandlung in Phenytoin verursacht; am häufigsten beschrieben: Nystagmus, Kopfschmerzen, Ataxie, Somnolenz (Browne et al. 1996).

Dosierung. Die Dosisangaben von Fosphenytoin erfolgen in Phenytoin Natrium Äquivalenten (PE-Einheiten). So entsprechen 1,5 mg Fosphenytoin Natrium 1,0 mg PE.

- Intravenöse Verabreichung: Im Gegensatz zu Phenytoin kann Fosphenytoin mit 5%-iger Glucose oder mit 0,9%-iger Kochsalzlösung verdünnt werden (Phenytoin darf nur mit Kochsalzlösung verdünnt werden und fällt mit Glucose aus).
- Intramuskuläre Verabreichung: Auf Grund der Wasserlöslichkeit kann Fosphenytoin im Gegensatz zu Phenytoin auch i.m. verabreicht werden; die Applikation erfolgt unverdünnt; Injektionsvolumina von bis zu 10 ml an einer Injektionsstelle werden gut vertragen, größere Mengen sollten auf mehrere Injektionsstellen verteilt werden.

Dosierung bei den verschiedenen Indikationen:

- Status epilepticus: Schnelle Aufsättigung („Loading-Dose"): 15 mg PE/kg i.v. (i.m. Injektion zur schnellen Aufsättigung beim Status epilepticus nicht zugelassen); Infusionsgeschwindigkeit: 100–150 mg PE/min bei Erwachsenen; 2–3 mg PE/kg/min bei Kindern.
  Erhaltungsdosis: 4–5 mg PE/kg/Tag i.v. oder i.m.(bei Kindern i.m. Injektion nicht zugelassen); Infusionsgeschwindigkeit: 50–100 mg PE/min bei Erwachsenen; 1–2 mg PE/kg/min bei Kindern.
- Behandlung oder Prophylaxe von Anfällen: Schnelle Aufsättigung („Loading-Dose"): 10–15 mg PE/kg i.v. oder i.m. (bei Kindern i.m. Injektion nicht zugelassen); Infusionsgeschwindigkeit: 50–100 mg PE/min bei Erwachsenen; 1–2 mg PE/kg/min bei Kindern.
  Erhaltungsdosis: 4–5 mg PE/kg/Tag i.v. oder i.m.(bei Kindern i.m. Injektion nicht zugelassen); Infusionsgeschwindigkeit: 50–100 mg PE/min bei Erwachsenen; 1–2 mg PE/kg/min bei Kindern.

- Vorübergehender Ersatz einer oralen Phenytoin-Therapie: Gleiche Dosis und Dosierungshäufigkeit wie bei der oralen Phenytoin-Therapie.

Bei einer Injektionsgeschwindigkeit von 150 mg PE/min werden (therapeutische) Plasmaspiegel von 1,0 µg/ml freiem Phenytoin nach 6,1 min erreicht (bei Injektion von 50 mg Phenytoin/min nach 8,5 min), insgesamt resultieren mit diesen Applikationsschemata vergleichbare Plasmaspiegel von freiem Phenytoin (Browne et al. 1996).

Bei älteren Patienten sowie bei Patienten mit Nieren- oder Lebererkrankungen sollte eine Reduktion der Dosis bzw. der Infusionsgeschwindigkeit um 10–25% in Betracht gezogen werden.

15.11. Primidon (Tabelle 15.17)

Handelsnamen. Mysoline®, Cyral®.

Wirkmechanismus und Pharmakokinetik. Primidon entspricht chemisch einem Desoxy-Phenobarbital. Die orale Bioverfügbarkeit beträgt ca. 90%, maximale Serumspiegel werden nach 3 Stunden erreicht, die Plasmaproteinbindung liegt bei 10%. Eine Grundvoraussetzung für den richtigen Einsatz von Primidon ist die Kenntnis des Metabolismus. Primidon wird einerseits in der Leber zu zwei aktiven Metaboliten – Phenobarbital und Phenyläthylmalonamid (PEMA) – metabolisiert, sowie andererseits unverändert renal ausgeschieden. Der überwiegende antiepileptische Effekt wird dem Phenobarbital zugeschrieben, wobei aber auch PEMA und Primidon selbst über einen unbekannten Mechanismus einen geringen antikonvulsiven Effekt entfalten dürften. Die Halbwertszeit von Primidon beträgt 10–15 Stunden, bei Kombination mit enzyminduzierenden Substanzen 6,5–8,3 Stunden. Die Halbwertszeit von PEMA liegt bei 16 Stunden (Bourgeois 1997b, 1997c).

Interaktionen. *Auswirkungen anderer Antiepileptika auf Primidon:* Azetazolamid kann die Resorption von Primidon beeinträchtigen. Der Umbau von Primidon in Phenobarbital wird durch Carbamazepin und Phenytoin induziert, woraus niedrigere Primidon- und höhere Phenobarbital- bzw. PEMA-Spiegel resultieren (erniedrigte Primidon-Phenobarbital Quotienten). Die praktische Konsequenz dieser Interaktion besteht darin, dass bei Ko-Medikation von Primidon mit Phenytoin und Carbamazepin zur Erzielung von konstanten Phenobarbital-Spiegeln die Dosis von Primidon um einen Faktor von 1,6 zu reduzieren ist. Da die Konzentration von Primidon sinkt und die von Phenobarbital steigt, ergibt sich bei Kombination von Primidon mit Phenytoin oder Carbamazepin allerdings die Frage nach dem Vorteil gegenüber einer Phenobarbital-Medikation. Der Effekt von Valproinsäure auf Primidon ist inkonstant (Bourgeois 1997c). Vigabatrin kann die Serumkonzentrationen von Primidon leicht erniedrigen (Riva et al. 1996; Krämer 1998a, 1998b).

Tabelle 15.17. Vor- und Nachteile von Primidon

Vorteile

Wirksamkeit

- Wirksamkeit in der Monotherapie-Therapie von fokalen Epilepsien
- Gute Wirksamkeit bei der juvenilen myoklonischen Epilepsie und bei der Aufwach-Grand-Mal-Epilepsie
- Breites Wirkspektrum

Verträglichkeit/Nebenwirkungen

- Allergische Reaktionen selten
- Keine bzw. sehr seltene Auswirkungen auf das Blutbild

Pharmakokinetik/Interaktionen

- Lange Halbwertszeit des pharmakologisch aktiven Metaboliten Phenobarbital

Nachteile

Wirksamkeit

- Wirksamkeit bei fokalen Anfällen geringer als die von Carbamazepin
- Kann Absencen im hohen Dosisbereich verstärken

Verträglichkeit/Nebenwirkungen

- Schlechte Verträglichkeit zu Therapiebeginn
- Die anderen Nebenwirkungen entsprechen denen von Phenobarbital

Pharmakokinetik/Interaktionen

- Zahlreiche Interaktionen (andere Antiepileptika, orale Kontrazeptiva und andere Medikamente)

Kommentar

- Reservemittel bei fokalen Epilepsien und einigen idiopathischen generalisierten Epilepsien (juvenile myoklonische Epilepsie; Aufwach-Grand-Mal-Epilepsie)
- Sollte nur zum Einsatz gelangen, wenn alle Optionen mit anderen Antiepileptika ausgeschöpft wurden
- Das Ausschleichen von Primidon bereitet oft Schwierigkeiten (Anfallsexazerbation)

Auswirkungen von Primidon auf andere Antiepileptika: Ob Primidon selbst eine enzyminduzierende oder -inhibierende Wirkung besitzt ist ungeklärt. Jedenfalls ist der Metabolit Phenobarbital eine stark enzym-induzierende Substanz mit den entsprechenden Auswirkungen auf andere Antiepileptika (siehe Interaktionen von Phenobarbital) (Bourgeois 1997c).

Auswirkungen von Primidon auf orale Kontrazeptiva: Der Effekt von Primidon auf orale Kontrazeptiva wird durch die Umwandlung in Phenobarbital verursacht.

Auswirkungen anderer Medikamente auf Primidon: Isoniazid und Nikotinamid inhibieren die Metabolisierung von Primidon zu Phenobarbital.

Auswirkungen von Primidon auf andere Medikamente: Primidon selbst hat keinen Effekt auf den Metabolismus anderer Medikamente. Mögliche Interaktionen sind durch die Umwandlung von Primidon in Phenobarbital bedingt (Bourgeois 1997c).

Wirksamkeit. Primidon besitzt ein breites Wirkungsspektrum, das alle Anfälle mit Ausnahme von Absencen umfasst (Bourgeois 1997b, 1997c).

- *Fokale Epilepsien:* Primidon hat eine zu Carbamazepin, Phenytoin und Phenobarbital vergleichbare Wirksamkeit bei sekundär generalisierten tonisch-klonischen Anfällen, ist jedoch weniger wirksam bei fokalen Anfällen und besitzt zudem ein ungünstigeres Nebenwirkungsprofil (Mattson et al. 1985).
- *Idiopathische generalisierte Epilepsien:* Primidon zeigt eine gute Effektivität bei der Behandlung der juvenilen myoklonischen Epilepsie und von primär generalisierten tonisch-klonischen Anfällen, wurde hier jedoch von Valproinsäure als Mittel der ersten Wahl abgelöst. Im Vergleich zu Phenobarbital zeigte sich in mehreren Studien kein Wirkungsunterschied, allerdings war in einer Cross-Over Studie eine gering bessere Effektivität von Primidon bei generalisierten tonisch-klonischen Anfällen zu beobachten (Bourgeois 1997b, 1997c).

Indikationen

- Fokale Epilepsien: Reservemittel, nur, wenn mit anderen Antiepileptika keine befriedigende Anfallskontrolle erzielt werden kann.
- Idiopathische generalisierte Epilepsien (juvenile myoklonische Epilepsie, Aufwach-Grand-Mal Epilepsie, generalisierte tonisch-klonische Anfälle): Reservemittel, nur, wenn mit anderen Antiepileptika keine befriedigende Anfallskontrolle erzielt werden kann.

Ähnlich wie Phenobarbital kann Primidon im hohen Dosisbereich Absencen verstärken.

Nebenwirkungen. Die Nebenwirkungen von Primidon ergeben sich einerseits aus der Umwandlung in Phenobarbital und den damit verbundenen Nebenwirkungen. Anderseits treten bei Therapiebeginn häufig akute Nebenwirkungen (Müdigkeit, Schwindel, Ataxie, Übelkeit, Erbrechen) auf, noch bevor Phenobarbital oder PEMA Spiegel nachweisbar sind. Gegenüber diesen, durch Primidon selbst verursachten Nebenwirkungen, kommt es im Allgemeinen innerhalb von einigen Stunden bzw. wenigen Tagen zu einer Toleranzentwicklung. Primidon muss deshalb langsam aufdosiert werden. Da sich nach vorheriger Phenobarbital-Medikation eine Kreuztoleranz für die Primidon-Nebenwirkungen entwickelt, besteht eine Alternative darin, zunächst eine

Aufsättigung mit Phenobarbital und eine nachfolgende Umstellung auf Primidon durchzuführen (Bourgeois 1997b, 1997c).

Dosierung. Primidon muss auf Grund der anfangs stark ausgeprägten Nebenwirkungen langsam aufdosiert werden (Initialdosis: 62,5–125 mg/Tag, Steigerung um 62,5–125 mg alle 3–7 Tage). Erhaltungsdosis: 20 mg/kg/Tag; bei Ko-Medikation mit Carbamazepin oder Phenytoin: 10–15 mg/kg/Tag. Die Dosierung erfolgt dreimal täglich.

Auf Grund der Kreuztoleranz mit Phenobarbital kann eine rasche Aufsättigung mit Phenobarbital und nachfolgende Umstellung auf Primidon nach folgendem Schema erfolgen: Tag 1: 3 mg/kg Phenobarbital; Tag 2: 3,5 mg/kg Phenobarbital; Tag 3: 4 mg/kg Phenobarbital; Tag 4: 5 mg/kg Phenobarbital; Tag 5: abrupte Umstellung auf 12,5–20 mg/kg Primidon. Damit werden Steady-State-Werte der Phenobarbital-Serumspiegel nach 2–3 Wochen erreicht (Bourgeois 1997c).

Serumspiegel. Da Phenobarbital die hauptsächliche Wirksubstanz ist, ist die Bestimmung des Phenobarbital-Spiegels von entscheidender Bedeutung. Die Referenzwerte für Primidon liegen bei 23–55 µmol/l (5–12 µg/ml; Umrechnungsfaktor 4,58), sind allerdings stark variabel und von untergeordneter Bedeutung (Thomson und Brodie 1992; Krämer 1998a; Fröscher et al. 1999).

15.12. Tiagabin (Tabelle 15.18)

Handelsname. Gabitril®.

Wirkmechanismus und Pharmakokinetik. Der Wirkmechanismus von Tiagabin besteht in einer Hemmung der (Wieder-)Aufnahme von GABA in Neuronen und Gliazellen durch eine reversible Inhibition von GAT-1, einem der 4 bisher identifizierten GABA-Tansporter. Dadurch wird die Konzentration von GABA im synaptischen Spalt erhöht.

Tiagabin wird nach oraler Gabe rasch und nahezu vollständig resorbiert (Bioverfügbarkeit > 90%; maximale Plasmaspiegel nach 60–90 Minuten; Geschwindigkeit, jedoch nicht Ausmaß der Resorption werden durch gleichzeitige Nahrungsaufnahme vermindert; lineare Resorption über einen weiten Dosisbereich). Tiagabin besitzt eine hohe Plasmaproteinbindung (>95%) und wird extensiv über durch das hepatale Zytrochrom-P450-Isoenzym CYP3A4 metabolisiert. Die Halbwertszeit beträgt 7–9 Stunden, bei Kombination mit enzyminduzierenden Substanzen 2–3 Stunden (Adkins und Noble 1998; Leach und Brodie 1998).

Interaktionen. *Auswirkungen anderer Antiepileptika auf Tiagabin:* Enzyminduzierende Antiepileptika wie Carbamazepin, Phenytoin und Phenobarbital erhö-

Tabelle 15.18. Vor- und Nachteile von Tiagabin

Vorteile

Wirksamkeit/Indikationen

- Klar definierter Wirkmechanismus
- Kombinationstherapie fokaler Epilepsien: Wirksamkeit in Doppelblindstudien belegt

Verträglichkeit/Nebenwirkungen

- Gute Verträglichkeit
- Keine allergischen Reaktionen
- Keine gravierenden Nebenwirkungen in der Langzeittherapie
- Keine Gesichtfelddefekte (tierexperimentell und klinisch belegt)

Pharmakokinetik/Interaktionen

- Keine Interaktionen mit oralen Kontrazeptiva

Nachteile

Wirksamkeit

- Wirksamkeit auf fokal eingeleitete Anfälle beschränkt
- Monotherapie fokaler Epilepsien: unklare Wirksamkeit
- Kombinationstherapie fokaler Epilepsien bei Kindern: Ergebnisse inkonklusiv
- Kann Absencen und einen Absencenstatus auslösen

Verträglichkeit/Nebenwirkungen

- Keine

Pharmakokinetik/Interaktionen

- Hohe Eiweißbindung
- Extensive hepatale Metabolisierung
- Kurze Halbwertszeit
- Interaktionen mit anderen Antiepileptika

Kommentar

- Einsatz derzeit auf die Kombinationstherapie von fokalen Epilepsien im Erwachsenenalter beschränkt
- Wirksamkeit unter Umständen erst bei höheren Dosierungen als in den kontrollierten Studien

hen die Clearance von Tiagabin um zwei Drittel, weshalb die Dosis entsprechend zu steigern ist. Valproinsäure verdrängt Tiagabin aus seiner Eiweißbindung und bewirkt darüber eine leichte Abnahme der Serumkonzentration, besitzt aber sonst keinen Einfluss auf den Metabolismus von Tiagabin (Krämer und Bourgeois 1998).

Auswirkungen von Tiagabin auf andere Antiepileptika: Tiagabin bewirkt keine signifikante Induktion oder Inhibition von hepatischen mikrosomalen Enzymen und hat somit keinen nennenswerten Einfluss auf den Metabolismus anderer Antiepileptika. Es wurden lediglich – klinisch nicht signifikante – Erniedrigungen der Valproinsäure-Konzentration um 10–12% berichtet (Adkins und Noble 1998; Schachter 1999).

Auswirkungen von Tiagabin auf orale Kontrazeptiva: Tiagabin hat keinen Effekt auf orale Kontrazeptiva (Adkins und Noble 1998).

Interaktionen mit anderen Medikamenten: Medikamente mit hoher Eiweißbindung wie Naproxen oder Salizylate verdrängen Tiagabin aus seiner Eiweißbindung und bewirken dadurch eine leichte Abnahme der Serumkonzentration. Ansonsten bestehen mit anderen Medikamenten keine klinisch relevanten Interaktionen (Krämer und Bourgeois 1998).

Wirksamkeit. *Fokale Epilepsien:*

- Kombinationstherapie bei Erwachsenen: In der Kombinationstherapie konnte mit Tiagabin bei durchschnittlich 21% der Patienten eine mehr als 50%-ige Anfallsreduktion (= „Responder"; mit Placebo bei 6% der Patienten) erzielt werden, bei der empfohlenen Dosierung von 30–32 mg bei 22% (mit Placebo bei 6% der Patienten) (Cramer et al. 1999). Zudem konnte in den Add-On Studien eine Dosis-Wirkungsbeziehung mit einer besseren Anfallskontrolle bei höheren Dosierungen nachgewiesen werden (minimale wirksame Dosis = 30 mg/Tag) (Ben-Menachem 1995; Sachdeo et al. 1997a; Uthman et al. 1998). Bei gleicher Gesamtdosis ist eine 2-malige tägliche Gabe von Tiagabin gleich wirksam wie eine 4-malige Gabe (Sachdeo et al. 1997a). In den offenen Langzeitstudien zeigte Tiagabin eine anhaltende Wirksamkeit (Schachter 1999). In einer rezenten offenen Studie an 574 Patienten mit therapieresistenten Epilepsien konnte durch Zugabe von Tiagabin (mediane Dosis = 30 mg) bei 7,6% Anfallsfreiheit und bei 60,7% eine mehr als 50%-ige Anfallsreduktion erzielt werden, während 14,4% der Patienten über eine Anfallszunahme berichteten (Bergmann et al. 2000).
- Monotherapie bei Erwachsenen: Die bisherigen beiden Monotherapie-Studien ermöglichen keine konklusiven Schlussfolgerungen betreffend die Wirksamkeit und Dosierung von Tiagabin in der Monotherapie (Schachter 1995, 1999).

- Kombinationstherapie bei Kindern: Bisher existieren nur vorläufige Studien, die eine vergleichbare Wirksamkeit wie im Erwachsenenalter nahe legen, eine konklusive Beurteilung der Wertigkeit von Tiagabin bei fokalen Epilepsien im Kindesalter ist jedoch derzeit noch nicht möglich (Pellock und Appleton 1999).

Indikationen

- Kombinationstherapie von fokalen Epilepsien bei Erwachsenen und Kindern über 12 Jahren.

Tiagabin kann Absencen verstärken bzw. einen Absencen-Status auslösen und sollte deshalb bei generalisierten Epilepsien nicht eingesetzt werden (Genton 2000).

Nebenwirkungen. Die Nebenwirkungen sind zumeist mild bis mäßiggradig und treten häufiger in den ersten 4–6 Wochen der Behandlung – also in der Titrationsphase – auf, wobei unter Fortführung der Therapie die Inzidenz dann deutlich abnimmt.

- Zentralnervöse Nebenwirkungen:
  - In den Doppelblind-Add-On-Studien traten die in Tabelle 15.19 angeführten Nebenwirkungen signifikant häufiger auf als unter Placebo (Leppik 1995).
  - In den offenen Langzeit-Add-On-Studien (gepoolte Daten von 1978 Patienten, davon erhielten 814 Tiagabin länger als ein Jahr) waren ähnliche Nebenwirkungen zu beobachten (Tabelle 15.20) (Leppik 1995).
  - Monotherapiestudien: ähnlich wie in den Add-On-Studien: Schwindel, allgemeine Schwäche, Konzentrationsstörungen, Somnolenz (Adkins und Noble 1998).
  - Kognitive Nebenwirkungen: In mehreren Studien konnten keine negativen kognitiven Effekte von Tiagabin im Vergleich zu Placebo nachge-

Tabelle 15.19. Nebenwirkungen unter Tiagabin in doppelblinden Add-On Studien in Kombinationstherapie

Nebenwirkung	Placebo (n = 363)	Tiagabin (n = 675)
Schwindel	13%	30%
Allgemeine Schwäche	12%	24%
Nervosität	3%	12%
Tremor	3%	9%
Depressive Verstimmung	1%	5%

Modifiziert nach: Leppik IE (1995)

Tabelle 15.20. Nebenwirkungen unter Tiagabin in offenen Langzeitstudien in Kombinationstherapie

Nebenwirkung	Tiagabin (n = 1978)
Schwindel	34%
Somnolenz	25%
Allgemeine Schwäche	24%
Kopfschmerzen	23%
Tremor	20%
Nervosität	15%
Verwirrtheitszustände	13%
Konzentrationsstörungen	13%
Ataxie	12%
Nystagmus	10%

Modifiziert nach: Leppik IE (1995)

wiesen werden (dokumentiert mittels neuropsychologischer Testverfahren) (Kalviainen et al. 1996; Dodrill et al. 1997); zudem konnten in einer Studie bei einer Umstellung auf eine Monotherapie mit Tiagabin im Vergleich zur vorangehenden Therapie mit Standard-Antiepileptika kognitive Verbesserungen beobachtet werden (Dodrill et al. 1998). Insgesamt ist somit von einem günstigen kognitiven Nebenwirkungsprofil für Tiagabin auszugehen.

- Gastrointestinale Nebenwirkungen: Durchfall (Doppelblindstudien: TGB: 7% vs. PLC: 2%); offene Langzeit-Studien: Übelkeit 12% (Leppik 1995).
- Signifikante Laborveränderungen und allergische Reaktionen: bisher nicht beobachtet.
- Auslösung eines nicht-konvulsiven Status epilepticus: In einzelnen Kasuistiken wurde über die Auslösung eines nicht-konvulsiven Status epilepticus bei Patienten mit fokaler und primär generalisierter Epilepsie berichtet (Eckardt und Steinhoff 1998; Ettinger et al. 1999; Knake et al. 1999; Trinka et al. 1999); allerdings war die Inzidenz eines Status epilepticus in den doppelblinden Add-On-Studien mit 0,8% vergleichbar mit Placebo (0,7%) (Schachter 1999).
- Gesichtsfelddefekte: In einer rezenten Studie konnten keine Gesichtsfelddefekte bei 22 Patienten unter einer Tiagabin-Monotherapie (mittlere Behandlungsdauer 21 Monate) beobachtet werden (Kalviainen et al. 1999b).
- Psychosen: Die Inzidenz von Psychosen war in den doppelblinden Add-On-Studien vergleichbar mit Placebo (TGB: 2% vs. PLC: 1%) (Ketter et al. 1999).

Dosierung. Für Erwachsene beträgt die empfohlene Anfangsdosis 5 mg/Tag, die Dosis sollte um 5 mg/Tag alle 7 Tage bis auf eine Erhaltungsdosis von 15–30 mg/Tag (in Einzelfällen bis 60 mg), bei Kombination mit enzyminduzierenden Antiepileptika auf eine Erhaltungsdosis von 30–50 mg/Tag gesteigert werden (in Einzelfällen bis 80 mg). Für Kinder existieren derzeit keine Dosierungsrichtlinien. Die Gabe erfolgt in 3 täglichen Einzelgaben.

Serumspiegel. Referenzwerte für die Serumspiegel sind derzeit noch nicht etabliert (Tomson und Johannessen 2000).

15.13. Topiramat (Tabelle 15.21)

Handelsname. Topamax®.

Wirkmechanismus und Pharmakokinetik. Topiramat ist ein sulfamat-substituiertes Monosaccharid mit einem Fruktosegerüst. Bisher wurden insgesamt 5 unterschiedliche Wirkmechanismen identifiziert: 1. Hemmung der schnell feuernden, spannungsabhängigen Natriumkanäle durch eine Verlängerung der Inaktivierungszeit und damit verminderte Freisetzung von Glutamat. 2. Verminderung der Glutamat-vermittelten exzitatorischen synaptischen Transmission durch Blockade des Kainat- bzw. AMPA-Rezeptors (= non-NMDA Glutamat-Rezeptoren). 3. Verstärkung der GABA vermittelten inhibitorischen synaptischen Transmission durch Bindung an einer neuen Bindungsstelle des $GABA_A$-Rezeptor-Komplexes (unabhängig von der Benzodiazepin-Bindungsstelle) mit Erhöhung des Chlorideinstroms ins Zellinnere und damit verbundener Hyperpolarisation. Zudem führt Topiramat auch zu einer beträchtlichen Steigerung der GABA-Konzentration im Gehirn, die am ehesten durch eine nicht-vesikuläre Freisetzung von GABA erklärt werden kann. 4. Hemmung der Carboanhydrase (Isoenzyme II und IV). 5. Hemmung von spannungsabhängigen Calciumkanälen (high voltage activated voltage dependent calcium channels (HVA-VDCC)) (Rho und Sankar 1999; Shank et al. 2000).

Topiramat wird nach oraler Gabe rasch und nahezu vollständig resorbiert (Bioverfügbarkeit > 95%; maximale Plasmaspiegel nach 2 Stunden; Geschwindigkeit, jedoch nicht Ausmaß der Resorption werden durch gleichzeitige Nahrungsaufnahme vermindert; lineare Resorption über einen weiten Dosisbereich). Die Plasmaeiweißbindung ist gering und liegt bei 9–17%. Während ca. 80% der Substanz unverändert renal ausgeschieden werden, liegt die hepatale Metabolisierung bei 20% (sämtliche Metaboliten sind pharmakologisch inaktiv). Die Halbwertszeit beträgt 19–23 Stunden, bei Kombination mit Enzym-induzierenden Substanzen 12–15 Stunden (Garnett 2000).

Interaktionen. *Auswirkungen anderer Antiepileptika auf Topiramat:* Die Konzentration von Topiramat wird bei Kombination mit den folgenden Substanzen

Tabelle 15.21. Vor- und Nachteile von Topiramat

Vorteile

Wirksamkeit/Indikationen
- Kombinationstherapie von fokalen Epilepsien: hohe Wirksamkeit in Doppelblindstudien
- Monotherapie von fokalen Epilepsien: hohe Wirksamkeit in Doppelblindstudien
- West-Syndrom: Wirksamkeit in offenen Studien belegt
- Lennox-Gastaut-Syndrom: Wirksamkeit in Doppelblindstudien belegt
- Idiopathische generalisierte Epilepsien: Wirksamkeit in Doppelblindstudien belegt

Verträglichkeit/Nebenwirkungen
- Verträglichkeit in der Monotherapie besser
- Keine allergischen Reaktionen

Pharmakokinetik/Interaktionen
- Geringe Eiweißbindung
- Geringe hepatale Metabolisierung
- Lange Halbwertszeit

Nachteile

Wirksamkeit
- Datenlage hinsichtlich Wirksamkeit bei Absencen und myoklonischen Anfällen derzeit noch nicht ausreichend für eine konklusive Beurteilung

Verträglichkeit/Nebenwirkungen
- Kognitive Nebenwirkungen (insbesondere Wortfindungsstörungen)
- Psychiatrische Nebenwirkungen (Depressionen, Psychosen)
- Gewichtsabnahme
- Nierensteine
- Paraesthesien

Pharmakokinetik/Interaktionen
- Langsame Aufdosierung
- Interaktionen mit anderen Antiepileptika, oralen Kontrazeptiva und anderen Medikamenten (Digoxin)

Kommentar
- Antiepileptikum mit hoher Wirksamkeit und breitem Wirkspektrum
- Signifikante Nebenwirkungen, die allerdings in der Monotherapie deutlich weniger ausgeprägt sind

erniedrigt: Carbamazepin (40%), Phenytoin (48%), Valproinsäure (17%; klinisch nicht relevant). Phenobarbital und Primidon scheinen keinen wesentlichen Effekt auf die Topiramat-Spiegel zu haben, wobei allerdings die Zahl der bisher untersuchten Patienten für eine definitive Beurteilung zu gering ist. Für die neuen Antiepileptika wurden bisher keine pharmakokinetischen Effekte auf Topiramat berichtet (Garnett 2000).

Auswirkungen von Topiramat auf andere Antiepileptika: Topiramat hemmt das CPY2C19 Isoenzym des hepatischen Zytochrom-P450-Systems. Demgemäss kann es durch Zugabe von Topiramat zu einem Anstieg der Phenytoin-Konzentration um bis zu 25% kommen (insbesondere bei höheren Phenytoin-Dosierungen im Sättigungsbereich der Phenytoin-Clearance). Die Konzentration von Valproinsäure wird durch Zugabe von Topiramat um ca. 11% vermindert (klinisch nicht signifikant). Carbamazepin, Carbamazepin-Epoxid, Phenobarbital und Primidon werden durch Topiramat nicht beeinflusst. Pharmakokinetische Effekte auf die neuen Antiepileptika wurden bisher nicht berichtet (Krämer und Bourgeois 1998; Garnett 2000).

Interaktionen mit oralen Kontrazeptiva: Topiramat bewirkt eine Abnahme der Östrogenkomponente um bis zu 30%, auf die Gestagenkomponente besteht kein Effekt. Orale Kontrazeptiva müssen deshalb bei Ko-Medikation mit Topiramat eine Östrogenkomponente von mehr als 35 µg enthalten, oder es sollten andere kontrazeptive Maßnahmen zur Anwendung kommen (Garnett 2000).

Interaktionen mit anderen Medikamenten: Topiramat senkt den Digoxinspiegel um 12–16%, sodass sich eine Kontrolle des Digoxinspiegels bei Ko-Medikation mit Topiramat empfiehlt. Topiramat sollte nicht gleichzeitig mit anderen Carboanhydrasehemmern (Azetazolamid) verabreicht werden (erhöhtes Nierensteinrisiko). Mit anderen, hepatal metabolisierten Medikamenten – insbesondere mit Neuroleptika, trizyklischen Antidepressiva, Theophyllin-Präparaten und oralen Antikoagulantien – bestehen keine Interaktionen (Garnett 2000).

Kinder zeigen eine spezielle Pharmakokinetik, da die Clearance von Topiramat um 30–50% höher ist als die beim Erwachsenen, sodass entsprechend höhere Dosierungen angewendet werden müssen.

Wirksamkeit. *Fokale Epilepsien:*

- Kombinationstherapie bei Erwachsenen: In der Kombinationstherapie konnte mit Topiramat bei durchschnittlich 44% der Patienten eine mehr als 50%-ige Anfallsreduktion (= „Responder"; mit Placebo bei 12% der Patienten) erzielt werden, bei der empfohlenen Dosierung von 400 mg bei 44% (mit Placebo bei 14% der Patienten) (Cramer et al. 1999). Anfallsfreiheit konnte bei 5% der Patienten erzielt werden (Reife et al. 2000). In der Langzeittherapie (mittlerer Beobachtungszeitraum = 413 Tage) zeigte sich eine anhaltende Effektivität (bei mehr als 50% der Patienten mehr als

50-ige Anfallsreduktion; 10% der Patienten war für die letzten 6 Monate des Beobachtungszeitraums anfallsfrei) (Abou-Khalil 2000).

- Monotherapie bei Erwachsenen: In der Monotherapie von Patienten mit fokalen Epilepsien zeigt Topiramat eine hohe Effektivität. Bei Patienten mit therapieresistenten Epilepsien konnte durch eine Konversion auf eine Topiramat-Monotherapie (Dosis = 1000 mg) bei 46% eine mehr als 50%-ige Anfallsreduktion und bei 13% Anfallsfreiheit erzielt werden (Sachdeo et al. 1997b). Bei Patienten mit neu-diagnostizierter fokaler Epilepsie konnte mit einer Dosierung von 500 mg/Tag (bei einem Körpergewicht von < 50 kg mit 200 mg/Tag) bei 53% der Patienten Anfallsfreiheit für einen Beobachtungszeitraum von mindestens 6 Monaten erzielt werden (nach Beendigung der Titrationsphase blieben 65% der Patienten anfallsfrei). Zudem ergab sich eine signifikante Korrelation zwischen Therapieeffekt und Topiramat-Plasmaspiegel (Ben-Menachem und Wu 1999). In einer rezenten Studie an neu-diagnostizierten Patienten wurde Topiramat in einer Dosierung von 100 bzw. 200 mg mit Carbamazepin bzw. Valproinsäure verglichen, wobei sich bei vergleichbarer Wirksamkeit eine bessere Verträglichkeit von Topiramat in einer Dosierung von 100 mg zeigte (Privitera et al. 2000).
- Kombinationstherapie bei Kindern: In einer doppelblinden Add-On-Studie bei Kindern im Alter von 2–16 Jahren war die mediane Anfallsreduktion unter Topiramat signifikant höher als unter Placebo (TPM: 33,1% vs. PLC: 10,5%), ebenso wie die Anzahl der Patienten mit einer mehr als 75%-igen Anfallsreduktion (TPM:17% vs. PLC: 2%) und die Responderrate (TPM: 39% vs. TPM: 20%) (Elterman et al. 1999). In einer offenen Anschlußstudie betrug die Responderrate dann 57%, 14% der Kinder war für die letzten 6 Monate des Beobachtungszeitraums anfallsfrei (Ritter et al. 2000).

Generalisierte Epilepsien:

- Lennox-Gastaut-Syndrom: Topiramat zeigte in einer doppelblinden Add-On-Studie einen signifikanten Therapieeffekt beim Lennox-Gastaut-Syndrom: mediane Anfallsreduktion für Sturzanfälle von 14,8% unter Topiramat vs. Anfallszunahme von 5,1% unter Placebo; mehr als 50%-ige Anfallsreduktion für Sturzanfälle und generalisierte tonisch-klonische Anfälle bei 33% der Patienten unter Topiramat vs. 8% unter Placebo (Sachdeo et al. 1999). In der Langzeittherapie war ein anhaltender positiver Therapieeffekt zu beobachten: 58% der Patienten hatten eine mehr als 50%-ige Reduktion der Sturzanfälle, 43% eine mehr als 50%-ige Reduktion aller Anfälle, 15% hatten keine Sturzanfälle mehr und 2% waren anfallsfrei (Glauser et al. 2000b).
- Primär generalisierte Anfälle: Die Ergebnisse einer doppelblinden, placebokontrollierten Add-On Studie mit Topiramat bei Patienten mit therapieresistenten primär generalisierten tonisch-klonischen (PGTK) Anfällen sind in Tabelle 15.22 dargestellt (Biton et al. 1999a). In einer offenen

Tabelle 15.22. Wirksamkeit von Topiramat bei primär generalisierten Anfällen

Zielparameter	Placebo	Topiramat
PGTK Anfälle: mediane Reduktion	9,0%	56,7%
PGTK Anfälle: mehr als 50%-ige Reduktion	20,0%	56,0%
Alle generalisierten Anfälle: mediane Reduktion	0,9%	42,1%
Alle generalisierten Anfälle: mehr als 50%-ige Reduktion	17,0%	46,0%
Anfallsfrei	0%	6,0%

PGTK Anfälle = primär generalisierte tonisch-klonische (PGTK) Anfälle
Modifiziert nach: Biton V et al. (1999)

Anschlussstudie zeigte sich eine Responderrate für die PGTK Anfälle von 63%, 16% der Patienten war für die letzten 6 Monate des Beobachtungszeitraums anfallsfrei (Montouris et al. 2000).

- West-Syndrom: Bei 5 von 11 Kindern mit therapieresistentem West-Syndrom konnte mit Topiramat Anfallsfreiheit, bei 4 weiteren eine mehr als 50%-ige Anfallsreduktion erzielt werden, wobei auch eine gute Langzeiteffektivität zu beobachten war (Glauser et al. 1998; Glauser et al. 2000a).
- Juvenile myoklonische Epilepsie: Topiramat zeigte in einer doppelblinden, placebokontrollierten Studie bei ca. 70% der Patienten, bei denen mit Valproinsäure keine befriedigende Anfallskontrolle erreicht werden konnte und/oder signifikante Nebenwirkungen bestanden, eine mehr als 50%-ige Anfallsreduktion (Placeboeffekt: 18%), wobei sich ein signifikanter Effekt nur für die generalisierten tonisch-klonischen Anfälle, nicht jedoch für die Myoklonien und die Absencen zeigte (Biton et al. 1999b; Rosenfeld 1999).

Indikationen. Topiramat besitzt ein breites Wirkungsspektrum, das sowohl fokale als auch generalisierte Epilepsien umfasst:

- Monotherapie und Add-On-Therapie von fokalen Epilepsien,
- Lennox-Gastaut-Syndrom,
- West-Syndrom,
- idiopathische generalisierte Epilepsien.

Eine Exazerbation von bestimmten Anfallstypen wurde unter Topiramat bisher nicht beschrieben.

Nebenwirkungen

- Zentralnervöse Nebenwirkungen:
  - In den Doppelblind-Add-On-Studien waren die in Tabelle 15.23 dargestellten Nebenwirkungen signifikant häufiger als unter Placebo zu

beobachten; diese Nebenwirkungen traten zumeist innerhalb der ersten 8 Wochen der Therapie auf und bildeten sich zu 80% unter Fortführung der Therapie zurück (Glauser 1999).

- Die Nebenwirkungen in den Monotherapie-Studien sind ebenfalls in Tabelle 15.23 zusammengefasst, wobei hier der Vergleich einer niedrigen (Placebo entsprechenden) Topiramat-Dosis von 25–50 mg/Tag mit einer antiepileptisch wirksamen Dosis von 200–500 mg/Tag erfolgte. In der Monotherapie ist Topiramat somit wesentlich besser verträglich als in der Kombinationstherapie (insbesondere betreffend die kognitiven Nebenwirkungen), als einzige Ausnahme ist die erhöhte Inzidenz von Parästhesien unter Monotherapie zu nennen (Glauser 1999).
- Durch eine langsame Titration kann zudem die Inzidenz von Nebenwirkungen noch weiter signifikant vermindert werden (Glauser 1999).
- Kognitive Nebenwirkungen: bisher 10 Studien unter Verwendung neuropsychologischer Testverfahren; bei 7 Studien wurden signifikante negative kognitive Effekte von Topiramat gefunden, bei 3 Studien konnte kein Effekt nachgewiesen werden; insbesondere scheint die phonematische Wortflüssigkeit als Ausdruck einer Beeinträchtigung des dominanten Frontallappens betroffen zu sein (Jokeit et al. 2000). In einer weiteren rezenten Studie wurde eine Add-On Therapie von Topiramat

Tabelle 15.23. Nebenwirkungen unter Topiramat in Kombinations- und Monotherapie

Nebenwirkung	Kombinationstherapie		Monotherapie	
	Placebo (n = 291)	Topiramat (200–400 mg) (n = 183)	Topiramat (25–50 mg) (n = 125)	Topiramat (200–500 mg) (n = 127)
Somnolenz	12%	29%	14%	17%
Schwindel	15%	25%	19%	12%
Ataxie	7%	16%	1%	4%
Nervosität	6%	16%	6%	6%
Sehstörungen	2%	13%	3%	3%
psychomot. Verlangsamung	2%	13%	0%	7%
Sprachschwierigkeiten	2%	13%	2%	2%
Gedächtnisprobleme	3%	12%	1%	8%
Verwirrtheit	5%	11%	5%	6%
Paräesthesien	4%	11%	13%	35%
Doppelbilder	5%	10%	0%	2%
Anorexie	4%	10%	8%	10%

Modifiziert nach: Glauser TA (1999)

und Valproinsäure (bei bestehender Carbamazepin-Basistherapie) verglichen, wobei die Patienten unter Topiramat im Bereich verbales Kurzzeitgedächtnis schlechter abschnitten; allerdings konnte auch dieser Effekt durch eine langsame Titration signifikant vermindert werden (Aldenkamp et al. 2000).
  - Psychiatrische Nebenwirkungen (Ketter et al. 1999; Khan et al. 1999):
    - Depressionen;
    - Erregungszustände, Verwirrtheit, Halluzinationen;
    - Psychosen: 3% in kontrollierten Studien; 6–10% in offenen Studien.
- Gewichtsverlust: Mittlere Gewichtsabnahme zwischen 1,6 und 6,5 kg entsprechend 2–8% des Ausgangsgewichts; abhängig von:
  - Dosis;
  - Ausgangsgewicht: ausgeprägter bei höherem Ausgangsgewicht (Ausgangsgewicht > 100 kg ⇒ Verlust von 8,4% des Körpergewichts; Ausgangsgewicht 80–100 kg ⇒ Verlust von 5,0% des Körpergewichts; Ausgangsgewicht 60–80 kg ⇒ Verlust von 4,4% des Körpergewichts; Ausgangsgewicht < 60 kg ⇒ Verlust von 2,5% des Körpergewichts);
  - Geschlecht: ausgeprägter bei Frauen;
  - Behandlungsdauer: Beginn innerhalb der ersten 3 Monate, Maximum nach 12–18 Monaten, dann Plateauphase.
- Nierensteine: hauptsächlich Kalziumphosphatsteine, nach Ausschluss von Risikopatienten mit einer Häufigkeit von 1–2%; Risikofaktoren: Männer, Alter 20–50 Jahre, frühere Nierensteine, positive Familienanamnese für Nierensteine, Hyperkalzurie; 2/3 gehen spontan ab, bei den meisten Patienten kann die Therapie fortgesetzt werden; Prävention: ausreichende Flüssigkeitszufuhr.
- Parästhesien: bedingt durch die Hemmung der Carboanhydrase; Häufigkeit: Kombinationstherapie = 11%; Monotherapie = 35%; bilden sich bei Reduktion der Dosis bzw. Absetzen rasch zurück.
- Signifikante Laborveränderungen (Blutbild, Leber- und Pankreasfunktionsproben) und allergische Reaktionen wurden unter Topiramat nicht beobachtet.

Dosierung. Für Erwachsene beträgt die empfohlene Anfangsdosis 25 mg/Tag, die Dosis sollte um 25–50 mg/Tag alle 1–2 Wochen auf eine Erhaltungsdosis von 100–200 mg/Tag in Monotherapie bzw. auf 200–400 mg/Tag in Kombinationstherapie gesteigert werden (maximale Dosis: Monotherapie 500 mg/Tag). Für Kinder über 2 Jahre gelten die folgenden Dosierungsrichtlinien: Monotherapie: Initialdosis 0,5–1 mg/kg/Tag, alle 1–2 Wochen um 1–2 mg/kg/Tag steigern bis auf eine Zieldosis von 3–6 mg/kg/Tag. Kombinationstherapie: Initialdosis 1–3 mg/kg/Tag, alle 1–2 Wochen um 1–3 mg/kg/Tag steigern bis auf eine Zieldosis von 5–9 mg/kg/Tag. Die Gabe erfolgt in 2 täglichen Einzelgaben.

Serumspiegel. Die Referenzwerte für den Serumspiegel liegen bei 12–36 μmol/l (4–12 μg/ml; Umrechungsfaktor: 2,95) (Krämer 1998a; Fröscher et al. 1999; Tomson und Johannessen 2000).

15.14. Valproinsäure (Tabelle 15.24)

Handelsnamen. Convulex®, Depakine chrono retard®, Leptilanil®.

Wirkmechanismus und Pharmakokinetik. Valproinsäure ist eine einfache kurzkettige Fettsäure. Der exakte Wirkmechanismus ist unbekannt, wobei die folgenden Möglichkeiten diskutiert werden: (1) Erhöhung der GABA-Konzentration durch Förderung der GABA-Synthese (Verstärkung der GABA-Decarboxylase) bzw. Hemmung des GABA-Abbaus (Inhibition der GABA-Transaminase) sowie vermehrte GABA-Freisetzung in den synaptischen Spalt; (2) verminderte Bildung und Freisetzung von Aspartat; (3) Hemmung schnell feuernder Natriumkanäle; (4) Hemmung von T-Typ Kalziumkanälen (= low voltage activated voltage dependent calcium channels: LVA-VDCC) im hohen Konzentrationsbereich (Rowan 1997).

Valproinsäure wird im Dünndarm nahezu vollständig (>95%) resorbiert. Die Proteinbindung beträgt 90% (vorwiegend an Albumin) und nimmt bei hohen Serumkonzentrationen ab, was zu Intoxikationserscheinungen bei geringen Dosissteigerungen führen kann. Die Plasmahalbwertszeit beträgt 7–13 Stunden, die Serumkonzentrationen schwanken sowohl intra- als auch interindividuell beträchtlich. Valproinsäure wird zu 95% in der Leber verstoffwechselt, wobei der 2-en-Metabolit ebenfalls antiepileptische Eigenschaften besitzt und durch seine längere Halbwertszeit für die anhaltende antiepileptische Wirksamkeit auch nach Abfall der Valproinsäure-Konzentration verantwortlich sein dürfte. Dem 4-en-Metaboliten wird eine Bedeutung für die hepatotoxischen und teratogenen Effekte zugeschrieben (Rowan 1997; Krämer 1998a).

Interaktionen. *Auswirkungen anderer Antiepileptika auf Valproinsäure:* Die Serumkonzentration von Valproinsäure wird durch eine Kombination mit enzyminduzierenden Antiepileptika (Carbamazepin, Phenytoin und Phenobarbital) um bis zu 50% erniedrigt. Ethosuximid kann über einen ungeklärten Mechanismus die Konzentration von Valproinsäure um 30% reduzieren. Clobazam kann die Konzentration von Valproinsäure erhöhen, wobei dieser Effekt inkonstant und zumeist klinisch nicht relevant ist. Felbamat führt über eine Enzyminhibition zu einem Anstieg der Serumkonzentration von Valproinsäure um 25–50%, bei höherer Felbamat-Dosierung bis zu 100% (Hemmung der VPA-β-Oxidation ohne Veränderung des freien VPA-Anteils). Bei Zugabe von Lamotrigin kann es zu einem Abfall der Valproinsäure-Konzentration um 25% kommen (Anderson et al. 1996). Zudem können Tiagabin und Topiramat zu einer – klinisch allerdings nicht relevanten – Erniedrigung des Valproinsäure-Spiegels um 10–12% bzw. 11% führen (Patsalos 1999).

Tabelle 15.24. Vor- und Nachteile von Valproinsäure

Vorteile

Wirksamkeit/Indikationen
- Idiopathische generalisierte Epilepsien: hohe Effektivität, Mittel der Wahl
- Monotherapie fokaler Epilepsien: hohe Effektivität
- Kombinationstherapie fokaler Epilepsien: hohe Wirksamkeit
- Lennox-Gastaut-Syndrom: gute Wirksamkeit gegen Absencen und Myoklonien
- West-Syndrom: Einsatz durch hohes Risiko von Hepatotoxizität bei Kleinkindern limitiert
- Keine Auslösung von bestimmten Anfallstypen

Verträglichkeit/Nebenwirkungen
- Gute Verträglichkeit
- Allergische Reaktionen selten

Pharmakokinetik/Interaktionen
- Keine Interaktionen mit oralen Kontrazeptiva
- Retardpräparate: ermöglichen 2-mal tägliche Dosierung

Nachteile

Wirksamkeit
- Bei fokalen Anfällen wahrscheinlich etwas weniger wirksam als Carbamazepin

Verträglichkeit/Nebenwirkungen
- Akutes Leberversagen (selten)
- Gewichtszunahme ⇒ polyzystisches Ovarsyndrom (?)
- Tremor (dosisabhängig)
- Haarausfall
- Auswirkungen auf das Blutgerinnungssystem
- Teratogenes Potential

Pharmakokinetik/Interaktionen
- Pharmakologisch aktive Metaboliten
- Interaktionen mit anderen Antiepileptika und anderen Medikamenten

Kommentar
- Mittel der ersten Wahl bei generalisierten Epilepsien
- Breites Wirkungsspektrum
- Gewichtszunahme ⇒ polyzystisches Ovarsyndrom (?) ⇒ limitierter Einsatz bei jungen Frauen (?)

Auswirkungen von Valproinsäure auf andere Antiepileptika: Valproinsäure selbst ist eine enzym-inhibierende Substanz, wodurch der Metabolismus von Carbamazepin-Epoxid (mögliche toxische Nebenwirkungen trotz gleichbleibender Carbamazepin-Konzentration), Phenobarbital (bis zu 40% erhöhte Phenobarbital-Konzentrationen), Lamotrigin (Verlängerung der Halbwertszeit von 30 auf 60 Stunden) und Felbamat (Verminderung der Clearance um 15%) gehemmt wird. Zudem verdrängt Valproinsäure Phenytoin aus seiner Plasmaeiweißbindung und erhöht somit die Konzentration an freiem Phenytoin, wobei dieser Effekt durch einen verstärkten Abbau rasch kompensiert wird. Bei hohen Phenytoin-Konzentrationen (Sättigung der Abbaukapazität für Phenytoin!) kann es allerdings zu Intoxikationserscheinungen kommen. Der Effekt von Valproinsäure auf Primidon ist inkonstant. Valproinsäure vermindert die Serumkonzentration von Monohydroxyderviat (MHD = Metabolit von Oxcarbazepin) um 0–18%. Zudem verdrängt Valproinsäure Tiagabin aus seiner Eiweißbindung und bewirkt dadurch eine leichte Abnahme der Serumkonzentration, besitzt aber sonst keinen Einfluss auf den Metabolismus von Tiagabin. Die Konzentration von Topiramat wird bei Kombination mit Valproinsäure um 17% (= klinisch nicht relevant) erniedrigt.

Auswirkungen anderer Medikamente auf Valproinsäure: Acyclovir, Antacida, Adriamycin und Cisplatin führen über eine verminderte Resorption zu erniedrigten Valproinsäure-Spiegeln. Naproxen, Phenylbutazon und Salicylate können Valproinsäure aus seiner Proteinbindung verdrängen und so zu einem Abfall der Valproinsäure-Serumspiegel führen (Patsalos 1999).

Auswirkungen von Valproinsäure auf andere Medikamente: Valproinsäure inhibiert den Metabolismus von Amitryptilin, Clomipramin, Nimodipin und Nortryptilin und erhöht deren Bioverfügbarkeit um 50–86% (Patsalos 1999).

Wirksamkeit. *Fokale Epilepsie:* Valproinsäure besitzt eine vergleichbare Wirksamkeit wie Carbamazepin, Phenytoin, Phenobarbital und Primidon für die Kontrolle von generalisierten tonisch-klonischen Anfällen (Mattson et al. 1985, 1992; Richens et al. 1994; Heller et al. 1995). Bei fokalen Anfällen wird die Wirksamkeit im Vergleich zu Carbamazepin kontroversiell beurteilt – während manche Autoren eine vergleichbare Effektivität postulieren (Richens et al. 1994; Heller et al. 1995; Verity et al. 1995), wurde in anderen Studien eine bessere Anfallskontrolle für Carbamazepin gefunden (Mattson et al. 1992). Bei Kindern mit neu-diagnostizierten fokalen Epilepsien konnte eine vergleichbare Wirksamkeit von Valproinsäure, Carbamazepin, Phenytoin und Phenobarbital nachgewiesen werden (Verity et al. 1995; de Silva et al. 1996). In einer rezenten Studie, in der Patienten mit therapieresistenten fokalen Epilepsien auf eine Valproinsäure-Monotherapie umgestellt wurden, konnte eine klare Überlegenheit einer hochdosierten im Vergleich zu einer niedrigdosierten Valproinsäure-Therapie nachgewiesen werden (Beydoun et al. 1997b). Beim Vergleich mit den neuen Antiepileptika war Valproinsäure gleich wirksam und verträglich wie Oxcarbazepin (Christe et al. 1997).

Generalisierte idiopathische Epilepsien:

- Absence-Epilepsien: Bei 86% der Patienten mit Absencen kann unter Valproinsäure eine mehr als 75%-ige Anfallsreduktion erreicht werden (gepoolte Daten von 1393 Patienten) (Davis et al. 1994). In 2 einfach-blinden Monotherapiestudien konnte bei 76 bzw. 82% der Patienten eine mehr als 75%-ige Anfallsreduktion erzielt werden (Villarreal et al. 1978; Erenberg et al. 1982). Die Wirksamkeit ist vergleichbar mit Ethosuximid (Sato et al. 1982), wobei bei therapieresistenten Absencen eine Kombination der beiden Medikamente einen zusätzlichen Effekt erbringen kann (Rowan et al. 1983).
- Juvenile myoklonische Epilepsie: Bei der juvenilen myoklonischen Epilepsie kann unter einer Valproinsäure-Monotherapie Anfallsfreiheit bei 86% der Patienten erzielt werden (Penry et al. 1989). In einer Metaanalyse von 1393 Patienten konnte bei 77% eine mehr als 75%-ige Reduktion der Myoklonien beobachtet werden (Davis et al. 1994).
- Photosensible Epilepsien: Valproinsäure ist das Mittel der Wahl bei photosensiblen Epilepsien mit generalisierten tonisch-klonischen Anfällen, Absencen oder Myoklonien (Jeavons et al. 1986; Harding et al. 1997).
- Lennox-Gastaut-Syndrom: Beim Lennox-Gastaut-Syndrom wirkt Valproinsäure insbesondere gegen Myoklonien und Absencen, weniger gegen die atonischen und tonischen Anfälle (Rowan 1997). In 2 Studien an insgesamt 77 Patienten konnte eine Valproinsäure-Monotherapie bei 18% eine befriedigende Anfallskontrolle erbringen (Davis et al. 1994).
- West-Syndrom: Beim West-Syndrom werden die Ansprechraten unter Valproinsäure mit 20–45% angegeben, wobei die hohe Inzidenz einer Hepatotoxizität im Alter von unter 2 Jahren den Einsatz bei diesem Epilepsiesyndrom limitiert (Davis et al. 1994; Rowan 1997).

Indikationen. Valproinsäure besitzt ein breites Wirkungsspektrum sowohl gegen fokale als auch gegen generalisierte Anfälle.

- Mittel der ersten Wahl bei den idiopathischen generalisierten Epilepsien mit Absencen, generalisierten tonisch-klonischen Anfällen und Myoklonien (Absence-Epilepsien, juvenile myoklonische Epilepsie, Aufwach-Grand-Mal-Epilepsie, photosensible Epilepsien);
- West-Syndrom;
- Lennox-Gastaut-Syndrom;
- fokale Epilepsien;
- Status epilepticus in der i.V. Darreichungsform.

Eine Auslösung oder Verschlechterung von bestimmten Anfallstypen wurde bisher unter Valproinsäure nicht beschrieben.

Nebenwirkungen

- Nebenwirkungen bei Therapiebeginn: Relativ häufig kommt es bei Therapiebeginn zu gastrointestinalen Nebenwirkungen (Übelkeit, Erbrechen, Magenschmerzen), deren Inzidenz durch Medikamenteneinnahme nach den Mahlzeiten, eine Dosisreduktion und die Verfügbarkeit von magensaftresistenten Darreichungsformen auf 3–6% reduziert werden kann (Davis et al. 1994).
- Zentralnervöse Nebenwirkungen: Kognitive und sedierende Effekte sind selten und gering (Dean 1997).
- Tremor: Dosisabhängig; im mittleren Dosisbereich tritt bei ca. 10% der Patienten ein feinschlägiger Halte- und Intentionstremor auf (Dean 1997); im höheren Dosisbereich bei über 64% der Patienten (Beydoun et al. 1997b); in seltenen Fällen kann es auch zu einem grobschlägigen Tremor, Asterixis oder negativem Myoklonus kommen (Rowan 1997).
- Gewichtszunahme: Häufig; Inzidenz variiert in verschiedenen Studien zwischen 8 und 70%; Zunahme von >4 kg oder durchschnittlich 7 kg werden angegeben; Frauen und ursprünglich normalgewichtige Patienten sind häufiger betroffen (Dinesen et al. 1984; Davis et al. 1994; Isojärvi et al. 1996; Corman et al. 1997); in diesem Zusammenhang wird eine Bedeutung von Valproinsäure bei der Entstehung eines polyzystischen Ovarsyndroms kontroversiell diskutiert (Isojärvi et al. 1996, 1998; Bauer et al. 2000; Isojärvi und Tapanainen 2000).
- Haarausfall oder Verdünnung der Haare: innerhalb der ersten 6 Monate der Therapie; reversibel (Rowan 1997).
- Valproinsäure-Encephalopathie: selten; dosisunabhängig; Bewusstseinsstörung bis zum Koma; Mechanismus: unklar (erhöhte Ammoniakspiegel, direkter toxischer Effekt auf zentrale Rezeptoren; Medikamenteninteraktionen bei gleichzeitiger Phenytoin- oder Phenobarbital-Therapie) (Göbel et al. 1999); EEG: hoch-amplitudige langsame Aktivität, periodische Komplexe (Dean 1997; Rowan 1997).
- Blutgerinnungssystem: Häufig dosisabhängige Thrombozytopenien (Thrombozyten < 75000 bei 31% der Patienten mit hohen Valproinsäure-Serumkonzentrationen vs. 0% bei niedrigen Konzentrationen) (Beydoun et al. 1997b); zudem wurden (auch bei normaler Thrombozytenzahl) Störungen der Plättchenaggregation, Verminderungen des Fibrinogens, des von Willebrand-Faktors bzw. des Ristocetin-Kofaktors und Verlängerungen der Blutungszeit beschrieben (Kreuz et al. 1992; Gidal et al. 1994; Kis et al. 1999); die klinische Relevanz dieser Befunde wird allerdings kontroversiell beurteilt (Tetzlaff 1991; Ward et al. 1996).

- Akute hämorrhagische Pankreatitis: selten; idiosynkratische Reaktion; innerhalb der ersten 3 Monate der Therapie (Rowan 1997).
- Leberveränderungen: hier sind 2 verschiedene Formen zu unterscheiden:
  - Passagere, dosisabhängige, asymptomatische Hepatopathie mit Anstieg der Transaminasen bei 15–30% der Patienten innerhalb der ersten 3 Monate nach Therapiebeginn (Stefan 1999).
  - Reversible schwere Leberinsuffizienz und irreversibles fulminantes Leberversagen: innerhalb der ersten 6 Monate nach Therapiebeginn (Inzidenz: Monotherapie: 1 : 51.293; Polytherapie: 1 : 8.312). Von einer Therapie mit Valproinsäure sollten deshalb die folgenden Patientengruppen ausgeschlossen werden: (1) Patienten mit vorbestehenden Leber- oder nicht endokrinen Pankreaserkrankungen oder mit erhöhten Leber-/Pankreaswerten; (2) Patienten mit metabolischen Erkrankungen insbesondere aus dem Bereich der Beta-Oxydation, der mitochondrialen und peroxismalen und der Harnstoffzyklusdefekte; (3) Patienten mit unklaren medikamenteninduzierten Todesfällen oder schweren Lebererkrankungen mit Reye-ähnlicher Symptomatik in der Familie, mit und ohne VPA-Gabe; (4) Patienten mit klinisch relevanten Gerinnungsstörungen (z.B. schweres von Willebrand-Jürgens-Syndrom). Bei einer weiteren Gruppe von Patienten muss eine besonders sorgfältige Nutzen/Risikoabwägung vor Therapiebeginn durchgeführt werden: (1) Kinder unter 2 Jahren unter Therapie mit enzyminduzierenden Antiepileptika oder mit unklarer, insbesondere progredienter Retardierung; (2) Patienten mit neurometabolischen Erkrankungen; (3) Patienten mit familiären metabolischen Erkrankungen (König et al. 1998). Die klinische Überwachung und Erkennung von Frühsymptomen (Fieber; Appetitlosigkeit, Übelkeit, Erbrechen, Bauchschmerzen; neu auftretende Abneigung gegen gewohnte Speisen oder gegen Valproinsäure; Müdigkeit, Schlappheit, Apathie; Zunahme von Frequenz und Intensität der epileptischen Anfälle; Blutungsneigung; Ödeme, Ikterus) ist dabei wichtiger als das Monitoring von Laborwerten (König et al. 1998; Schneble 2000).

Dosierung. Die Initialdosis für Erwachsene beträgt 300–500 mg, die Dosis wird alle 3–5 Tage um 300–500 mg bis auf eine Erhaltungsdosis von 15–30 mg/kg/Tag (900–3000 mg/Tag) gesteigert. Für Kinder ist die Erhaltungsdosis 15–60 mg/kg/Tag. Die Dosierung erfolgt bei Verwendung eines Retardpräparats in 1–2 Einzelgaben, ansonsten in 3 Gaben.

Serumspiegel. Die Referenzwerte für die Serumspiegel sind 350–700 µmol/l (50–100 µg/ml; Umrechungsfaktor: 6,93) (Thomson und Brodie 1992).

15.15. Vigabatrin (Tabelle 15.25)

Handelsname. Sabril®.

Wirkmechanismus und Pharmakokinetik. Vigabatrin ist ein synthetisches GABA-Derivat. Der Wirkmechanismus besteht in einer irreversiblen Hemmung der GABA-abbauenden GABA-Transaminase, sodass der funktionelle Pool von GABA – des wichtigsten inhibitorischen Neurotransmitters – erhöht

Tabelle 15.25. Vor- und Nachteile von Vigabatrin

Vorteile

Wirksamkeit/Indikationen
- Klar definierter Wirkmechanismus
- Kombinationstherapie von fokalen Epilepsien: hohe Wirksamkeit in Doppelblindstudien
- West-Syndrom (insbesondere bei tuberöser Hirnsklerose): Wirksamkeit in offenen und Doppelblindstudien belegt, Mittel der ersten Wahl (?)

Verträglichkeit/Nebenwirkungen
- Gute Verträglichkeit
- Keine allergischen Reaktionen

Pharmakokinetik/Interaktionen
- Rasche Aufdosierung möglich
- Keine Eiweißbindung
- Lange biologische Halbwertszeit
- Keine Interaktionen mit anderen Medikamenten (Ausnahme: Phenytoin)

Nachteile

Wirksamkeit
- In der Monotherapie von fokalen Epilepsien weniger wirksam als Carbamazepin
- Kann Absencen und Myoklonien verstärken
- Wirkungsverlust in der Langzeittherapie (?)

Verträglichkeit/Nebenwirkungen
- (Irreversible) Gesichtsfelddefekte bei 30–40% der Patienten
- Psychiatrische Nebenwirkungen (Depressionen, Psychosen)
- Gewichtszunahme

Pharmakokinetik/Interaktionen
- Keine

Kommentar
- Wird vielfach als Mittel der ersten Wahl beim West-Syndrom angesehen
- Einsatz bei fokalen Epilepsien auf Grund von Gesichtsfelddefekten nur in Ausnahmefällen vertretbar
- Engmaschige Gesichtsfeldkontrollen und sorgfältige Nutzen/Risiko-Abwägung bei jeder Kontrolle erforderlich

wird. Die Bioverfügbarkeit beträgt ca. 75%, Vigabatrin wird nicht an Plasmaproteine gebunden, wird nicht metabolisiert und unverändert renal ausgeschieden. Demgemäss besitzt Vigabatrin weder enzyminduzierende noch enzyminhibierende Eigenschaften und somit ein praktisch fehlendes Interaktionspotential. Obwohl die Halbwertszeit nur 5–8 Stunden beträgt, hält die Wirkung wesentlich länger an, da die durch Vigabatrin irreversibel gehemmte GABA-Transaminase erst wieder neu synthetisiert werden muss (Krämer 1998a).

Interaktionen. *Auswirkungen anderer Antiepileptika auf Vigabatrin:* Da die Serumspiegel von Vigabatrin auf Grund des Wirkmechanismus in der Regel nicht bestimmt werden, ist der Einfluss anderer Antiepileptika auf Vigabatrin nur wenig untersucht. Felbamat kann die Konzentration von Vigabatrin um ca. 15% erhöhen, ansonsten wurden bisher keine wesentlichen Effekte von anderen Medikamenten auf Vigabatrin beschrieben (Riva et al. 1996; Krämer 1998a, 1998b; Perucca 1999).

Auswirkungen von Vigabatrin auf andere Antiepileptika: Bei Kombination mit Phenytoin fällt dessen Spiegel aus ungeklärter Ursache nach 4–6 Wochen um 16–33%, bei Kindern kann dieser Effekt noch stärker ausgeprägt sein. Zudem können auch die Serumkonzentrationen von Phenobarbital und Primidon bei Zugabe von Vigabatrin leicht abfallen (Riva et al. 1996; Krämer 1998a, 1998b).

Auswirkungen von Vigabatrin auf orale Kontrazeptiva: Vigabatrin hat keinen Effekt auf orale Kontrazeptiva (Krämer 1998a).

Interaktionen mit anderen Medikamenten: Bisher wurden keine Interaktionen von Vigabatrin mit anderen Medikamenten beschrieben.

Wirksamkeit. *Fokale Epilepsien:*

- Kombinationstherapie bei Erwachsenen: In der Kombinationstherapie konnte mit Vigabatrin bei durchschnittlich 40% der Patienten eine mehr als 50%-ige Anfallsreduktion (= „Responder"; mit Placebo bei 14% der Patienten) erzielt werden, bei der empfohlenen Dosierung von 3000 mg bei 44% (mit Placebo bei 14% der Patienten) (Cramer et al. 1999). Bis zu 5% der Patienten wurden anfallsfrei (Krämer und Bourgeois 1998).
- Monotherapie bei Erwachsensen: In Studien an Patienten mit neu-diagnostizierten fokalen Epilepsien (eine doppelblinde (Chadwick 1999a), eine andere offene, randomisierte (Kalviainen et al. 1995)) war Vigabatrin zwar besser verträglich, aber weniger wirksam als Carbamazepin. In einer randomisierten Cross-Over Studie zeigte sich hingegen eine zu Carbamazepin vergleichbare Wirksamkeit bei erneut besserer Verträglichkeit (Tanganelli und Regesta 1996). In einer Doppelblindstudie war Vigabatrin gleich wirksam wie Gabapentin (Lindberger 1999). In einer rezenten offenen Studie

konnten 27% der Patienten, die gegenüber einer Carbamazepin-Monotherapie therapieresistent waren, auf eine Vigabatrin-Monotherapie umgestellt werden, wobei 7% anfallsfrei wurden (Brodie und Mumford 1999).
- Kombinationstherapie bei Kindern: Vigabatrin zeigt bei Kindern in der Kombinationstherapie von fokalen Epilepsien eine vergleichbare Effektivität wie im Erwachsenenalter, so konnten Responderraten von ca. 50% erzielt werden (Shields und Sankar 1997; French 1999).

West-Syndrom: Bei der Erst-Behandlung von Patienten mit West-Syndrom ohne tuberöse Sklerose zeigt Vigabatrin eine Effektivität von 54%, bei Vorliegen einer tuberösen Sklerose eine Effektivität von 95% (Hancock und Osborne 1999). Die Ansprechrate in den verschiedenen Studien variierte dabei zwischen 26 und 76% (Aicardi et al. 1996; Vigevano und Cilio 1997; Villeneuve et al. 1998; Wohlrab et al. 1998; Cossette et al. 1999; Granstrom et al. 1999; Koo 1999). Im Vergleich mit ACTH ergab sich in einer retrospektiven Studie kein Unterschied (Cossette et al. 1999), in einer prospektiven Studie hingegen war ACTH insgesamt wirksamer als Vigabatrin. Es zeigte sich jedoch eine unterschiedliche Effektivität in einzelnen Subgruppen (Vigabatrin war wirksamer bei Patienten mit zerebralen Malformationen, ACTH bei Patienten mit perinatalen Hypoxien, eine vergleichbare Effektivität zeigte sich bei den kryptogenetischen Fällen) (Vigevano und Cilio 1997). Die Rezidivrate war unter Vigabatrin in allen Studien signifikant geringer als unter ACTH. Bei Patienten mit West-Syndrom infolge einer tuberösen Hirnsklerose ist Vigabatrin wirksamer als Cortison (Chiron et al. 1997).

Indikationen

- Add-On-Therapie von fokalen Epilepsien, die durch andere Antiepileptika nicht befriedigend eingestellt werden konnten.
- West-Syndrom – von manchen Autoren als Mittel der ersten Wahl angesehen (Aicardi et al. 1996; Wohlrab et al. 1998; Appleton et al. 1999b; Cossette et al. 1999; Granstrom et al. 1999).
- Mittel der ersten Wahl beim West-Syndrom infolge tuberöser Hirnsklerose (Chiron et al. 1997).

Vigabatrin kann Absencen und Myoklonien verstärken und sollte deshalb bei idiopathischen und symptomatischen generalisierten Epilepsien nicht eingesetzt werden (Genton 2000).

Nebenwirkungen

- Zentralnervöse Nebenwirkungen (Tabelle 15.26):
  - Hier sind insbesondere Müdigkeit, Somnolenz, Kopfschmerzen und Schwindel (oft passager zu Therapiebeginn) anzuführen; bei Kindern kann es zu Agitation bzw. hyperkinetischen Syndromen kommen.

Tabelle 15.26. Nebenwirkungen unter Vigabatrin (Häufigkeit > 5%, Daten von 2682 Patienten aus klinischen Studien)

Nebenwirkung	Häufigkeit
Benommenheit	18,6%
Müdigkeit	15,1%
Kopfschmerzen	12,7%
Schwindel	10,3%
Gewichtszunahme	7,9%
Agitation	6,9%
Sehstörungen	5,3%
Doppelbilder	5,1%
Tremor	5,1%
Depression	5,1%

Modifiziert nach: Shorvon SD (2000)

  - Sehr selten: Vigabatrin-Encephalopathie mit Stupor und Koma, insbesondere bei rascher Aufdosierung und bei Patienten mit Niereninsuffizienz (verminderte Elimination) (Ifergane et al. 1998; Haas-Lude et al. 2000).
  - Kognitive Nebenwirkungen: Im Allgemeinen werden keine negativen kognitiven Effekte beobachtet, sondern allenfalls geringe kognitive Verbesserungen (Monaco 1996).
- Gastrointestinale Nebenwirkungen: Häufigkeit = 1–10%; Übelkeit, abdominelle Schmerzen.
- Gewichtszunahme: ca. 5% der Patienten. Vigabatrin bewirkt eine Abnahme der Plasmaaktivität der Alanin-Aminotransferase (ALAT; GPT) (30–100%) und geringer auch der Aspartat-Aminotransferase (ASAT; GPT) sodass deren Bestimmung unzuverlässig ist.
- Gesichtsfelddefekte (Tabelle 15.27):
  - Inzidenz: 40–50% der Patienten; in 9% schwere Gesichtsfelddefekte; die meisten Patienten sind asymptomatisch (Kalviainen et al. 1999a; Lawden et al. 1999; Miller et al. 1999b).
  - Verteilung: konzentrische, periphere, eher unregelmäßig begrenzte, nasal betonte Ausfälle (Lawden et al. 1999).
  - Expositionszeit bis zum Auftreten von Gesichtsfelddefekten: Unklar, jedoch wahrscheinlich schon nach 6–8 Wochen (Schmitz et al. 1999).
  - Im Allgemeinen persistieren die Gesichtsfelddefekte auch nach Absetzen von Vigabatrin (Lawden et al. 1999), wobei einzelne reversible Fälle beschrieben wurden (Versino und Veggiotti 1999).
  - Folgende Mechanismen werden postuliert: Toxische Wirkung von GABA auf die GABAergen amakrinen Zellen im Stratum nucleare in-

Tabelle 15.27. Praktisches Vorgehen zum Monitoring von Gesichtsfelddefekten unter Vigabatrin

- Gesichtsfelduntersuchung vor Beginn der Therapie
- Unter Therapie in den ersten 3 Monaten zunächst monatliche Kontrollen, da Gesichtsfelddefekte schon nach 6 Wochen auftreten können und dann unter Umständen noch reversibel sind
- Dann Kontrollen in 6-monatigen Abständen
- Überprüfung des Nutzens der Therapie bei jeder Kontrolle:
  - Patient profitiert von Vigabatrin und hat keine Gesichtsfelddefekte ⇒ Fortführen der Therapie
  - Patient profitiert nicht von Vigabatrin ⇒ Absetzen der Therapie
  - Patient profitiert von Vigabatrin und hat Gesichtsfelddefekte ⇒ Absetzen sollte erwogen werden
- Das Absetzen sollte langsam über 2–4 Wochen erfolgen, um eine Anfallsexazerbation zu vermeiden

Modifiziert nach: Schmidt D, Elger CE (1999)

ternum (Krauss et al. 1998) bzw. Schädigung der Müller-Zellen (= Neurogliazellen im Stratum limitans internum) (Daneshvar et al. 1999).
  - Nachweis der Gesichtsfelddefekte:
    - Augenärztliche Untersuchung incl. Perimetrie (standardisierte statische Perimetrie (bevorzugt; Humphrey oder Octupus) oder kinetische Perimetrie (Goldmann)) durch einen erfahrenen und mit der Problematik vertrauten Opthalmologen – Erwachsense und Kinder > 9 Jahre.
    - Elektroretinogramm (erstes oszillatorisches Potential und 30 Hz Flicker-Antwort korrelieren mit Vigabatrin-assoziierten Gesichtsfelddefekten) – Kinder < 3 Jahre und/oder nicht kooperationsfähige Patienten.
    - Gesichtsfeld-spezifische visuell evozierte Potentiale – Kinder 3–9 Jahre (Harding et al. 1999).
- Psychiatrische Nebenwirkungen: Einer rezenten Meta-Analyse zur Folge kommt es unter Vigabatrin im Vergleich zu Placebo signifikant häufiger zu Depressionen (12,1% vs. 3,5%) und Psychosen (2,5% vs. 0,3%). Hingegen zeigten sich keine signifikanten Unterschiede für das Auftreten der folgenden Symptome: aggressives Verhalten, manische Zustandsbilder, Agitation, Stimmungsschwankungen, Angstzustände, Selbstmordversuche (Levinson und Devinsky 1999).
- Wirkungsverlust: Bei ca. 10–30% der anfänglichen Responder kann es zu einem Wirkungsverlust kommen, wobei dies kontroversiell beurteilt wird (Krämer und Bourgeois 1998; Sander 1998).
- Idiosynkratische Reaktionen: Bisher nicht beobachtet.

Tabelle 15.28. Interaktionen von Antiepileptika

Hinzugefügtes Antiepileptikum	Bestehendes Antiepileptikum														
	CBZ	PHT	VPA	PB	PRD	ESM	CLB	VGA	LTG	GBP	OXC	FBM	TGB	TPM	LVT
CBZ	↓ CBZ*	↑↓ PHT	↓ VPA	0	↓ PRD ↑ PB	↓ ESM	↓ CLB ↑ N-DC	0	↓ LTG	0	↓ OXC	↓ FBM	↓ TGB	↓ TPM	0
PHT	↓ CBZ	–	↓ VPA	↑ PB	↓ PRD ↑ PB	↓ ESM	↓ CLB ↑ N-DC	0	↓ LTG	0	↓ OXC	↓ FBM	↓ TGB	↓ TPM	0
VPA	↑ CBZ-E	(↑) PHT, ↑ fPHT	–	↑ PB	↑↓ PRD ↑ PB	↑↓ ESM	0	0	↑ LTG	0	↓ OXC	↑ FBM	(↓) TGB	(↓) TPM	0
PB	↓ CBZ (↑) CBZ-E	↑↓ PHT	↓ VPA	–	**	↓ ESM	↓ CLB ↑ N-DC	0	↓ LTG	0	↓ OXC	↓ FBM	↓ TGB	0	0
PRD	↓ CBZ (↑) CBZ-E	↑↓ PHT	↓ VPA	**	–	↓ ESM	↓ CLB ↑ N-DC	0	↓ LTG	?/0	↓ OXC	↓ FBM	↓ TGB	0	0
ESM	↑↓ CBZ	↑↓ PHT	↓ VPA	↑↓ PB	↑↓ PRD ↑↓ PB	–	?	?/0	?	?/0	?	?	?	?	?/0
CLB	↓ CBZ	(↑) PHT	(↑) VPA	(↑) PB	(↑) PB (↑) PRD	?	–	?/0	?	?/0	0	?	?	?	?/0
VGA	0	↓ PHT	0	(↓) PB	(↓) PRD	0	?	–	0	?/0	?	0	?/0	?/0	?/0
LTG	PD	0	↓ VPA	0	0	0	?/0	0	↓ LTG*	?/0	?/0	0	?/0	?/0	0
GBP	0	(↑) PHT	0	0	?/0	?/0	?/0	?/0	0/?	–	0	(↑) FBM	?/0	?/0	0
OXC	↓ CBZ	↑ PHT	0	↑ PB	?	?	?	?	↓ LTG	?	–	0	?	?	?
FBM	↓ CBZ ↑ CBZ-E	↑ PHT	↑ VPA	↑ PB	?	?	?	(↑) VGA	(↑) LTG	?/0	0	–	?	?	?
TGB	0	0	(↓) VPA	?/0	?/0	?/0	?/0	?/0	?/0	?/0	?	?/0	–	?/0	?/0
TPM	0	↑ PHT	(↓) VPA	0	0	?/0	?/0	?/0	?/0	?/0	?	?/0	?/0	–	?/0
LVT	0	(↑) PHT	0	0	0		?/0	?/0	0	0	?	?/0	?/0	?/0	–

Dosierung. Für Erwachsene beträgt die empfohlene Initialdosis 0,5–1 g/Tag, Steigerung der Dosis um 0,5 g/Woche bis auf die Erhaltungsdosis von 2–3 g/Tag. Im Kindesalter ist die Initialdosis 20–40 mg/kg/Tag, bezogen auf das Körpergewicht wird als Erhaltungsdosis empfohlen: 10–15 kg: 0,5–1 g/Tag; 15–30 kg: 1–1,5 g/Tag; 30–50 kg: 1,5–3 g/Tag; >50 kg: Erwachsenendosis. Monotherapie beim West-Syndrom: Anfangsdosis 50 mg/kg/Tag, Erhaltungsdosis bis zu 150 mg/kg/Tag. Die Gabe erfolgt in 1–2 täglichen Einzeldosen.

Serumspiegel. Die Referenzwerte für den Serumspiegel liegen bei 25–250 μmol/l (3,5–35 μg/ml; Umrechungsfaktor: 7,75). Auf Grund des Wirkmechanismus besteht allerdings keine Korrelation zwischen Plasmakonzentration und klinischer Wirksamkeit, sodass eine Bestimmung des Plasmaspiegels nicht sinnvoll ist (Krämer 1998a; Fröscher et al. 1999).

↑ bzw. ↓: signifikante Erhöhung bzw. Erniedrigung des Plasmaspiegels; (↑) bzw. (↓): inkonstante bzw. geringe, klinisch zumeist nicht relevante Erhöhung bzw. Erniedrigung des Plasmaspiegels; ↑↓: variable, inkonsistente oder geringe Veränderung des Plasmaspiegels; *0* keine wesentliche Beeinflussung des Plasmaspiegels; *?/0** keine wesentliche Beeinflussung des Plasmaspiegels zu erwarten, jedoch nicht untersucht; *?* nicht untersucht, Effekt fraglich; *CBZ* Carbamazepin; *CBZ-E* Carbamazepin-Epoxid; *PHT* Phenytoin; *fPHT* freies Phenytoin; *VPA* Valproinsäure; *PB* Phenobarbital; *PRD* Primidon; *ESM* Ethosuximid; *CLB* Clobazam; *N-DC* N-Desmethyl-Clobazam; *VGA* Vigabatrin; *LTG* Lamotrigin; *GBP* Gabapentin, *OXC* Oxcarbazepin; *FBM* Felbamat; *TGB* Tiagabin; *TPM* Topiramat; *LVT* Levetiracetam; * CBZ und LTG bewirken eine Autoinduktion; ** Phenobarbital und Primidon werden nicht gemeinsam verabreicht

16. Präoperative Epilepsiediagnostik und Epilepsiechirurgie

Christoph Baumgartner und *Ekaterina Pataraia*

16.1. Definitionen und Bedarf

Epilepsiechirurgie ist definiert als jede neurochirurgische Intervention, deren primäres Ziel die Behandlung einer therapierefraktären Epilepsie ist. Demgemäß ergeben sich folgende Zielsetzungen der Epilepsiechirurgie:

- Anfallsfreiheit oder Anfallsreduktion;
- Vermeidung von – durch die Operation bedingten – neurologischen oder neuropsychologischen Ausfallserscheinungen (Engel 1996a; European Federation of Neurological Societies Task Force 2000).

Ca. die Hälfte aller Patienten mit medikamentös therapieresistenten Anfällen sind prinzipiell Kandidaten für einen epilepsiechirurgischen Eingriff. In Europa mit 730 Millionen Einwohnern entspricht dies einer Zahl von 225.000–275.000 Patienten, wobei jedes Jahr 14.000 neue Patienten hinzukommen (NIH Consensus Panel et al. 1990; Engel 1993; Heinemann et al. 1998). Für Österreich entspricht dies einer Zahl von 2.500–3.000 potentiellen Kandidaten für einen epilepsiechirurgischen Eingriff und 150 neuen Patienten pro Jahr.

Die Epilepsiechirurgie hat in den letzten Jahren aus den folgenden Gründen einen beträchtlichen Aufschwung genommen (Engel 1996a):

- Der Krankheitsverlauf verschiedener Epilepsiesyndrome, ihr Ansprechen auf eine medikamentöse antikonvulsive Behandlung und ihre Prognose wurden genauer erforscht und werden besser verstanden. So konnten bestimmte Syndrome abgegrenzt werden, die einerseits mit hoher Wahrscheinlichkeit medikamentös therapieresistent sind, bei denen aber andererseits gute Erfolgsaussichten im Falle eines epilepsiechirurgischen Eingriffs bestehen. Hier sind insbesondere die mesiale Temporallappenepilepsie sowie läsionelle Epilepsien (gutartige Tumoren, Kavernome und mit Einschränkungen fokale kortikale Dysplasien) zu erwähnen (Wieser et al. 1993a; Williamson et al. 1993; Engel et al. 1997; Engel 1998; Semah et al. 1998).
- Die technischen Möglichkeiten der präoperativen Diagnostik (prolongiertes, computerunterstütztes Video-EEG-Monitoring, moderne Neuro-

imaging-Verfahren wie hochauflösende Magnetresonanztomographie, SPECT und PET) und der operativen Therapie (Mikroneurochirurgie, selektive Operationstechniken, Neuronavigationssysteme etc.) konnten entscheidend verbessert werden (Lüders 1992; Engel 1993).

- Die Epilepsiechirurgie wird zunehmend frühzeitig im Kindesalter eingesetzt, um einerseits die negativen Folgen häufiger Anfälle und jahrelanger hochdosierter Antiepileptikamedikation auf das sich entwickelnde Gehirn zu vermeiden und andererseits dessen neuronale Plastizität und regeneratives Potential auszunützen (Tuxhorn et al. 1997; Duchowny et al. 1998; Wyllie et al. 1998; Wyllie 1999).

16.2. Voraussetzungen für einen epilepsiechirurgischen Eingriff (Tabelle 16.1)

Bei jedem Patienten, bei dem die Möglichkeit eines epilepsiechirurgischen Eingriffs erwogen wird, ist zunächst zu prüfen, ob die Voraussetzungen für diese Behandlungsmethode gegeben sind. Diese bestehen darin, dass medikamentöse Therapieresistenz gesichert ist, der Patient durch die Anfälle behindert ist und an einem operativ behandelbarem Epilepsiesyndrom leidet.

Tabelle 16.1. Voraussetzungen für einen epilepsiechirurgischen Eingriff

- Medikamentöse Therapieresistenz
- Behinderung durch die Anfälle
- Operativ behandelbares Epilepsiesyndrom
  - Symptomatische Temporallappenepilepsien
    (mesiale Temporallappenepilepsie, läsionelle Temporallappenepilepsien)
  - Kryptogenetische Temporallappenepilepsien
    (nicht-läsionelle neokortikale Temporallappenepilepsie)
  - Extratemporale Epilepsien
    (läsionell und nicht-läsionell)
  - Diffuse hemisphärische Epilepsien
    (Hemimegalencephalien und andere diffuse kortikale Dysplasien, neurokutane Dysgenesien [z.B. Sturge-Weber-Syndrom], HHE-Syndrom, porencephale Zysten, Rasmussen Encephalitis)
  - Symptomatische generalisierte Epilepsien
    (West-Syndrom, Lennox-Gastaut-Syndrom)

16.2.1. Medikamentöse Therapieresistenz

Ein Patient ist dann als medikamentös therapieresistent einzustufen, wenn eine befriedigende Anfallskontrolle (ohne Nebenwirkungen oder mit akzeptablen Nebenwirkungen) trotz adäquater Therapieversuche nicht erzielt werden kann (Bourgeois 1992).

Die Definition der befriedigenden Anfallskontrolle ist dabei sicherlich individuell für jeden einzelnen Patienten festzulegen und hängt von seinen Lebensumständen ab. So ist für manche Patienten eine befriedigende Anfallskontrolle gleichbedeutend mit Anfallsfreiheit, während für andere Patienten seltene, also z.B. monatliche Anfälle keine wesentliche Einschränkung der Lebensqualität bewirken. Sicherlich sind in diesem Zusammenhang auch die Erfolgsaussichten eines epilepsiechirurgischen Eingriffs im gegebenen Fall zu berücksichtigen. So wird man bei guten Erfolgsaussichten dem Patienten auch bei seltenen Anfällen eher zu einem epilepsiechirurgischen Eingriff raten können. Andererseits kann sich bei extrem hoher Anfallsfrequenz und ungünstigeren Erfolgschancen trotzdem die Indikation zur Operation mit dem Ziel eines Palliativeingriffs zur Verminderung der Anfallsfrequenz ergeben. Pragmatisch ist von einer befriedigenden Anfallskontrolle auszugehen, wenn weniger als ein Anfall alle 2–3 Monate auftritt.

Auch die Nebenwirkungen der antiepileptischen Therapie unterliegen starken interindividuellen Variationen und können letztlich nur durch den Patienten selbst beurteilt werden. In diesem Zusammenhang ist aber festzuhalten, dass das Ziel eines epilepsiechirurgischen Eingriffs die Anfallsfreiheit oder Anfallsreduktion ist, und nicht die Beendigung der antiepileptischen Therapie. Dies ist ein häufiges Missverständnis und muss deshalb klar angesprochen werden.

Am schwierigsten erscheint die Definition des adäquaten medikamentösen Therapieversuchs. Ein medikamentöser Therapieversuch ist dabei nach derzeitiger Ansicht nur dann als adäquat zu bezeichnen, wenn die Anfälle auch bei maximal tolerierter Dosis des jeweiligen Antiepileptikums weiterbestehen (Cramer et al. 1983; Lesser et al. 1984; Hermanns et al. 1996).

Hinsichtlich der praktischen Prüfung der medikamentösen Therapieresistenz existieren – auch auf Grund der Einführung der neuen Antiepileptika – unzählige Möglichkeiten der Mono- bzw. Polytherapie, die selbstverständlich nie alle ausgeschöpft werden können. Derzeit werden von den meisten Autoren zwei konsekutive adäquate Therapieversuche in Monotherapie sowie einer in Polytherapie gefordert (Bourgeois 1992; Schmidt 1991; Aicardi und Shorvon 1997). Die Prüfung der medikamentösen Therapieresistenz ist zügig und jedenfalls innerhalb von 2 Jahren durchzuführen (bei Epilepsien im Kindesalter mit sog. katastrophalem Verlauf sind selbstverständlich kürzere Zeitintervalle anzuberaumen) (Aicardi 1999).

16.2.2. Behinderung durch die Anfälle

Die Anfälle müssen für den Patienten behindernd sein, um eine Indikation für eine operative Therapie darzustellen, wobei diesbezüglich allerdings keine allgemein akzeptierten Richtlinien existieren. In jedem Falle sind Anfälle, die mit einem Kontroll- bzw. Bewusstseinsverlust einhergehen, als behindernd einzustufen, wobei jedoch zu bedenken ist, dass auch fokale Anfälle mit einfacher Symptomatik durchaus die Lebensqualität signifikant einschränken können. Auch Anfälle, die nur oder vorwiegend nachts auftreten, können für den Patienten eine Behinderung darstellen, da postiktale Symptome während des darauffolgenden Tages für mehrere Stunden andauern können und zudem die Angst, einen Anfall während des Tages zu erleiden, für den Patienten eine beträchtliche Belastung bedeuten kann (Vickrey et al. 1992). Bei Kleinkindern ist das Konzept behindernder Anfälle naturgemäß nicht anzuwenden, es sind jedoch die negativen Effekte von häufigen Anfällen auf das sich entwickelnde Gehirn zu berücksichtigen (Shewmon et al. 1990; Aicardi 1999).

16.2.3. Operativ behandelbare Epilepsiesyndrome

Eine weitere Grundvoraussetzung für einen epilepsiechirurgischen Eingriff ist, dass der Patient überhaupt an einem chirurgisch behandelbarem Epilepsiesyndrom leidet, d.h., es muss hinreichend klar sein, dass die Erkrankung medikamentös therapieresistent ist und bleibt (unter Umständen sogar progressiv ist) und dass ein chirurgischer Eingriff mit hoher Wahrscheinlichkeit zur Anfallsfreiheit bzw. -reduktion führt.

Die **mesiale Temporallappenepilepsie** ist auf Grund ihrer Häufigkeit und des hohen Anteils an therapieresistenten Patienten das wichtigste chirurgisch behandelbare Epilepsiesyndrom. Durch einen epilepsiechirurgischen Eingriff kann bei 70–80% der Patienten Anfallsfreiheit erzielt werden. Die zweite große Gruppe von chirurgisch behandelbaren Epilepsiesyndromen sind die **läsionellen Epilepsien** (temporal oder extratemporal), wobei als wichtigste Läsionen gutartige Tumoren, fokale kortikale Dysplasien und Gefäßmissbildungen zu nennen sind. Bei den **kryptogenetischen oder nicht-läsionellen fokalen Epilepsien** kann auch in der hochauflösenden Magnetresonanztomographie keine strukturelle Läsion nachgewiesen werden. Bei diesen Patienten ist zur näheren Eingrenzung der Anfallsursprungszone zumeist eine invasive Abklärung erforderlich. Die Prognose eines epilepsiechirurgischen Eingriffs wird ganz entscheidend durch das Vorhandensein einer strukturellen Läsion beeinflusst: Während Patienten mit Läsionen eine günstige Prognose haben (Anfallsfreiheit in ca. 70–80%), kann bei Patienten ohne Läsion nur in ca. 10–15% Anfallsfreiheit erzielt werden (Van Ness 1992).

Diffuse hemisphärische Epilepsien sind durch diffuse, zumeist auf eine Hemisphäre begrenzte epileptogene Prozesse gekennzeichnet. Als Ursachen sind Hemimegalencephalien und andere diffuse kortikale Dysplasien, neurokutane Dysgenesien wie das Sturge-Weber-Syndrom (venöse Angiome der Leptomeningen im occipitalen, parietalen, seltener temporalen Bereich; ipsilaterale faciale Angiomatose im Ausbreitungsgebiet eines oder mehrerer Trigeminusäste; mentale Retardation variablen Ausmaßes; oculäre Defekte mit Glaukom und Buphthalmus), das HHE-Syndrom, große porencephale Zysten und die Rasmussen Encephalitis anzuführen. Die Anfälle treten mit extrem hoher Frequenz auf und sind potentiell lebensbedrohlich, zudem kommt es zu einer ausgeprägten und progredienten Entwicklungsretardation sowie zu einseitigen neurologischen Defiziten. Diese Patienten profitieren oft dramatisch von einer Hemisphärektomie oder einer ausgedehnten, multilobären Resektion, die neben einer Anfallsreduktion auch zu einer Normalisierung der psychomotorischen Entwicklung führen können. Resektionen in der Zentralregion werden dabei nur bei Patienten mit bereits vorbestehender Hemisymptomatik durchgeführt, sodass durch die Operation kein zusätzliches Defizit gesetzt wird und sich oft sogar eine Funktionsverbesserung erzielen lässt. Hierbei sollte durch eine frühzeitige Operation die Plastizität des sich entwickelnden Gehirns ausgenützt werden. Durch einen epilepsiechirurgischen Eingriff können 60–80% dieser Kinder ein nahezu normales Leben führen und schwere Defektzustände vermieden werden (Tuxhorn et al. 1997; Duchowny 1999, 2000; Wyllie 2000).

Bei manchen **Kleinkindern** können auch **symptomatische generalisierte Epilepsien**, wie das West-Syndrom und in seltenen Fällen das Lennox-Gastaut-Syndrom, durch umschriebene kortikale Veränderungen verursacht werden. Diese umschriebenen Veränderungen können durch (frühe) lokalisierte EEG-Veränderungen (im weiteren Krankheitsverlauf finden sich zumeist generalisierte EEG-Veränderungen), durch lokalisierte Veränderungen in der Magnetresonanztomographie und insbesondere durch einen fokalen Hypometabolismus im PET nachgewiesen werden. Bei diesen Patienten kann durch eine fokale Resektion in bis zu 75% Anfallsfreiheit erzielt werden.

Ältere Kinder und Erwachsene mit **symptomatischen generalisierten Epilepsien**, wie dem **Lennox-Gastaut-Syndrom**, haben zumeist eine diffuse Hirnschädigung und leiden oft an therapieresistenten Sturzanfällen, die zu häufigen Verletzungen führen und die Patienten in ihrer Aktivität erheblich einschränken. Bei diesen Patienten kann eine Corpus-Callosotomie erwogen werden, wodurch die Sturzanfälle gut behandelt werden können und oft eine beträchtliche Verbesserung der Lebensqualität erzielt werden kann. Die Corpus-Callosotomie ist allerdings ein palliativer Eingriff, da andere Anfallstypen und auch die mentale Retardation nicht positiv beeinflusst werden können (Spencer et al. 1993b).

16.3. Präoperative Epilepsiediagnostik

16.3.1. Konzeptionelle Überlegungen

Das Ziel eines epilepsiechirurgischen Eingriffs besteht einerseits in der Entfernung des epileptogenen Gewebes und damit der Beseitigung der Anfallsursache. Zum anderen sollen aber durch die Operation keine neurologischen Ausfallserscheinungen (Paresen, Gedächtnis- oder Sprachstörungen) verursacht werden. Deshalb müssen im Rahmen der präoperativen Epilepsiediagnostik einerseits Lokalisation und Ausdehnung von durch den epileptogenen Prozess bedingten strukturellen und funktionellen Veränderungen genau bestimmt werden, andererseits müssen auch sog. essentielle Hirnregionen (Zentren für Motorik, Sprache und Gedächtnis) genau lokalisiert werden. In diesem Zusammenhang wurden die folgenden Begriffe geprägt (Lüders et al. 1993):

- Irritative Zone: bezeichnet diejenigen Kortexareale, von denen interiktale epileptiforme Entladungen abgeleitet werden können – EEG-Konzept.
- Anfallsursprungszone: Hirnregion, von der die Anfälle ihren Ausgang nehmen bzw. in der die iktalen epileptiformen Entladungen beginnen – EEG-Konzept.
- Iktal symptomatogene Zone: Hirnregion, durch die die ersten klinisch manifesten Anfallssymptome erzeugt werden (kann mit der Anfallsursprungszone identisch sein oder aber erst durch Propagation von epileptischer Aktivität erfasst werden und in diesem Fall von der Anfallsursprungszone entfernt liegen) – klinisches Konzept.
- Funktionelle Defizit-Zone: Hirnregion, in der nicht-epileptische Funktionsstörungen bestehen – neurologische Untersuchung, Neuropsychologie, EEG, PET, SPECT.
- Epileptogene Läsion: strukturelle Läsion, die ursächlich für die Anfälle verantwortlich ist – definiert mittels Magnetresonanztomographie bzw. Histologie.
- Epileptogene Zone: Hirnregion, deren Entfernung notwendig und hinreichend ist, um Anfallsfreiheit zu erzielen – theoretisches Konzept.

Eine verlässliche Definition der epileptogenen Zone beruht dabei auf konvergierenden Befunden unterschiedlicher Untersuchungsmodalitäten. Man kann dabei zwischen einer nicht-invasiven (Phase I) und einer invasiven Abklärungsphase (Phase II) unterscheiden (Tabelle 16.2) (Lüders 1992; Engel 1993).

Tabelle 16.2. Abklärungsschritte in der präoperativen Epilepsiediagnostik

Nicht-invasive Abklärung (Phase I)

- Prolongiertes Video-EEG-Monitoring
- Strukturelle Bildgebung
  Hochauflösende Magnetresonanztomographie
- Funktionelle Bildgebung
  Interiktale PET
  Interiktale SPECT
  Iktale SPECT
- Neuropsychologische Verfahren
  Neuropsychologische Testung
  Wada-Test
- Neuere Verfahren
  Magnetresonanz-Spektroskopie
  Funktionelle Magnetresonanztomographie
  Magnetoencephalographie

Invasive Abklärung (Phase II)

- Epidurale Peg-Elektroden
- Foramen-ovale Elektroden
- Stereotaktisch implantierte Tiefenelektroden
- Subdurale Streifen- und Plattenelektroden

16.3.2. Nicht-invasive Abklärung (Phase I)

Prolongiertes Video-EEG-Monitoring. Die Dokumentation der klinischen Anfallssymptomatologie sowie der interiktalen und iktalen EEG-Veränderungen im Oberflächen-EEG mittels prolongiertem Video-EEG-Monitoring bildet das Kernstück der präoperativen Diagnostik. Die Video-EEG-Überwachung erfolgt kontinuierlich über 24 Stunden pro Tag durchschnittlich über 5–10 Tage. Das interiktale EEG wird sowohl hinsichtlich unspezifischer Veränderungen (regionale Verlangsamungen) als auch bezüglich epileptiformer Veränderungen (interiktale Spitzen) beurteilt, wobei ein ausreichendes Sampling über die verschiedenen Stadien des Schlaf-Wach-Zyklus erforderlich ist. Es müssen immer mehrere Anfälle abgeleitet werden, um sicherzustellen, dass der Patient lediglich an einem habituellen Anfallstyp leidet. Die Antiepileptika werden deshalb je nach Bedarf reduziert oder ganz abgesetzt. Neben der Videoaufzeichnung werden die Patienten auch kontinuierlich durch entsprechend geschultes medizinisch-technisches Personal überwacht und bei Auftreten eines Anfalls nach einem definierten Protokoll systematisch getestet. Es können dadurch passagere neurologische bzw. kognitive Defizite (Bewusstseinseinschränkung, Amnesie, Aphasie, iktale oder postiktale Paresen, postiktale

Verwirrung etc.) erfasst werden, die wertvolle lokalisatorische Hinweise erbringen. Die im Video aufgezeichnete klinische Anfallssymptomatologie wird anschließend mit den exakt zeitsynchronisierten iktalen EEG-Veränderungen korreliert (Quesney et al. 1993; Wieser und Williamson 1993; Baumgartner et al. 1997, 1998; Binnie und Mizrahi 1997).

Strukturelle Bildgebung. Die strukturelle Abklärung erfolgt mittels hochauflösender Magnetresonanztomographie. Verbesserungen der Untersuchungstechnik (enge koronare Schichtführung orthogonal zur Längsachse des Temporallappens, Inversion-Recovery-Sequenzen zur Beurteilung der inneren Hippokampusstruktur, Verwendung von Oberflächenspulen bei der Untersuchung von neokortikalen Strukturen) und der Bildanalyse (Volumetrie des Hippokampus, dreidimensionale Bildrekonstruktion) haben dabei zu einem entscheidenden Durchbruch in der präoperativen Epilepsiediagnostik geführt, wobei anzumerken ist, dass bei vielen Patienten – mit einem unauffälligen Befund aus einer routinemäßig durchgeführten Magnetresonanztomographie-Untersuchung – nunmehr bei entsprechend gezielter Untersuchung strukturelle Veränderungen nachgewiesen werden können, was wiederum die Strategie der präoperativen Diagnostik und operativen Therapie ganz entscheidend beeinflusst (Shorvon et al. 1994; Cascino 1997).

Funktionelle Bildgebung. Das mit einer fokalen Epilepsie assoziierte funktionelle Defizit kann durch Messung des regionalen Glucosestoffwechsels in der interiktalen Positronen-Emissions-Tomographie (PET) und des regionalen zerebralen Blutflusses in der interiktalen Single-Photon-Emissions-Computer-Tomographie (SPECT) erfasst werden. Im Allgemeinen sind die Veränderungen in PET und SPECT räumlich ausgedehnter als die durch interiktale und iktale EEG-Veränderungen definierten elektrophysiologischen Veränderungen. Die Sensitivität der PET beträgt 60–90% bei der Temporallappenepilepsie und ca. 60% bei der Frontallappenepilepsie (Henry und Chugani 1997), die der interiktalen SPECT liegt deutlich darunter. Diese Unterschiede sind einerseits in der besseren räumlichen Auflösung der PET und andererseits in den unterschiedlichen erfassten Parametern der beiden Untersuchungsmodalitäten (PET: regionaler Glukosemetabolismus; SPECT: regionaler zerebraler Blutfluss) begründet (Engel et al. 1982b; Berkovic et al. 1993; Podreka et al. 1993; Spencer 1994; Markand et al. 1995; Henry und Chugani 1997).

Die SPECT ermöglicht auf Grund der speziellen Tracerkinetik auch die Untersuchung des regionalen zerebralen Blutflusses während eines Anfalls, wobei es im Bereich der Anfallsursprungszone zu einer signifikanten Zunahme des regionalen zerebralen Blutflusses kommt – iktale SPECT (Berkovic et al. 1993; Duncan et al. 1993; Podreka et al. 1993; Spencer 1994). Bei Temporallappenepilepsien gelingt mittels iktaler SPECT eine korrekte Lokalisation in bis zu 90% der Fälle (Berkovic et al. 1993; Spencer 1994). Zudem können distinkte Perfusionsmuster auch einen Beitrag für die Differenzierung von mesialen, lateralen und läsionellen Temporallappenepilepsien erbringen (Ho et al. 1996). Bei nicht-läsionellen extratemporalen Epilepsien – einer Problemgruppe in der prächirurgischen Diagnostik – liefert die iktale SPECT, insbesondere bei Anwendung spezieller computerunterstützter Auswerteverfahren und Koregistrierung mit der Magnetresonanztomographie, oft eine entscheidende lokalisatorische Information (Harvey et al. 1993; Ho et al. 1994; Spencer 1994; Baumgartner et al. 1996b; O'Brien et al. 1998b, 1999). Da der Tracer unmittelbar zu Beginn des Anfalls appliziert werden muss, ist die Durchführung von iktalen SPECT-Untersuchungen mit einem erheblichen personellen und organisatorischen Aufwand verbunden.

Neuropsychologische Verfahren. Bei allen Patienten erfolgt eine ausführliche neuropsychologische Testung zur Erstellung eines präoperativen neuropsychologischen Profils, aus dem ebenfalls Rückschlüsse auf die funktionelle Defizit-Zone erhalten werden können (Jones-Gotman et al. 1993). Mittels Wada-Test (selektive Injektion von Sodium-Amytal in die Arteria carotis interna) können bei speziellen Fragestellungen Sprache und Gedächtnis lateralisiert werden (Rausch et al. 1993).

Neuere Verfahren. Hier sind die Magnetresonanz-Spektroskopie (Duncan 1997c), die funktionelle Magnetresonanztomographie (Bookheimer und Cohen 1997) und die Magnetoencephalographie (Ebersole 1997a; Baumgartner et al. 2000b, 2000c) zu erwähnen, wobei der Stellenwert dieser Methoden derzeit noch nicht endgültig etabliert ist.

16.3.3. Invasive Abklärung (Phase II)

Falls die nicht-invasiven Untersuchungen der Phase I inkonklusive oder widersprüchliche Befunde ergeben, müssen in einer Phase II invasive Methoden mit intrakraniellen Elektroden zur Anwendung gebracht werden. Man kann dabei epidurale Peg-Elektroden, Foramen-ovale Elektroden, stereotaktisch implantierte Tiefenelektroden und subdurale Streifen- oder Plattenelektroden unterscheiden.

Epidurale Peg-Elektroden. Epidurale Peg-Elektroden sind pilzförmige, kleine Elektroden, die über Bohrlöcher epidural in beliebiger Lokalisation gesetzt werden können und im Falle einer unzureichenden Hypothese hinsichtlich der Lokalisation der epileptogenen Zone aus der nicht-invasiven Abklärung die Erfassung verschiedener, unter Umständen weit entfernter Hirnareale ermöglichen. Da die Dura nicht eröffnet wird, ist die Komplikationsrate entsprechend gering. Als Nachteile der Peg-Elektroden sind das lokale Sampling (Ableitung lediglich in unmittelbarer Umgebung der Bohrlöcher) und die fehlende Möglichkeit einer funktionellen Stimulation anzuführen, sodass sie lediglich als Zwischenstufe vor der Verwendung von Tiefen- oder Plattenelektroden anzusehen sind und in letzter Zeit auch zunehmend weniger eingesetzt werden (Wieser et al. 1993b).

Foramen-ovale Elektroden. Foramen-ovale Elektroden sind Multikontaktelektroden, die durch das Foramen ovale in den Subarachnoidalraum mesiobasal des Temporallappens platziert werden und somit intrakraniell, extrazerebral liegen. Die Indikation für Foramen-ovale Elektroden besteht insbesondere in der Lateralisation von Temporallappenanfällen. Die Vorteile bestehen in der relativ geringen Invasivität und der guten Erfassung von mesiobasalen, temporalen Strukturen, die Nachteile in der geringen Sensitivität für epileptische Aktivität im Nucleus amygdala und der fehlenden Möglichkeit zwischen Anfällen aus mesio-basalen bzw. lateralen, temporalen Strukturen zu unterscheiden. Als Komplikationen sind Schmerzen und Dysästhesien im Trigeminusbereich, Masseterparesen und in seltenen Fällen Hirnstammsymptome bzw. Subarachnoidalblutungen zu erwähnen (Wieser et al. 1993b).

Stereotaktisch implantierte Tiefenelektroden. Stereotaktisch implantierte Tiefenelektroden sind Elektroden, die intrazerebral platziert werden und die Ableitung von beliebigen, auch tief gelegenen Hirnstrukturen ermöglichen. Indikationen bestehen in der Lateralisation von Temporallappenanfällen, in der Differenzierung von mesio-temporalen und neokortikalen Anfällen sowie in der exakten Lokalisation bei extratemporalen Epilepsien. Die Vorteile liegen in der hohen Sensitivität (intrazerebrale Ableitung) und der Erfassung beliebiger Hirnstrukturen, die Nachteile in der hohen Invasivität und einem Sampling-Problem, da lediglich Aktivität in unmittelbarer Umgebung der Elektrodenkontakte abgeleitet wird. An möglichen Komplikationen können intrazerebrale Blutungen auftreten (Spencer 1981, 1993a; So et al. 1989a).

Subdurale Streifen- und Plattenelektroden. Subdurale Streifenelektroden werden über Bohrlöcher, subdurale Plattenelektroden über eine Kraniotomie nach Eröffnung der Dura direkt auf die Hirnoberfläche platziert. Die Streifen bzw. Platten bestehen aus multiplen, in Kunststoff eingeschweißten Platin-Iridium-Elektrodenkontakten, wobei der Elektrodenabstand zwischen 5 und 10 mm liegt und Elektroden mit 4 bis zu 64 Kontakten zur Verfügung stehen. Die Elektroden ermöglichen einerseits die Erfassung epilepsietypischer Veränderungen von einem relativ ausgedehnten Anteil der Hirnoberfläche und somit die Bestimmung von Lokalisation und räumlicher Ausdehnung der Anfallsursprungszone. Zum anderen können die einzelnen Elektroden und damit die unmittelbar angrenzenden Hirnrindenareale selektiv elektrisch stimuliert werden und somit essentielle Hirnregionen (Motorik, Sensorik, Sprache) exakt abgegrenzt werden (kortikale Stimulation). Die Indikationen dieser Elektroden bestehen in der Lateralisation von Temporallappenepilepsien (bilaterale Streifen), in der Differenzierung von mesialen und neokortikalen

Temporallappenepilepsien und vor allem in der Abklärung von extratemporalen Epilepsien, insbesondere wenn die Anfallsursprungszone in der Nähe funktionell bedeutsamer Hirnareale liegt. Als Nachteile der Platten sind die Notwendigkeit der Kraniotomie zur Platzierung der Elektroden anzuführen. Mögliche Komplikationen bestehen in Hirndruck, venösen Infarzierungen und intrakraniellen Infektionen (Arroyo et al. 1993).

16.4. Postoperative Anfallskontrolle

Die Beurteilung der postoperativen Anfallskontrolle erfolgt mit Hilfe von Klassifikations- bzw. Scoring-Systemen, um so einen Vergleich der einzelnen epilepsiechirurgischen Zentren zu ermöglichen und auch eine entsprechende Qualitätskontrolle zu gewährleisten (Tabelle 16.3, 16.4 und 16.5) (Engel et al. 1993). Ferner ist zu beachten, dass sich auch postoperativ die Anfallssituation über die Zeit ändern kann (Wiederauftreten von Anfällen bei zunächst beste-

Tabelle 16.3. Klassifikation der postoperativen Anfallskontrolle („Engel-Klassifikation")

Klasse I:	**Frei von behindernden Anfällen**
IA.	Komplett anfallsfrei
IB.	Ausschließlich nicht-behindernde, einfach fokale Anfälle
IC.	Einige behindernde postoperative Anfälle, jedoch in den letzten 2 Jahren keine behindernden Anfälle
ID.	Ausschließlich generalisierte Anfälle bei Absetzen der antiepileptischen Therapie
Klasse II:	**Seltene behindernde Anfälle (‚nahezu anfallsfrei')**
IIA.	Anfänglich anfallsfrei, aber nunmehr seltene Anfälle
IIB.	Seltene behindernde Anfälle
IIC.	Mehr als seltene behindernde Anfälle postoperativ, jedoch in den letzten 2 Jahren seltene Anfälle
IID.	Ausschließlich nächtliche Anfälle
Klasse III:	**Lohnenswerte Verbesserung**
IIIA.	Lohnenswerte Anfallsreduktion
IIIB.	Längere anfallsfreie Intervalle für mehr als die Hälfte der mindestens 2-jährigen Follow-up Periode
Klasse IV:	**Keine lohnenswerte Verbesserung**
IVA.	Signifikante Anfallsreduktion
IVB.	Keine wesentliche Änderung
IVC.	Verschlechterung der Anfälle

Nach: Engel J Jr et al. (1993)

hender Anfallsfreiheit oder Sistieren der Anfälle, nachdem zunächst postoperativ Anfälle bestanden haben im Sinne eines „Running-Down Phänomens") (Wingkun et al. 1991; Salanova et al. 1996; Ficker et al. 1999). Nach einem epilepsiechirurgischen Eingriff am Temporallappen werden ca. 70% der Patienten anfallsfrei, bei weiteren 20% kann eine signifikante (>90%) Reduktion

Tabelle 16.4. Scoring System für die postoperative Anfallskontrolle

Score	Anfallsfrequenz
0	Anfallsfrei, keine Antiepileptika
1	Anfallsfrei, Bedarf für Antiepileptika unbekannt
2	Anfallsfrei, Antiepileptika für Erhalt der Anfallsfreiheit erforderlich
3	Nicht-behindernde, einfach fokale Anfälle
4	Nicht-behindernde, ausschließlich nächtliche Anfälle
5	Anfallsfrequenz = 1–3 pro Jahr
6	Anfallsfrequenz = 4–11 pro Jahr
7	Anfallsfrequenz = 1–3 pro Monat
8	Anfallsfrequenz = 1–6 pro Woche
9	Anfallsfrequenz = 1–3 pro Tag
10	Anfallsfrequenz = 4–10 pro Tag
11	Anfallsfrequenz = >10 pro Tag, aber kein Status epilepticus
12	Status epilepticus ohne Barbituratkoma

Nach: Engel Jr J et al. (1993)

Tabelle 16.5. Neue Klassifikation der postoperativen Anfallskontrolle

Outcome Klassifikation	Definition
1	Völlig anfallsfrei, keine Auren
2	Lediglich isolierte Auren, jedoch keine Anfälle
3	1-3 Anfallstage pro Jahr, ± Auren
4	Mindestens 4 Anfallstage pro Jahr bis zu mehr als 50%-ige Anfallsreduktion im Vergleich zu präoperativ, ± Auren
5	Weniger als 50%-ige Anfallsreduktion bis zu 100%-ige Anfallszunahme im Vergleich zu präoperativ, ± Auren
6	Mehr als 100%-ige Anfallszunahme im Vergleich zu präoperativ, ± Auren

Ein „Anfallstag" ist ein Tag mit einem oder mehreren Anfällen; die präoperative Anfallsfrequenz errechnet sich aus Zahl der Anfallstage in den letzten 12 Monaten vor der Operation. Nach Wieser HG et al. (2000)

der Anfallsfrequenz erzielt werden, lediglich 10% der Patienten profitieren nicht von der Operation (Engel et al. 1993). Die besten Ergebnisse werden dabei bei Patienten mit mesialer Temporallappenepilepsie (hier insbesondere bei kongruenten Befunden aus Magnetresonanztomographie und interiktalem EEG) und bei Patienten mit läsioneller Temporallappenepilepsie (gliale Tumoren, Gefäßmalformationen) erzielt, bei nicht-läsionellen neokortikalen Temporallappenepilepsien ist der Outcome schlechter (Engel 1996b; Radhakrishnan et al. 1998). Ebenso wird bei den extratemporalen Epilepsien der Outcome entscheidend durch Vorhandensein bzw. Fehlen einer Läsion sowie durch die Art der Läsion beeinflusst (Zentner et al. 1996; Ferrier et al. 1999; Mosewich et al. 2000). Zudem ist der Outcome bei Patienten mit fokalen kortikalen Dysplasien schlechter als bei Patienten mit glialen Tumoren (Spencer 1996; Sisodiya 2000). Im Kindesalter (incl. Operationen innerhalb der ersten 3 Lebensjahre) lassen sich vergleichbare Ergebnisse wie im Erwachsenenalter erzielen (Duchowny et al. 1998; Wyllie et al. 1998; Bourgeois et al. 1999) (Tabelle 16.6).

Tabelle 16.6. Postoperative Anfallskontrolle nach unterschiedlichen epilepsiechirurgischen Eingriffen (Metaanalyse 1986–1990)

Temporallappenepilepsie	Anteriore Temporallappenresektion	Selektive Amygdala-Hippokampektomie
Anfallsfrei	2429 (67,9%)	284 (68,8%)
Gebessert	860 (24,0%)	92 (22,3%)
Nicht gebessert	290 (8,1%)	37 (9,0%)
Gesamt	3579 (100%)	413 (100%)
Neokortikale Epilepsien	**Extratemporale Resektion**	**Läsionektomie**
Anfallsfrei	363 (45,1%)	195 (66,6%)
Gebessert	283 (35,2%)	63 (21,5%)
Nicht gebessert	159 (19,8%)	35 (11,9%)
Gesamt	805 (100%)	293 (100%)
Hemisphärektomien	**Hemisphärektomie**	**Große, multilobäre Resektionen**
Anfallsfrei	128 (67,4%)	75 (45,2%)
Gebessert	40 (21,1%)	59 (35,5%)
Nicht gebessert	22 (11,6%)	32 (19,3%)
Gesamt	190 (100%)	166 (100%)

Nach: Engel Jr J et al. (1993)

16.5. Prognosefaktoren für die postoperative Anfallskontrolle

Für eine adäquate präoperative Beratung und Aufklärung des Patienten ist es erforderlich, die zu erwartende Anfallskontrolle bereits präoperativ möglichst genau zu prognostizieren – *präoperative* Prognosefaktoren. Zudem ist auch die Kenntnis von *postoperativen* Prognosefaktoren wichtig, um einerseits eine Entscheidungshilfe beim Absetzen der antiepileptischen Therapie und der Befürwortung der Fahrerlaubnis bei anfallsfreien Patienten zu haben und andererseits bei Wiederauftreten von Anfällen den Patienten entsprechend beraten zu können.

Bisher konnten folgende Prognosefaktoren identifiziert werden:

Präoperative Faktoren

- Anamnese:
  - Fieberkrämpfe: bei Temporallappenepilepsien günstig, bei extratemporalen ungünstig (Blume et al. 1994; Holmes et al. 1997; Mosewich et al. 2000).
  - Fehlen von generalisierten tonisch-klonischen Anfällen in der Anamnese (Blume et al. 1994).
  - Alter zum Zeitpunkt der Operation (Blume et al. 1994; Guldvog et al. 1994).
  - Dauer der Epilepsie (Guldvog et al. 1994).
- EEG:
  - Unitemporale interiktale Spikes (Blume et al. 1994; Radhakrishnan et al. 1998).
  - Fehlen von extratemporalen Spikes bei Temporallappenepilepsien (Blume et al. 1994).
  - Morphologie des nicht-invasiven iktalen EEG-Musters (Assaf und Ebersole 1999).
  - Eindeutige Lateralisation der Anfallsursprungszone im invasiven iktalen EEG bei Temporallappenepilepsien (Holmes et al. 1997).
  - Lokalisation der Anfallsursprungszone (temporal vs. extratemporal) (Armon et al. 1996).
  - Konkordanz von EEG- und Magnetresonanztomographie-Lokalisation (Armon et al. 1996; Holmes et al. 1997).
- Bildgebung:
  - Nachweis einer strukturellen Läsion in der Magnetresonanztomographie (Guldvog et al. 1994; Berkovic et al. 1995; Mosewich et al. 2000).
  - Einseitige Hippokampusatrophie (Radhakrishnan et al. 1998).
  - Art der Läsion (Wahrscheinlichkeit der postoperativen Anfallskontrolle: tumoröse Läsion > mesiale Temporallappensklerose > kortikale Dysplasie > Fehlen von histologischen Veränderungen) (Spencer 1996).
  - Topographie des Hypometabolismus im PET (Dupont et al. 2000).

Postoperative Faktoren

- Anfallsfreiheit in der ersten Woche, den ersten 2 Monaten bzw. im ersten Jahr postoperativ (Blume et al. 1994; Armon et al. 1996; Radhakrishnan et al. 1998; Mosewich et al. 2000);
- Fehlende Spikes im Routine-EEG 3 Monate postoperativ (Blume et al. 1994).

16.6. Neuropsychologischer Outcome

Der neuropsychologische Outcome nach Temporallappenoperationen ist hier am besten untersucht, wobei sich folgende Feststellungen machen lassen: Intelligenz und generelle kognitive Fähigkeiten werden durch die Operation nicht maßgeblich beeinflusst. Nach Resektionen am dominanten Temporallappen entwickeln bis zu 7% der Patienten eine amnestische Dysphasie, bei insgesamt 30% der Patienten sind leichte Wortfindungsstörungen zu beobachten. Einbussen im Bereich des Verbalgedächtnisses sind nach Resektionen in der sprachdominanten Hemisphäre insbesondere dann zu erwarten, wenn das Verbalgedächtnis präoperativ intakt war und ein in der Magnetresonanztomographie unauffälliger Hippokampus entfernt wurde. Hingegen führt die Resektion eines sklerotischen Hippokampus bei bereits beeinträchtigtem Verbalgedächtnis im Allgemeinen zu keiner weiteren Gedächtniseinbusse. Nach Resektionen des nicht-dominanten Temporallappens sind keine wesentlichen Verschlechterungen des nicht-verbalen oder verbalen Gedächtnisses zu beobachten. Schwere amnestische Syndrome treten nur in Ausnahmefällen auf, wenn auch der kontralaterale Hippokampus funktionell oder strukturell beeinträchtigt ist (Oxbury 2000).

16.7. Psychosozialer Outcome

Neben der Anfallsfreiheit ist natürlich auch die berufliche und soziale Reintegration von entscheidender Bedeutung in der operativen Epilepsiebehandlung (Vickrey et al. 1994). Die wesentlichen Prädiktoren für den psychosozialen Outcome sind dabei die Anfallskontrolle und der präoperative psychosoziale Status (Vickrey et al. 1993; Fraser und Thorbecke 1997; Lendt et al. 1997). Der präoperative psychosoziale Status wiederum wird maßgeblich durch das Alter zu Krankheitsbeginn und die Dauer der Epilepsieerkrankung beeinflusst, da langjährige therapieresistente Anfälle naturgemäß einen negativen Effekt auf Ausbildung, berufliche Möglichkeiten und Sozialleben besitzen, was die Sinnhaftigkeit einer frühzeitigen Intervention unterstreicht (Lendt et al. 1997; Engel 1999).

16.8. Komplikationen der Epilepsiechirurgie

Operative Komplikationen sind äußerst selten, die perioperative Mortalität ist unter 0,5% bei Resektionen im Bereich des Temporallappens, 0,8% bei extratemporalen Resektionen und 2% bei Hemisphärektomien. Unerwartete postoperative neurologische Defizite, wie Paresen oder Hirnnervenausfälle, sind bei weniger als 5% der Patienten zu beobachten und bilden sich zumeist innerhalb von wenigen Wochen oder Monaten vollständig zurück. Temporale Resektionen (en-bloc Resektionen, anteromesiale Resektionen und selektive Amygdala-Hippokampektomien) können zu oberen Quadrantenanopsien führen (Girvin 1992; Pilcher und Rusyniak 1993; Polkey 2000).

17. Epilepsiechirurgische Verfahren

Thomas Czech und *Klaus Novak*

17.1. Einteilung von epilepsiechirurgischen Verfahren

1886 führte Victor Horsley am National Hospital for the Paralyzed and Epileptic in London, Queens Square den ersten genau dokumentierten epilepsiechirurgischen Eingriff, eine kortikale Resektion, durch.

Aufgabe und Ziel der prächirurgischen Abklärung sind der Nachweis und die topographische Zuordnung der epileptogenen Zone. Von einem praktischen Standpunkt aus ergeben sich somit die Möglichkeiten eines potentiell kurativen Eingriffs durch Resektion und/oder Diskonnektion der epileptogenen Zone oder eines vom Ansatz her palliativen Eingriffs (Diskonnektion, evtl. auch Resektion), welcher die Propagation der Anfälle begrenzen soll. Das einzige zur Zeit in praktischer Anwendung stehende Stimulationsverfahren, die Vagus-Nerv-Stimulation, ist ebenfalls den palliativen Verfahren zuzuordnen.

Die epilepsiechirurgischen Verfahren lassen sich schematisch wie folgt unterteilen:

Resektionen. Hier wird das epileptogene Areal reseziert. Resektive Verfahren stellen den größten Anteil epilepsiechirurgischer Verfahren dar. Die prächirurgische Abklärung von Patienten mit therapierefraktärer Epilepsie zielt auch primär immer darauf ab, einen resezierbaren Fokus nachzuweisen. Kann die Diagnose einer fokalen Epilepsie gestellt werden, so können zwei chirurgische Strategien unterschieden werden:

- Standardresektion: Das Ausmaß der Resektion ist weitgehend standardisiert, es wird angenommen, dass sich die epileptogene Zone der meisten Patienten mit einer bestimmten Epilepsieform innerhalb dieser Resektion befindet. Ein Beispiel wäre z.B. die sog. Amygdala-Hippokampektomie bei der mesialen Temporallappenepilepsie.
- „Maßgeschneiderte“ Resektionen (tailored resection): Hier steht die prächirurgische Abklärung, welche oft auch mit einer invasiven Phase erfolgen muss, vor der Aufgabe, nicht nur die Lokalisation der zu resezierenden

epileptogenen Zone, sondern auch deren Ausdehnung und Grenzen möglichst genau zu definieren. Diese Vorgangsweise wird bei allen nicht-läsionellen extratemporalen Epilepsien angewendet, in gewissen Fällen auch bei Temporallappenepilepsien. In einzelnen Zentren wird auch die intraoperativ abgeleitete interiktale Spikeaktivität zur Festlegung der Resektionsgrenzen verwendet. Die Resektion wird bei dieser Vorgangsweise auch an die durch Stimulation bestimmten Grenzen essentieller Kortexareale angepasst.

Diskonnektionen. Diese Eingriffe sollen die Propagation der epileptischen Aktivität über jene Bahnsysteme unterbrechen, welche für die klinische Symptomatologie der Anfälle entscheidend sind. Das wesentliche Beispiel hierfür ist die Callosotomie. Der chirurgische Eingriff besteht nur aus einer Durchtrennung von Markfasern.

Läsionektomie. Lässt sich eine umschriebene intrazerebrale Läsion als epileptogen nachweisen, so wird bei diesem Ansatz lediglich die Läsion (und umgebender Kortex) reseziert.

Chronische Stimulation. Durch Stimulation afferenter oder intrazerebraler Strukturen soll das Anfallsgeschehen beeinflusst werden. Das einzige zur Zeit in breiterer Verwendung stehende Verfahren ist die Vagus-Nerv-Stimulation.

17.2. Resektive Verfahren

Vereinfacht lassen sich diese Eingriffe in temporale und extratemporale Resektionen einteilen, eine Sonderstellung nimmt die Hemisphärektomie bei Kindern mit häufigen Anfällen und einer einseitigen Großhirnhemisphärenläsion ein.

Für eine Resektion müssen folgende Voraussetzungen erfüllt sein:

- die Anfälle müssen primär fokalen Ursprungs sein;
- der Fokus muss identifizierbar sein;
- die Resektion darf nicht zu gravierenden zusätzlichen neurologischen oder neuropsychologischen Verschlechterungen führen.

Eine Resektion der durch Konvergenz verschiedener diagnostischer Modalitäten (elektroklinische Anfallsanalyse, strukturell und funktionell bildgebende Verfahren wie Magnetresonanztomographie, SPECT und PET sowie neuropsychologische Tests) definierten epileptogenen Zone führt mit unterschiedlicher Wahrscheinlichkeit zum Ziel der anhaltenden völligen Anfallsfreiheit.

17.2.1. Eingriffe am Temporallappen

Die operative Therapie der Temporallappenepilepsie (TLE) und hier im Besonderen der mesialen Temporallappenepilepsie (MTLE) stellt quantitativ den größten Anteil der epilepsiechirurgischen Eingriffe dar.

Die mit einer Hippokampusatrophie und/oder -sklerose assoziierte mediale Temporallappenepilepsie ist die häufigste fokale Epilepsie. Wird die Erkrankung durch die prächirurgische Abklärung sicher diagnostiziert, so kann durch den epilepsiechirurgischen Eingriff in 70–80% der Fälle Anfallsfreiheit erreicht werden.

Resektive Eingriffe am Temporallappen lassen sich nach dem jeweiligen Anteil seiner verschiedenen anatomischen Komponenten klassifizieren. Diese Einteilung berücksichtigt nur Kortexareale und subkortikales Grau (Mandelkern). Vor allem bei sogenannten selektiven Verfahren müssen allerdings auch Unterschiede der zugangsbedingten Markdurchtrennung berücksichtigt werden, welche als diskonnektive Komponente integraler Bestandteil der jeweiligen Technik ist.

Ausgehend von der Bedeutung der medialen temporalen Strukturen für die Anfallsgenese wurden in den letzten Jahren zunehmend selektive Resektionstechniken dieser medialen Strukturen angewendet. Bei korrekter Indikationsstellung und Durchführung scheinen sich die Verfahren am Ergebnis der Anfallskontrolle gemessen nicht wesentlich von ausgedehnteren Resektionen zu unterscheiden. Unterschiede im neuropsychologischen Outcome und im Langzeitverlauf sind noch nicht ausreichend gesichert.

Die **Temporallappenresektion** wird als ausgedehnte Resektion in der Technik von M. Falconer vom Pol aus entlang der mittleren Temporalwindung gemessen etwa 6 cm in der nichtdominanten Hemisphäre und 4,5 cm in der dominanten Hemisphäre „en bloc" mit 3 cm Hippokampus durchgeführt. In der dominanten Hemisphäre wird der Großteil der oberen Windung ausgespart. In der in Montreal angewendeten Technik in Lokalanästhesie wurde ebenfalls etwa 5–7 cm entlang der Sylvischen Furche vom Temporalpol aus die hintere Resektionsgrenze angesetzt, das Ausmaß der als zweiter Schritt durchgeführten Hippokampusresektion richtete sich nach intraoperativen elektrokortikographischen Befunden (Crandall 1987).

Die Operation in Lokalanästhesie wird bei der Temporallappenepilepsie nur noch von wenigen Zentren durchgeführt. Die intraoperative Festlegung der Resektionsgrenzen mit Elektrokortikographie und Kortexstimulation zur Sprachfunktionslokalisation stellt zwar den historisch gesehen traditionelleren Ansatz dar, doch wird dieses Vorgehen von den Verfechtern der Methode vor allem im Hinblick auf eine Verkürzung der prächirurgischen Abklärungsphase vertreten. Dieser Standpunkt erscheint uns heute zumindest bei Patienten mit einer MTLE mit magnetresonanztomographisch nachgewiesener Hippokampusatrophie oder -sklerose nicht mehr vertretbar.

Die **sog. vordere Temporallappenresektion** betrifft 4,5 cm auf der dominanten Seite, 5 cm auf der nicht-dominanten Seite an der oberen Temporalwindung gemessen unter standardisiertem Einschluss des vorderen Hippokampus und des Mandelkernes (Olivier 1991).

Die **anteromediale temporale Resektion (AMTR)** minimiert die Resektion des lateralen Neokortex weiter. Der Temporalpol wird in einer Länge von 3–3,5 cm unter Aussparung der oberen Windung reseziert, danach erfolgt eine radikale Resektion des Hippokampus in einer Länge von 3–4 cm (Spencer und Inserni 1992).

Die sog. **selektive Amygdala-Hippokampektomie (sAHE)** kann über verschiedene Zugänge zu den medialen Strukturen unter Belassen der lateralen und auch lateropolaren Kortexareale durchgeführt werden. Gemeinsam ist den verschiedenen Techniken eine Resektion von Mandelkern, Uncuskortex, Hippokampus und parahippokampaler Windung. Der vordere parahippokampale Kortex entspricht histologisch dem entorhinalen Kortex. Die Einbeziehung dieser Region in die verschiedenen selektiven oder größeren Resektionen könnte eine Erklärung für die vergleichbaren Ergebnisse in Bezug auf die Anfallskontrolle sein.

Von Yasargil und Wieser wurde die **transsylvische sAHE** konzipiert (Wieser und Yasargil 1982). Durch den Zugang über die Sylvische Furche und knapp temporal der Insel werden die temporalen Schenkel der vorderen Kommissur und des Fasciculus uncinatus durchtrennt. Diese „diskonnektive Komponente" wird als wesentlicher Bestandteil der transsylvischen sAHE angesehen, doch werden diese Faserzüge bei radikaler Mandelkernresektion auch bei anderen selektiven Techniken ebenso wie bei der AMTR durchtrennt. Andere beschriebene Zugänge zur sAHE erfolgen über die mittlere Temporalwindung (Olivier 1991) oder von der Temporallappenbasis aus (Park et al. 1996).

Die wesentlichen Komplikationsrisken temporaler Resektionen stellen meist leichte Beeinträchtigungen des kontralateralen Gesichtsfeldes sowie passagere Dysphasien und Benennungsstörungen bei Eingriffen in der sprachdominanten Hemisphäre dar (Pilcher und Rusyniak 1993).

17.2.2. Extratemporale Resektionen

Hier stellen die Frontallappenepilepsien die häufigste Untergruppe dar. Bei diesen Patienten wird die kortikale Resektion auf Grund der meist erforderlichen invasiven elektrophysiologischen Abklärung und struktureller (MRT) und funktioneller (SPECT, PET) bildgebender Verfahren „maßgeschneidert". Liegt die zu resezierende epileptogene Zone im Bereich von funktionell essentiellem Kortex, ist ein prä- oder intraoperatives Mapping erforderlich. Die Prognose eines epilepsiechirurgischen Eingriffs bei den extratemporalen Epilepsien wird ganz entscheidend durch das Vorhandensein einer strukturellen

Läsion beeinflusst. Während Patienten mit Läsionen eine günstige Prognose haben, kann bei Patienten ohne Läsion nur in ca. 10–15% Anfallsfreiheit erreicht werden.

17.2.3. Das Problem der radiologischen „Läsion"

Fortschritte der Bildgebung, insbesondere der Magnetresonanztomographie (MRT), decken bei 10–30% der Patienten mit therapierefraktärer Epilepsie strukturelle Veränderungen auf, für welche meist pauschal der Begriff „Läsion" verwendet wird (die magnetresonanztomographischen Veränderungen der Hippokampussklerose und -atrophie werden meist nicht in diese Begriffskategorie einbezogen). Zu diesen Läsionen zählen:

- Gefäßmalformationen (arteriovenöse Malformationen, Kavernome, selten arterielle Riesenaneurysmen);
- Neoplasien;
- Dysplasien grauer Substanz (kortikale, subkortikale oder subependymale Heterotopien);
- Veränderungen bei Phakomatosen (Sturge-Weber-Syndrom, Tuberöse Sklerose);
- infektiöse/postinfektiöse und posttraumatische Veränderungen.

Durch die bessere Verfügbarkeit der MRT werden zunehmend auch im Rahmen der Erstabklärung nach einem oder wenigen Anfällen noch vor der Beurteilung der medikamentösen Einstellbarkeit Läsionen dargestellt. Für diese letztere Situation wird sich die Behandlungsstrategie primär nach der vermuteten Natur der Läsion richten. Raumfordernde Wirkung, Progressionstendenz einer Neoplasie, Unsicherheit über die Dignität einer Läsion bzw. Blutungsrisiko einer Gefäßmalformation bestimmen das Vorgehen. Der neurochirurgische Eingriff wird hier als Läsionektomie durchgeführt.

Wird in der Abklärung eines Patienten mit therapierefraktärer Epilepsie eine Läsion nachgewiesen, stellt sich die Frage nach deren Beziehung zur epileptogenen Zone. Für diese Patienten muss ein epilepsiechirurgischer Ansatz vorrangig miteinbezogen werden.

Die verschiedenen Strategien lassen sich wie folgt zusammenfassen (Fried und Cascino 1993):

- Resektion der Läsion alleine („Läsionektomie");
- Resektion der Läsion mit angrenzendem Gewebe, wobei dies „standardisiert" z.B. als Resektion der involvierten Windung oder aufgrund intra- oder präoperativ erfolgter Elektrokortikographie erfolgen kann;
- Resektion der Läsion und einer nicht unmittelbar angrenzenden epileptogenen Region;
- Resektion einer epileptogenen Kortexregion ohne Resektion der Läsion.

Eine nachgewiesene Läsion kann ohne Bezug zur Epilepsie vorliegen, wie das Beispiel multipler Kavernome zeigt, von welchen nur eines epileptogen ist. Die radiologisch scharf begrenzte Neoplasie oder eine sehr lokalisiert imponierende kortikale Dysplasie hat im histopathologischen Bild oft nicht so scharfe Grenzen. Die intraoperativ glatt begrenzten Kavernome sind meist von einem als epileptogen angesehenem Gliose- und Hämosiderinsaum umgeben. Gerade wegen der derzeitigen Möglichkeiten der bildgeführten Chirurgie („Neuronavigation") müssen diese Faktoren im Hinblick auf eine Anfallskontrolle berücksichtigt werden.

Die hochauflösende MRT zeigt bei etwa 15% der Patienten mit therapierefraktärer Epilepsie sowohl eine Hippocampussklerose als auch eine extrahippokampale epileptogene Läsion. Dieser Befund wird als „duale Pathologie" bezeichnet. Der Resektion der epileptogenen Läsion kommt entscheidende Bedeutung zu, berichtete Erfahrungen mit einer Resektion der mediotemporalen Strukturen unter Belassen der Läsion sind nicht ermutigend (Fish et al. 1991; Fried und Cascino 1993). Die besten Aussichten auf eine Anfallskontrolle scheint die ein- oder zweizeitige Resektion sowohl der Läsion als auch der mediotemporalen Strukturen zu bieten (Li et al. 1999). Das Vorgehen im Einzelfall wird zur Zeit von Lage und Art der Läsion, neuropsychologischen Befunden und Charakteristik der Anfälle bestimmt.

17.2.4. Hemisphärektomie

Der Hemisphärektomie kommt unter den resektiven Eingriffen eine Sonderstellung zu. Hierbei wird der Einfluss einer insgesamt als epileptogen begriffenen Großhirnhemisphäre auf die Gegenseite und auf tiefere zerebrospinale Strukturen ausgeschaltet. Handelte es sich in der ursprünglichen Technik um eine reine Resektion (anatomische Hemisphärektomie), so entwickelten sich verschiedene Verfahren, die in unterschiedlichem Ausmaß Diskonnektionen mit Resektion verbinden. Gemeinsam ist diesen als funktionelle Hemisphärektomien und Hemisphärotomien bezeichneten Techniken (Villemure 1997), dass die Entstehung eines großen Leerraums mit dafür typischen Komplikationsrisken vermieden wird. Auch sind diese Techniken für die meist kleinen Kinder weniger belastend. Eine Indikation zu diesem Eingriff besteht im Kindesalter bei verschiedenen Hemisphärenläsionen (große peripartale Infarktzysten, Hemimegalencephalie und andere unilaterale diffuse Dysplasien, Sturge-Weber-Syndrom, Rasmussen-Encephalitis) und schweren therapierefraktären Anfällen, welche – zu spät kontrolliert – auch zu einem schweren, nicht wieder aufzuholenden Entwicklungsrückstand führen. Vorraussetzungen für den Eingriff sind der Nachweis einer strukturellen und funktionellen Integrität der kontralateralen Hemisphäre sowie meist auch einer bereits vorliegenden Hemiparese.

17.3. Nichtresektive Verfahren

17.3.1. Callosotomie

Die operative Durchtrennung der Balkenkommissur wurde 1940 durch den Bericht von Van Wagenen und Herren über ihre Erfahrungen bei 10 Patienten als epilepsiechirurgische Methode eingeführt. Da dieses Verfahren nur in seltenen Fällen zur Anfallsfreiheit führt, handelt es sich um eine palliative Technik, deren Ergebnisse uneinheitlich bewertet werden. Es besteht ein Konsens, dieses Verfahren nur nach Ausschluss der Möglichkeit eines potentiell kurativen resektiven Eingriffs anzuwenden. Therapieresistente Sturzanfälle, welche keinen unifokalen Ursprung haben, stellen zur Zeit die wesentliche Indikation dar. Ein „zufriedenstellendes" Ergebnis wird hier bei 50–80% angegeben (Gates und DePaola 1996).

Der Eingriff wird meist als vordere Callosotomie mit Durchtrennung der vorderen $^{2}/_{3}$ oder $^{3}/_{4}$ durchgeführt. Die komplette Callosotomie wird gegebenenfalls als zweiter Schritt mit Durchtrennung des Balkensplenium erzielt. Als wesentliche unmittelbar postoperativ bestehende Komplikation wird ein passagerer Mutismus beschrieben, auch Zunahme einer präexistenten Hemiparese oder Auftreten einer Sprachstörung wurden beschrieben. Das bei einer Durchtrennung des Splenium immer nachweisbare Diskonnektionssyndrom wird von Patienten mit erhaltener sensorischer Afferenz und Verarbeitung in beiden Hemisphären meist gut toleriert (Pilcher und Rusyniak 1993).

17.3.2. Multiple subpiale Transsektionen

Falls die epileptogene Zone funktionell essentielle Areale wie primär-motorische oder -sensible Handregion oder sprachrelevanten Kortex miteinbezieht, ist ein resektiver Eingriff durch den inakzeptablen Funktionsverlust nicht möglich. Nach einem Vorschlag von Morrell bietet sich als Alternative die Technik der multiplen subpialen Transsektionen an (Morrell et al. 1989; Morrell und Whistler 1996). In der epileptogenen Zone werden in einem Abstand von 5 mm mit einem eigens dafür entworfenem Häkchen die intrakortikalen Horizontalfasern durchtrennt. Die in vertikalen Zellsäulen mit subkortikalen Verbindungen organisierte Funktion soll dabei erhalten bleiben, die horizontale Propagation der epileptischen Aktivität zur Rekrutierung eines klinisch aktiven Fokus hingegen verhindert werden. Dieses Verfahren kann sowohl isoliert als auch in Kombination mit einer Resektion angrenzenden nicht-essentiellen Kortex durchgeführt werden. Eine endgültige Bewertung dieser Methode steht noch aus.

17.3.3. Vagus-Nerv-Stimulation

Die chronische elektrische Stimulation des linken Nervus vagus am Hals über einen implantierten Impulsgeber wird seit Anfang der 90-er Jahre klinisch evaluiert. Mittlerweile liegen größere Multicenterstudien vor, die über eine durchschnittlich 30–50%ige Reduktion der Anfallsfrequenz berichten. Auch bei diesem Verfahren lassen sich die für resektive Eingriffe angewendeten Outcome-Kategorien eigentlich nicht anwenden, da es in der derzeitigen Form als palliatives Verfahren angesehen wird. Auch hier ist eine Austestung der Möglichkeiten eines resektiven Eingriffs vor einer Indikationsstellung gefordert. Der Eingriff erfolgt in Allgemeinnarkose, der Nervus vagus wird aus der Gefäßnervenscheide am Hals auspräpariert und mit einer speziellen Stimulationselektrode umschlungen. Die Stimulation erfolgt über einen im selben Eingriff infraklavikulär implantierten Impulsgeber. Die Einstellung der Stimulationsparameter erfolgt im Rahmen ambulanter Kontrollen über mehrere Monate. Dabei wird die Stimulation an die individuellen Bedürfnisse und Nebenwirkungen adaptiert. Solche treten am häufigsten als Änderungen der Stimmlage oder Hustenreiz während der Stimulation auf. Meist werden derartige Nebenwirkungen nur vorübergehend angegeben (Amar et al. 1998) (siehe auch Kapitel 18).

18. Vagus-Nerv-Stimulation

Susanne Aull-Watschinger

18.1. Indikation

Die Vagus-Nerv-Stimulation (VNS) stellt bei Patienten mit medikamentös therapierefraktärem Anfallsleiden und bei Patienten, die für einen epilepsiechirurgischen Eingriff nicht in Frage kommen bzw. bei denen eine Operation keinen Erfolg erbrachte, eine mögliche therapeutische Option dar (Tabelle 18.1) (Fisher und Handforth 1999; Schmidt et al. 1999).

Tabelle 18.1. Indikationen für den Einsatz des Vagus-Nerv-Stimulators

- Nachgewiesene Pharmakoresistenz (gegenüber mindestens 2 Antiepileptika in Monotherapie und eine Kombinationstherapie)
- Dokumentation von klinischer Anfallssymptomatologie und iktalen EEG-Veränderungen mittels prolongiertem Video-EEG-Monitoring
- Keine Möglichkeit eines kurativen epilepsiechirurgischen Eingriffs

18.2. Technische Grundlagen

Die Stimulationselektrode wird im Halsbereich um den linken Nervus vagus gelegt, subkutan mit einem Generator – ähnlich einem Herzschrittmacher – verbunden und stimuliert in der Standardeinstellung alle 5 Minuten 30 Sekunden lang, schrittweise wird die Stromstärke bis maximal 3,5 mA gesteigert. Bleibt dieser Modus erfolglos, wird auf den „rapid cycle"-Modus umprogrammiert: der Patient wird nun alle 30 Sekunden 7 Sekunden lang stimuliert. Der Patient selbst kann bei Verspüren einer Aura durch Auflegen eines Magneten über den Generator zusätzlich zur programmierten Einstellung bei Bedarf eine Stimulation auslösen und so eventuell einen Anfall verhindern. Auch betreuende Personen z.B. Eltern von Patienten mit Lennox-Gastaut-Syndrom können den Magneten mit Erfolg einsetzen.

18.3. Wirkmechanismus

Die ca. 80% afferenten Fasern des linken Nervus vagus ziehen zum Nucleus tractus solitarii, der über direkte und indirekte Projektionen mit dem Locus coeruleus, den Nuclei raphae, der Formatio reticularis und anderen Hirnstammkernen verbunden ist. Über diese Kerne wird die Anfallsregulation des Gehirns beeinflusst (Ricardo und Koh 1978; Krahl et al. 1998). Die Wirksamkeit der VNS im Tierversuch wurde mit einer transienten Desynchronisation kortikaler Rhythmen erklärt (Woodbury und Woodbury 1990, 1991; McLachlan 1993). Auch wenn der exakte Wirkmechanismus bislang ungeklärt blieb, so scheint dem Locus coeruleus eine entscheidende Rolle zuzukommen. Durch die Aktivierung des Locus coeruleus wird Norepinephrin freigesetzt, dessen antikonvulsive Wirkung in unterschiedlichen Tiermodellen dokumentiert wurde (Krahl et al. 1998).

18.4. Wirksamkeit

Kontrollierte Studien konnten eine deutliche Reduktion der Anfallsfrequenz unter VNS bei Patienten mit therapieresistenten fokalen Epilepsien beweisen (The Vagus Nerve Stimulation Study Group 1995; Handforth et al. 1998), wobei die therapeutische „high stimulation“ (alle 5–10 Minuten Stimulus über 30 Sekunden) der Kontrollgruppe mit „low stimulation“ (alle 3 Stunden über 30 Sekunden) signifikant überlegen war (Tabelle 18.2). Der Effekt der VNS Stimulation nimmt innerhalb des ersten 2 Jahre nach Implantation kontinuierlich zu, um dann einen stabilen Zustand zu erreichen, was durch einen kumulativen Effekt der Stimulation erklärt wird (Morris und Mueller 1999; DeGiorgio et al. 2000). In einer Langzeitstudie über 3 Jahre kam es bei 43% der Patienten nach 2 Jahren zu einer Anfallsreduktion ≥ 50%, die dann innerhalb des dritten Jahres konstant aufrechterhalten werden konnte (Morris und Mueller 1999). Anfallsfreiheit wird jedoch nur in Einzelfällen erreicht, allerdings berichtet eine rezente Arbeit über 4 von 15 Patienten (27%), die

Tabelle 18.2. Wirksamkeit der Vagus-Nerv-Stimulation bei Patienten mit fokalen Epilepsien

	% Änderung der Anfallsfrequenz			Mehr als 50%-ige Anfallsreduktion – Responderrate		
	high	low	p	high	low	p
E03	–24,5	– 6,1	< 0,01	31,0%	13,0%	< 0,02
E05	–27,9	–15,2	0,039	23,4%	15,7%	n.s.

E03: The Vagus Nerve Stimulation Study Group (1995)
E05: Handforth A et al. (1998)

über ein Intervall von 12 Monaten und mehr unter VNS anfallsfrei blieben (Vonck et al. 1999).

Auch bei generalisierten Epilepsien konnten mit der VNS Erfolge erzielt werden. So wurde bei 5 Patienten mit Lennox-Gastaut-Syndrom innerhalb von 9 Monaten eine durchschnittliche Anfallsreduktion von 41% erreicht (Labar et al. 1998). Eine andere Studie berichtet über eine Reduktion der Anfallsfrequenz von ≥ 50% bei 46% von 24 Patienten mit generalisierter Epilepsie 3 Monate nach Implantation des Vagusstimulators (Labar et al. 1999).

Auch Kinder profitieren von der VNS. Bei 27–38% der Kinder kommt es zu einer Anfallsreduktion ≥ 50% nach 10–12 Monaten (Lundgren et al. 1998a; Murphy 1999). Speziell beim Lennox-Gastaut-Syndrom soll die VNS besonders erfolgreich sein, auch wenn noch keine kontrollierten Studien vorliegen (Murphy et al. 1995), insbesondere wurde in einer Arbeit eine Anfallsreduktion von 90% bei 5 von 6 Kindern mit Lennox-Gastaut-Syndrom beobachtet (Hornig und Murphy 1997). Eine andere Untersuchung berichtete, dass keine Unterschiede im Ansprechen einzelner Anfallsformen und Epilepsien verschiedener Ätiologie bei Kindern bestehen (Hornig und Murphy 1998).

18.5. Nebenwirkungen

Nebenwirkungen bei der VNS treten etwa bei einem Drittel der Patienten in Form von Heiserkeit, Hustenreiz, Parästhesien, Atemnot, Muskelschmerzen und Kopfschmerzen auf (Uthman et al. 1993; Handforth et al. 1998). Diese Nebenwirkungen treten nahezu ausschließlich während der Stimulation auf und sind für die überwiegende Mehrzahl der Patienten tolerabel. Mögliche kardiale Nebenwirkungen wurden wiederholt diskutiert. Über den rechten Nervus vagus besteht eine sehr enge Verbindung zu den Vorhöfen des Herzens, der linke Nervus vagus ist, wenn auch wesentlich weniger eng, mit den Ventrikeln verbunden, deshalb sind kardiale Nebenwirkungen bei Stimulation des linken Nervus vagus wenig wahrscheinlich (Saper et al. 1990; Schachter und Saper 1998). Zwar liegt ein Fallbericht über akute, intraoperative Asystolien bei 4 Patienten bei der Testung des Vagus-Nerv-Stimulators während der Implantation vor (Tatum et al. 1999), in größeren Patientenkollektiven sowohl bei Kindern als auch bei Erwachsenen konnten mittels Holter-EKG jedoch keinerlei signifikante kardiale Veränderungen nachgewiesen werden (Handforth et al. 1998; Murphy 1999). Auch bei Einsatz des Vagus-Nerv-Stimulators bei Erwachsenen über 50 Jahre waren keine signifikanten kardialen und/oder Kreislaufprobleme zu beobachten (Sirven et al. 2000). Insgesamt ist die Verträglichkeit und die Akzeptanz der VNS bei den Patienten sehr gut. Sehr positiv wirkt sich im Vergleich zu Antiepileptika auch das Fehlen kognitiver Nebenwirkungen aus. Die Implantation der Stimulatorelektrode und des Generators ist ein kleiner chirurgischer Routineeingriff mit entsprechend niedrigem Risiko.

Folgende Kontraindikationen sind zu beachten: eine schwere obstruktive Lungenerkrankung, eine vorbestehende Dysphagie, da während der Stimulation Aspirationsgefahr besteht (Lundgren et al. 1998b), sowie eine Vagotomie (Schmidt et al. 1999).

19. Alternative Behandlungsmethoden

Christoph Baumgartner

19.1. Ketogene Diät

19.1.1. Definition

Berichte über Fasten bzw. Hungern als Therapieform der Epilepsie reichen bis ins 5. Jahrhundert vor Christus zurück. Im frühen 20. Jahrhundert wurde das Interesse an dieser Behandlungsform durch die Beobachtung, dass Fasten bei manchen Patienten zu einer dramatischen Verbesserung der Anfallssituation führt, erneut geweckt. Schließlich postulierten Wilder und Winter in den frühen 20-er Jahren, dass die durch das Fasten bedingte Ketose für den antiepileptischen Effekt verantwortlich sei und dass dieser Zustand der Ketose auch ohne Fasten durch eine extreme Reduktion der Kohlenhydrat- bzw. Proteinzufuhr zugunsten des Fettanteils erreicht werden könne, womit die ketogene Diät begründet wurde (Wilder 1921; Wilder und Winter 1922; Lefevre und Aronson 2000). Durch die Einführung der Antiepileptika in den späten 30-er und 40-er Jahren verlor die ketogene Diät an Bedeutung, um in den frühen 90-er Jahren für die Behandlung von therapierefraktären Epilepsien wieder an Popularität zu gewinnen (Lefevre und Aronson 2000).

19.1.2. Wirkmechanismen

Der Wirkmechanismus der ketogenen Diät ist letztlich unklar, wobei folgende Theorien postuliert wurden: (1) direkter stabilisierender Effekt von Ketonkörpern auf das ZNS, wobei in einer rezenten Studie kein Effekt auf die inhibitorische bzw. exzitatorische Neurotransmission nachgewiesen werden konnte (Thio et al. 2000); (2) die durch die Ketose verursachte Azidose beeinflusst die Krampfschwelle; (3) Veränderungen in der Flüssigkeits- und Elektrolytbalance; (4) Veränderung der Lipidkonzentration (Lefevre und Aronson 2000).

19.1.3. Indikation und praktische Durchführung

Die ketogene Diät kann – unabhängig von Anfallsform und Epilepsiesyndrom – prinzipiell bei allen Kindern im Alter von 1–15 Jahren eingesetzt werden, bei denen mit einer medikamentösen Therapie keine befriedigende Anfallskontrolle gelingt. Es existieren 3 Arten von Diäten: die klassische ketogene Diät, die mittelkettige Triglyceriddiät und die modifizierte mittelkettige Triglyceriddiät (Vining 1997).

Bei der klassischen ketogenen Diät liegt das Verhältnis von Fett zu Kohlehydraten bzw. Protein bei 4:1, d.h., 87% der Gesamtkalorienzufuhr erfolgt in Form von Fett. Zudem wird eine Flüssigkeitsrestriktion auf 60–65 ml/kg/Tag (maximale Flüssigkeitszufuhr = 1200–1500 ml/Tag) durchgeführt. Die Diät wird stationär mit einer Fastenperiode begonnen, das Vorhandensein einer Ketose wird laufend mittels Harnstix überprüft. Bei der mittelkettigen Triglyceriddiät kann durch die Verwendung von ketogenen mittelkettigen Triglyceriden der Fettanteil auf 71% reduziert werden, sodass 10% des Kalorienbedarfs als Protein und 19% als Kohlehydrat zugeführt werden können. Bei der modifizierten mittelkettigen Triglyceriddiät werden 30% des Kalorienbedarfs mit mittelkettigen Triglyceriden und 40% mit langkettigen gesättigten Fetten gedeckt, während der Protein- und Kohlehydratanteil erneut bei 10 bzw. 19% liegt (Vining 1997).

19.1.4. Wirksamkeit

In einer rezenten Metaanalyse wurden 11 Studien analysiert, die gewisse Mindeststandards erfüllten (u.a. Quantifizierung der Anfallsfrequenz). Alle Studien wurden unkontrolliert durchgeführt, 9 retrospektiv (alle aus einer Institution), 2 prospektiv (eine davon als Multicenterstudie). Bei Kombination der Ergebnisse aus allen Studien ergeben sich folgende Resultate: Anfallsfreiheit: 16%; mehr als 90%-ige Anfallsreduktion: 32%; mehr als 50%-ige Anfallsreduktion: 56% (Lefevre und Aronson 2000).

19.1.5. Behandlung von Erwachsenen

In einer rezenten Studie an 11 erwachsenen Epilepsiepatienten konnte eine Responderrate (mehr als 50%-ige Anfallsreduktion) von 55% erreicht werden, bei 27% war eine mehr als 90%-ige Anfallsreduktion zu beobachten. Diese Resultate entsprechen somit im Wesentlichen den Ergebnissen pädiatrischer Studien (Sirven et al. 1999).

19.1.6. Nebenwirkungen

Im ersten Monat der Therapie treten oft Hunger, Durst und Intoxikationserscheinungen durch die Antiepileptika (auch bei unveränderter Dosierung) auf (Vining 1997). Milde gastrointestinale Symptome treten bei 30–50% der Patienten auf (Lefevre und Aronson 2000). Zudem kommt es bei 4–8% der Patienten zu Lethargie, Azidose, Obstipation, Erbrechen und einer erhöhten Infektanfälligkeit (Vining et al. 1998). Nierensteine wurden bei 5% der Patienten beobachtet (Herzberg et al. 1990). Bei 29% der Kinder kommt es zu einer Hypercholesterinämie, bei 17% zu einer Hypertriglyzeridämie (Delgado et al. 1996). Bei Erwachsenen kam es zu einem Anstieg der Triglyzeride von 190 auf 203 mg/dl und des Cholesterins von 208 auf 291 mg/dl (Sirven et al. 1999). Zudem wurden mögliche Wachstumsstörungen bei Kindern diskutiert, wobei dieser Effekt allerdings nicht systematisch untersucht wurde (Lefevre und Aronson 2000).

19.1.7. Offene Fragen

Im Zusammenhang mit der ketogenen Diät sind die folgenden Fragen noch ungeklärt: (1) Welche Patienten profitieren am meisten von dieser Therapieform? (2) Zu welchem Zeitpunkt im Krankheitsverlauf sollte die Therapie eingesetzt werden? (3) In welchem Alter ist die Therapie am effektivsten? (4) Welche Anfallsformen und Epilepsiesyndrome sprechen besonders gut auf die Therapie an? (5) Wie lange soll die Behandlung durchgeführt werden? (Stafstrom und Spencer 2000).

19.2. Psychologische Methoden zur Anfallskontrolle

19.2.1. Vermeidung bzw. Beeinflussung von anfallsauslösenden Situationen bzw. Faktoren

Viele Patienten berichten, dass zumindest ein Teil ihrer Anfälle durch externe, mehr oder weniger beeinflussbare Faktoren, wie Stress, Angst, Müdigkeit, Wechsel der Vigilanz, Schlafmangel, aber auch Mondphasen und Wetterwechsel ausgelöst wird (siehe auch Abschnitt 7 „Anfallsauslöser"). Die Anfallsauslöser können wie folgt unterteilt werden:

- Spezifische Anfallsauslöser im Rahmen der Reflexepilepsien (siehe Abschnitt 6.6.14 „Reflexepilepsien").
- Unspezifische Anfallsauslöser wie Müdigkeit, Schlafmangel, Alkohol, Fieber; nach entsprechender Identifikation und durch gezielte Vermeidung dieser anfallsauslösenden Faktoren (ausreichender Schlaf, geregelter Schlafwachrhythmus, Alkoholkarenz etc.) kann bei vielen Patienten eine verbesserte Anfallskontrolle oder sogar Anfallsfreiheit erzielt werden.
- Psychologische Anfallsauslöser wie Stress, Angst, Ärger etc. Natürlich können Situationen, die Stress, Angst und Ärger hervorrufen, nicht immer vermieden werden, doch können hier verhaltenstherapeutische Maßnahmen (z.B. das Erlernen von Entspannungstechniken) hilfreich sein (Wolf 1997b).

19.2.2. Anfallsunterbrechung

Die Unterbrechung von (fokal beginnenden) Anfällen durch das Anlegen einer Ligatur an der entsprechenden Extremität war eine bereits in der Antike geübte Praxis zur Anfallsunterbrechung, die bis ins 19. Jahrhundert geübt wurde. Von Gowers wurden 1881 unter anderem folgende Maßnahmen zur Anfallsunterbrechung vorgeschlagen: Anlegen einer Ligatur, forcierte passive Dehnung der betroffenen Muskulatur, Applikation von Stimuli im Bereich der betroffenen Körperpartien (Reiben, Zwicken etc.), rasches Umhergehen im Raum, starke olfaktorische oder gustatorische Reize (Ammoniakriechen, Schlucken einer Handvoll Salz etc.) (Wolf 1997b). Andere Maßnahmen bestehen in maximaler Konzentration oder Entspannung. Heute werden Methoden der klassischen und operanten Konditionierung zur Anfallsunterbrechung (incl. EEG-Biofeedback) eingesetzt, wobei dieser Ansatz auf Efron (1956; 1957) zurückgeht und auf der Annahme basiert, dass durch eine Aktivierung bzw. Hyperpolarisation von Neuronen in unmittelbarer Umgebung der Anfallsursprungszone eine Unterbrechung der Anfallsausbreitung gelingen kann. Demgemäss sind diese Techniken nur für Patienten mit fokalen Epilepsien und hier wieder nur für solche mit Auren geeignet (Wolf 1997b). Dieser Therapieansatz beinhaltet somit folgende Schritte: Identifikation der Aura ⇒ Identifikation einer entsprechenden anfallsunterbrechenden Maßnahme ⇒ systematische Anwendung dieser Maßnahme beim Auftreten von Auren ⇒ erfolgreiche Anfallsunterbrechung ⇒ Unterbrechung des konditionierten Reflexes ⇒ Verlernen von Anfällen durch negative Konditionierung. Hinsichtlich der Wirksamkeit wurden in verschiedenen Studien, die zumeist allerdings nur wenige Patienten beinhalteten, durchwegs positive Ergebnisse berichtet (etwa vergleichbar der Add-On-Therapie mit einem neuen Antiepileptikum) (Sterman 2000). Diese Techniken erfordern ein hohes Maß an Motivation seitens des Patienten und sollten immer nur als Ergänzung zur medikamentösen Therapie eingesetzt werden (Wolf 1997b).

19.3. Komplementäre Medizin

Hier sind unter anderem folgende Therapieansätze zu erwähnen: Homöopathie, Verabreichung von Spurenelementen (orthomolekulare Medizin), Kräutertherapie, Enzymtherapie, Steine, Ketten und Amulette, Reinkarnation, Massage, Blockaden, Änderung des Energieflusses, Metamorphosentherapie, Akupunktur, Magnettherapie (Heilpraktiker), spirituelle Heilung, Meditation. All diese Therapieformen wurden in einer rezenten Übersicht einer kritischen Betrachtung unterzogen, wobei letztlich für keinen Ansatz ein überprüfbarer positiver Effekt bei der Behandlung von Epilepsiepatienten nachgewiesen werden konnte (Sonnen 1997).

Die Yoga-Therapie wurde in einer Metaanalyse untersucht, wobei lediglich eine Studie mit 32 Patienten die Kriterien einer möglichen Überprüfung erfüllte. In dieser Studie zeigte sich ein signifikanter Effekt der Yoga-Therapie, wobei von den Autoren der Metaanalyse auf Grund der geringen Patientenzahl jedoch die Schlussfolgerung gezogen wurde, dass die Datenlage für eine konklusive Beurteilung dieser Therapieform derzeit unzureichend ist (Ramaratnam und Sridharan 2000). In einer einfach blinden Studie konnte für eine Akupunkturbehandlung kein positiver Effekt für die Anfallskontrolle bei Patienten mit therapieresistenter Epilepsie erbracht werden (Kloster et al. 1999).

20. Psychosoziale Betreuung

Fritz Leutmezer

20.1. Ausbildung

Aus einer großen holländischen Untersuchung Anfang der 90er Jahre geht hervor, dass etwa 30% aller Kinder mit Epilepsie einer Sonderschulförderung bedürfen (Aldenkamp et al. 1990), während dies in Deutschland bei Kindern ohne Epilepsie nur in 4% der Fall war (Ministerium für Kultur Jugend und Sport 1998). Das heißt aber umgekehrt, dass die große Mehrheit problemlos in das herkömmliche Regelschulsystem integriert werden kann, ein weiterer Teil könnte in diesem Schultyp „integrativ" adäquat unterrichtet werden, wenn entsprechende Förderprogramme (zusätzlicher Lehrer, geringere Schülerzahl pro Klasse) angeboten würden. Bei der Frage, welcher Schultyp für ein Kind mit Epilepsie geeignet ist, sollte man mehrere Punkte beachten, die als Ursache für eventuelle spätere Komplikationen, aber auch Misserfolge und Enttäuschungen in Betracht kommen können:

- Anfälle selbst können, insbesondere wenn sie diskret ablaufen und von Lehrern und Mitschülern nicht bemerkt werden, die Mitarbeit des Kindes sowohl hinsichtlich der Konzentration als auch der Merkfähigkeit beeinträchtigen.
- Etwa 30% aller Menschen mit Lernschwierigkeiten haben Epilepsie, umgekehrt leiden 30% aller Patienten mit Epilepsie auch an psychischen Auffälligkeiten (Wallace et al. 1997). Diese können sich als Verlangsamung und Umständlichkeit, aber auch als hyperkinetisches Syndrom und Aufmerksamkeitsdefizit manifestieren.
- Auch zwischen den Anfällen scheinen paroxysmale EEG-Veränderungen in der Lage zu sein, die Aufnahme und Speicherung, aber auch das Abrufen von Informationen beeinträchtigen zu können, was sich in einer entsprechenden Lernstörung manifestiert. So fand man bei Kindern mit benigner fokaler Epilepsie mit zentrotemporalen Spikes auch im Intervall zwischen den Anfällen bei Auftreten von epileptiformen EEG-Veränderungen eine Verlängerung der Reaktionszeit sowie eine Fehlerhäufung in Kurzzeitgedächtnistests (Binnie und Marston 1992).

- Sowohl wegen möglicher Persönlichkeitsstörungen als auch wegen der Möglichkeit der oben angeführten Lernschwierigkeiten empfiehlt sich auf jeden Fall eine sorgfältige leistungs- und persönlichkeitsdiagnostische Testung, um einerseits etwaige Defizite frühzeitig erkennen und spezifisch fördern zu können, andererseits aber auch als Hilfestellung bei der Entscheidung über den für das Kind optimalen Schultyp.
- Antiepileptika können einerseits über, als Nebenwirkungen auftretende, Müdigkeit, Aufmerksamkeitsstörung, Verlangsamung und Gedächtnisstörungen die Lernfähigkeit der Kinder beeinträchtigen, andererseits aber auch auf das Verhalten einwirken, indem sie zu Unruhe, Hyperaktivität, Aggressivität, Dysphorie oder auch Rückzugstendenzen führen.
- Schließlich können v.a. fokale Anfälle mit läsionellen Veränderungen einhergehen oder als Folge anderer Grundkrankheiten auftreten, die ihrerseits Ursache für kognitive oder motorische Beeinträchtigungen sein können.

20.1.1. Kindergarten

Der Kindergarten ist der erste Schritt des Kindes in die Selbständigkeit. Obwohl die Bereitschaft behinderte Kinder aufzunehmen, nicht zuletzt aufgrund des geringeren Leistungsdruckes im Vergleich zur Schule, hier am größten ist, können Eltern bei der Suche nach einem integrativen Kindergartenplatz auf große Schwierigkeiten stoßen. Prinzipiell besteht die Möglichkeit das Kind in einem allgemeinen Kindergarten, einem integrativen Kindergarten oder einem heilpädagogischen bzw. Sonderkindergarten unterzubringen, wobei aber auf die ersten beiden Alternativen auch in „öffentlichen" Kindergärten kein Rechtsanspruch besteht. Um Über- und Unterforderungen des Kindes zu vermeiden, sollten sich Eltern hinsichtlich des für das Kind am besten geeigneten Kindergartenplatzes von Experten beraten lassen:

- Koordinationsstelle der Arbeitsgemeinschaft Frühförderung im Behindertenzentrum der Stadt Wien; Seeböckgasse 12–14, 1160 Wien; Tel. 01/4865244-20.

20.1.2. Volksschule

Mit Vollendung des 6. Lebensjahres wird jedes Kind in Österreich schulpflichtig. Im § 9 Abs. 2 des Schulorganisationsgesetzes heißt es: *„Die Volksschule hat in den ersten vier Schulstufen eine für alle Schüler gemeinsame Elementarbildung unter Berücksichtigung einer sozialen Integration behinderter Kinder zu vermitteln."* Eine Behinderung stellt also keinen Grund dar, ein Kind vom Besuch einer Volksschule auszuschließen. Zunächst obliegt es den Eltern, zu entscheiden, ob sie ihr Kind in einer Sonderschule oder einer Volksschule einschreiben lassen wollen. Ein eventueller Antrag auf sonderpädagogischen Förderbedarf kann aber auch vom Schuldirektor oder von Amts wegen eingebracht werden. Wichtige Ansprechpartner in dieser Situation stellen die etwa 200 Sonderpädagogischen Zentren in Österreich dar, die jeweils einer Sonderschule angegliedert oder, wo eine solche nicht vorhanden ist, im Bezirksschulrat verankert sind. Es handelt sich dabei um Koordinations- und Beratungsstellen, die Eltern bei der Wahl der bestgeeigneten Schulform beraten und gegebenenfalls den Unterricht behinderter Kinder in Regelschulen organisieren. Dies erfolgt durch Bereitstellung von materiellen und personellen Ressourcen. Wie im § 8a (1) des Schulpflichtgesetzes von 1985 festgehalten ist, besteht allerdings kein Rechtsanspruch auf Unterbringung in einer bestimmten Schule *(„Schulpflichtige Kinder mit sonderpädagogischem Förderbedarf sind berechtigt, die allgemeine Schulpflicht entweder in einer für sie geeigneten Sonderschule oder Sonderschulklasse oder in einer den sonderpädagogischen Förderbedarf erfüllenden Volksschule zu erfüllen, soweit solche Sonder- oder Volksschulen (Klassen) vorhanden sind und der Schulweg den Kindern zumutbar (…) ist“).* Wichtig ist für die Eltern, dass sie möglichst frühzeitig mit diesen Zentren oder mit Schulen, die integrativen Unterricht anbieten, Kontakt aufnehmen. In einer integrativen Klasse gelten Obergrenzen für die Gesamtanzahl der Schüler ebenso wie für die Kinder mit sonderpädagogischem Förderbedarf (in der Regel maximal 4) und es stehen üblicherweise zwei besonders geschulte Lehrer zur Verfügung. Wenn ein Kind als einziges mit sonderpädagogischem Förderbedarf in eine Volksschulklasse aufgenommen wird, besteht die Möglichkeit des stundenweisen Einsatzes einer zusätzlichen Lehrkraft. Die Eltern sollten bereits vor Einschulung mit dem zuständigen Lehrer abklären, welche Hilfestellungen im Rahmen eines Anfalles notwendig sind, ob eine ev. erforderliche Verabreichung von Notfallmedikamenten in der Schule gewährleistet werden kann und in welchen Situationen die Eltern verständigt werden sollten. Auch mögliche Einschränkungen und Vorsichtsmassnahmen bezüglich des Turnunterrichtes und des Schulweges sollten vorab geklärt werden.

20.1.3. Weiterführende Schule

War es behinderten Kindern früher nur im Rahmen von Schulversuchen möglich gemeinsam mit ihren Volksschulkameraden eine weiterführende Schule zu besuchen, so haben die positiven Erfahrungen, die man mit integrativem Unterricht in der Volksschule gemacht hat, 1996 zu einer Änderung der Schulgesetze geführt, die nunmehr die rechtliche Voraussetzung für integrativen Unterricht in Hauptschulen und Gymnasien darstellen. Es besteht somit vor dem Gesetz ein Anspruch auf integrativen Unterricht, allerdings nicht in der Schule der Wahl. Die Realisierung von Integrationsklassen ist in der Praxis sehr stark abhängig vom Engagement der Lehrer, der Zustimmung der Direktion und nicht zuletzt von der räumlichen und materiellen Ausstattung der jeweiligen Schule. Unabhängig davon besteht jedoch weiterhin die Möglichkeit, dass ein Kind als einziges mit sonderpädagogischem Förderungsbedarf in einer Regelschule unterrichtet wird und stundenweise von einem Stützlehrer spezielle Förderung erhält („Einzelintegration"). Mehr noch als in der Volksschule ist es allerdings wichtig, dass sich die Eltern frühzeitig mit dem zuständigen Direktor der gewünschten Schule und bei Bedarf auch mit dem nächstgelegenem Sonderpädagogischem Zentrum oder dem zuständigen Stadt-, Bezirks- oder Landesschulrat in Verbindung setzen, um die notwendigen organisatorischen Vorarbeiten rechtzeitig abschließen zu können.

– Weitere Informationen zu diesem Thema finden sich in der Broschüre Integration in der Hauptschule und Unterstufe der allgemein bildenden höheren Schule, die kostenlos beim Bundesministerium für Bildung, Wissenschaft und Kultur (Schulservicestelle: Freyung 1, 1010 Wien; Tel.: 53120-2242) bestellt werden kann.

20.2. Epilepsie und Beruf

Berufsmöglichkeiten. Auch für Menschen mit Epilepsie sollten bei der Berufswahl zunächst ihre Neigungen, Interessen und Fähigkeiten im Mittelpunkt der Überlegungen stehen. In einem zweiten Schritt muss dann geprüft werden, ob das Berufsbild mit dem jeweiligen Anfallsleiden vereinbar ist oder welche Einschränkungen eventuell beachtet werden müssen. Bei der Beurteilung beruflicher Möglichkeiten von Personen mit Epilepsie müssen die Schwere der Epilepsie (Art, Häufigkeit, Prognose, Therapie), die Art des Berufes und die Unfallgefährdung innerhalb eines bestimmten Tätigkeitsbereiches sowie die Berufssituation des Patienten (Dauer der Berufserfahrung, Ausbildung abgeschlossen, vor Beginn der Berufswahl) berücksichtigt werden. Folgende Punkte sollten bei der Beurteilung des Schweregrades der Anfälle beachtet werden (Arbeitskreis zur Verbesserung der Eingliederungschancen von Personen mit Epilepsie 1999):

– Aura: Ist diese vor jedem Anfall vorhanden, kann der Patient adäquat reagieren und dauert sie ausreichend lange, um entsprechende Schutzvorkehrungen treffen zu können?
– Ist das Bewusstsein während des Anfalls eingeschränkt?
– Ist die Willkürmotorik während des Anfalls eingeschränkt?
– Kommt es zum Sturz im Rahmen des Anfalls?
– Verhalten des Patienten im Anfall (angepasst, ruhig, agitiert, inadäquate Handlungen)?
– Verhalten nach dem Anfall (Nachschlaf, Lähmungen, Verwirrtheit)?
– Dauer des Anfalls?
– Tageszeitliche Bindung?
– Gibt es reproduzierbare anfallsauslösende Faktoren?

Für die Beurteilung der beruflichen Möglichkeiten sollen unter Berücksichtigung der oben angeführten Anfallsbeschreibung fünf arbeitsmedizinisch relevante Gefährdungskategorien eine vereinfachte Zuordnung der Patienten ermöglichen (Arbeitskreis zur Verbesserung der Eingliederungschancen von Personen mit Epilepsie 1999):

- Grad 0: erhaltenes Bewusstsein, erhaltene Handlungskontrolle und Handlungsfähigkeit (Anfälle ohne arbeitsmedizinisch relevante Symptome)
- Grad A: Bewusstsein und Haltungskontrolle erhalten, Handlungsfähigkeit beeinträchtigt (Anfälle mit Zuckungen, kurzer Versteifung oder Erschlaffung von Körperteilen)
- Grad B: Haltungskontrolle erhalten, Bewusstsein eingeschränkt, Handlungsunterbrechung (plötzliches Innehalten, Automatismen)
- Grad C: Verlust der Handlungs- und Haltungskontrolle mit oder ohne Bewusstseinsstörung
- Grad D: Bewusstseinsstörung mit unangemessenen Handlungen, mit oder ohne Verlust der Haltungskontrolle.

Ist durch Fremdbeobachtung gesichert, dass eine Aura es dem Patienten ermöglicht, geeignete Schutzmassnahmen zu ergreifen und wird diese Möglichkeit auch in angemessener Weise genutzt, so ist der Patient in der Regel in Kategorie „A" einzustufen.

Patienten, deren Anfälle über mindestens 3 Jahre ausschließlich aus dem Schlaf heraus aufgetreten sind, sollten unter Kategorie „0" eingestuft werden. Gleiches gilt für Patienten deren Anfälle seit mindestens 3 Jahren ausschließlich nach dem Aufwachen auftreten, wenn eine enge zeitliche Bindung an die Aufwachphase besteht, d.h. die Anfälle nicht auf dem Weg zur Arbeit zu erwarten sind.

Obwohl immer wieder gewarnt wird, dass Schicht- bzw. Nachtarbeit anfallsauslösend wirken können und daher Patienten mit Epilepsie von einer solchen auszuschließen seien, existieren keine systematischen Untersuchungen, die diese weit verbreitete Meinung unterstützen würden. Wichtig ist auch hier eine eingehende Anamnese inwieweit es in Verbindung mit Schlafentzug zu einer Anfallshäufung kommt.

Häufigkeit der Anfälle. Die Feststellung der Anfallshäufigkeit erfolgt aufgrund anamnestischer Angaben des Patienten, weshalb das Führen eines Anfallskalenders von großer Wichtigkeit ist. Man unterscheidet hierbei vier Gruppen, nämlich „anfallsfrei", „max. 2 Anfälle/Jahr", „3–11 Anfälle/Jahr", und „1 Anfall/Monat oder mehr". Als anfallsfrei im arbeitsmedizinischem Sinn gelten Personen, die länger als zwei Jahre unter Pharmakotherapie oder länger als 1 Jahr nach operativer Therapie anfallsfrei sind, ebenso Personen, die länger als 3 Jahre nur Anfälle aus dem Schlaf heraus haben und solche mit

Anfällen bei erhaltenem Bewusstsein (Arbeitskreis zur Verbesserung der Eingliederungschancen von Personen mit Epilepsie 1999).

In Abhängigkeit von den oben angeführten Fragen wird die Einschränkung der Berufstauglichkeit bei unterschiedlichen Patienten und mehr noch bei unterschiedlichen Tätigkeiten sehr verschieden sein. Sieht man von Patienten der Gefährdungskategorie „0“ ab, so ist besondere Vorsicht geboten bei Tätigkeiten, die das Lenken von Fahrzeugen, Maschinen oder ähnlichem zumindest zeitweise erfordern, bei Arbeiten auf Leitern, Gerüsten und dgl. mit Absturzgefahr, bei Arbeiten an Maschinen mit sich rasch bewegenden Teilen und dementsprechender Verletzungsgefahr sowie bei Arbeiten an elektrischen Leitungen und ähnlichem. Neben dem Risiko für die Gesundheit bzw. das Leben des Patienten und für seine Umgebung sollte auch immer der mögliche ökonomische Schaden bedacht werden, der sich durch Fehlhandlungen im Rahmen eines epileptischen Anfalls ergeben kann (z.B. falsche Eingaben am PC etc.). Als Grundsatz sollte gelten, dass das Risiko, sich selbst oder andere zu gefährden, am Arbeitsplatz nicht größer sein sollte als im alltäglichen Leben des Patienten.

Muss der Arbeitgeber über ein Anfallsleiden informiert werden? Wird man vom Arbeitgeber nach Krankheiten gefragt, muss eine Epilepsie nur dann bekannt gegeben werden, wenn vorhersehbar ist, dass die Erkrankung die Eignung für die vorgesehene Tätigkeit erheblich beeinträchtigt (sei es durch ökonomischen Schaden, sei es durch Selbst- oder Fremdgefährdung). Dies gilt zum Beispiel nicht für eine Sekretärin mit ausschließlich fokal-motorischen Anfällen oder einer Aufwach-Grand-Mal Epilepsie. Umgekehrt muss der Arbeitnehmer aber von sich aus auf ein Anfallsleiden hinweisen, wenn vorhersehbar ist, dass dadurch seine Tätigkeit erheblich eingeschränkt oder gar unmöglich gemacht wird.

Wer haftet für anfallsbedingte Schäden und Unfälle? Epileptische Anfälle am Arbeitsplatz und eventuell darauf zurückzuführende Verletzungen stellen keinen Arbeitsunfall dar und fallen daher auch nicht unter den gesetzlichen Schutz der Allgemeinen Unfallversicherungsanstalt (AUVA). Eine Ausnahme besteht allerdings, wenn betriebliche Umstände wesentlich zur Entstehung oder Ausprägung des Unfalles beigetragen haben. Dies gilt auch dann, wenn der Arbeitgeber über das Anfallsleiden informiert war und keine entsprechenden Schutzvorkehrungen getroffen hat, die in Anbetracht des Schweregrads der Epilepsie zur Verhinderung schwerwiegender Verletzungsfolgen notwendigerweise hätten getroffen werden müssen. Wenn kein Arbeitsunfall vorliegt, ist zwar nicht die AUVA, wohl sind aber die anderen Sozialversicherungsträger verpflichtet, Leistungen zur medizinischen, beruflichen und sozialen Rehabilitation zu erbringen.

Eine persönliche Haftung des Arbeitnehmers für Schäden, die im Rahmen eines epileptischen Anfalls entstehen, besteht nur dann, wenn diese Schäden aufgrund der Anfallsart oder Häufigkeit sowie aufgrund der Gegebenheiten am Arbeitsplatz deutlich vorhersehbar waren und diese Tatsachen dem Arbeitgeber verschwiegen wurden, sodass dieser nicht in der Lage war, adäquate Vorsorge zu treffen. Ansonsten ist der Arbeitnehmer von jeder Haftung befreit.

Berufliche Rehabilitation. Eine Leistungseinschränkung bei Menschen mit Epilepsie kann bedingt sein durch eine vorbestehende strukturelle Schädigung des Gehirns (die gleichzeitig die Ursache der epileptischen Anfälle sein kann), durch die Anfälle selbst (bei hoher Anfallsfrequenz oder prolongierten postiktalen Beeinträchtigungen), durch Nebenwirkungen der medikamentösen Therapie, aber auch durch ein Wechselspiel dieser Faktoren in Zusammenhang mit ungenügender Ausbildung und sozialer Isolation.

Immer wenn eine dauerhafte Leistungseinschränkung besteht, sollte sich der Arbeitnehmer um den Status eines begünstigten Behinderten bemühen, da damit eine Reihe von sozialen Unterstützungen verbunden ist.

Unterstützung und Förderungen

- Das Arbeitsmarktservice bietet eine Reihe von Unterstützungen, die beim Erlangen bzw. Behalten eines Arbeitsplatzes hilfreich sein können: *Berufsvorbereitungskurse* ermöglichen das Ausprobieren einzelner Berufe, während im Rahmen einer *Arbeitserprobung* die Möglichkeit besteht, seine Fähigkeiten an einem konkreten Arbeitsplatz zu überprüfen. *Arbeitstrainingsmaßnahmen* dienen der Verbesserung der Arbeitsleistung, während *Um- und Nachschulungen* zusätzliche Qualifikationen für neue Berufe vermitteln (Arbeitsmarktservice-Bundesgeschäftsstelle; Treustraße 35–43, 1200 Wien; Tel. 01/33178-0).
- Die Bundessozialämter bieten (in Abhängigkeit von den jeweiligen Bedürfnissen eines Arbeitnehmers mit Epilepsie) Informationen über notwendige Adaptierungen am Arbeitsplatz, an Maschinen oder Räumlichkeiten, aber auch über die Anschaffung und Instandhaltung technischer Hilfsmittel sowie über deren Einschulung und Gebrauch. Zu diesem Zweck liegen in allen Bundessozialämtern CD-ROM-Datenbanken mit den über 20.000 in Österreich erhältlichen Hilfsmitteln inkl. deren Bezugsquellen („Handynet-Österreich") auf. Die Bundessozialämter sind aus ganz Österreich über die Vorwahl der jeweiligen Landeshauptstadt unter der Rufnummer 1775 zu erreichen.
- Finanzielle Unterstützungen können sowohl der Arbeitgeber als auch der behinderte Arbeitnehmer selbst beantragen bzw. erhalten. Sie dienen sowohl der Erleichterung beim Eintritt in das Berufsleben als auch der Siche-

rung bzw. Erhaltung eines bestehenden Arbeitsplatzes. Der Antrag kann beim Bundessozialamt, beim Arbeitsmarktservice, beim Behindertenreferat der Länder oder beim zuständigen Sozialversicherungsträger eingebracht werden, wobei diese Stellen sich wechselseitig informieren und ihre Entscheidung untereinander abstimmen. Es reicht daher aus, den Antrag bei nur einer Stelle einzubringen.

Status des „begünstigten Behinderten". Eine Behinderung besteht, wenn ein gesundheitlicher Schaden zu dauerhafter funktioneller Beeinträchtigung führt. Jede/r Österreicher/in hat das Recht, einen Antrag auf Feststellung der Zugehörigkeit zum Personenkreis der begünstigten Behinderten nach dem Behinderteneinstellungsgesetz zu stellen. Für die Beurteilung des Grades der Erwerbstätigkeit gelten die „Richtsätze für die Einschätzung der Minderung der Erwerbsfähigkeit" gemäß § 7 des Kriegsopferversorgungsgesetzes 1957 in der Neufassung von 1983 (Tabelle 20.1). Die Zugehörigkeit zum Kreis der begünstigten Behinderten setzt einen Grad der Minderung der Erwerbsfähigkeit von 50% oder mehr voraus, was in der Regel einem Anfallsleiden mit zumindest mehreren generalisierten Anfällen pro Monat entspricht.

Der Antrag auf Feststellung des Status eines begünstigten Behinderten (sowie Informationen zu diesem Thema) kann beim jeweiligen Bundessozialamt gestellt werden (Telefon: Vorwahl der jeweiligen Landeshauptstadt + 1775).

Mit der Zugehörigkeit zum Kreis begünstigter Behinderter kann ein Behindertenausweis beantragt werden, der Voraussetzung für eine Reihe von Begünstigungen darstellt:

- Fahrpreisermäßigung bei ÖBB und anderen öffentlichen Verkehrsbetrieben bis 50%;
- Steuerermäßigung für Aufwendungen in Zusammenhang mit der Behinderung (in Abhängigkeit vom Grad der Erwerbsminderung);

Tabelle 20.1. Richtsätze für die Einschränkung der Minderung der Erwerbsfähigkeit (MdE) gemäß § 7 Kriegsopferversorgungsgesetz, 1957 (Neuauflage 1983)

Anfallsart	Anfallsfrequenz	Minderung der Erwerbsfähigkeit
Die Anfallsart findet bei dieser Zuordnung keine Berücksichtigung	Nicht häufige, nur nächtliche Anfälle ohne Komplikationen	10
	Anfälle im Abstand von Monaten	30
	Anfälle mehrfach monatlich	50–70
	Anfälle mehrmals pro Woche	80–100

- Befreiung von Rundfunk- und Fernsehgebühr (es gelten Einkommensgrenzen!);
- Zuschuss für berufliche Hilfsmittel und Arbeitsplatzadaptierung;
- (zeitlich befristete) Zuschüsse zu Lohn- und Ausbildungskosten;
- Erhöhter Kündigungsschutz und (eventuell) Zusatzurlaub.

Nicht verschwiegen werden soll, dass mit dem Behindertenausweis auch gewisse Nachteile, vor allem im Zusammenhang mit der Arbeitsplatzsuche verbunden sind, da viele Arbeitgeber aufgrund der vermehrten Rechte begünstigter Behinderter der Anstellung solcher Personen skeptisch gegenüberstehen. Auch der ev. Erwerb des Führerscheins oder anderer Berechtigungen kann dadurch erschwert werden.

Pflegegeld. Pflegegeld ist eine zweckgebundene Leistung, die ausschließlich zur Abdeckung der pflegerischen Mehraufwendungen bestimmt ist und stellt daher kein Einkommen dar. Voraussetzung für die Zuerkennung von Pflegegeld ist ein ständiger Pflegebedarf aufgrund körperlicher, psychischer oder seelischer Behinderung von mehr als 50 Stunden pro Monat, die Vollendung des 3. Lebensjahres sowie die österreichische Staatsbürgerschaft (Ausnahmen möglich) oder eine Pension von einem österreichischen Pensionsversicherungsträger.

Den formlosen Antrag auf Pflegegeld müssen Pensionisten bei ihrem zuständigen Pensionsversicherungsträger stellen, alle anderen Personen bei der für den Wohnort zuständigen Bezirkshauptmannschaft bzw. beim Magistrat. Darüber hinaus ist jede Behörde verpflichtet, den Antrag anzunehmen und an die jeweils zuständige Stelle zu senden.

Die Höhe des Pflegegeldes wird nach Untersuchung durch einen Sachverständigen festgesetzt und per Bescheid mitgeteilt. Gegen diesen kann binnen 3 Monaten beim Arbeits- und Sozialgericht, beim zuständigen Bezirksgericht oder beim Entscheidungsträger selbst Berufung eingelegt werden.

20.3. Versicherungsfragen

Prinzipiell gelten Einschränkungen für Patienten mit Epilepsie nur für den Bereich der privaten Versicherungen, während die gesetzliche (Pensions-, Unfall- und Kranken-) Versicherung keine Unterscheidung trifft. Trotz der Nachteile, die Patienten mit Epilepsie bei privaten Versicherungen meist in Form höherer Prämien oder geringerer Versicherungsleistungen erfahren, empfiehlt es sich nicht, ein Anfallsleiden bei Vertragsabschluß zu verschweigen, weil dies den Verlust des Versicherungsschutzes nach sich ziehen kann. Manifestiert sich eine Epilepsie erst nach Vertragsabschluß, so hat dies keine Auswirkung auf den Versicherungsvertrag, auch eine Meldepflicht gegenüber der Versicherung besteht dann in der Regel nicht.

Bei **privaten Lebens- und Unfallversicherungen** müssen Patienten mit Epilepsie häufig eine höhere Prämie oder einen geschmälerten Versicherungsschutz in Kauf nehmen, manche Versicherungsanstalten lehnen eine Versicherung überhaupt ab. Das Einholen verschiedener Angebote lohnt sich oft, da insbesondere Versicherungsgesellschaften aus dem europäischen Ausland wesentlich „kulantere" Lösungen für Patienten mit Epilepsie oder anderen chronischen Erkrankungen anbieten. In jedem Fall benötigt der Versicherungsnehmer ein ärztliches Attest, das über Schwere, Art und Häufigkeit der Anfälle Aufschluss gibt, Faktoren, die für die Bemessung der Prämienhöhe von Bedeutung sind.

Der Abschluss einer **privaten Haftpflichtversicherung** aus Angst, man könne für Schäden, die man im Rahmen eines Anfalls verursacht, zur Haftung herangezogen werden, ist nicht sinnvoll. Da man im Anfall nicht seiner Sinne mächtig ist und/oder Körperbewegungen nicht willentlich kontrollieren kann, kann man auch nicht grob fahrlässig oder vorsätzlich einen Schaden herbeiführen. Nur in diesem Fall aber könnte eine Person oder ihre private Haftpflichtversicherung zur Deckung des Schadens herangezogen werden.

Private Krankenversicherungen akzeptieren in aller Regel Patienten mit Epilepsie nicht als Vertragspartner. Allerdings gilt auch hier, dass Gesellschaften aus dem europäischen Ausland teilweise entgegenkommender sind. In jedem Fall aber muss man mit höheren Prämien und eingeschränkten Leistungen rechnen.

Bei **Haushaltsversicherungen** gibt es normalerweise keine Einschränkungen für Patienten mit Epilepsie, allerdings empfiehlt es sich hier um so mehr die Vertragsbedingungen im Detail zu studieren, um im Schadensfall keine unliebsamen Überraschungen zu erleben.

Vorsicht ist geboten bei der **Kraftfahrzeughaftpflichtversicherung**, die zwar im Schadensfall immer für alle Kosten aufkommt, die aber einen Lenker, der nach den gesetzlichen Bestimmungen nicht fahrtauglich ist, in Regress nehmen kann.

20.4. Schutzimpfungen im Säuglings- und Kindesalter

Generell sind alle in Österreich empfohlenen Impfungen für Säuglinge, Kinder und Jugendliche auch bei Bestehen eines Anfallsleidens indiziert.

Obwohl für die kombinierte **Diphtherie-Tetanus-Keuchhusten-Impfung** vereinzelt ein Zusammenhang mit dem (erstmaligen- oder Wieder-) Auftreten epileptischer Anfälle berichtet wurde (Hirtz et al. 1983; Murphy et al. 1984; Wiersbitzky et al. 1993), konnte in einer prospektiven Multicenter-Studie an über 22000 Kindern keine signifikante Häufung neurologischer Komplikationen innerhalb eines Monats nach Verabreichung der Impfung nachgewiesen werden (Schmitt et al. 1996). In einer retrospektiven Studie an Kindern mit Fieberkrämpfen zeigte sich (bei einer Gesamthäufigkeit von

3%) kein Unterschied bezüglich der Häufigkeit zwischen jenen Kindern, die im letzten Monat eine Diphterie-, Tetanus-, Polio- oder Keuchhustenimpfung erhalten hatten und solchen, bei denen die Impfung schon länger zurücklag (Cavanagh et al. 1981). In einer britischen Studie mit über 15000 verabreichten Kombinationsimpfungen an Kindern zwischen 0 und 6 Jahren traten epileptische Anfälle (fast immer im Zusammenhang mit Fieber) mit einer Wahrscheinlichkeit von 1:1750 auf (American Academy of Pediatrics Committee on Infectious Diseases 1991). Aus diesen und anderen Untersuchungen ergaben sich auch keine Hinweise, dass solche impf-assoziierten Anfälle das Risiko einer späteren Epilepsie gegenüber einer Vergleichspopulation erhöhen (Griffin et al. 1990).

Epileptische Anfälle im Anschluss an die kombinierte **Masern-Röteln-Mumps-Impfung** dürften in erster Linie auf die Masern-Impfung zurückzuführen sein, da bei den früher verabreichten getrennten Impfungen Komplikationen stets von der Masernimpfung ausgingen. Epileptische Anfälle treten hierbei seltener isoliert, sondern häufig im Rahmen einer akuten, im Durchschnitt 8 bis 9 Tage nach der Impfung auftretenden Encephalopathie auf, die eine Ähnlichkeit mit der postinfektiösen Masernencephalopathie aufweist. Während aber die Wahrscheinlichkeit einer solchen Komplikation nach einer Maserninfektion bei 0,1% liegt, wurden im Rahmen eines amerikanischen Kompensationsprogramms für Opfer einer impfassoziierten Komplikation nach einer Masern-, Mumps- oder Röteln-Impfung lediglich 48 Fälle bei einer Gesamtzahl von 75,000.000 Impfungen gezählt (Weibel et al. 1998). Auch wenn man von einer gewissen Dunkelziffer ausgehen muss, ist doch anzunehmen, dass ernsthafte Krankheitsbilder wie epileptische Anfälle und Encephalopathien zum überwiegenden Teil gemeldet wurden, da für die Opfer damit eine nicht unbeträchtliche finanzielle Entschädigung verbunden gewesen wäre.

Auch die **Poliomyelitis-Prophylaxe** wurde von einigen Autoren in Zusammenhang mit der Auslösung sowohl von epileptischen Anfällen als auch von Fieberkrämpfen gebracht (Ehrengut und Ehrengut-Lange 1979), wobei allerdings die Häufigkeit der Anfälle innerhalb von acht Tagen nach Immunisierung mit 59 bei über 150000 verabreichten Erstimpfungen jedenfalls nicht über der sonst beobachteten Häufigkeit von Fieberkrämpfen bei Kindern bis zum 4. Lebensjahr liegt, sodass dieser kausale Zusammenhang von anderen Autoren auch in Abrede gestellt wurde (Joppich 1980). Abzuraten ist lediglich von der oralen Polioprophylaxe nach Sabin, wenn Kinder mit ACTH oder Cortison behandelt werden, da die Verabreichung eines Lebendimpfstoffes unter laufender Immunsuppression zu ähnlichen Komplikationen führen könnte wie eine „echte" Infektion mit dem Erreger. In diesen Fällen steht aber der Impfstoff nach Salk zur Verfügung.

Nach Verabreichung der **Influenza-Schutzimpfung** wurde für Phenytoin und Phenobarbital ein signifikanter und für Carbamazepin ein nicht signifikanter Anstieg der Serum-Konzentration festgestellt (Jann und Fidone 1986), sodass zumindest eine Kontrolle der entsprechenden Laborparameter ab dem 7. Tag nach der Impfung ratsam erscheint. Nachdem dieser Effekt durch eine Beeinflussung des Zytochrom P450 abhängigen Metabolismus der Antiepileptika durch den Impfstoff zustande kommt, sollten auch die Serumspiegel anderer über diesen Weg metabolisierter Antiepileptika überprüft werden.

Bezüglich der **Hepatitis B-Schutzimpfung** siehe Kapitel über Reiseschutzimpfungen.

Obwohl nach Schutzimpfungen im Kleinkindalter immer wieder über das Auftreten von (zumeist Fieber-) Krämpfen berichtet wird, sollten Kinder mit Anfällen alle vorgeschriebenen Schutzimpfungen ausnahmslos erhalten, da erstens das Risiko eines in Zusammenhang mit der Impfung aufgetretenen Fieberanfalls die Wahrscheinlichkeit der späteren Manifestation einer Epilepsie nicht erhöht und zweitens das Risiko einer postinfektiösen neurologischen Komplikation im Vergleich zur impfassoziierten höher einzustufen ist. Eine Ausnahme stellt lediglich die Polioimpfung nach Sabin bei Kindern mit ACTH oder Cortisontherapie dar, bei denen der Impfstoff nach Salk angewandt werden sollte. Kinder mit bekannter Anfallsanamnese sollten jedoch nach der Impfung engmaschig bezüglich der Körpertemperatur überwacht werden und fiebersenkende Medikamente sollten schon bei geringem Anstieg der Körpertemperatur großzügig verabreicht werden.

20.5. Reisen

20.5.1. Infektionsprophylaxe bei Fernreisen

Die Empfehlungen der WHO betreffend Schutzimpfungen gegen **Typhus**, **Paratyphus**, **Gelbfieber**, **Tollwut**, **Hepatitis A** und **Meningokokken** sollten von Patienten mit Epilepsie, die in entsprechende Endemiegebiete reisen, eingehalten werden, da sich in der Literatur keine Berichte über einen gesicherten kausalen oder zeitlichen Zusammenhang zwischen einer solchen Impfung und dem Auftreten eines epileptischen Anfalls finden. Gleiches gilt für die **Hepatitis B-Prophylaxe**, wo in einer Serie von 200.000 konsekutiven Impfungen lediglich einmal ein generalisierter tonisch-klonischer Anfall in zeitlichem Zusammenhang mit einer Fieberattacke auftrat. Ob das Fieber und der anschließende Anfall tatsächlich eine Folge der Impfung oder lediglich auf eine zufällig mit der Impfung einhergehende (Virus-) Infektion zurückzuführen war, muss offen bleiben (Division of Hepatitis and Viral Enteritis 1983).

Auch bezüglich der **Cholera-Prophylaxe** liegen weder für die orale noch für die parenterale Form der Verabreichung gesicherte Hinweise über einen möglichen Zusammenhang dieser Substanzen mit dem Auftreten epileptischer Anfälle vor (Wiedermann et al. 1998), wenn auch die lokale Applikation von Cholera-Toxin in den Hippokampus von Versuchstieren einen Anfallsfokus generieren kann (Watts et al. 1993).

Bezüglich der **Malaria-Prophylaxe** gibt es in der Literatur vereinzelt Berichte über das Auftreten von epileptischen Anfällen in zeitlichem Zusammenhang mit der Verabreichung von Chloroquin (Luijckx et al. 1992) und Mefloquin. So wurden in einer holländischen Impfserie bei 5 Patienten das Auftreten von Anfällen mit der prophylaktischer Gabe von Mefloquin in kausalen Zusammenhang gebracht (Heeringa et al. 1998). Für das manchmal in der Akuttherapie verabreichte Chinin gibt es keine Einschränkungen, im Gegenteil, aus tierexperimentellen Studien ergeben sich Hinweise für einen gering antikonvulsiven Effekt dieser Substanz (Wambebe et al. 1990). Vorsicht ist allerdings bei einigen Malariamitteln in Bezug auf Wechselwirkungen mit herkömmlichen Antiepileptika geboten (siehe Tabelle 20.2).

Für die meisten von der WHO empfohlenen Schutzimpfungen gibt es keine relevanten Hinweise für eine anfallsauslösende Potenz und somit keine Einschränkung bei Patienten mit Epilepsie. Bei bestimmten Malariamitteln sollte auf eventuell mögliche Interaktionen mit Antiepileptika geachtet werden, Chloroquin und Proguanil, die zu den am häufigsten verwendeten Substanzen gehören, können aber bei allen Epilepsiepatienten ohne Einschränkung verabreicht werden.

Tabelle 20.2. Malariaprophylaxe bei Epilepsiepatienten

Substanz	Handelsname	Anmerkungen
Chloroquin	Resochin®	Vereinzelt Anfälle in Zusammenhang mit Chloroquintherapie berichtet, Nutzen-Risiko-Abwägung rechtfertigt Einsatz jedoch
Proguanil	Paludrine®	Keine Einschränkung
Atovaquon+ Proguanil	Malarone®	Nur für die Akuttherapie, nicht zur Prophylaxe zugelassen, keine Einschränkung bezüglich Epilepsie
Mefloquin	Lariam®	Kann Plasmaspiegel der Antiepileptika senken; vereinzelte Berichte über Anfallsauslösung; sollte bei Epileptikern daher der Akuttherapie vorbehalten bleiben
Pyrimethamin	Daraprim®	Gefahr der Lebertoxizität in Kombination mit Lorazepam, sonst keine Einschränkung

20.5.2. Flugreisen

Bisher konnte nicht bewiesen werden, dass (vor allem) Interkontinentalflüge anfallsprovozierend wirken, absolut betrachtet sind epileptische Anfälle während Flugreisen ein eher selten auftretendes Phänomen, insbesondere auch im Vergleich zu Synkopen (Kahn und Krämer 1997). Abgesehen von möglichen medizinischen Komplikationen können sich allerdings Probleme für den Patienten ergeben, wenn die Fluglinie, z.B. aufgrund einer ev. notwendigen Zwischenlandung oder Flugplanänderung, Regressforderungen stellt. Aus diesem Grund ist es jedenfalls ratsam, bei der Fluglinie Informationen einzuholen und – wenn es sich um allein reisende Patienten mit häufigen Anfällen handelt – gegebenenfalls auch mit dem Flugpersonal vor Antritt der Reise Kontakt aufzunehmen um ev. Notfallmaßnahmen besprechen zu können. In jedem Fall sollten Medikamente im Handgepäck aufbewahrt werden. Die Zeitpunkte der Medikamenteneinnahme sollten bei einer ev. Zeitverschiebung angepasst werden, wobei eine vorübergehende Aufteilung der Gesamtdosis auf mehrere Einnahmezeiten diese Anpassung ebenso erleichtern kann, wie die Einnahme von Schlafmedikamenten am Ankunftstag (Elger et al. 1996).

20.6. Epilepsie und Sport

Sport und Bewegung sind für die meisten Menschen eine Voraussetzung für körperliches und geistiges Wohlbefinden. Der Sport erfüllt aber in den meisten Fällen auch eine soziale Funktion, indem man mit anderen Menschen in Kontakt kommt, soziales Verhalten und die Einhaltung von Regeln spielerisch ausübt, aber auch die Selbstachtung durch Erreichen bestimmter Ziele erhöht.

Der körperlichen Anstrengung selbst konnte bisher kein prokonvulsives Potential nachgewiesen werden, ganz im Gegenteil wurde in einigen Studien ein Ansteigen der zerebralen Erregungsschwelle nach Gymnastikübungen postuliert (Denio et al. 1989). Die von manchen Patienten geäußerten Bedenken, dass Hyperventilation im Rahmen von sportlicher Betätigung anfallsauslösend wirken könne, ist unbegründet, da sie anders als die Hyperventilation in Ruhe (die vielfach als Provokationsmethode im Rahmen von EEG-Untersuchungen angewandt wird) zu keiner respiratorischen Alkalose führt, sondern lediglich eine Reaktion auf die im Rahmen körperlicher Anstrengung entstehende Azidose ist, die auf diese Weise kompensiert werden soll.

Einschränkungen bezüglich der Ausübung von Sportarten sollten daher nicht aus Angst vor der möglichen Provokation von Anfällen gemacht werden, sondern lediglich dann, wenn ein epileptischer Anfall während der Durchführung einer Sportart ein erhöhtes Gefährdungspotential für den Patienten oder seine Umgebung darstellt. Das Risiko einer Gefährdung hängt aber nicht nur von der Sportart ab, sondern auch von Art, Schwere und Häufigkeit der Anfälle, sodass über die Empfehlungen der Tabelle 20.3 hinaus das Risiko immer für jeden Patienten individuell abgeschätzt werden muss.

Tabelle 20.3. Sport und Epilepsie

Ungeeignet	Flugsportarten, Motorsport[2], Bergklettern[2], Tauchen[2], Schießsportarten
Nur bei besonderen Vorsichtsmassnahmen	Schilauf[1,2], Schwimmen[1,2,4], Radfahren[1,2,3], Turnen auf hohen Geräten[2,3], Bergwandern[3], Bootsportarten und Surfen[1,2,4], Reiten[1]
Unbedenklich	Gymnastik, Bodenturnen, Geräteturnen (ausgenommen Hochgeräte), Laufen; Ballsportarten (außer Wasserball)

[1] Nur in Begleitung einer Person, die Kenntnis von den Anfällen hat und selbst entsprechend sicher in der Ausübung der jeweiligen Sportart ist, sodass sie im Gefahrenfall auch zur Hilfeleistung befähigt ist
[2] Uneingeschränkt möglich für Patienten, die gemäß den Führerscheinrichtlinien fahrtauglich sind (d.h. entsprechendes anfallsfreies Intervall, ausschließlich fokal-motorische Anfälle, ausschließlich nächtliche Anfälle etc.)
[3] Nur bei entsprechenden Sicherungsmaßnahmen, die ein Abstürzen des Patienten auch bei Bewusstlosigkeit verhindern
[4] Sinnvoll ist auch das Verwenden eines Schwimmkragens, der beim Schwimmen selbst wenig behindert, im Anfall aber das Untertauchen des Kopfes verhindert (Fa. SECUMAR, ABC-Straße 16, 22880 Wedel, Deutschland)

20.7. Selbsthilfegruppen

Selbsthilfegruppen entstanden aus dem Bedürfnis der Patienten heraus, mit anderen Betroffenen in Kontakt zu treten, gegenseitige Hilfestellungen zu ermöglichen und Interessen gegenüber Behörden, Verbänden und der Gesellschaft wirkungsvoller vertreten zu können. Die wichtigsten Ziele der Selbsthilfegruppen sind Öffentlichkeits- und Aufklärungsarbeit (Herausgabe der Zeitschrift für Anfallkranke – „ZAK", Veranstaltung von Infobörsen und Bürgerfesten, Telefon-Hotline und web-page für Betroffene und Interessierte), Erziehung (Frühförderung, Vorantreiben der Errichtung von integrativen Kindergärten und Schulen) sowie die Organisation sozialer Aktivitäten für Menschen mit Epilepsie. Die Adressen der Selbsthilfegruppen in Österreich sind in Tabelle 20.4 zusammengefasst.

Tabelle 20.4. Selbsthilfegruppen in Österreich

Wien	Östterreichische Interessensgemeinschaft für Anfall Kranke (ÖIFAK) Obfrau Liselotte Grössing-Soldan Wichtelgasse 55/17, 1170 Wien Tel.: 01/4895278 http://www.myworld.privateweb.at/epilepsie/
	Elterninitiative für anfallskranke Kinder (E.I.A.K.) Stumpergasse 1 A-1060 Wien Tel.: 01/59 65 800 e-mail: eiak@gmx.at http://eiak.8m.com
Niederösterreich	Eva Moser Ramsteinstraße 35, 3203 Rabenstein Tel.: 02723/24 98
	Hannelore Bichler Freiligrathstraße 9, 3106 St. Pölten Tel.: 02742/88 19 05
	Herbert Hauer Dr. Emil Stockhammer-Gasse 25/2, 2620 Neunkirchen Tel.: 02635/61 848
Burgenland	Mag. Stefan Hahnekamp Am Graben 31, 7000 Eisenstadt/St. Georgen Tel.: 02682/66 403 e-mail: hahnen@ycom.at
Steiermark	Elisabeth Horvath Wiener Straße 20, 8020 Graz Tel.: 0316/71 67 14
	Brigitte Weber Maifredygasse 4, 8010 Graz Tel.: 0316/46 28 65
Kärnten	Pater Leopold Muttenthaler Kirchengasse 31, 9020 Klagenfurt Tel.: 0453/31 137/74 e-mail: p.l.muttenthaler@carinthia.com
	Birgit Eder Thomas-Koschat-Gasse 4, 9170 Ferlach Tel.: 04227/40 29

Tabelle 20.4 (Fortsetzung)

Salzburg	Irmtraut Gabriel Gorianstraße 26, 5020 Salzburg Tel.: 0662/83 43 33
	Maria Scheckenberger Linzergasse 38/III, 5020 Salzburg Tel.: 0662/88 02 60
Tirol	Paul Misslinger Pennigbergerstraße 32, 6361 Hopfgarten Tel.: 0664/51 15 682
	Maria Gruber Mitterland 139, 6335 Thiersee Tel.: 05376/5600 (ab 18 Uhr)
	Wex German Rosenau 7, 6600 Lechaschau Tel.: 05672/723 33
Oberösterreich	Harald Pfundbauer Leonstein 207, 4592 Leonstein Tel.: 07584/28 42
Vorarlberg	S.E.E.K. Selbsthilfeorganisation Eltern epilepsiekranker Kinder Postfach 229, 6901 Bregenz Tel.: 0664/59 52 417

Anhang – Führerscheinrichtlinien

Die neuen Richtlinien der Österreichischen Sektion der Internationalen Liga gegen Epilepsie zur gesundheitlichen Eignung zum Lenken von Kraftfahrzeugen (Führerschein-Richtlinien) bei Personen mit epileptischen Anfällen oder anderen anfallsartigen Bewusstseinsstörungen oder -trübungen wurden im Rahmen eines Arbeitskreises der Österreichischen Liga erarbeitet und kürzlich publiziert (Baumgartner et al. 2000d).

Mitglieder des Arbeitskreises. Christoph Baumgartner (Universitätsklinik für Neurologie, Wien), Walter Amberger (Neurologische Abteilung, Landeskrankenhaus Klagenfurt), Gerhard Bauer (Universitätsklinik für Neurologie, Innsbruck), Martin Graf (Neurologische Abteilung, Donauspital Wien), Bruno Mamoli (Neurologisches Krankenhaus Rosenhügel, Wien), Josef Zeitlhofer (Universitätsklinik für Neurologie, Wien).

Vorbemerkungen. Die nachfolgenden Richtlinien beziehen sich nur auf das Lenken von Kraftfahrzeugen der Gruppe 1, da nach dem Führerscheingesetz Personen mit epileptischen Anfällen oder anderen anfallsartigen Bewusstseinsstörungen oder -trübungen keine Lenkerberechtigung der Gruppe 2 erteilt oder belassen werden darf. Zudem sollten Personen, die auf Grund von epileptischen Anfällen oder anderen anfallsartigen Bewusstseinsstörungen oder -trübungen eine befristete Lenkerberechtigung der Gruppe 1 besitzen, von der gewerbsmäßigen Beförderung anderer Personen (z.B. Taxi, Schulbus) ausgeschlossen werden.

Erster epileptischer Anfall. Hier sind folgende Situationen zu unterscheiden:

1. Provozierte epileptische Anfälle (hervorgerufen z.B. durch Schlafentzug, extreme körperliche und psychische Belastung): Eine Fahrerlaubnis kann nach einer Beobachtungszeit von 3–6 Monaten erteilt werden.
2. Akut symptomatische epileptische Anfälle im Rahmen einer akuten Erkrankung, die das Gehirn primär oder sekundär betrifft (z.B. Fieber, Vergiftung, Stoffwechselstörungen oder akute Erkrankung des Gehirns). Zudem muss der Nachweis erbracht werden, dass diese Bedingung nicht mehr gegeben ist: Eine Fahrerlaubnis kann nach einer Beobachtungszeit von 3–6 Monaten erteilt werden.

3. Epileptische Anfälle, die kurze Zeit (innerhalb von etwa 2 Wochen) nach Hirnoperationen aufgetreten sind: Eine Fahrerlaubnis kann nach einer Beobachtungszeit von 3–6 Monaten erteilt werden.
4. Beginn einer Epilepsie kann nicht ausgeschlossen werden, da
   a) „kleine" Anfälle in der Anamnese (bisher nicht als epileptische Anfälle erkannt), und/oder
   b) auf Epilepsie hinweisende Veränderungen im EEG (wie Spitzen, Spike-Wave-Paroxysmen etc.), und/oder
   c) Hinweise auf beginnende Epilepsie in anderen Zusatzuntersuchungen (z.B. Bildgebung): Eine Fahrerlaubnis kann nach einer Beobachtungszeit von 12 Monaten erteilt werden.
5. Keine klare Zuordnung zu einem der Punkte (1), (2), (3) oder (4) möglich: Eine Fahrerlaubnis kann nach einer Beobachtungszeit von 3–6 Monaten erteilt werden.

Bestehende oder neu aufgetretene Epilepsie. Definition: Mehr als ein nichtprovozierter Anfall im Mindestabstand von 24 Stunden.

1. Eine Fahrerlaubnis kann dann erteilt werden, wenn der Betroffene 12 Monate anfallsfrei geblieben ist und aus dem bisherigen Verlauf kein wesentliches Risiko für ein Rezidiv erkennbar ist.
2. Bei einer langjährig bestehenden, schwer behandelbaren Epilepsie, bei der nunmehr Anfallsfreiheit erzielt werden konnte, beträgt die erforderliche anfallsfreie Zeit 18 Monate.
3. Das EEG muss dabei nicht frei von Spitzen, Spike-Wave-Paroxysmen oder anderen auf Epilepsie hinweisenden Veränderungen sein. Ausnahme: EEG-Veränderungen, die einen epileptischen Anfall beweisen (iktale Veränderungen während der EEG-Ableitung).

Zusätzliche Bedingungen

1. Gleichzeitig bestehende weitere körperliche oder psychische Erkrankungen und Störungen bzw. sonstige Besonderheiten: Gleichzeitig bestehende weitere körperliche oder psychische Erkrankungen und Störungen bzw. sonstige Besonderheiten sind bei der Beurteilung der Fahrtauglichkeit mit zu berücksichtigen, gegebenenfalls durch Hinzuziehung weiterer, für die jeweilige Fragestellung zuständiger Fachärzte.
2. Nebenwirkungen von Antiepileptika: Personen, die dauernd mit Antiepileptika behandelt werden müssen, die zwar grundsätzlich die Fahrtauglichkeit beeinträchtigen können, aber beim zu beurteilenden Patienten keinen Einfluss auf die Fahrtauglichkeit haben, darf nach einer befürwortenden fachärztlichen Stellungnahme eine Lenkerberechtigung erteilt oder belassen werden.

3. Diagnostische Zuordnung: Es ist unerheblich, ob anfallsartig auftretende Bewusstseinsstörungen diagnostisch als epileptisch anzusehen sind oder nicht.
4. Wertigkeit der Zusatzuntersuchungen: In Zweifelsfällen können das EEG und Antiepileptika-Serumspiegel-Bestimmungen hinzugezogen werden, ausnahmsweise auch eine Langzeit-EEG-Untersuchung. Es ist nicht gerechtfertigt, allein aus dem EEG Konsequenzen für die Beurteilung der Eignung zum Lenken eines Kraftfahrzeuges zu ziehen. Ausnahme: EEG-Veränderungen, die einen epileptischen Anfall beweisen (iktale EEG-Veränderungen während der EEG-Ableitung).
5. Beurteilung der anamnestischen Angaben, regelmäßige Kontrollen vor Erteilung der Lenkerberechtigung: Der Betroffene soll durch den Arzt über die möglichen negativen Konsequenzen von falschen anamnestischen Angaben informiert werden. Dem Betroffenen muss zugemutet werden, den günstigen Verlauf im Einzelfall zu belegen. Aus diesem Grund kann aus ärztlicher Sicht das Kriterium einer eventuellen positiven Beurteilung nicht allein die vom Erkrankten selbst behauptete Zeit der Anfallsfreiheit sein. Die Angabe muss vielmehr durch den Nachweis einer regelmäßigen ärztlichen Überwachung und – soweit möglich – durch Fremdanamnese gesichert werden. Außerdem sind entsprechende Zuverlässigkeit und Selbstverantwortung eine wichtige persönliche Voraussetzung.
6. Weitere Kontrolluntersuchungen *nach* Erteilung der Lenkerberechtigung: Bei Anfallspatienten ist die Fahrerlaubnis zunächst befristet zu erteilen. Kontrolluntersuchungen sind erforderlich, wobei die Abstände unter Berücksichtigung von krankheitsrelevanten Faktoren festzulegen sind.

Besondere Situationen

1. Epilepsien mit ausschließlich einfach fokalen Anfällen: Bei einfachen fokalen Anfällen, die keine Bewusstseinsstörung und keine motorische, sensorische oder kognitive Beeinträchtigung für das Führen eines Fahrzeugs zur Folge haben, und bei denen nach mindestens 18-monatiger Verlaufsbeobachtung keine relevante Ausdehnung der Anfallssymptomatik und kein Übergang zu komplex-fokalen oder generalisierten Anfällen erkennbar wurde, kann die Lenkerberechtigung erteilt werden.
2. Epilepsien mit ausschließlich an den Schlaf gebundenen Anfällen: Bei ausschließlich an den Schlaf gebundenen Anfällen kann die Lenkerberechtigung nach einer Beobachtungszeit von mindestens 36 Monaten erteilt werden.
3. Beendigung der antiepileptischen Therapie: Bei Beendigung einer antiepileptischen Therapie mit Absetzen (Ausschleichen) der Antiepileptika ist den Betroffenen für die Dauer der Reduzierung und des Absetzens des letzten Medikamentes sowie die ersten 3 Monate danach zu raten, wegen des erhöhten Risikos eines Anfallsrezidivs kein Kraftfahrzeug zu lenken.

24 Monate nach erfolgreichem Absetzen kann die Fahrerlaubnis unbefristet erteilt werden.

4. Symptomatische Anfälle mit nachfolgender kurativer Hirnoperation: Bei symptomatischen Anfällen, die auf eine strukturelle ZNS-Läsion zurückzuführen sind, die im Rahmen einer neurochirurgischen Operation entfernt werden konnte, kann die Fahrerlaubnis nach einem anfallsfreien Intervall von 6 Monaten erteilt werden, wenn folgende Bedingungen gegeben sind:
   a) Es ereigneten sich lediglich wenige Anfälle in einem begrenzten Zeitraum von weniger als einem Jahr vor der Operation.
   b) Durch die Operation konnte die Läsion und somit die Ursache der Anfälle vollständig entfernt werden.
   c) Es bestehen keine weiteren körperlichen oder psychischen Störungen bzw. sonstige Besonderheiten, die zur Beeinträchtigung der Fahrtauglichkeit führen können.
   d) Es handelt sich um keine frontale Läsion. In diesem Fall ist die Fahrerlaubnis frühestens nach einem anfallsfreien Intervall von 18 Monaten zu erteilen.
5. Anfallsrezidiv: Bei Auftreten eines Anfallsrezidivs nach erteilter Fahrerlaubnis sind folgende Fristen einzuhalten:
   a) Anfallsrezidiv bei ursprünglich schwer behandelbarer Epilepsie: die Fahrerlaubnis kann nach einem erneuten anfallsfreien Intervall von 12 Monaten erteilt werden.
   b) Anfallsrezidiv bei ursprünglich gutartigem Epilepsieverlauf: die Fahrerlaubnis kann nach einem erneuten anfallsfreien Intervall von 6 Monaten erteilt werden.
   c) Anfallsrezidiv bei Vorliegen eines Behandlungsfehlers oder im Zuge eines geplanten Absetzversuchs der antiepileptischen Therapie: die Fahrerlaubnis kann nach Wiederbeginn einer antiepileptischen Therapie und einem erneuten anfallsfreien Intervall von 3 Monaten erteilt werden.
6. Anfälle mit Prodromen oder Auren: Auch Anfälle mit konstanten Prodromen oder Auren stellen einen Ausschlussgrund für die Erteilung der Lenkerberechtigung dar, da nicht gewährleistet ist, dass auch in Zukunft der Anfall mit einer Aura eingeleitet wird.

Gesetzliche Bestimmungen in Österreich

322. Verordnung des Bundesministers für Wissenschaft und Verkehr über die gesundheitliche Eignung zum Lenken von Kraftfahrzeugen (Führerscheingesetz-Gesundheitsverordnung – FSG-GV), ausgegeben am 31. 10. 1997

Krankheiten des Nervensystems

§12. (3) Personen, die unter epileptischen Anfällen oder anderen anfallsartigen Bewusstseinsstörungen oder -trübungen leiden, kann eine Lenkerberechtigung der Gruppe 1 nur unter Einbeziehung einer befürwortenden fachärztlichen Stellungnahme erteilt oder belassen werden. Der Facharzt hat die Epilepsie oder andere Bewusstseinsstörungen, deren klinische Form und Entwicklung, die bisherige Behandlung und die Anfallsfreiheit und das Anfallsrisiko zu beurteilen. Hingegen darf solchen Personen keine Lenkerberechtigung der Gruppe 2 erteilt oder belassen werden.

322. Verordnung des Bundesministers für Wissenschaft und Verkehr über die gesundheitliche Eignung zum Lenken von Kraftfahrzeugen (Führerscheingesetz-Gesundheitsverordnung – FSG-GV), ausgegeben am 31. 10. 1997

Begriffsbestimmungen

§ 1.

8. Gruppe 1: Kraftfahrzeuge der Klassen A, B, B+E und F,
9. Gruppe 2: Kraftfahrzeuge der Unterklassen C1 und C1+E sowie der Klassen C, D, C+E, D+E und G.

Bundesgesetz: Führerscheingesetz – FSG (NR: GP XX RV 714 AB 823 S. 81. BR: 5488 AB 5497 S. 629.) (CELEX-Nr.: 391L0439, 396L0047, 397L0026); BGBl. I Nr. 120/ 1997, ausgegeben am 30.10.1997

Umfang der Lenkberechtigung

§ 2. (1) Die Lenkberechtigung darf nur für folgende Klassen und Unterklassen von Kraftfahrzeugen gemäß § 2 KFG 1967 erteilt werden:

1. Klasse A:

a) Motorräder und Motorräder mit Beiwagen sowie
b) Kraftfahrzeuge mit drei Rädern, deren Eigenmasse nicht mehr als 400 kg beträgt; Vorstufe A beschränkt die Lenkberechtigung für die Klasse A auf das Lenken von Leichtmotorrädern.

2. Klasse B:

a) Kraftwagen mit nicht mehr als acht Plätzen für beförderte Personen außer dem Lenkerplatz und mit einer höchsten zulässigen Gesamtmasse von nicht mehr als 3 500 kg,
b) Kraftfahrzeuge mit drei Rädern und einer Eigenmasse von mehr als 400 kg,
c) Krafträder mit einem Hubraum von nicht mehr als 125 ccm und einer Motorleistung von nicht mehr als 11 kW, wenn der Besitzer der Lenkberechtigung für die Klasse B
   aa) seit mindestens fünf Jahren im Besitz einer gültigen Lenkberechtigung für die Klasse B ist

bb) sich nicht mehr in der Probezeit gemäß § 4 befindet und
cc) nachweist, praktischen Unterricht im Lenken von derartigen Krafträdern genommen zu haben.

3.1. Klasse C:

a) Kraftwagen mit nicht mehr als acht Plätzen für beförderte Personen außer dem Lenkerplatz und mit einer höchsten zulässigen Gesamtmasse von mehr als 3 500 kg,
b) Sonderkraftfahrzeuge,
c) unbesetzte Fahrzeuge der Klasse D innerhalb Österreichs, wenn dem Lenker die Lenkerberechtigung für die Gruppe C gemäß § 65 KFG 1967 erteilt wurde, oder wenn
   aa) der Lenker das 21. Lebensjahr vollendet hat und seit mindestens zwei Jahren im Besitz einer Lenkberechtigung für die Klasse C ist und
   bb) die Fahrt auf Grund außergewöhnlicher Umstände stattfindet.

3.2. Unterklasse C1:

Kraftwagen der Klasse C mit einer höchsten zulässigen Gesamtmasse von nicht mehr als 7 500 kg.

4. Klasse D:

a) Kraftwagen mit mehr als acht Plätzen für beförderte Personen außer dem Lenkerplatz,
b) Sonderkraftfahrzeuge.

5. Klasse E:

Kraftwagen, mit denen andere als leichte Anhänger gezogen werden; die Klasse E gilt nur in Verbindung mit einer Lenkberechtigung für die betreffende Fahrzeugklasse oder -unterklasse.

6. Klasse F:

a) Zugmaschinen,
b) Motorkarren,
c) selbstfahrende Arbeitsmaschinen,
d) landwirtschaftliche selbstfahrende Arbeitsmaschinen, jeweils mit einer Bauartgeschwindigkeit von nicht mehr als 40 km/h sowie
e) Einachszugmaschinen, die mit einem anderen Fahrzeug oder Gerät so verbunden sind, dass sie mit diesem ein einziges Kraftfahrzeug bilden, das nach seiner Eigenmasse und seiner Bauartgeschwindigkeit einer Zugmaschine mit einer Bauartgeschwindigkeit von nicht mehr als 25 km/h entspricht.

7. Klasse G:

a) selbstfahrende Arbeitsmaschinen mit einer Bauartgeschwindigkeit von nicht mehr als 40 km/h und
b) Sonderkraftfahrzeuge.

(3) Die Lenkberechtigung für eine Klasse umfasst auch die Lenkberechtigung für die entsprechende Unterklasse. Die Lenkberechtigung für die Klasse C oder die Unterklasse C1 umfasst auch die Lenkberechtigung für die Klassen F und G. Die Lenk-

berechtigung für die Klassen C+E, D+E oder für die Unterklasse C1+E umfasst auch die Lenkberechtigung für die Klasse B+E. Die Lenkberechtigung für die Klasse C+E umfasst auch die Lenkberechtigung für die Klasse D+E, wenn der Lenker die Lenkberechtigung für die Klasse D besitzt. Für die Anwendung des Abs. 1 gilt ein Gelenkkraftfahrzeug als Kraftwagen.

Literatur

Aboukasm A, Mahr G, Gahry BR, Thomas A, Barkley GL. Retrospective analysis of the effects of psychotherapeutic interventions on outcomes of psychogenic nonepileptic seizures. *Epilepsia* 1998, 39: 470–473

Abou-Khalil B, Andermann E, Andermann F, Olivier A, Quesney LF. Temporal lobe epilepsy after prolonged febrile convulsions: excellent outcome after surgical treatment. *Epilepsia* 1993, 34: 878–883

Abou-Khalil B. Topiramate in the long-term management of refractory epilepsy. Topiramate YOL Study Group. *Epilepsia* 2000, 41 Suppl 1: S72–76

Adams DH, Ponsford S, Gunson B, Boon A, Honigsberger L, Williams A, Buckels J, Elias E, McMaster P. Neurological complications following liver transplantation. *Lancet* 1987, 1: 949–951

Adams RD, Foley JM. The neurological disorder associated with liver disease. *Publ Assoc Res Ment Dis* 1959, 32: 198–231

Adams RD, Victor M, Mancall EL. Central pontine myelinolysis: a hitherto undescribed disease occurring in alcoholic and malnourished patients. *Arch Neurol Psychiatry* 1959, 81: 154–162

Adinoff B, Bone G, Linnoila M. Acute ethanol poisoning and the ethanol withdrawal syndrome. *Med Toxicol Adverse Drug Exp* 1988, 3: 172–196

Adkins JC, Noble S. Tiagabine. A review of its pharmacodynamic and pharmacokinetic properties and therapeutic potential in the management of epilepsy. *Drugs* 1998, 55: 437–460

Aguglia U, Gambardella A, Le PE, Messina D, Oliveri RL, Russo C, Zappia M, Quattrone A. Mild non-lesional temporal lobe epilepsy. A common, unrecognized disorder with onset in adulthood. *Can J Neurol Sci* 1998, 25: 282–286

Aicardi J, Mumford JP, Dumas C, Wood S. Vigabatrin as initial therapy for infantile spasms: a European retrospective survey. Sabril IS Investigator and Peer Review Groups. *Epilepsia* 1996, 37: 638–642

Aicardi J, Shorvon SD. Intractable epilepsy. In: Engel Jr J, Pedley TA (eds) *Epilepsy: A Comprehensive Textbook.* Philadelphia: Lippincott-Raven Publishers, 1997: 1325–1331

Aicardi J. Evolution of epilepsy surgery in childhood: the neurologist's point of view. *Epileptic Disord* 1999, 1: 243–247

Aikia M, Kalviainen R, Sivenius J, Halonen T, Riekkinen PJ. Cognitive effects of oxcarbazepine and phenytoin monotherapy in newly diagnosed epilepsy: One year follow-up. *Epilepsy Res* 1992, 11: 199–203

Ajmone-Marsan C, Ralston BL. The Epileptic Seizure. Its Functional Morphology and Diagnostic Significance. Springfield, IL: Charles C. Thomas, 1957

Albrecht J, Jones EA. Hepatic encephalopathy: molecular mechanisms underlying the clinical syndrome. *J Neurol Sci* 1999, 170: 138–146

Aldenkamp A, Alpherts W, Dekker M, Overweg J. Neuropsychological aspects of learning disabilities in epilepsy. *Epilepsia* 1990, 31: S9–20

Aldenkamp AP, Vermeulen J. Phenytoin and carbamazepine: differential effects on cognitive function. *Seizure* 1995, 4: 95–104

Aldenkamp AP, Baker G, Mulder OG, Chadwick D, Cooper P, Doelman J, Duncan R, Gassmann-Mayer C, de Haan GJ, Hughson C, Hulsman J, Overweg J, Pledger G, Rentmeester TW, Riaz H, Wroe S. A multicenter, randomized clinical study to evaluate the effect on cognitive function of topiramate compared with valproate as add-on therapy to carbamazepine in patients with partial-onset seizures. *Epilepsia* 2000, 41: 1167–1178

Alfrey AC, LeGendre GR, Kaehny WD. The dialysis encephalopathy syndrome. Possible aluminum intoxication. *N Engl J Med* 1976, 294: 184–188

Allarakhia IN, Garofalo EA, Komarynski MA, Robertson PL. Valproic acid and thrombocytopenia in children: a case-controlled retrospective study. *Pediatr Neurol* 1996, 14: 303–307

Alldredge B, Lowenstein D, Simon R. Seizures associated with recreational drug abuse. *Neurology* 1989, 39: 1037–1039

Alper K. Nonepileptic seizures. *Neurol Clin* 1994, 12: 153–173

Altshuler L, Rausch R, Delrahim S, Kay J, Crandall P. Temporal lobe epilepsy, temporal lobectomy, and major depression. *J Neuropsychiatry Clin Neurosci* 1999, 11: 436–443

Altshuler LL, Devinsky O, Post RM, Theodore W. Depression, anxiety, and temporal lobe epilepsy. Laterality of focus and symptoms. *Arch Neurol* 1990, 47: 284–288

Amar AP, Heck CN, Levy ML, Smith T, DeGiorgio CM, Oviedo S, Apuzzo ML. An institutional experience with cervical vagus nerve trunk stimulation for medically refractory epilepsy: rationale, technique, and outcome. *Neurosurgery* 1998, 43: 1265–1276

American Academy of Neurology. Practice parameter: a guideline for discontinuing antiepileptic drugs in seizure-free patients – summary statement. Report of the Quality Standards Subcommittee of the American Academy of Neurology. *Neurology* 1996, 47: 600–602

American Academy of Pediatrics Committee on Infectious Diseases. The relationship between pertussis vaccine and brain damage: reassessment. *Pediatrics* 1991, 88: 397–400

American Academy of Pediatrics. Committee on Quality Improvement. Subcommittee on Febrile Seizures. Practice parameter: long-term treatment of the child with simple febrile seizures. *Pediatrics* 1999, 103: 1307–1309

American Academy of Pediatrics. Provisional Committee on Quality Improvement. Subcommittee on Febrile Seizures. Practice parameter: the neurodiagnostic evaluation of the child with a first simple febrile seizure. *Pediatrics* 1996, 97: 769–772, discussion 73–75

American Academy of Pediatrics: Committee on Drugs. The transfer of drugs and other chemicals into human milk. *J Pediatr* 1994, 93: 137–150

American Academy of Physical Medicine and Rehabilitation. Practice parameter: antiepileptic drug treatment of posttraumatic seizures. Brain Injury Special Interest Group of the American Academy of Physical Medicine and Rehabilitation. *Arch Phys Med Rehabil* 1998, 79: 594–597

American Electroencephalographic Society. American Electroencephalographic Society guidelines for standard electrode position nomenclature. *J Clin Neurophysiol* 1991, 8: 200–202

American Electroencephalographic Society. Guideline fifteen: guidelines for polygraphic assessment of sleep- related disorders (polysomnography). *J Clin Neurophysiol* 1994a, 11: 116–124

American Electroencephalographic Society. Guideline fourteen: guidelines for recording clinical EEG on digital media. *J Clin Neurophysiol* 1994b, 11: 114–115

American Electroencephalographic Society. Guideline four: standards of practice in clinical electroencephalography. *J Clin Neurophysiol* 1994c, 11: 14–15

American Psychiatric Association. DSM IV-Diagnostic and Statistical Manual of Mental Disorders. Washington, DC: American Psychiatric Association, 1994

Anderson GD, Yau MK, Gidal BE, Harris SJ, Levy RH, Lai AA, Wolf KB, Wargin WA, Dren AT. Bidirectional interaction of valproate and lamotrigine in healthy subjects. *Clin Pharmacol Ther* 1996, 60: 145–156

Anderson GD, Lin YX, Berge C, Ojemann GA. Absence of bleeding complications in patients undergoing cortical surgery while receiving valproate treatment. *J Neurosurg* 1997, 87: 252–256

Andrews PI, McNamara JO. Rasmussen's encephalitis: an autoimmune disorder? *Curr Opin Neurobiol* 1996, 6: 673–678

Angeleri F, Majkowski J, Cacchio G, Sobieszek A, D'Acunto S, Gesuita R, Bachleda A, Polonara G, Krolicki L, Signorino M, Salvolini U. Posttraumatic epilepsy risk factors: one-year prospective study after head injury. *Epilepsia* 1999, 40: 1222–1230

Annegers JF, Hauser WA, Elveback LR, Anderson VE, Kurland LI. Congenital malformations and seizure disorders in the offspring of parents with epilepsy. *Int J Epidemiol* 1978, 7: 241–247

Annegers JF, Hauser WA, Elveback LR. Remission of seizures and relapse in patients with epilepsy. *Epilepsia* 1979, 20: 729–737

Annegers JF, Grabow JD, Groover RV, Laws ER, Jr., Elveback LR, Kurland LT. Seizures after head trauma: a population study. *Neurology* 1980, 30: 683–689

Annegers JF, Hauser WA, Shirts SB, Kurland LT. Factors prognostic of unprovoked seizures after febrile convulsions. *N Engl J Med* 1987, 316: 493–498

Annegers JF, Hauser WA, Beghi E, Nicolosi A, Kurland LT. The risk of unprovoked seizures after encephalitis and meningitis. *Neurology* 1988, 38: 1407–1410

Annegers JF. Epidemiology and genetics of epilepsy. *Neurol Clin* 1994, 12: 15–29

Annegers JF, Hauser WA, Lee JR, Rocca WA. Incidence of acute symptomatic seizures in Rochester, Minnesota, 1935–1984. *Epilepsia* 1995, 36: 327–333

Annegers JF, Rocca WA, Hauser WA. Causes of epilepsy: contributions of the Rochester epidemiology project. *Mayo Clin Proc* 1996, 71: 570–575

Annegers JF. Mortality. In: Engel Jr J, Pedley TA (eds) *Epilepsy: A Comprehensive Textbook.* Philadelphia: Lippincott-Raven Publishers, 1997a: 99–104

Annegers JF. The epidemilogy of epilepsy. In: Wyllie E (ed) *The Treatment of Epilepsy: Principles and Practice, Second Edition.* Baltimore: Williams & Wilkins, 1997b: 165–172

Anzola GP. Predictivity of plasma prolactin levels in differentiating epilepsy from pseudoseizures: a prospective study. *Epilepsia* 1993, 34: 1044–1048

Appleton R, Fichtner K, LaMoreaux L, Alexander J, Halsall G, Murray G, Garofalo E. Gabapentin as add-on therapy in children with refractory partial seizures: a 12-week, multicentre, double-blind, placebo-controlled study. Gabapentin Paediatric Study Group. *Epilepsia* 1999a, 40: 1147–1154

Appleton RE, Beirne M. Absence epilepsy in children: the role of EEG in monitoring response to treatment. *Seizure* 1996, 5: 147–148

Appleton RE, Peters AC, Mumford JP, Shaw DE. Randomised, placebo-controlled study of vigabatrin as first-line treatment of infantile spasms. *Epilepsia* 1999b, 40: 1627–1633

Aquino A, Gabor AJ. Movement-induced seizures in nonketotic hyperglycemia. *Neurology* 1980, 30: 600–604

Arbeitskreis zur Verbesserung der Eingliederungschancen von Personen mit Epilepsie. Empfehlungen zur Beurteilung beruflicher Möglichkeiten von Personen mit Epilepsie – Überarbeitung 1999. *Epilepsieblätter* 1999, 12: 112–123

Arieff AI, Cooper JD, Armstrong D, Lazarowitz VC. Dementia, renal failure, and brain aluminum. *Ann Intern Med* 1979, 90: 741–747

Armon C, Radtke RA, Friedman AH, Dawson DV. Predictors of outcome of epilepsy surgery: multivariate analysis with validation. *Epilepsia* 1996, 37: 814–821

Arroyo S, Lesser RP, Awad IA, Goldring S, Sutherling WW, Resnick TJ. Subdural and epidural grids and strips. In: Engel Jr J (ed) *Surgical Treatment of the Epilepsies, Second Edition*. New York: Raven Press, 1993: 377–386

Asconape J, Collins T. Weight gain associated with the use of gabapentin. *Epilepsia* 1995, 36 Suppl 4: 72

Asconape JJ, Penry JK. Use of antiepileptic drugs in the presence of liver and kidney diseases: a review. *Epilepsia* 1982, 23 Suppl 1: S65–79

Asconape JJ, Manning KR, Lancman ME. Systemic lupus erythematosus associated with use of valproate. *Epilepsia* 1994, 35: 162–163

Asikainen I, Kaste M, Sarna S. Early and late posttraumatic seizures in traumatic brain injury rehabilitation patients: brain injury factors causing late seizures and influence of seizures on long-term outcome. *Epilepsia* 1999, 40: 584–589

Assaf BA, Ebersole JS. Visual and quantitative ictal EEG predictors of outcome after temporal lobectomy. *Epilepsia* 1999, 40: 52–61

Atakli D, Sozuer D, Atay T, Baybas S, Arpaci B. Misdiagnosis and treatment in juvenile myoclonic epilepsy. *Seizure* 1998, 7: 63–66

Autret E, Billard C, Bertrand P, Motte J, Pouplard F, Jonville AP. Double-blind, randomized trial of diazepam versus placebo for prevention of recurrence of febrile seizures. *J Pediatr* 1990, 117: 490–494

Aydinli N, Caliskan M, Ozmen M, Tonguc E. Neuroradiologic aspects of West syndrome. *Pediatr Neurol* 1998, 19: 211–216

Bachmann D, Ritz R, Wad N, Haefeli WE. Vigabatrin dosing during haemodialysis. *Seizure* 1996, 5: 239–242

Baker G, Jacoby A, Buck D, Stalgis C, Monnet D. Quality of life of people with epilepsy. *Epilepsia* 1997, 38: 353–362

Baldwin GN, Tsuruda JS, Maravilla KR, Hamill GS, Hayes CE. The fornix in patients with seizures caused by unilateral hippocampal sclerosis: detection of unilateral volume loss on MR images. *Am J Roentgenol* 1994, 162: 1185–1189

Banks G, Nielsen V, Short M, Kowal C. Brachial plexus myoclonus. *J Neurol Neurosurg Psychiatry* 1985, 48: 582–584

Barkovich AJ, Kuzniecky RI, Dobyns WB, Jackson GD, Becker LE, Evrard P. A classification scheme for malformations of cortical development. *Neuropediatrics* 1996, 27: 59–63

Barraclough B. Suicide and Epilepsy. In: Reynolds EH, Trimble MR (eds) *Epilepsy and Psychiatry*. Edingburgh, Scotland: Churchill Livingstone, 1981: 72–76

Barraclough BM. The suicide rate of epilepsy. *Acta Psychiatr Scand* 1987, 76: 339–345

Barron T. The child with spells. *Pediatr Clin North Am* 1991, 38: 711–724

Barry E, Hauser WA. Status epilepticus and antiepileptic medication levels. *Neurology* 1994, 44: 47–50

Bartolomei F, Roger J, Bureau M, Genton P, Dravet C, Viallat D, Gastaut JL. Prognostic factors for childhood and juvenile absence epilepsies. *Eur Neurol* 1997, 37: 169–175

Bastos AC, Comeau RM, Andermann F, Melanson D, Cendes F, Dubeau F, Fontaine S, Tampieri D, Olivier A. Diagnosis of subtle focal dysplastic lesions: curvilinear reformatting from three-dimensional magnetic resonance imaging. *Ann Neurol* 1999, 46: 88–94

Battaglia A, Guerrini R, Gastaut H. Epileptic seizures induced by syncopal attacks. *Epilepsia* 1989, 137–145

Bauer G. The value of EEG-investigations after epileptic seizures as soon as possible. *Z EEG-EMG* 1975, 6: 115–120

Bauer G, Aichner F, Saltuari L. Epilepsies with diffuse slow spikes and waves of late onset. *Eur Neurol* 1983, 22: 344–350

Bauer J. Seizure-inducing effects of antiepileptic drugs: a review. *Acta Neurol Scand* 1996, 94: 367–377

Bauer J. Antiepileptische Kombinationstherapie: Rationale Konzepte versus reelle Effektivität. *Fortschr Neurol Psychiatr* 1998, 66: 414–426

Bauer J, Jarre A, Klingmüller D, Elger C. Polycystic ovary syndrome in patients with focal epilepsy: a study in 93 women. *Epilepsy Res* 2000, 41: 163–167

Bauer J, Krämer G. Polyzystisches Ovarien-Syndrom und Epilepsie: Eine aktuelle Bestandsaufnahme. *Akt Neurologie* 2000, 27: 50–53

Baulac M, Cavalcanti D, Semah F, Arzimanoglou A, Portal JJ. Gabapentin add-on therapy with adaptable dosages in 610 patients with partial epilepsy: an open, observational study. The French Gabapentin Collaborative Group. *Seizure* 1998a, 7: 55–62

Baulac M, De Grissac N, Hasboun D, Oppenheim C, Adam C, Arzimanoglou A, Semah F, Lehericy S, Clemenceau S, Berger B. Hippocampal developmental changes in patients with partial epilepsy: magnetic resonance imaging and clinical aspects. *Ann Neurol* 1998b, 44: 223–233

Baumann RJ. Technical report: treatment of the child with simple febrile seizures. *Pediatrics* 1999, 103: e86

Baumgartner C, Lindinger G, Ebner A, Aull S, Serles W, Olbrich A, Lurger S, Czech T, Burgess R, Lüders H. Propagation of interictal epileptic activity in temporal lobe epilepsy. *Neurology* 1995, 45: 118–122

Baumgartner C, Graf M, Doppelbauer A, Serles W, Lindinger G, Olbrich A, Bacher J, Pataraia E, Almer G, Lischka A. The functional organization of the interictal spike complex in benign rolandic epilepsy. *Epilepsia* 1996a, 37: 1164–1174

Baumgartner C, Podreka I, Olbrich A, Novak K, Serles W, Aull S, Almer G, Lurger S, Pietrzyk U, Prayer D, Lindinger G. Epileptic negative myoclonus: an EEG-single-photon emission CT study indicating involvement of premotor cortex. *Neurology* 1996b, 46: 753–758

Baumgartner C, Czech T, Feucht M, Schindler E, Podreka I. Prächirurgische Epilepsiediagnostik und operative Epilepsietherapie. *Wien Klin Wschr* 1997, 109: 180–191

Baumgartner C, Lindinger G, Lurger S, Aull S, Bacher J, Leutmezer F, Olbrich A, Pataraia E, Serles W, Deecke L. Das prolongierte Video-EEG-Monitoring in der

Differentialdiagnose von Anfällen und in der prächirurgischen Epilepsiediagnostik. *Wien Med Wochenschr* 1998, 148: 2–8

Baumgartner C, Olbrich A, Lindinger G, Pataraia E, Gröppel G, Bacher J, Aull S, Serles W, Hoffmann M, Leutmezer F, Czech T, Prayer D, Pietrzyk U, Asenbaum S, Podreka I. Regional cerebral blood flow during temporal lobe seizures associated with ictal vomiting: an ictal SPECT study in two patients. *Epilepsia* 1999, 40: 1085–1091

Baumgartner C, Gröppel G, Leutmezer F, Aull-Watschinger S, Pataraia E, Feucht M, Trinka E, Unterberger I, Bauer G. Ictal urinary urge indicates seizure onset in the nondominant temporal lobe. *Neurology* 2000a, 55: 432–434

Baumgartner C, Pataraia E, Lindinger G, Deecke L. Magnetoencephalography in focal epilepsy. *Epilepsia* 2000b, 41: S39–47

Baumgartner C, Pataraia E, Lindinger G, Deecke L. Neuromagnetic recordings in temporal lobe epilepsy. *J Clin Neurophysiol* 2000c, 17: 177–189

Baumgartner C, Amberger W, Bauer G, Graf M, Mamoli M, Zeitlhofer J. Richtlinien der Österreichischen Sektion der Internationalen Liga gegen Epilepsie zur gesundheitlichen Eignung zum Lenken von Kraftfahrzeugen (Führerschein-Richtlinien) bei Personen mit epileptischen Anfällen oder anderen anfallsartigen Bewußtseinsstörungen oder -trübungen. *Wien Klin Wochenschr* 2000d, 112: 899–901

Bautista RE, Spencer DD, Spencer SS. EEG findings in frontal lobe epilepsies. *Neurology* 1998, 50: 1765–1771

Bawden HN, Camfield CS, Camfield PR, Cunningham C, Darwish H, Dooley JM, Gordon K, Ronen G, Stewart J, van Mastrigt R. The cognitive and behavioural effects of clobazam and standard monotherapy are comparable. Canadian Study Group for Childhood Epilepsy. *Epilepsy Res* 1999, 33: 133–143

Becú M, Becú N, Manzur G, Kochen S. Self-help epilepsy groups: an evaluation of effect on depression and schizophrenia. *Epilepsia* 1993, 34: 841–845

Beermann B, Edhag O, Vallin H. Advanced heart block aggravated by carbamazepine. *Br Heart J* 1975, 37: 668–671

Beermann B, Edhag O. Depressive effects of carbamazepine on idioventricular rhythm in man. *Br Med J* 1978, 2: 171–172

Beghi E, Berg AT, Hauser WA. Treatment of single seizures. In: Engel Jr J, Pedley TA (eds) *Epilepsy: A Comprehensive Textbook.* Philadelphia: Lippincott-Raven Publishers, 1997: 1287–1294

Benbadis SR, Kotagal P, Klem GH. Unilateral blinking: A lateralizing sign in partial seizures. *Neurology* 1996a, 46: 45–48

Benbadis SR, Lancman ME, King LM, Swanson SJ. Preictal pseudosleep: a new finding in psychogenic seizures. *Neurology* 1996b, 47: 63–67

Benga I, Baltescu V, Tilinca R, Pavel O, Ghiran V, Muschevici D, Benga G. Plasma and cerebrospinal fluid concentrations of magnesium in epileptic children. *J Neurol Sci* 1985, 67: 29–34

Ben-Menachem E. International experience with tiagabine add-on therapy. *Epilepsia* 1995, 36 Suppl 6: S14-S21

Ben-Menachem E, Falter U. ‚Proof of principle' study to evaluate efficacy and safety of levetiracetam (1500 mg, bid) monotherapy in patients with refractory focal epilepsy. *Epilepsia* 1999, 40 Suppl 7: 218

Ben-Menachem E, Wu SC. A double-blind trial of topiramate as monotherapy in patients with recently diagnosed localization-related epilepsy. *Epilepsia* 1999, 40 Suppl 2: 250

Bennett DR. Spike-wave complexes in ‚normal' flying personnel. *Aerosp Med* 1967, 38: 1276–1282

Beran RG, Berkovic SF, Dunagan FM, Vajda FJ, Danta G, Black AB, Mackenzie R. Double-blind, placebo-controlled, crossover study of lamotrigine in treatment-resistant generalised epilepsy. *Epilepsia* 1998, 39: 1329–1333

Berg AT, Shinnar S, Hauser WA, Leventhal JM. Predictors of recurrent febrile seizures: a metaanalytic review. *J Pediatr* 1990, 116: 329–337

Berg AT, Shinnar S. The risk of seizure recurrence following a first unprovoked seizure: a quantitative review. *Neurology* 1991, 41: 965–972

Berg AT, Shinnar S, Hauser WA, Alemany M, Shapiro ED, Salomon ME, Crain EF. A prospective study of recurrent febrile seizures. *N Engl J Med* 1992, 327: 1122–1127

Berg AT, Shinnar S. Relapse following discontinuation of antiepileptic drugs: a meta-analysis. *Neurology* 1994, 44: 601–608

Berg AT, Shinnar S, Shapiro ED, Salomon ME, Crain EF, Hauser WA. Risk factors for a first febrile seizure: a matched case-control study. *Epilepsia* 1995, 36: 334–341

Berg AT, Levy SR, Novotny EJ, Shinnar S. Predictors of intractable epilepsy in childhood: a case-control study. *Epilepsia* 1996, 37: 24–30

Berg AT, Shinnar S. Unprovoked seizures in children with febrile seizures: short-term outcome. *Neurology* 1996, 47: 562–568

Berg AT, Shinnar S. Do seizures beget seizures? An assessment of the clinical evidence in humans. *J Clin Neurophysiol* 1997, 14: 102–110

Berg AT, Shinnar S, Chadwick D. Discontinuing antiepileptic drugs. In: Engel Jr J, Pedley TA (eds) *Epilepsy: A Comprehensive Textbook.* Philadelphia: Lippincott-Raven Publishers, 1997a: 1275–1284

Berg AT, Shinnar S, Darefsky AS, Holford TR, Shapiro ED, Salomon ME, Crain EF, Hauser AW. Predictors of recurrent febrile seizures. A prospective cohort study. *Arch Pediatr Adolesc Med* 1997b, 151: 371–378

Berg AT, Shinnar S, Levy SR, Testa FM. Newly diagnosed epilepsy in children: presentation at diagnosis. *Epilepsia* 1999, 40: 445–452

Bergen DC, Ristanovic RK, Waicosky K, Kanner A, Hoeppner TJ. Weight loss in patients taking felbamate. *Clin Neuropharmacol* 1995, 18: 23–27

Bergey GK, Morris HH, Rosenfeld W, Blume WT, Penovich PE, Morrell MJ, Leiderman DB, Crockatt JG, LaMoreaux L, Garofalo E, Pierce M. Gabapentin monotherapy: I. An 8-day, double-blind, dose-controlled, multicenter study in hospitalized patients with refractory complex partial or secondarily generalized seizures. The US Gabapentin Study Group 88/89. *Neurology* 1997, 49: 739–745

Bergmann A, Bauer J, Stodieck S. Treatment of epilepsy with tiagabine as add-on antiepileptic drug in patients with refractory seizures: experience in 574 patients. *Epilepsia* 2000, Suppl Florence: 41

Berkovic SF, Newton MR, Chiron C, Dulac O. Single photon emission tomography. In: Engel Jr J (ed) *Surgical Treatment of the Epilepsies, Second Edition.* New York: Raven Press, 1993: 233–243

Berkovic SF, Howell RA, Hopper JL. Familial temporal lobe epilepsy: a new syndrome with adolescent/adult onset and a benign course. In: Wolf P (ed) *Epileptic Seizures and Syndromes.* London: John Libbey & Company Ltd, 1994: 257–263

Berkovic SF, McIntosh AM, Kalnins RM, Jackson GD, Fabinyi GCA, Brazenor GA, Bladin PF, Hopper JL. Preoperative MRI predicts outcome after temporal lobectomy: an actuarial analysis. *Neurology* 1995, 45: 1358–1363

Berkovic SF, McIntosh A, Howell RA, Mitchell A, Sheffield LJ, Hopper JL. Familial temporal lobe epilepsy: a common disorder identified in twins. *Ann Neurol* 1996, 40: 227–235

Berkovic SF. Generalized absence seizures. In: Wyllie E (ed) *The Treatment of Epilepsy: Principles and Practice, Second Edition.* Baltimore: Williams & Wilkins, 1997a: 451–460

Berkovic SF. Childhood absence epilepsy and juvenile absence epilepsy. In: Wyllie E (ed) *The Treatment of Epilepsy: Principles and Practice, Second Edition.* Baltimore: Williams & Wilkins, 1997b: 461–466

Berkovic SF. Progressive myoclonus epilepsies. In: Engel Jr J, Pedley TA (eds) *Epilepsy: A Comprehensive Textbook.* Philadelphia: Lippincott-Raven Publishers, 1997c: 2455–2468

Berkovic SF, Scheffer IE. Epilepsies with single gene inheritance. *Brain Dev* 1997, 19: 13–18

Berkovic SF, Howell RA, Hay DA, Hopper JL. Epilepsies in twins: genetics of the major epilepsy syndromes. *Ann Neurol* 1998, 43: 435–445

Berkovic SF, Scheffer IE. Febrile seizures: genetics and relationship to other epilepsy syndromes. *Curr Opin Neurol* 1998, 11: 129–134

Berkovic SF, Scheffer IE. Genetics of the epilepsies. *Curr Opin Neurol* 1999, 12: 177–182

Berkovic SF, Jackson GD. The hippocampal sclerosis whodunit: enter the genes. *Ann Neurol* 2000, 47: 557–558

Bernasconi A, Andermann F, Cendes F, Dubeau F, Andermann E, Olivier A. Nocturnal temporal lobe epilepsy. *Neurology* 1998, 50: 1772–1777

Bernasconi N, Bernasconi A, Andermann F, Dubeau F, Feindel W, Reutens DC. Entorhinal cortex in temporal lobe epilepsy: a quantitative MRI study. *Neurology* 1999, 52: 1870–1876

Besag FM, Wallace SJ, Dulac O, Alving J, Spencer SC, Hosking G. Lamotrigine for the treatment of epilepsy in childhood. *J Pediatr* 1995, 127: 991–997

Besag FM, Berry DJ, Pool F, Newbery JE, Subel B. Carbamazepine toxicity with lamotrigine: pharmacokinetic or pharmacodynamic interaction? *Epilepsia* 1998, 39: 183–187

Besser R. Epilepsien mit Grand mal im Jugend- und Erwachsenenalter. In: Besser R, Gross-Selbeck G, Boenigk HE (Hrsg) *Epilepsiesyndrome – Therapiestrategien.* Stuttgart New York: Thieme Verlag, 1993: 131–143

Bethune P, Gordon K, Dooley J, Camfield C, Camfield P. Which child will have a febrile seizure? *Am J Dis Child* 1993, 147: 35–39

Betts T, Boden S. Diagnosis, management and prognosis of a group of 128 patients with non-epileptic attack disorder. Part II. Previous childhood sexual abuse in the aetiology of these disorders. *Seizure* 1992, 1: 27–32

Betts T, Waegemans T, Crawford P. A multicentre, double-blind, randomized, parallel group study to evaluate the tolerability and efficacy of two oral doses of levetiracetam, 2000 mg daily and 4000 mg daily, without titration in patients with refractory epilepsy. *Seizure* 2000, 9: 80–87

Beydoun A. Monotherapy trials of new antiepileptic drugs. *Epilepsia* 1997, 38 Suppl 9: S21–31

Beydoun A, Fischer J, Labar DR, Harden C, Cantrell D, Uthman BM, Sackellares JC, Abou-Khalil B, Ramsay RE, Hayes A, Greiner M, Garofalo E, Pierce M. Gabapentin monotherapy: II. A 26-week, double-blind, dose-controlled, multicenter study of conversion from polytherapy in outpatients with refractory complex partial or secondarily generalized seizures. The US Gabapentin Study Group 82/83. *Neurology* 1997a, 49: 746–752

Beydoun A, Sakellares JC, Shu V, Depakote Monotherapy for Partial Seizures Study Group. Safety and efficacy of divalproex sodium monotherapy in partial epilepsy: a double-blind, concentration-respone design clinical trial. *Neurology* 1997b, 48: 182–188

Beydoun A, Fakhoury T, Nasreddine W, Abou-Khalil B. Conversion to high dose gabapentin monotherapy in patients with medically refractory partial epilepsy. *Epilepsia* 1998, 39: 188–193

Beydoun A, Sachdeo RC, Rosenfeld WE, Krauss GL, Sessler N, Mesenbrink P, Kramer L, D'Souza J. Oxcarbazepine monotherapy for partial-onset seizures: a multicenter, double-blind, clinical trial. *Neurology* 2000, 54: 2245–2251

Beyenburg S, Bauer J, Elger CE. Therapie des generalisierten tonisch-klonischen Status epilepticus im Erwachsenenalter. *Nervenarzt* 2000, 71: 65–77

Biervert C, Schroeder BC, Kubisch C, Berkovic SF, Propping P, Jentsch TJ, Steinlein OK. A potassium channel mutation in neonatal human epilepsy. *Science* 1998, 279: 403–406

Bill PA, Vigonius U, Pohlmann H, Guerreiro CA, Kochen S, Saffer D, Moore A. A double-blind controlled clinical trial of oxcarbazepine versus phenytoin in adults with previously untreated epilepsy. *Epilepsy Res* 1997, 27: 195–204

Bilo L, Meo R, Nappi C, Annunziato L, Striano S, Colao AM, Merola B, Buscaino GA. Reproductive endocrine disorders in women with primary generalized epilepsy. *Epilepsia* 1988, 29: 612–619

Binnie C, Marston D. Cognitive correlates of interictal discharges. *Epilepsia* 1992, 33: S11–17

Binnie CD. Ambulatory diagnostic monitoring of seizures in adults. In: Gumnit RJ (ed) *Intensive Neurodiagnostic Monitoring*. New York: Raven Press, 1986: 169–182

Binnie CD, Harding GF, Richens A, Wilkins A. Video games and epileptic seizures – a consensus statement. Video-Game Epilepsy Consensus Group. *Seizure* 1994, 3: 245–246

Binnie CD. Lamotrigine. In: Engel Jr J, Pedely TA (eds) *Epilepsy: A Comprehensive Textbook*. Philadelphia: Lippincott Raven Press, 1997a: 1531–1540

Binnie CD. Simple reflex epilepsies. In: Engel Jr J, Pedley TA (eds) *Epilepsy: A Comprehensive Textbook*. Philadelphia: Lippincott-Raven Publishers, 1997b: 2489–2505

Binnie CD, Mizrahi EM. The epilepsy monitoring unit. In: Engel Jr J, Pedley TA (eds) *Epilepsy: A Comprehensive Textbook*. Philadelphia: Lippincott-Raven Publishers, 1997: 1011–1019

Biraben A, Bernard AM, Taussig JM, Scarabin JM, Vignal JP, Chauvel P. Ictal SPECT in frontal lobe epilepsies. *Epilepsia* 1998, 39 Suppl 2: 8

Bird TD. Major patterns of human inheritance: relevance to the epilepsies. *Epilepsia* 1994, 35 Suppl 1: S2-S6

Birnbaum AK, Kriel RL, Burkhardt RT, Remmel RP. Rectal absorption of lamotrigine compressed tablets. *Epilepsia* 2000, 41: 850–853

Biton V, Montouris GD, Ritter F, Riviello JJ, Reife R, Lim P, Pledger G. A randomized, placebo-controlled study of topiramate in primary generalized tonic-clonic seizures. Topiramate YTC Study Group. *Neurology* 1999a, 52: 1330–1337

Biton V, Rosenfeld WE, Twyman R, Lim P. Topiramate (TPM) in juvenile myoclonic epilepsy (JME): observations from randomized controlled trials in primary generalized tonic-clonic seizures (PGTCS). *Epilepsia* 1999b, 40 Suppl 7: 218

Bjerkedal T, Bahna SL. The course and outcome of pregnancy in women with epilepsy. *Acta Obstet Gynecol Scand* 1973, 52: 245–248

Bjorholt P, Nakken K, Rohme K, Hansen H. Leisure time habits and physical fitness in adults with epilepsy. *Epilepsia* 1990, 31: 83–87

Bladin CF, Norris JW. Stroke and seizures/epilepsy. In: Welch KMA, Caplan LR, Reis DJ, Siesjö BK, Weir B (eds) *Primer on Cerebrovascular Diseases.* San Diego: Academic Press, 1997: 355–358

Bleasel AF, Morris HHI. Supplementary sensorimotor area seizures. In: Wyllie E (ed) *The Treatment of Epilepsy: Principles and Practice, Second Edition.* Baltimore: Williams & Wilkins, 1997: 432–441

Bleck TP, Smith MC. Possible induction of systemic lupus erythematosus by valproate. *Epilepsia* 1990, 31: 343–345

Bleck TP. Management approaches to prolonged seizures and status epilepticus. *Epilepsia* 1999, 40 Suppl 1: S59–63

Blum RA, Comstock TJ, Sica DA, Schultz RW, Keller E, Reetze P, Bockbrader H, Tuerck D, Busch JA, Reece PA, et al. Pharmacokinetics of gabapentin in subjects with various degrees of renal function. *Clin Pharmacol Ther* 1994, 56: 154–159

Blume WT. Lennox-Gastaut syndrome. In: Lüders H, Lesser RP (eds) *Epilepsy: Electroclinical Syndromes.* London Berlin Heidelberg New York Paris Tokyo: Springer-Verlag, 1987: 73–92

Blume WT, Desai HB, Girvin JP, McLachlan RS, Lemieux JF. Effectiveness of temporal lobcetomy measured by yearly follow-up and multivariate analysis. *J Epilepsy* 1994, 7: 203–214

Blume WT. Focal motor seizures and epilepsia partialis continua. In: Wyllie E (ed) *The Treatment of Epilepsy: Principles and Practice, Second Edition.* Baltimore: Williams & Wilkins, 1997: 415–422

Blumer D. Changes of sexual behaviour related to temporal lobe disorders in man. *J Sex Res* 1970, 6: 173–180

Blumer D, Montouris G, Hermann B. Psychiatric morbidity in seizure patients on a neurodiagnostic monitoring unit. *J Neuropsychiatry Clin Neurosci* 1995, 7: 445–456

Blumer D. Antidepressant and double antidepressant treatment for the affective disorder of epilepsy. *J Clin Psychiatry* 1997, 58: 3–11

Blumer D. Dysphoric disorders and paroxysmal affects: recognition and treatment of epilepsy-related psychiatric disorders. *Harv Rev Psychiatry* 2000, 8: 8–17

Blumer D, Wakhlu S, Montouris G, Wyler AR. Treatment of the interictal psychoses. *J Clin Psychiatry* 2000, 61: 110–122

Boggs J, Waterhouse E, DeLorenzo RJ. The use of antiepileptic medications in renal and liver disease. In: Wyllie E (ed) *The Treatment of Epilepsy: Principles and Practice, Second Edition.* Baltimore: Williams & Wilkins, 1997: 753–762

Bolton CF, Young GB. Neurological complications of renal disease. Boston: Butterworths, 1990

Bookheimer SY, Cohen MS. Functional MRI. In: Engel Jr J, Pedley TA (eds) *Epilepsy: A Comprehensive Textbook.* Philadelphia: Lippincott-Raven Publishers, 1997: 1053–1065

Boon P, De Reuck J, Drieghe C, De Bruycker K, Aers I, Pengel J. Long-term video-EEG monitoring revisited. The value of interictal and ictal video-EEG recording, a follow-up study. *Eur Neurol* 1994, 34: 33–39

Boon PA, Williamson PD, Fried I, Spencer DD, Novelly RA, Spencer SS, Mattson RH. Intracranial, intraaxial, space-occupying lesions in patients with intractable partial seizures: an anatomoclinical, neuropsychological, and surgical correlation. *Epilepsia* 1991, 32: 467–476

Bora I, Seckin B, Zarifoglu M, Turan F, Sadikoglu S, Ogul E. Risk of recurrence after first unprovoked tonic-clonic seizure in adults. *J Neurol* 1995, 242: 157–163

Borgatti R, Triulzi F, Zucca C, Piccinelli P, Balottin U, Carrozzo R, Guerrini R. Bilateral perisylvian polymicrogyria in three generations. *Neurology* 1999, 52: 1910–1913

Borgeat A. Propofol: pro- or anticonvulsant? *Eur J Anaesthesiol Suppl* 1997, 15: 17–20

Boulloche J, Leloup P, Mallet E, Parain D, Tron P. Risk of recurrence after a single, unprovoked, generalized tonic-clonic seizure. *Dev Med Child Neurol* 1989, 31: 626–632

Bouma PA, Westendorp RG, van Dijk JG, Peters AC, Brouwer OF. The outcome of absence epilepsy: a meta-analysis. *Neurology* 1996, 47: 802–808

Bouma PA, Bovenkerk AC, Westendorp RG, Brouwer OF. The course of benign partial epilepsy of childhood with centrotemporal spikes: a meta-analysis. *Neurology* 1997, 48: 430–437

Bourgeois B, Beaumanoir A, Blajev B, de la Cruz N, Despland PA, Egli M, Geudelin B, Kaspar U, Ketz E, Kronauer C, et al. Monotherapy with valproate in primary generalized epilepsies. *Epilepsia* 1987, 28 Suppl 2: S8–11

Bourgeois BFD. General concepts of medical intractability. In: Lüders H (ed) *Epilepsy Surgery*. New York: Raven Press, 1992: 77–81

Bourgeois BF. Felbamate. *Semin Pediatr Neurol* 1997a, 4: 3–8

Bourgeois BFD. Phenobarbital and primidone. In: Wyllie E (ed) *The Treatment of Epilepsy: Principles and Practice*. Baltimore: Williams & Wilkins, 1997b: 845–855

Bourgeois BFD. Primidone. In: Engel Jr J, Pedley TA (eds) *Epilepsy: A Comprehensive Textbook*. Philadelphia: Lippincott-Raven Publishers, 1997c: 1581–1589

Bourgeois BFD, Brown LW, Pellock JM, Buroker M, Greiner M, Garofalo EA, Schimschock JR, Griesemer D, Bebin ME, Murophy JV. Gabapentin (Neurontin) monotherapy in children with benign childhood epilepsy with centrotemporal spikes (BECTS). A 36-week, double-blind, placebo-controlled study. *Epilepsia* 1998, 39 Suppl 6: 163

Bourgeois BF. Drug treatment of benign focal epilepsies of childhood. *Epilepsia* 2000, 41: 1057–1058

Bourgeois M, Sainte-Rose C, Lellouch-Tubiana A, Malucci C, Brunelle F, Maixner W, Cinalli G, Pierre-Kahn A, Renier D, Zerah M, Hirsch JF, Goutieres F, Aicardi J. Surgery of epilepsy associated with focal lesions in childhood. *J Neurosurg* 1999, 90: 833–842

Bowman CG, Mertz E. A dangerous direction: legal intervention in sexual abuse survivor therapy. *Harv Law Rev* 1996, 109: 549–639

Bowman ES. Etiology and clinical course of pseudoseizures: relationship to trauma, depression and dissociation. *Psychosomatics* 1993, 43: 333–342

Bowman ES, Markand ON. Psychodynamics and psychiatric diagnoses of pseudoseizure subjects. *Am J Psychiatry* 1996, 153: 57–63

Bowman ES. Nonepileptic seizures: psychiatric framework, treatment, and outcome. *Neurology* 1999, 53: S84-S88

Brenner R. Electroencephalography in syncope. *J Clin Neurophysiol* 1997, 14: 197–209

Brent DA, Crumrine PK, Varma RR. Phenobarbital treatment and major depressive disorder in children with epilepsy. *Pediatrics* 1987, 80: 909–917

Bridgers SL, Ebersole JS. Ambulatory cassette EEG in clinical practice. *Neurology* 1985, 35: 1767–1768

Briellmann RS, Torn-Broers Y, Busuttil BE, Major BJ, Kalnins RM, Olsen M, Jackson GD, Fraumann AG, Berkovic SF. APOε4 genotype is associated with an earlier onset of chronic temporal lobe epilepsy. *Neurology* 2000, 55: 435–437

Brodie MJ, Richens A, Yuen AWC. Double-blind comparison of lamotrigine and carbamazepine in newly diagnosed epilepsy. *Lancet* 1995, 345: 476–479

Brodie MJ, Johnson FN. Carbamazepin in the treatment of seizure disorders: efficacy, pharmacokinetics and adverse event profile. *Rev Contemp Pharmacother* 1997, 8: 87–122

Brodie MJ, Mumford JP. Double-blind substitution of vigabatrin and valproate in carbamazepine-resistant partial epilepsy. 012 Study group. *Epilepsy Res* 1999, 34: 199–205

Brodie MJ, Overstall PW, Giorgi L. Multicentre, double-blind, randomised comparison between lamotrigine and carbamazepine in elderly patients with newly diagnosed epilepsy. The UK Lamotrigine Elderly Study Group. *Epilepsy Res* 1999, 37: 81–87

Brodie MJ, Anhut H, Murray G, Maton S, 945–212 Study Group. Gabapentin versus lamotrigine monotherapy: a double-blind comparison. *Epilepsia* 2000, Suppl Florence: 138–139

Bromfield EB, Altshuler L, Leiderman DB, Balish M, Ketter TA, Devinsky O, Post RM, Theodore WH. Cerebral metabolism and depression in patients with complex partial seizures. *Arch Neurol* 1992, 19: 617–623

Bromfield EB. Ethosuximide and other succinimides. In: Engel Jr J, Pedley TA (eds) *Epilepsy: A Comprehensive Textbook.* Philadelphia: Lippincott-Raven Publishers, 1997: 1503–1508

Brown LA, Levin GM. Role of propofol in refractory status epilepticus. *Ann Pharmacother* 1998, 32: 1053–1059

Brown MM, Swash M. Systemic lupus erythematodes. In: Toole JF (ed) *Handbook of Clinical Neurology.* Vol. 55. Amsterdam: Elsevier, 1989: 369–385

Browne TR, Kugler AR, Eldon MA. Pharmacology and pharmacokinetics of fosphenytoin. *Neurology* 1996, 46: S3–7

Browne TR. Phenytoin and other hydantoins. In: Engel Jr J, Pedley TA (eds) *Epilepsy: A Comprehensive Textbook.* Philadelphia: Lippincott-Raven Publishers, 1997: 1557–1579

Bruni J. Outcome evaluation of gabapentin as add-on therapy for partial seizures. ‚NEON' Study Investigators Group. Neurontin Evaluation of Outcomes in Neurological Practice. *Can J Neurol Sci* 1998, 25: 134–140

Brust J, Ng S, Hauser A, Susser M. Marijuana use and the risk of new onset seizures. *Trans Am Clin Climatol Assoc* 1992, 103: 176–181

Bruyere H, Lewis S, Wood S, MacLeod PJ, Langlois S. Confirmation of linkage in X-linked infantile spasms (West syndrome) and refinement of the disease locus to Xp21.3-Xp22.1. *Clin Genet* 1999, 55: 173–181

Bryce GM, Poyner F. Myxoedema presenting with seizures. *Postgrad Med J* 1992, 68: 35–36

Buck D, Baker GA, Jacoby A, Smith DF, Chadwick DW. Patients' experiences of injury as a result of epilepsy. *Epilepsia* 1997, 38: 439–444

Bullinger M, Kirchberger I. SF–36 Fragebogen zum Gesundheitszustand. Göttingen: Hogrefe Verlag für Psychologie, 1998

Buoni S, Grosso S, Fois A. Lamotrigine in typical absence epilepsy. *Brain Dev* 1999, 21: 303–306

Burgerman RS, Sperling MR, French JA, Saykin AJ, O'Connor MJ. Comparison of mesial versus neocortical onset temporal lobe seizures: neurodiagnostic findings and surgical outcome. *Epilepsia* 1995, 36: 662–670

Burn J, Dennis M, Bamford J, Sandercock P, Wade D, Warlow C. Epileptic seizures after a first stroke: the Oxfordshire Community Stroke Project. *BMJ* 1997, 315: 1582–1587

Bylesjo I, Forsgren L, Lithner F, Boman K. Epidemiology and clinical characteristics of seizures in patients with acute intermittent porphyria. *Epilepsia* 1996, 37: 230–235

Camfield CS, Camfield PR. Initiating drug therapy. In: Wyllie E (ed) *The Treatment of Epilepsy: Principles and Practice, Second Edition.* Baltimore: Williams & Wilkins, 1997: 763–770

Camfield PR, Camfield CS, Shapiro SH, Cummings C. The first febrile seizure – antipyretic instruction plus either phenobarbital or placebo to prevent recurrence. *J Pediatr* 1980, 97: 16–21

Camfield PR, Camfield CS, Dooley JM, Tibbles JA, Fung T, Garner B. Epilepsy after a first unprovoked seizure in childhood. *Neurology* 1985, 35: 1657–1660

Canadian Clobazam Cooperative Group. Clobazam in treatment of refractory epilepsy: the Canadian experience. A retrospective study. *Epilepsia* 1991, 32: 407–416

Canadian Study Group for Childhood Epilepsy. Clobazam has equivalent efficacy to carbamazepine and phenytoin as monotherapy for childhood epilepsy. *Epilepsia* 1998, 39: 952–959

Canger R, Altamura AC, Belvedere O, Monaco F, Monza GC, Muscas GC, Mutani R, Panetta B, Pisani F, Zaccara G, et al. Conventional vs controlled-release carbamazepine: a multicentre, double-blind, cross-over study. *Acta Neurol Scand* 1990, 82: 9–13

Canger R, Vignoli A, Bonardi R, Guidolin L. Felbamate in refractory partial epilepsy. *Epilepsy Res* 1999, 34: 43–48

Cantrell DC, Riela SJ, Ramus R, Riela AR. Epilepsy and pregnancy: a study of seizure frequency and patients demographics. *Epilepsia* 1997, 38: 231

Caraballo R, Cersosimo R, Fejerman N. A particular type of epilepsy in children with congenital hemiparesis associated with unilateral polymicrogyria. *Epilepsia* 1999, 40: 865–871

Cascino GD. Structural brain imaging. In: Engel Jr J, Pedley TA (eds) *Epilepsy: A Comprehensive Textbook.* Philadelphia: Lippincott-Raven Publishers, 1997: 937–946

Casetta I, Granieri E, Monetti VC, Tola MR, Paolino E, Malagu S, Gilli G, Govoni V, Carreras M. Prognosis of childhood epilepsy: a community-based study in Copparo, Italy. *Neuroepidemiology* 1997, 16: 22–28

Casetta I, Granieri E, Monetti VC, Gilli G, Tola MR, Paolino E, Govoni V, Iezzi E. Early predictors of intractability in childhood epilepsy: a community-based case-control study in Copparo, Italy. *Acta Neurol Scand* 1999, 99: 329–333

Cavanagh N, Brett E, Marshall W, Wilson J. The possible adjuvant role of bordetella pertussis and pertussis vaccine in causing severe encephalopathic illness: a presentation of three case histories. *Neuropediatrics* 1981, 12: 374–381

Cavazzuti GB, Cappella L, Nalin A. Longitudinal study of epileptiform EEG patterns in normal children. *Epilepsia* 1980, 21: 43–55

Cendes F, Andermann F, Gloor P, Evans A, Jones-Gotman M, Watson C, Melanson D, Olivier A, Peters T, Lopes-Cendes I, et al. MRI volumetric measurement of amygdala and hippocampus in temporal lobe epilepsy. *Neurology* 1993, 43: 719–725

Cendes F, Andermann F, Gloor P, Gambardella A, Lopes-Cendes I, Watson C, Evans A, Carpenter S, Olivier A. Relationship between atrophy of the amygdala and ictal fear in temporal lobe epilepsy. *Brain* 1994a, 117: 739–746

Cendes F, Andermann F, Preul MC, Arnold DL. Lateralization of temporal lobe epilepsy based on regional metabolic abnormalities in proton magnetic resonance spectroscopic images. *Ann Neurol* 1994b, 35: 211–216

Cendes F, Cook MJ, Watson C, Andermann F, Fish DR, Shorvon SD, Bergin P, Free S, Dubeau F, Arnold DL. Frequency and characteristics of dual pathology in patients with lesional epilepsy. *Neurology* 1995, 45: 2058–2064

Cendes F, Lopes-Cendes I, Andermann E, Andermann F. Familial temporal lobe epilepsy: a clinically heterogeneous syndrome. *Neurology* 1998, 50: 554–557

Cereghino JJ, Biton V, Abou-Khalil B, Dreifuss F, Gauer LJ, Leppik I. Levetiracetam for partial seizures: results of a double-blind, randomized clinical trial. *Neurology* 2000, 55: 236–242

Chadwick D, Leiderman DB, Sauermann W, Alexander J, Garofalo E. Gabapentin in generalized seizures. *Epilepsy Res* 1996a, 25: 191–197

Chadwick D, Taylor J, Johnson T. Outcomes after seizure recurrence in people with well-controlled epilepsy and the factors that influence it. The MRC Antiepileptic Drug Withdrawal Group. *Epilepsia* 1996b, 37: 1043–1050

Chadwick D. Monotherapy clinical trials of new antiepileptic drugs: design, indications, and controversies. *Epilepsia* 1997, 38 Suppl 9: S16–20

Chadwick D, Browne TR. Gabapentin. In: Engel Jr J, Pedley TA (eds) *Epilepsy: A Comprehensive Textbook*. Philadelphia: Lippincott-Raven Publishers, 1997: 1521–1530

Chadwick DW, Anhut H, Greiner MJ, Alexander J, Murray GH, Garofalo EA, Pierce MW. A double-blind trial of gabapentin monotherapy for newly diagnosed partial seizures. International Gabapentin Monotherapy Study Group 945–77. *Neurology* 1998, 51: 1282–1288

Chadwick D. Safety and efficacy of vigabatrin and carbamazepine in newly diagnosed epilepsy: a multicentre randomised double-blind study. Vigabatrin European Monotherapy Study Group. *Lancet* 1999a, 354: 13–19

Chadwick D. Does withdrawal of different antiepileptic drugs have different effects on seizure recurrence? Further results from the MRC Antiepileptic Drug Withdrawal Study. *Brain* 1999b, 122: 441–448

Chaisewikul R, Privatera MP, Hutton JL, Marson AG. Levetiracetam for drug-resistant partial seizures: a systematic review with metaanalysis. *Epilepsia* 2000, Suppl Florence: 39

Chamberlain JM, Altieri MA, Futterman C, Young GM, Ochsenschlager DW, Waisman Y. A prospective, randomized study comparing intramuscular midazolam with intravenous diazepam for the treatment of seizures in children. *Pediatr Emerg Care* 1997, 13: 92–94

Chan S, Chin SS, Nordli DR, Goodman RR, DeLaPaz RL, Pedley TA. Prospective magnetic resonance imaging identification of focal cortical dysplasia, including the non-balloon cell subtype. *Ann Neurol* 1998, 44: 749–757

Chang SW, da Silva JH, Kuhl DR. Absorption of rectally administered phenytoin: a pilot study. *Ann Pharmacother* 1999, 33: 781–786

Chapman RW, Laidlow JM, Colin-Jones D, Eade OE, Smith CL. Increased prevalence of epilepsy in coeliac disease. *BMJ* 1978, 2: 250–251

Charlier C, Singh NA, Ryan SG, Lewis TB, Reus BE, Leach RJ, Leppert M. A pore mutation in a novel KQT-like potassium channel gene in an idiopathic epilepsy family. *Nat Genet* 1998, 18: 53–55

Chee MWL, Kotagal P, Van Ness PC, Gragg L, Murphy D, Lüders HO. Lateralizing signs in intractable partial epilepsy: blinded multiple-observer analysis. *Neurology* 1993, 43: 2519–25

Chelune G. The role of neuropsychological assessment in the presurgical evaluation of the epilepsy surgery candidate. In: Wyler A, Herman B (eds) *The Surgical Treatment of Epilepsy*. New York: Demos, 1993

Chelune GJ, Naugle RI, Lüders H, Awad IA. Prediction of cognitive change as a function of preoperative ability status among temporal lobectomy patients seen at 6-month follow-up. *Neurology* 1991, 41: 399–404

Chen LS, Mitchell WG, Horton EJ, Snead OC 3rd. Clinical utility of video-EEG monitoring. *Pediatr Neurol* 1995, 12: 220–224

Chevrie JJ, Aicardi J. Childhood epileptic encephalopathy with slow spike-wave. A statistical study of 80 cases. *Epilepsia* 1972, 13: 259–271

Chiron C, Dumas C, Jambaque I, Mumford J, Dulac O. Randomized trial comparing vigabatrin and hydrocortisone in infantile spasms due to tuberous sclerosis. *Epilepsy Res* 1997, 26: 389–395

Christe W, Krämer G, Vigonius U, Pohlmann H, Steinhoff BJ, Brodie MJ, Moore A. A double-blind controlled clinical trial: oxcarbazepine versus sodium valproate in adults with newly diagnosed epilepsy. *Epilepsy Res* 1997, 26: 451–460

Chugani HT, Conti JR. Etiologic classification of infantile spasms in 140 cases: role of positron emission tomography. *J Child Neurol* 1996, 11: 44–48

Chung MY, Walczak TL, Lewis DV, Dawson DV, Radtke R. Temporal lobectomy and independent bitemporal interictal activity: what degree of lateralization is sufficient? *Epilepsia* 1991, 32: 195–201

Cilio MR, Danhaive O, Gadisseux JF, Otte JB, Sokal EM. Unusual cyclosporin related neurological complications in recipients of liver transplants. *Arch Dis Child* 1993, 68: 405–407

Clark DL, Hosick EC, Adam N, Castro AD, Rosner BS, Neigh JL. Neural effects of isoflurane (forane) in man. *Anesthesiology* 1973, 39: 261–270

Clark DL, Rosner BS. Neurophysiologic effects of general anesthetics. I. The electroencephalogram and sensory evoked responses in man. *Anesthesiology* 1973, 38: 564–582

Cloyd JC, Gumnit RJ, McLain LW, Jr. Status epilepticus. The role of intravenous phenytoin. *JAMA* 1980, 244: 1479–14781

Cock H, Schapira AH. Mitochondrial DNA mutations and mitochondrial dysfunction in epilepsy. *Epilepsia* 1999, 40: 33–40

Cockerell OC, Johnson AL, Sander JW, Hart YM, Goodridge DM, Shorvon SD. Mortality from epilepsy: results from a prospective population-based study. *Lancet* 1994, 344: 918–921

Cockerell OC. The mortality of epilepsy. *Curr Opin Neurol* 1996, 9: 93–96

Cockerell OC, Johnson AL, Sander JW, Shorvon SD. Prognosis of epilepsy: a review and further analysis of the first nine years of the British National General Practice Study of Epilepsy, a prospective population-based study. *Epilepsia* 1997, 38: 31–46

Cogen PH, Antunes JL, Correll JW. Reproductive function in temporal lobe epilepsy: the effect of temporal lobectomy. *Surg Neurol* 1979, 12: 243–246

Collaborative Group for Epidemiology of Epilepsy. Adverse reactions to antiepileptic drugs: a multicenter survey of clinical practice. *Epilepsia* 1986, 27: 323–330

Collaborative Group for Epidemiology of Epilepsy. Adverse reactions to antiepileptic drugs: a follow-up study of 355 patients with chronic antiepileptic drug treatment. *Epilepsia* 1988, 29: 787–793

Collaborative Group for the Study of Epilepsy. Prognosis of epilepsy in newly referred patients: a multicenter prospective study of the effects of monotherapy on the long-term course of epilepsy. *Epilepsia* 1992, 33: 45–51

Collings J. Psychosocial well-being and epilepsy: an empirical study. *Epilepsia* 1990, 31: 418–426

Commission on Antiepileptic Drugs, International League against Epilepsy. Guidelines for therapeutic monitoring on antiepileptic drugs. *Epilepsia* 1993, 34: 585–587

Commission on Classification and Terminology of the International League against Epilepsy. Proposal for revised clinical and electroencephalographic classification of epileptic seizures. *Epilepsia* 1981, 22: 489–501

Commission on Classification and Terminology of the International League against Epilepsy. Proposal for revised classification of epilepsies and epileptic syndromes. *Epilepsia* 1989, 30: 389–399

Commission on Neuroimaging of the International League Against Epilepsy. Recommendations for neuroimaging of patients with epilepsy. *Epilepsia* 1997, 38: 1255–1256

Connelly A, Jackson GD, Duncan JS, King MD, Gadian DG. Magnetic resonance spectroscopy in temporal lobe epilepsy. *Neurology* 1994, 44: 1411–1417

Cook MJ, Fish DR, Shorvon SD, Straughan K, Stevens JM. Hippocampal volumetric and morphometric studies in frontal and temporal lobe epilepsy. *Brain* 1992, 115: 1001–1015

Cooper R, Winter AL, Crow HJ, Walter WG. Comparison of subcortical, cortical and scalp activity using chronically indwelling electrodes in man. *Electroenceph Clin Neurophysiol* 1965, 18: 217–228

Corey LA, Pellock JM, Boggs JG, Miller LL, DeLorenzo RJ. Evidence for a genetic predisposition for status epilepticus. *Neurology* 1998, 50: 558–560

Corman CL, Leung NM, Guberman AH. Weight gain in epileptic patients during treatment with valproic acid: a retrospective study. *Can J Neurol Sci* 1997, 24: 240–244

Cornelissen M, Steegers-Theunissen R, Kollee L, Eskes T, Vogels-Mentink G, Motohara K, De Abreu R, Monnens L. Increased incidence of neonatal vitamin K deficiency resulting from maternal anticonvulsant therapy. *Am J Obstet Gynecol* 1993, 168: 923–928

Cossette P, Riviello JJ, Carmant L. ACTH versus vigabatrin therapy in infantile spasms: a retrospective study. *Neurology* 1999, 52: 1691–1694

Covanis A, Gupta AK, Jeavons PM. Sodium valproate: monotherapy and polytherapy. *Epilepsia* 1982, 23: 693–720

Cramer JA, Smith DB, Mattson RH. A method of quantification for the evaluation of antiepileptic drug therapy. *Neurology* 1983, 33 Suppl 1: 26–37

Cramer JA. Compliance. In: Engel Jr J, Pedley TA (eds) *Epilepsy: A Comprehensive Textbook*. Philadelphia: Lippincott-Raven Publishers, 1997: 1221–1224

Cramer J, Perrine K, Devinsky O, Bryant-Comstock L, Meador K, Hermann B. Development and cross-cultural translations of a 31-item quality of life in epilepsy inventory. *Epilepsia* 1998, 39: 81–88

Cramer JA, Fisher R, Ben-Menachem E, French J, Mattson RH. New antiepileptic drugs: comparison of key clinical trials. *Epilepsia* 1999, 40: 590–600

Cramer JA, Arrigo C, Van Hammee G, Gauer LJ, Cereghino JJ. Effect of levetiracetam on epilepsy-related quality of life. N132 Study Group. *Epilepsia* 2000, 41: 868–874

Crandall PH. Cortical resections. In: Engel Jr J (ed) *Surgical Treatment of the Epilepsies.* New York: Raven Press, 1987: 377–404

Cronin CC, Jackson LM, Feighery C, Shanahan F, Abuzakouk M, Ryder DQ, Whelton M, Callaghan N. Coeliac disease and epilepsy. *QJM* 1998, 91: 303–308

Cummings JL, Trimble MR. Concise guide to neuropsychiatry and behavioral neurology. Washington: American Psychiatric Press, 1995

Cummings LN, Giudice L, Morrell MJ. Ovulatory function in epilepsy. *Epilepsia* 1995, 36: 355–359

Currie S, Heathfield W, Henson R, Scott D. Clinical course and prognosis of temporal lobe epilepsy: a survey of 666 patients. *Brain* 1971, 94: 173–190

Czeizel AE, Dudas I. Prevention of the first occurrence of neural-tube defects by periconceptional vitamin supplementation. *N Engl J Med* 1992, 327: 1832–1835

da Silva EA, Chugani DC, Muzik O, Chugani HT. Identification of frontal lobe epileptic foci in children using positron emission tomography. *Epilepsia* 1997, 38: 1198–1208

D'Alessandro R, Ferrara R, Benassi G, Lenzi PL, Sabattini L. Computed tomographic scans in posttraumatic epilepsy. *Arch Neurol* 1988, 45: 42–43

Daly DD. Epilepsy and syncope. In: Daly DD, Pedley TA (eds) *Current Practice of Clinical Electroencephalography, Second Edition.* New York: Raven Press, 1990: 269–334

Dam M, Ekberg R, Loyning Y, Waltimo O, Jakobsen K. A double-blind study comparing oxcarbazepine and carbamazepine in patients with newly diagnosed, previously untreated epilepsy. *Epilepsy Res* 1989, 3: 70–76

Dam M. Goals of therapy. In: Engel Jr J, Pedley TA (eds) *Epilepsy: A Comprehensive Textbook.* Philadelphia: Lippinocott-Raven Publishers, 1997: 1103–1106

Dana-Haeri J, Trimble M, Oxley J. Prolactin and gonadotrophin changes following generalised and partial seizures. *J Neurol Neurosurg Psychiatryry* 1983, 46: 331–335

Daneshvar H, Racette L, Coupland SG, Kertes PJ, Guberman A, Zackon D. Symptomatic and asymptomatic visual loss in patients taking vigabatrin. *Ophthalmology* 1999, 106: 1792–1798

Dansky LV, Andermann E, Andermann F. Marriage and fertility in epileptic patients. *Epilepsia* 1980, 21: 261–271

Dansky LV, Andermann E, Rosenblatt D, Sherwin AL, Andermann F. Anticonvulsants, folate levels, and pregnancy outcome: a prospective study. *Ann Neurol* 1987, 21: 176–182

Davis R, Peters DH, McTavish D. Valproic acid. A reappraisal of its pharmacological properties and clinical efficacy in epilepsy. *Drugs* 1994, 47: 332–372

Day S, Cook E, Funkenstein H, Goldman L. Evaluation and outcome of emergency room patients with transient loss of consciousness. *Am J Med* 1982, 73: 15–23

De Deyn PP, Saxena VK, Abts H, Borggreve F, D'Hooge R, Marescau B, Crols R. Clinical and pathophysiological aspects of neurological complications in renal failure. *Acta Neurol Belg* 1992, 92: 191–206

De Santis A, Sganzerla E, Spagnoli D, Bello L, Tiberio F. Risk factors for late posttraumatic epilepsy. *Acta Neurochir Suppl (Wien)* 1992, 55: 64–67

de Silva M, MacArdle B, McGowan M, Hughes E, Stewart J, Neville BG, Johnson AL, Reynolds EH. Randomised comparative monotherapy trial of phenobarbitone, phenytoin, carbamazepine, or sodium valproate for newly diagnosed childhood epilepsy. *Lancet* 1996, 347: 709–713

Dean JC. Valproate. In: Wyllie E (ed) *The Treatment of Epilepsy: Principles and Prcatice, Second Edition.* Baltimore: Williams & Wilkins, 1997: 824–832

Deckers CL, Hekster YA, Keyser A, Meinardi H, Renier WO. Reappraisal of polytherapy in epilepsy: a critical review of drug load and adverse effects. *Epilepsia* 1997, 38: 570–575

Degen R, Degen HE. Sleep and sleep deprivation in epileptology. *Epilepsy Res Suppl* 1991, 2: 235–260

DeGiorgio CM, Schachter SC, Handforth A, Salinsky M, Thompson J, Uthman B, Reed R, Collins S, Tecoma E, Morris GL, Vaughn B, Naritoku DK, Henry T, Labar D, Gilmartin R, Labiner D, Osorio I, Ristanovic R, Jones J, Murphy J, Ney G, Wheless J, Lewis P, Heck C. Prospective long-term study of vagus nerve stimulation for the treatment of refractory seizures. *Epilepsia* 2000, 41: 1195–1200

Delgado MR, Mills J, Sparagano S. Hypercholesterolemia associated with the ketogenic diet. *Epilepsia* 1996, 37 Suppl. 5: 108

Delgado-Escueta A, Enrile-Bacsal F. Juvenile myoclonic epilepsy of Janz. *Neurology* 1984, 34: 285–294

Delgado-Escueta AV, Janz D. Consensus guidelines: preconception counseling, management, and care of the pregnant woman with epilepsy. *Neurology* 1992, 42: 149–160

Delgado-Escueta AV, Serratosa JM, Medina MT. Myoclonic seizures and progressive myoclonus epilepsy syndromes. In: Wyllie E (ed) *The Treatment of Epilepsy: Principles and Practice, Second Edition.* Baltimore: Williams & Wilkins, 1997a

Delgado-Escueta AV, Serratosa JM, Medina MT. Juvenile myoclonic epilepsy. In: Wyllie E (ed) Th*e Treatment of Epilepsy: Principles and Practice, Second Edition.* Baltimore: Williams & Wilkins, 1997b: 484–501

DeLorenzo RJ, Pellock JM, Towne AR, Boggs JG. Epidemiology of status epilepticus. *J Clin Neurophysiol* 1995, 12: 316–325

DeLorenzo RJ, Waterhouse EJ, Towne AR, Boggs JG, Ko D, DeLorenzo GA, Brown A, Garnett L. Persistent nonconvulsive status epilepticus after the control of convulsive status epilepticus. *Epilepsia* 1998, 39: 833–840

Denio L, Drake MJ, Pakalnis A. The effect of exercise on seizure frequency. *J Med* 1989, 20: 171–176

des Portes V, Francis F, Pinard JM, Desguerre I, Moutard ML, Snoeck I, Meiners LC, Capron F, Cusmai R, Ricci S, Motte J, Echenne B, Ponsot G, Dulac O, Chelly J, Beldjord C. Doublecortin is the major gene causing X-linked subcortical laminar heterotopia (SCLH). *Hum Mol Genet* 1998a, 7: 1063–1070

des Portes V, Pinard JM, Billuart P, Vinet MC, Koulakoff A, Carrie A, Gelot A, Dupuis E, Motte J, Berwald-Netter Y, Catala M, Kahn A, Beldjord C, Chelly J. A novel CNS gene required for neuronal migration and involved in X-linked subcortical laminar heterotopia and lissencephaly syndrome. *Cell* 1998b, 92: 51–61

Desai BT, Whitman S, Coonley-Hoganson R, Coleman TE, Gabriel G, Dell J. Seizures and civilian head injuries. *Epilepsia* 1983, 24: 289–296

DeToledo JC, Ramsay RE. Patterns of involvement of facial muscles during epileptic and nonepileptic events: review of 654 events. *Neurology* 1996, 47: 621–625

DeToledo JC, Ramsay RE. Fosphenytoin and phenytoin in patients with status epilepticus: improved tolerability versus increased costs. *Drug Saf* 2000, 22: 459–466

Deutsche Gesellschaft für Klinische Neurophysiologie. Anhang: Empfehlungen der Deutschen Gesellschaft für Klinische Neurophysiologie (Deutsche EEG-Gesellschaft). In: Zschocke S (Hrsg) *Klinische Elektroenzephalographie.* Berlin Heidelberg: Springer, 1995: 677–695

Devinsky O, Honigfeld G, Patin J. Clozapine-relate seizures. *Neurology* 1991, 41: 369–371

Devinsky O, Vasquez B. Behavioral changes associated with epilepsy. *Neurol Clin* 1993, 11: 127–149

Devinsky O, Abramson H, Fitzgerald LS, Perrine K, Calderon J, Luciano D. Postictal psychosis: a case control series of 20 patients and 150 controls. *Epilepsy Res* 1995, 20: 247–253

Devinsky O, Thacker K. Nonepileptic seizures. *Neurol Clin* 1995, 13: 299–319

Devinsky O, Baker G, Cramer J. Quantitative measures of assessment. In: Engel Jr J, Pedley T (eds) *Epilepsy: A Comprehensive Textbook.* Philadelphia: Lippincott-Raven Publishers, 1997a: 1107–1113

Devinsky O, Gershengorn J, Brown E, Perrine K, Vazquez B, Luciano D. Frontal functions in juvenile myoclonic epilepsy. *Neuropsychiatry Neuropsychol Behav Neurol* 1997b, 10: 243–246

Devinsky O. Non epileptic seizures: quagmires of pathophysiology, diagnosis and treatment. *Epilepsia* 1998, 39: 458–462

Dinesen H, Gram L, Andersen T, Dam M. Weight gain during treatment with valproate. *Acta Neurol Scand* 1984, 70: 65–69

Division of Hepatitis and Viral Enteritis, Center for Infectious Diseases, Centers for Disease Control. Current Trends: The safety of hepatitis B virus vaccine. *Morbid Mortal Weekly Rep* 1983, 32: 134–136

Dobyns WB, Kuzniecky RI. Normal development and malformations of the cortex. In: Wyllie E (ed) *The Treatment of Epilepsy: Principles and Practice, Second Edition.* Baltimore: Williams & Wilkins, 1997: 93–105

Dodrill C, Batzel L, Queisser H, Temkin N. An objective method for the assessment of psychological and social problems among epileptics. *Epilepsia* 1980, 21: 123–135

Dodrill C, Batzel L. The Washington Psychosocial Seizure Inventory and quality of life in epilepsy. In: Trimble M, Dodson W (eds) *Epilepsy and Quality of Life.* New York: Raven Press, 1994

Dodrill CB. Behavioral effects of antiepileptic drugs. In: Smith D, Treiman D, Trimble M (eds) *Advances in Neurology.* Vol. 55. New York: Raven Press, 1991: 213–224

Dodrill CB, Arnett JL, Sommerville KW, Shu V. Cognitive and quality of life effects of differing dosages of tiagabine in epilepsy. *Neurology* 1997, 48: 1025–1031

Dodrill CB, Arnett JL, Shu V, Pixton GC, Lenz GT, Sommerville KW. Effects of tiagabine monotherapy on abilities, adjustment, and mood. *Epilepsia* 1998, 39: 33–42

Dodrill CB, Arnett JL, Hayes AG, Garofalo EA, Greeley CA, Greiner MJ, Pierce MW. Cognitive abilities and adjustment with gabapentin: results of a multisite study. *Epilepsy Res* 1999, 35: 109–121

Donoghue M, Dunca J, Sander J. The subjective handicap of epilepsy. A new approach to measuring treatment outcome. *Brain* 1998, 121: 317–343

Donovan PJ, Cline D. Phenytoin administration by constant intravenous infusion: selective rates of administration. *Ann Emerg Med* 1991, 20: 139–142

Dooley J, Gordon K, Camfield P, Camfield C, Smith E. Discontinuation of anticonvulsant therapy in children free of seizures for 1 year: a prospective study. *Neurology* 1996, 46: 969–974

Doppelbauer A, Zeitlhofer J, Zifko U, Baumgartner C, Mayr N, Deecke L. Occurrence of epileptiform activity in the routine EEG of epileptic patients. *Acta Neurol Scand* 1993, 87: 345–352

Dreifuss F. Juvenile myoclonic epilepsy: characteristics of a primary generalized epilepsy. *Epilepsia* 1989, 30: S1–7

Dreifuss FE, Langer DH. Hepatic considerations in the use of antiepileptic drugs. *Epilepsia* 1987, 28: S23–29

Dreifuss FE. Toxic effects of drugs used in the ICU. Anticonvulsant agents. *Crit Care Clin* 1991, 7: 521–532

Dreifuss FE. Classification of epileptic seizures. In: Engel Jr J, Pedley TA (eds) *Epilepsy: A Comprehensive Textbook*. Philadelphia: Lippincott-Raven Publishers, 1997: 517–524

Dreifuss FE, Rosman NP, Cloyd JC, Pellock JM, Kuzniecky RI, Lo WD, Matsuo F, Sharp GB, Conry JA, Bergen DC, Bell WE. A comparison of rectal diazepam gel and placebo for acute repetitive seizures. *N Engl J Med* 1998, 338: 1869–1875

Drory VE, Yust I, Korczyn AD. Carbamazepine-induced systemic lupus erythematosus. *Clin Neuropharmacol* 1989, 12: 115–118

Duchowny M. Febrile seizures in childhood. In: Wyllie E (ed) *The Treatment of Epilepsy: Principles and Practice, Second Edition*. Baltimore: Williams & Wilkins, 1997: 622–628

Duchowny M, Jayakar P, Resnick T, Harvey AS, Alvarez L, Dean P, Gilman J, Yaylali I, Morrison G, Prats A, Altman N, Birchansky S, Bruce J. Epilepsy surgery in the first three years of life. *Epilepsia* 1998, 39: 737–743

Duchowny M. Pediatric epilepsy surgery: the widening spectrum of surgical candidacy. *Epileptic Disord* 1999, 1: 143–151

Duchowny M. Recent advances in candidate selection for pediatric epilepsy surgery. *Semin Pediatr Neurol* 2000, 7: 178–186

Dulac O, Steru D, Rey E, Perret A, Arthuis M. Sodium valproate monotherapy in childhood epilepsy. *Brain Dev* 1986, 8: 47–52

Dulac O, Kaminska A. Use of lamotrigine in Lennox-Gastaut and related epilepsy syndromes. *J Child Neurol* 1997, 12 Suppl 1: S23–28

Dulac O, Plouin P, Schlumberger E. Infantile spasms. In: Wyllie E (ed) *The Treatment of Epilepsy: Principles and Practice, Second Edition*. Baltimore: Williams & Wilkins, 1997: 540–572

Duncan JS. Imaging and epilepsy. *Brain* 1997a, 120: 339–377

Duncan JS. Idiopathic generalized epilepsies with typical absences. *J Neurol* 1997b, 244: 403–411

Duncan JS. Magnetic resonance spetroscopy. In: Engel Jr J, Pedley TA (eds) *Epilepsy: A Comprehensive Textbook*. Philadelphia: Lippincott-Raven Publishers, 1997c: 1045–1051

Duncan R, Patterson J, Roberts R, Hadley DM, Bone I. Ictal/postictal SPECT in the pre-surgical localisation of complex partial seizures. *J Neurol Neurosurg Psychiatry* 1993, 56: 141–148

Dupont S, Semah F, Boon P, Saint-Hilaire JM, Adam C, Broglin D, Baulac M. Association of ipsilateral motor automatisms and contralateral dystonic posturing: a clinical feature differentiating medial from neocortical temporal lobe epilepsy. *Arch Neurol* 1999, 56: 927–932

Dupont S, Semah F, Clemenceau S, Adam C, Baulac M, Samson Y. Accurate prediction of postoperative outcome in mesial temporal lobe epilepsy: a study using positron emission tomography with 18fluorodeoxyglucose. *Arch Neurol* 2000, 57: 1331–1336

Durand DV, Lecomte C, Cathebras P, Rousset H, Godeau P. Whipple disease. Clinical review of 52 cases. The SNFMI Research Group on Whipple Disease. Societe Nationale Francaise de Medecine Interne. *Medicine (Baltimore)* 1997, 76: 170–184

Durand ML, Calderwood SB, Weber DJ, Miller SI, Southwick FS, Caviness VS Jr, Swartz MN. Acute bacterial meningitis in adults. A review of 493 episodes. *N Engl J Med* 1993, 328: 21–28

Durner M, Zhou G, Fu D, Abreu P, Shinnar S, Resor SR, Moshe SL, Rosenbaum D, Cohen J, Harden C, Kang H, Wallace S, Luciano D, Ballaban GK, Klotz I, Dicker E,

Greenberg DA. Evidence for linkage of adolescent-onset idiopathic generalized epilepsies to chromosome 8-and genetic heterogeneity. *Am J Hum Genet* 1999, 64: 1411–1419

Eadie MJ. Phenobarbital and other barbiturates. In: Engel Jr J, Pedley A (eds) *Epilepsy: A Comprehensive Textbook*. Philadelphia: Lippincott-Raven Publishers, 1997: 1547–1555

Eadie MJ. Therapeutic drug monitoring – antiepileptic drugs. *Br J Clin Pharamcol* 1998, 46: 185–193

Earnest M, Yarnell P. Seizure admissions to a city hospital: the role of alcohol. *Epilepsia* 1976, 17: 387–393

Ebersole JS, Leroy RF. Evaluation of ambulatory cassette EEG monitoring: III. Diagnostic accuracy compared to intensive inpatient EEG monitoring. *Neurology* 1983, 33: 853–860

Ebersole JS, Bridgers SL. Direct comparison of 3- and 8-channel ambulatory cassette EEG with intensive inpatient monitoring. *Neurology* 1985, 35: 846–854

Ebersole JS. EEG dipole modeling in complex partial epilepsy. *Brain Topography* 1991, 4: 113–123

Ebersole JS, Wade PB. Spike voltage topography identifies two types of frontotemporal epileptic foci. *Neurology* 1991, 41: 1425–1431

Ebersole JS. EEG and MEG dipole source modeling. In: Engel Jr J, Pedley TA (eds) *Epilepsy: A Comprehensive Textbook*. Philadelphia: Lippincott-Raven Publishers, 1997a: 919–935

Ebersole JS. Magnetoencephalography/magnetic source imaging in the assessment of patients with epilepsy. *Epilepsia* 1997b, 38 Suppl 4: S1-S5

Ebner A, Dinner DS, Noachtar S, Lüders H. Automatisms with preserved responsiveness: a lateralizing sign in psychomotor seizures. *Neurology* 1995, 45: 61–64

Ebner A, Hoppe M. Noninvasive electroencephalography and mesial temporal sclerosis. *J Clin Neurophysiol* 1995, 12: 23–31

Eckardt KM, Steinhoff BJ. Nonconvulsive status epilepticus in two patients receiving tiagabine treatment. *Epilepsia* 1998, 39: 671–674

Eeg-Olofsson O, Petersen I, Sellden U. The development of the electroencephalogram in normal children from the age of 1 through 15 years. Paroxysmal activity. *Neuropädiatrie* 1971, 2: 375–404

Efron R. The effect of olfactory stimulus in arresting uncinate fits. *Brain* 1956, 79: 267–281

Efron R. The conditioned inhibition of uncinate fits. *Brain* 1957, 80: 251–262

Ehrengut W, Ehrengut-Lange J. On convulsive reactions following oral vaccination against polio. *Klin Pädiatr* 1979, 191: 261–270

Eksioglu YZ, Scheffer IE, Cardenas P, Knoll J, DiMario F, Ramsby G, Berg M, Kamuro K, Berkovic SF, Duyk GM, Parisi J, Huttenlocher PR, Walsh CA. Periventricular heterotopia: an X-linked dominant epilepsy locus causing aberrant cerebral cortical development. *Neuron* 1996, 16: 77–87

el Maghraoui A, Birouk N, Zaim A, Slassi I, Yahyaoui M, Chkili T. Syndrome de Fahr et dysparathyroidie. *Presse Med* 1995, 24: 1301–1304

Elferink AJA, Van Zwieten-Boot BJ. Analysis based on number to treat shows differences between drugs studied. *BMJ* 1997, 314: 603

Elger C, Brockhaus A, Grunwald T. Epilepsie und Flugreisen. Antiepileptika und Zeitumstellungen. Wiesbaden: Deutscher Universitätsverlag, 1996

Ellingson R, Wilken K, Bennett D. Efficacy of sleep deprivation as an activation procedure in epilepsy patients. J *Clin Neurophysiol* 1984, 1: 83–101

Elmslie FV, Williamson MP, Rees M, Kerr M, Kjeldsen MJ, Pang KA, Sundqvist A, Friis ML, Richens A, Chadwick D, Whitehouse WP, Gardiner RM. Linkage analysis of juvenile myoclonic epilepsy and microsatellite loci spanning 61 cM of human chromosome 6p in 19 nuclear pedigrees provides no evidence for a susceptibility locus in this region. *Am J Hum Genet* 1996, 59: 653–663

Elmslie FV, Rees M, Williamson MP, Kerr M, Kjeldsen MJ, Pang KA, Sundqvist A, Friis ML, Chadwick D, Richens A, Covanis A, Santos M, Arzimanoglou A, Panayiotopoulos CP, Curtis D, Whitehouse WP, Gardiner RM. Genetic mapping of a major susceptibility locus for juvenile myoclonic epilepsy on chromosome 15q. *Hum Mol Genet* 1997, 6: 1329–1334

Elsehety A, Bertorini TE. Neurologic and neuropsychiatric complications of Crohn's disease. *South Med J* 1997, 90: 606–610

Elterman RD, Glauser TA, Wyllie E, Reife R, Wu SC, Pledger G. A double-blind, randomized trial of topiramate as adjunctive therapy for partial-onset seizures in children. Topiramate YP Study Group. *Neurology* 1999, 52: 1338–1344

Elwes RD, Johnson AL, Shorvon SD, Reynolds EH. The prognosis for seizure control in newly diagnosed epilepsy. *N Engl J Med* 1984, 311: 944–947

Emery E. Status epilepticus secondary to breath-holding and pallid syncopal spells. *Neurology* 1990, 40: 859

Engel Jr J, Brown WJ, Kuhl DE, Phelps ME, Mazziotta JC, Crandall PH. Pathological findings underlying focal temporal lobe hypometabolism in partial epilepsy. *Ann Neurol* 1982a, 12: 518–528

Engel Jr J, Kuhl DE, Phelps ME, Crandall PH. Comparative localization of epileptic foci in partial epilepsy by PCT and EEG. *Ann Neurol* 1982b, 12: 529–537

Engel Jr J, Kuhl DE, Phelps ME, Mazziotta JC. Interictal cerebral glucose metabolism in partial epilepsy and its relation to EEG changes. *Ann Neurol* 1982c, 12: 510–517

Engel Jr J. Seizures and epilepsy. Philadelphia: F.A. Davis 1989

Engel Jr J. Surgical Treatment of the Epilepsies, Second Edition. New York: Raven Press, 1993

Engel Jr J, Van Ness PC, Rasmussen TB, Ojemann LM. Outcome with respect to epileptic seizures. In: Engel Jr J (ed) *Surgical Treatment of the Epilepsies, Second Edition.* New York: Raven Press, 1993: 609–622

Engel Jr J. Bilateral temporal lobe epilepsy. In: Wolf P (ed) *Epileptic Seizures and Syndromes.* London: John Libbey & Company Ltd, 1994: 359–368

Engel Jr J. Surgery for seizures. *New Engl J Med* 1996a, 334: 647–52

Engel Jr J. Introduction to the temporal lobe epilepsies. *Epilepsy Res* 1996b, 26: 141–150

Engel Jr J, Williamson PD, Wieser HG. Mesial temporal lobe epilepsy. In: Engel Jr J, Pedley TA (eds) *Epilepsy: A Comprehensive Textbook.* Philadelphia: Lippincott-Raven Publishers, 1997: 2417–2426

Engel Jr J. Etiology as a risk factor for medically refractory epilepsy: a case for early surgical intervention. *Neurology* 1998, 51: 1243–1244

Engel Jr J. The timing of surgical intervention for mesial temporal lobe epilepsy: a plan for a randomized clinical trial. *Arch Neurol* 1999, 56: 1338–1341

Epilepsy Foundation of America. Treatment of convulsive status epilepticus. Recommendations of the Epilepsy Foundation of America's Working Group on Status Epilepticus. *JAMA* 1993, 270: 854–859

Erenberg G, Rothner AD, Henry CE, Cruse RP. Valproic acid in the treatment of intractable absence seizures in children: a single-blind clinical and quantitative EEG study. *Am J Dis Child* 1982, 136: 526–529

Eriksson AS, Hoppu K, Nergardh A, Boreus L. Pharmacokinetic interactions between lamotrigine and other antiepileptic drugs in children with intractable epilepsy. *Epilepsia* 1996, 37: 769–773

Eriksson AS, Nergardh A, Hoppu K. The efficacy of lamotrigine in children and adolescents with refractory generalized epilepsy: a randomized, double-blind, crossover study. *Epilepsia* 1998, 39: 495–501

Eriksson KJ, Koivikko MJ. Prevalence, classification, and severity of epilepsy and epileptic syndromes in children. *Epilepsia* 1997, 38: 1275–1282

Escayg A, De Waard M, Lee DD, Bichet D, Wolf P, Mayer T, Johnston J, Baloh R, Sander T, Meisler MH. Coding and noncoding variation of the human calcium-channel beta4-subunit gene CACNB4 in patients with idiopathic generalized epilepsy and episodic ataxia. *Am J Hum Genet* 2000, 66: 1531–1539

Ettinger AB, Bernal OG, Andriola MR, Bagchi S, Flores P, Just C, Pitocco C, Rooney T, Tuominen J, Devinsky O. Two cases of nonconvulsive status epilepticus in association with tiagabine therapy. *Epilepsia* 1999, 40: 1159–1162

European Federation of Neurological Societies Task Force. Presurgical evaluation for epilepsy surgery – European standards. *European J Neurol* 2000, 119–122

Evans EC. Neurologic complications of myxedema: convulsions. *Ann Intern Med* 1960, 52: 434–444

Evans JH. Post-traumatic epilepsy. *Neurology* 1962, 12: 665–674

Fakhoury T, Abou-Khalil B, Peguero E. Differentiating clinical features of right and left temporal lobe seizures. *Epilepsia* 1994, 35: 1038–1044

Fakhoury T, Abou-Khalil B. Association of ipsilateral head turning and dystonia in temporal lobe seizures. *Epilepsia* 1995, 36: 1065–1070

Farmer JP, Cosgrove GR, Villemure JG, Meagher-Villemure K, Tampieri D, Melanson D. Intracerebral cavernous angiomas. *Neurology* 1988, 38: 1699–1704

Farrar HC, Chande VT, Fitzpatrick DF, Shema SJ. Hyponatremia as the cause of seizures in infants: a retrospective analysis of incidence, severity, and clinical predictors. *Ann Emerg Med* 1995, 26: 42–48

Farrell K. Generalized tonic and atonic seizures. In: Wyllie E (ed) *The Treatment of Epilepsy: Principles and Practice, Second Edition.* Baltimore: Williams & Wilkins, 1997a: 522–529

Farrell K. Symptomatic generalized epilepsy and Lennox-Gastaut-Syndrome. In: Wyllie E (ed) *The Treatment of Epilepsy: Principles and Practice, Second Edition.* Baltimore: Williams & Wilkins, 1997b: 530–539

Faught E, Peters D, Bartolucci A, Moore L, Miller PC. Seizures after primary intracerebral hemorrhage. *Neurology* 1989, 39: 1089–1093

Faught E. Felbamate. In: Wyllie E (ed) *The Treatment of Epilepsy: Principles and Practice, Second Edition.* Baltimore: Williams & Wilkins, 1997: 913–919

Faught E, Morris G, Jacobson M, French J, Harden C, Montouris G, Rosenfeld W. Adding lamotrigine to valproate: incidence of rash and other adverse effects. Postmarketing Antiepileptic Drug Survey (PADS) Group. *Epilepsia* 1999, 40: 1135–1140

Feksi AT, Kaamugisha J, Sander JW, Gatiti S, Shorvon SD. Comprehensive primary health care antiepileptic drug treatment programme in rural and semi-urban Kenya. ICBERG (International Community-based Epilepsy Research Group). *Lancet* 1991, 337: 406–409

Fenwick PBC, Toone BK, Wheeler MJ, Nanjee MN, Grant R, Brown D. Sexual behaviour in a centre for epilepsy. *Acta Neurol Scand* 1985, 71: 428–435

Fenwick PBC, Mercer C, Grant R, Wheeler M, Nanjee MN, Toone B, Brown D. Nocturnal penile tumescence and seum testosterone levels. *Arch Sex Behav* 1986, 15: 13–21

Ferendelli JA. Rational polypharmacy. *Epilepsia* 1995, 36 Suppl 2: S115-S118

Ferrie CD, Robinson RO, Knott C, Panayiotopoulos CP. Lamotrigine as an add-on drug in typical absence seizures. *Acta Neurol Scand* 1995, 91: 200–202

Ferrier CH, Engelsman J, Alarcon G, Binnie CD, Polkey CE. Prognostic factors in presurgical assessment of frontal lobe epilepsy. *J Neurol Neurosurg Psychiatryry* 1999, 66: 350–356

Feucht M, Fuchs K, Pichlbauer E, Hornik K, Scharfetter J, Goessler R, Fureder T, Cvetkovic N, Sieghart W, Kasper S, Aschauer H. Possible association between childhood absence epilepsy and the gene encoding GABRB3. *Biol Psychiatry* 1999, 46: 997–1002

Ficker DM, Westmoreland BF, Sharbrough FW. Epileptiform abnormalities in hepatic encephalopathy. *J Clin Neurophysiol* 1997, 14: 230–234

Ficker DM, So EL, Shen WK, Annegers JF, O'Brien PC, Cascino GD, Belau PG. Population-based study of the incidence of sudden unexplained death in epilepsy. *Neurology* 1998, 51: 1270–1274

Ficker DM, So EL, Mosewich RK, Radhakrishnan K, Cascino GD, Sharbrough FW. Improvment and detoriation of seizure control during the postsurgical course of epilepsy surgery patients. *Epilepsia* 1999, 40: 62–67

Ficker DM. Sudden unexplained death and injury in epilepsy. *Epilepsia* 2000, 41 Suppl 2: S7–12

Fillastre JP, Taburet AM, Fialaire A, Etienne I, Bidault R, Singlas E. Pharmacokinetics of lamotrigine in patients with renal impairment: influence of haemodialysis. *Drugs Exp Clin Res* 1993, 19: 25–32

First Seizure Trial Group (FIR.S.T. Group). Randomized clinical trial on the efficacy of antiepileptic drugs in reducing the risk of relapse after a first unprovoked tonic-clonic seizure. *Neurology* 1993, 43: 478–483

Fisch BJ. Generalized tonic-clonic seizures. In: Wyllie E (ed) *The Treatment of Epilepsy: Principles and Practice, Second Edition.* Baltimore: Williams & Wilkins, 1997: 502–521

Fischer JH, Allen FHJ, Runge J, Lagarda S, Alldredge B, Matsuo F, Kugler AR, Basson SM. Fosphenytoin (Cerebyx[R]) in status epilepticus: safety, tolerance, and pharmacokinetics. *Epilepsia* 1996, 37 Suppl 5: 202

Fish D, Andermann F, Olivier A. Complex partial seizures and small posterior temporal or extratemporal structural lesions: surgical management. *Neurology* 1991, 41: 1781–1784

Fish DR, Gloor P, Quesney FL, Olivier A. Clinical responses to electrical brain stimulation of the temporal and frontal lobes in patients with epilepsy. Pathophysiological implications. *Brain* 1993, 116: 397–414

Fish DR. Psychic auras. In: Engel Jr J, Pedley TA (eds) *Epilepsy: A Comprehensive Textbook.* Philadelphia: Lippincott-Raven Publishers, 1997: 543–548

Fisher JB, Edgren BE, Mammel MC. Neonatal apnea associated with maternal clonazepam therapy: a case report. *Obstet Gynecol* 1985, 66 Suppl 3: 34S–35S

Fisher RS, Handforth A. Reassessment: vagus nerve stimulation for epilepsy: a report of the Therapeutics and Technology Assessment Subcommittee of the American Academy of Neurology. *Neurology* 1999, 53: 666–669

Floyd M. A review of published studies in epilepsy and employment. In: Edwards F, Espir M, Oxley J (eds) *Epilepsy and Employment – a Medical Symposium on Current Problems and Best Practices.* London: Royal Society of Medicine Services, 1986

Foldvary N, Lee N, Thwaites G, Mascha E, Hammel E, Kim H, Friedman AH, Radtke RA. Clinical and electrographic manifestations of lesional neocortical temporal lobe epilepsy. *Neurology* 1997, 49: 757–763

Fong GC, Shah PU, Gee MN, Serratosa JM, Castroviejo IP, Khan S, Ravat SH, Mani J, Huang Y, Zhao HZ, Medina MT, Treiman LJ, Pineda G, Delgado EA. Childhood absence epilepsy with tonic-clonic seizures and electroencephalogram 3–4-Hz spike and multispike-slow wave complexes: linkage to chromosome 8q24. *Am J Hum Genet* 1998, 63: 1117–1129

Forsgren L, Bucht G, Eriksson S, Bergmark L. Incidence and clinical characterization of unprovoked seizures in adults: a prospective population-based study. *Epilepsia* 1996, 37: 224–229

Fountain NB, Lothman EW. Pathophysiology of status epilepticus. *J Clin Neurophysiol* 1995, 12: 326–342

Fountain NB, Adams RE. Midazolam treatment of acute and refractory status epilepticus. *Clin Neuropharmacol* 1999, 22: 261–267

Fox JW, Lamperti ED, Eksioglu YZ, Hong SE, Feng Y, Graham DA, Scheffer IE, Dobyns WB, Hirsch BA, Radtke RA, Berkovic SF, Huttenlocher PR, Walsh CA. Mutations in filamin 1 prevent migration of cerebral cortical neurons in human periventricular heterotopia. *Neuron* 1998, 21: 1315–1325

Frank LM, Enlow T, Holmes GL, Manasco P, Concannon S, Chen C, Womble G, Casale EJ. Lamictal (lamotrigine) monotherapy for typical absence seizures in children. *Epilepsia* 1999, 40: 973–979

Franks S. Polycystic ovary syndrome. *N Engl J Med* 1995, 333: 853–861

Fraser CL, Arieff AI. Nervous system complications in uremia. *Ann Intern Med* 1988, 109: 143–153

Fraser RT, Clemmons D, Trejo W, Temkin N. Program evaluation in epilepsy rehabilitation. *Epilepsia* 1983, 24: 734–746

Fraser RT, Thorbecke R. Postoperative rehabilitation. In: Engel Jr J, Pedley TA (eds) *Epilepsy: A Comprehensive Textbook.* Philadelphia: Lippincott-Raven Publishers, 1997: 1901–1910

French J, Smith M, Faught E, Brown L. Practice advisory: the use of felbamate in the treatment of patients with intractable epilepsy. Report of the Quality Standards Subcommittee of the American Academy of Neurology and the American Epilepsy Society. *Epilepsia* 1999, 40: 803–808

French JA. Vigabatrin. *Epilepsia* 1999, 40 Suppl 5: S11–16

Frey B, Schubiger G, Musy JP. Transient cholestatic hepatitis in a neonate associated with carbamazepine exposure during pregnancy and breast-feeding. *Eur J Pediatr* 1990, 150: 136–138

Fried I, Cascino GD. Lesional surgery. In: Engel Jr J (ed) *Surgical Treatment of the Epilepsies, Second Edition.* New York: Raven Press, 1993: 501–509

Friis M. Stress convulsions. In: Dam M, Gram L (eds) *Comprehensive Epileptology.* New York: Raven Press, 1990: 247–250

Fritzler MJ. Drugs recently associated with lupus syndromes. *Lupus* 1994, 3: 455–459

Fröscher W, Eichelbaum M, Gugler R, Hildenbrand G, Penin H. A prospective randomised trial on the effect of monitoring plasma anticonvulsant levels in epilepsy. *J Neurol* 1981, 224: 193–201

Fröscher W, Maier V, Laage M, Wolfersdorf M, Straub R, Rothmeier J, Steinert T, Fiaux A, Frank U, Grupp D. Folate deficiency, anticonvulsant drugs, and psychiatric morbidity. *Clin Neuropharmacol* 1995, 18: 165–182

Fröscher W, Krämer G, Schmidt D, Stefan H. Serumkonzentration von Antiepileptika: Praktische Richtlinien zur Messung und sinnvollen Interpretation. *Epilepsieblätter* 1997, 10: 105–111

Fröscher W, Krämer G, Schmidt D, Stefan H. Serumkonzentration von Antiepileptika: Praktische Richtlinien zur Messung und sinnvollen Interpretation. *Nervenarzt* 1999, 70: 172–177

Futrell N, Schultz LR, Millikan C. Central nervous system disease in patients with systemic lupus erythematosus. *Neurology* 1992, 42: 1649–1657

Gabr M, Lüders H, Dinner DS, Morris H, Wyllie E. Speech manifestations in lateralization of temporal lobe seizures. *Ann Neurol* 1989, 25: 82–87

Gambardella A, Reutens DC, Andermann F, Cendes F, Gloor P, Dubeau F, Olivier A. Late-onset drop attacks in temporal lobe epilepsy: a reevaluation of the concept of temporal lobe syncope. *Neurology* 1994, 44: 1074–1078

Gambardella A, Gotman J, Cendes F, Andermann F. Focal intermittent delta activity in patients with mesiotemporal atrophy: a reliable marker of the epileptogenic focus. *Epilepsia* 1995, 36: 122–129

Gambardella A, Palmini A, Andermann F, Dubeau F, Da Costa JC, Quesney LF, Andermann E, Olivier A. Usefulness of focal rhythmic discharges on scalp EEG of patients with focal cortical dysplasia and intractable epilepsy. *Electroencephalogr Clin Neurophysiol* 1996, 98: 243–249

Gambardella A, Aguglia U, Cittadella R, Romeo N, Sibilia G, LePiane E, Messina D, Manna I, Oliveri RL, Zappia M, Quattrone A. Apolipoprotein E polymorphisms and the risk of nonlesional temporal lobe epilepsy. *Epilepsia* 1999, 40: 1804–1807

Gambardella A, Messina D, Le Piane E, Oliveri RL, Annesi G, Zappia M, Andermann E, Quattrone A, Aguglia U. Familial temporal lobe epilepsy autosomal dominant inheritance in a large pedigree from southern Italy. *Epilepsy Res* 2000, 38: 127–132

Garcia C, Pinto F, Pimentel J, Ferro J, Martins A, Atalaia A. The factors triggering epileptic crises according to patients. *Acta Med Port* 1997, 10: 569–571

Gardiner M, Lehesjoki AE. Genetics of the epilepsies. *Curr Opin Neurol* 2000, 13: 157–164

Garnett WR. Clinical pharmacology of topiramate: a review. *Epilepsia* 2000, 41 Suppl 1: S61–65

Gastaut H, Morin G, Lesèvre N. Étude du comportement des épileptiques psychomoteurs dans l'intervalle de leurs crises: les troubles de l'activité globale et de la sociabilité. *Ann Med Psychol (Paris)* 1955, 113: 1–27

Gates JR, Ramani V, Whalen S, Loewenson R. Ictal characteristics of pseudoseizures. *Arch Neurol* 1985, 42: 1183–1187

Gates JR, Mercer K. Nonepileptic events. *Sem Neurol* 1995, 15: 167–173

Gates JR, DePaola L. Corpus callosum section. In: Shorvon S, Dreifuss F, Fish D, Thomas D (eds) *The Treatment of Epilepsy*. Oxford: Blackwell Science Ltd, 1996: 722–738

Geier S, Bancaud J, Talairach J, Bonis A, Szikla G, Enjelvin M. The seizures of frontal lobe epilepsy. A study of clinical manifestations. *Neurology* 1977, 27: 951–958

Gelisse P, Thomas P, Samuelian J, Roger J, Genton P. Psychiatric disorders in patients with juvenile myoclonic epilepsy. *Epilepsia* 1999, 40 Suppl 2: 273

Genton P, Bureau M, Dravet C, Roger J. Less common epileptic syndromes. In: Wyllie E (ed) *The Treatment of Epilepsy: Principles and Practice, Second Edition*. Baltimore: Williams & Wilkins, 1997: 584–599

Genton P, Dravet C. Lennox-Gastaut syndrome and other childhood epileptic encephalopathies. In: Engel Jr J, Pedley TA (eds) *Epilepsy: A Comprehensive Textbook*. Philadelphia: Lippincott-Raven Publishers, 1997: 2355–2366

Genton P, Gelisse P, Thomas P, Bartolomei F, Rey M, Dravet C. Clinical factors of drug resistance in patients with juvenile myoclonic epilepsy. *Epilepsia* 1999, 40 Suppl 2: 212

Genton P. When antiepileptic drugs aggravate epilepsy. *Brain Dev* 2000, 22: 75–80

Ghika-Schmid F, Ghika J, Regli F, Dworak N, Bogousslavsky J, Stadler C, Portmann L, Despland PA. Hashimoto's myoclonic encephalopathy: an underdiagnosed treatable condition? *Mov Disord* 1996, 11: 555–562

Gidal B, Spencer N, Maly M, Pitterle M, Williams E, Collins M, Jones J. Valproate-mediated disturbances of hemostasis: relationship to dose and plasma concentration. *Neurology* 1994, 44: 1418–1422

Gilad R, Lampl Y, Gabbay U, Eshel Y, Sarova-Pinhas I. Early treatment of a single generalized tonic-clonic seizure to prevent recurrence. *Arch Neurol* 1996, 53: 1149–1152

Gilbert DL, Buncher CR. An EEG should not be obtained routinely after first unprovoked seizure in childhood. *Neurology* 2000, 54: 635–641

Gilliam F, Vazquez B, Sackellares JC, Chang GY, Messenheimer J, Nyberg J, Risner ME, Rudd GD. An active-control trial of lamotrigine monotherapy for partial seizures. *Neurology* 1998, 51: 1018–1025

Gilmore RL. Seizures and antiepileptic drug use in transplant patients. *Neurol Clin* 1988, 6: 279–296

Gil-Nagel A, Risinger MW. Ictal semiology in hippocampal versus extrahippocampal temporal lobe epilepsy. *Brain* 1997, 120: 183–192

Girvin JP. Complications of epilepsy surgery. In: Lüders HO (ed) *Epilepsy Surgery*. New York: Raven Press, 1992: 653–660

Gjerde IO, Strandjord RE, Ulstein M. The course of epilepsy during pregnancy: a study of 78 cases. *Acta Neurol Scand* 1988, 78: 198–205

Glauser TA, Clark PO, Strawsburg R. A pilot study of topiramate in the treatment of infantile spasms. *Epilepsia* 1998, 39: 1324–1328

Glauser TA. Topiramate. *Epilepsia* 1999, 40 Suppl 5: S71–80

Glauser T, Bebin M, Ritter F, Nohria V, Jensen C. Open-label efficacy and safety of levetiracetam in pediatric patients with partial onset seizures. *Epilepsia* 1999, 40 Suppl 7: 161

Glauser TA, Clark PO, McGee K. Long-term response to topiramate in patients with West syndrome. *Epilepsia* 2000a, 41 Suppl 1: S91–94

Glauser TA, Levisohn PM, Ritter F, Sachdeo RC. Topiramate in Lennox-Gastaut syndrome: open-label treatment of patients completing a randomized controlled trial. Topiramate YL Study Group. *Epilepsia* 2000b, 41 Suppl 1: S86–90

Glauser TA, Nigro M, Sachdeo R, Pasteris LA, Weinstein S, Abou-Khalil B, Frank LM, Grinspan A, Guarino T, Bettis D, Kerrigan J, Geoffroy G, Mandelbaum D, Jacobs T, Mesenbrink P, Kramer L, D'Souza J. Adjunctive therapy with oxcarbazepine in children with partial seizures. The Oxcarbazepine Pediatric Study Group. *Neurology* 2000c, 54: 2237–2244

Gloor P, Olivier A, Quesney LF, Andermann F, Horowitz S. The role of the limbic system in experiential phenomena of temporal lobe epilepsy. *Ann Neurol* 1982, 12: 129–144

Gloor P. Experiential phenomena of temporal lobe epilepsy. *Brain* 1990, 113: 1673–1694

Gobbi G, Bouquet F, Greco L, Lambertini A, Tassinari CA, Ventura A, Zaniboni MG. Coeliac disease, epilepsy, and cerebral calcifications. The Italian Working Group on Coeliac Disease and Epilepsy. *Lancet* 1992, 340: 439–443

Gobbi G, Guerrini R. Childhood epilepsy with occipital spikes and other benign localization-related epilepsies. In: Engel Jr J, Pedley TA (eds) *Epilepsy: A Comprehensive Textbook.* Philadelphia: Lippincott-Raven Publishers, 1997: 2315–2326

Göbel R, Görtzen A, Bräunig P. Enzephalopathien durch Valproat. *Fortschr Neurol Psychiatr* 1999, 67: 7–11

Gonzalez-Crespo MR, Blanco FJ, Ramos A, Ciruelo E, Mateo I, Lopez Pino MA, Gomez-Reino JJ. Magnetic resonance imaging of the brain in systemic lupus erythematosus. *Br J Rheumatol* 1995, 34: 1055–1060

Goodin DS, Aminoff MJ. Does the interictal EEG have a role in the diagnosis of epilepsy? *Lancet* 1984, 1: 837–839

Goodin DS, Aminoff MJ, Laxer KD. Detection of epileptiform activity by different noninvasive EEG methods in complex partial epilepsy. *Ann Neurol* 1990, 27: 330–334

Goodridge DM, Shorvon SD. Epileptic seizures in a population of 6000. II: Treatment and prognosis. *Br Med J (Clin Res Ed)* 1983a, 287: 645–647

Goodridge DM, Shorvon SD. Epileptic seizures in a population of 6000. I: Demography, diagnosis and classification, and role of the hospital services. *Br Med J (Clin Res Ed)* 1983b, 287: 641–644

Gormally SM, Bourke W, Kierse B, Monaghan H, McMenamin J, Drumm B. Isolated cerebral thrombo-embolism and Crohn disease. *Eur J Pediatr* 1995, 154: 815–818

Gotman J, Marciani MG. Electroencephalographic spiking activity, drug levels, and seizure occurrence in epileptic patients. *Ann Neurol* 1985, 17: 597–603

Graf M, Lischka A, Gremel K. Benigne Rolandische Epilepsie im Kindesalter. Topograpische EEG-Analyse. *Wien Klin Wochenschr* 1990, 102: 206–210

Granstrom ML, Gaily E, Liukkonen E. Treatment of infantile spasms: results of a population-based study with vigabatrin as the first drug for spasms. *Epilepsia* 1999, 40: 950–957

Grant C, Warlow C. Focal epilepsy in diabetic non-ketotic hyperglycaemia. *Br Med J (Clin Res Ed)* 1985, 290: 1204–1205

Graves NM, Kriel RL, Jones-Saete C, Cloyd JC. Relative bioavailability of rectally administered carbamazepine suspension in humans. *Epilepsia* 1985, 26: 429–433

Graves NM, Kriel RL. Rectal administration of antiepileptic drugs in children. *Pediatr Neurol* 1987, 3: 321–326

Graves NM, Ramsey RE. Phenytoin and fosphenytoin. In: Wyllie E (ed) *The Treatment of Epilepsy: Principles and Practice, Second Edition.* Baltimore: Williams & Wilkins, 1997: 833–844

Greenberg DA, Delgado-Escueta AV, Widelitz H, Sparkes RS, Treiman L, Maldonado HM, Park MS, Terasaki PI. Juvenile myoclonic epilepsy (JME) may be linked to the BF and HLA loci on human chromosome 6. *Am J Med Genet* 1988, 31: 185–192

Greenberg DA, Durner M, Resor S, Rosenbaum D, Shinnar S. The genetics of idiopathic generalized epilepsies of adolescent onset: differences between juvenile myoclonic epilepsy and epilepsy with random grand mal and with awakening grand mal. *Neurology* 1995, 45: 942–946

Greenberg DA, Durner M, Keddache M, Shinnar S, Resor SR, Moshe SL, Rosenbaum D, Cohen J, Harden C, Kang H, Wallace S, Luciano D, Ballaban-Gil K, Tomasini L, Zhou G, Klotz I, Dicker E. Reproducibility and complications in gene searches:

linkage on chromosome 6, heterogeneity, association, and maternal inheritance in juvenile myoclonic epilepsy. *Am J Hum Genet* 2000, 66: 508–516

Gregory RP, Oates T, Merry RT. Electroencephalogram epileptiform abnormalities in candidates for aircrew training. *Electroencephalogr Clin Neurophysiol* 1993, 86: 75–77

Griffin M, Ray W, Mortimer E, Fenichel G, Schaffner W. Risk of seizures and encephalopathy after immunization with the diphtheria-tetanus-pertussis vaccine. *JAMA* 1990, 263: 1641–1645

Gröppel G, Kapitany T, Baumgartner C. Cluster analysis of clinical seizure semiology of psychogenic nonepileptic seizures. *Epilepsia* 2000, 41: 610–614

Gross-Selbeck G. West-Syndrom (BNS-Anfälle). In: Besser R, Gross-Selbeck G, Boenigk HE (eds) *Epilepsiesyndrome – Therapiestratregien.* Stuttgart New York: Georg Thieme Verlag, 1993: 58–67

Grudzinski A, Hakim Z, Coons S, Labiner D. Use of the QUOLIE–31 in routine clinical practice. *J Epilepsy* 1998, 11: 34–47

Guberman A. Monotherapy or polytherapy for epilepsy? *Can J Neurol Sci* 1998, 25: S3–8

Guberman A. Hormonal contraception and epilepsy. *Neurology* 1999, 53: S38–40

Guberman AH, Besag FM, Brodie MJ, Dooley JM, Duchowny MS, Pellock JM, Richens A, Stern RS, Trevathan E. Lamotrigine-associated rash: risk/benefit considerations in adults and children. *Epilepsia* 1999, 40: 985–991

Gubser M, Blumberg A, Donati F. Fieberkrämpfe: eine Standortbestimmung. *Schweiz Med Wochenschr* 1999, 129: 649–657

Gudmundsson G. Epilepsy in Iceland. A clinical and epidemiological investigation. *Acta Scand* 1966, 25: 1–125

Guerreiro MM, Vigonius U, Pohlmann H, de Manreza ML, Fejerman N, Antoniuk SA, Moore A. A double-blind controlled clinical trial of oxcarbazepine versus phenytoin in children and adolescents with epilepsy. *Epilepsy Res* 1997, 27: 205–213

Guerreiro MM, Andermann E, Guerrini R, Dobyns WB, Kuzniecky R, Silver K, Van Bogaert P, Gillain C, David P, Ambrosetto G, Rosati A, Bartolomei F, Parmeggiani A, Paetau R, Salonen O, Ignatius J, Borgatti R, Zucca C, Bastos AC, Palmini A, Fernandes W, Montenegro MA, Cendes F, Andermann F. Familial perisylvian polymicrogyria: a new familial syndrome of cortical maldevelopment. *Ann Neurol* 2000, 48: 39–48

Guerrini R, Genton P, Bureau M, Parmeggiani A, Salas-Puig X, Santucci M, Bonanni P, Ambrosetto G, Dravet C. Multilobar polymicrogyria, intractable drop attack seizures, and sleep-related electrical status epilepticus. *Neurology* 1998, 51: 504–512

Guerrini R, Bonanni P, Nardocci N, Parmeggiani L, Piccirilli M, De FM, Aridon P, Ballabio A, Carrozzo R, Casari G. Autosomal recessive rolandic epilepsy with paroxysmal exercise-induced dystonia and writer's cramp: delineation of the syndrome and gene mapping to chromosome 16p12–11.2. *Ann Neurol* 1999, 45: 344–352

Guerrini R, Barkovich AJ, Sztriha L, Dobyns WB. Bilateral frontal polymicrogyria: a newly recognized brain malformation syndrome. *Neurology* 2000, 54: 909–913

Guipponi M, Rivier F, Vigevano F, Beck C, Crespel A, Echenne B, Lucchini P, Sebastianelli R, Baldy MM, Malafosse A. Linkage mapping of benign familial infantile convulsions (BFIC) to chromosome 19q. *Hum Mol Genet* 1997a, 6: 473–477

Guipponi M, Thomas P, Girard RC, Feingold J, Baldy MM, Malafosse A. Lack of association between juvenile myoclonic epilepsy and GABRA5 and GABRB3 genes. *Am J Med Genet* 1997b, 74: 150–153

Guldvog B, Loyning Y, Hauglie-Hanssen E, Flood S, Bjornas H. Predictive factors for success in surgical treatment for partial epilepsy. *Epilepsia* 1994, 35: 566–578

Gulick TA, Spinks IP, King DW. Pseudoseizures: ictal phenomena. *Neurology* 1982, 32: 24–30

Gumnit RJ. Psychogenic seizures. In: Wyllie E (ed) *The Treatment of Epilepsy: Prinicíples and Practice, Second Edition.* Baltimore: Williams & Wilkins, 1997: 677–680

Gupta SK, Manhas AS, Gupta VK, Bhatt R. Serum magnesium levels in idiopathic epilepsy. *J Assoc Physicians India* 1994, 42: 456–457

Gureje O. Interictal psychopathology in epilepsy. Prevalence and pattern in a Nigerian clinic. *Br J Psychiatry* 1991, 158: 700–705

Haas-Lude K, Wolff M, Riethmuller J, Niemann G, Krageloh-Mann I. Acute encephalopathy associated with vigabatrin in a six-month-old girl. *Epilepsia* 2000, 41: 628–630

Hachinski V, Porchawka J, Steele J. Visual symptoms in the migraine syndrome. *Neurology* 1973, 23: 570–579

Hägg S, Spigset O. Anticonvulsant use during lactation. *Drug Saf* 2000, 22: 425–440

Hahn M, Gildemeister OS, Krauss GL, Pepe JA, Lambrecht RW, Donohue S, Bonkovsky HL. Effects of new anticonvulsant medications on porphyrin synthesis in cultured liver cells: potential implications for patients with acute porphyria. *Neurology* 1997, 49: 97–106

Hajek M, Antonioni A, Leenders KL, Wieser HG. Mediobasal versus lateral temporal lobe epilepsy: metabolic differences in the temporal lobe shown by interictal F-FDG positron emission tomography. *Neurology* 1993, 43: 79–86

Halgren E, Walter RD, Cherlow DG, Crandall PH. Mental phenomena evoked by electrical stimulation of the human hippocampal formation and amygdala. *Brain* 1978, 101: 83–117

Haltiner AM, Newell DW, Temkin NR, Dikmen SS, Winn HR. Side effects and mortality associated with use of phenytoin for early posttraumatic seizure prophylaxis. *J Neurosurg* 1999, 91: 588–592

Hancock E, Osborne JP. Vigabatrin in the treatment of infantile spasms in tuberous sclerosis: literature review. *J Child Neurol* 1999, 14: 71–74

Handforth A, DeGiorgio CM, Schachter SC, Uthman BM, Naritoku DK, Tecoma ES, Henry TR, Collins SD, Vaughn BV, Gilmartin RC, Labar DR, Morris GL 3rd, Salinsky MC, Osorio I, Ristanovic RK, Labiner DM, Jones JC, Murphy JV, Ney GC, Wheless JW. Vagus nerve stimulation therapy for partial-onset seizures: a randomized active-control trial. *Neurology* 1998, 51: 48–55

Hanley DF, Kross JF. Use of midazolam in the treatment of refractory status epilepticus. *Clin Ther* 1998, 20: 1093–1105

Hanly JG, Walsh NM, Sangalang V. Brain pathology in systemic lupus erythematosus. *J Rheumatol* 1992, 19: 732–741

Harden CL, Rosenbaum DH, Daras M. Hyperglycemia presenting with occipital seizures. *Epilepsia* 1991, 32: 215–220

Harden CL, Lazar LM, Pick LH, Nikolov B, Goldstein MA, Carson D, Ravdin LD, Kocsis JH, Labar DR. A beneficial effect on mood in partial epilepsy patients treated with gabapentin. *Epilepsia* 1999, 40: 1129–1134

Harding GF, Edson A, Jeavons PM. Persistence of photosensitivity. *Epilepsia* 1997, 38: 663–669

Harding GF, Harding PF. Televised material and photosensitive epilepsy. *Epilepsia* 1999, 40: 65–69

Harding GFA, Robertson K, Jones L. Field-specific visual evoked potentials for assessment of peripheral field defect in a paediatric population. *Epilepsia* 1999, 40 Suppl 2: 221

Hariprasad MK, Eisinger RP, Nadler IM, Padmanabhan CS, Nidus BD. Hyponatremia in psychogenic polydipsia. *Arch Intern Med* 1980, 140: 1639–1642

Harmon CE, Portanova JP. Drug-induced lupus: clinical and serological studies. *Clin Rheum Dis* 1982, 8: 121–135

Harris EC, Barraclough B. Suicide as an outcome for mental disorders. A meta-analysis. *Br J Psychiatry* 1997, 170: 205–228

Hart RG, Easton JD. Carbamazepine and hematological monitoring. *Ann Neurol* 1982, 11: 309–312

Harvey AS, Hopkins IJ, Bowe JM, Cook DJ, Shield LK, Berkovic SF. Frontal lobe epilepsy: clinical seizure characteristics and localization with ictal 99mTc-HMPAO SPECT. *Neurology* 1993, 43: 1966–1980

Haug K, Sander T, Hallmann K, Lentze MJ, Propping P, Elger CE, Heils A. Association analysis between a regulatory-promoter polymorphism of the human monoamine oxidase A gene and idiopathic generalized epilepsy. *Epilepsy Res* 2000, 39: 127–132

Hauser W, Ng S, Brust J. Alcohol, seizures, and epilepsy. *Epilepsia* 1988, 29: S66–78

Hauser W. Epidemiology of alcohol use and epilepsy: the magnitude of the problem. In: Porter R, Mattson R, Cramer J, Diamond I (eds) *Alcohol and Seizures: Basic Mechanisms and Clinical Concepts.* Philadelphia: FA Davis, 1990: 12–22

Hauser WA, Rich SS, Annegers JF, Anderson VE. Seizure recurrence after a 1st unprovoked seizure: an extended follow-up. *Neurology* 1990, 40: 1163–1170

Hauser WA, Annegers JF, Kurland LT. Incidence of epilepsy and unprovoked seizures in Rochester, Minnesota: 1935–1984. *Epilepsia* 1993, 34: 453–468

Hauser WA. Incidence and prevalence. In: Engel Jr J, Pedley TA (eds) *Epilepsy: A Comprehensive Textbook.* Philadelphia: Lippincott-Raven Publishers, 1997: 47–57

Hauser WA, Annegers JF. Epidemiology of acute symptomatic seizures. In: Engel Jr J, Pedley TA (eds) *Epilepsy: A Comprehensive Textbook.* Philadelphia: Lippincott-Raven Publishers, 1997: 87–91

Hauser WA, Rich SS, Lee JR, Annegers JF, Anderson VE. Risk of recurrent seizures after two unprovoked seizures. *New Engl J Med* 1998, 338: 429–434

Headache Classification Committee of the International Headache Society. Classification and diagnostic criteria for headache disorders, cranial neuralgias and facial pain. *Cephalalgia* 1988, 8: 1–96

Heeringa M, Kuster J, Meyboom R, Bouvy M. Convulsions during prophylactic use of mefloquine. *Ned Tijdschr Geneeskd* 1998, 142: 2477–2480

Heijbel J, Blom S, Rasmuson M. Benign epilepsy of childhood with centrotemporal EEG foci: a genetic study. *Epilepsia* 1975, 16: 285–293

Heinemann U, Rating D, Thorbecke R, Wolf P. Epilepsie-Bericht '98. Berlin: Verlag einfälle, 1998

Heller AJ, Chesterman P, Elwes RD, Crawford P, Chadwick D, Johnson AL, Reynolds EH. Phenobarbitone, phenytoin, carbamazepine, or sodium valproate for newly diagnosed adult epilepsy: a randomised comparative monotherapy trial. *J Neurol Neurosurg Psychiatryry* 1995, 58: 44–50

Hennis A, Corbin D, Fraser H. Focal seizures and non-ketotic hyperglycaemia. *J Neurol Neurosurg Psychiatryry* 1992, 55: 195–197

Henriksen O. An overview of benzodiazepines in seizure management. *Epilepsia* 1998, 39 Suppl 1: S2–6

Henry T, Chugani HT. Positron emission tomography. In: Engel Jr J, Pedley TA (eds) *Epilepsy: A Comprehensive Textbook.* Philadelphia: Lippincott-Raven Publishers, 1997: 947–968

Hermann B, Vickrey B, Hays R, Cramer J, Devinsky O, Meador K, Perrine K, Myers L, Ellison G. A comparison of health-related quality of life in patients with epilepsy, diabetes and multiple sclerosis. *Epilepsy Res* 1996a, 25: 113–118

Hermann BP, Trenerry MR, Colligan RC. Learned helplessness, attributional style and depression in epilepsy. *Epilepsia* 1996b, 37: 680–686

Hermann BP, Seidenberg M, Schoenfeld J, Davies K. Neuropsychological characteristics of the syndrome of mesial temporal lobe epilepsy. *Arch Neurol* 1997, 54: 369–376

Hermann BP, Seidenberg M, Bell B. Psychiatric comorbidity in chronic epilepsy: identification, consequences, and treatment of major depression. *Epilepsia* 2000, 41 Suppl 2: 31–41

Hermanns G, Noachtar S, Tuxhorn I, Holthausen H, Ebner A, Wolf P. Systematic testing of medical intractability for carbamazepine, phenytoin, and phenobarbital or primidone in monotherapy for patients considered for epilepsy surgery. *Epilepsia* 1996, 37: 675–679

Herzberg GZ, Fivush BA, Kinsman SL, Gearhart JP. Urolithiasis associated with the ketogenic diet. *J Pediatr* 1990, 117: 743–745

Herzog AG, Russell V, Vaitukaitis JL, Geschwind N. Neuroendocrine dysfunction in temporal lobe epilepsy. *Arch Neurol* 1982, 39: 133–135

Herzog AG, Seibel MM, Schomer DL, Vaitukaitis JL, Geschwind N. Reproductive endocrine disorders in men with partial seizures of temporal lobe origin. *Arch Neurol* 1986, 43: 347–350

Herzog AG. Reproductive endocrine considerations and hormonal therapy for women with epilepsy. *Epilepsia* 1991, 32: 527–533

Herzog AG. A releationship between particular reproductive endocrine disorders and the laterality of epileptiform discharges in women with epilepsy. *Neurology* 1993, 43: 1907–1910

Herzog AG. Progesterone therapy in women with complex partial and secondary generalized seizures. *Neurology* 1995, 45: 1660–1662

Hesdorffer DC, Logroscino G, Cascino G, Annegers JF, Hauser WA. Incidence of status epilepticus in Rochester, Minnesota, 1965–1984. *Neurology* 1998, 50: 735–741

Heyck H. Varieties of hemiplegic migraine. *Headache* 1973, 12: 135–42

Hierons R, Saunders M. Impotence in patients with temporal lobe epilepsy. *Lancet* 1966, 2: 761–764

Hirtz D, Nelson K, Ellenberg J. Seizures following childhood immunizations. *J Pediatr* 1983, 102: 14–18

Hirtz DG, Camfield CS, Camfield PR. Febrile convulsions. In: Engel Jr J, Pedley TA (eds) *Epilepsy: A Comprehensive Textbook.* Philadelphia: Lippincott-Raven Publishers, 1997: 2483–2488

Ho SS, Berkovic SF, Newton MR, Austin MC, McKay WJ, Bladin PF. Parietal lobe epilepsy: clinical features and seizure localization by ictal SPECT. *Neurology* 1994, 44: 2277–2284

Ho SS, Berkovic SF, McKay WJ, Kalnins RM, Bladin PF. Temporal lobe epilepsy subtypes: differential patterns of cerebral perfusion on ictal SPECT. *Epilepsia* 1996, 37: 788–795

Ho SS, Newton MR, McIntosh AM, Kalnins RM, Fabinyi GC, Brazenor GA, McKay WJ, Bladin PF, Berkovic SF. Perfusion patterns during temporal lobe seizures: relationship to surgical outcome. *Brain* 1997, 120: 1921–1928

Ho SS, Kuzniecky RI, Gilliam F, Faught E, Morawetz R. Temporal lobe developmental malformations and epilepsy: dual pathology and bilateral hippocampal abnormalities. *Neurology* 1998, 50: 748–754

Hoffman P, Grant K, Snell L, Reinlib L, Iorio K, Tabakoff B. NMDA receptors: role in ethanol withdrawal seizures. *Ann N Y Acad Sci* 1992, 654: 52–60

Holmes GB, Rosenfeld WE, Graves NM, Remmel RP, Carlson GH, Kriel RD. Absorption of valproic acid suppositories in human volunteers. *Arch Neurol* 1989, 46: 906–909

Holmes GK. Non-malignant complications of coeliac disease. *Acta Paediatr Suppl* 1996, 412: 68–75

Holmes GL, Vigevano F. Infantile spasms. In: Engel Jr J, Pedley TA (eds) *Epilepsy: A Comprehensive Textbook.* Philadelphia: Lippincott-Raven Publishers, 1997: 627–642

Holmes GL, Riviello JJ Jr. Midazolam and pentobarbital for refractory status epilepticus. *Pediatr Neurol* 1999, 20: 259–264

Holmes MD, Dodrill CB, Ojemann GA, Wilensky AJ, Ojemann LM. Outcome following surgery in patients with bitemporal interictal epileptiform patterns. *Neurology* 1997, 48: 1037–1040

Holthausen H. Febrile convulsions, mesial temporal sclerosis and temporal lobe epilepsy. In: Wolf P (ed) *Epileptic Seizures and Syndromes.* London: John Libbey Company Ltd., 1994: 449–467

Holzapfel H. Lerntheoretisch orientiertes Hirnleistungstraining. Grundlagen – Programmentwicklung – Manual. Borgmann, 1990

Homan RW, Jones MC, Rawat S. Anterior temporal electrodes in complex partial seizures. *Electroencephalogr Clin Neurophysiol* 1988, 70: 105–109

Homan RW, Rosenberg HC. Benzodiazepines. In: Wyllie E (ed) *The Treatment of Epilepsy: Principles and Practice, Second Edition.* Baltimore: Williams & Wilkins, 1997: 865–883

Hopkins A, Garman A, Clarke C. The first seizure in adult life. Value of clinical features, electroencephalography, and computerised tomographic scanning in prediction of seizure recurrence. *Lancet* 1988, 1: 721–726

Hoppener R, Kuyer A, van der Lugt P. Epilepsy and alcohol: the influence of social alcohol intake on seizures and treatment in epilepsy. *Epilepsia* 1983, 24: 459–471

Hopson J, Kienzle M. Evaluation of patients with syncope. Separating the ‚wheat' from the ‚chaff'. *Postgrad Med* 1992, 91: 321–328

Hornig G, Murphy JV. Vagal nerve stimulation: update experience in 60 pediatric patients. *Epilepsia* 1998, 39: 169

Hornig GW, Murphy JV. Left vagus nerve stimulation in children with refractory epilepsy: an update. *South Med J* 1997, 90: 484–488

Howell SJL, Owen L, Chadwick DW. Pseudostatus epilepticus. *Q J Med* 1989, 71: 507–519

Hrachovy RA, Frost JD, Jr., Kellaway P, Zion TE. Double-blind study of ACTH vs prednisone therapy in infantile spasms. *J Pediatr* 1983, 103: 641–545

Hrachovy RA, Frost JD, Jr., Glaze DG. High-dose, long-duration versus low-dose, short-duration corticotropin therapy for infantile spasms. *J Pediatr* 1994, 124: 803–806

Hugg JW, Laxer KD, Matson GB, Maudsley AA, Weiner MW. Neuron loss localizes human temporal lobe epilepsy by in vivo proton magnetic resonance spectroscopic imaging. *Ann Neurol* 1993, 34: 788–794

Hughes JR. Long-term clinical and EEG changes in patients with epilepsy. *Arch Neurol* 1985, 42: 213–223

Husain AM, Carwile ST, Radtke RA. Improved sexual function in three men taking lamotrigine for epilepsy. *South Med J* 2000, 93: 335–336

Huttenlocher PR, Taravath S, Mojtahedi S. Periventricular heterotopia and epilepsy. *Neurology* 1994, 44: 51–55

Hyde TM, Weinberger DR. Seizures and schizophrenia. *Schizophren Bull* 1997, 23: 611–622

Ifergane G, Masalha R, Zigulinski R, Merkin L, Wirguin I, Herishanu YO. Acute encephalopathy associated with vigabatrin monotherapy in patients with mild renal failure. *Neurology* 1998, 51: 314–315

Indaco A, Carrieri P, Nappi C, Gentile S, Striano S. Interictal depression in epilepsy. *Epilepsy Res* 1992, 12: 45–50

Isojärvi JI, Laatikainen TJ, Pakarinen AJ, Juntunen KT, Myllyla VV. Polycystic ovaries and hyperandrogenism in women taking valproate for epilepsy. *N Engl J Med* 1993, 329: 1383–1388

Isojärvi JI, Laatikainen TJ, Knip M, Pakarinen AJ, Juntunen KT, Myllyla VV. Obesity and endocrine disorders in women taking valproate for epilepsy. *Ann Neurol* 1996, 39: 579–584

Isojärvi JI, Rattya J, Myllyla VV, Knip M, Koivunen R, Pakarinen AJ, Tekay A, Tapanainen JS. Valproate, lamotrigine, and insulin-mediated risks in women with epilepsy. *Ann Neurol* 1998, 43: 446–451

Isojärvi JI, Tapanainen JS. Valproate, hyperandrogenism, and polycystic ovaries: a report of 3 cases. *Arch Neurol* 2000, 57: 1064–1068

Ives JR, Mainwaring NR, Gruber LJ, Schomer DL. Remontaging from bipolar recordings: a better way? *Muscle Nerve* 1993, 16: 1125–1126

Jabbari B, Huott AD. Seizures in thyrotoxicosis. *Epilepsia* 1980, 21: 91–96

Jabbari B, Russo MB, Russo ML. Electroencephalogram of asymptomatic adult subjects. *Clin Neurophysiol* 2000, 111: 102–105

Jack CR, Jr., Sharbrough FW, Twomey CK, Cascino GD, Hirschorn KA, Marsh WR, Zinsmeister AR, Scheithauer B. Temporal lobe seizures: lateralization with MR volume measurements of the hippocampal formation. *Radiology* 1990, 175: 423–429

Jackson GD, Berkovic SF, Tress BM, Kalnins RM, Fabinyi GC, Bladin PF. Hippocampal sclerosis can be reliably detected by magnetic resonance imaging. *Neurology* 1990, 40: 1869–1875

Jackson GD, Berkovic SF, Duncan JS, Connelly A. Optimizing the diagnosis of hippocampal sclerosis using MR imaging. *AJNR Am J Neuroradiol* 1993a, 14: 753–762

Jackson GD, Connelly A, Duncan JS, Grunewald RA, Gadian DG. Detection of hippocampal pathology in intractable partial epilepsy: increased sensitivity with quantitative magnetic resonance T2 relaxometry. *Neurology* 1993b, 43: 1793–1799

Jackson GD. New techniques in magnetic resonance and epilepsy. *Epilepsia* 1994, 35 Suppl 6: S2–13

Jackson GD, McIntosh AM, Briellmann RS, Berkovic SF. Hippocampal sclerosis studied in identical twins. *Neurology* 1998, 51: 78–84

Jacobsen M, Baelum J, Bonde J. Temporal epileptic seizures and occupational exposure to solvents. *Occup Environ Med* 1994, 51: 429–430

Jacoby A. Epilepsy and the quality of everday life. Findings from a study of people with well-controlled epilepsy. *Soc Sci Med* 1992, 34: 657–666

Jacoby A. Felt versus enacted stigma: a concept revised. *Soc Sci Med* 1994, 38: 269–274

Jain S, Padma MV, Puri A, Jyoti, Maheshwari MC. Occurrence of epilepsies in family members of Indian probands with different epileptic syndromes. *Epilepsia* 1997, 38: 237–244

Jain S, Jain MS, Padma MV, Puri A, Sen P, Maheshwari MC. Epilepsies among twins born in families of Indian probands with epilepsy. *Seizure* 1998a, 7: 139–143

Jain S, Padma MV, Puri A, Maheshwari MC. Juvenile myoclonic epilepsy: disease expression among Indian families. *Acta Neurol Scand* 1998b, 97: 1–7

Jain S, Padma MV, Kanga U, Mehra NK, Puri A, Maheshwari MC. Family studies and human leukocyte antigen class II typing in Indian probands with seizures in association with single small enhancing computed tomography lesions. *Epilepsia* 1999, 40: 232–238

Jambaque I, Chiron C, Dumas C, Mumford J, Dulac O. Mental and behavioural outcome of infantile epilepsy treated by vigabatrin in tuberous sclerosis patients. *Epilepsy Res* 2000, 38: 151–160

Jann M, Fidone G. Effect of influenza vaccine on serum anticonvulsant concentrations. *Clin Pharm* 1986, 5: 817–820

Jannuzzi G, Cian P, Fattore C, Gatti G, Bartoli A, Monaco F, Perucca E, The Italian TDM Study Group in Epilepsy. A multicenter randomized controlled trial on the clinical impact of therapeutic drug monitoring in patients with newly dignosed epilepsy. *Epilepsia* 2000, 41: 222–230

Janz D, Beck-Mannagetta G, Sander T. Do idiopathic generalized epilepsies share a common susceptibility gene? *Neurology* 1992, 42: 48–55

Janz D. Are antiepileptic drugs harmful when taken during pregnancy? *J Perinat Med* 1994, 22: 367–377

Janz D, Durner M. Junvenile myoclonic epilepsy. In: Engel Jr J, Pedley TA (eds) *Epilepsy: A Comprehensive Textbook.* Philadelphia: Lippincott-Raven Publishers, 1997: 2389–2400

Janz D, Wolf P. Epilepsy with grand mal on awakening. In: Engel Jr J, Pedley TA (eds) *Epilepsy: A Comprehensive Textbook.* Philadelphia: Lippincott-Raven Publishers, 1997: 2347–2354

Jasper HH. The ten-twenty electrode system of the International Federation. *Electroenceph Clin Neurophysiol* 1958, 10: 367–380

Jeavons P. Non-epileptic attacks in childhood. In: Rose F (ed) *Research Progress in Epilepsy.* London: Pitman, 1983: 224–230

Jeavons PM, Bishop A, Harding GF. The prognosis of photosensitivity. *Epilepsia* 1986, 27: 569–575

Jellinger KA. Fehlbildungen des Großhirns. In: Hopf HC, Deuschl G, Diener HC, Reichmann H (Hrsg) *Neurologie in Klinik und Praxis.* Stuttgart: Georg Thieme Verlag, 1999: 818–838

Jennet B. Epilepsy after Non-Missile Head Injuries, 2nd Edition. Chicago: William Heinemann, 1975

Jensen PK. Felbamate in the treatment of refractory partial-onset seizures. *Epilepsia* 1993, 34 Suppl 7: S25–29

Jensen PK. Felbamate in the treatment of Lennox-Gastaut syndrome. *Epilepsia* 1994, 35 Suppl 5: S54–57

Jimenez I, Mora O, Jimenez M, Zuluaga L, Isaza R, Sanchez JL, Uribe CS, Blanco R, Arcos BM. Complex segregation analysis of non-myoclonic idiopathic generalized epilepsy in families ascertained from probands affected with idiopathic epilepsy with tonic-clonic seizures in Antioquia, Colombia. *Hum Genet* 1996, 98: 214–218

Johannessen SI. Plasma drug concentration monitoring of anticonvulsants. *CNS Drugs* 1997, 7: 349–365

Johnson EW, Dubovsky J, Rich SS, O'Donovan CA, Orr HT, Anderson VE, Gil NA, Ahmann P, Dokken CG, Schneider DT, Weber JL. Evidence for a novel gene for familial febrile convulsions, FEB2, linked to chromosome 19p in an extended family from the Midwest. *Hum Mol Genet* 1998, 7: 63–67

Jokeit H, Lürding R, Mayer T, Wörmann F. Kognitive Nebenwirkungen unter Topiramat: Literaturübersicht und Ergebnisse einer Pilotstudie. *Epilepsieblätter* 2000, 13: 1–10

Jones MW. Consequences of epilepsy: why do we treat seizures? *Can J Neurol Sci* 1998, 25: S24–26

Jones-Gotman M, Smith ML, Zatore RJ. Neuropsychological testing for localizing and lateralizing the epileptogenic zone. In: Engel Jr J (ed) *Surgical Treatment of the Epilepsies, Second Edition.* New York: Raven Press, 1993: 245–261

Joppich G. Oral vaccination against poliomyelitis and convulsions. *Klin Pädiatr* 1980, 192: 393–394

Kahn F, Krämer P. Gerüstet für alle Fälle. *Lufthansa Bordbuch* 1997, 4: 12–13

Källen B, Robert E, Mastroiacovo P, Martinez-Frias ML, Castilla EE, Cocchi G. Anticonvulsant drugs and malformations is there a drug specificity? *Eur J Epidemiol* 1989, 5: 31–36

Källen B. Maternal carbamazepine and infant spina bifida. *Reprod Toxicol* 1994, 8: 203–205

Kalviainen R, Aikia M, Saukkonen AM, Mervaala E, Riekkinen PJ, Sr. Vigabatrin vs carbamazepine monotherapy in patients with newly diagnosed epilepsy. A randomized, controlled study. *Arch Neurol* 1995, 52: 989–996

Kalviainen R, Aikia M, Mervaala E, Saukkonen AM, Pitkanen A, Riekkinen PJ Sr. Long-term cognitive and EEG effects of tiagabine in drug-resistant partial epilepsy. *Epilepsy Res* 1996, 25: 291–297

Kalviainen R, Nousiainen I, Mantyjarvi M, Nikoskelainen E, Partanen J, Partanen K, Riekkinen P, Sr. Vigabatrin, a gabaergic antiepileptic drug, causes concentric visual field defects. *Neurology* 1999a, 53: 922–926

Kalviainen R, Nousiainen M, Mantyjarvi M, Riekkinen PS. Absence of concentric visual field defects in patients with initial tiagabine monotherapy. *Epilepsia* 1999b, 40 Suppl 2: 259

Kaneko S, Otani K, Fukushima Y, Ogawa Y, Nomura Y, Ono T, Nakane Y, Teranishi T, Goto M. Teratogenicity of antiepileptic drugs: analysis of possible risk factors. *Epilepsia* 1988, 29: 459–467

Kanemoto K, Kawasaki J, Miyamoto T, Obayashi H, Nishimura M. Interleukin (IL) 1beta, IL-1alpha, and IL-1 receptor antagonist gene polymorphisms in patients with temporal lobe epilepsy. *Ann Neurol* 2000, 47: 571–514

Kanner A, Rivas Nieto JC. Depressive disorder in epilepsy. *Neurology* 1999, 53: 26–32

Kanner AM, Morris HH, Lüders H, Dinner DS, Wyllie E, Medendorp SV, Rowan AJ. Supplementary motor seizures mimicking pseudoseizures: some clinical differences. *Neurology* 1990, 40: 1404–1407

Kaplan PW. Nonconvulsive status epilepticus. *Semin Neurol* 1996, 16: 33–40

Kaplan PW. Assessing the outcomes in patients with nonconvulsive status epilepticus: nonconvulsive status epilepticus is underdiagnosed, potentially overtreated, and confounded by comorbidity. *J Clin Neurophysiol* 1999, 16: 341–352

Kapoor WN, Karpf M, Wieand S, Peterson JR, Levey GS. A prospective evaluation and follow-up of patients with syncope. *N Engl J Med* 1983, 309: 197–204

Kapur J. Status epilepticus in epileptogenesis. *Curr Opin Neurol* 1999, 12: 191–195

Kasper S, Fuger J, Möller HJ. Comparative efficacy of antidepressants. *Drugs* 1992, 43: 11–23

Kasteleijn-Nolst Trenite DG, Marescaux C, Stodieck S, Edelbroek PM, Oosting J. Photosensitive epilepsy: a model to study the effects of antiepileptic drugs. Evaluation of the piracetam analogue, levetiracetam. *Epilepsy Res* 1996, 25: 225–230

Kasteleijn-Nolst Trenite DG, da Silva AM, Ricci S, Binnie CD, Rubboli G, Tassinari CA, Segers JP. Video-game epilepsy: a European study. *Epilepsia* 1999, 40: 70–74

Kaufman DW, Kelly JP, Anderson T, Harmon DC, Shapiro S. Evaluation of case reports of aplastic anemia among patients treated with felbamate. *Epilepsia* 1997, 38: 1265–1269

Kellaway P, Hrachovy RA, Frost JD, Jr., Zion T. Precise characterization and quantification of infantile spasms. *Ann Neurol* 1979, 6: 214–218

Kellaway P. The incidence, significance and natural history of spike foci in children. In: Henry CE (ed) *Current Clinical Neurophysiology: Update on EEG and Evoked Potentials.* Elsevier, North Holland, 1980: 151–175

Kennebäck G, Bergfeldt L, Vallin H, Tomson T, Edhag O. Electrophysiologic effects and clinical hazards of carbamazepine treatment for neurologic disorders in patients with abnormalities of the cardiac conduction system. *Am Heart J* 1991, 121: 1421–1429

Kerr M, Kane K, Moorat A. Switch to monotherapy with lamictal compared to valproate. *Epilepsia* 1999, 40 Suppl 2: 284

Ketter TA, Malow BA, Flamini R, Ko D, White SR, Post RM, Theodore WH. Felbamate monotherapy has stimulant-like effects in patients with epilepsy. *Epilepsy Res* 1996, 23: 129–137

Ketter TA, Post RM, Theodore WH. Positive and negative psychiatric effects of antiepileptic drugs in patients with seizure disorders. *Neurology* 1999, 53: S53–67

Khan A, Faught E, Gilliam F, Kuzniecky R. Acute psychotic symptoms induced by topiramate. *Seizure* 1999, 8: 235–237

Khurana DS, Riviello J, Helmers S, Holmes G, Anderson J, Mikati MA. Efficacy of gabapentin therapy in children with refractory partial seizures. *J Pediatr* 1996, 128: 829–833

Kilpatrick CJ, Davis SM, Tress BM, Rossiter SC, Hopper JL. Epileptic seizures in acute stroke. *Arch Neurol* 1990, 47: 157–160

King MA, Newton MR, Jackson GD, Fitt GJ, Mitchell LA, Silvapulle MJ, Berkovic SF. Epileptology of first-seizure presentation: a clinical, electroencephalographic, and magnetic resonance imaging study of 300 consecutive patients. *Lancet* 1998, 352: 1007–1011

Kirby S, Sadler RM. Injury and death as a result of seizures. *Epilepsia* 1995, 36: 25–28

Kirkpatrick PJ, Honavar M, Janota I, Polkey CE. Control of temporal lobe epilepsy following en bloc resection of low-grade tumors. *J Neurosurg* 1993, 78: 19–25

Kis B, Szupera Z, Mezei Z, Gecse A, Telegdy G, Vecsei L. Valproate treatment and platelet function: the role of arachidonate metabolites. *Epilepsia* 1999, 40: 307–310

Kloster R, Larsson PG, Lossius R, Nakken KO, Dahl R, Xiu-Ling X, Wen-Xin Z, Kinge E, Edna R. The effect of acupuncture in chronic intractable epilepsy. *Seizure* 1999, 8: 170–174

Knake S, Hamer HM, Schomburg U, Oertel WH, Rosenow F. Tiagabine-induced absence status in idiopathic generalized epilepsy. *Seizure* 1999, 8: 314–317

Knapp LE, Kugler AR. Clinical experience with fosphenytoin in adults: pharmacokinetics, safety, and efficacy. *J Child Neurol* 1998, 13 Suppl 1: S15–18

Knight AH, Rhind EG. Epilepsy and pregnancy: a study of 153 pregnancies in 59 patients. *Epilepsia* 1975, 16: 99–110

Knochenhauser ES, Key TJ, Kahsar-Miller M, Waggoner W, Boots LR, Azziz R. Prevalence of the polycystic ovary syndrome in unselected black and white women of the southeastern United States: a prospective study. *J Clin Endocrinol Metab* 1998, 83: 3078–3082

Knott C, Reynolds F, Clayden G. Infantile spasms on weaning from breast milk containing anticonvulsants. *Lancet* 1987, 2: 272–273

Knudsen FU. Febrile seizures: treatment and prognosis. *Epilepsia* 2000, 41: 2–9

Ko DY, Rho JM, DeGiorgio CM, Sato S. Benzodiazepines. In: Engel Jr J, Pedley TA (eds) *Epilepsy: A Comprehensive Textbook.* Philadelphia: Lippincott-Raven Publishers, 1997: 1475–1489

Koblar SA, Black AB, Schapel GJ. Video-audio/EEG monitoring in epilepsy – the Queen Elizabeth Hospital experience. *Clin Exp Neurol* 1992, 29: 70–73

Koch S, Losche G, Jager-Roman E, Jakob S, Rating D, Deichl A, Helge H. Major and minor birth malformations and antiepileptic drugs. *Neurology* 1992, 42: 83–88

Koch-Weser M, Garron D, Gillley D. Prevalence of psychologic disorders after surgical treatment of seizures. *Arch Neurol* 1988, 45: 1308–1311

Koepp MJ, Richardson MP, Brooks DJ, Cunningham VJ, Duncan JS. Central benzodiazepine/gamma-aminobutyric acid A receptors in idiopathic generalized epilepsy: an [11C]flumazenil positron emission tomography study. *Epilepsia* 1997, 38: 1089–1097

Kolarsky A, Freund K, Machek J, Polak O. Male sexual deviation. Association with early temporal lobe damage. *Arch Gen Psychiatry* 1967, 17: 735–743

König SA, Elger CE, Vassella F, Schmidt D, Bergmann A, Boenigk HE, Despland PA, Genton P, Krämer G, Löscher W, Mayer T, Nau H, Schneble H, Siemes H, Stefan H, Wolf P. Empfehlungen zu Blutuntersuchungen und der klinischen Überwachung zur Früherkennung des Valproat-assoziierten Leberversagens. *Nervenarzt* 1998, 69: 835–840

Koo B. Vigabatrin in the treatment of infantile spasms. *Pediatr Neurol* 1999, 20: 106–110

Kotagal P, Lüders H, Morris HH, Dinner DS, Wyllie E, Godoy J, Rothner AD. Dystonic posturing in complex partial seizures of temporal lobe onset: a new lateralizing sign. *Neurology* 1989, 39: 196–201

Kotagal P. Complex partial seizures with automatisms. In: Wyllie E (ed) *The Treatment of Epilepsy: Principles and Practice, Second Edition.* Baltimore: Williams & Wilkins, 1997: 385–400

Kotagal P, Lüders HO. Simple motor seizures. In: Engel Jr J, Pedley TA (eds) *Epilepsy: A Comprehensive Textbook.* Philadelphia: Lippincott-Raven Publishers, 1997: 525–532

Kotagal P, Bleasel A, Geller E, Kankirawatana P, Moorjani BI, Rybicki L. Lateralizing value of asymmetric tonic limb posturing observed in secondarily generalized tonic-clonic seizures. *Epilepsia* 2000, 41: 457–462

Koutroumanidis M, Binnie CD, Elwes RD, Polkey CE, Seed P, Alarcon G, Cox T, Barrington S, Marsden P, M.N. M, Panayiotopoulos CP. Interictal regional slow activity in temporal lobe epilepsy correlates with lateral temporal hypometabolism as imaged with 18FDG PET: neurophysiological and metabolic implictations. *J Neurol Neurosurg Psychiatry* 1998, 65: 170–176

Kovacs JA, Urowitz MB, Gladman DD. Dilemmas in neuropsychiatric lupus. *Rheum Dis Clin North Am* 1993, 19: 795–814

Kraepelin E. Psychiatrie. Leipzig: 1923

Krahl SE, Clark KB, Smith DC, Browning RA. Locus coeruleus lesions suppress the seizure-attenuating effects of vagus nerve stimulation. *Epilepsia* 1998, 39: 709–714

Krämer G, Beier G, Wittman G. Psychosozialer Fragebogen für Anfallspatienten. *Akt Neurol* 1985, 12: 28–31
Krämer G. Stellenwert der Plasmaspiegelbestimmung von Antiepileptika. *Fortschr Neurol Psychiat* 1989, 57: 411–424
Krämer G. Epilepsien im höheren Lebensalter. Stuttgart: Thieme, 1998a
Krämer G. Pharmacokinetic interactions of new antiepileptic drugs. In: Stefan H, Krämer G, Mamoli B (eds) *Challenge Epilepsy – New Antiepileptic Drugs*. Berlin Vienna: Blackwell, 1998b: 87–103
Krämer G, Bourgeois BFD. Die neuen Antiepileptika. *Akt Neurol* 1998, 25: 341–350
Krämer G. Tumorbedingte epileptische Anfälle bei Erwachsenen. *Epilepsieblätter* 1999, 12: 2–7
Krämer G. Oxcarbazepin (Trileptal[R]): Ein neues Antiepileptikum zur Mono- und Kombinationstherapie. *Akt Neurol* 2000, 27: 59–71
Kramer RE, Lüders H, Goldstick LP, Dinner DS, Morris HH, Lesser RP, Wyllie E. Ictus emeticus: an electroclinical analysis. *Neurology* 1988, 38: 1045–1052
Kramer U, Carmant L, Riviello JJ, Stauffer A, Helmers SL, Mikati MA, Holmes GL. Psychogenic seizures: video telemetry observations in 27 patients. *Pediat Neurol* 1995, 12: 39–41
Krause KH, Steinhoff BJ. Nebenwirkungen von Antiepileptika. Oxford: Blackwell, 1997
Krauss GL, Johnson MA, Miller NR. Vigabatrin-associated retinal cone system dysfunction: electroretinogram and ophthalmologic findings. *Neurology* 1998, 50: 614–618
Krauss GL, Krumholz A, Carter RC, Li G, Kaplan P. Risk factors for seizure-related motor vehicle crashes in patients with epilepsy. *Neurology* 1999, 52: 1324–1329
Kreuz W, Linde R, Funk M, Meyer-Schrod R, Foll E, Nowak-Gottl U, Jacobi G, Vigh Z, Scharrer I. Valproate therapy induces von Willebrand disease type I. *Epilepsia* 1992, 33: 178–184
Kriel RL, Birnbaum AK, Cloyd JC, Ricker BJ, Jones Saete C, Caruso KJ. Failure of absorption of gabapentin after rectal administration. *Epilepsia* 1997, 38: 1242–1244
Krishnamoorthy ES, Trimble MR. Forced normalisation: clinical and therapeutic relevance. *Epilepsia* 1999, 40: 57–64
Krohn W. A study of epilepsy in northern Norway, its frequency and character. *Acta Psychiatr Scand* 1961, 150: 215–225
Krumholz A. Nonepileptic seizures: diagnosis and managment. *Neurology* 1999, 53: S76-S83
Kuhnz W, Koch S, Jakob S, Hartmann A, Helge H, Nau H. Ethosuximide in epileptic women during pregnancy and lactation period. Placental transfer, serum concentrations in nursed infants and clinical status. *Br J Clin Pharmacol* 1984, 18: 671–677
Kuijer A. Epilepsy and exercise, electroencephalographical and biochemical studies. In: Wada J, Penry J (eds) *Advances in Epileptology*. New York: Raven Press, 1980: 543
Kuzniecky R, Rosenblatt B. Benign occipital epilepsy: a family study. *Epilepsia* 1987, 28: 346–350
Kuzniecky R, Cascino G, Palmini A, Jack C, Berkovic SF, Jackson G, McCarthy G. Structural neuroimaging. In: Engel Jr J (ed) *Surgical Treatment of the Epilepsies, Second Edition*. New York: Raven Press, 1993: 197–209
Kuzniecky R, Andermann F, Guerrini R. The epileptic spectrum in the congenital bilateral perisylvian syndrome. CBPS Multicenter Collaborative Study. *Neurology* 1994, 44: 379–385

Kuzniecky R, Ho SS, Martin R, Faught E, Morawetz R, Palmer C, Gilliam F. Temporal lobe developmental malformations and hippocampal sclerosis: epilepsy surgical outcome. *Neurology* 1999, 52: 479–484

Kuzniecky RI, Jackson GD. Developmental disorders. In: Engel Jr J, Pedely TA (eds) *Epilepsy: A Comprehensive Textbook.* Philadelphia: Lippincott-Raven Publishers, 1997: 2517–2532

Kwan P, Brodie MJ. Early identification of refractory epilepsy. *N Engl J Med* 2000, 342: 314–319

Labar D. Sleep disorders and epilepsy: differential diagnosis. *Semin Neurol* 1991, 11: 128–134

Labar D, Nikolov B, Traver B, Fraser R. Vagus nerve stimulation for generalized epilepsy: a pilot study. *Epilepsia* 1998, 39: 201–205

Labar D, Murphy J, Tecoma E, and the E04 VNS Study Group . Vagus nerve stimulation for medication-resistant generalized epilepsy. *Neurology* 1999, 52: 1510–1512

Labar DR, Harden C. Infection and inflammatory diseases. In: Engel Jr J, Pedley TA (eds) *Epilepsy: A Comprehensive Textbook.* Philadelphia: Lippincott-Raven Publishers, 1997: 2587–2596

Laegreid L, Kyllerman M, Hedner T, Hagberg B, Viggedahl G. Benzodiazepine amplification of valproate teratogenic effects in children of mothers with absence epilepsy. *Neuropediatrics* 1993, 24: 88–92

Lahat E, Barr J, Bistritzer T. Focal epileptic episodes associated with hypoglycemia in children with diabetes. *Clin Neurol Neurosurg* 1995, 97: 314–316

Lambert MV, Robertson MM. Depression in epilepsy: etiology, phenomenology, and treatment. *Epilepsia* 1999, 40: 21–47

Lambrecht RW, Gildemeister OS, Pepe JA, Tortorelli KD, Williams A, Bonkovsky HL. Effects of antidepressants and benzodiazepine-type anxiolytic agents on hepatic porphyrin accumulation in primary cultures of chick embryo liver cells. *J Pharmacol Exp Ther* 1999, 291: 1150–1155

Lancman ME, Asconape JJ, Craven WJ, Horward G, Penry JK. Predictive value of induction of psychogenic seizures by suggestion. *Ann Neurol* 1994a, 35: 359–361

Lancman ME, Asconape JJ, Penry JK. Clinical and EEG asymmetries in juvenile myoclonic epilepsy. *Epilepsia* 1994b, 35: 302–306

Lancman ME, Craven WJ, Asconapé JJ, Penry JK. Clinical management of recurrent postictal psychosis. *J Epilepsy* 1994c, 7: 47–51

Lander ES, Schork NJ. Genetic dissection of complex traits. *Science* 1994, 265: 5181–5148

Lander ES, Kruglyak L. Genetic dissection of complex traits: guidelines for interpreting and reporting linkage results. *Nat Genet* 1995, 11: 3–7

Landolt H. Serial electroencephalographic investigations during psychotic episodes in epileptic patients and during schizophrenic attacks. In: Lorentz de Haas A (ed) *Lectures on Epilepsy.* Amsterdam: Elsevier, 1958: 91–133

Langan Y, Nashef L, Sander JW. Sudden unexpected death in epilepsy: a series of witnessed deaths. *J Neurol Neurosurg Psychiatry* 2000, 68: 211–213

Langendorf F, Pedley TA. Post-traumatic seizures. In: Engel Jr J, Pedley TA (eds) *Epilepsy: A Comprehensive Textbook.* Philadelphia: Lippincott-Raven Publishers, 1997: 2469–2474

Lau AH, Gustavson LE, Sperelakis R, Lam NP, El-Shourbagy T, Qian JX, Layden T. Pharmacokinetics and safety of tiagabine in subjects with various degrees of hepatic function. *Epilepsia* 1997, 38: 445–451

Lauer RM, Flaherty JF, Gambertoglio JG. Neuropsychiatric drugs. In: Schrier RW, Gambertoglio JG (eds) *Handbook of Drug Therapy in Liver and Kidney Disease.* Boston: Little, Brown & Co, 1991: 207–241

Lawden MC, Eke T, Degg C, Harding GF, Wild JM. Visual field defects associated with vigabatrin therapy. *J Neurol Neurosurg Psychiatry* 1999, 67: 716–722

Leach JP, Brodie MJ. Tiagabine. *Lancet* 1998, 351: 203–207

Lee BC, Schmidt RE, Hatfield GA, Bourgeois B, Park TS. MRI of focal cortical dysplasia. *Neuroradiology* 1998a, 40: 675–683

Lee JW, Reutens DC, Dubeau F, Evans A, Andermann F. Morphometry in temporal lobe epilepsy. *Magn Reson Imaging* 1995, 13: 1073–1080

Lee WL, Tay A, Ong HT, Goh LM, Monaco AP, Szepetowski P. Association of infantile convulsions with paroxysmal dyskinesias (ICCA syndrome): confirmation of linkage to human chromosome 16p12-q12 in a Chinese family. *Hum Genet* 1998b, 103: 608–612

Lefevre F, Aronson N. Ketogenic diet for the treatment of refractory epilepsy in children: A systematic review of efficacy. *Pediatrics* 2000, 105: E46

Lehesjoki AE, Koskiniemi M. Progressive myoclonus epilepsy of Unverricht-Lundborg type. *Epilepsia* 1999, 40 Suppl 3: 23–28

Lehrner J, Kalchmayr R, Serles W, Olbrich A, Pataraia E, Aull S, Bacher J, Leutmezer F, Gröppel G, Deecke L, Baumgartner C. Health-related quality of life (HRQOL), activity of daily living (ADL) and depressive mood disorder in temporal lobe epilepsy patients. Seizure 1999, 8: 88–92

Lehtinen LO, Bergstrom L. Naso-ethmoidal electrode for recording the electrical activity of the inferior surface of the frontal lobe. *Electroencephalogr Clin Neurophysiol* 1970, 29: 303–305

Leidy N. Seizure frequency and the health-related quality of life of adults with epilepsy. *Neurology* 1999, 53: 162–166

Leis AA, Ross MA, Summers AK. Psychogenic seizures: ictal characteristics and diagnostic pitfalls. *Neurology* 1992, 42: 95–99

Lempert T, Bauer M, Schmidt D. Syncope: a videometric analysis of 56 episodes of transient cerebral hypoxia. *Ann Neurol* 1994, 36: 233–237

Lendt M, Helmstaedter C, Elger CE. Pre- and postoperative socioeconomic development of 151 patients with focal epilepsies. *Epilepsia* 1997, 38: 1330–1337

Lennox W. Alcohol and epilepsy. *Q J Stud Alcohol* 1941, 2: 1–11

Leone M, Bottacchi E, Beghi E, Morgando E, Mutani R, Amedeo G, Cremo R, Gianelli M, Ravagli Ceroni L. Alcohol use is a risk factor for a first generalized tonic-clonic seizure. The ALC.E. (Alcohol and Epilepsy) Study Group. *Neurology* 1997, 48: 614–620

Leppik IE, Micks M. Status epilepticus and alcohol abuse. *Epilepsia* 1988, 29: 495

Leppik IE, Dreifuss FE, Pledger GW, Graves NM, Santilli N, Drury I, Tsay JY, Jacobs MP, Bertram E, Cereghino JJ, Cooper G, Sahlroot JT, Sheridan P, Ashworth M, Lee SI, Sierzant TL. Felbamate for partial seizures: results of a controlled clinical trial. *Neurology* 1991, 41: 1785–1789

Leppik IE. Tiagabine: the safety landscape. *Epilepsia* 1995, 36 Suppl 6: S10-S3

Leppik IE. Laboratory tests. In: Engel Jr J, Pedley TA (eds) *Epilepsy: A Comprehensive Textbook.* Philadephia: Lippincott-Raven Publishers, 1997: 811–817

Lerman P, Kivity-Ephraim S. Focal epileptic EEG discharges in children not suffering from clinical epilepsy: etiology, clinical significance, and management. *Epilepsia* 1981, 22: 551–558

Lerman P. Benign childhood epilepsy with centrotemporal spikes (BECT). In: Engel Jr J, Pedley TA (eds) *Epilepsy: A Comprehensive Textbook.* Philadelphia: Lippincott-Raven Publishers, 1997: 2307–2314

Lesaffre E, Boon P, Pledger GW. The value of the number-needed-to-treat method in antiepileptic drug trials. *Epilepsia* 2000, 41: 440–446

Lesser R. Psychogenic seizures. *Neurology* 1996, 46: 1499–1507

Lesser RP, Pippenger CE, Lüders H, Dinner DS. High-dose monotherapy in the treatment of intractable seizures. *Neurology* 1984, 34: 707–711

Leutmezer F, Serles W, Lehrner J, Pataraia E, Zeiler K, Baumgartner C. Postictal nose wiping: a lateralizing sign in temporal lobe complex partial seizures. *Neurology* 1998, 51: 1175–1177

Levinson DF, Devinsky O. Psychiatric adverse events during vigabatrin therapy. *Neurology* 1999, 53: 1503–1511

Levitan M, Bruni J. Repetitive pseudoseizures incorrectly managed as status epilepticus. *CMAJ* 1986, 134: 1029–1031

Levy RH. Cytochrome P450 isozymes and antiepileptic drug interactions. *Epilepsia* 1995, 36 Suppl 5: S8–13

Levy RH, Bourgeois BFD. Drug-drug interactions. In: Engel Jr J, Pedley TA (eds) *Epilepsy: A Comprehensive Textbook.* Philadelphia: Lippincott-Raven Publishers, 1997: 1175–1179

Lewis RJ, Yee L, Inkelis SH, Gilmore D. Clinical predictors of post-traumatic seizures in children with head trauma. *Ann Emerg Med* 1993, 22: 1114–1118

Li LM, Fish DR, Sisodiya SM, Shorvon SD, Alsanjari N, Stevens JM. High resolution magnetic resonance imaging in adults with partial or secondary generalised epilepsy attending a tertiary referral unit. *J Neurol Neurosurg Psychiatry* 1995a, 59: 384–387

Li LM, Roche J, Sander JW. Ictal ECG changes in temporal lobe epilepsy. *Arq Neuropsiquiatr* 1995b, 53: 619–624

Li LM, Cendes F, Bastos AC, Andermann F, Dubeau F, Arnold DL. Neuronal metabolic dysfunction in patients with cortical developmental malformations: a proton magnetic resonance spectroscopic imaging study. *Neurology* 1998, 50: 755–759

Li LM, Cendes F, Andermann F, Watson C, Fish DR, Cook MJ, Dubeau F, Duncan JS, Shorvon SD, Berkovic SF, Free S, Olivier A, Harkness W, Arnold DL. Surgical outcome in patients with epilepsy and dual pathology. *Brain* 1999, 122: 799–805

Limdi NA, Faught E. The safety of rapid valproic acid infusion. *Epilepsia* 2000, 41: 1342–1345

Lindberger M. A Nordic multicenter, randomized, double-blind, comparative study of gabapentin and vigabatrin (GREAT study). *Epilepsia* 1999, 40 Suppl 7: 98–99

Lindhout D, Hoppener RJ, Meinardi H. Teratogenicity of antiepileptic drug combinations with special emphasis on epoxidation (of carbamazepine). *Epilepsia* 1984, 25: 77–83

Lindhout D, Meinardi H, Meijer JW, Nau H. Antiepileptic drugs and teratogenesis in two consecutive cohorts: changes in prescription policy paralleled by changes in pattern of malformations. *Neurology* 1992, 42: 94–110

Linzer M, Yang EH, Estes NA, Wang P, Vorperian VR, Kapoor WN. Diagnosing syncope. Part 1: Value of history, physical examination, and electrocardiography. *Ann Intern Med* 1997, 126: 989–996

Liporace JD, Sperling MR. Simple autonomic seizures. In: Engel Jr J, Pedley TA (eds) *Epilepsy: A Comprehensive Textbook.* Philadelphia: Lippincott-Raven Publishers, 1997: 549–555

Liu AW, Delgado EA, Gee MN, Serratosa JM, Zhang QW, Alonso ME, Medina MT, Cordova S, Zhao HZ, Spellman JM, Donnadieu FR, Peek JR, Treiman LJ, Sparkes RS. Juvenile myoclonic epilepsy in chromosome 6p12-p11: locus heterogeneity and recombinations. *Am J Med Genet* 1996, 63: 438–446

Lloyd-Smith DL, Tatlow WF. Syncope and seizure. *Electroencephal Clinical Neurophysiol* 1958, 10: 153–157

Lloyd-Still JD, Tomasi L. Neurovascular and thromboembolic complications of inflammatory bowel disease in childhood. *J Pediatr Gastroenterol Nutr* 1989, 9: 461–466

Logroscino G, Hesdorffer DC, Cascino G, Annegers JF, Hauser WA. Short-term mortality after a first episode of status epilepticus. *Epilepsia* 1997, 38: 1344–1349

Logsdail SJ, Toone BK. Post-ictal psychoses: a clinical and phenomenological description. *Br J Psychiatry* 1988, 152: 246–252

Loiseau J, Loiseau P, Guyot M, Duche B, Dartigues JF, Aublet B. Survey of seizure disorders in the French southwest. I. Incidence of epileptic syndromes. *Epilepsia* 1990, 31: 391–396

Loiseau P. Sodium valproate, platelet dysfunction, and bleeding. *Epilepsia* 1981, 22: 141–146

Loiseau P, Duche B, Pedespan JM. Absence epilepsies. *Epilepsia* 1995, 36: 1182–1186

Loiseau P. Idiopathic and benign partial epilepsies of childhood. In: Wyllie E (ed) *The Treatment of Epilepsy: Principles and Practice, Second Edition.* Baltimore: Williams & Wilkins, 1997: 442–450

Lombroso C, Fejerman N. Benign myoclonus of early infancy. *Ann Neurol* 1977, 1: 138–143

Lombroso CT. A prospective study of infantile spasms: clinical and therapeutic correlations. *Epilepsia* 1983, 24: 135–158

Lombroso CT. Consistent EEG focalities detected in subjects with primary generalized epilepsies monitored for two decades. *Epilepsia* 1997, 38: 797–812

Long PW. Olanzapine drug monograph and zotepine drug monograph. *Internet Mental Health* 1996

Lopes-Cendes I, Scheffer IE, Berkovic SF, Rousseau M, Andermann E, Rouleau GA. A new locus for generalized epilepsy with febrile seizures plus maps to chromosome 2. *Am J Hum Genet* 2000, 66: 698–701

Lorenzo NY, Parisi JE, Cascino GD, Jack CR, Jr., Marsh WR, Hirschorn KA. Intractable frontal lobe epilepsy: pathological and MRI features. *Epilepsy Res* 1995, 20: 171–178

Lowenstein DH, Alldredge BK. Status epilepticus at an urban public hospital in the 1980s. *Neurology* 1993, 43: 483–488

Lowenstein DH, Alldredge BK. Status epilepticus. *N Engl J Med* 1998, 338: 970–976

Lowenstein DH, Bleck T, Macdonald RL. It's time to revise the definition of status epilepticus. *Epilepsia* 1999, 40: 120–122

Lüders HO. Epilepsy Surgery. New York: Raven Press, 1992

Lüders HO, Engel Jr J, Munari C. General Principles. In: Engel Jr J (ed) *Surgical Treatment of the Epilepsies, Second Edition.* New York: Raven Press, 1993: 137–153

Luijckx G, De Krom M, Takx-Kohlen B. Does chloroquine cause seizures? Presentation of three new cases and a review of the literature. *Seizure* 1992, 1: 183–185

Lundgren J, Amark P, Blennow G, Strömblad LG, Wallstaedt L. Vagus nerve stimulation in 16 children with refractory epilepsy. *Epilepsia* 1998a, 39: 809–813

Lundgren J, Ekberg O, Olsson R. Aspiration: a potential complication to vagus nerve stimulation. *Epilepsia* 1998b, 39: 998–1000

Lusic I, Pintaric I, Hozo I, Boic L, Capkun V. Serum prolactin levels after seizure and syncopal attacks. *Seizure* 1999, 8: 218–222

MacDonald BK, Cockerell OC, Sander JW, Shorvon SD. The incidence and lifetime prevalence of neurological disorders in a prospective community-based study in the UK. *Brain* 2000, 123: 665–676

Mace CJ, Trimble MR. Ten-year prognosis of conversion disorder. *Br J Psychiatry* 1996, 169: 282–288

Malherbe C, Burrill KC, Levin SR, Karam JH, Forsham PH. Effect of diphenylhydantoin on insulin secretion in man. *N Engl J Med* 1972, 286: 339–342

Malmgren K, Sullivan M, Ekstedt G, Kullberg G, Kumlien E. Health-related quality of life after epilepsy surgery: a Swedish multicenter study. *Epilepsia* 1997, 38: 830–838

Malouf R, Brust JC. Hypoglycemia: causes, neurological manifestations, and outcome. *Ann Neurol* 1985, 17: 421–430

Manzano GM, Ragazzo PC, Tavares SM, Marino R, Jr. Anterior zygomatic electrodes: a special electrode for the study of temporal lobe epilepsy. *Appl Neurophysiol* 1986, 49: 213–217

Markand ON, Spencer SS, Andersen AR. SPECT in epilepsy. *J Neuroimaging* 1995, 5 Suppl 1: S23–S33

Markestad T, Ulstein M, Strandjord RE. Outcome of pregnancy in women with epilepsy. *Acta Neurol Scand* 1984, 69: 79–80

Marsan CA, Zivin LS. Factors related to the occurrence of typical paroxysmal abnormalities in the EEG records of epileptic patients. *Epilepsia* 1970, 11: 361–381

Marson AG, Kadir ZA, Hutton JL, Chadwick DW. The new antiepileptic drugs: a systematic review of their efficacy and tolerability. *Epilepsia* 1997, 38: 859–880

Martin AB, Bricker JT, Fishman M, Frazier OH, Price JK, Radovancevic B, Louis PT, Cabalka AK, Gelb BD, Towbin JA. Neurologic complications of heart transplantation in children. *J Heart Lung Transplant* 1992, 11: 933–942

Masucci JP, Schon EA, King MP. Point mutations in the mitochondrial tRNA(Lys) gene: implications for pathogenesis and mechanism. *Mol Cell Biochem* 1997, 174: 215–219

Matsumoto A, Watanabe K, Negoro T, Sugiura M, Iwase K, Hara K, Miyazaki S. Infantile spasms: etiological factors, clinical aspects, and long term prognosis in 200 cases. *Eur J Pediatr* 1981, 135: 239–244

Matsuoka H, Takahashi T, Sasaki M, Matsumoto K, Yoshida S, Numachi Y, Saito H, Ueno T, Sato M. Neuropsychological EEG activation in patients with epilepsy. *Brain* 2000, 123: 318–330

Matsuura T, Achari M, Khajavi M, Bachinski LL, Zoghbi HY, Ashizawa T. Mapping of the gene for a novel spinocerebellar ataxia with pure cerebellar signs and epilepsy. *Ann Neurol* 1999, 45: 407–411

Mattson R, Sturman J, Gronowski M, Goico H. Effect of alcohol intake in nonalcoholic epileptics. *Neurology* 1975, 25: 361–362

Mattson RH, Cramer JA, Collins JF. Comparison of carbamazepine, phenobarbital, phenytoin, and primidone in partial and secondary generalized tonic-clonic seizures. *New Engl J Med* 1985, 313: 145–151

Mattson RH, Cramer JA, McCutchen CB. Barbiturate-related connective tissue disorders. *Arch Intern Med* 1989, 149: 911–914

Mattson RH, Cramer JA, Collins JF. The Department of Veteran Affairs Epilepsy Cooperative Study No. 264 Group. A comparison of valproate with carbamazepine for the treatment of partial and secondarily generalized tonic-clonic seizures. *New Engl J Med* 1992, 327: 765–771

Mattson RH. Antiepileptic drug monitoring: A reappraisal. *Epilepsia* 1995, 36 Suppl 5: S22-S29

Mattson RH, Cramer JA, Collins JF. Prognosis for total control of complex partial and secondarily generalized tonic clonic seizures. Department of Veterans Affairs Epilepsy Cooperative Studies No. 118 and No. 264 Group. *Neurology* 1996, 47: 68–76

Mattson RH, Cramer JA. The choice of antiepileptic drugs in focal epilepsy. In: Wyllie E (ed) *The Treatment of Epilepsy: Principles and Practice, Second Edition.* Baltimore: Williams & Wilkins, 1997: 771–778

Mattson RJ. Carbamazepine. In: Engel Jr J, Pedley TA (eds) *Epilepsy: A Comprehensive Textbook.* Philadelphia: Lippincott-Raven Publishers, 1997: 1491–1502

May TW, Rambeck B, Jurgens U. Influence of oxcarbazepine and methsuximide on lamotrigine concentrations in epileptic patients with and without valproic acid comedication: results of a retrospective study. *Ther Drug Monit* 1999, 21: 175–181

Mayer T, Schutte W, Wolf P, Elger CE. Gabapentin add-on treatment: how many patients become seizure-free? An open-label multicenter study. *Acta Neurol Scand* 1999, 99: 1–7

Maytal J, Novak G, Ascher C, Bienkowski R. Status epilepticus in children with epilepsy: the role of antiepileptic drug levels in prevention. *Pediatrics* 1996, 98: 1119–1121

McEnery PT, Nathan J, Bates SR, Daniels SR. Convulsions in children undergoing renal transplantation. *J Pediatr* 1989, 115: 532–536

McKee PJ, Blacklaw J, Butler E, Gillham RA, Brodie MJ. Monotherapy with conventional and controlled-release carbamazepine: a double-blind, double-dummy comparison in epileptic patients. *Br J Clin Pharmacol* 1991, 32: 99–104

McKee PJW, Brodie MJ. Therapeutic drug monitoring. In: Engel Jr J, Pedley TA (eds) *Epilepsy: A Comprehensive Textbook.* Philadelphia: Lippincott-Raven Publishers, 1997: 1181–1194

McKenna PJ, Kane JM, Parrish K. Psychotic syndromes in epilepsy. *Am J Psychiatry* 1985, 142: 895–904

McLachlan RS. Supression of interictal spikes and seizures by stimulation of the vagus nerve. *Epilepsia* 1993, 34: 918–923

McLean MJ. Gabapentin. In: Wyllie E (ed) *The Treatment of Epilepsy: Principles and Practice, Second Edition.* Baltimore: Williams & Wilkins, 1997: 884–898

McMicken D, Freedland E. Alcohol-related seizures. Pathophysiology, differential diagnosis, evaluation, and treatment. *Emerg Med Clin North Am* 1994, 12: 1057–1079

Medical Research Council Antiepileptic Drug Withdrawal Study Group. Randomised study of antiepileptic drug withdrawal in patients in remission. *Lancet* 1991, 337: 1175–1180

Medical Research Council Antiepileptic Drug Withdrawal Study Group. Prognostic index for recurrence of seizures after remission of epilepsy. *BMJ* 1993, 306: 1374–1378

Medical Research Council Vitamin Study Research Group. Prevention of neural tube defects: results of the Medical Research Council Vitamin Study. *Lancet* 1991, 338: 131–137

Medina MT, Rosas E, Rubio-Donnadieu F, Sotelo J. Neurocysticercosis as the main cause of late-onset epilepsy in Mexico. *Arch Intern Med* 1990, 150: 325–327

Meek PD, Davis SN, Collins DM, Gidal BE, Rutecki PA, Burstein AH, Fischer JH, Leppik IE, Ramsay RE. Guidelines for nonemergency use of parenteral phenytoin products: proceedings of an expert panel consensus process. Panel on Nonemergency Use of Parenteral Phenytoin Products. *Arch Intern Med* 1999, 159: 2639–2644

Meencke HJ, Janz D. Neuropathological findings in primary generalized epilepsy: a study of eight cases. *Epilepsia* 1984, 25: 8–21

Meierkord H, Will B, Fish D, Shorvon S. The clinical features and prognosis of pseudoseizures diagnosed using video-EEG telemetry. *Neurology* 1991, 41: 1643–1646

Meierkord H, Shorvon S, Lightman S, Trimble M. Comparison of the effects of frontal and temporal lobe partial seizures on prolactin. *Arch Neurol* 1992, 49: 225–230

Meldrum BS. Update on the mechanism of action of antiepileptic drugs. *Epilepsia* 1996, 37 Suppl 6: S4–11

Mendez MF, Cummings JL, Benson DF. Depression in epilepsy. Significance and phenomenology. *Arch Neurol* 1986, 43: 766–770

Mendez MF, Doss RC, Taylor JL, Salguero P. Depression in epilepsy. Relationship to seizures and anticonvulsant therapy. *J Nerv Ment Dis* 1993, 181: 444–447

Merlet I, Gotman J. Reliability of dipole models of epileptic spikes. *Clin Neurophysiol* 1999, 110: 1013–1028

Merlob P, Mor N, Litwin A. Transient hepatic dysfunction in an infant of an epileptic mother treated with carbamazepine during pregnancy and breastfeeding. *Ann Pharmacother* 1992, 26: 1563–1565

Messenheimer J. Lamotrigine. In: Wyllie E (ed) *The Treatment of Epilepsy: Principles and Practice, Second Edition.* Baltimore: Williams & Wilkins, 1997: 899–905

Messenheimer J, Mullens EL, Giorgi L, Young F. Safety review of adult clinical trial experience with lamotrigine. *Drug Saf* 1998, 18: 281–296

Messing R, Diamond I. Molecular biology of alcohol dependence. In: Rosenberg R, Prusiner S, DiMauro S, Barchi R, Kunkel L (eds) *The Molecular and Genetic Basis of Neurological Disease.* Boston: Butterworth-Heinemann, 1993: 129–142

Messing RO, Closson RG, Simon RP. Drug-induced seizures: a 10-year experience. *Neurology* 1984, 34: 1582–1586

Messing RO, Simon RP. Seizures as a manifestation of systemic disease. *Neurol Clin* 1986, 4: 563–584

Michaelis E, Freed W, Galton N, Foye J, Michaelis M, Phillips I, Kleinman J. Glutamate receptor changes in brain synaptic membranes from human alcoholics. *Neurochem Res* 1990, 15: 1055–1063

Mikami M, Yasuda T, Terao A, Nakamura M, Ueno S, Tanabe H, Tanaka T, Onuma T, Goto Y, Kaneko S, Sano A. Localization of a gene for benign adult familial myoclonic epilepsy to chromosome 8q23.3-q24.1. *Am J Hum Genet* 1999, 65: 745–751

Mikati MA, Holmes GL. Lamotrigine in absence and primary generalized epilepsies. *J Child Neurol* 1997, 12 Suppl 1: S29–37

Mikati MA, Choueri R, Khurana DS, Riviello J, Helmers S, Holmes G. Gabapentin in the treatment of refractory partial epilepsy in children with intellectual disability. *J Intellect Disabil Res* 1998, 42 Suppl 1: 57–62

Mikati MA, Saab R. Successful use of intravenous immunoglobulin as initial monotherapy in Landau-Kleffner syndrome. *Epilepsia* 2000, 41: 880–886

Miller LL, Pellock JM, DeLorenzo RJ, Meyer JM, Corey LA. Univariate genetic analyses of epilepsy and seizures in a population-based twin study: the Virginia Twin Registry. *Genet Epidemiol* 1998, 15: 33–49

Miller LL, Pellock JM, Boggs JG, DeLorenzo RJ, Meyer JM, Corey LA. Epilepsy and seizure occurrence in a population-based sample of Virginian twins and their families. *Epilepsy Res* 1999a, 34: 135–143

Miller NR, Johnson MA, Paul SR, Girkin CA, Perry JD, Endres M, Krauss GL. Visual dysfunction in patients receiving vigabatrin: clinical and electrophysiologic findings. *Neurology* 1999b, 53: 2082–2087

Milunsky A, Jick H, Jick SS, Bruell CL, MacLaughlin DS, Rothman KJ, Willett W. Multivitamin/folic acid supplementation in early pregnancy reduces the prevalence of neural tube defects. *JAMA* 1989, 262: 2847–2852

Minassian BA, Sainz J, Delgado EA. Genetics of myoclonic and myoclonus epilepsies. *Clin Neurosci* 1995, 3: 223–235

Minassian BA, Lee JR, Herbrick JA, Huizenga J, Soder S, Mungall AJ, Dunham I, Gardner R, Fong CY, Carpenter S, Jardim L, Satishchandra P, Andermann E, Snead OC, Lopes CI, Tsui LC, Delgado EA, Rouleau GA, Scherer SW. Mutations in a gene encoding a novel protein tyrosine phosphatase cause progressive myoclonus epilepsy. *Nat Genet* 1998, 20: 171–174

Minassian BA, Sainz J, Serratosa JM, Gee M, Sakamoto LM, Bohlega S, Geoffroy G, Barr C, Scherer SW, Tomiyasu U, Carpenter S, Wigg K, Sanghvi AV, Delgado EA. Genetic locus heterogeneity in Lafora's progressive myoclonus epilepsy. *Ann Neurol* 1999, 45: 262–265

Ministerium für Kultur Jugend und Sport. Schul-Intern. Bonn, 1998

Mitchell WG, Chavez JM. Carbamazepine versus phenobarbital for partial onset seizures in children. *Epilepsia* 1987, 28: 56–60

Mohamed A, Lüders HO. Magnetic resonance imaging in temporal lobe epilepsy: usefulness for the etiological diagnosis of temporal lobe epilepsy. *Neurol Med Chir (Tokyo)* 2000, 40: 1–15

Mole S, Gardiner M. Molecular genetics of the neuronal ceroid lipofuscinoses. *Epilepsia* 1999, 40: 29–32

Molinuevo JL, Arroyo S. Ictal smile. *Epilepsia* 1998, 39: 1357–1360

Monaco F. Cognitive effects of vigabatrin: a review. *Neurology* 1996, 47: S6–11

Monaco F, Cicolin A. Interactions between anticonvulsant and psychoactive drugs. *Epilepsia* 1999, 40 Suppl 10: S71–76

Montouris GD, Biton V, Rosenfeld WE. Nonfocal generalized tonic-clonic seizures: response during long-term topiramate treatment. Topiramate YTC/YTCE Study Group. *Epilepsia* 2000, 41 Suppl 1: S77–81

Morrell F, Whistler WW, Bleck TP. Multiple subpial transection: a new approach to the surgical treatment of focal epilepsy. *J Neurosurg* 1989, 70: 231–239

Morrell F, Whistler WW. Multiple subpial transection. In: Shorvon S, Dreifuss F, Fish D, Thomas D (eds) *The Treatment of Epilepsy*. Oxford: Blackwell Sciences Ltd, 1996: 739–751

Morrell F, Kanner AM, Hoeppner TJ, Detoledo-Morrell L, Whisler WA. Surgical treatment of Landau-Kleffner syndrome. In: Tuxhorn I, Holthausen H, Boenigk H (eds) *Paediatric Epilepsy Syndromes and their Surgical Treatment*. London: John Libbey Company Ltd, 1997a: 462–479

Morrell MJ, Springer E, Guidice L. Reproductive function in women with epilepsy on inducing and noninducing antiepileptic drugs. *Epilepsia* 1997b, 38: 232

Morrell MJ. Guidelines for the care of women with epilepsy. *Neurology* 1998, 51: S21–27

Morrell MJ. Dosing to efficacy with neurontin: the STEPS trial. Study of Titration to Effect Profile of Safety. *Epilepsia* 1999, 40 Suppl 6: S23–26

Morris GL. Gabapentin. *Epilepsia* 1999, 40 Suppl 5: S63–70

Morris GL, Mueller WM. Long-term treatment with vagus nerve stimulation in patients with refractory epilepsy. The Vagus Nerve Stimulation Study Group E01-E05. *Neurology* 1999, 53: 1731–1735

Morris HH III, Lüders H, Lesser RP, Dinner DS, Klem GH. The value of closely spaced scalp electrodes in the localization of epileptiform foci: a study of 26 patients with complex partial seizures. *Electroencephalogr Clin Neurophysiol* 1986, 63: 107–111

Morris HH III, Estes ML. Brain tumors and chronic epilepsy. In: Wyllie E (ed) *The Treatment of Epilepsy: Principles and Practice, Second Edition.* Baltimore: Williams & Wilkins, 1997: 636–645

Mosewich RK, So EL, O'Brien TJ, Cascino GD, Sharbrough FW, Marsh WR, Meyer FB, Jack CR, O'Brien PC. Factors predictive of the outcome of frontal lobe epilepsy surgery. *Epilepsia* 2000, 41: 843–849

Motte J, Trevathan E, Arvidsson JF, Barrera MN, Mullens EL, Manasco P. Lamotrigine for generalized seizures associated with the Lennox-Gastaut syndrome. Lamictal Lennox-Gastaut Study Group. *N Engl J Med* 1997, 337: 1807–1812

Mountain KR, Hirsh J, Gallus AS. Neonatal coagulation defect due to anticonvulsant drug treatment in pregnancy. *Lancet* 1970, 1: 265–268

Munn R, Farrell K. Open study of clobazam in refractory epilepsy. *Pediatr Neurol* 1993, 9: 465–469

Murphy JV, Sarff LD, Marquardt KM. Recurrent seizures after diphtheria, tetanus, and pertussis vaccine immunization. Onset less than 24 hours after vaccination. *Am J Dis Child* 1984, 138: 908–911

Murphy JV, Hornig G, Schallert G. Left vagal nerve stimulation in children with refractory epilepsy. Preliminary observations. *Arch Neurol* 1995, 52: 886–889

Murphy JV. Left vagal nerve stimulation in children with medically refractory epilepsy. The Pediatric VNS Study Group. *J Pediatr* 1999, 134: 563–566

Musicco M, Beghi E, Solari A, Viani F. Treatment of first tonic-clonic seizure does not improve the prognosis of epilepsy. First Seizure Trial Group (FIRST Group). *Neurology* 1997, 49: 991–998

Nakane Y, Okuma T, Takahashi R, Sato Y, Wada T, Sato T, Fukushima Y, Kumashiro H, Ono T, Takahashi T, Aoki Y, Kazamatsuri H, Inami M, Komai S, Seino M, Miyakoshi M, Tanimura T, Hazama H, Kawahara R, Otsuki S, Hosokawa K, Inanaga K, Nakazawa Y, Yamamoto K. Multi-institutional study on the teratogenicity and fetal toxicity of antiepileptic drugs: a report of a collaborative study group in Japan. *Epilepsia* 1980, 21: 663–680

Nakayama J, Hamano K, Iwasaki N, Nakahara S, Horigome Y, Saitoh H, Aoki T, Maki T, Kikuchi M, Migita T, Ohto T, Yokouchi Y, Tanaka R, Hasegawa M, Matsui A, Hamaguchi H, Arinami T. Significant evidence for linkage of febrile seizures to chromosome 5q14-q15. *Hum Mol Genet* 2000, 9: 87–91

Nashef L. Sudden unexpected death in epilepsy: terminology and defintions. *Epilepsia* 1997, 38 Suppl 1: S6-S8

Natelson BH, Suarez RV, Terrence CF, Turizo R. Patients with epilepsy who die suddenly have cardiac disease. *Arch Neurol* 1998, 55: 857–860

Neisser U. Kognition und Wirklichkeit. München: Klett-Cotta, 1979

Nelson KB, Ellenberg JH. Predictors of epilepsy in children who have experienced febrile seizures. *N Engl J Med* 1976, 295: 1029–1033

Nelson KB, Ellenberg JH. Maternal seizure disorder, outcome of pregnancy, and neurologic abnormalities in the children. *Neurology* 1982, 32: 1247–1254

Nemroff CB, De Vane CL, Pollock BG. Newer antidepressants and the cytochrome P450 system. *Am J Psychiatry* 1996, 153: 311–320

Neubauer BA, Moises HW, Lassker U, Waltz S, Diebold U, Stephani U. Benign childhood epilepsy with centrotemporal spikes and electroencephalography trait are not linked to EBN1 and EBN2 of benign neonatal familial convulsions. *Epilepsia* 1997, 38: 782–787

Neubauer BA, Fiedler B, Himmelein B, Kampfer F, Lassker U, Schwabe G, Spanier I, Tams D, Bretscher C, Moldenhauer K, Kurlemann G, Weise S, Tedroff K, Eeg OO, Wadelius C, Stephani U. Centrotemporal spikes in families with rolandic epilepsy: linkage to chromosome 15q14. *Neurology* 1998, 51: 1608–1612

Neubauer BA. The genetics of rolandic epilepsy. *Epilepsia* 2000, 41: 1061–1062

Neufeld M, Sadeh M, Cohn D, Korczyn A. Stress and epilepsy: the Gulf war experience. *Seizure* 1994, 3: 135–139

Neufeld M, Treves T, Chistik V, Korczyn A. Sequential serum creatine kinase determination differentiates vaso-vagal syncope from generalized tonic-clonic seizures. *Acta Neurol Scand* 1997, 95: 137–139

Neugebauer R, Paik M, Hauser WA, Nadel E, Leppik I, Susser M. Stressful life events and seizure frequency in patients with epilepsy. *Epilepsia* 1994, 35: 336–343

Newton MR, Berkovic SF, Austin MC, Rowe CC, McKay WJ, Bladin PF. SPECT in the localisation of extratemporal and temporal seizure foci. *J Neurol Neurosurg Psychiatry* 1995, 59: 26–30

Ney GC, Zimmerman C, Schaul N. Psychogenic status epilepticus induced by a provocative technique. *Neurology* 1996, 46: 546–547

Ng S, Hauser W, Brust J, Susser M. Alcohol consumption and withdrawal in new-onset seizures. *N Engl J Med* 1988, 319: 666–673

NIH Consensus Panel: Rowland LP, Alavi A, Brook RH, Caplan LR, Ferry PC, Fishman MA, Fishman RA, Jane JA, Kosecoff J, Laws ER, Luchins DJ, Mella BA, Scherer A. Surgery for epilepsy – National Institute of Health Consensus Conference. *JAMA* 1990, 264: 729–733

Nilsson L, Tomson T, Farahmand BY, Diwan V, Persson PG. Cause-specific mortality in epilepsy: a cohort study of more than 9,000 patients once hospitalized for epilepsy. *Epilepsia* 1997, 38: 1062–1068

Nilsson L, Farahmand BY, Persson PG, Thiblin I, Tomson T. Risk factors for sudden unexpected death in epilepsy: a case-control study. *Lancet* 1999, 353: 888–893

Nordt SP, Clark RF. Midazolam: a review of therapeutic uses and toxicity. *J Emerg Med* 1997, 15: 357–365

Norenberg MD, Leslie KO, Robertson AS. Association between rise in serum sodium and central pontine myelinolysis. *Ann Neurol* 1982, 11: 128–135

Nousiainen U, Suomalainen T, Mervaala E. Clinical benefits of scalp EEG studies in intractable seizure disorders. *Acta Neurol Scand* 1992, 85: 181–186

Nuwer MR, Comi G, Emerson R, Fuglsang-Frederiksen A, Guerit JM, Hinrichs H, Ikeda A, Luccas FJ, Rappelsberger P. IFCN standards for digital recording of clinical EEG. The International Federation of Clinical Neurophysiology. *Electroencephalogr Clin Neurophysiol Suppl* 1999, 52: 11–14

O'Brien TJ, Kilpatrick C, Murrie V, Vogrin S, Morris K, Cook MJ. Temporal lobe epilepsy caused by mesial temporal sclerosis and temporal neocortical lesions. A clinical and electroencephalographic study of 46 pathologically proven cases. *Brain* 1996, 119: 2133–2141

O'Brien TJ, Kazemi NJ, Cascino GD. Localization-related epilepsies due to specific lesions. In: Engel Jr J, Pedley TA (eds) *Epilepsy: A Comprehensive Textbook*. Philadelphia: Lippincott-Raven Publishers, 1997: 2433–2446

O'Brien TJ, Cascino GD, So EL, Hanna DR. Incidence and clinical consequence of the purple glove syndrome in patients receiving intravenous phenytoin. *Neurology* 1998a, 51: 1034–1039

O'Brien TJ, So EL, Mullan BP, Hauser MF, Brinkmann BH, Bohnen NI, Hanson D, Cascino GD, Jack CR, Jr., Sharbrough FW. Subtraction ictal SPECT co-registered to MRI improves clinical usefulness of SPECT in localizing the surgical seizure focus. *Neurology* 1998b, 50: 445–454

O'Brien TJ, So EL, Mullan BP, Hauser MF, Brinkmann BH, Jack CR, Jr., Cascino GD, Meyer FB, Sharbrough FW. Subtraction SPECT co-registered to MRI improves postictal SPECT localization of seizure foci. *Neurology* 1999, 52: 137–146

O'Donoghue M, Sander J. The mortality associated with epilepsy, with particular reference to sudden unexpected death: a review. *Epilepsia* 1997, 38: S15–19

Oestreich LJ, Berg MJ, Bachmann DL, Burchfiel J, Erba G. Ictal contralateral paresis in complex partial seizures. *Epilepsia* 1995, 36: 671–675

Offringa M, Bossuyt PM, Lubsen J, Ellenberg JH, Nelson KB, Knudsen FU, Annegers JF, el-Radhi AS, Habbema JD, Derksen-Lubsen G, et al. Risk factors for seizure recurrence in children with febrile seizures: a pooled analysis of individual patient data from five studies. *J Pediatr* 1994, 124: 574–584

Ogata A, Ishida S, Wada T. A survey of 37 cases with basal ganglia calcification (BGC): CT-scan findings of BGC and its relationship to underlying diseases and epilepsy. *Acta Neurol Scand* 1987, 75: 117–124

Ogawa Y, Kaneko S, Otani K, Fukushima Y. Serum folic acid levels in epileptic mothers and their relationship to congenital malformations. *Epilepsy Res* 1991, 8: 75–78

O'Hare JA, Callaghan NM, Murnaghan DJ. Dialysis encephalopathy. Clinical, electroencephalographic and interventional aspects. *Medicine (Baltimore)* 1983, 62: 129–141

Ojeman LM, Friel PN, Trejo WJ, Dudley DL. Effect of doxepin on seizure frequency in depressed epileptic patients. *Neurology* 1983, 33: 646–8

Olafsson E, Hauser WA, Ludvigsson P, Gudmundsson G. Incidence of epilepsy in rural Iceland: a population-based study. *Epilepsia* 1996, 37: 951–955

Olafsson E, Hauser WA. Prevalence of epilepsy in rural Iceland: a population-based study. *Epilepsia* 1999, 40: 1529–1534

Oldani A, Zucconi M, Asselta R, Modugno M, Bonati MT, Dalpra L, Malcovati M, Tenchini ML, Smirne S, Ferini-Strambi L. Autosomal dominant nocturnal frontal lobe epilepsy. A video-polysomnographic and genetic appraisal of 40 patients and delineation of the epileptic syndrome. *Brain* 1998, 121: 205–223

Olivier A. Surgery of epilepsy: overall procedure. In: Apuzzo MLJ (eds) *Neurosurgical Aspects of Epilepsy*. Park Ridge, Illinois: AANS, 1991: 128–138

Omtzigt JG, Los FJ, Grobbee DE, Pijpers L, Jahoda MG, Brandenburg H, Stewart PA, Gaillard HL, Sachs ES, Wladimiroff JW, et al. The risk of spina bifida aperta after first-trimester exposure to valproate in a prenatal cohort. *Neurology* 1992a, 42: 119–125

Omtzigt JG, Nau H, Los FJ, Pijpers L, Lindhout D. The disposition of valproate and its metabolites in the late first trimester and early second trimester of pregnancy in maternal serum, urine, and amniotic fluid: effect of dose, co-medication, and the presence of spina bifida. *Eur J Clin Pharmacol* 1992b, 43: 381–388

Oribe E, Amini R, Nissenbaum E, Boal B. Serum prolactin concentrations are elevated after syncope. *Neurology* 1996, 47: 60–62

Orr-Urtreger A, Goldner FM, Saeki M, Lorenzo I, Goldberg L, De BM, Dani JA, Patrick JW, Beaudet AL. Mice deficient in the alpha7 neuronal nicotinic acetylcholine receptor lack alpha-bungarotoxin binding sites and hippocampal fast nicotinic currents. *J Neurosci* 1997, 17: 9165–9171

O'Sullivan DP. Convulsions associated with cyclosporin A. *Br Med J (Clin Res Ed)* 1985, 290: 858

Ottman R, Annegers JF, Hauser WA, Kurland LT. Higher risk of seizures in offspring of mothers than fathers with epilepsy. *Am J Hum Genet* 1988, 43: 257–264

Ottman R, Risch N, Hauser WA, Pedley TA, Lee JH, Barker CC, Lustenberger A, Nagle KJ, Lee KS, Scheuer ML, et a. Localization of a gene for partial epilepsy to chromosome 10q. *Nat Genet* 1995, 10: 56–60

Ottman R. Genetic epidemiology of epilepsy. *Epidemiol Rev* 1997, 19: 120–128

Oxbury SM. Cognitive and memory changes after temporal leobe excisions. In: Oxbury JM, Polkey CE, Duchowny M (eds) *Intractable Focal Epilepsy*. London: WB Saunders, 2000: 807–818

Pacia SV, Devinsky O, Luciano DJ, Vazquez B. The prolonged QT syndrome presenting as epilepsy: a report of two cases and literature review. *Neurology* 1994, 44: 1408–1410

Padovan CS, Sostak P, Straube A. Neurologische Komplikationen nach Organtransplantation. *Nervenarzt* 2000, 71: 249–258

Paguirigan A, Lefken EB. Central pontine myelinolysis. *Neurology* 1969, 19: 1007–1011

Pakalnis A, Drake MEJ, Phillips B. Neuropsychiatric aspects of psychogenic status epilepticus. *Neurology* 1991, 41: 1104–1106

Pal DK, Carpio A, Sander JW. Neurocysticercosis and epilepsy in developing countries. *J Neurol Neurosurg Psychiatry* 2000, 68: 137–143

Palmini A, da Costa JC, Calcagnotto ME, Paglioli-Neto E, Paglioli E, Coutinho L. Patients with different histopathological types of cortical dysplasia have specific degrees of severity of the epileptic condition. *Epilepsia* 1997, 38 Suppl 3: 5

Palmini A. Disorders of cortical development. *Curr Opin Neurol* 2000, 13: 183–192

Panayiotopoulos CP. Absence epilepsies. In: Engel Jr J, Pedley TA (eds) *Epilepsy: A Comprehensive Textbook*. Philadelphia: Lippincott-Raven Publishers, 1997: 2327–2346

Panayiotopoulos CP. Significance of the EEG after the first afebrile seizure. *Arch Dis Child* 1998, 78: 575–576

Panayiotopoulos CP. Efficacy of lamotrigine (LTG) monotherapy. *Epilepsia* 2000, 41: 357–359

Parent JM, Lowenstein DH. Treatment of refractory generalized status epilepticus with continuous infusion of midazolam. *Neurology* 1994, 44: 1837–1840

Parizel PM, Snoeck HW, van den Hauwe L, Boven K, Bosmans JL, Van Goethem JW, Van Marck EA, Cras P, De Schepper AM, De Broe ME. Cerebral complications of murine monoclonal CD3 antibody (OKT3): CT and MR findings. *AJNR Am J Neuroradiol* 1997, 18: 1935–1938

Park TS, Bourgeois BF, Silbergeld DL, Dodson WE. Subtemporal transparahippocampal amygdalohippocampectomy for surgical treatment of mesial temporal lobe epilepsy. Technical note. *J Neurosurg* 1996, 85: 1172–1176

Pataraia E, Lurger S, Serles W, Lindinger G, Aull S, Leutmezer F, Bacher J, Olbrich A, Czech T, Novak K, Deecke L, Baumgartner C. Ictal scalp-EEG in unilateral mesial temporal lobe epilepsy. *Epilepsia* 1998, 39: 608–614

Patchell RA, White CLd, Clark AW, Beschorner WE, Santos GW. Neurologic complications of bone marrow transplantation. *Neurology* 1985, 35: 300–306

Patsalos PN. Anticonvulsant combinations and interactions. In: Eadie MJ, Vajda FJE (eds) *Handbook of Experimental Pharmacology, Vol. 138, Antiepileptic Drugs: Pharmacology and Therapeutics.* Berlin Heidelberg: Springer, 1999: 553–587

Patsalos PN. Pharmacokinetic profile of levetiracetam: toward ideal characteristics. *Pharmacol Ther* 2000, 85: 77–85

Pedley T. Differential diagnosis of episodic symptoms. *Epilepsia* 1983, 24: S31–44

Peiffer A, Thompson J, Charlier C, Otterud B, Varvil T, Pappas C, Barnitz C, Gruenthal K, Kuhn R, Leppert M. A locus for febrile seizures (FEB3) maps to chromosome 2q23–24. *Ann Neurol* 1999, 46: 671–678

Pellegrino TR. An emergency department approach to first-time seizures. *Emerg Med Clin North Am* 1994, 12: 925–939

Pellock JM. The differential diagnosis of epilepsy: nonepileptic paroxysmal disorders. In: Wyllie E (ed) *The Treatment of Epilepsy: Principles and Practice, Second Edition.* Philadelphia: Lea Febinger, 1997: 681–690

Pellock JM. Felbamate. *Epilepsia* 1999, 40 Suppl 5: S57–62

Pellock JM, Appleton R. Use of new antiepileptic drugs in the treatment of childhood epilepsy. *Epilepsia* 1999, 40 Suppl 6: S29–38

Penfield W, Jasper H. Epilepsy and the Functional Anatomy of the Brain. Boston: Little Brown & Co, 1954

Pennacchio LA, Lehesjoki AE, Stone NE, Willour VL, Virtaneva K, Miao J, D'Amato E, Ramirez L, Faham M, Koskiniemi M, Warrington JA, Norio R, de-la CA, Cox DR, Myers RM. Mutations in the gene encoding cystatin B in progressive myoclonus epilepsy (EPM1). *Science* 1996, 271: 1731–1734

Pennacchio LA, Bouley DM, Higgins KM, Scott MP, Noebels JL, Myers RM. Progressive ataxia, myoclonic epilepsy and cerebellar apoptosis in cystatin B-deficient mice. *Nat Genet* 1998, 20: 251–258

Penry JK, Dean JC, Riela AR. Juvenile myoclonic epilepsy: long-term response to therapy. *Epilepsia* 1989, 30 Suppl 4: S19–23

Perez MM, Trimble MR, Murray NMF, Reider I. Epileptic psychosis: an evaluation of PSE profiles. *Br J Psychiatry* 1985, 146: 155–163

Perrine P, Kiolbasa T. Cognitive deficits in epilepsy and contribution to psychopathology. *Neurology* 1999, 53 Suppl 2: S39-S48

Perucca E. Pharmacokinetics. In: Engel Jr J, Pedley TA (eds) *Epilepsy: A Comprehensive Textbook.* Philadelphia: Lippincott-Raven Publishers, 1997: 1131–1153

Perucca E. The clinical pharmacokinetics of the new antiepileptic drugs. *Epilepsia* 1999, 40: S7–13

Peters AC, Brouwer OF, Geerts AT, Arts WF, Stroink H, van Donselaar CA. Randomized prospective study of early discontinuation of antiepileptic drugs in children with epilepsy. *Neurology* 1998, 50: 724–730

Phillips HA, Scheffer IE, Berkovic SF, Hollway GE, Sutherland GR, Mulley JC. Localization of a gene for autosomal dominant nocturnal frontal lobe epilepsy to chromosome 20q 13.2. *Nat Genet* 1995, 10: 117–118

Phillips HA, Scheffer IE, Crossland KM, Bhatia KP, Fish DR, Marsden CD, Howell SJ, Stephenson JB, Tolmie J, Plazzi G, Eeg OO, Singh R, Lopes CI, Andermann E, Andermann F, Berkovic SF, Mulley JC. Autosomal dominant nocturnal frontal-lobe epilepsy: genetic heterogeneity and evidence for a second locus at 15q24. *Am J Hum Genet* 1998, 63: 1108–1116

Picard F, Baulac S, Kahane P, Hirsch E, Sebastianelli R, Thomas P, Vigevano F, Genton P, Guerrini R, Gericke CA, An I, Rudolf G, Herman A, Brice A, Marescaux C,

LeGuern E. Dominant partial epilepsies. A clinical, electrophysiological and genetic study of 19 European families. *Brain* 2000, 123: 1247–1262

Pilcher WH, Rusyniak WG. Complications of epilepsy surgery. *Neurosurg Clin N Am* 1993, 4: 311–325

Pinard JM, Motte J, Chiron C, Brian R, Andermann E, Dulac O. Subcortical laminar heterotopia and lissencephaly in two families: a single X linked dominant gene. *J Neurol Neurosurg Psychiatry* 1994, 57: 914–920

Placencia M, Sander JW, Shorvon SD, Roman M, Alarcon F, Bimos C, Cascante S. Antiepileptic drug treatment in a community health care setting in northern Ecuador: a prospective 12-month assessment. *Epilepsy Res* 1993, 14: 237–244

Plaster NM, Uyama E, Uchino M, Ikeda T, Flanigan KM, Kondo I, Ptacek LJ. Genetic localization of the familial adult myoclonic epilepsy (FAME) gene to chromosome 8q24. *Neurology* 1999, 53: 1180–1183

Plazzi G, Tinuper P, Montagna P, Provini F, Lugaresi E. Epileptic nocturnal wanderings. *Sleep* 1995, 18: 749–756

Plum F, Posner JB. Diagnosis of stupor and coma. Philadelphia: F.A. Davis, 1980

Podreka I, Brücke T, Asenbaum S, Wenger S, Aull S, van der Meer C, Baumgartner C. Clinical decision making and brain SPECT. In: Costa DC, Morgan GF, Lassen NA (eds) *New Trends in Nuclear Neurology and Psychiatry*. London: John Libbey & Company Ltd, 1993: 103–117

Pohlmann-Eden B, Hoch DB, Cochius JI, Chiappa KH. Periodic lateralized epileptiform discharges – a critical review. *J Clin Neurophysiol* 1996, 13: 519–530

Pohlmann-Eden B, Bruckmeir J. Predictors and dynamics of posttraumatic epilepsy. *Acta Neurol Scand* 1997, 95: 257–262

Pohlmann-Eden B. Schlaganfall-Epilepsie-Syndrome – eine gesundheitsökonomische und akademische Herausforderung. *Epilepsieblätter* 1999, 12: 94–100

Pohlmann-Eden B, Szabo K. Status epilepticus. In: Schwab S, Krieger D, Müllges W, Hamann G, Hacke W (eds) *Neurologische Intensivmedizin*. Berlin-Heidelberg: Springer, 1999: 3–15

Polkey CE. Physical complications of epilepsy surgery. In: Oxbury JM, Polkey CE, Duchowny M (eds) *Intractable Focal Epilepsy*. London: WB Saunders, 2000: 783–794

Porter J, Jick H. Drug-induced anaphylaxis, convulsions, deafness, and extrapyramidal symptoms. *Lancet* 1977, 1: 587–588

Poza JJ, Saenz A, Martinez-Gil A, Cheron N, Cobo AM, Urtasun M, Marti-Masso J, Grid D, Beckmann JS, Prud'homme JF, Lopez de Munain A. Autosomal dominant lateral temporal epilepsy: clinical and genetic study of a large Basque pedigree linked to chromosome 10q. *Ann Neurol* 1999, 45: 182–188

Pratt JA, Jenner P, Johnson AL, Shorvon SD, Reynolds EH. Anticonvulsant drugs alter plasma tryptophan concentrations in epileptic patients: implications for antiepileptic action and mental function. *J Neurol Neurosurg Psychiatry* 1984, 47: 1131–1133

Pratt KL, Mattson RH, Weikers NJ, Williams R. EEG activation of epileptics following sleep deprivation: a prospective study of 114 cases. *Electroencephalogr Clin Neurophysiol* 1968, 24: 11–15

Preter M, Tzourio C, Ameri A, Bousser MG. Long-term prognosis in cerebral venous thrombosis. Follow-up of 77 patients. *Stroke* 1996, 27: 243–246

Prevey ML, Delaney RC, Cramer JA, Cattanach L, Collins JF, Mattson RH. Effect of valproate on cognitive functioning. Comparison with carbamazepine. The Department of Veterans Affairs Epilepsy Cooperative Study 264 Group. *Arch Neurol* 1996, 53: 1008–1016

Price RR. The AAPM/RSNA physics tutorial for residents. MR imaging safety considerations. Radiological Society of North America. *Radiographics* 1999, 19: 1641–1651

Primavera A, Brusa G, Novello P. Thyrotoxic encephalopathy and recurrent seizures. *Eur Neurol* 1990, 30: 186–188

Privitera MD, Brodie MJ, Neto W, Wang S, Topiramate EPMN–105 Study Group. Monotherapy in newly diagnosed epilepsy. topiramate vs. investigators choice of carbamazepine or valproate. *Epilepsia* 2000, Suppl Florence: 138

Puglia JF, Brenner RP, Soso MJ. Relationship between prolonged and self-limited photoparoxysmal responses and seizure incidence: study and review. *J Clin Neurophysiol* 1992, 9: 137–144

Puranam RS, McNamara JO. Seizure disorders in mutant mice: relevance to human epilepsies. *Curr Opin Neurobiol* 1999, 9: 281–287

Quesney LF, Constain M, Rasmussen T, Olivier A, Palmini A. Presurgical EEG investigation in frontal lobe epilepsy. *Epilepsy Res Suppl* 1992, 5: 55–69

Quesney LF, Risinger MW, Shewmon DA. Extracranial EEG evaluation. In: Engel Jr J (ed) *Surgical Treatment of the Epilepsies, Second Edition.* New York: Raven Press, 1993: 173–196

Quirk JA, Fish DR, Smith SJ, Sander JW, Shorvon SD, Allen PJ. Incidence of photosensitive epilepsy: a prospective national study. *Electroencephalogr Clin Neurophysiol* 1995a, 95: 260–267

Quirk JA, Fish DR, Smith SJ, Sander JW, Shorvon SD, Allen PJ. First seizures associated with playing electronic screen games: a community-based study in Great Britain. *Ann Neurol* 1995b, 37: 733–737

Radhakrishnan K, So EL, Silbert PL, Jack CRJ, Cascino GD, Sharbrough FW, O'Brien PC. Predictors of outcome of anterior temporal lobectomy for intractable epilepsy. A multivariate study. *Neurology* 1998, 51: 465–471

Ramaratnam S, Sridharan K. Yoga for epilepsy (Cochrane review). *Cochrane Database Syst Rev* 2000, CD001524

Rambeck B, Kurlemann G, Stodieck SR, May TW, Jurgens U. Concentrations of lamotrigine in a mother on lamotrigine treatment and her newborn child. *Eur J Clin Pharmacol* 1997, 51: 481–484

Ranta S, Lehesjoki AE, de Fatima Bonaldo M, Knowles JA, Hirvasniemi A, Ross B, de Jong PJ, Soares MB, de la Chapelle A, Gilliam TC. High-resolution mapping and transcript identification at the progressive epilepsy with mental retardation locus on chromosome 8p. *Genome Res* 1997, 7: 887–896

Ranta S, Zhang Y, Ross B, Lonka L, Takkunen E, Messer A, Sharp J, Wheeler R, Kusumi K, Mole S, Liu W, Soares MB, Bonaldo MF, Hirvasniemi A, de la Chapelle A, Gilliam TC, Lehesjoki AE. The neuronal ceroid lipofuscinoses in human EPMR and mnd mutant mice are associated with mutations in CLN8. *Nat Genet* 1999, 23: 233–236

Rantala H, Uhari M. Risk factors for recurrences of febrile convulsions. *Acta Neurol Scand* 1994, 90: 207–210

Rantala H, Uhari M, Hietala J. Factors triggering the first febrile seizure. *Acta Paediatr* 1995, 84: 407–410

Raskin NH, Fishman RA. Neurologic disorders in renal failure (first of two parts). *N Engl J Med* 1976, 294: 143–148

Raskin NH. Neurological aspects of renal failure. In: Aminoff NJ (eds) *Neurology and General Medicine.* New York: Churchill Livingstone, 1995: 303–319

Rating D, Wolf C, Bast T. Sulthiame as monotherapy in children with benign childhood epilepsy with centrotemporal spikes: a 6-month randomized, double-blind, placebo-controlled study. Sulthiame Study Group. *Epilepsia* 2000, 41: 1284–1288

Rausch R, Silfvenius H, Wieser HG, Dodrill CB, Meador KJ, Jones-Gotman M. Intra-arterial amobarbital procedures. In: Engel Jr J (ed) *Surgical Treatment of the Epilepsies, Second Edition.* New York: Raven Press, 1993: 341–357

Rechlin T, Loew TH, Joraschky P. Pseudoseizure ‚status'. *J Psychosom Res* 1997, 42: 495–498

Recht LD, Glantz M. Neoplastic disease. In: Engel Jr J, Pedley TA (eds) *Epilepsy: A Comprehensive Textbook.* Philadelphia: Lippincott-Raven Publishers, 1997: 2579–2585

Rechtschaffen A, Kales A. A manual of standardized terminology, techniques and scoring system for sleep stages of human subjects. Washington, DC: US Government Printing Office, 1968

Redecker C, Hagemann G, Gressens P, Evrard P, Witte OW. Kortikale Dysgenesien. Aktuelle Aspekte zur Pathogenese und Pathophysiologie. *Nervenarzt* 2000, 71: 238–248

Reeves A, Nollet K, Klass D, Sharbrough F, So E. The ictal bradycardia syndrome. *Epilepsia* 1996, 37: 983–987

Reife R, Pledger G, Wu SC. Topiramate as add-on therapy: pooled analysis of randomized controlled trials in adults. *Epilepsia* 2000, 41 Suppl 1: S66–71

Reilly EL, Peters JF. Relationship of some varieties of electroencephalographic photosensitivity to clinical convulsive disorders. *Neurology* 1973, 23: 1050–1057

Reinikainen KJ, Keränen T, Halonen T, Komulainen H, Riekkinen PJ. Comparison of oxcarbazepin and carbamazepine: a double-blind study. *Epilepsy Res* 1987, 1: 284–289

Remy C. Clobazam in the treatment of epilepsy: a review of the literature. *Epilepsia* 1994, 35 Suppl 5: S88–91

Reunanen M, Dam M, Yuen AW. A randomised open multicentre comparative trial of lamotrigine and carbamazepine as monotherapy in patients with newly diagnosed or recurrent epilepsy. *Epilepsy Res* 1996, 23: 149–155

Reynolds EH. Anticonvvulsants, folic acid and epilepsy. *Lancet* 1973, 1: 1376–1378

Reynolds EH, Shorvon SD. Monotherapy or polytherapy for epilepsy? *Epilepsia* 1981, 22: 1–10

Reynolds EH. Do anticonvulsants alter the natural course of epilepsy? Treatment should be started as early as possible. *BMJ* 1995, 310: 176–177

Reynolds NC, Jr., Miska RM. Safety of anticonvulsants in hepatic porphyrias. *Neurology* 1981, 31: 480–484

Rho JM, Sankar R. The pharmacologic basis of antiepileptic drug action. *Epilepsia* 1999, 40: 1471–1483

Rhoney DH, Tipps LB, Murry KR, Basham MC, Michael DB, Coplin WM. Anticonvulsant prophylaxis and timing of seizures after aneurysmal subarachnoid hemorrhage. *Neurology* 2000, 55: 258–265

Ricardo JA, Koh ET. Anatomical evidence of the direct projections from the nucleus of the solitary tract to the hypothalamus, amygdala and other forebrain structures in the brain. *Brain Res* 1978, 153: 1–26

Richardson MP, Koepp MJ, Brooks DJ, Duncan JS. 11C-flumazenil PET in neocortical epilepsy. *Neurology* 1998, 51: 485–492

Richens A, Davidson DL, Cartlidge NE, Easter DJ. A multicentre comparative trial of sodium valproate and carbamazepine in adult onset epilepsy. Adult EPITEG Collaborative Group. *J Neurol Neurosurg Psychiatry* 1994, 57: 682–687

Riggio S. Psychogenic Seizures. *Emergen Med Clin North Am* 1994, 12: 1001–1012

Riikonen R, Donner M. Incidence and aetiology of infantile spasms from 1960 to 1976: a population study in Finland. *Dev Med Child Neurol* 1979, 21: 333–343

Riikonen R. Long-term outcome of West syndrome: a study of adults with a history of infantile spasms. *Epilepsia* 1996, 37: 367–372

Ring HA, Trimble MR, Costa DC, Moriarty J, Verhoff NPLG, Ell PJ. Striatal dopamine receptor binding in epileptic psychoses. *Biol Psychiatry* 1994, 35: 375–380

Ritter F, Glauser TA, Elterman RD, Wyllie E. Effectiveness, tolerability, and safety of topiramate in children with partial-onset seizures. Topiramate YP Study Group. *Epilepsia* 2000, 41 Suppl 1: S82–85

Riva R, Albani F, Contin M, Baruzzi A. Pharmacokinetic interactions between antiepileptic drugs. Clinical considerations. *Clin Pharmacokinet* 1996, 31: 470–493

Roberts R. Differential diagnosis of sleep disorders, non-epileptic attacks and epileptic seizures. *Curr Opin Neurol* 1998, 11: 135–139

Robertson MM, Trimble MR. The treatment of depression in patients with epilepsy. *J Affect Disord* 1985, 9: 127–136

Robertson MM, Trimble MR, Townsend HRA. Phenomenology of depression in epilepsy. *Epilepsia* 1987, 28: 364–372

Robertson MM. The place of clobazam in the treatment of epilepsy: an update. *Human Psychopharmacol* 1995, 10: S43-S63

Robertson MM. Mood disorders associated with epilepsy. In: McConnell HW, Snyder PJ (eds) *Psychiatric Comorbidity in Epilepsy. Basic Mechanisms, Diagnosis, and Treatment.* Washington, DC: American Psychiatric Press, 1998: 132–167

Robson WL, Norgaard JP, Leung AK. Hyponatremia in patients with nocturnal enuresis treated with DDAVP. *Eur J Pediatr* 1996, 155: 959–962

Roger J, Dravet C, Bureau M, Dreifuss FE, Wolf P. Epileptic Syndromes in Infancy, Childhood and Adolescence. Montrouge, France: John Libbey Eurotext, 1985

Rolak LA, Rutecki P, Ashizawa T, Harati Y. Clinical features of Todd's post-epileptic paralysis. *J Neurol Neurosurg Psychiatry* 1992, 55: 63–64

Rosa FW. Spina bifida in infants of women treated with carbamazepine during pregnancy. *N Engl J Med* 1991, 324: 674–677

Rosciszewska D, Buntner B, Guz I, Zawisza L. Ovarian hormones, anticonvulsant drugs, and seizures during the menstrual cycle in women with epilepsy. *J Neurol Neurosurg Psychiatry* 1986, 49: 47–51

Rose K, Derry P, Wiebe S, McLachlan R. Determinants of health-related quality of life after temporal lobe epilepsy surgery. *Quality of Life Research* 1996, 5: 395–402

Rosenfeld WE. Topiramate, a broad-spectrum agent, in patients with juvenile myoclonic epilepsy. *Epilepsia* 1999, 40 Suppl 2: 226

Rosman NP, Colton T, Labazzo J, Gilbert PL, Gardella NB, Kaye EM, Van Bennekom C, Winter MR. A controlled trial of diazepam administered during febrile illnesses to prevent recurrence of febrile seizures. *N Engl J Med* 1993, 329: 79–84

Rothstein JD, Herlong HF. Neurologic manifestations of hepatic disease. *Neurol Clin* 1989, 7: 563–578

Rouan MC, Lecaillon JB, Godbillon J, Menard F, Darragon T, Meyer P, Kourilsky O, Hillion D, Aldigier JC, Jungers P. The effect of renal impairment on the pharmacokinetics of oxcarbazepine and its metabolites. *Eur J Clin Pharmacol* 1994, 47: 161–167

Rovit RL, Gloor P, Henderson LRJ. Temporal lobe epilepsy: a study using multiple basal electrodes. I. Description of method. *Neurochirurgia* 1960, 3: 6–19

Rowan AJ, Meijer JW, de Beer-Pawlikowski N, van der Geest P, Meinardi H. Valproate-ethosuximide combination therapy for refractory absence seizures. *Arch Neurol* 1983, 40: 797–802

Rowan AJ, Siegel M, Rosenbaum DH. Daytime intensive monitoring: comparison with prolonged intensive and ambulatory monitoring. *Neurology* 1987, 37: 481–484

Rowan AJ. Valproate. In: Engel Jr J, Pedley TA (eds) *Epilepsy: A Comprehensive Textbook.* Philadelphia: Lippincott Raven Press, 1997: 1599–1607

Ryvlin P, Bouvard S, Le Bars D, De Lamerie G, Gregoire MC, Kahane P, Froment JC, Mauguiere F. Clinical utility of flumazenil-PET versus [18F]fluorodeoxyglucose-PET and MRI in refractory partial epilepsy. A prospective study in 100 patients. *Brain* 1998, 121: 2067–2081

Sachdeo RC, Leroy RF, Krauss GL, Drake ME, Jr., Green PM, Leppik IE, Shu VS, Ringham GL, Sommerville KW. Tiagabine therapy for complex partial seizures. A dose-frequency study. The Tiagabine Study Group. *Arch Neurol* 1997a, 54: 595–601

Sachdeo RC, Reife RA, Lim P, Pledger G. Topiramate monotherapy for partial onset seizures. *Epilepsia* 1997b, 38: 294–300

Sachdeo RC, Glauser TA, Ritter F, Reife R, Lim P, Pledger G. A double-blind, randomized trial of topiramate in Lennox-Gastaut syndrome. Topiramate YL Study Group. *Neurology* 1999, 52: 1882–1887

Sachdey P. Schizophrenia -like psychosis and epilepsy: the status of the association. *Am J Psychiatry* 1998, 155: 325–336

Sadler RM, Goodwin J. Multiple electrodes for detecting spikes in partial complex seizures. *Can J Neurol Sci* 1989, 16: 326–329

Salanova V, Andermann F, Olivier A, Rasmussen T, Quesney LF. Occipital lobe epilepsy: electroclinical manifestations, electrocorticography, cortical stimulation and outcome in 42 patients treated between 1930–1991. *Brain* 1992, 115: 1655–1680

Salanova V, Morris HH, Van Ness PC, Lüders H, Dinner D, Wyllie E. Comparison of scalp electroencephalogram with subdural electrocorticogram recordings and functional mapping in frontal lobe epilepsy. *Arch Neurol* 1993, 50: 294–299

Salanova V, Andermann F, Rasmussen T, Olivier A, Quesney LF. Parietal lobe epilepsy. Clinical manifestations and outcome in 82 patients treated surgically between 1929 and 1988. *Brain* 1995a, 118: 607–627

Salanova V, Morris HH, Van Ness P, Kotagal P, Wyllie E, Lüders H. Frontal lobe seizures: electroclinical syndromes. *Epilepsia* 1995b, 36: 16–24

Salanova V, Andermann F, Rasmussen T, Olivier A, Quesney L. The running down phenomen in temporal lobe epilepsy. *Brain* 1996, 119: 989–996

Salanova V, Van Ness PC, Andermann F. Frontal, parietal, and occipital epilepsies. In: Wyllie E (ed) *The Treatment of Epilepsy: Principles and Practice, Second Edition.* Baltimore: Williams & Wilkins, 1997: 423–431

Salinsky M, Kanter R, Dasheiff RM. Effectiveness of multiple EEGs in supporting the diagnosis of epilepsy: an operational curve. *Epilepsia* 1987, 28: 331–334

Samren EB, van Duijn CM, Koch S, Hiilesmaa VK, Klepel H, Bardy AH, Mannagetta GB, Deichl AW, Gaily E, Granstrom ML, Meinardi H, Grobbee DE, Hofman A, Janz D, Lindhout D. Maternal use of antiepileptic drugs and the risk of major congenital malformations: a joint European prospective study of human teratogenesis associated with maternal epilepsy. *Epilepsia* 1997, 38: 981–990

Samren EB, van Duijn CM, Christiaens GC, Hofman A, Lindhout D. Antiepileptic drug regimens and major congenital abnormalities in the offspring. *Ann Neurol* 1999, 46: 739–746

Sander JW. Some aspects of prognosis in the epilepsies: a review. *Epilepsia* 1993, 34: 1007–1016

Sander JW, Shorvon SD. Epidemiology of the epilepsies. *J Neurol Neurosurg Psychiatry* 1996, 61: 433–443

Sander JWAS, Sillanpää M. Natural history and prognosis. In: Engel Jr J, Pedley TA (eds) *Epilepsy: A Comprehensive Textbook.* Philadelphia: Lippincott-Raven Publishers, 1997: 69–86

Sander JWAS. New drugs for epilepsy. *Curr Opin Neurol* 1998, 11: 141–148

Sander T, Janz D, Ramel C, Ross CA, Paschen W, Hildmann T, Wienker TF, Bianchi A, Bauer G, Sailer U, et al. Refinement of map position of the human GluR6 kainate receptor gene (GRIK2) and lack of association and linkage with idiopathic generalized epilepsies. *Neurology* 1995, 45: 1713–1720

Sander T, Hildmann T, Janz D, Wienker TF, Bianchi A, Bauer G, Sailer U, Scaramelli A, Neitzel H, Schmitz B, Bailey ME, Beck MG, Johnson KJ, Darlison MG. Exclusion of linkage between idiopathic generalized epilepsies and the GABAA receptor alpha 1 and gamma 2 subunit gene cluster on chromosome 5. *Epilepsy Res* 1996a, 23: 235–244

Sander T, Hildmann T, Wienker TF, Ramel C, Beck MG, Bianchi A, Sailer U, Berek K, Bauer G, Neitzel H, Schmitz B, Durner M, Johnson KJ, Janz D. Common subtypes of idiopathic generalized epilepsies: lack of linkage to D20S19 close to candidate loci (EBN1, EEGV1) on chromosome 20. *Am J Med Genet* 1996b, 67: 31–39

Sander T, Bockenkamp B, Hildmann T, Blasczyk R, Kretz R, Wienker TF, Volz A, Schmitz B, Beck MG, Riess O, Epplen JT, Janz D, Ziegler A. Refined mapping of the epilepsy susceptibility locus EJM1 on chromosome 6. *Neurology* 1997a, 49: 842–847

Sander T, Hildmann T, Kretz R, Furst R, Sailer U, Bauer G, Schmitz B, Beck MG, Wienker TF, Janz D. Allelic association of juvenile absence epilepsy with a GluR5 kainate receptor gene (GRIK1) polymorphism. *Am J Med Genet* 1997b, 74: 416–421

Sander T, Kretz R, Williamson MP, Elmslie FV, Rees M, Hildmann T, Bianchi A, Bauer G, Sailer U, Scaramelli A, Schmitz B, Gardiner RM, Janz D, Beck MG. Linkage analysis between idiopathic generalized epilepsies and the GABA(A) receptor alpha5, beta3 and gamma3 subunit gene cluster on chromosome 15. *Acta Neurol Scand* 1997c, 96: 1–7

Sander T, Kretz R, Schulz H, Sailer U, Bauer G, Scaramelli A, Epplen JT, Riess O, Janz D. Replication analysis of a putative susceptibility locus (EGI) for idiopathic generalized epilepsy on chromosome 8q24. *Epilepsia* 1998a, 39: 715–720

Sander T, Peters C, Janz D, Bianchi A, Bauer G, Wienker TF, Hildmann T, Epplen JT, Riess O. The gene encoding the alpha1A-voltage-dependent calcium channel (CACN1A4) is not a candidate for causing common subtypes of idiopathic generalized epilepsy. *Epilepsy Res* 1998b, 29: 115–122

Sander T, Scholz L, Janz D, Epplen JT, Riess O. Length variation of a polyglutamine array in the gene encoding a small-conductance, calcium-activated potassium channel (hKCa3) and susceptibility to idiopathic generalized epilepsy. *Epilepsy Res* 1999a, 33: 227–233

Sander T, Schulz H, Vieira SA, Bianchi A, Sailer U, Bauer G, Scaramelli A, Wienker TF, Saar K, Reis A, Janz D, Epplen JT, Riess O. Evaluation of a putative major suscep-

tibility locus for juvenile myoclonic epilepsy on chromosome 15q14. *Am J Med Genet* 1999b, 88: 182–187
Sander T, Syagailo Y, Samochowiec J, Okladnova O, Lesch KP, Janz D. Association analysis of a regulatory promoter polymorphism of the PAX–6 gene with idiopathic generalized epilepsy. *Epilepsy Res* 1999c, 36: 61–67
Sander T, Berlin W, Gscheidel N, Wendel B, Janz D, Hoehe MR. Genetic variation of the human mu-opioid receptor and susceptibility to idiopathic absence epilepsy. *Epilepsy Res* 2000, 39: 57–61
Sankar R, Wasterlain CG. Is the devil we know the lesser of two evils? Vigabatrin and visual fields. *Neurology* 1999, 52: 1537–1538
Saper CB, Kibbe MR, Hurley KM, Spencer S, Holmes HR, Leahy KM, Needleman P. Brain natriuretic peptidelike immunoreactive innervation of the cardiovascular and cerebrovascular systems in the rats. *Circ Res* 1990, 67: 1345–1354
Sarnaik AP, Meert K, Hackbarth R, Fleischmann L. Management of hyponatremic seizures in children with hypertonic saline: a safe and effective strategy. *Crit Care Med* 1991, 19: 758–762
Sato S, White BG, Penry JK, Dreifuss FE, Sackellares JC, Kupferberg HJ. Valproic acid versus ethosuximide in the treatment of absence seizures. *Neurology* 1982, 32: 157–163
Savard G, Andermann F, Olivier A, Remillard GM. Postictal psychosis after partial complex seizures: a multiple case study. *Epilepsia* 1991, 32: 225–231
Savic I, Lekvall A, Greitz D, Helms G. MR spectroscopy shows reduced frontal lobe concentrations of N-acetyl aspartate in patients with juvenile myoclonic epilepsy. *Epilepsia* 2000, 41: 290–296
Saygi S, Katz A, MarksD.A, Spencer SS. Frontal lobe partial seizures and psychogenic seizures: comparison of clinical and ictal characteristics. *Neurology* 1992, 42: 1274–1277
Saygi S, Spencer SS, Scheyer R, Katz A, Mattson R, Spencer DD. Differentiation of temporal lobe ictal behavior associated with hippocampal sclerosis and tumors of temporal lobe. *Epilepsia* 1994, 35: 737–742
Schachter S, Saper C. Vagus nerve stimulation. *Epilepsia* 1998, 39: 677–686
Schachter SC. Tiagabine monotherapy in the treatment of partial epilepsy. *Epilepsia* 1995, 36 Suppl 6: S2-S6
Schachter SC. Tiagabine. *Epilepsia* 1999, 40 Suppl 5: S17–22
Schachter SC, Vazquez B, Fisher RS, Laxer KD, Montouris GD, Combs-Cantrell DT, Faught E, Willmore LJ, Morris GL, Ojemann L, Bennett D, Mesenbrink P, D'Souza J, Kramer L. Oxcarbazepine: double-blind, randomized, placebo-control, monotherapy trial for partial seizures. *Neurology* 1999, 52: 732–737
Scheffer IE, Bhatia KP, Lopes CI, Fish DR, Marsden CD, Andermann E, Andermann F, Desbiens R, Keene D, Cendes F, et al. Autosomal dominant nocturnal frontal lobe epilepsy. A distinctive clinical disorder. *Brain* 1995a, 118: 61–73
Scheffer IE, Jones L, Pozzebon M, Howell RA, Saling MM, Berkovic SF. Autosomal dominant rolandic epilepsy and speech dyspraxia: a new syndrome with anticipation. *Ann Neurol* 1995b, 38: 633–642
Scheffer IE, Berkovic SF. Generalized epilepsy with febrile seizures plus. A genetic disorder with heterogeneous clinical phenotypes. *Brain* 1997, 120: 479–490
Scheffer IE, Phillips HA, O'Brien CE, Saling MM, Wrennall JA, Wallace RH, Mulley JC, Berkovic SF. Familial partial epilepsy with variable foci: a new partial epilepsy syndrome with suggestion of linkage to chromosome 2. *AnnNeurol* 1998, 44: 890–899

Scheffer IE. Autosomal dominant nocturnal frontal lobe epilepsy. *Epilepsia* 2000, 41: 1059–1060

Scheidt CE, Flügel N. Psychogene Anfälle – Phänomenologie, Psychodynamik, Behandlung. *Nervenheilkunde* 1997, 16: 523–529

Schernthaner C, Lindinger G, Pötzelberger K, Zeiler K, Baumgartner C. Autonomic epilepsy – the influence of epileptic discharges on heart rate and rhythm. *Wien Klin Wochenschr* 1999, 111: 392–401

Schett P, Müller G, Neumann R. Experimentelle Erfahrungen mit dem Computer bei einem kognitiven Training für psychiatrische Patienten. *Neuropsychiatrie* 1991, 4: 83–88

Schierhout G, Roberts I. Prophylactic antiepileptic agents after head injury: a systematic review. *J Neurol Neurosurg Psychiatry* 1998, 64: 108–112

Schmidt D. Reduction of two-drug therapy in intractable epilepsy. *Epilepsia* 1983a, 24: 368–376

Schmidt D. Single drug therapy for intractable epilepsy. *J Neurol* 1983b, 229: 221–226

Schmidt D, Canger R, Avanzini G, Battino D, Cusi C, Beck-Mannagetta G, Koch S, Rating D, Janz D. Change of seizure frequency in pregnant epileptic women. *J Neurol Neurosurg Psychiatry* 1983, 46: 751–755

Schmidt D, Richter K. Alternative single anticonvulsant drug therapy for refractory epilepsy. *Ann Neurol* 1986, 19: 85–87

Schmidt D. Medical intractability in partial epilepsies. In: Lüders HO (ed) *Epilepsy Surgery*. New York: Raven Press, 1991: 83–90

Schmidt D. Epilepsien und epileptische Anfälle. Stuttgart-New York: Georg Thieme Verlag, 1992

Schmidt D. Clobazam for treatment of intractable epilepsy: a critical assessment. *Epilepsia* 1994, 35 Suppl 5: S92–95

Schmidt D, Gram L. Monotherapy verus polytherapy in epilepsy: a reappraisal. *CNS Drugs* 1995, 3: 195–204

Schmidt D, Elger CE. Praktische Epilepsiebehandlung. Stuttgart – New York: Thieme, 1999

Schmidt D, Elger CE, Stefan H, Bergmann A, Bauer G, Brandl U, Despland P, Dorn T, Ernst JP, Flierl A, Holthausen H, Luef G, Körner E, Krämer G, Meencke HJ, Mamoli B, Merschhemke M, Noachter S, Ott E, Pohlmann-Eden B, Runge U, Scherrmann J, Schnizer M, Tettenborn B, Wieser HG. Der Stellenwert der Vagus-Nerv-Stimulation in der Epilepsietherapie. *Nervenheilkunde* 1999, 18: 558–561

Schmidt D, Bourgeois B. A risk-benefit assessment of therapies for Lennox-Gastaut syndrome. *Drug Saf* 2000, 22: 467–477

Schmitt H, Schuind A, Knuf M, Beutel K, Schulte-Wissermann H, Gahr M, Schult R, Folkens J, Rauh W, Bogaerts H, Bork H, Clemens R. Clinical experience of a tricomponent acellular pertussis vaccine combined with diphtheria and tetanus toxoids for primary vaccination in 22,505 infants. *J Pediatr* 1996, 129: 695–701

Schmitz B. Psychosen bei Epilepsie. Eine epidemiologische Untersuchung. Berlin: FU Berlin, 1988

Schmitz B, Moriarty J, Costa DC, Ring HA, Ell PJ, Trimble MR. Psychiatric profiles and patterns of cerebral blood flow in focal epilepsy, interactions between depression, obsessionality, and perfusion related to the laterality of the epilepsy. *Journal Neurol Neurosurg Psychiatry* 1997, 62: 458–463

Schmitz B, Jokiel B, Schmidt T, Tiel-Wilck K, Rüther K. Visual field defects under treatment with vigabatrin (VGB), carbamazepine (CBZ) and valproate (VPA), a prospective study. *Epilepsia* 1999, 40 Suppl 2: 257

Schnaiderman D, Lahat E, Sheefer T, Aladjem M. Antipyretic effectiveness of acetaminophen in febrile seizures: ongoing prophylaxis versus sporadic usage. *Eur J Pediatr* 1993, 152: 747–749

Schneble H. Standardtherapien der Epilepsien im Kindes- und Jugendalter – Früherkennung von Komplikationen der Valproat-Therapie. *Epilepsieblätter* 2000, 13: 17–19

Schneiderman JH. Monotherapy versus polytherapy in epilepsy: a framework for patient management. *Can J Neurol Sci* 1998, 25: S9–13

Schnider PJ, Reisinger EC, Gerschlager W, Müller C, Berger T, Krejs GJ, Auff E. Long-term follow-up in cerebral Whipple's disease. *Eur J Gastroenterol Hepatol* 1996, 8: 899–903

Schoenenberger RA, Tanasijevic MJ, Jha A, Bates DW. Appropriateness of antiepileptic drug level monitoring. *JAMA* 1995, 274: 1622–1626

Schupf N, Ottman R. Likelihood of pregnancy in individuals with idiopathic/cryptogenic epilepsy: social and biologic influences. *Epilepsia* 1994, 35: 750–756

Schutze M, Dauch WA, Guttinger M, Hampel-Christiansen M, Firsching R. Risk factors for posttraumatic fits and epilepsy. *Zentralbl Neurochir* 1999, 60: 163–167

Schweizer V. Neurotraining. Therapeutische Arbeit mit hirngeschädigten Erwachsenen im kognitiven Bereich. Berlin: Springer Verlag, 1989

Scott RC, Besag FM, Neville BG. Buccal midazolam and rectal diazepam for treatment of prolonged seizures in childhood and adolescence: a randomised trial. *Lancet* 1999, 353: 623–626

Seidenberg M, Hermann B, Noe A, Wyler AR. Depression in temporal lobe epilepsy. Interaction between laterality of lesion and Wisconsin Card Sort performance. *Neuropsychiatry Neuropsychol Behav Neurol* 1995, 8: 81–87

Semah F, Picot MC, Adam C, Broglin D, Arzimanoglou A, Bazin B, Cavalcanti D, Baulac M. Is the underlying cause of epilepsy a major prognostic factor for recurrence? *Neurology* 1998, 51: 1256–1262

Serles W, Leutmezer F, Pataraia E, Olbrich A, Groppel G, Czech T, Baumgartner C. A case of startle epilepsy and SSMA seizures documented with subdural recordings. *Epilepsia* 1999, 40: 1031–1035

Serratosa JM, Delgado EA, Medina MT, Zhang Q, Iranmanesh R, Sparkes RS. Clinical and genetic analysis of a large pedigree with juvenile myoclonic epilepsy. *Ann Neurol* 1996, 39: 187–195

Serratosa JM. Molecular genetics of epilepsy: present and future implications in clinical practice. *Rev Neurol* 1999, 28: 56–60

Shalev H, Phillip M, Galil A, Carmi R, Landau D. Clinical presentation and outcome in primary familial hypomagnesaemia. *Arch Dis Child* 1998, 78: 127–130

Shank RP, Gardocki JF, Streeter AJ, Maryanoff BE. An overview of the preclinical aspects of topiramate: pharmacology, pharmacokinetics, and mechanism of action. *Epilepsia* 2000, 41 Suppl 1: S3–9

Sharpe C, Buchanan N. Juvenile myoclonic epilepsy: diagnosis, management and outcome. *Med J Aust* 1995, 162: 133–134

Shavit G, Lerman P, Korczyn AD, Kivity S, Bechar M, Gitter S. Phenytoin pharmacokinetics in catamenial epilepsy. *Neurology* 1984, 34: 959–961

Shaw PJ, Walls TJ, Newman PK, Cleland PG, Cartlidge NE. Hashimoto's encephalopathy: a steroid-responsive disorder associated with high anti-thyroid antibody titers – report of 5 cases. *Neurology* 1991, 41: 228–233

Sherwin AL. Ethosuximide: clinical use. In: Levy R, Mattson R, Meldrum B, Penry JK, Dreifuss FE (eds) *Antiepileptic Drugs, Third Edition.* New York: Raven Press, 1989: 685–698

Shewmon DA, Shields WD, Chugani HT, Peacock WJ. Contrasts between pediatric and adult epilepsy surgery: rationale and strategy for focal resection. *J Epilepsy* 1990, 3 Suppl: 141–155

Shields WD, Sankar R. Vigabatrin. *Semin Pediatr Neurol* 1997, 4: 43–50

Shinnar S, Berg AT, Moshe SL, Petix M, Maytal J, Kang H, Goldensohn ES, Hauser WA. Risk of seizure recurrence following a first unprovoked seizure in childhood: a prospective study. *Pediatrics* 1990, 85: 1076–1085

Shinnar S, Ballaban-Gil K. An approach to the child with a first unprovoked seizure. *Pediatr Ann* 1991, 20: 29–33

Shinnar S, Berg AT, Ptachewich Y, Alemany M. Sleep state and the rsik of seizure recurrence following a first unprovoked seizure in childhood. *Neurology* 1993, 43: 701–706

Shinnar S, Berg AT. Does antiepileptic drug therapy alter the prognosis of childhood seizures and prevent the development of chronic epilepsy? *Semin Pediatr Neurol* 1994, 1: 111–117

Shinnar S, Berg AT, Moshe SL, Kang H, O'Dell C, Alemany M, Goldensohn ES, Hauser WA. Discontinuing antiepileptic drugs in children with epilepsy: a prospective study. *Ann Neurol* 1994, 35: 534–545

Shinnar S, Berg AT, Moshe SL, O'Dell C, Alemany M, Newstein D, H. K, Goldensohn ES, Hauser WA. The risk of seizure recurrence after a first unprovoked afebrile seizure in childhood: an extended follow-up. *Pediatrics* 1996, 98: 216–225

Shinnar S, Berg AT, O'Dell C, Newstein D, Moshe SL, Hauser WA. Predictors of multiple seizures in a cohort of children prospectively followed from the time of their first unprovoked seizure. *Ann Neurol* 2000, 48: 140–147

Shorvon S. Status epilepticus: Its Clinical Features and Treatment in Children and Adults. Cambridge: Cambridge University Press, 1994

Shorvon SD, Reynolds EH. Reduction in polypharmacy for epilepsy. *BMJ* 1979, 2: 1023–1025

Shorvon SD, Fish DR, Andermann F, Bydder GM, Stefan H. Magnetic Resonance Scanning and Epilepsy. New York: Plenum Press, 1994

Shorvon SD. The use of clobazam, midazolam, and nitrazepam in epilepsy. *Epilepsia* 1998, 39 Suppl 1: S15-S23

Shorvon SD, van Rijckevorsel K, Verdru P. Pooled efficacy and safety data of levetiracetam (LEV) used as adjunctive therapy in patients with partial onset seizures. *Epilepsia* 1999, 40 Suppl 7: 76

Shorvon SD. Handbook of Epilepsy Treatment. Oxford: Blackwell Science Ltd, 2000

Shorvon SD, Lowenthal A, Janz D, Bielen E, Loiseau P. Multicenter double-blind, randomized, placebo-controlled trial of levetiracetam as add-on therapy in patients with refractory partial seizures. European Levetiracetam Study Group. *Epilepsia* 2000, 41: 1179–1186

Shukla GD, Srivastava ON, Katiyar BC. Sexual disturbances in temporal lobe epilepsy: a controlled study. *Br J Psychiatry* 1979, 134: 288–292

Sibbitt WL, Jr., Sibbitt RR, Brooks WM. Neuroimaging in neuropsychiatric systemic lupus erythematosus. *Arthritis Rheum* 1999, 42: 2026–2038

Sibley JT, Olszynski WP, Decoteau WE, Sundaram MB. The incidence and prognosis of central nervous system disease in systemic lupus erythematosus. *J Rheumatol* 1992, 19: 47–52

Siemes H. West-Syndrom – Diagnose, Therapie und Prognose. In: Gross-Selbeck (Hrsg) *Das anfallskranke Kind, Band 10: Frühkindliche Anfälle und Epilepsie-Syndrome.* Hamburg: edition m+p, 1995: 59–71

Sigurdartottir KR, Olafsson E. Incidence of psychogenic seizures in adults: a population-based study in Iceland. *Epilepsia* 1998, 39: 749–752

Silberman E, Sussman N, Skilings G, Callanan M. Aura phenomena and psychopathology: a pilot investigation. *Epilepsia* 1994, 35: 778–784

Sillanpää M, Koskenvuo M, Romanov K, Kaprio J. Genetic factors in epileptic seizures: evidence from a large twin population. *Acta Neurol Scand* 1991, 84: 523–526

Sillanpää M. Remission of seizures and predictors of intractability in long-term follow-up. *Epilepsia* 1993, 34: 930–936

Sillanpää M. Carbamazepine. In: Wyllie E (ed) *The Treatment of Epilepsy: Principles and Practice, Second Edition.* Baltimore: Williams & Wilkins, 1997: 808–823

Sillanpää M, Jalava M, Kaleva O, Shinnar S. Long-term prognosis of seizures with onset in childhood. *N Engl J Med* 1998, 338: 1715–1722

Silverman D. The anterior temporal electrode and the ten-twenty system. *Electroencephalogr Clin Neurophysiol* 1960, 12: 735–737

Silverstein M, Singer D, Mulley A, Thibault G, Barnett G. Patients with syncope admitted to medical intensive care units. *JAMA* 1982, 248: 1185–1189

Sindrup E, Thygesen N, Kristensen O, Alvina J. Zygomatic electrodes: their use and value in complex partial epilepsy. In: Dam M, Gram L, Penry JK (eds) *Advances in Epileptology, XII Epilepsy International Symposium.* New York: Raven Press, 1981: 313–318

Singh BM, Gupta DR, Strobos RJ. Nonketotic hyperglycemia and epilepsia partialis continua. *Arch Neurol* 1973, 29: 187–190

Singh BM, Strobos RJ. Epilepsia partialis continua associated with nonketotic hyperglycemia: clinical and biochemical profile of 21 patients. *Ann Neurol* 1980, 8: 155–160

Singh NA, Charlier C, Stauffer D, DuPont BR, Leach RJ, Melis R, Ronen GM, Bjerre I, Quattlebaum T, Murphy JV, McHarg ML, Gagnon D, Rosales TO, Peiffer A, Anderson VE, Leppert M. A novel potassium channel gene, KCNQ2, is mutated in an inherited epilepsy of newborns. *Nat Genet* 1998, 18: 25–29

Sirven J, Whedon B, Caplan D, Liporace J, Glosser D, O'Dwyer J, Sperling MR. The ketogenic diet for intractable epilepsy in adults: preliminary results. *Epilepsia* 1999, 40: 1721–1726

Sirven JI, Sperling M, Naritoku D, Schachter S, Labar D, Holmes M, Wilensky A, Cibula J, Labiner DM, Bergen D, Ristanovic R, Harvey J, Dasheiff R, Morris GL, O'Donovan CA, Ojemann L, Scales D, Nadkarni M, Richards B, Sanchez JD. Vagus nerve stimulation therapy for epilepsy in older adults. *Neurology* 2000, 54: 1179–1182

Sisodiya SM. Surgery for malformations of cortical development causing epilepsy. *Brain* 2000, 123: 1075–1091

Slater E, Beard AW. The schizophrenia-like psychoses of epilepsy. *Br J Psychiatry* 1963, 109: 95–112

Slater JD, Brown MC, Jacobs W, Ramsay RE. Induction of pseudoseizures with intravenous saline placebo. *Epilepsia* 1995, 36: 580–585

Smith DB, Mattson RH, Cramer JA, Collins JF, Novelly RA, Craft B. Results of a nationwide Veterans Administration Cooperative Study comparing the efficacy and toxicity of carbamazepine, phenobarbital, phenytoin, and primidone. *Epilepsia* 1987, 28 Suppl 3: S50–58

Smith K, Betts T, Pritchett L. Levetiracetam, a promising option for the treatment of juvenile mmyoclonic epilepsy. *Epilepsia* 2000, Suppl Florence: 39

Smith MC. Landau-Kleffner syndrome and continuous spikes and waves during slow sleep. In: Engel Jr J, Pedley TA (eds) *Epilepsy: A Comprehensive Textbook.* Philadelphia: Lippincott-Raven Publishers, 1997: 2367–2377

Snodgrass SM, Tsuburaya K, Ajmone-Marsan C. Clinical significance of periodic lateralized epileptiform discharges: relationship with status epilepticus. *J Clin Neurophysiol* 1989, 6: 159–172

Snyder SL, Rosenbaum DH, Rowan AJ, Strain JJ. SCID diagnosis of panic disorder in psychogenic seizure patients. *J Neuropsychiatry Clin Neurosci* 1994, 6: 261–266

So EL, Annegers JF, Hauser WA, O'Brien PC, Whisnant JP. Population-based study of seizure disorders after cerebral infarction. *Neurology* 1996, 46: 350–355

So N, Gloor P, Quesney LF, Jones-Gotman M, Olivier A, Andermann F. Depth electrode investigations in patients with bitemporal epileptiform abnormalities. *Ann Neurol* 1989a, 25: 423–431

So N, Olivier A, Andermann F, Gloor P, Quesney LF. Results of surgical treatment in patients with bitemporal epileptiform abnormalities. *Ann Neuol* 1989b, 25: 432–439

So NK. Epileptic auras. In: Wyllie E (ed) *The Treatment of Epilepsy: Principles and Practice, Second Edition.* Baltimore: Williams & Wilkins, 1997: 376–384

So NK, Andermann F. Rasmussen's syndrome. In: Engel Jr J, Pedley TA (eds) *Epilepsy: A Comprehensive Textbook.* Philadelphia: Lippincott-Raven Publishers, 1997: 2379–2388

Sonnen AEH. Alternative and folk remedies. In: Engel Jr J, Pedley TA (eds) *Epilepsy: A Comprehensive Textbook.* Philadelphia: Lippincott-Raven Publishers, 1997: 1365–1378

Speckmann EJ, Elger CE. Introduction to the neurophysiologic basis of the EEG and DC potentials. In: Niedermeyer E, Lopes da Silva F (eds) *Electroencephalography: Basic Principles, Clinical Applications and Related Fields.* Baltimore: Lippincott, Williams & Wilkins, 1998: 15–27

Spencer DD, Spencer SS, Mattson RH, Williamson PD. Intracerebral masses in patients with intractable partial epilepsy. *Neurology* 1984, 34: 432–436

Spencer DD, Inserni J. Temporal lobectomy. In: Lüders HO (ed) *Epilepsy Surgery.* New York: Raven Press, 1992: 533–545

Spencer SS. Depth electroencephalography in selection of refractory epilepsy for surgery. *Ann Neurol* 1981, 9: 207–214

Spencer SS, So NK, Engel Jr J, Williamson PD, Levesque MF, Spencer DD. Depth electrodes. In: Engel Jr J (ed) *Surgical Treatment of the Epilepsies, Second Edition.* New York: Raven Press, 1993a: 359–376

Spencer SS, Spencer DD, Sass K, Westerveld M, Katz A, Mattson R. Anterior, total, and two stage corpus callosum section: differential and incremental seizure responses. *Epilepsia* 1993b, 34: 561–567

Spencer SS. The relative contributions of MRI, SPECT, and PET imaging in epilepsy. *Epilepsia* 1994, 35 Suppl 6: S72-S89

Spencer SS. Long-term outcome after epilepsy surgery. *Epilepsia* 1996, 37: 807–813

Sperling MR, Engel Jr J. Sphenoidal electrodes. *J Clin Neurophysiol* 1986, 3: 67–73

Sperling MR, Mendius JR, Engel J, Jr. Mesial temporal spikes: a simultaneous comparison of sphenoidal, nasopharyngeal, and ear electrodes. *Epilepsia* 1986, 27: 81–86

Spina E, Pisani F, Perucca E. Clinically significant pharmacokinetic drug interactions with carbamazepine. An update. *Clin Pharmacokinet* 1996, 31: 198–214

Spitz MC. Injuries and death as a consequence of seizures in people with epilepsy. *Epilepsia* 1998, 39: 904–907

Spitzer C, Freyberger HJ, Kessler C. Hysteria, dissociation and conversion. A review of concepts, classification and diagnostic instruments. *Psychiatr Prax* 1996, 23: 63–68

Stafstrom CE, Spencer S. The ketogenic diet: a therapy in search of an explanation. *Neurology* 2000, 54: 282–283

Stagno SJ. Psychiatric aspects of epilepsy. In: Wyllie E (ed) *The Treatment of Epilepsy: Principles and Practice, Second Edition.* Baltimore: Williams and Wilkins, 1997: 1131–1144

Stahl MM, Neiderud J, Vinge E. Thrombocytopenic purpura and anemia in a breast-fed infant whose mother was treated with valproic acid. *J Pediatr* 1997, 130: 1001–1003

Stecker MM, Kramer TH, Raps EC, O'Meeghan R, Dulaney E, Skaar DJ. Treatment of refractory status epilepticus with propofol: clinical and pharmacokinetic findings. *Epilepsia* 1998, 39: 18–26

Stefan H. Epilepsien: Diagnose und Behandlung. Stuttgart New York: Georg Thieme Verlag, 1999

Stefani A, Spadoni F, Bernardi G. Voltage-activated calcium channels: targets of anti-epileptic drug therapy? *Epilepsia* 1997, 38: 959–965

Steiner TJ, Dellaportas CI, Findley LJ, Gross M, Gibberd FB, Perkin GD, Park DM, Abbott R. Lamotrigine monotherapy in newly diagnosed untreated epilepsy: a double-blind comparison with phenytoin. *Epilepsia* 1999, 40: 601–607

Steinhoff BJ, Stoll KD, Stodieck SR, Paulus W. Hyponatremic coma under oxcarbazepine therapy. *Epilepsy Res* 1992, 11: 67–70

Steinhoff BJ, So NK, Lim S, Lüders HO. Ictal scalp EEG in temporal lobe epilepsy with unitemporal versus bitemporal interictal epileptiform spikes. *Neurology* 1995, 45: 889–896

Steinlein OK, Mulley JC, Propping P, Wallace RH, Phillips HA, Sutherland GR, Scheffer IE, Berkovic SF. A missense mutation in the neuronal nicotinic acetylcholine receptor alpha 4 subunit is associated with autosomal dominant nocturnal frontal lobe epilepsy. *Nat Genet* 1995, 11: 201–203

Steinlein O, Sander T, Stoodt J, Kretz R, Janz D, Propping P. Possible association of a silent polymorphism in the neuronal nicotinic acetylcholine receptor subunit alpha4 with common idiopathic generalized epilepsies. *Am J Med Genet* 1997, 74: 445–449

Steinlein OK. Gene defects in idiopathic epilepsy. *Rev Neurol Paris* 1999a, 155: 450–453

Steinlein OK. Idiopathic epilepsies with a monogenic mode of inheritance. *Epilepsia* 1999b, 40 Suppl 3: 9–11

Sterman MB. Basic concepts and clinical findings in the treatment of seizure disorders with EEG operant conditioning. *Clin Electroencephalogr* 2000, 31: 45–55

Stoeckle MY. The spectrum of human herpesvirus 6 infection: from roseola infantum to adult disease. *Annu Rev Med* 2000, 51: 423–430

Stroink H, Brouwer OF, Arts WF, Geerts AT, Peters AC, van Donselaar CA. The first unprovoked, untreated seizure in childhood: a hospital based study of the accuracy of the diagnosis, rate of recurrence, and long term outcome after recurrence. Dutch study of epilepsy in childhood. *J Neurol Neurosurg Psychiatry* 1998, 64: 595–600

Suga S, Suzuki K, Ihira M, Yoshikawa T, Kajita Y, Ozaki T, Iida K, Saito Y, Asano Y. Clinical characteristics of febrile convulsions during primary HHV–6 infection. *Arch Dis Child* 2000, 82: 62–66

Summerfield RJ, Nielsen MS. Excretion of lorazepam into breast milk. *Br J Anaesth* 1985, 57: 1042–1043

Sundaram M, Hogan T, Hiscock M, Pillay N. Factors affecting interictal spike discharges in adults with epilepsy. *Electroencephalogr Clin Neurophysiol* 1990, 75: 358–360

Sundaram MB, Hill A, Lowry N. Thyroxine-induced petit mal status epilepticus. *Neurology* 1985, 35: 1792–1793

Sung CY, Chu NS. Epileptic seizures in intracerebral haemorrhage. *J Neurol Neurosurg Psychiatry* 1989, 52: 1273–1276

Suzer T, Demirkan N, Tahta K, Coskun E, Cetin B. Whipple's disease confined to the central nervous system: case report and review of the literature. *Scand J Infect Dis* 1999, 31: 411–414

Swartz BE, Simpkins F, Halgren E, Mandelkern M, Brown C, Krisdakumtorn T, Gee M. Visual working memory in primary generalized epilepsy: an 18FDG-PET study. *Neurology* 1996, 47: 1203–1212

Szabo CA, Lancman ML, Stagno S. Postictal Psychosis: a review. *Neuropsychiatry, Neuropsychol Behav Neurol* 1996, 4: 258–264

Szepetowski P, Rochette J, Berquin P, Piussan C, Lathrop GM, Monaco AP. Familial infantile convulsions and paroxysmal choreoathetosis: a new neurological syndrome linked to the pericentromeric region of human chromosome 16. *Am J Hum Genet* 1997, 61: 889–898

Tahvanainen E, Ranta S, Hirvasniemi A, Karila E, Leisti J, Sistonen P, Weissenbach J, Lehesjoki AE, de la Chapelle A. The gene for a recessively inherited human childhood progressive epilepsy with mental retardation maps to the distal short arm of chromosome 8. *Proc Natl Acad Sci* 1994, 91: 7267–7270

Tallis R, Hall G, Craig I, Dean A. How common are epileptic seizures in old age? *Age Ageing* 1991, 20: 442–448

Tanganelli P, Regesta G. Vigabatrin vs. carbamazepine monotherapy in newly diagnosed focal epilepsy: a randomized response conditional cross-over study. *Epilepsy Res* 1996, 25: 257–262

Tarkka R, Rantala H, Uhari M, Pokka T. Risk of recurrence and outcome after the first febrile seizure. *Pediatr Neurol* 1998, 18: 218–220

Tassinari CA, Michelucci R. Familial frontal and temporal lobe epilepsies. In: Engel Jr J, Pedley TA (eds) *Epilepsy: A Comprehensive Textbook.* Philadelphia: Lippincott-Raven Publishers, 1997: 2427–2431

Tassinari CA, Michelucci R, Shigematsu H, Seino M. Atonic and falling seizures. In: Engel Jr J, Pedley TA (eds) *Epilepsy: A Comprehensive Textbook.* Philadelphia: Lippincott-Raven Publishers, 1997: 605–616

Tassinari CA, Michelucci R, Riguzzi P, Volpi L, Dravet C, Cano JP, Roger J. The use of diazepam and clonazepam in epilepsy. *Epilepsia* 1998, 39 Suppl 1: S7-S14

Tatum WO, Moore DB, Stecker MM, Baltuch GH, French JA, Ferreira JA, Carney PM, Labar DR, Vale FL. Ventricular asystole during vagus nerve stimulation for epilepsy in humans. *Neurology* 1999, 52: 1267–1269

Taylor DC. Sexual behavior and temporal lobe epilepsy. *Arch Neurol* 1969, 21: 510–516

Taylor DC. Factors influencing the occurrence of schizophrenia-like psychosis in patients with temporal lobe epilepsy. *Psychol Med* 1975, 5: 249–254

Teach SJ, Wallace HL, Evans MJ, Duffner PK, Hay J, Faden HS. Human herpesviruses types 6 and 7 and febrile seizures. *Pediatr Neurol* 1999, 21: 699–703

Tellenbach H. Epilepsie als Anfallsleiden und als Psychose. *Nervenarzt* 1965, 135: 190–202

Temkin NR, Davis GR. Stress as a risk factor for seizures among adults with epilepsy. *Epilepsia* 1984, 25: 450–456

Temkin NR, Dikmen SS, Wilensky AJ, Keihm J, Chabal S, Winn HR. A randomized, double-blind study of phenytoin for the prevention of post-traumatic seizures. *N Engl J Med* 1990, 323: 497–502

Temkin NR, Dikmen SS, Anderson GD, Wilensky AJ, Holmes MD, Cohen W, Newell DW, Nelson P, Awan A, Winn HR. Valproate therapy for prevention of posttraumatic seizures: a randomized trial. *J Neurosurg* 1999, 91: 593–600

Tennison M, Greenwood R, Lewis D, Thorn M. Discontinuing antiepileptic drugs in children with epilepsy. A comparison of a six-week and a nine-month taper period. *N Engl J Med* 1994, 330: 1407–1410

Tetzlaff JE. Intraoperative defect in haemostasis in a child receiving valproic acid. *Can J Anaesth* 1991, 38: 222–224

The Felbamate Study Group in Lennox-Gastaut Syndrome. Efficacy of felbamate in childhood epileptic encephalopathy (Lennox-Gastaut syndrome). *N Engl J Med* 1993, 328: 29–33

The Vagus Nerve Stimulation Study Group. A randomized controlled trial of chronic vagus nerve stimulation for treatment of medically intractable seizures. *Neurology* 1995, 45: 224–230

Theodore WH, Newmark ME, Sato S, Brooks R, Patronas N, De La Paz R, DiChiro G, Kessler RM, Margolin R, Manning RG, et al. [18F]fluorodeoxyglucose positron emission tomography in refractory complex partial seizures. *Ann Neurol* 1983, 14: 429–437

Theodore WH, Porter RJ. Removal of sedative-hypnotic antiepileptic drugs from the regimens of patients with intractable epilepsy. *Ann Neurol* 1983, 13: 320–324

Theodore WH, Raubertas RF, Porter RJ, Nice F, Devinsky O, Reeves P, Bromfield E, Ito B, Balish M. Felbamate: a clinical trial for complex partial seizures. *Epilepsia* 1991, 32: 392–397

Theodore WH, Porter RJ, Albert P, Kelley K, Bromfield E, Devinsky O, Sato S. The seondarily generalized tonic-clonic seizure: a videotape analysis. *Neurology* 1994, 44: 1403–1407

Theodore WH. Felbamate. In: Engel Jr J, Pedley TA (eds) *Epilepsy: A Comprehensive Textbook.* Philadelphia: Lippincott-Raven Publishers, 1997: 1509–1514

Thio LL, Wong M, Yamada KA. Ketone bodies do not directly alter excitatory or inhibitory hippocampal synaptic transmission. *Neurology* 2000, 54: 325–331

Thomas AB, Mathews GC, Ferrendelli JA. Mechamisms of action of antiepileptic drugs. In: Wyllie E (ed) *The Treatment of Epilepsy: Principles and Practice, Second Edition.* Baltimore: Williams & Wilkins, 1997: 700–711

Thomas L, Trimble MR, Schmitz B, Ring HA. Vigabatrin and behavior disorders: a retrospective survey. *Epilepsia Res* 1996, 21–27

Thomas P, Beaumanoir A, Genton P, Dolisi C, Chatel M. ‚De novo' absence status of late onset: report of 11 cases. *Neurology* 1992, 42: 104–110

Thomson AH, Brodie MJ. Pharmacokinetic optimisation of anticonvulsant therapy. *Clin Pharmacokinet* 1992, 23: 216–230

Thorp JA, Gaston L, Caspers DR, Pal ML. Current concepts and controversies in the use of vitamin K. *Drugs* 1995, 49: 376–387

Timmings PL, Richens A. Efficacy of lamotrigine as monotherapy for juvenile myoclonic epilepsy: pilot study results. *Epilepsia* 1993, 34 Suppl 2: 160

Tinuper P, Cerullo A, Marini C, Avoni P, Rosati A, Riva R, Baruzzi A, Lugaresi E.

Epileptic drop attacks in partial epilepsy: clinical features, evolution, and prognosis. *J Neurol Neurosurg Psychiatry* 1998, 64: 231–237

Tola MR, Granieri E, Caniatti L, Paolino E, Monetti C, Dovigo L, Scolozzi R, De Bastiani P, Carreras M. Systemic lupus erythematosus presenting with neurological disorders. *J Neurol* 1992, 239: 61–64

Tomer Y, Shoenfeld Y. Successful treatment of psychosis secondary to SLE with high dose intravenous immunoglobulin. *Clin Exp Rheumatol* 1992, 10: 391–393

Tomson T, Ohman I, Vitols S. Lamotrigine in pregnancy and lactation: a case report. *Epilepsia* 1997, 38: 1039–1041

Tomson T, Johannessen SI. Therapeutic drug monitoring of the new antiepileptic drugs. *Eur J Clin Pharmacol* 2000, 55: 697–705

Towne AR, Pellock JM, Ko D, DeLorenzo RJ. Determinants of mortality in status epilepticus. *Epilepsia* 1994, 35: 27–34

Towne AR, DeLorenzo RJ. Use of intramuscular midazolam for status epilepticus. *J Emerg Med* 1999, 17: 323–328

Toyry JP, Kuikka JT, Lansimies EA. Regional cerebral perfusion in cardiovascular reflex syncope. *Eur J Nucl Med* 1997, 24: 215–258

Tran A, O'Mahoney T, Rey E, Mai J, Mumford JP, Olive G. Vigabatrin: placental transfer in vivo and excretion into breast milk of the enantiomers. *Br J Clin Pharmacol* 1998, 45: 409–411

Treiman DM. Pharmacokinetics and clinical use of benzodiazepines in the management of status epilepticus. *Epilepsia* 1989, 30 Suppl 2: S4–10

Treiman DM. The role of benzodiazepines in the management of status epilepticus. *Neurology* 1990, 40: 32–42

Treiman DM. Generalized convulsive status epilepticus in the adult. *Epilepsia* 1993, 34 Suppl 1: S2–11

Treiman DM. Electroclinical features of status epilepticus. *J Clin Neurophysiol* 1995, 12: 343–362

Treiman DM, Meyers PD, Walton NY, Collins JF, Colling C, Rowan AJ, Handforth A, Faught E, Calabrese VP, Uthman BM, Ramsay RE, Mamdani MB. A comparison of four treatments for generalized convulsive status epilepticus. Veterans Affairs Status Epilepticus Cooperative Study Group. *N Engl J Med* 1998, 339: 792–798

Treiman LJ, Treiman DM. Genetic and epidemiological principles. In: Wyllie E (ed) *The Treatment of Epilepsy: Principles and Practice, Second Edition.* Baltimore: Williams & Wilkins, 1997: 151–164

Tretter F, Goldhorn F. Computer in der Therapie und Rehabilitation psychiatrischer Patienten. *Software Kurier* 1991, 4: 157–166

Trimble MR. The Psychoses of Epilepsy. New York: Raven Press, 1991

Trimble MR. Anticonvulsant-induced psychiatric disorders. The role of forced normalisation. *Drug Saf* 1996, 15: 159–166

Trimble MR, Schmitz B. The Psychoses of Epilepsy. In: Engel Jr J, Pedley TA (eds) *Epilepsy: A Comprehensive Textbook.* Philadelphia: Lippincott-Raven Publishers, 1997: 2071–2081

Trimble MR, Rusch N, Betts T, Crawford PM. Psychiatric symptoms after therapy with new antiepileptic drugs: psychopathological and seizure related variables. *Seizure* 2000, 9: 249–254

Trinka E, Moroder T, Nagler M, Staffen W, Löscher W, Ladurner G. Clinical and EEG findings in complex partial status epilepticus with tiagabine. *Seizure* 1999, 8: 41–44

Trudeau V, Myers S, LaMoreaux L, Anhut H, Garofalo E, Ebersole J. Gabapentin in naive childhood absence epilepsy: results from two double-blind, placebo-controlled, multicenter studies. *J Child Neurol* 1996, 11: 470–475

Tuxhorn I, Holthausen H, Boenigk HE. Paediatric Epilepsy Syndromes and their Surgical Treatment. London: John Libbey, 1997

Uhari M, Rantala H, Vainionpaa L, Kurttila R. Effect of acetaminophen and of low intermittent doses of diazepam on prevention of recurrences of febrile seizures. *J Pediatr* 1995, 126: 991–995

Umbricht D, Degreef G, Barr WB, Liebermann JA, Pollack S, Schaul N. Postictal and chronic psychoses in patients with temporal lobe epilepsy. *Am J Psychiatry* 1995, 35: 47–58

Uncini A, Tartaro A, Di Stefano E, Gambi D. Parkinsonism, basal ganglia calcification and epilepsy as late complications of postoperative hypoparathyroidism. *J Neurol* 1985, 232: 109–111

Uthman BM, Wilder BJ, Penry JK, Dean C, Ramsay RE, Reid SA, Hammond EJ, Tarver WB, Wernicke JF. Treatment of epilepsy by stimulation of the vagus nerve. *Neurology* 1993, 43: 1338–1345

Uthman BM, Rowan AJ, Ahmann PA, Leppik IE, Schachter SC, Sommerville KW, Shu V. Tiagabine for complex partial seizures: a randomized, add-on, dose-response trial. *Arch Neurol* 1998, 55: 56–62

Van Amelsvoort T, Bakshi R, Devaux CB, Schwabe S. Hyponatremia associated with carbamazepine and oxcarbazepine therapy: a review. *Epilepsia* 1994, 35: 181–188

van Bogaert P, Chiron C, Adamsbaum C, Robain O, Diebler C, Dulac O. Value of magnetic resonance imaging in West syndrome of unknown etiology. *Epilepsia* 1993, 34: 701–706

van Donselaar CA, Geerts AT, Meulstee J, Habbema JD, Staal A. Reliability of the diagnosis of a first seizure. *Neurology* 1989, 39: 267–271

van Donselaar CA, Schimsheimer RJ, Geerts AT, Declerck AC. Value of the electroencephalogram in adult patients with untreated idiopathic first seizures. *Arch Neurol* 1992, 49: 231–237

van Esch A, Steyerberg EW, Berger MY, Offringa M, Derksen-Lubsen G, Habbema JD. Family history and recurrence of febrile seizures. *Arch Dis Child* 1994, 70: 395–399

Van Ness PC. Surgical outcome for neocortical (extrahippocampal) focal epilepsy. In: Lüders HO (ed) *Epilepsy Surgery*. New York: Raven Press, 1992: 613–624

Van Ness PC, Lesser RP, Duchowny MS. Simple sensory seizures. In: Engel Jr J, Pedley TA (eds) *Epilepsy: A Comprehensive Textbook*. Philadelphia: Lippincott-Raven Publishers, 1997: 533–542

Van Paesschen W, Sisodiya S, Connelly A, Duncan JS, Free SL, Raymond AA, Grunewald RA, Revesz T, Shorvon SD, Fish DR, et al. Quantitative hippocampal MRI and intractable temporal lobe epilepsy. *Neurology* 1995, 45: 2233–2240

Vassella F. Differential diagnosis of cerebral seizures. *Monatsschr Kinderheilkd* 1992, 140: 391–395

Vegiotti P, Cieuta C, Rey E, Dulac O. Lamotrigine in infantile spasms. *Lancet* 1994, 344: 1375–1376

Veldhuizen R, Binnie CD, Beintema DJ. The effect of sleep deprivation on the EEG in epilepsy. *Electroencephalogr Clin Neurophysiol* 1983, 55: 505–512

Venna N, Sabin TD. Tonic focal seizures in nonketotic hyperglycemia of diabetes mellitus. *Arch Neurol* 1981, 38: 512–514

Verity CM, Golding J. Risk of epilepsy after febrile convulsions: a national cohort study. *BMJ* 1991, 303: 1373–1376

Verity CM, Hosking G, Easter DJ. A multicentre comparative trial of sodium valproate and carbamazepine in paediatric epilepsy. The Paediatric EPITEG Collaborative Group. *Dev Med Child Neurol* 1995, 37: 97–108

Verloes A, Frikiche A, Gremillet C, Paquay T, Decortis T, Rigo J, Senterre J. Proximal phocomelia and radial ray aplasia in fetal valproic syndrome. *Eur J Pediatr* 1990, 149: 266–267

Verma SP, Yunis N, Lekos A, Crausman RS. Carbamazepine-induced systemic lupus erythematosus presenting as cardiac tamponade. *Chest* 2000, 117: 597–598

Vermeulen J, Aldenkamp AP. Cognitive side-effects of chronic antiepileptic drug treatment: a review of 25 years of research. *Epilepsy Res* 1995, 22: 65–95

Verrotti A, Greco R, Matera V, Altobelli E, Morgese G, Chiarelli F. Platelet count and function in children receiving sodium valproate. *Pediatr Neurol* 1999, 21: 611–614

Versino M, Veggiotti P. Reversibility of vigabratin-induced visual-field defect. *Lancet* 1999, 354: 486

Vickrey BG, Hays RD, Graber J, Rausch R, Engel Jr J, Brook RH. A health-related quality of life instrument for patients evaluated for epilepsy surgery. *Med Care* 1992, 30: 299–319

Vickrey BG, Hays RD, Hermann BP, Bladin PF, Baztel LW. Outcomes with respect to quality of life. In: Engel Jr J (ed) *Surgical Treatment of the Epilepsies, Second Edition.* New York: Raven Press, 1993: 623–635

Vickrey BG, Hays RD, Rausch R, Sutherling WW, Engel Jr J, Brook RH. Quality of life of epilepsy surgery patients as compared with outpatients with hypertension, diabetes, heart disease, and/or depressive symptoms. *Epilepsia* 1994, 35: 597–607

Victor M, Brausch C. The role of abstinence in the genesis of alcoholic epilepsy. *Epilepsia* 1967, 8: 1–20

Victoroff J. DSM-III-R psychiatric diagnoses in candidates for epilepsy surgery : a lifetime prevalence. *Neuropsychiatry Neuropsychol Behav Neurol* 1994, 7: 87–97

Vigevano F, Cilio MR. Vigabatrin versus ACTH as first-line treatment for infantile spasms: a randomized, prospective study. *Epilepsia* 1997, 38: 1270–1274

Vigevano F, Fusco L, Yagi K, Seino M. Tonic seizures. In: Engel Jr J, Pedley TA (eds) *Epilepsy: A Comprehensive Textbook.* Philadelphia: Lippincott-Raven Publishers, 1997: 617–625

Villarreal HJ, Wilder BJ, Willmore LJ, Bauman AW, Hammond EJ, Bruni J. Effect of valproic acid on spike and wave discharges in patients with absence seizures. *Neurology* 1978, 28: 886–891

Villemure JG. Hemispherectomy techniques: a critical review. In: Tuxhorn I, Holthausen H, Boenigk H (eds) *Paediatric Epilepsy Syndromes and their Surgical Treatment.* London: John Libbey & Company Ltd, 1997: 729–738

Villeneuve N, Soufflet C, Plouin P, Chiron C, Dulac O. Treatment of infantile spasms with vigabatrin as first-line therapy and in monotherapy: apropos of 70 infants. *Arch Pediatr* 1998, 5: 731–738

Vining EP, Freeman JM, Ballaban-Gil K, Camfield CS, Camfield PR, Holmes GL, Shinnar S, Shuman R, Trevathan E, Wheless JW. A multicenter study of the efficacy of the ketogenic diet. *Arch Neurol* 1998, 55: 1433–1437

Vining EPG. Ketogenic diet. In: Engel Jr J, Pedley TA (eds) *Epilepsy: A Comprehensive Textbook.* Philadelphia: Lippincott-Raven Publishers, 1997: 1339–1344

Vogt DP, Lederman RJ, Carey WD, Broughan TA. Neurologic complications of liver transplantation. *Transplantation* 1988, 45: 1057–1061

Vonck K, Boon P, D'Have M, Vandekerckhove T, O'Connor S, De Reuck J. Long-term results of vagus nerve stimulation in refractory epilepsy. *Seizure* 1999, 8: 328–334

Voss NF, Davies KG, Boop FA, Montouris GD, Hermann BP. Spitting automatism in complex partial seizures: a nondominant temporal localizing sign? *Epilepsia* 1999, 40: 114–116

Waaler PE, Blom BH, Skeidsvoll H, Mykletun A. Prevalence, classification, and severity of epilepsy in children in western Norway. *Epilepsia* 2000, 41: 802–810

Walczak T. Neocortical temporal lobe epilepsy: characterizing the syndrome. *Epilepsia* 1995, 36: 633–635

Walczak TS, Papacostas S, Williams DT, Scheuer ML, Lebowitz N, Notarfrancesco A. Outcome after diagnosis of psychogenic nonepileptic seizures. *Epilepsia* 1995, 36: 1131–1137

Walczak TS, Bogolioubov A. Weeping during psychogenic nonepileptic seizures. *Epilepsia* 1996, 37: 208–210

Walczak TS, Jayakar P. Interictal EEG. In: Engel Jr J, Pedley TA (eds) *Epilepsy: A Comprehensive Textbook*. Philadelphia: Lippincott-Raven Publishers, 1997: 831–848

Walker MC, Howard RS, Smith SJ, Miller DH, Shorvon SD, Hirsch NP. Diagnosis and treatment of status epilepticus on a neurological intensive care unit. *QJM* 1996, 89: 913–920

Walker MC. The epidemiology and management of status epilepticus. *Curr Opin Neurol* 1998, 11: 149–154

Wallace H, Shorvon S, Hopkins A, O'Donoghue M. Adults with poorly controlled epilepsy. London: The Royal College of Physicians of London, 1997

Wallace H, Shorvon S, Tallis R. Age-specific incidence and prevalence rates of treated epilepsy in an unselected population of 2,052,922 and age-specific fertility rates of women with epilepsy. *Lancet* 1998a, 352: 1970–1973

Wallace RH, Berkovic SF, Howell RA, Sutherland GR, Mulley JC. Suggestion of a major gene for familial febrile convulsions mapping to 8q13-21. *J Med Genet* 1996, 33: 308–312

Wallace RH, Wang DW, Singh R, Scheffer IE, George-AL J, Phillips HA, Saar K, Reis A, Johnson EW, Sutherland GR, Berkovic SF, Mulley JC. Febrile seizures and generalized epilepsy associated with a mutation in the Na+-channel beta1 subunit gene SCN1B. *Nat Genet* 1998b, 19: 366–370

Walton NY. Systemic effects of generalized convulsive status epilepticus. *Epilepsia* 1993, 34 Suppl 1: S54–58

Wambebe C, Sokomba E, Amabeoku G. Effect of quinine on electroshock and pentylenetetrazol-induced seizures in mice. *Prog Neuropsychopharmacol Biol Psychiatry* 1990, 14: 121–127

Ward MM, Barbaro NM, Laxer KD, Rampil IJ. Preoperative valproate administration does not increase blood loss during temporal lobectomy. *Epilepsia* 1996, 37: 98–101

Watts A, Whittington M, Jefferys J. Epileptic focus induced in rat by intrahippocampal cholera toxin: neuronal properties in vitro. *Neuroscience* 1993, 55: 45–56

Watts AE. The natural history of untreated epilepsy in a rural community in Africa. *Epilepsia* 1992, 33: 464–468

Webber MP, Hauser WA, Ottman R, Annegers JF. Fertility in persons with epilepsy: 1935–1974. *Epilepsia* 1986, 27: 746–752

Weeks DE, Lathrop GM. Polygenic disease: methods for mapping complex disease traits. *Trends Genet* 1995, 11: 12–19

Wegner C, Nau H. Alteration of embryonic folate metabolism by valproic acid during organogenesis: implication for mechanism of teratogenesis. *Neurology* 1992, 42: 17–24

Weibel R, Caserta V, Benor D, Evans G. Acute encephalopathy followed by permanent brain injury or death associated with further attenuated measles vaccines: a review of claims submitted to the National Vaccine Injury Compensation Program. *Pediatrics* 1998, 103: 383–387

Weinstein A. Drug-induced systemic lupus erythematosus. *Prog Clin Immunol* 1980, 4: 1–21

Weisberg LA, Shamsnia M, Elliott D. Seizures caused by nontraumatic parenchymal brain hemorrhages. *Neurology* 1991, 41: 1197–1199

Weissbecker KA, Durner M, Janz D, Scaramelli A, Sparkes RS, Spence MA. Confirmation of linkage between juvenile myoclonic epilepsy locus and the HLA region of chromosome 6. *Am J Med Genet* 1991, 38: 32–36

Werhan KJ. Myoklonien. In: Brandt T, Dichgans J, Diener HC (eds) *Therapie und Verlauf neurologischer Erkrankungen.* Stuttgart-Berlin-Köln: Kohlhammer, 1998: 979–992

Westmoreland BF. Benign EEG variants and patterns of uncertain clinical significance. In: Daly DD, Pedley TA (eds) *Current Practice of Clinical Electroencephalography.* New York: Raven Press, 1990: 243–252

Westmoreland BF. The EEG findings in extratemporal seizures. *Epilepsia* 1998, 39 Suppl 4: S1-S8

Wheelock I, Peterson C, Buchtel H. Presurgery expectations, postsurgery satisfaction, and psychosocial adjustment after epilepsy surgery. *Epilepsia* 1998, 39: 487–494

White HS. Comparative anticonvulsant and mechanistic profile of the established and newer antiepileptic drugs. *Epilepsia* 1999, 40 Suppl 5: S2–10

Whitehouse W, Diebold U, Rees M, Parker K, Doose H, Gardiner RM. Exclusion of linkage of genetic focal sharp waves to the HLA region on chromosome 6p in families with benign partial epilepsy with centrotemporal sharp waves. *Neuropediatrics* 1993a, 24: 208–210

Whitehouse WP, Rees M, Curtis D, Sundqvist A, Parker K, Chung E, Baralle D, Gardiner RM. Linkage analysis of idiopathic generalized epilepsy (IGE) and marker loci on chromosome 6p in families of patients with juvenile myoclonic epilepsy: no evidence for an epilepsy locus in the HLA region. *Am J Hum Genet* 1993b, 53: 652–662

Whitelaw AG, Cummings AJ, McFadyen IR. Effect of maternal lorazepam on the neonate. *Br Med J (Clin Res Ed)* 1981, 282: 1106–1108

Whitley RJ, Soong SJ, Linneman C, Jr., Liu C, Pazin G, Alford CA. Herpes simplex encephalitis. Clinical assessment. *JAMA* 1982, 247: 317–320

Wiedermann G, Kollaritsch H, Jeschko E, Kundi M, Herzog C, Wegmueller B. Adverse events after oral vaccination against cholera with CVD103-HgR. *Wien Klin Wochenschr* 1998, 110: 376–378

Wiegartz P, Seidenberg M, Woodard A, Gidal B, Hermann B. Co-morbid psychiatric disorder in chronic epilepsy: recognition and etiology of depression. *Neurology* 1999, 53: S3–8

Wiendl H, Stefan H. Chronische Encephalitis mit Epilepsie (Rasmussen-Encephalitis) – Infektion, Autoimmunkrankheit oder Epiphänomen. *Akt Neurol* 2000, 27: 54–58

Wiersbitzky S, Bruns R, Mentel R, Seidel W, Herrmann H, Burtzlaff C, Schroeder C, Peters A, Wiersbitzky H. Suspected vaccination complications or atypical vaccination course. Diagnostic assessment of 58 vaccine recipients. *Kinderarztl Prax* 1993, 61: 329–334

Wieser HG, Yasargil MG. Selective amygdalohippocampectomy as a surgical treatment of mesiobasal limbic epilepsy. *Surg Neurol* 1982, 17: 445–457

Wieser HG. Depth recorded limbic seizures and psychopathology. *Neurosci Behav Rev* 1983a, 7: 427–440

Wieser HG. Electroclinical Features of the Psychomotor Seizure. Stuttgart New York: Gustav Fischer, 1983b

Wieser HG, Hailemariam S, Regard M, Landis T. Unilateral limbic epileptic status activity: stereo EEG, behavioral and cognitive data. *Epilepsia* 1985, 26: 19–29

Wieser HG, Engel Jr J, Williamson PD, Babb TL, Gloor P. Surgically remediable temporal lobe syndromes. In: Engel Jr J (ed) *Surgical Treatment of the Epilepsies, Second Edition.* New York: Raven Press, 1993a: 49–63

Wieser HG, Quesney LF, Morris HH III. Foramen ovale and Peg electrodes. In: Engel Jr J (ed) *Surgical Treatment of the Epilepsies, Second Edition.* New York: Raven Press, 1993b: 331–339

Wieser HG, Williamson PD. Ictal semiology. In: Engel Jr J (ed) *Surgical Treatment of the Epilepsies, Second Edition.* New York: Raven Press, 1993: 161–171

Wieser HG, Hungerbuhler H, Siegel AM, Buck A. Musicogenic epilepsy: review of the literature and case report with ictal single photon emission computed tomography. *Epilepsia* 1997, 38: 200–207

Wijdicks E, Sharbrough F. New-onset seizures in critically ill patients. *Neurology* 1993, 43: 1042–1044

Wijdicks EF, Parisi JE, Sharbrough FW. Prognostic value of myoclonus status in comatose survivors of cardiac arrest. *Ann Neurol* 1994a, 35: 239–243

Wijdicks EF, Wiesner RH, Dahlke LJ, Krom RA. FK506-induced neurotoxicity in liver transplantation. *Ann Neurol* 1994b, 35: 498–501

Wijdicks EF, Plevak DJ, Wiesner RH, Steers JL. Causes and outcome of seizures in liver transplant recipients. *Neurology* 1996, 47: 1523–1525

Wilder RM. The effect of ketonemia on the course of epilepsy. *Mayo Clin Bull* 1921, 2: 307

Wilder RM, Winter MD. The treshold of ketogenesis. *J Biol Chem* 1922, 52: 393–401

Wilder-Smith E, Wilder-Smith A. Complex partial seizures as cause of transient cardiac arrhythmia. *Schweiz Med Wochenschr* 1995, 125: 2237–2243

Williamson PD, Boon PA, Thadani VM, Darcey TM, Spencer DD, Spencer SS, Novelly RA, Mattson RH. Parietal lobe epilepsy: diagnostic considerations and results of surgery. *Ann Neurol* 1992a, 31: 193–201

Williamson PD, Thadani VM, Darcey TM, Spencer DD, Spencer SS, Mattson RH. Occipital lobe epilepsy: clinical characteristics, seizure spread patterns, and results of surgery. *Ann Neurol* 1992b, 31: 3–13

Williamson PD, Van Ness PC, Wieser HG, Quesney LF. Surgically remediable extratemporal syndromes. In: Engel Jr J (ed) *Surgical Treatment of the Epilepsies, Second Edition.* New York: Raven Press, 1993: 65–76

Williamson PD, Engel Jr J. Complex partial seizures. In: Engel Jr J, Pedley TA (eds) *Epilepsy: A Comprehensive Textbook.* Philadelphia: Lippincott-Raven Press, 1997: 557–566

Williamson PD, Engel Jr J, Munari C. Anatomic classification of localization-related epilepsies. In: Engel Jr J, Pedley TA (eds) *Epilepsy: A Comprehensive Textbook.* Philadelphia: Lippincott-Raven Publishers, 1997: 2405–2416

Wilson EA, Sills GJ, Forrest G, Brodie MJ. High dose gabapentin in refractory partial epilepsy: clinical observations in 50 patients. *Epilepsy Res* 1998a, 29: 161–166

Wilson MH, Puranam RS, Ottman R, Gilliam C, Limbird LE, George AL, McNamara JO. Evaluation of the alpha(2A)-adrenergic receptor gene in a heritable form of temporal lobe epilepsy. *Neurology* 1998b, 51: 1730–1731

Wingkun EC, Awad IA, Lüders H, Awad CA. Natural history of recurrent seizures after resective surgery for epilepsy. *Epilepsia* 1991, 32: 851–856

Wirrell EC, Camfield CS, Camfield PR, Gordon KE, Dooley JM. Long-term prognosis of typical childhood absence epilepsy: remission or progression to juvenile myoclonic epilepsy. *Neurology* 1996, 47: 912–918

Wirrell EC, Camfield CS, Camfield PR, Dooley JM, Gordon KE, Smith B. Long-term psychosocial outcome in typical absence epilepsy. Sometimes a wolf in sheeps' clothing. *Arch Pediatr Adolesc Med* 1997, 151: 152–158

Woermann FG, Barker GJ, Birnie KD, Meencke HJ, Duncan JS. Regional changes in hippocampal T2 relaxation and volume: a quantitative magnetic resonance imaging study of hippocampal sclerosis. *J Neurol Neurosurg Psychiatry* 1998a, 65: 656–664

Woermann FG, Sisodiya SM, Free SL, Duncan JS. Quantitative MRI in patients with idiopathic generalized epilepsy. Evidence of widespread cerebral structural changes. *Brain* 1998b, 121: 1661–1667

Woermann FG, Free SL, Koepp MJ, Sisodiya SM, Duncan JS. Abnormal cerebral structure in juvenile myoclonic epilepsy demonstrated with voxel-based analysis of MRI. *Brain* 1999, 122: 2101–2108

Wohlrab G, Boltshauser E, Schmitt B. Vigabatrin as a first-line drug in West syndrome: clinical and electroencephalographic outcome. *Neuropediatrics* 1998, 29: 133–136

Wolf D. Ethosuximide. In: Wyllie E (ed) *The Treatment of Epilepsy: Principles and Practice, Second Edition.* Baltimore: Williams & Wilkins, 1997a: 856–864

Wolf HK, Campos MG, Zentner J, Hufnagel A, Schramm J, Elger CE, Wiestler OD. Surgical pathology of temporal lobe epilepsy. Experience with 216 cases. *J Neuropathol Exp Neurol* 1993, 52: 499–506

Wolf P. Manic episodes in epilepsy. In: Akimoto H, Kazamatsuri H, Ward A, Dam M (eds) *Advances in Epileptology: XIIIth Epilepsy International Symposium.* New York, NY: Raven Press, 1982: 127–142

Wolf P, Inoue Z, Röder-Wanner UU, Tsai J. Psychiatric complications of absence therapy and their relation to alteration of sleep. *Epilepsia* 1984, 56–59

Wolf P, Goosses R. Relation of photosensitivity to epileptic syndromes. *J Neurol Neurosurg Psychiatry* 1986, 49: 1386–1391

Wolf P. Antiepileptika haben keinen therapeutischen Bereich. *Dtsch Med Wschr* 1991, 116: 631–633

Wolf P. Behavioral therapy. In: Engel Jr J, Pedley TA (eds) *Epilepsy: A Comprehensive Textbook.* Philadelphia: Lippincott-Raven Publishers, 1997b: 1359–1364

Wong KL, Woo EK, Yu YL, Wong RW. Neurological manifestations of systemic lupus erythematosus: a prospective study. *Q J Med* 1991, 81: 857–870

Woo E, Chan YM, Yu YL, Chan YW, Huang CY. If a well-stabilized epileptic patient has a subtherapeutic antiepileptic drug level, should the dose be increased? A randomized prospective study. *Epilepsia* 1988, 29: 129–139

Woodbury DM, Woodbury JW. Effects of vagal stimulation on experimentally induced seizures in rats. *Epilepsia* 1990, 31: S7–19

Woodbury JW, Woodbury DM. Vagal stimulation reduces the severity of maximal electroshock seizures in intact rats: use of a cuff electrode for stimulating and recording. *Pacing Clin Electrophysiol* 1991, 14: 94–107

Wyllie E, Lüders H, MacMillan JP, Gupta M. Serum prolactin levels after epileptic seizures. *Neurology* 1984, 34: 1601–1604

Wyllie E, Lüders H, Morris HH, Lesser RP, Dinner DS. The lateralizing significance of versive head and eye movements during epileptic seizures. *Neurology* 1986, 36: 606–611

Wyllie E, Friedman D, Lüders H, Morris H, Rothner D, Turnbull J. Outcome of psychogenic seizures in children and adolescents compared with adults. *Neurology* 1991, 41: 742–744

Wyllie E, Comair YG, Kotagal P, Bulacio J, Bingaman W, Ruggieri P. Seizure outcome after epilepsy surgery in children and adolescents. *Ann Neurol* 1998, 44: 740–748

Wyllie E. Catastrophic epilepsy in infants and children: identification of surgical candidates. *Epileptic Disord* 1999, 1: 261–264

Wyllie E, Glazer JP, Benbadis S, Kotagal P, Wolgamuth B. Psychiatric features of children and adolescents with pseudoseizures. *Arch Pediatr Adolesc Med* 1999, 153: 244–248

Wyllie E. Surgical treatment of epilepsy in pediatric patients. *Can J Neurol Sci* 2000, 27: 106–110

Xu J, Wiesch DG, Meyers DA. Genetics of complex human diseases: genome screening, association studies and fine mapping. *Clin Exp Allerg* 1998, 28, Suppl 5: 1–5

Yagishita A, Arai N, Maehara T, Shimizu H, Tokumaru AM, Oda M. Focal cortical dysplasia: appearance on MR images. *Radiology* 1997, 203: 553–559

Yanagihara T, Piepgras DG, Klass DW. Repetitive involuntary movement associated with episodic cerebral ischemia. *Ann Neurol* 1985, 18: 244–250

Yerby M, Koepsell T, Daling J. Pregnancy complications and outcomes in a cohort of women with epilepsy. *Epilepsia* 1985, 26: 631–635

Yerby MS, Friel PN, McCormick K. Antiepileptic drug disposition during pregnancy. *Neurology* 1992, 42: 12–16

Yerby MS. Pregnancy, teratogenesis, and epilepsy. *Neurol Clin* 1994, 12: 749–771

Yoshikawa T, Asano Y. Central nervous system complications in human herpesvirus–6 infection. *Brain Dev* 2000, 22: 307–314

Zadra M, Grandi R, Erli LC, Mirabile D, Brambilla A. Treatment of seizures in acute intermittent porphyria: safety and efficacy of gabapentin. *Seizure* 1998, 7: 415–416

Zahn C. Catamenial epilepsy: clinical aspects. *Neurology* 1999, 53: S34–37

Zahn CA, Morrell MJ, Collins SD, Labiner DM, Yerby MS. Management issues for women with epilepsy: a review of the literature. *Neurology* 1998, 51: 949–956

Zara F, Bianchi A, Avanzini G, Di DS, Castellotti B, Patel PI, Pandolfo M. Mapping of genes predisposing to idiopathic generalized epilepsy. *Hum Mol Genet* 1995, 4: 1201–1207

Zara F, Labuda M, Garofalo PG, Durisotti C, Bianchi A, Castellotti B, Patel PI, Avanzini G, Pandolfo M. Unusual EEG pattern linked to chromosome 3p in a family with idiopathic generalized epilepsy. *Neurology* 1998, 51: 493–498

Zara F, Gennaro E, Stabile M, Carbone I, Malacarne M, Majello L, Santangelo R, Antonio DF, Bricarelli FD. Mapping of a locus for a familial autosomal recessive idiopathic myoclonic epilepsy of infancy to chromosome 16p13. *Am J Hum Genet* 2000, 66: 1552–1557

Zarrelli MM, Beghi E, Rocca WA, Hauser WA. Incidence of epileptic syndromes in Rochester, Minnesota: 1980–1984. *Epilepsia* 1999, 40: 1708–1714

Zentner J, Hufnagel A, Ostertun B, Wolf HK, Behrens E, Campos MG, Solymosi L, Elger CE, Wiestler OD, Schramm J. Surgical treatment of extratemporal epilepsy: clinical, radiologic, and histopathologic findings in 60 patients. *Epilepsia* 1996, 37: 1072–1080

Zifkin B, Dravet C. Generalized convulsive seizures. In: Engel Jr J, Pedley TA (eds) *Epilepsy: A Comprehensive Textbook.* Philadelphia: Lippincott-Raven Publishers, 1997: 567–577

Zifkin BG, Andermann F. Epilepsy with reflex seizures. In: Wyllie E (ed) *The Treatment of Epilepsy: Principles and Practice, Second Edition.* Baltimore: Williams & Wilkins, 1997a: 573–583

Zifkin BG, Andermann F. Complex reflex epilepsies. In: Engel Jr J, Pedley TA (eds) *Epilepsy: A Comprehensive Textbook.* Philadelphia: Lippincott-Raven Publishers, 1997b: 2507–2513

Zuberi SM, Eunson LH, Spauschus A, De SR, Tolmie J, Wood NW, McWilliam RC, Stephenson JP, Kullmann DM, Hanna MG. A novel mutation in the human voltage-gated potassium channel gene (Kv1.1) associates with episodic ataxia type 1 and sometimes with partial epilepsy. *Brain* 1999, 122: 817–825

Sachverzeichnis

Springer-Verlag und Umwelt

Als internationaler wissenschaftlicher Verlag sind wir uns unserer besonderen Verpflichtung der Umwelt gegenüber bewußt und beziehen umweltorientierte Grundsätze in Unternehmensentscheidungen mit ein.

Von unseren Geschäftspartnern (Druckereien, Papierfabriken, Verpackungsherstellern usw.) verlangen wir, daß sie sowohl beim Herstellungsprozeß selbst als auch beim Einsatz der zur Verwendung kommenden Materialien ökologische Gesichtspunkte berücksichtigen.

Das für dieses Buch verwendete Papier ist aus chlorfrei hergestelltem Zellstoff gefertigt und im pH-Wert neutral.